U0260364

国家出版基金项目
NATIONAL PUBLICATION FOUNDATION

现代农业科技专著大系

菌类作物卷

李 玉 李长田 主编

中国作物及其野生近缘植物

董玉琛 刘 旭 总主编

中国农业出版社
北 京

Vol. Mushroom Crops

Chief editors: Li Yu Li Changtian

CROPS AND THEIR WILD RELATIVES IN CHINA

Editors in chief: Dong Yuchen Liu Xu

■ China Agriculture Press

Beijing

内容提要

　　本书是《中国作物及其野生近缘植物》系列专著之一，分为导论和各论两部分。导论部分论述了作物的种类、植物学、细胞学和农艺学分类，以及起源演化的理论。各论部分共41章，第一章概述了菌类作物在国民经济中的重要地位，世界和中国的生产与供应情况，菌类作物的种类以及中国菌类种质资源的特点等。第二章至第四十一章分别叙述了双孢蘑菇、草菇、毛头鬼伞、巴西蘑菇、长裙竹荪、平菇、杏鲍菇、金顶侧耳、香菇、木耳、毛木耳、金针菇、茯苓、猴头菇、灰树花、灵芝、滑菇、银耳等64种主栽或珍稀菌类作物的生产概况，分类地位、形态特征和生物学特性及其多样性，起源与分布，以及包括野生近缘种在内的抗病虫、抗逆、优质、特异、适合加工或其他用途的各种类型种质资源，并简要地介绍了各菌类作物种质资源的细胞学、分子生物学等有关方面的研究进展与种质资源的创新利用情况。

　　本书具有较强的科学性、理论性、新颖性、实用性和前瞻性，既较系统地总结了前人的实践经验和研究结果，又吸收了近年现代生物技术快速发展所取得的研究进展；既为菌类作物的起源、分类与各种类型的种质资源研究提供了丰富的资料，又为菌类种质的改良和创新提供了理论依据和实践经验。既是一部基础理论性较强的专著，又是一部较为实用的工具书。

　　本书适合从事菌类作物种质资源、遗传育种、生物技术和生物多样性工作者，以及有关大专院校师生阅读参考。

Summary

　　This book is one of the series of monograph entitled *Crops and Their Wild Relatives in China* . It was divided into introduction and contents. The introduction described the plant species, botany, cytology, agronomic classification, origin and evolution. The content was subdivided into 41 chapters. Chapter 1 outlines the important position of mushroom crops in national economy in China, mushroom production and supply in China and in the world, mushroom species, and characteristics of mushroom germplasm ect., in China. And chapter 2 to chapter 41 described the production significance and production status of 64 species of mushroom crops of common mushroom, Chinese mushroom, shaggy cap, himematsutake, long net stinkhorn, oyster mushroom, king oyster mushroom, golden oyster mushroom, shiitake, wood ear, hairy jew's ear, velvet foot, tuekahoe, bearded tooth, maitake, shining ganoderma, nameko mushroom, white fungus ect., the classification, morphological characteristics, biological characteristics of mushroom crops and its diversity, origin and distribution; various types of germplasm resources including wild relatives: disease and insect resistance, stress resistance, high quality, specificity, suitable for processing or other purposes; and the research on cytology, molecular biology and other related aspects of germplasm resources of mushroom crops and the innovative utilization of germplasm resources were briefly introduced in chapter 2 to chapter 41.

　　This book provided scientific, theoretic, novel, practical and perspective. It not only systematically summarizes the previous practical experience and research results, but also absorbs the research progress made by the rapid development of modern biotechnology in recent years. It not only provided abundant information on origin, taxonomy, research on various germplasms resources but also furnished the information about theoretical basis and practical experiences for mushroom germplasm improvement and innovation. It is a monograph with strong basic theory and also a practical reference book.

　　The book is suitable for the scientific workers specialized in the research on mushroom germplasm, genetics and breeding, biotechnology and also for college teachers and students as reference book.

橙盖鹅膏 (*Amanita caesarea*)

毒蝇鹅膏 (*Amanita muscaria*)

裂褶菌 (*Schizophyllum commune*)

褐黄鹅膏 (*Amanita umbrinolutea*)

假球基鹅膏 (*Amanita ibotengutake*)

蛹虫草 (*Cordyceps militaris*)

绒盖乳牛肝菌 (*Suillus tomentosus*)

亚高山绣球菌 (*Sparassis subalpina*)

茶耳 (*Tremella foliacea*)

黄柄笼头菌 (*Lysurus periphragmoides*)

粗毛纤孔菌 (*Inonotus hispidus*)

紫丁香蘑 (*Lepista nuda*)

糙皮侧耳 (*Pleurotus ostreatus*)

肋脉羊肚菌 (*Morchella costata*)

梯棱羊肚菌 (*Morchella importuna*)

小海绵羊肚菌 (*Morchella spongiola*)

血红菇 (*Russula sanguinea*)

血红密孔菌 (*Pycnoporus sanguineus*)

金顶侧耳 (*Pleurotus citrinopileatus*)

榆耳 (*Gloeostereum incarnatum*)

皱盖牛肝菌 (*Rugiboletus extremiorientalis*)

珊瑚状猴头菇 (*Hericium coralloides*)

黄干脐菇 (*Xeromphalina campanella*) 　　　　　奥氏蜜环菌 (*Armillaria ostoyae*)

松口蘑 (*Tricholoma matsutake*)

硫黄菌 (*Laetiporus sulphureus*)

黑木耳 (*Auricularia heimuer*)

毛木耳 (*Auricularia cornea*)

木蹄层孔菌 (*Fomes fomentarius*)

鸡油菌 (*Cantharellus cibarius*)

云芝 (*Trametes versicolor*)

美丽枝瑚菌 (*Ramaria formosa*)

多脂鳞伞 (*Pholiota adiposa*)

树舌灵芝 (*Ganoderma applanatum*)

偏肿栓菌 (*Trametes gibbosa*)

橙黄银耳 (*Tremella mesenterica*)

胶陀螺菌 (*Bulgaria inguinans*)

香菇 (*Lentinula edodes*)

浅色拟韧革菌 (*Stereopsis humphreyi*)

小红湿伞 (*Hygrocybe miniata*)

宽鳞多孔菌 (*Polyporus squamosus*)

网纹马勃 (*Lycoperdon perlatum*)

猪苓 (*Polyporus umbellatus*)

东方异担子菌 (*Heterobasidion orientale*)

黄拟口蘑 (*Tricholomopsis decora*)

三色拟迷孔菌 (*Daedaleopsis tricolor*)

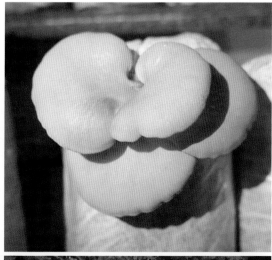

美味扇菇 (*Sarcomyxa edulis*)

Crops and Their Wild Relatives in China
Editorial Commission

Vol. Mushroom Crops

菌类作物卷各章节编著者

The Authors of Each Chapter of Vol. Mushroom Crops

菌类作物卷

　　作物即栽培植物。众所周知，中国作物种类极多。瓦维洛夫在他的《主要栽培植物的世界起源中心》中指出，中国起源的作物有 136 种（包括一些类型）。卜慕华在《我国栽培作物来源的探讨》一文中列举了我国 350 种栽培作物，其中史前或土生栽培植物 237 种，张骞在公元前 100 年前后由中亚、印度一带引入的主要作物有 15 种；公元后自亚、非、欧各洲陆续引入的主要作物有 71 种，自美洲引入的主要作物 27 种。中国农学会遗传资源学会编著的《中国作物遗传资源》一书中，列出了粮食作物 32 种，经济作物 69 种，蔬菜作物 119 种，果树作物 140 种，花卉（观赏植物）139 种，牧草和绿肥作物 83 种，药用植物 61 种，共计 643 种（作物间有重复）。中国的作物究竟有多少种？众说纷纭。多年以来我们一直想写一部详细介绍中国作物多样性的专著，目的是对中国作物种类进行阐述，并对作物及其野生近缘植物的遗传多样性进行论述。

　　中国不但作物种类繁多，而且品种数量大，种质资源丰富。目前，我国在作物长期种质库中保存的种质资源达 34 万余份，国家种质圃中保存的无性繁殖作物种质资源共 4 万余份（不包括林木、观赏植物和药用植物），其中 80% 为国内材料。我们日益深切地感到，对于数目如此庞大的种质资源，在妥善保存的同时，如何科学地研究、评价和管理，是作物种质资源工作者面临的艰巨任务。本书着重阐述了各种作物特征特性的多样性。

　　在种类繁多的种质资源面前，科学地分类极为重要。掌握作物分类，便可了解所从事作物的植物学地位及其与其他作物的内在关系。掌握作物内品种的分类，可以了解该作物在形态上、生态上、生理上、生化上及其他方面的多样性情况，以便有效地加以研究和利用。作物的起源和进化对于种质资源研究同样重要。因为一切作物都是由野生近缘植物经人类长期栽培驯化而来的。了解所研究的作物是在何时、何地、由何种野生植物驯化而来，又是如何演化的，对于收集种质资源，制定品种改良策略具有重要意义。因此，本书对每种作物的起源、演化和分类都进行了详细阐述。

在过去 60 多年中，我国作物育种取得了巨大成绩。以粮食作物为例，1949 年我国粮食作物单产 1 029 kg/hm²，至 2012 年提高到 5 302 kg/hm²，63 年间增长了约 4 倍。大宗作物大都经历了 6～8 次品种更换，每次都使产量显著提高。各个时期发挥重要作用的品种也常常是品种改良的优异种质资源。为了记录这些重要品种的历史功绩，《中国作物及其野生近缘植物》对每种作物的品种演变历史都做了简要叙述。

我国农业上举世公认的辉煌成绩是，以不足世界 10% 的耕地养活了世界近 20% 的人口。今后，我国耕地面积难以再增加，但人口还要不断增长。为了选育出更加高产、优质、高抗的品种，有必要拓宽作物的遗传基础，开拓更加广阔的基因资源。为此，本书详细介绍了各个作物的野生近缘植物，以供育种家根据各种作物的不同情况选育遗传基础更加广阔的品种。

本书分为总论、粮食作物、经济作物、果树、蔬菜作物、饲用及绿肥作物、花卉、药用植物、林木、菌类作物、名录共 11 卷，每卷独立成册，出版时间略有不同。各作物卷首为共同的"导论"，阐述了作物分类、起源和遗传多样性的基本理论和主要观点。

本书设编辑委员会及总主编，各卷均另设主编。本书是由全国 100 多人执笔，历经多年努力，数易其稿完成的。著者大都是长期工作在作物种质资源学科领域的优秀科学家，具有丰富工作经验，掌握大量科学资料，为本书的写作尽心竭力。在此我们向所有编著人员致以诚挚的谢意！向所有关心和支持本书出版的专家和领导表示衷心的感谢！

本书集科学性、知识性、实用性于一体，是作物种质资源学专著。希望本书的出版对中国作物种质资源学科的发展起到促进作用。由于我们的学术水平和写作能力有限，书中的错误和缺点在所难免，希望广大读者提出宝贵意见。

编辑委员会

2018 年 6 月于北京

菌类作物卷

目录

Contents

Foreword

菌类作物卷

导　论

第一节　中国作物的多样性

作物是指对人类有价值并为人类有目的地种植栽培并收获利用的植物。从这个意义上说，作物就是栽培植物。狭义的作物概念指粮食作物、经济作物和园艺作物；广义的作物概念泛指粮食、经济、园艺、牧草、绿肥、林木、药材、花草等一切人类栽培的植物。在农林生产中，作物生产是根本。作物生产为人类生命活动提供能量和其他物质基础，也为以植物为食的动物和微生物的生命活动提供能量。所以说，作物生产是第一性生产，畜牧生产是第二性生产。作物能为人类提供多种生活必需品，例如蛋白质、淀粉、糖、油、纤维、燃料、调味品、兴奋剂、维生素、药、毒药、木材等，还可以保护和美化环境。从数千年的历史看，粮食安全是保障人类生活、社会安定的头等大事，食物生产是其他任何生产不能取代的；从现代化的生活看，环境净化、美化是人类生活不可缺少的，所有这些需求均有赖于多种多样的栽培植物提供。

一、中国历代的作物

我国作为世界四大文明发源地之一，作物生产历史非常悠久，从最先开始驯化野生植物发展到现代作物生产已近万年。在新石器时代，人们根据漫长的植物采集活动中积累的经验，开始把一些可供食用的植物驯化成栽培植物。例如，在至少8 000年前，谷子就已经在黄河流域得到广泛种植，黍稷也同时被北方居民所驯化。以关中、晋南和豫西为中心的仰韶文化和以山东为中心的北辛—大汶口文化均以种植粟黍为特征，北部辽燕地区的红山文化也属粟作农业区。在南方，水稻最早被驯化，在浙江余姚河姆渡发现了距今近7 000年的稻作遗存，在湖南彭头山也发现了距今约9 000年的稻作遗存。刀耕火种农业和迁徙式农业是这个时期农业的典型特征。一直到新石器时代晚期，随着犁耕工具的出现，以牛耕和铁耕为标志的古代传统农业才开始逐渐成形。

从典籍中可以比较清晰地看到在新石器时代之后我国古代作物生产发展演变的脉络。例如，在《诗经》（前11—前6世纪）中频繁地出现黍的诗，说明当时黍已经成为我国最主要的粮食作物，其他粮食作物如谷子、水稻、大豆、大麦等也被提及。同时，《诗经》还提到了韭菜、冬葵、菜瓜、蔓菁、萝卜、葫芦、莼菜、竹笋等蔬菜作物，榛、栗、桃、李、梅、杏、枣等果树作物，桑、花椒、大麻等纤维、染料、药材、林木等作物。此外，在《诗经》中还对黍稷和大麦有品种分类的记载。《诗经》和另一本同时期著作《夏小正》

还对植物的生长发育如开花结实等的生理生态特点有比较详细的记录，并且这些知识被广泛用于指导当时的农事活动。

在春秋战国时期（前770—前221），由于人们之间的交流越来越频繁，人们对植物与环境之间的关系认识逐渐加深，对适宜特定地区栽培的作物和适宜特定作物生长的地区有了更多了解。因此，在这个时期，不少作物的种植面积在不断扩大。

在秦汉至魏晋南北朝时期（前221—公元589），古代农业得到进一步发展。尤其是公元前138年西汉张骞出使西域，在打通了东西交流的通道后，很多西方的作物引入了我国。据《博物志》记载，在这个时期，至少胡麻、蚕豆、苜蓿、胡瓜、石榴、胡桃和葡萄等从西域引到了中国。另外，由于秦始皇和汉武帝大举南征，我国南方和越南特产的作物的种植区域迅速向北延伸，这些作物包括甘蔗、龙眼、荔枝、槟榔、橄榄、柑橘、薏苡等。北魏贾思勰所著的《齐民要术》是我国现存最早的一部完整农书，书中提到的栽培植物有70多种，分为四类，即谷物（卷二）、蔬菜（卷三）、果树（卷四）和林木（卷五）。《齐民要术》中对栽培植物的变异即品种资源给予了充分的重视，并且对引种和人工选种做了比较详尽的描述。例如，大蒜从河南引种到山西就变成了百子蒜，芜菁引种到山西后根也变大，谷子选种时需选"穗纯色者"等。

在隋唐宋时期（581—1279），人们对栽培植物（尤其是园林植物和药用植物）的兴趣日益增长，不仅引种驯化的水平在不断提高，生物学认识也日趋深入。约成书于7世纪或8世纪初的《食疗本草》记述了160多种粮、油、蔬、果植物，从这本书中可以发现这个时期的一些作物变化特点，如一些原属粮食的作物已向蔬菜转化，还在不断驯化新的作物（如牛蒡子、苋菜等）。同时，在隋唐宋时期还不断引入新的作物种类，如莴苣、菠菜、小茴香、龙胆香、安息香、波斯枣、巴旦杏、油橄榄、水仙花、木波罗、金钱花等。在这个时期，园林植物包括花卉的驯化与栽培得到了空前的发展，人们对花木的引种、栽培和嫁接进行了大量研究和实践。

在元明清时期（1206—1911），人们对药用植物和救荒食用植物的研究大大提高了农艺学知识水平。清代的植物学名著《植物名实图考》记载了1 714种植物，其中谷类作物有52种、蔬菜176种、果树102种。明末清初，随着中外交流的增多，一些重要的粮食作物和经济作物开始传入中国，其中包括甘薯、玉米、马铃薯、番茄、辣椒、菊芋、甘蓝、花椰菜、烟草、花生、向日葵、大丽花等，这些作物的引进对我国人民的生产和生活影响很大。明清时期是我国人口增长快而灾荒频繁的时期，寻找新的适应性广、抗逆性强、产量高的粮食作物成为摆在当时社会面前的重要问题。16世纪后半叶甘薯和玉米的引进在很大程度上解决了当时的粮食问题。18世纪中叶和19世纪初，玉米已在我国大规模推广，成为仅次于水稻和小麦的重要粮食作物。另外，明末传入我国的烟草也给当时甚至今天的人民生活带来了巨大影响。

二、中国当代作物的多样性

近百年来中国栽培的主要作物有600多种（林木未计在内），其中粮食作物30多种，经济作物约70种，果树作物约140种，蔬菜作物110多种，饲用植物（牧草）约50种，观赏植物（花卉）130余种，绿肥作物约20种，药用作物50余种（郑殿升，2000）。林木中主要造林树种约 210 种（刘旭，2003）。

　　总体来看，50 多年来，我国的主要作物种类没有发生重大变化。我国种植的作物长期以粮食作物为主。20 世纪 80 年代以后，实行农业结构调整，经济作物和园艺作物种植面积和产量才有所增加。我国最重要的粮食作物曾是水稻、小麦、玉米、谷子、高粱和甘薯。现在谷子和高粱的生产已明显减少。高粱在 20 世纪 50 年代以前是我国东北地区的主要粮食作物，也是华北地区的重要粮食作物之一，但现今面积已大大缩减。谷子（粟），虽然在其他国家种植很少，但在我国一直是北方的重要粮食作物之一。民间常说，小米加步枪打败了日本帝国主义，可见 20 世纪 50 年代以前粟在我国北方粮食作物中的地位十分重要，现今面积虽有所减少，但仍不失为北方比较重要的粮食作物。玉米兼作饲料作物，近年来发展很快，已成为我国粮饲兼用的重要作物，其总产量在我国已超过水稻、小麦而居第一位。我国历来重视豆类作物生产。自古以来，大豆就是我国粮油兼用的重要作物。我国豆类作物之多为任何国家所不及，豌豆、蚕豆、绿豆、红小豆种植历史悠久，分布很广；菜豆、豇豆、红扁豆、饭豆种植历史也在千年以上；木豆、刀豆等引入我国后都有一定种植面积。荞麦在我国分布很广，由于生育期短，多作为备荒、填闲作物。在薯类作物中，甘薯多年来在我国部分农村充当粮食，而马铃薯通常主要作蔬菜，木薯近年来在海南和两广地区发展较快。

　　我国最重要的纤维作物仍然是棉花。各种麻类作物中，苎麻历来是衣着和布匹原料；黄麻、红麻、青麻、大麻是绳索和袋类原料。我国最重要的糖料作物仍然是南方的甘蔗和北方的甜菜，甜菊自 20 世纪 80 年代引入我国后至今仍有少量种植。茶和桑是我国的古老作物，前者是饮料，后者是家蚕饲料。作为饮料的咖啡是海南省的重要作物。

　　我国最重要的蔬菜作物，白菜、萝卜和芥菜种类极多，遍及全国各地。近数十年来番茄、茄子、辣椒、甘蓝、花椰菜等也成为头等重要的蔬菜。我国的蔬菜中瓜类很多，如黄瓜、冬瓜、南瓜、丝瓜、瓠瓜、苦瓜、西葫芦等。葱、姜、蒜、韭是我国人民离不开的菜类。绚丽多彩的水生蔬菜，如莲藕、茭白、荸荠、慈姑、菱、芡实、莼菜等更是独具特色。近 10 余年来引进多种新型蔬菜，城市的餐桌正在发生变化。

　　我国最重要的果树作物，在北方梨、桃、杏的种类极多；山楂、枣、猕猴桃在我国分布很广，野生种多；苹果、草莓、葡萄、柿、李、石榴也是常见水果。在南方柑橘类十分丰富，有柑、橘、橙、柚、金橘、柠檬及其他多种；香蕉种类多，生产量大；荔枝、龙眼、枇杷、梅、杨梅为我国原产；椰子、菠萝、木瓜、芒果等在海南等地和台湾省普遍种植。干果中核桃、板栗、榛、榧、巴旦杏也是受欢迎的果品。

　　在作物中，种类的变化最大的是林木、药用作物和观赏作物。林木方面，我国有乔木、灌木、竹、藤等树种 9 300 多种，用材林、生态林、经济林、固沙林等主要造林树种约 210 种，最多的是杨、松、柏、杉、槐、柳、榆，以及枫、桦、栎、桉、桐、白蜡、皂角、银杏等。中国的药用植物过去种植较少，以采摘野生为主，现主要来自栽培。现药用作物约有 250 种，甚至广西药用植物园已引种栽培药用植物近 3 000 种，分属菊科、豆科等 80 余科，其中既有大量的草本植物，又有众多的木本植物、藤本植物和蕨类植物等，而且种植方式和利用部位各不相同。观赏作物包括人工栽培的花卉、园林植物和绿化植物，其中部分观赏作物也是林木的一部分。据统计，中国原产的观赏作物有 150 多科、554 属、

1 595种（薛达元，2005）。牡丹、月季、杜鹃、百合、梅、兰、菊、桂种类繁多，荷花、茶花、茉莉、水仙品种名贵。

第二节　作物的起源与进化

一切作物都是由野生植物经栽培、驯化而来。作物的起源与进化就是研究某种作物是在何时、何地，由什么野生植物驯化而来的，怎样演化成现在这样的作物的。研究作物的起源与进化对收集作物种质资源、改良作物品种具有重要意义。

大约在中石器时代晚期或新石器时代早期，人类开始驯化植物，距今约 10 000 年。被栽培驯化的野生植物物种是何时形成的也很重要。一般说来，最早的有花植物出现在距今 1 亿多年前的中生代白垩纪，并逐渐在陆地上占有了优势。到距今 6 500 万年的新生代第三纪草本植物的种数大量增加，到距今 200 万年的第四纪植物的种数继续增加，以至到现在仍有些新的植物种出现，同时有些植物种在消亡。

一、作物起源的几种学说

作物的起源地是指这一作物最早由野生变成栽培的地方。一般说来，在作物的起源地，该作物的基因较丰富，并且那里有它的野生祖先，所以了解作物的起源地对收集种质资源有重要意义，因而 100 多年来不少学者研究作物的起源地，形成了不少理论和学说。各个学说的共同点是植物驯化发生于世界上不同地方，这一点是科学界的普遍认识。

（一）康德尔作物起源学说的要点

瑞士植物学家康德尔（Alphonse de Candolle，1806—1893）在 19 世纪 50 年代之前还一直是一个物种的神创论者，但后来他逐渐改变了观点。他是最早的作物起源研究奠基人，他研究了很多作物的野生近缘种、历史、名称、语言、考古证据、变异类型等资料，认为判断作物起源的主要标准是看栽培植物分布地区是否有形成这种作物的野生种存在。他的名著《栽培植物的起源》（1882）涉及 247 种栽培植物，给后人研究作物起源树立了典范。尽管从现在看来，书中引用的资料不全，甚至有些资料是错误的，但他在作物起源研究上的贡献是不可磨灭的。康德尔的另一大贡献是 1867 年首次起草了国际植物学命名规则。这个规则一直沿用至今。

（二）达尔文进化论的要点

英国博物学家达尔文（Charles Darwin，1809—1882）在对世界各地进行考察后，于 1859 年出版了名著《物种起源》。在这本书中，他提出了以下几方面与起源和进化有关的理论：①进化肯定存在；②进化是渐进的，需要几千年到上百万年；③进化的主要机制是自然选择；④现存的物种来自同一个原始的生命体。他还提出在物种内的变异是随机发生的，每种生物的生存与消亡是由它适应环境的能力来决定的，适者生存。

（三）瓦维洛夫作物起源学说的要点

苏联遗传学家瓦维洛夫（N. I. Vavilov，1887—1943）不仅是研究作物起源的著名学者，同时也是植物种质资源学科的奠基人。在20世纪20～30年代，他组织了若干次遍及四大洲的考察活动，对各地的农作系统、作物的利用情况、民族植物学甚至环境情况进行了仔细的分析研究，收集了多种作物的种质资源15万份，包括一部分野生近缘种，对它们进行了表型多样性研究。最后，瓦维洛夫提出了一整套关于作物起源的理论。

在瓦维洛夫的作物起源理论中，最重要的是作物起源中心理论。在他于1926年撰写的《栽培植物的起源中心》一文中，提出研究变异类型就可以确定作物的起源中心，具有最大遗传多样性的地区就是该作物的起源地。进入20世纪30年代以后，瓦维洛夫对自己的学说不断修正，又提出确定作物起源中心不仅要根据该作物的遗传多样性的情况，而且还要考虑该作物野生近缘种的遗传多样性，并且还要参考考古学、人文学等资料。瓦维洛夫经过多年增订，于1935年分析了600多个物种（包括一部分野生近缘种）的表型遗传多样性的地理分布，发表了《主要栽培植物的世界起源中心》［Мировые очаги（центры происхождения）важнейших культурных растений］。在这篇著名的论文中，瓦维洛夫指出，主要作物有8个起源中心，外加3个亚中心（图0-1）。这些中心在地理上往往被沙漠或高山所隔离。它们被称为"原生起源中心"（primary centers of origin）。作物野生近

图 0-1 瓦维洛夫的栽培植物起源中心

1. 中国 2. 印度 2a. 印度—马来亚 3. 中亚 4. 近东

5. 地中海地区 6. 埃塞俄比亚 7. 墨西哥南部和中美洲

8. 南美洲（秘鲁、厄瓜多尔、玻利维亚） 8a. 智利 8b. 巴西和巴拉圭

（引自 Harlan，1971）

缘种和显性基因常常存在于这类中心之内。瓦维洛夫又发现在远离这类原生起源中心的地方，有时也会产生很丰富的遗传多样性，并且那里还可能产生一些变异是在其原生起源中心没有的。瓦维洛夫把这样的地区称为"次生起源中心"（secondary centers of origin）。在次生起源中心内常有许多隐性基因。瓦维洛夫认为，次生起源中心的遗传多样性是由于作物自其原生起源中心引到这里后，在长期地理隔离的条件下经自然选择和人工选择而形成的。

瓦维洛夫把非洲北部地中海沿岸和环绕地中海地区划作地中海中心；把非洲的阿比西尼亚（今埃塞俄比亚）作为世界作物起源中心之一；把中亚作为独立于前亚（近东）之外的另一个起源中心；中美和南美各自是一个独立的起源中心；再加上中国和印度（印度—马来亚）两个中心，就是瓦维洛夫主张的世界八大主要作物起源中心。

"变异的同源系列法则"（the Law of Homologous Series in Variation）也是瓦维洛夫的作物起源理论体系中的重要组成部分。该理论认为，在同一个地理区域，在不同的作物中可以发现相似的变异。也就是说，在某一地区，如果在一种作物中发现存在某一特定性状或表型，那么也就可以在该地区的另一种作物中发现同一种性状或表型。Hawkes（1983）认为这种现象应更准确地描述为"类似（analogous）系列法则"，因为可能不同的基因位点与此有关。Kupzov（1959）则把这种现象看作是在不同种中可能在同一位点发生了相似的突变，或是不同的适应性基因体系经过进化产生了相似的表型。基因组学的研究成果也支持了该理论。

此外，瓦维洛夫还提出了"原生作物"和"次生作物"的概念。"原生作物"是指那些很早就进行了栽培的古老作物，如小麦、大麦、水稻、大豆、亚麻和棉花等；"次生作物"指那些开始是田间的杂草，然后较晚才慢慢被拿来栽培的作物，如黑麦、燕麦、番茄等。瓦维洛夫对于地方品种的意义、外国和外地材料的意义、引种的理论等方面都有重要论断。

瓦维洛夫的"作物八大起源中心"提出之后，其他研究人员对该理论又进行了修订。在这些研究人员中，最有影响的是瓦维洛夫的学生茹科夫斯基（Zhukovsky），他在1975年提出了"栽培植物基因大中心（megacenter）理论"，认为有12个大中心，这些大中心几乎覆盖了整个世界，仅仅不包括巴西、阿根廷南部，加拿大、西伯利亚北部和一些地处边缘的国家。茹科夫斯基还提出了与栽培种在遗传上相近的野生种的小中心（micro-center）概念。他指出野生种和栽培种在分布上有差别，野生种的分布很窄，而栽培种分布广泛且变异丰富。他还提出了"原生基因大中心"的概念，认为瓦维洛夫的原生起源中心地区狭窄，而把栽培种传播到的地区称为"次生基因大中心"。

（四）哈兰作物起源理论的要点

美国遗传学家哈兰（Harlan）指出，瓦维洛夫所说的作物起源中心就是农业发展史很长，并且存在本地文明的地域，其基础是认为作物变异的地理区域与人类历史的地理区域密切相关。但是，后来研究人员在对不同作物逐个进行分析时，却发现很多作物并没有起源于瓦维洛夫所指的起源中心之内，甚至有的作物还没有多样性中心存在。

以近东为例，在那里确实有一个小的区域曾有大量动植物被驯化，可以认为是作物起源中心之一；但在非洲情况却不一样，撒哈拉以南地区和赤道以北地区到处都存在植物驯化活动，这样大的区域难以称为"中心"，因此哈兰把这种地区称为"泛区"（non-center）。他认为在其他地区也有类似情形，如中国北部肯定是一个中心，而东南亚和南太平洋地区可称为"泛区"；中美洲肯定是一个中心，而南美洲可称为"泛区"。基于以上考虑，哈兰（1971）提出了他的"作物起源的中心与泛区理论"。然而，后来的一些研究对该理论又提出了挑战。例如，研究发现近东中心的侧翼地区包括高加索地区、巴尔干地区和埃塞俄比亚也存在植物驯化活动；在中国，由于新石器时代的不同文化在全国不同地方形成，哈兰所说的中国北部中心实际上应该大得多；中美洲中心以外的一些地区（包括密西西比河流域、亚利桑那和墨西哥东北部）也有植物的独立驯化。因此，哈兰（1992）最后又抛弃了以前他本人提出的理论，并且认为已没有必要谈起源中心问题。

哈兰（1992）根据作物进化的时空因素，把作物的进化类型分为以下几类：

1. 土著（endemic）作物　指那些在一个地区被驯化栽培，并且以后也很少传播的作物。例如，起源于几内亚的臂形草属植物 *Brachiaria deflexa*、埃塞俄比亚的树头芭蕉（*Ensete ventricosa*）、西非的黑马唐（*Digitaria iburua*）、墨西哥古代的莠狗尾草（*Setaria geniculata*）、墨西哥的美洲稷（*Panicum sonorum*）等。

2. 半土著（semiendemic）作物　指那些起源于一个地区但有适度传播的作物。例如，起源于埃塞俄比亚的苔麸（*Eragrostis tef*）和 *Guizotia abyssinica*（它们还在印度的某些地区种植）、尼日尔中部的非洲稻（*Oryza glaberrima*）等。

3. 单中心（monocentric）作物　指那些起源于一个地区但传播广泛且无次生多样性中心的作物。例如，咖啡、橡胶等。这类作物往往是新工业原料作物。

4. 寡中心（oligocentric）作物　指那些起源于一个地区但传播广泛且有一个或多个次生多样性中心的作物。例如，所有近东起源的作物（包括大麦、小麦、燕麦、亚麻、豌豆、扁豆、鹰嘴豆等）。

5. 泛区（noncentric）作物　指那些在广阔地域均有驯化的作物，至少其中心不明显或不规则。例如，高粱、普通菜豆、油菜（*Brassica campestris*）等。

1992 年，哈兰在他的名著《作物和人类》（第二版）一书中继续坚持他多年前就提出的"作物扩散起源理论"（diffuse origins）。其意思是说，作物起源在时间和空间上可以是扩散的，即使一种作物在一个有限的区域被驯化，在它从起源中心向外传播的过程中，这种作物会发生变化，而且不同地区的人们可能会给这种作物迥然不同的选择压力，这样到达某一特定地区后形成的作物与其原先的野生祖先在生态上和形态上会完全不同。他举了一个玉米的例子，玉米最先在墨西哥南部被驯化，然后从起源中心向各个方向传播。欧洲人到达美洲时，玉米已经在从加拿大南部至阿根廷南部的广泛地区种植，并且在每个栽培地区都形成了具有各自特点的玉米种族。有意思的是，在一些比较大的地区，如北美，只有少数种族，并且类型相对单一；而在一些小得多的地区，包括墨西哥南部、危地马拉、哥伦比亚部分地区和秘鲁，却有很多种族，有些种族的变异非常丰富，在秘鲁还发现很多与其起源中心截然不同的种族。

（五）郝克斯作物起源理论的要点

郝克斯（Hawkes，1983）认为作物起源中心应该与农业的起源地区别开来，从而提出了一套新的作物起源中心理论。在该理论中把农业起源的地方称为核心中心，而把作物从核心中心传播出来，又形成类型丰富的地区称为多样性地区（表 0-1）。同时，郝克斯用"小中心"来描述那些只有少数几种作物起源的地方。

表 0-1　栽培植物的核心中心和多样性地区

(Hawkes, 1983)

核心中心	多样性地区	外围小中心
A. 中国北部（黄河以北的黄土高原地区）	Ⅰ. 中国	1. 日本
	Ⅱ. 印度	2. 新几内亚
	Ⅲ. 东南亚	3. 所罗门群岛、斐济、南太平洋
B. 近东（新月沃地）	Ⅳ. 中亚	4. 欧洲西北部
	Ⅴ. 近东	
	Ⅵ. 地中海地区	
	Ⅶ. 埃塞俄比亚	
	Ⅷ. 西非	
C. 墨西哥南部（Tehuacan 以南）	Ⅸ. 中美洲	5. 美国、加拿大
		6. 加勒比海地区
D. 秘鲁中部至南部（安第斯地区、安第斯坡地东部、海岸带）	Ⅹ. 安第斯地区北部（委内瑞拉至玻利维亚）	7. 智利南部
		8. 巴西

（六）确定作物起源中心的基本方法

如何确定某一种特定栽培植物的起源地，是作物起源研究的中心课题。康德尔最先提出只要找到这种栽培植物的野生祖先的生长地，就可以认为这里是它最初被驯化的地方。但问题是：①往往难以确定在某一特定地区的植物是否真的野生类型，因为可能是从栽培类型逃逸出去的类型；②有些作物（如蚕豆）在自然界没有发现存在其野生祖先；③野生类型生长地也并非就一定是栽培植物的起源地，如在秘鲁存在多个番茄野生种，但其他证据表明栽培番茄可能起源于墨西哥；④随着科学技术的发展，发现以前认定的野生祖先其实与栽培植物并没有关系。例如，在历史上曾认为生长在智利、乌拉圭和墨西哥的野生马铃薯是栽培马铃薯的野生祖先，但后来发现它们与栽培马铃薯亲缘并不近。因此在研究过程中必须谨慎。

此外，在研究作物起源时，还需要谨慎对待历史记录的证据和语言学证据。由于绝大多数作物的驯化出现在文字出现之前，后来的历史记录往往源于民间传说或神话，并且在很多情况下以讹传讹地流传下来。例如，罗马人认为桃来自波斯，因为他们在波斯发现了桃，故而把桃的拉丁文学名定为 *Prunus persica*，而事实上桃最先在中国驯化，然后在罗马时代传到波斯。谷子的拉丁文定名为 *Setaria italica* 也有类似情况。

因此，在研究作物起源时，应该把植物学、遗传学和考古学证据作为主要的依据，即要特别重视作物本身的多样性，其野生祖先的多样性，以及考古学的证据。历史学和语言学证据只是一个补充和辅助性依据。

二、几个重要的世界作物起源中心

（一）中国作物起源中心

在瓦维洛夫的《主要栽培植物的世界起源中心》中涉及 666 种栽培植物，他认为其中有 136 种起源于中国，占 20.4%，因此中国成了世界栽培植物八大起源中心的第一起源中心。以后作物起源学说不断得到补充和发展，但中国作为世界作物起源中心的地位始终为科学界所公认。卜慕华（1981）列举了我国史前或土生栽培植物 237 种。据估计，我国的栽培植物中，有近 300 种起源于本国，占主要栽培植物的 50% 左右（郑殿升，2000）。由于新石器时代发展起来的文化在全国各地均有发现，作物没有一个比较集中的起源地，因此把整个中国作为一个作物起源中心。有趣的是，在 19 世纪以前中国本土起源的作物向外传播得非常慢，而引进栽培植物却很早，且传播得快。例如，在 3 000 多年前引进的作物就有大麦、小麦、高粱、冬瓜、茄子等，而蚕豆、豌豆、绿豆、苜蓿、葡萄、石榴、核桃、黄瓜、胡萝卜、葱、蒜、红花和芝麻等引进我国至少也有 2 000 多年了（卜慕华，1981）。

1. 中国北方起源的作物　中国出现人类的历史已有 150 万～170 万年。在我国北方尤其是黄河流域，新石器时代早期出现的磁山—裴李岗文化距今 7 000～8 500 年，在这段时间里人们驯化了猪、狗和鸡等动物，同时开始种植谷子、黍稷、胡桃、榛、橡树、枣等作物，其驯化中心在河南、河北和山西一带（黄其煦，1983）。总的来看，北方的古代农业以谷子和黍稷为根本。

在中国北方起源的作物主要是谷子、黍稷、大豆、小豆等；果树和蔬菜主要的有萝卜、芜菁、荸荠、韭菜、地方种甜瓜等，驯化的温带果树主要有中国苹果（沙果）、梨、李、栗、樱桃、桃、杏、山楂、柿、枣、黑枣（君迁子）等；还有纤维作物大麻、青麻等；油料作物紫苏；药用作物人参、杜仲、当归、甘草等，还有银杏、山核桃、榛子等。

2. 中国南方起源的作物　在我国南方，新石器时代的文化得到独立发展。在长江流域尤其是下游地区，人们很早就驯化植物，其中最重要的就是水稻（*Oryza sativa*），其开始驯化的时间至少在 7 000 年以前（严文明，1982）。竹的种类极为丰富。在中国南方被驯化的木本植物还有茶树、桑树、油桐、漆树（*Rhus vernicifera*）、蜡树（*Rhus succedanea*）、樟树（*Cinnamomum camphora*）、榧等；蔬菜作物主要有芸薹属的一些种、莲藕、百合、茭白（菰）、水菱、慈姑、芋类、甘露子、莴笋、丝瓜、茼蒿等，白菜和芥菜可能也起源于南方；果树中主要有柑橘类的多个物种，如枸橼类、檬类、柚类、柑类、橘类、金橘类、枳类等，还有枇杷、梅、杨梅、海棠等；粮食作物有食用稗、芡实、菜豆、玉米的蜡质种等；纤维作物有苎麻、葛等；绿肥作物有紫云英等。华南及沿海地区最早驯化栽培的作物可能是荔枝、龙眼等果树，以及一些块茎类作物和辛香作物，如花椒、肉桂（*Cinnamomum cassia*）、八角等，还有甘蔗的本地种（*Sacharum sinense*）及一些水生植物和竹类等。

（二）近东作物起源中心

近东包括亚洲西南部的阿拉伯半岛、土耳其、伊拉克、叙利亚、约旦、黎巴嫩、巴勒斯坦地区及非洲东北部的埃及和苏丹。这里的现代人在2万多年前产生，而农业开始于11 000～12 000年前。众所周知，在美索不达米亚和埃及等地区，高度发达的古代文明出现很早，这些文明成了农业发达的基石。研究表明，在古代近东地区，人们的主要食物是小麦、大麦、绵羊和山羊。小麦和大麦种植的历史均超过万年。以色列、约旦地区可能是大麦的起源地（Badr et al.，2000）。在美索不达米亚流域大麦一度是古代的主要作物，尤其是在南方。4 300年前大麦几乎一度完全代替了小麦，其原因主要是因为灌溉水盐化程度越来越高，小麦的耐盐性不如大麦。在埃及，二粒小麦曾经种植较多。

近东是一个非常重要的作物起源中心，瓦维洛夫把这里称为前亚起源中心，指的主要是小亚细亚全部，还包括外高加索和伊朗。瓦维洛夫在他的《主要栽培植物的世界起源中心》中提出84个种起源于近东。在该地区，广泛分布着野生大麦、野生一粒小麦、野生二粒小麦、硬粒小麦、圆锥小麦、东方小麦、波斯小麦（亚美尼亚和格鲁吉亚）、提莫菲维小麦，还有普通小麦的本地无芒类群，以及小麦的祖先山羊草属的许多物种。已经公认小麦和大麦这两种重要的粮食作物起源于近东地区。黑麦、燕麦、鹰嘴豆、扁豆、羽扇豆、蚕豆、豌豆、箭筈豌豆、甜菜也起源于这里。果树中有无花果、石榴、葡萄、欧洲甜樱桃、巴旦杏，以及苹果和梨的一些物种。起源于这里的蔬菜有胡萝卜、甘蓝、莴苣等。还有重要的牧草苜蓿和波斯三叶草，重要的油料作物胡麻、芝麻（本地特殊类型），以及甜瓜、南瓜、罂粟、芜菁等也起源于这里。

（三）中南美起源中心

美洲早在1万年以前就开始了作物的驯化。但无论其早晚，每个地区均是先驯化豆类、瓜类和椒类（*Capsicum* spp.）。从地域上讲，自美国中西部至少到阿根廷北部都有驯化活动；从时间上讲，作物的驯化和进化至少跨了几千年。在瓦维洛夫的《主要栽培植物的世界起源中心》中把中美和南美作为两个独立的起源中心对待，他提出起源于墨西哥南部和中美的作物有45种，起源于南美的作物有62种。

玉米是起源于美洲的最重要的作物。尽管目前对玉米的来源还存在争论，但已经比较肯定的是玉米驯化于墨西哥西南部，其栽培历史至少超过7 000年（Benz，2001）。最重要的块根作物之一甘薯的起源地可能在南美北部，驯化历史已超过10 000年。另外，包括25种块根块茎作物也起源于美洲，其中包括世界性作物马铃薯和木薯，马铃薯的种类十分丰富。一年生食用豆类的驯化比玉米还早，这些豆类包括普通菜豆、利马豆、红花菜豆和花生等。普通菜豆的祖先分布很广（从墨西哥到阿根廷均有分布），它和利马豆一样可能断断续续驯化了多次。世界上最重要的纤维作物陆地棉（*Gossypium hirsutum*）和海岛棉（*G. barbadense*）均起源于美洲厄瓜多尔和秘鲁、巴西东北部的西海岸地区，驯化历史至少有5 500年。烟草有10个左右的种被驯化栽培过，这些种都起源于美洲，其中最重要的普通烟草（*Nicotiana tabacum*）起源于南美和中美。美洲还驯化了一些高价值水果，包括菠萝、番木瓜、鳄梨、番石榴、草莓等。许多重要蔬菜起源在这个中心，如番茄、辣椒等。番茄的野生种分布在厄瓜多尔和秘鲁海岸沿线，类型丰富。南瓜类型也很多，如西葫芦（*Cucurbita pepo*）是起源于美洲最早的作物之一，至少有 10 000 年的种植历史（Smith，1997）。重要工业原料作物橡胶（*Hevea brasiliensis*）起源于亚马孙地区南部。可可是巧克力的重要原料，它也起源于美洲中心。另外，美洲还是许多优良牧草的起源地。

在北美洲起源的作物为数不多，向日葵是其中之一，它大约是 3 000 年前在密西西比到俄亥俄流域被驯化的。

（四）南亚起源中心

南亚起源中心包括印度的阿萨姆和缅甸的主中心和印度—马来亚地区，在瓦维洛夫的《主要栽培植物的世界起源中心》中提出起源于主中心的有 117 种作物，起源于印度—马来亚地区的有 55 种作物。其中的主要作物包括水稻、绿豆、饭豆、豇豆、黄瓜、苦瓜、茄子、木豆、甘蔗、芝麻、中棉、山药、圆果黄麻、红麻、印度麻（*Crotalaria juncea*）等。薯蓣（*Dioscorea* L.）、薏苡起源于马来半岛，芒果起源于马来半岛和印度，柠檬、柑橘类起源于印度东北部至缅甸西部再至中国南部，椰子起源于南太平洋岛屿，香蕉起源于马来半岛和一些太平洋岛屿，甘蔗起源于新几内亚，等等。

（五）非洲起源中心

地球上最古老的人类出现在约 200 万年前的非洲。当地农业出现至少在 6 000 多年以前（Harlan，1992）。但长期以来，人们对非洲的作物起源情况了解很少。事实上，非洲与其他地方一样也是相当重要的作物起源中心。大量的作物在非洲被首先驯化，其中最重要的世界性作物包括咖啡、高粱、珍珠粟、油棕、西瓜、豇豆和龙爪稷等，另外还有许多主要对非洲人相当重要的作物，包括非洲稻、薯蓣、葫芦等。但与近东地区不同的是，起源于非洲的绝大多数作物的分布范围比较窄（其原因主要来自部落和文化的分布而不是生态适应性），植物驯化没有明显的中心，驯化活动从南到北、从东至西广泛存在。

不过，从古至今，生活在撒哈拉及其周边地区的非洲人一直把采集收获野生植物种子作为一项重要生活内容，甚至把这些种子商业化。在撒哈拉地区北部主要收获三芒草属的一个种（*Aristida pungens* Desf.），在中部主要收获圆锥黍（*Panicum turgidum* Forssk.），在南部主要收获蒺藜草属的 *Cenchrus biflorus* Roxb.。他们收获的野生植物还包括埃塞俄比亚最重要的禾谷类作物苔麸（*Eragrostis tef*）的祖先种画眉草（*E. pilosa*）和一年生巴蒂野生稻（*Oryza glaberrima* spp. *barthii*）等。

三、与作物进化相关的基本理论

作物的进化就是一个作物的基因源（gene pool，或译为基因库）在时间上的变化。一个作物的基因源是该作物中的全部基因。随着时间的推移，作物基因源内含有的基因会发生变化，由此带来作物的进化。自然界中作物的进化不是在短时间内形成的，而是在漫长的历史时期进行的。作物进化的机制是突变、自然选择、人工选择、重组、遗传漂变（genetic drift）和基因流动（gene flow）。一般说来，突变、重组和基因流动可以使基因源中的基因增加，遗传漂变、人工选择和自然选择常常使基因源中的基因减少。自然界中，在这些机制的共同作用下，植物群体中遗传变异的总量是保持平衡的。

（一）突变在作物进化中的作用

突变是生命过程中 DNA 复制时核苷酸序列发生错误造成的。突变产生新基因，作为选择创造材料，是生物进化的重要源泉。自然界生物中突变是经常发生的（详见第四节）。自花授粉作物很少发生突变，杂种或杂合植物发生突变的概率相对较高。自然界发生的突变多数是有害的，中性突变和有益突变的比例各占多少不得而知，可能与环境及性状的具体情况有关。绝大多数新基因常常在刚出现时便被自然选择所淘汰，到下一代便丢失。但是，由于突变有重复性，有些基因会多次出现，每个新基因的结局因环境和基因本身的性质而不同。对生物本身有害的基因，通常一出现就被自然选择所淘汰，难以进入下一代。但有时它不是致命的害处，又与某个有益基因紧密连锁，或因突变与选择之间保持着平衡，有害基因也可能低频率地被保留下来。中性基因，大多在它们出现后很早便丢失。其保留的情况与群体大小和出现频率有关。有利基因，大多出现以后也会丢失，但它会重复出现，经过若干世代，丢失几次后，在群体中的比例逐渐增加，以至保留下来。基因源中基因的变化带来物种进化。

（二）自然选择在作物进化中的作用

达尔文是第一个提出自然选择是物种起源主要动力的科学家。他提出，"适者生存"就是自然选择的过程。自然选择在作物进化中的作用是消除突变中产生的不利性状，保留适应性状，从而导致物种的进化。环境的变化是生物进化的外因，遗传和变异是生物进化的内因。定向的自然选择决定了生物进化的方向，即在内因和外因的共同作用下，后代中一些基因型的频率逐代增高，另一些基因型的频率逐代降低，从而导致性状变化。例如，稻种的自然演化，就是稻种在不同环境条件下受自然界不同的选择压力而导致了各种类型的水稻产生。

（三）人工选择在作物进化中的作用

人工选择是指在人为的干预下，按人类的要求对作物加以选择的过程，结果是把合乎人类要求的性状保留下来，使控制这些性状的基因频率逐代增大，从而使作物的基因源（gene pool）朝着一定方向改变。人工选择自古以来就是推动作物生产发展的重要因素。古代，人们对作物（主要指禾谷类作物）的选择主要在以下两方面：第一是与收获有关的性状，结果是种子落粒性减弱、强化了有限生长、穗变大或穗变多、花的育性增加等，总的趋势是提高种子生产能力；第二是与幼苗竞争有关的性状，结果是通过种子变大、种子中蛋白质含量变低且碳水化合物含量变高，使幼苗活力提高，另外通过去除休眠、减少颖片和其他种子附属物使发芽更快。现代，人们还对产品的颜色、风味、质地及储藏品质等进行选择，这样就形成了不同用途的或不同类型的品种。由于在传统农业时期人们偏爱种植混合了多个穗的种子，所以形成的"农家品种"（地方品种）具有较高的遗传多样性。近代育种着重选择纯系，所以近代育成品种的遗传多样性较低。

（四）人类迁移和栽培方式在作物进化中的作用

农民的定居使他们种植的作物品种产生对其居住地区的适应性。但农民有时也有迁移活动，他们往往把种植的品种或其他材料带到一个新地区。这些品种或材料在新地区直接种植，并常与当地品种天然杂交，产生新的变异类型。这样，就使原先有地理隔离和生态分化的两个群体融合在一起了（重组）。例如，美国玉米带的玉米就是北方硬粒类型和南方马齿类型由人们不经意间带到一起演化而来。

栽培方式也对作物的驯化和进化有影响。例如，在西非一些地区，高粱是育苗移栽的，这和亚洲的水稻栽培相似，其结果是形成了高粱的移栽种族；另外，当地人们还在雨季种植成熟期要比移栽品种长近1倍的雨养种族。这两个种族也有相互杂交的情况，这样又产生了新的高粱类型。

（五）重组在进化中的作用

重组可以把父母本的基因重新组合到一个后代中。它可以把不同时间、不同地点出现的基因聚到一起。重组是遵循一定遗传规律发生的，它基于同源染色体间的交换。基因在染色体上作线性排列，同源染色体间交换便带来基因重组。重组不仅能发生在基因之间，而且还能发生在基因之内。一个基因内的重组可以形成一个新的等位基因。重组在进化中有重要意义。在作物育种工作中，杂交育种就是利用重组和选择的机制促进作物进化，达到人类要求的目的。

（六）基因流动与杂草型植物在作物进化中的作用

当一个新群体（物种）迁入另一个群体中时，它们之间发生交配，新群体能给原有群体带来新基因，这就是基因流动。当野生种侵入栽培作物的生境后，经过长期的进化，形成了作物的杂草类型。杂草类型的形态学特征和适应性介于栽培类型和野生类型之间，它们适应了那种经常受干扰的环境，但又保留了野生类型的易落粒习性、休眠性和种子往往有附属物存留的特点。已有大量证据表明杂草类型在作物驯化和进化中起着重要作用。尽管杂草类型和栽培类型之间存在相当强的基因流动屏障，这样彼此之间不可能发生大规模的杂交，但研究发现，当杂草类型和栽培类型生活在一起时，确实偶尔也会发生杂交事件，杂交的结果就是使下代群体有了更大的变异。正如 Harlan（1992）所说，该系统在进化上是相当完美的，因为如果杂草类型和栽培类型之间发生了太多的基因流动，就会损害作物，甚至两者可能会融为一个群体，从而导致作物被抛弃；但是，如果基因流动太少，在进化上也就起不到多大作用。这就意味着基因流动屏障要相当强但又不能滴水不漏，这样才能使该系统起到作用。

四、与作物进化有关的性状演化

与作物进化有关的性状是指那些在作物和它的野生祖先之间存在显著差异的性状。总的来说，与野生祖先比较，作物有以下特点：①与其他种的竞争力降低；②收获器官及相关部分变大；③收获器官有丰富的形态变异；④往往有广泛的生理和环境适应性；⑤落粒性降低或丧失；⑥自我保护机制削弱或丧失；⑦营养繁殖作物的不育性提高；⑧生长习性改变，如多年生变成一年生；⑨发芽迅速且均匀，休眠期缩短或消失；⑩在很多作物中产生了耐近交机制。

（一）种子繁殖作物

1. 落粒性　落粒性的进化主要是与收获有关的选择有关。研究表明，落粒性一般是由 1 对或 2 对基因控制。在自然界可以发现半落粒性的情况，但这种类型并不常见。不过在有的情况下，半落粒性也有其优势，如半落粒的埃塞俄比亚杂草燕麦和杂草黑麦就一直保留下来。落粒性和穗的易折断程度往往还与收获的方法有关。例如，北美的印第安人在收获草本植物种子时是用木棒把种子打到篮子中，这样易折断的穗反而变成了一种优势。这可能也是为什么在美洲有多种草本植物被收获或种植，但驯化的禾谷类作物却很少的原因之一。

2. 生长习性　生长习性的总进化方向是有限生长更加明显。禾谷类作物中生长习性可以分为两大类：一类是以玉米、高粱、珍珠粟和薏苡等为代表，其野生类型有多个侧分枝，驯化和进化的结果是因侧分枝减少而穗更少了、穗更大了、种子更大了、对光照的敏感性更强了、成熟期更整齐了；另一类以小麦、大麦、水稻等为代表，主茎没有分枝，驯化和进化的结果是各个分蘖的成熟期变得更整齐，这样有利于全株收获。对前者来说，从很多小穗到少数大穗的演化常常伴随着种子变大的过程，产量的提高主要来自穗变大和粒变大两个因素。这些演化过程的结果造成了栽培类型的形态学与野生类型的形态学有极大的差异。而对小粒作物来说，它们主茎没有分枝，成熟整齐度的提高主要靠在较短时间内进行分蘖，过了某一阶段则停止分蘖。小粒禾谷类作物的产量提高主要来自分蘖增加，大穗和大粒对产量提高也有贡献，但与玉米、高粱等作物相比就不那么突出了。

3. 休眠性　大多数野生草本植物的种子都具有休眠性，这种特性对野生植物的适应性是很有利的。野生燕麦、野生一粒小麦和野生二粒小麦对近东地区的异常降雨有很好的适应性，其原因就是每个穗上都有两种种子，一种没有休眠性，另一种有休眠性，前者的数量约是后者的 2 倍。无论降雨的情况如何，野生植物均能保证后代的繁衍。然而对栽培类型来说，种子的休眠一般来说没有好处。因此，栽培类型的种子往往休眠期很短或没有休眠期。

（二）无性繁殖作物

营养繁殖作物的驯化过程和种子作物有较大差别。总的来看，营养繁殖作物的驯化比较容易，而且野生群体中蕴藏着较大的遗传多样性。以木薯（*Manihot* spp.）为例，由于可以用插条来繁殖，只需要剪断枝条，在雨季插入地中，然后就会结薯。营养繁殖作物对选择的效应是直接的，并且可以马上体现出来。如果发现有一个克隆的风味更好或有其他期望性状，就可以立即繁殖它，并培育出品种。在诸如薯蓣和木薯等的大量营养繁殖作物中，很多克隆已失去有性繁殖能力（不开花和花不育），它们被完全驯化，其生存完全依赖于人类。有性繁殖能力的丧失对其他无性繁殖作物如香蕉等是一个期望性状，因为二倍体的香蕉种子多，对食用不利，因此不育的二倍体香蕉突变体被营养繁殖，育成的三倍体和四倍体香蕉（无种子）已被广泛推广。

第三节　作物的分类

作物的分类系统有很多种。例如，按生长年限划分有一年生、二年生（或称越年生）和多年生作物。按生长条件划分有旱地作物和水田作物。按用途可分为粮食作物、经济作物、果树、蔬菜、饲料与绿肥作物、林木、花卉、药用作物等。但是最根本的和各种作物都离不开的是植物学分类。

一、作物的植物学分类及学名

（一）植物学分类的沿革和要点

植物界下常用的分类单位有：门（division）、纲（class）、目（order）、科（family）、属（genus）、种（species）。在各级分类单位之间，有时因范围过大，不能完全包括其特征或系统关系，而有必要再增设一级时，在各级前加"亚"（sub）字，如亚科（subfamily）、亚属（subgenus）、亚种（subspecies）等。科以下除分亚科外，有时还把相近的属合为一族（tribe）；在属下除亚属外，有时还把相近的种合并为组（section）或系（series）。种以下的分类，在植物学上，常分为变种（variety）、变型（form）或种族（race）。

经典的植物分类可以说从 18 世纪开始。林奈（C. Linnaeus，1735）提出以性器官的差异来分类，他在《自然系统》（*Systerma Naturae*）中，根据雄蕊数目、特征及其与雌蕊的关系将植物界分为 24 纲。随后他又在《植物的纲》（*Classes Plantarum*，1738）中列出了 63 个目。到了 19 世纪，康德尔（de Candolle）父子又根据植物相似性程度将植物分为 135 目（科），后发展到 213 科。自 1859 年达尔文的《物种起源》发表后，植物分类逐渐由自然分类走向了系统发育分类。达尔文理论产生的影响有三：①"种"不是特创的，而是在生命长河中由另一个种演化来的，并且是永远演化着的；②真正的自然分类必须是建立在系谱上的，即任何种均出自一个共同祖先；③"种"不是由"模式"显示的，而是由变动着的居群（population）所组成的（吴征镒等，2003）。科学的植物学分类系统是系统发育分类系统，即应客观地反映自然界生物的亲缘关系和演化发展，所以现在广义的分类学又称为系统学。近几十年来，植物分类学应用了各种现代科学技术，衍生出了诸如实验分类学、化学分类学、细胞分类学和数值分类学等研究领域，特别是生物化学和分子生物学的发展大大推动了经典分类学不再停留在描述阶段而向着客观的实验科学发展。

（二）现代常用的被子植物分类系统

现代被子植物的分类系统常用的有四大体系。

（1）德国学者恩格勒（A. Engler）和普兰特（K. Prantl）合著的 23 卷巨著《自然植

物科志（1887—1895）》在国际植物学界有很大影响。Engler 系统将被子植物门分为单子叶植物纲（Monocotyledoneae）和双子叶植物纲（Dicotyledoneae），认为花单性、无花被或具一层花被、风媒传粉为原始类群，因此按花的结构由简单到复杂的方向来表明各类群间的演化关系，认为单子叶植物和双子叶植物分别起源于未知的已灭绝的裸子植物，并把"柔荑花序类"作为原始的有花植物。但是这些观点已被后来的研究所否定，因为多数植物学家认为单子叶植物作为独立演化支起源于原始的双子叶植物；同时，木材解剖学和孢粉学研究已经否认了"柔荑花序类"作为原始的类群。

（2）英国植物学家哈钦松（J. Hutchinson）在 1926—1934 年发表了《有花植物科志》，创立了 Hutchinson 系统，以后 40 年内经过两次修订。该系统将被子植物分为单子叶植物（Monocotyledones）和双子叶植物（Dicotyledones），共描述了被子植物 111 目411 科。他提出两性花比单性花原始；花各部分分离和多数比连合和定数原始；木本比草本原始；认为木兰科是现存被子植物中最原始的科；被子植物起源于 Bennettitales 类植物，分别按木本和草本两支不同的方向演化，单子叶植物起源于双子叶植物的草本支（毛茛目），并按照花部的结构不同，分化为三个进化支，即萼花、冠花和颖花。但由于他坚持把木本和草本作为第一级系统发育的区别，导致了亲缘关系很近的类群被分开，因此该分类系统也存在很大的争议。

（3）苏联学者 A. Takhtajan 在 1954 年提出了 Takhtajan 系统，1964 年和 1966 年又进行修订。该系统仍把被子植物分为木兰纲（双子叶植物纲，Magnoliopsida）和百合纲（单子叶植物纲，Liliopsida），共包括 12 亚纲、53 超目（superorder）、166 目和 533 科。Takhtajan 认为被子植物的祖先应该是种子蕨（Pteridospermae），花各部分分离、螺旋状排列、花蕊向心发育、未分化成花丝和花药，常具三条纵脉，花粉二核，有一萌发孔，外壁未分化，心皮未分化等性状为原始性状。

（4）美国学者 A. Cronquist 在 1958 年创立了 Cronquist 系统，该系统与 Takhtajan 系统相近，但取消了超目这一级分类单元。Cronquist 也认为被子植物可能起源于种子蕨，木兰亚纲是现存的最原始的被子植物。在 1981 年的修订版中，共分 11 亚纲、83 目、383科。这两个系统目前得到了更多学者的支持，但他们在属、科、目等分类群的范围上仍然有较大差异，而且在各类群间的演化关系上仍有不同看法。

Engler 系统和 Hutchinson 系统目前仍被国内外广泛采用。近年来我国当代著名植物分类学家吴征镒等发表了《中国被子植物科属综论》，提出了被子植物的八纲分类系统。他们提出建立被子植物门之下一级分类的原则是：①要反映类群间的系谱关系；②要反映被子植物早期（指早白垩纪）分化的主传代线，每一条主传代线可为一个纲；③各主传代线分化以后，依靠各方面资料并以多系、多期、多域的观点来推断它们的古老性和它们之间的系统关系；④采用 Linnaeus 阶层体系的命名方法（吴征镒等，2003）。该书描述了全世界的 8 纲（class）、40 亚纲（subclass）、202 目（order）、572 科（family）中在中国分布的 157 目、346 科。

（三）作物的植物学分类

"种"是生物分类的基本单位。"种"一般是指具有一定的自然分布区和一定的形态特征和生理特性的生物类群。18 世纪植物分类学家林奈提出，同一物种的个体之间性状相似，彼此之间可以进行杂交并产生能生育的后代，而不同物种之间则不能进行杂交，或即使杂交了也不能产生能生育的后代。这是经典植物学分类最重要的原则之一。但是，在后来针对不同的研究对象时，这个原则并没有始终得到遵守，因为有时不是很适宜，例如，栽培大豆（*Glycine max*）和野生大豆（*Glycine soja*）就能够相互杂交并产生可育的后代；亚洲栽培稻（*Oryza sativa*）和普通野生稻（*Oryza rufipogon*）的关系也是这样。但是，它们一个是野生的，一个是栽培的，一定要把它们划为一个种是不很适宜的。因此，尽管作物的植物学分类非常重要，但是具体到属和种的划分又常常出现争论。回顾各种作物及其野生近缘种的分类历史，可以发现多种作物都面临过分类争议和摇摆不定的情形。例如，各种小麦曾被分类成 2 个种、3 个种、5 个种，甚至 24 个种；有些人把山羊草当作单独的一个属（*Aegilops*），另外一些人又把它划到小麦属（*Triticum*），因为普通小麦三个基因组之中两个来自山羊草。正因为这种例子不胜枚举，故科学家们往往根据自己的经验进行独立的、非正式的人为分类，结果甚至造成了同一作物也存在不同分类系统的局面。因此，当前的植物学分类应遵循“约定俗成”和“国际通用”两个原则，在研究中可以根据科学的发展进行适当修正，尽量贯彻以上提到的“林奈原则”。

作物具有很丰富的物种多样性，因为这些作物来自多个植物科，但大多数作物来自豆科（Leguminosae）和禾本科（Gramineae）。如果只考虑到食用作物，禾本科有 30 种左右的作物，豆科有 40 余种作物。另外，茄科（Solanaceae）有近 20 种作物，十字花科（Cruciferae）有 15 种左右作物，葫芦科（Cucurbitaceae）有 15 种左右作物，蔷薇科（Rosaceae）有 10 余种作物，百合科（Liliaceae）有 10 余种作物，伞形科（Umbelliferae）有 10 种左右作物，天南星科（Araceae）有近 10 种作物。

(四) 作物的学名及其重要性

正因为植物学分类能反映有关物种在植物系统发育中的地位，所以作物的学名按植物分类学系统确定。国际通用的物种学名采用的是林奈的植物“双名法”，即规定每个植物种的学名由两个拉丁词组成，第一个词是“属”名，第二个词是“种”名，最后还附定名人的姓名缩写。学名一般用斜体拉丁字母，属名第一个字母要大写，种名全部字母要小写。对种以下的分类单位，往往采用“三名法”，即在双名后再加亚种（或变种、变型、种族）名。

应用作物的学名是非常重要的。因为在不同国家或地区，在不同时代，同一种作物有不同名称。例如，甘薯 [*Ipomoea batatas*（L.）Lam.] 在我国有多种名称，如红薯、白薯、番薯、红苕、地瓜等。同时，同名异物的现象也大量存在，如地瓜在四川不仅指甘薯，又指豆薯（*Pachyrhizus erosus* Urban），两者其实分别属于旋花科和豆科。这种名称上的混乱不仅对品种改良和开发利用是非常不利的，而且给国际国内的学术交流带来了很大的麻烦。这种情况，如果普遍采用拉丁文学名，就能得到根本解决。也就是说，在文章中，不管出现的是什么植物和材料名称，要求必须附其植物学分类上的拉丁文学名，这样就可以避免因不同语言（包括方言）所带来的名称混乱问题。

（五）作物的细胞学分类

从 20 世纪 30 年代初期开始，细胞有丝分裂时的染色体数目和形态就得到了大量研究。到目前为止，约 40% 的显花植物已经做过染色体数目统计，利用这些资料已修正了某些作物在植物分类学上的一些错误。因此，染色体核型（指一个个体或种的全部染色体的形态结构，包括染色体数目、大小、形状、主缢痕、次缢痕等）的差异在细胞分类学发展的 60 多年里，被广泛地用作确定植物间分类差别的依据（徐炳声等，1996）。

此外，根据染色体组（又称基因组）进行的细胞学分类也是十分重要的。例如，在芸薹属中，分别把染色体基数为 10、8 和 9 的染色体组命名为 AA 组、BB 组和 CC 组，它们成为区分物种的重要依据之一。染色体倍性同样是分类学上常用的指标。

二、作物的用途分类

按用途分类是农业中最常用的分类。本书就是按此系统分类的，包括粮食作物、经济作物、果树、蔬菜作物、饲用及绿肥作物、林木、花卉、药用植物、菌类作物九卷。

但需要注意到，这里的分类系统也具有不确定性，其原因在于基于用途的分类肯定随着其用途的变化而有所变化。例如，玉米在几十年前几乎是作为粮食作物，而现在却大部分作为饲料，因此在很多情况下已把玉米称为粮饲兼用作物。高粱、大麦、燕麦、黑麦甚至大豆也有与此相似的情形。另外，一些作物同时具有多种用途，例如，用作水果的葡萄又大量用作酿酒原料，在中国用作粮食的高粱也用作酿酒原料，大豆既是食物油的来源又可作为粮食，亚麻和棉花可提供纤维和油，花生和向日葵可提供蛋白质和油，因此很难把它们截然划在哪一类作物中。同时，这种分类方法与地理区域也存在很大关系，例如，籽粒苋（*Amaranthus*）在美洲被认为是一种拟禾谷类作物（pseudocereal），但在亚洲一些地区却当作一种药用作物。独行菜（*Lepidium apetalum*）在近东地区作为一种蔬菜，但在安第斯地区却是一种粮用的块根作物。

三、作物的生理学、生态学分类

按照作物生理及生态特性，对作物有如下几种分类方式。

（一）按照作物通过光照发育期需要日照长短分为长日照作物、短日照作物和中性作物

小麦、大麦、油菜等适宜昼长夜短方式通过其光照发育阶段的为长日照作物，水稻、玉米、棉花、花生和芝麻等适宜昼短夜长方式通过其光照发育阶段的为短日照作物，豌豆和荞麦等为对光照长短没有严格要求的作物。

（二）C3 和 C4 作物

以 C3 途径进行光合作用的作物称为 C3 作物，如小麦、水稻、棉花、大豆等；以 C4 途径进行光合作用的作物称为 C4 作物，如高粱、玉米、甘蔗等。后者往往比前者的光合作用能力更强，光呼吸作用更弱。

（三）喜温作物和耐寒作物

前者在全生育期中所需温度及积温都较高，如棉花、水稻、玉米和烟草等；后者则在全生育期中所需温度及积温都较低，如小麦、大麦、油菜和蚕豆等。果树分为温带果树、热带果树等。

（四）根据利用的植物部位分类

如蔬菜分为根菜类、叶菜类、果菜类、花菜类、茎菜类、芽菜类等。

四、作物品种的分类

在作物种质资源的研究和利用中，各种作物品种的数量都很多。对品种进行科学的分类是十分重要的。作物品种分类的系统很多，需要根据研究和利用的内容和目的而确定。

（一）依据播种时间对作物品种分类

如玉米可分成春玉米、夏玉米和秋玉米，小麦可分成冬小麦和春小麦，水稻可分成早稻、中稻和晚稻，大豆可分成春大豆、夏大豆、秋大豆和冬大豆等。这种分类还与品种的光照长短反应有关。

（二）依据品种的来源分类

如分为国内品种和国外品种，国外品种还可按原产国家分类，国内品种还可按原产省份分类。

（三）依据品种的生态区（生态型）分类

在一个国家或省份范围内，根据该作物分布区气候、土壤、栽培条件等地理生态条件的不同，划分为若干栽培区，或称生态区。同一生态区的品种，尽管形态上相差很大，但它们的生态特性基本一致，故为一种生态型。如我国小麦分为十大麦区，即十大生态类型。

（四）依据产品的用途分类

如小麦品种分强筋型、中筋型、弱筋型，玉米品种分粮用型、饲用型、油用型，高粱品种分食用型、糖用型、帚用型等。

（五）以穗部形态为主要依据分类

如我国高粱品种分为紧穗型、散穗型、侧散型，我国北方冬麦区小麦品种分为通常型、圆颖多花型、拟密穗型等。

（六）结合生理、生态、生化和农艺性状综合分类

以水稻为例，我国科学家丁颖提出，程侃声、王象坤等修订的我国水稻4级分类系统：第一级分籼、粳；第二级分水、陆；第三级分早、中、晚；第四级分黏、糯。

第四节　作物的遗传多样性

遗传多样性是指物种以内基因丰富的状况，故又称基因多样性。作物的基因蕴藏在作物种质资源中。作物种质资源一般分为地方品种、选育品种、引进品种、特殊遗传材料、野生近缘植物（种）等种类。各类种质资源的特点和价值不同。地方品种又称农家品种，它们大都是在初生或次生起源中心经多年种植而形成的古老品种，适应了当地的生态条件和耕作条件，并对当地常发生的病虫害产生了抗性或耐性。一般来说，地方品种常常是包括有多个基因型的群体，蕴含有较高的遗传多样性。因此，地方品种不仅是传统农业的重要组成部分，而且也是现代作物育种中重要的基因来源。选育品种是经过人工改良的品种，一般说来，丰产性、抗病性等综合性状较好，常常被育种家首选作进一步改良品种的亲本。但是，选育品种大都是纯系，遗传多样性低，品种的亲本过于单一会带来遗传脆弱性。那些过时的、已被生产上淘汰的选育品种，也常含有独特基因，同样应予以收集和注意。从国外或外地引进的品种常常具备本地品种缺少的优良基因，几乎是改良品种不可缺少的材料。我国水稻、小麦、玉米等主要作物 50 年育种的成功经验都离不开利用国外优良品种。特殊遗传材料包括细胞学研究用的遗传材料，如单体、三体、缺体、缺四体等一切非整倍体；基因组研究用的遗传材料，如重组近交系、近等基因系、DH 群体、突变体、基因标记材料等；属间和种间杂种及细胞质源；还有鉴定病菌用的鉴定寄主和病毒指示植物。野生近缘植物是与栽培作物遗传关系相近，能向栽培作物转移基因的野生植物。野生近缘植物的范围因作物而异，普通小麦的野生近缘植物包括整个小麦族，亚洲栽培稻的野生近缘植物包括稻属，而大豆的野生近缘植物只是大豆亚属（*Glycine* subgenus *soja*）。一般说来，一个作物的野生近缘植物常常是与该作物同一个属的野生植物。野生近缘植物的遗传多样性最高。

一、作物遗传多样性的形成与发展

（一）作物遗传多样性形成的影响因素

作物遗传多样性类型的形成是下面五个重要因素相互作用的结果：基因突变、迁移、重组、选择和遗传漂变。前三个因素会使群体的变异增加，而后两个因素则往往使变异减少，它们在特定环境下的相对重要性就决定了遗传多样性变化的方向与特点。

1. 基因突变　基因突变对群体遗传组成的改变主要有两个方面：一是通过改变基因频率来改变群体遗传结构；二是导致新的等位基因的出现，从而导致群体内遗传变异的增加。因此，基因突变过程会导致新变异的产生，从而可能导致新性状的出现。突变分自然突变和人工突变。自然突变在每个生物体中甚至每个位点上都有发生，其突变频率为 $10^{-6} \sim 10^{-3}$（另一资料为 $10^{-12} \sim 10^{-10}$）。到目前为止还没有证明在野生居群中的突变率与栽培群体中的突变率有什么差异，但当突变和选择的方向一致时，基因频率改变的速度就变得更快。虽然大多数突变是有害的，但也有一些突变对育种是有利的。

2. 迁移　尽管还没有实验证据来证明迁移可以提高变异程度，但它确实在作物的进化中起了重要作用，因为当人类把作物带到一个新地方之后，作物必须要适应新的环境，从而增加了地理变异。当这些作物与近缘种杂交并进行染色体多倍化时，会给后代增加变异并提高其适应能力。迁移在驯化上的重要性，可以用小麦来作为一个很好的例子，小麦在近东被驯化后传播到世界各个地方，形成了丰富多彩的生态类型，以至于中国变成了世界小麦的多样性中心之一。

3. 重组 重组是增加变异的重要因素（详见第二节）。作物的生殖生物学特点是影响重组的重要因素之一。一般来说，异花授粉作物由于在不同位点均存在杂合性，重组概率高，因而变异程度较高；相反自花授粉作物由于位点的纯合性很高，重组概率相对较低，故变异程度相对较低。还有必要注意到，有一些作物是自花授粉的，而它们的野生祖先却是异花授粉的，其原因可能与选择有关。例如，番茄的野生祖先多样性中心在南美洲，在那里野生番茄通过蜜蜂传粉，是异花授粉的。但它是在墨西哥被驯化的，在墨西哥由于没有蜜蜂，在人工选择时就需要选择自交方式的植株，栽培番茄就成了自花授粉作物。

4. 选择 选择分自然选择和人工选择，两者均是改变基因频率的重要因素。选择在作物的驯化中至关重要，尤其是人工选择。但是，选择对野生居群和栽培群体的作用显然有巨大差别。例如，选择没有种子传播能力和整齐的发芽能力对栽培作物来说非常重要，而对野生植物来说却是不利的。人工选择是作物品种改良的重要手段，但在人工选择自己需要的性状时常常无意中把很多基因丢掉，使遗传多样性更加狭窄。

5. 遗传漂变 遗传漂变常常在居群（群体）过小的情况下发生。存在两种情况：一种是在植物居群中遗传平衡的随机变化。这是指由于个体间不能充分地随机交配和基因交流，从而导致群体的基因频率发生改变；另一个称为"奠基者原则（founder principle）"，指由少数个体建立的一种新居群，它不能代表祖先种群的全部遗传特性。后一个概念对作物进化十分重要，如当在禾谷类作物中发现一个穗轴不易折断的突变体时，对驯化很重要，但对野生种来说是失去了种子传播机制。由于在小群体中遗传漂变会使纯合个体增加，从而减少遗传变异，同时还由于群体繁殖逐代近交化而导致杂种优势和群体适应性降低。在自然进化过程中，遗传漂变的作用可能会将一些中性或对栽培不利的性状保留下来，而在大群体中不利于生存和中性性状会被自然选择所淘汰。在栽培条件下，作物引种、选留种、分群建立品系、近交，特别是在种质资源繁殖时，如果群体过小，很有可能造成遗传漂变，致使等位基因频率发生改变。

（二）遗传多样性的丧失与遗传脆弱性

现代农业的发展带来的一个严重后果是品种的单一化，这在发达国家尤其明显，如美国的硬红冬小麦品种大多数来自波兰和俄罗斯的两个品系的血缘。我国也有类似情况。例如，目前生产上种植的水稻有 50% 是杂交水稻，而这些杂交水稻的不育系绝大部分是"野败型"，而恢复系大部分为从国际水稻所引进的 IR 系统；全国推广的小麦品种大约一半有南大 2419、阿夫、阿勃、欧柔 4 个品种或其派生品种的血统，而其抗病源乃是以携带黑麦血统的洛夫林系统占主导地位；1995 年，全国 53% 的玉米面积种植掖单 13、丹玉 13、中单 2 号、掖单 2 号和掖单 12 这五个品种；全国 61% 的玉米严重依赖 Mo17、掖

478、黄早四、丹 340 和 E28 这五个自交系。这就使得原来的遗传多样性大大丧失，遗传基础变得很狭窄，其潜在危险就是这些作物极易受到病虫害袭击。一旦一种病原菌的生理种族成灾而作物又没有抗性，整个作物在很短时间内会受到毁灭性打击，从而带来巨大的经济损失。这样的例子不少，最经典的当数 19 世纪 40 年代爱尔兰的马铃薯饥荒。19 世纪欧洲的马铃薯品种都来自两个最初引进的材料，导致 40 年代晚疫病的大流行，使数百万人流浪他乡。美国在 1954 年暴发的小麦秆锈病事件、1970 年暴发的雄性不育杂交玉米小斑病事件，以及苏联在 1972 年小麦产量的巨大损失（当时的著名小麦品种"无芒 1 号"种植了 1 500 万 hm^2，大都因冻害而死）等，都令人触目惊心。品种单一化是造成遗传脆弱性的主要原因。

二、遗传多样性的度量

（一）度量作物遗传多样性的指标

1. 形态学标记　有多态性的、高度遗传的形态学性状是最早用于多样性研究的遗传标记类型。这些性状的多样性也称为表型多样性。形态学性状的鉴定一般不需要复杂的设备和技术，少数基因控制的形态学性状记录简单、快速和经济，因此长期以来表型多样性是研究作物起源和进化的重要度量指标。尤其是在把数量化分析技术如多变量分析和多样性指数等引入之后，表型多样性分析成为作物起源和进化研究的重要手段。例如，Jain 等（1975）对 3 000 多份硬粒小麦材料进行了表型多样性分析，发现来自埃塞俄比亚和葡萄牙的材料多样性最丰富，其次是来自意大利、匈牙利、希腊、波兰、塞浦路斯、印度、突尼斯和埃及的材料，总的来看，硬粒小麦在地中海地区和埃塞俄比亚的多样性最丰富，这与其起源中心相一致。Tolbert 等（1979）对 17 000 多份大麦材料进行了多样性分析，发现埃塞俄比亚并不是多样性中心，大麦也没有明显的多样性中心。但是，表型多样性分析存在一些缺点，如少数基因控制的形态学标记少，而多基因控制的形态学标记常常遗传力低、存在基因型与环境互作，这些缺点限制了形态学标记的广泛利用。

2. 次生代谢产物标记　色素和其他次生代谢产物也是最早利用的遗传标记类型之一。色素是花青素和类黄酮化合物，一般是高度遗传的，在种内和种间水平上具有多态性，在 20 世纪 60 年代和 70 年代作为遗传标记被广泛利用。例如，Frost 等（1975）研究了大麦材料中的类黄酮类型的多样性，发现类型 A 和 B 分布广泛，而类型 C 只分布于埃塞俄比亚，其多样性分布与同工酶研究的结果非常一致。然而，与很多其他性状一样，色素在不同组织和器官上存在差异，基因型与环境互作也会影响到其数量上的表达，在选择上不是中性的，不能用位点/等位基因模型来解释，这些都限制了它的广泛利用。在 20 世纪 70～80 年代，同工酶技术代替了这类标记，被广泛用于研究作物的遗传多样性和起源问题。

3. 蛋白质和同工酶标记　蛋白质标记和同工酶标记比前两种标记数目多得多，可以认为它是分子标记的一种。蛋白质标记中主要有两种类型：血清学标记和种子蛋白标记。同工酶标记有的也被认为是一种蛋白质标记。

血清学标记一般来说是高度遗传的，基因型与环境互作小，但迄今还不太清楚其遗传特点，难以确定同源性，或用位点/等位基因模型来解释。由于动物试验难度较大，这些年来利用血清学标记的例子越来越少，不过与此有关的酶联免疫检测技术（ELISA）在系统发育研究（Esen and Hilu，1989）、玉米种族多样性研究（Yakoleff et al.，1982）和玉米自交系多样性研究（Esen et al.，1989）中得到了很好的应用。

种子蛋白（如醇溶蛋白、谷蛋白、球蛋白等）标记多态性较高，并且高度遗传，是一种良好的标记类型。所用的检测技术包括高效液相色谱、SDS-PAGE、双向电泳等。种子蛋白的多态性可以用位点/等位基因（共显性）来解释，但与同工酶标记相比，种子蛋白检测速度较慢，并且种子蛋白基因往往是一些紧密连锁的基因，因此难以在进化角度对其进行诠释（Stegemann and Pietsch，1983）。

同工酶标记是 DNA 分子标记出现前应用最为广泛的遗传标记类型。其优点包括：多态性高、共显性、单基因遗传特点、基因型与环境互作非常小、检测快速简单、分布广泛等，因此在多样性研究中得到了广泛应用（Soltis and Soltis，1989）。例如，Nevo 等（1979）用等位酶研究了来自以色列不同生态区的 28 个野生大麦居群的 1 179 个个体，发现野生大麦具有丰富的等位酶变异，其变异类型与气候和土壤密切相关，说明自然选择在野生大麦的进化中非常重要。Nakagahra 等（1978）用酯酶同工酶研究了 776 份亚洲稻材料，发现不同国家的材料每种同工酶的发生频率不同，存在地理类型，越往北或越往南类型越简单，而在包括尼泊尔、不丹、印度 Assam、缅甸、越南和中国云南等地区的材料酶谱类型十分丰富，这个区域也被认定为水稻的起源中心。然而，也需要注意到存在一些特点上的例外，如在番茄、小麦和玉米上发现过无效同工酶、在玉米和高粱上发现过显性同工酶、在玉米和番茄上发现过上位性同工酶，在某些情况下也存在基因型与环境互作。

然而，蛋白质标记也存在一些缺点，这包括：①蛋白质表型受到基因型、取样组织类型、生育期、环境和翻译后修饰等共同作用；②标记数目少，覆盖的基因组区域很小，因为蛋白质标记只涉及编码区域，同时也并不是所有蛋白质都能检测到；③在很多情况下，蛋白质标记在选择上都不是中性的；④有些蛋白质具有物种特异性；⑤用标准的蛋白质分析技术可能检测不到有些基因突变。这些缺点使蛋白质标记在 20 世纪 80 年代后慢慢让位于 DNA 分子标记。

4. 细胞学标记 细胞学标记需要特殊的显微镜设备来检测，但相对来说检测程序简单、经济。在研究多样性时，主要利用的两种细胞遗传学标记是染色体数目和染色体形态特征，除此之外，DNA 含量也有利用价值（Price，1988）。染色体数目是高度遗传的，但在一些特殊组织中会发生变化；染色体形态特征包括染色体大小、着丝粒位置、减数分裂构型、随体、次缢痕和 B 染色体等都是体现多样性的良好标记（Dyer，1979）。在特殊的染色技术（如 C 带和 G 带技术等）和 DNA 探针的原位杂交技术得到广泛应用后，细胞遗传学标记比原先更为稳定和可靠。但由于染色体数目和形态特征的变化有时有随机性，并且这种变异也不能用位点/等位基因模型来解释，在多样性研究中实际应用不多。迄今为止，细胞学标记在变异研究中，最多的例子是在检测离体培养后出现的染色体数目和结构变化。

5. DNA 分子标记 20 世纪 80 年代以来，DNA 分子标记技术被广泛用于植物的遗传多样性和遗传关系研究。相对其他标记类型来说，DNA 分子标记是一种较为理想的遗传标记类型，其原因包括：①核苷酸序列变异一般在选择上是中性的，至少对非编码区域是这样；②由于直接检测的是 DNA 序列，标记本身不存在基因型与环境互作；③植物细胞中存在 3 种基因组类型（核基因组、叶绿体基因组和线粒体基因组），用 DNA 分子标记可以分别对它们进行分析。目前，DNA 分子标记主要可以分为以下几大类，即限制性片段长度多态性（RFLP）、随机扩增多态性 DNA（RAPD）、扩增片段长度多态性（AFLP）、微卫星（或称为简单重复序列，SSR）、单核苷酸多态性（SNP）。每种 DNA 分子标记均有其内在的优缺点，它们的应用随不同的具体情形而异。在遗传多样性研究方面，应用 DNA 分子标记技术的报道已不胜枚举。

(二) 遗传多样性分析

关于遗传多样性的统计分析可以参见 Mohammadi 等（2003）进行的详细评述。在遗传多样性分析过程中需要注意以下几个重要问题。

1. 取样策略　遗传多样性分析可以在基因型（如自交系、纯系和无性繁殖系）、群体、种质材料和种等不同水平上进行，不同水平的遗传多样性分析取样策略不同。这里着重提到的是群体（杂合的地方品种也可看作群体），因为在一个群体中的基因型可能并不处于 Hardy Weinberg 平衡状态（在一个大群体内，不论起始群体的基因频率和基因型频率是多少，在经过一代随机交配之后，基因频率和基因型频率在世代间保持恒定，群体处于遗传平衡状态，这种群体称为遗传平衡群体，它所处的状态称为哈迪—温伯格平衡）。遗传多样性估算的取样方差与每个群体中取样的个体数量、取样的位点数目、群体的等位基因组成、繁育系统和有效群体大小有关。现在没有一个推荐的标准取样方案，但基本原则是在财力允许的情况下，取样的个体越多、取样的位点越多、取样的群体越多越好。

2. 遗传距离的估算　遗传距离指个体、群体或种之间用 DNA 序列或等位基因频率来估计的遗传差异大小。衡量遗传距离的指标包括用于数量性状分析的欧式距离（D_E），可用于质量性状和数量性状的 Gower 距离（DG）和 Roger 距离（RD），用于二元数据的改良 Roger 距离（GD_{MR}）、Nei & Li 距离（GD_{NL}）、Jaccard 距离（GD_J）和简单匹配距离（GD_{SM}）等。

$D_E = [(x_1-y_1)^2 + (x_2-y_2)^2 + \cdots + (x_p-y_p)^2]^{1/2}$，这里 x_1，x_2，$\cdots$，x_p 和 y_1，y_2，$\cdots$，y_p 分别为两个个体（或基因型、群体）i 和 j 形态学性状 p 的值。

两个自交系之间的遗传距离 $D_{Smith} = \sum [(x_{i(p)}-y_{j(p)})^2/\mathrm{var}x_{(p)}]^{1/2}$，这里 $x_{i(p)}$ 和 $y_{j(p)}$ 分别为自交系 i 和 j 第 p 个性状的值，$\mathrm{var}x_{(p)}$ 为第 p 个数量性状在所有自交系中的方差。

$DG = 1/p \sum w_k d_{ijk}$，这里 p 为性状数目，d_{ijk} 为第 k 个性状对两个个体 i 和 j 间总距离的贡献，$d_{ijk} = |d_{ik}-d_{jk}|$，$d_{ik}$ 和 d_{jk} 分别为 i 和 j 的第 k 个性状的值，$w_k = 1/R_k$，R_k 为第 k 个性状的范围（range）。

当用分子标记作遗传多样性分析时，可用下式：$d_{(i,j)} = \mathrm{constant}(\sum |X_{ai}-X_{aj}|^r)^{1/r}$，这里 X_{ai} 为等位基因 a 在个体 i 中的频率，X_{aj} 为等位基因 a 在个体 j 中的频率，r 为常数。当 $r=2$ 时，则该公式变为 Roger 距离，即 $RD = 1/2 [\sum (X_{ai}-X_{aj})^2]^{1/2}$。

当分子标记数据用二元数据表示时，可用下列距离来表示：

$$GD_{NL} = 1 - 2N_{11}/(2N_{11} + N_{10} + N_{01})$$
$$GD_J = 1 - N_{11}/(N_{11} + N_{10} + N_{01})$$
$$GD_{SM} = 1 - (N_{11} + N_{00})/(N_{11} + N_{10} + N_{01} + N_{00})$$
$$GD_{MR} = [(N_{10} + N_{01})/2N]^{1/2}$$

这里 N_{11} 为两个个体均出现的等位基因数目；N_{00} 为两个个体均未出现的等位基因数目；N_{10} 为只在个体 i 中出现的等位基因数目；N_{01} 为只在个体 j 中出现的等位基因数目；N 为总的等位基因数目。谱带在分析时可看成等位基因。

在实际操作过程中，选择合适的遗传距离指标相当重要。一般来说，GD_{NL} 和 GD_J 在处理显性标记和共显性标记时是不同的，用这两个指标分析自交系时排序结果相同，但分析杂交种中的杂合位点和分析杂合基因型出现频率很高的群体时其遗传距离就会产生差异。根据以前的研究结果，建议在分析共显性标记（如 RFLP 和 SSR）时用 GD_{NL}，而在分析显性标记（如 AFLP 和 RAPD）时用 GD_{SM} 或 GD_J。GD_{SM} 和 GD_{MR}，前者可用于巢式聚类分析和分子方差分析（AMOVA），但后者由于有其重要的遗传学和统计学意义更受青睐。

在衡量群体（居群）的遗传分化时，主要有三种统计学方法：一是 χ^2 测验，适用于等位基因多样性较低时的情形；二是 F 统计（Wright，1951）；三是 G_{st} 统计（Nei，1973）。在研究中涉及的材料很多时，还可以用到一些多变量分析技术，如聚类分析和主成分分析等。

三、作物遗传多样性研究的实际应用

（一）作物的分类和遗传关系分析

禾本科（Gramineae）包括了所有主要的禾谷类作物如小麦、玉米、水稻、谷子、高粱、大麦和燕麦等，还包括了一些影响较小的谷物如黑麦、黍稷、龙爪稷等。此外，该科还包括一些重要的牧草和经济作物如甘蔗。禾本科是开花植物中的第四大科，包括 765 属，8 000～10 000 种（Watson and Dallwitz，1992）。19 世纪和 20 世纪科学家们（Watson and Dallwitz，1992；Kellogg，1998）曾把禾本科划分为若干亚科。

由于禾本科在经济上的重要性，其系统发生关系一直是国际上多年来的研究热点之一。构建禾本科系统发生树的基础数据主要来自以下几方面：解剖学特征、形态学特征、叶绿体基因组特征（如限制性酶切图谱或 RFLP）、叶绿体基因（$rbcL$，$ndhF$，$rpoC2$ 和 $rps4$）的序列、核基因（rRNA，$waxy$ 和控制细胞色素 B 的基因）的序列等。尽管在不同研究中用到了不同的物种，但却得到了一些共同的研究结果，例如，禾本科的系统发生是单一的（monophyletic）而不是多元的。研究表明，在禾本科的演化过程中，最先出现的是 Pooideae、Bambusoideae 和 Oryzoideae 亚科（约在 7 000 万年前分化），稍后出现的是 Panicoideae、Chloridoideae 和 Arundinoideae 亚科及一个小的亚科 Centothecoideae。

图 0-2 是种子植物的系统发生简化图，其中重点突出了禾本科植物的系统发生情况。在了解不同作物的系统发生关系和与其他作物的遗传关系时，需要先知道该作物的高级分类情况，再对照该图进行大致的判断。但更准确的方法是应用现代的各种研究技术进行实验室分析。

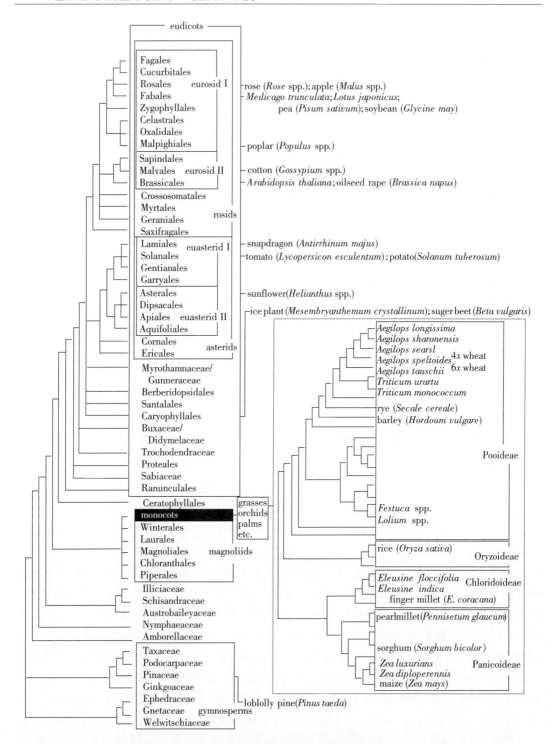

图 0-2　种子植物的系统发生关系简化图

［左边的总体系统发生树依据 Soltis et al.（1999），右边的禾本科系统发生树依据 Kellogg（1998）。在各分支点之间的水平线长度并不代表时间尺度］

（Laurie and Devos，2002）

（二）比较遗传学研究

在过去的十年中，比较遗传学得到了飞速发展。Bennetzen 和 Freeling（1993）最先提出了可以把禾本科植物当作一个遗传系统来研究。后来，通过利用分子标记技术的比较作图和基于序列分析技术，已发现和证实在不同的禾谷类作物之间基因的含量和顺序具有相当高的保守性（Devos and Gale，1997）。这些研究成果给在各种不同的禾谷类作物中进行基因发掘和育种改良提供了新的思路。RFLP 连锁图还揭示了禾本科基因组的保守性，即已发现水稻、小麦、玉米、高粱、谷子、甘蔗等不同作物染色体间存在部分同源关系。比较遗传作图不仅在起源演化研究上具有重要意义，而且在种质资源评价、分子标记辅助育种及基因克隆等方面也有重要作用。

（三）核心种质构建

Frankel 等人在 1984 年提出构建核心种质的思想。核心种质是在一种作物的种质资源中，以最小的材料数量代表全部种质的最大遗传多样性。在种质资源数量庞大时，通过遗传多样性分析，构建核心种质是从中发掘新基因的有效途径。在中国已初步构建了水稻、小麦、大豆、玉米等作物的核心种质。

四、用野生近缘植物拓展作物的遗传多样性

（一）作物野生近缘植物常常具有多种优良基因

野生种中蕴藏着许多栽培种不具备的优良基因，如抗病虫性、抗逆性、优良品质、细胞雄性不育及丰产性等。无论是常规育种还是分子育种，目前来说比较好改良的性状仍是那些遗传上比较简单的性状，利用的基因多为单基因或寡基因。而对于产量、品质、抗逆性等复杂性状，育种改良的进展相对较慢。造成这种现象的原因之一是在现代品种中针对目标性状的遗传基础狭窄。很多年前，瓦维洛夫就预测野生近缘种将会在农业发展中起到重要作用；而事实上也确实如此，因为野生近缘种在数百万年的长期进化过程中，积累了各种不同的遗传变异。作物的野生近缘种在与病原菌的长期共同进化过程中，积累了广泛的抗性基因，这是育种家非常感兴趣的。尽管在一般情况下野生近缘种的产量表现较差，但也包含一些对产量有很大贡献的等位基因。例如，当用高代回交—数量性状位点（QTL）作图方法，在普通野生稻（*Oryza rufipogon*）中发现存在两个数量性状位点，每个位点都可以提高产量 17% 左右，并且这两个基因还没有多大的负向效应，在美国、中国、韩国和哥伦比亚的独立实验均证明了这一点（Tanksley and McCouch，1997）。此外，在番茄的野生近缘种中也发现了大量有益等位基因。

（二）大力从野生种中发掘新基因

由野生种向栽培种转移抗病虫性的例子很多，如水稻的草丛矮缩病是由褐飞虱传染的，20 世纪 70 年代在东南亚各国发病 11.6 万多 hm^2，仅 1974—1977 年这种病便使印度尼西亚的水稻减产 300 万 t 以上，损失 5 亿美元。国际水稻研究所对种质库中的 5 000 多

份材料进行抗病筛选，只发现一份尼瓦拉野生稻（*Oryza nivara*）抗这种病，随即利用这个野生种育成了抗褐飞虱的栽培品种，防止了这种病的危害。小麦中已命名的抗条锈病、叶锈病、秆锈病和白粉病的基因，来自野生种的相应占 28.6%、38.6%、46.7% 和56.0%（根据第 9 届国际小麦遗传大会论文集附录统计，1999）；马铃薯已有 20 多个野生种的抗病虫基因（如 X 病毒、Y 病毒、晚疫病、蠕虫等）被转移到栽培品种中来。又如甘蔗的赤霉病抗性、烟草的青霉病和跳甲抗性，番茄的螨虫和温室白粉虱抗性的基因都是从野生种转移过来的。在抗逆性方面，葡萄、草莓、小麦、洋葱等作物野生种的抗寒性都曾成功地转移到栽培品种中，野生番茄的耐盐性也转移到了栽培番茄中。许多作物野生种的品质优于栽培种，如我国的野生大豆蛋白质含量有的达 54%～55%，而栽培种通常为40% 左右，最高不过 45% 左右。Rick（1976）把一种小果野番茄（*Lycopersicon pimpinellifolium*）含复合维生素的基因转移到栽培种中。野生种细胞质雄性不育基因利用，最好的例子当属我国杂交稻的育成和推广，它被誉为第二次绿色革命。关于野生种具有高产基因的例子，如第一节中所述。

　　尤其值得重视的是，野生种的遗传多样性十分丰富，而现代栽培品种的遗传多样性却非常贫乏，这一点可以在 DNA 水平上直观地看到（Tanksley and McCouch，1997）。

　　21 世纪分子生物技术的飞速发展，必然使种质资源的评价鉴定将不只是根据外在表现，而是根据基因型对种质资源进行分子评价，这将大大促进野生近缘植物的利用。

（黎　裕　董玉琛）

参考文献

黄其煦，1983. 黄河流域新石器时代农耕文化中的作物：关于农业起源问题探索三 [J]. 农业考古（2）.

刘旭，2003. 中国生物种质资源科学报告 [R]. 北京：科学出版社.

卜慕华，1981. 我国栽培作物来源的探讨 [J]. 中国农业科学（4）：86-96.

吴征镒，路安民，汤彦承，等，2003. 中国被子植物科属综论 [M]. 北京：科学出版社.

严文明，1982. 中国稻作农业的起源 [J]. 农业考古（1）：10-12.

郑殿升，2000. 中国作物遗传资源的多样性 [J]. 中国农业科技导报，2（2）：45-49.

Вавилов НИ，1982. 主要栽培植物的世界起源中心 [M]. 董玉琛，译. 北京：农业出版社.

Badr A，K Muller，R Schafer Pregl，et al. ，2000. On the origin and domestication history of barley（*Hordeum vulgare*）[J]. Mol Biol & Evol. ，17：499-510.

Bennetzen J L，Freeling M，1993. Grasses as a single genetic system：genome composition，colinearity and compati-bility [J]. Trends Genet，9：259-261.

Benz B F，2001. Archaeological evidence of teosinte domestication from Guila Naquitz，Oaxaca [J]. Proc Ntal Acad Sci USA，98（4）：2104-2106.

Devos K M，Gale M D，1997. Comparative genetics in the grasses [J]. Plant Molecular Biology，35：3-15.

Dyer A F, 1979. Investigating Chromosomes [M]. New York: Wiley.

Esen A, Hilu K W, 1989. Immunological affinities among subfamilies of the Poaceae [J]. Am J Bot, 76: 196 -203.

Esen A, Mohammed K, Schurig G G, et al. , 1989. Monoclonal antibodies to zein discriminate certain maize inbreds and genotypes [J]. J Hered, 80: 17 - 23.

Frankel O H, Brown A H D, 1984. Current plant genetic resources a critical appraisal [M] //Genetics, New Frontiers (Vol Ⅳ) . New Delhi: Oxford and IBH Publishing.

Frost S, Holm G, Asker S, 1975. Flavonoid patterns and the phylogeny of barley [J]. Hereditas, 79 (1): 133 -142.

Harlan J R, 1971. Agricultural origins: centers and noncenters [J]. Science, 174: 468 - 474.

Harlan J R, 1992. Crops & Man [M]. 2nd ed. ASA, CSS A, Madison, Wisconsin, USA.

Hawkes J W, 1983. The diversity of crop plants [M]. London: Harvard University Press.

Jain S K, 1975. Population structure and the effects of breeding system [M] //Frankel O H, Hawkes J G. Crop Genetic Resources for Today and Tomorrow. London: Cambridge University Press: 15 - 36.

Kellogg E A, 1998. Relationships of cereal crops and other grasses [J]. Proc Natl Acad Sci, 95: 2005 -2010.

Mohammadi S A, Prasanna B M, 2003. Analysis of genetic diversity in crop plants—salient statistical tools and consideration [J]. Crop Sci, 43: 1235 - 1248.

Nakagahra M, 1978. The differentiation, classification and center of genetic diversity of cultivated rice (Oryza sativa L.) by isozyme analysis [J]. Tropical Agriculture Research Series, No. 11, Japan.

Nei M, 1973. Analysis of gene diversity in subdivided populations [J]. Proc Natl Acad Sci USA, 70: 3321 -3323.

Nevo E, Zohary D, Brown A H D, et al. , 1979. Genetic diversity and environmental associations of wild barley, Hordeum spontaneum, in Israel [J]. Evolution, 33: 815 - 833.

Price H J, 1988. DNA content variation among higher plants [J]. Ann Mo Bot Gard, 75: 1248 -1257.

Rick C M, 1976. Tomato Lycopersicon esculentum (Solanaceae) [M] //Simmonds N W. Evolution of crop plants. London: Longman: 268 - 273.

Smith B D, 1997. The initial domestication of Cucurbita pepo in the Americas 10 000 years ago [J]. Science, 276: 5314.

Soltis D, Soltis C H, 1989. Isozymes in plant biology [M] //Dudley T. Advances in plant science series, 4. Portland, OR: Dioscorides Press.

Stegemann H, Pietsch G, 1983. Methods for quantitative and qualitative characterization of seed proteins of cereals and legumes [M] //Gottschalk W, Muller H P. Seed Proteins: Biochemistry, Genetics, Nutritive Value. Martius Nijhoff/Dr. W. Junk, The Hague, The Netherlands.

Tanksley S D, McCouch S R, 1997. Seed banks and molecular maps: unlocking genetic potential form the wild [J]. Science, 277: 1063 - 1066.

Tolbert D M, Qualset C D, Jain S K, et al. , 1979. Diversity analysis of a world collection of barley [J]. Crop Sci, 19: 784 - 794.

Vavilov N I, 1926. Studies on the origin of cultivated plants [J]. Inst Appl Bot Plant Breed, Leningrad.

Watson L, Dallwitz M J, 1992. The grass genera of the world [M]. CAB International, Wallingford, Oxon, UK.

Wright S, 1951. The general structure of populations [J]. Ann Eugen, 15: 323 - 354.

Yakoleff G，Hernandez V E，Rojkind de Cuadra X C，et al. ，1982. Electrophoretic and immunological characterization of pollen protein of *Zea mays* races [J]. Econ Bot，36：113 - 123.

Zeven A C，Zhukovsky P M，1975. Dictionary of cultivated plants and their centers of diversity [M]. PU-DOC，Wageningen，the Netherlands.

第一章

菌类作物概论

第一节　菌类作物

一、菌类作物的定义

作物即直接或间接为人类需要而栽培的植物。"作物"一词由日语转借而来，在中国古籍中则称"禾稼"或"谷"。古代有所谓"五谷""六谷""九谷"，以至"百谷"之称，其中谷的含义不断发展，由稻、黍、稷、麦、菽，逐步扩展到麻类、瓜果、蔬菜乃至所有栽培植物。中国农业文献中自 20 世纪初开始引用"作物"一词，今已普及，俗称"庄稼"。

随着人类需要的发展，除传统作物以外，可以用作食物、饮料、药物以及各种工业原料的植物被纳入作物的范畴。各种牧草和绿肥，虽然不能直接供人类消费，但由于它们对畜牧业和种植业的发展十分重要，已成为栽培作物。

菌类作物的英文为"mushroom crop"，即可人工栽培、食用（包括兼有药用价值）的一些大型真菌。这些菌类在现代生物分类上大部分属于真菌界下的担子菌门和子囊菌门。中国已查明真菌种类达 1 500 种以上，其中已人工驯化栽培成功的有 60 多种。实际大规模栽培的有双孢蘑菇（*Agaricus bisporus*）、香菇（*Lentinula edodes*）、糙皮侧耳（*Pleurotus ostreatus*）、草菇（*Volvariella volvacea*）、木耳（*Auricularia heimuer*）、银耳（*Tremella fuciformis*）、金针菇（*Flammulina filiformis*）、猴头菇（*Hericium erinaceus*）等 20 多种。

在没有提出菌类作物概念之前，狭义地将可食用或药用的大型真菌称为食药用菌，有时包括未驯化的野生真菌。但随着食药用菌栽培规模的不断扩大，可人工栽培种类的增多，其已成为人们餐桌上一种重要的农作物产品。所以菌类作物的概念现在一般是指平常所说的食用菌和药用菌中可人工栽培或可驯化栽培的部分。

二、菌类作物包括的内容

（一）遗传育种

菌类作物与其他生物一样，子代与亲代相似是其最本质和最典型的特征之一，这种现象就是遗传。有了遗传使食用菌代代相传，遗传的过程中也会产生变异，使子代与亲代有所差异，这是形成各种各样的菌类作物栽培品种的基础。这种专门执行遗传和变异的物质是核酸［包括脱氧核糖核酸（DNA）和核糖核酸（RNA）］。但不同于其他的作物，菌类作物只有一套染色体，在其生活史中大部分以双核体的形式存在，只有极少数的，如子囊菌中的羊肚菌，菌丝体和子实体前期都是以单核的形式存在。

在菌类作物的生活史中，又分为无性繁殖和有性繁殖。

在实际育种工作中，将从自然界现有菌株中通过人工选择培育新品种的方法称作选种，而将经诱变或杂交等手段改变个体的基因型，创造新品种的过程称作育种。几十年来，为了实现高产、优质、高抗和生物活性物质含量高等育种目标，我国食用菌育种研究人员采用人工选择育种、杂交育种、诱变育种等常规手段选育出了一批已在实际生产中应用的菌类作物新品种。20世纪80年代以来，作为当代前沿科学技术的原生质体融合和基因工程技术逐渐被应用到食用菌良种选育中，为菌类作物新品种选育带来了广阔前景。

（二）栽培

菌类作物的一生包括营养生长和生殖生长两个阶段。营养生长阶段以菌丝体的形式存在，在基质中蔓延伸长，反复分枝，形成菌丝群，为无限生长式。菌类作物不含叶绿素，菌丝体多是腐生，分解自然界中的倒木、枯枝落叶及粪便中的有机物，吸取营养进行生长繁殖。故菌类作物的栽培一般采用农作物的秸秆、家畜粪便、木屑等作为原料。在生殖生长阶段，菌丝体发生形态、结构和功能上的变化，形成子实体，产生孢子，这相当于农作物的种子。在适宜的基质上，经过可亲和的两性细胞融合，或是经组织块的无性繁殖形成的具有结实性的菌丝体纯培养物，称为一级种（母种），可以扩繁原种或菌种保藏。在一级种的基础上，移植扩大培养而成的菌丝体纯培养物，称为二级种（原种），可直接出菇。由原种移植、扩大培养，但一般不用于再次扩繁的菌丝体纯培养物，称为三级种（栽培种）。二级或三级种经过一定时间的外界环境刺激，例如温度、光照等，菌丝体扭结形成原基，进入生殖生长阶段，最后形成所食用的子实体。

菌类作物栽培流程见图1-1。

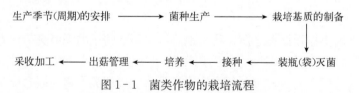

图1-1 菌类作物的栽培流程

按照营养类型划分，菌类作物可分为三大类：腐生型、寄生型、共生型。其中成规模化栽培的大多为腐生型。依据栽培所需的原材料，菌类作物又分为木腐菌和草腐菌。根据栽培条件可以分为露地全光栽培、露地遮光栽培、大棚栽培、林下栽培、仿野生栽培以及与其他作物间作栽培等。按照培养料的处理方式，可以分为生料、熟料、发酵料、半熟料等。按照生产单元和生产规模，可以分为一家一户的小规模农法栽培、中等规模设施化栽培、大规模工厂化栽培等。按照机械化程度可以分为手工操作、小型机械化生产、中型机械化生产和大型机械化生产等。按照管理组织形式可以分为农户自管、合作社组织管理、公司组织管理等。随着食用菌产业的发展和市场对产业发展的要求，中国的食用菌栽培模式将逐渐向动植物生产废弃物代料栽培及机械化、规范化、产业化、规模化方向发展。

（三）生理生化

菌类作物属于真菌，具有真核生物的基本特征，但其化学成分和生理活动在很多细节上有自己的特点。

1. 碳水化合物　大多数真核细胞的主要化学成分是碳水化合物，如单糖、多糖、糖醇和其他衍生物。但真菌中的主要碳水化合物是多糖。真菌能产生多种多糖，且这些多糖的结构和其他作物的多糖结构不一致。例如香菇多糖、平菇多糖、灰树花多糖、云芝多糖等，具有很高的药用价值，对肿瘤和癌症有显著的抑制作用。

2. 蛋白质和氨基酸　菌类作物含有多种蛋白质和氨基酸，并且含量丰富。每 100 g 干品的蛋白质含量，双孢蘑菇达 36.1 g，羊肚菌达 24.5 g。无论是双孢蘑菇、草菇、香菇，还是平菇，含有氨基酸的种类有 17～18 种，有的还含有人体不能合成的必需氨基酸。

3. 脂类　菌类作物含有的脂类化合物有自己的特点。从脂肪烃看，菌类作物碳链多为 27 个、29 个和 31 个碳原子，而植物多为 29 个、31 个和 33 个碳原子。从脂肪酸看，菌类作物细胞内的脂肪酸主要是软脂酸、油酸和亚油酸。

4. 维生素和矿质元素　菌类作物的生长需要一些少量的有机物质，维生素含量 0.01～0.1 $\mu g/g$ 便可起到促进生长和发育的作用，并且一般都是辅酶的成分或充当辅酶的功能。菌类作物本身合成和所需的维生素大都是水溶性的 B 族维生素和维生素 H（生物素）。如菌类作物本身能合成必需的维生素，一般不需要另行添加，但是菌类作物大多数不能合成维生素 B_1，而维生素 B_1 大量含于米糠和麸皮中，是所有菌类作物必需的生长因子，对菌类作物顺利进行碳源的代谢起着重要作用。

在菌类作物培养过程中，当培养基中缺乏某些矿质元素时，就会导致菌体生长缓慢或繁殖能力降低。矿质元素主要功能是构成细胞的主要成分，作为酶的组成部分并维持酶的活性，调节氧化还原电位、氢离子浓度、细胞渗透压等。对于不同的菌株，不同的培养基以及不同的培养环境来说，维持菌体最大生长速度所需要的矿质元素的量是不同的。根据所需的矿质营养的量将其分为两类。一类为常量元素，包括镁（Mg）、磷（P）、钾（K）、钙（Ca）、硫（S）等。另一类为微量元素，即所需的量很少，包括铜（Cu）、铁（Fe）、锌（Zn）、锰（Mn）、钼（Mo）等，有些菌体也需要其他元素如硼（B）、钴（Co）、钠（Na）等。

5. 酶　酶是广泛存在于生物体中的生物催化剂，参与体内几乎所有的生化过程。菌类作物在自然生长状态和栽培条件下所分解利用的主要原料是树木、秸秆、棉籽壳和木屑等，这些原料的主要成分是不溶于水或难溶于水的纤维素、半纤维素、木质素和果胶质等大分子物质，这些物质不能直接被细胞所吸收，必须首先分泌能降解这些大分子物质的胞外酶，将它们分解成可溶于水并能被细胞所吸收的小分子物质。菌类作物生长得快慢与好坏很大程度上取决于其分泌这些酶的能力的大小。菌类作物从营养菌丝体生长转变为子实体生长也需要酶的参与。研究发现，子实体在生长发育阶段，酶的种类、数量及产酶能力等方面与营养菌丝体生长阶段都有差异。另外，在菌类作物分类鉴定及加工中，酶也起着极为重要的作用。

6. 呼吸作用 菌类作物呼吸作用和其他好氧生物是相类似的。呼吸作用一般包括 3 个阶段,即糖酵解、三羧酸循环、电子传递链和氧化磷酸化。这些过程多在线粒体内膜上进行,所以线粒体被认为是真菌和其他真核生物的呼吸中心。许多环境和内部因素影响呼吸的过程和速率。影响呼吸的外部因素为 pH、温度、氧气、二氧化碳和营养。氧气是有氧呼吸所必需的,氧气溶解在液体中才能用于呼吸,溶氧量与气体中的氧量是成比例的。在很低的氧浓度下,呼吸速率直接与获得的氧量相关联,但当氧量提高时,呼吸速率就不受氧浓度支配。另一个影响呼吸的外部因素是糖浓度,高糖浓度会抑制呼吸酶的合成。内部因素主要包括细胞的酶系统、细胞的渗透性、发育期和菌龄,其中最主要的是酶系统。真菌生活史中经过许多发育阶段,如孢子的休眠、孢子萌发以及菌体的发育等,在不同的发育阶段呼吸速率和呼吸途径随之发生变化,在生长活跃阶段呼吸最旺盛,随着菌龄的增加,呼吸随之减弱并伴随生长的减慢。

7. 营养 菌类作物没有叶绿体,不能进行光合作用,营养方式是异养。真菌细胞干重的一半是由碳组成的,这显示了真菌生长发育过程中需要碳元素的必要性。在真菌和其他异养生物的生理学中,碳提供了两种基本的功能:①它对细胞关键组分的合成提供了所需的碳素,而且构成这些关键组分的基本骨架;②为生命活动提供了能源。这些碳源的范围从小分子的糖、有机酸、乙醇到大分子的多聚物,如蛋白质、脂类、多糖和木质素等,其中最易吸收利用的是葡萄糖。

菌类作物生长过程中,所需要的碳源都是有机物,主要是木质素、纤维素和半纤维素,其次还有淀粉、糖、有机酸等。这些都是培养料中的主要成分。菌类作物不能利用二氧化碳和碳酸盐类等无机碳。有机物中的淀粉、糖、醇和有机酸等小分子化合物较木质纤维素类易于被菌类作物吸收。糖类是菌类作物最易吸收利用的碳源,因此常在各级菌种的培养基中加入一定量的葡萄糖或蔗糖。此外,油脂类也是食用菌的优良碳源,特别是利于子实体的形成,经乳化处理的油脂对多种食用菌有显著的增产作用。

氮源对于菌类作物的生长和发育是不可缺少的。凡是能提供菌类作物生长发育所需要的氮素的营养物质称为氮源,但是空气中的氮不能被直接利用。它的作用主要是合成各种关键的细胞组分,包括氨基酸、蛋白质、嘌呤、嘧啶、核酸、氨基葡萄糖、几丁质以及各种维生素等。其能很好地利用无机氮源、硝酸盐、亚硝酸盐、氨、尿素等,但是效果不如有机氮源。

不同的菌类作物品种对碳源和氮源的需要量是有所不相同的,而且同一种菌类作物品种在菌丝生长期与子实体生长期所需要的氮素量也不尽相同。在子实体阶段,如培养基中的氮素含量过高,反而会出现子实体正常转换能量的障碍,进而影响子实体的正常发育。为了使菌类作物的子实体能正常分化、发育、生长,栽培者在配制培养基时,应当注意调整合适的碳氮比,这样既能保障菌丝生长期对氮源的需要,又可保证子实体的正常生长发育。食用菌所需碳氮比通常为 25:1～35:1。

8. 光照和温度 菌类作物在营养生长阶段往往不需要光,甚至要求在黑暗下培养。光线对某些食用菌菌丝生长有抑制作用,与黑暗条件下相比,生长量减少 40%～60%。研究报道,这种不良影响主要由蓝光引起。但在子实体分化和发育阶段,一定的散射光有助于原基的形成和分化。不同光质和光照度对子实体的形态和色泽也有很大影响。光照不足，木耳的黑颜色会变淡，草菇呈灰白色；采用蓝光抑制，可使菇型整齐一致。许多木生菌如灵芝、金针菇、美味侧耳、多脂鳞伞等，具有向光性，子实体偏向光源生长；虫草属真菌也有很强的向光性，但地生蘑菇没有表现出向光性。

菌丝体生长、子实体分化和子实体发育这3个阶段，对温度的要求各不相同。一般规律：菌丝体生长阶段所需温度最高，子实体分化阶段所需温度最低，子实体发育所需温度介于二者之间。根据不同子实体的分化温度分为三种类型：低温型（15℃以下）、中温型（16～25℃）、高温型（25℃以上）；根据不同子实体分化阶段对变温刺激的反应，分为变温型和恒温型。某些栽培食用菌，如灰树花，需要一定量的有效积温才能形成子实体。研究积温与菌类作物发育的关系，可以作为品种特性的指标，指导不同地区的栽培，缩减栽培周期。

9. 生长与繁殖　菌类作物在适宜的环境条件下，不断吸收营养物质，并按照自己的代谢方式进行新陈代谢，如果同化作用超过异化作用，细胞原生质量不断增加，体积增大，表现为生长。细胞的生长是有限度的，当长到一定程度时，开始分裂，形成两个基本相似的子细胞。在担子菌中，这种分裂方式以锁状联合的形式进行。菌丝由顶端生长而延伸，菌体的大部分具有潜在的生长能力。在菌类作物中，从孢子萌发到子实体的形成，表现为个体数目的增加，称为繁殖。一般情况下，环境条件适宜，生长和繁殖始终交替进行。从生长到繁殖是一个由量变到质变的过程，表现为细胞、组织和器官的分化形成，这一过程就是发育。

（四）生态

作物生态学是把栽培作物与环境作为一个统一体来研究作物生产与环境间相互关系的学科。菌类作物生态学就是研究人工栽培的食用菌与环境之间相互关系的学科。环境指的是生物有机体生活空间内外界条件的总和，是由多种要素构成的复合体。依据栽培品种的不同，菌类作物在个体发育、群体发育和人工复合群体生态上又有所区别。工厂化栽培只是单一的种群，往往要求出菇整齐一致，甚至要有特定的商品化菇型。环境因素，如氧气、二氧化碳、温度、湿度、光等的精确调控对其生长和产量有着至关重要的影响。这种栽培模式是在人工气候的条件下进行的，研究各个环境因素的协调统一，解决主要矛盾，兼顾次要矛盾是达到丰产丰收的保证。对于菌根食用菌人工栽培，目前仍无法达到规模化栽培，必须依靠和寄主树木形成菌根，否则无法形成子实体。这样菌丝体纯培养物、树根和土壤中其他真菌形成了复杂的共生关系，它们之间相互作用，相互影响，形成一个统一体。自然气候因素对季节化栽培有着重要的影响。所栽品种要根据当地全年气温的变化来制订制种期、发菌期、出菇期等。外来品种的引进、南种北引和北种南引都要实际考察引进的品种是否适应当地的气候条件。

（五）种质资源

菌类作物的种质资源属于真菌种质资源范畴，指的是一切可人工栽培的食用、药用和食药兼用的大型真菌的遗传多样性资源，也就是菌类作物中各种各样基因的总和，包括这些种类的活体、组织、孢子、菌种及其他由基因、基因型集合构成的遗传性保育材料等。

我国是菌类作物资源大国，相当量的优良品种来自对野生种质资源的系统选育，如木耳、白灵菇、茶树菇等。另外，还来自食用菌育种工作者的人工培育。

（六）菌物化学

构成菌类作物子实体的各种化合物的组成及其含量不仅是研究菌类作物营养生理代谢的重要参数，也是评价菌类作物营养价值的物质基础。菌类作物的化学成分会受到许多可变因子的影响，如遗传特性、生长环境、培养基质、菌龄，特别是发育阶段及采收后的条件等。

菌类作物营养丰富，是兼有食疗价值的食品。经研究证明，食用菌含有多糖、蛋白质和氨基酸、脂肪、维生素、风味物质、矿物质等成分。有些药用菌物含有三萜类、甾醇类、生物碱等药性成分。这些成分对于肿瘤、癌症、病毒等有着很好的抑制率。如灵芝属的子实体和孢子中分离出的 100 多个三萜化合物，大部分属于高度氧化的羊毛甾烷的衍生物；又如香菇中的香菇嘌呤、蛹虫草中的虫草素等。

菌类作物中还含有很多挥发性香气成分，包括各种烯烃类、醇类、醛类、酮类、脂类化合物以及吡啶、芳香醚、香豆素、三甲基三硫化合物及高级脂肪酸等。某些菌类含有独特的香气成分，如香菇的风味主要与香菇素有关，松茸的挥发性香气成分是由甲基反式-桂皮酸及 1-辛烯-3-醇等 59 种成分构成。

（七）储藏加工

食用菌子实体含水量高，组织脆嫩，和水果、蔬菜等有着类似的情况，采摘后仍然是一个独立的生命个体，并继续进行呼吸等生理活动，与外界保持密切的物质交换。采摘后的鲜菇，随着储藏时间的延长，在酶的参与下，菇体中的有机物分解，细胞衰老死亡，变质而腐败。食用菌从产地到销售市场或加工工厂之间往往需要经过一段距离的运输，这就需要事先对食用菌进行某些保鲜处理。另外，食用菌生产季节性很强，为了保证食用菌淡旺季的均衡供应，也需要有一定数量的食用菌储藏。食用菌的保鲜方法很多，主要有鲜储、气调储藏、辐射储藏、速冻保鲜、冷冻干燥、薄膜包装储藏和化学储藏等方法。

对于不便于鲜销的食用菌，要尽快进行不同程度的粗加工和深加工。

粗加工指的是菌类作物脱水干制加工、盐渍加工和罐藏加工等。这些加工简便易行，生产成本低，需求量大。例如，我国是世界上菇类罐头生产重要国家之一。1995 年，蘑菇罐头年出口已超过 20 万 t，创汇达 2.56 亿美元。2013—2017 年，我国出口蘑菇罐头合计创汇 22.31 亿美元。

菌类作物的深加工技术，指采用现代物理的、化学的、生物学的方法和工艺，提取、纯化以获得调味品、保健品、药品等有效成分的过程。这类产品生产过程需要很多高新技术支持，产品更加精细，对原料的利用更充分，附加值更高。由菌类作物加工制成的休闲食品、美容化妆品、方便汤料、功能饮料、风味调味品、糕点等产品，其种类不少于 300种。随着现代科学研究的深入，人们发现菌类作物中含有多种真菌抗生素、糖蛋白、糖肽、腺苷、甾醇、三萜类等多种生物活性物质，可有效提高人体免疫机能，调节生理代谢，预防疾病。

（八）菌物反应器

生物反应器是指利用生物系统大规模生产有重要商业价值的外源蛋白，并将其应用于医疗保健和科学研究中。近年来，生物反应器研究领域不断扩大，食用菌因其特有的性质也被应用到反应器中。随着高等生物分子生物学的发展和基因工程技术应用成功，许多科学家开始致力于食用菌遗传转化研究，在理论和应用上均取得了较大进展。

菌物反应器即利用食用菌作为新的基因工程的受体，生产人们所期望的外源蛋白，其主要特点是食用菌安全可食用且具有很强的外源蛋白分泌能力，基因组较小易于进行基因操作。利用食用菌作为新的受体菌表达外源蛋白将更安全，产物更易于纯化。细菌作为生物反应器时，不能对真核生物的蛋白进行有效的翻译后加工，且本身可能是人类病原物。动物作为生物反应器时，在细胞培养过程中可能感染动物病毒而对人类健康造成潜在危害，而利用食用菌作为反应器可以克服上述缺点。利用菌物反应器易大规模生产来自动物、人类、细菌、病毒等的外源蛋白，成本低廉。微生物发酵常需要较大的设备投资，在发酵过程中常产生包含体，而将其重新溶解并折叠成天然蛋白质需很高的成本。

三、菌类作物与相关学科

（一）生物技术

菌类作物产业是具有巨大经济价值的全球化产业，它的迅速发展离不开生物技术的发展。生物技术，也称生物工程，是指人们以现代生命科学为基础，结合先进的工程技术手段和其他基础学科的科学原理，按照预先的设计改造生物体或加工生物原料，为人类生产出所需产品或达到某种目的。

传统生物技术包括发酵工程、细胞工程、酶工程和传统遗传育种工程这几大发展领域，促进了早期菌类作物的研究发展。20 世纪 50 年代以后，随着分子遗传学的发展，尤其是沃森和克里克提出 DNA 双螺旋结构以后，人们进一步认识了基因的本质，即基因是具有遗传效应的 DNA 片段。研究结果还表明，每条染色体只含有 1～2 个 DNA 分子，每个 DNA 分子上有多个基因，每个基因含有成百上千个脱氧核苷酸。自从 RNA 病毒发现之后，基因的存在方式不仅只存在于 DNA 上，还存在于 RNA 上。由于不同基因的核糖核苷酸的排列顺序（碱基序列）不同，因此不同的基因含有不同的遗传信息。自从 1972 年 Devries 第一次分离出了裂褶菌（*Schizophyllum commune*）的原生质体以来，分子生物学技术在食用菌领域中的应用已经相当广泛。传统的食用菌自然选育和杂交育种已经不能满足人们对食用菌质量和产量的要求，而分子标记和分子转化等分子生物学技术提供了高效的育种方法，加快了食用菌的繁殖速度和获得高产菌株的可能性，为食用菌育种和生产开拓了更为广阔的前景。而且在研究利用菌类作物多糖、多肽、氨基酸等制作保健食品、功能性食品、多糖药剂方面取得了可喜的成绩。

（二）生物数学

生物数学是生物与数学之间的边缘学科。它是用数学方法研究和解决生物学问题，并对与生物有关的数学方法进行理论研究的学科。从研究使用的数学方法划分，生物数学可分为生物统计学、生物信息论、生物系统论、生物控制论和生物方程等分支。此外，由于生命现象极为复杂，从生物学中提出的数学问题往往也十分复杂，需要进行大量计算工作，因此计算机成为解决生物数学问题的重要工具。传统的菌类作物栽培中，都是依靠菇农多年种植经验的摸索，未形成具体的数据化管理，应用生物数学中的生物统计学，将菌类作物的生长发育用数字化的形式直观体现，更利于分析和改进栽培措施。

（三）生物物理

生物物理学是应用物理学的概念、理论和方法，研究生物大分子、细胞（器）、组织甚至器官结构与功能的关系、生命过程中的物理学规律以及物理因素对生物系统作用机制的科学，是物理学和生物学相结合产生的一门交叉学科，它的发展对生物学从定性观察描述逐步走向精确（定量）科学的发展起着关键作用。

（四）农业气象

农业气象学是研究农业生产与气象条件间的相互关系及其规律，并服务于农业生产的科学。菌类作物也是农业生产中的一环，把农业气象学应用于菌类作物生产中，就是研究其对气象条件如光、热、水、气等要素的要求和反应，从而指导引种、改革种植制度、发展多种经营、提高经济效益、保证生产稳产稳高。

第二节　菌类作物在国民经济中的地位

据中国食用菌协会统计，2018 年全国食用菌总产量达 3 842.04 万 t，同比增长 3.5%；产值 2 937.37 亿元，同比增长 7.92%。我国食用菌主要产地有河南、福建、山东、黑龙江、河北等地，2018 年产量分别为 530.43 万 t、418.66 万 t、344.69 万 t、334.36 万 t 和 302.01 万 t。另据中国海关总署数据，2018 年中国食用菌类出口数量为 70.31 万 t，同比增长 11.46%；出口金额 44.54 亿美元，同比增长 15.87%。

"民以食为天，食以粮为源"。近些年来，由于工业化和城市化的扩张，以及退耕还林、退耕还草、退耕还湖等生态工程建设发展，导致耕地资源减少，使资源短缺和食物短缺的矛盾日益加剧，特别是蛋白质的不足。而由于菌类作物的生长速度快，生物效率高，其生产蛋白质的能力远远超过大多数高等植物。在我国，每年的动植物生产过程会产生约 30 亿 t 的废弃物，只要将其中的 5% 用于食用菌生产，即 1.5 亿 t，就可以生产至少 1 000 万 t 干食用菌，如果按照每吨干食用菌平均含有 30%～40% 的蛋白质计算，相当于增加 300 万～400 万 t 蛋白质，而这些增加的蛋白质相当于 600 万～800 万 t 瘦肉或 900 万～1 200 万 t 鸡蛋或 3 600 万～4 800 万 t 牛奶。同时能够平衡国民饮食中的膳食结构，提高维生素、膳食纤维、氨基酸供给量。特别是在 2009 年 4 月 8 日，为了确保粮食安全，国务院常务会议讨论并通过了《全国新增 1 000 亿斤粮食生产能力规划（2009—2020 年）》。这意味着秸秆的产量还将增加 600 亿 kg，即秸秆总量将达到 7 600 亿 kg。这些秸秆中，除了满足生活燃料（大约

40%）、发展养殖（大约30%）外，剩余的30%约合2 280亿 kg 如果用于食用菌生产，按照50%的生物转化率计算，即可生产食用菌1 140亿 kg，能够在国家食品安全体系中发挥重要的作用。

生态循环经济是一种最大限度地利用资源和保护环境的经济发展模式。传统农业产业模式是由"作物生产＋动物生产"二维要素构成，这是一种极不平衡的消耗性不可持续的产业发展模式。而在原有的二维生产要素中引入食用菌生产，就形成了由"作物生产＋动物生产＋食用菌生产"三维要素构成的农业循环经济。这一体系不仅加速了自然的物质循环、能量循环，更有利于动植物生产中副产物的资源化利用，推进节能减排，保护生态环境。如通过菌类作物的栽培，将动植物生产中的副产物作为其生产基质，进入一个新的生产体系中，即可实现生态经济发展目标，降低其对生态环境的负面影响。否则，将导致严重的环境污染、健康及安全危害。如，近几年我国粮食主产区出现了较为严重的秸秆焚烧现象，引发交通事故，影响道路交通和航空安全；引发火灾，威胁群众的生命财产安全；污染空气环境，危害人类健康；破坏土壤结构，造成农田质量下降等。

第三节 菌类作物生产概况

作为世界上最早进行食用菌培育栽植、同时拥有丰富真菌物种资源的国家，中国食用菌产量连年增长，目前年产量已经超过3 800万 t，约占全世界总产量的75%。据中国科学院微生物研究所统计，中国现已查明真菌种类达1 500种以上，其中已人工驯化栽培成功的有60多种。中国的香菇已占据东南亚等主要香菇消费国的市场，食用菌产品已经出口到126个国家和地区。2018年中国食用菌产值突破2 900亿元，是举世瞩目的食用菌产业大国。中国食用菌协会报道，中国菇品可以在世界贸易组织（WTO）的134个缔约方中享受关税减免，进行无歧视性的自由贸易，这为产业的长足发展提供了良机。在此基础上，由我国财政部出资，有关部门在全国开展了"小蘑菇新农村行动"，每年选择100个村，通过农民培训、统一菌种供应等，推动食用菌产业迈向发展新台阶。

近几十年来，人们逐渐认识了食用菌的生长规律，改进了古老的依靠孢子、菌丝自然传播的生产方式。人工培养栽培种的菌丝，加快了食用菌的繁殖速度和获得高产的可能性。有些国家还建成了年产鲜菇千吨以上的菇厂。1950年，全世界较大面积的栽培食用菌约5类，产量约7万 t，西欧一些生产蘑菇的国家，每平方米栽培面积的平均产量约为2 kg。到1980年，栽培种类已超过12类，产量约121万 t，有的国家每平方米的产量已提高到27 kg。中国广泛栽培的食用菌有双孢蘑菇、香菇、草菇、黑木耳、银耳、平菇、滑菇等7类，1982年总产量约15万 t，在掌握选育优良品种、改进制种和栽培技术的基础上，食用菌的发展速度正迅速提高。科学家们预言，21世纪食用菌将发展成为人类主要的蛋白质食品之一。2005年我国食用菌产量达1 200万 t，居世界第一，2018年我国食用菌产量达3 842.04万 t，约占世界的75%。食用菌产业已成为我国种植业中的一项重要产业。

随着我国食用菌生产的迅速发展，菌类作物工厂化品种也在不断增加，食用菌工厂化生产的品种也从最初较为有限的几种，扩展到目前的金针菇、杏鲍菇、双孢蘑菇、蟹味菇、海鲜菇、白灵菇、秀珍菇、茶树菇、鸡腿菇、白玉菇、草菇、滑菇等十几个品种，其中金针菇、杏鲍菇、双孢蘑菇、蟹味菇（白玉菇）、海鲜菇等是工厂化生产历史最长、工艺技术最成熟，也是产量最高的食用菌品种。2019 年，上述品种的全国工厂化产量分别达到 161.94 万 t、114.39 万 t、24.42 万 t、23.67 万 t、10.76 万 t。总体来看，2019 年，全国工厂化食用菌产量达到 343.68 万 t，比 2006 年的 8 万 t 增长近 42 倍，年均复合增长率高达 36.8%。

第四节　菌类作物的起源、分类与分布

一、起源

在距今六七千年前的仰韶文化时期，我们的祖先就已经大量采食菌类。在长期采食野生食用菌的基础上，为了提高对食用菌的利用效率，逐渐从野生采集发展为人工栽培。通过长期的生产实践，有的地方形成了对某种食用菌的专业化生产。如我国香菇人工栽培的发源地是浙江的龙泉、庆元及景宁三地。当地农民以栽培香菇为业已有六七百年的历史。

中国是举世闻名的具有悠久历史的文明古国。1973 年在浙江余姚河姆渡遗址挖掘出与稻谷、酸枣等收集在一起的菌类遗物。

根据历史文献记载，我国是最早进行菌类栽培的国家。明代李时珍《本草纲目》（1578）曾引证了唐代甄权（541—643）有关木耳栽培的一段记载："……煮粥安诸木上，以草覆之，即生樟尔。"这一记载证明至少在距今 1 300 多年以前的唐代，就早已开始用人工的方法栽培食用菌了。唐代韩鄂《四时纂要》所记载的食用菌栽培方法叙述得甚为详细："三月种菌子，取烂构木及叶于地埋之，常以泔浇令湿，三两日即生。"又法，"畦中下烂粪，取构木可长六七寸，截断捶碎，如种菜法，于畦中匀布，土盖，水浇常令润。如初有小菌子，仰耙推之，明旦又出，亦推之。三度后出者甚大，即收食之。"这是我国古代记载得最具体的食用菌冬菇的栽培方法。宋代陈仁玉撰写的《菌谱》，记有大型真菌 11 种，分别描述了这些真菌的形态结构、生长特性。这部书比西欧最早的一部同类专著早351 年。明代潘之恒撰写的《广菌谱》，记载了 19 种食用菌，涉及产地有云南、广西、安徽、湖南、山东等 9 个省。

西方最早栽培双孢蘑菇（*Agaricus bisporus*）的国家是法国，在路易十四世（1643—1715）的时代才开始在巴黎及其附近栽培。关于蘑菇栽培方法的报告，是Tournefort 在 1707 年所作的。英国继法国之后也开始在科舍姆（Corsham）、布拉德福德（Bradford）及爱丁堡（Edinburgh）等地栽培蘑菇。德国在第一次世界大战（1914—1918）前也开始栽培蘑菇。俄罗斯开始栽培蘑菇是 1820 年在圣彼得堡。至于美国则更晚，于 1932 年左右才开始在新英格兰（New England）以及中西部各州之间和加利福尼亚等地栽培蘑菇。对以上这些片段文字记载与西方各国食用菌栽培的开始时期加以比较，可看出我国比其要早得多。

我国菌类栽培是在人们对菌类生物学特性有了充分认识，以及在日益增长的社会需要的背景下开始出现的。当前世界上所广泛栽培的 10 种食用菌，绝大部分起源于我国。由我国古代劳动人民所创建的食用菌栽培工艺，对我国以及东方尤其是日本食用菌栽培业的发展，曾起到重要的推动作用。

二、分类

根据菌类作物的形态特征、生理特性、生长习性、主要利用部位及栽培方式等，可将菌类作物分类，方便对其利用和研究。

（一）按系统学分类

如同植物一样，菌类作物的分类等级依次为界（Kingdom）、门（Division）、纲（Class）、目（Order）、科（Family）、属（Genus）、种（Species），拉丁学名依据林奈双名法命名。主要栽培菌类作物的学名见表1-1。

表1-1　主要栽培菌类作物的中文名、拉丁学名及英文名

中文名	拉丁学名	英文名
蘑菇属（*Agaricus*）		
巴西蘑菇	*Agaricus blazei*	himematsutake
双孢蘑菇	*Agaricus bisporus*	common mushroom
木耳属（*Auricularia*）		
木耳	*Auricularia heimuer*	wood ear
毛木耳	*Auricularia cornea*	hairy jew's ear
侧耳属（*Pleurotus*）		
糙皮侧耳	*Pleurotus ostreatus*	oyster mushroom
杏鲍菇（刺芹侧耳）	*Pleurotus eryngii*	king oyster mushroom
金顶侧耳	*Pleurotus citrinopileatus*	golden oyster mushroom
泡囊侧耳	*Pleurotus cystidiosus*	
淡红侧耳	*Pleurotus djamor*	
鳞伞属（*Pholiota*）		
滑菇（小孢鳞伞）	*Pholiota microspora*	nameko mushroom
多脂鳞伞	*Pholiota adiposa*	
小火焰菌属（*Flammulina*）		
金针菇	*Flammulina filiformis*	velvet foot
树花属（*Grifola*）		
灰树花	*Grifola frondosa*	maitake
灵芝属（*Ganoderma*）		
赤芝	*Ganoderma lucidum*	shining ganoderma
虫草属（*Cordyceps*）		
蛹虫草	*Cordyceps militaris*	

（二）按生物学和生理生态特征分类

1. 按出菇温度划分　按照温度划分是从菌类作物栽培学的意义上确定的。可以分为三大类群，即低温种、中温种和高温种。低温种和中温种品种较多。

（1）低温种　子实体适宜发生温度为 15 ℃以下，代表种有金针菇、滑菇、白灵菇。

（2）中温种　子实体发生的适宜温度为 16～25 ℃，代表种较多，如灰树花、木耳、猴头菇、平菇、金顶侧耳等。

（3）高温种　子实体发生的适宜温度为 25 ℃以上，代表种有草菇、灵芝等。

2. 按出菇对温差刺激的需求划分　按照子实体形成是否需要温差刺激将菌类作物分为恒温结实和变温结实两大类。

3. 按出菇早晚划分　多种食用菌的不同品种从接种到子实体形成需要的发菌期是不同的，有的品种菌丝长满基质后，在适宜的环境条件下很快就能形成子实体，如草菇、双孢蘑菇；有的种类需要发菌完成后经过一定时期的后熟才能形成子实体，如香菇、糙皮侧耳、白灵菇等。因此，这些种类的品种又可分为迟生（晚生）品种、中生品种、早生品种几大类型。

4. 按种内品种出菇温度划分　食用菌不但不同种类出菇的温度不同，而且同种内的不同品种出菇的温度也是不同的。总的说来，栽培历史悠久，自然分布和栽培范围大的种类，种内品种的生态型多且丰富，栽培品种子实体形成温度类型多。如香菇和糙皮侧耳都有高温型（25 ℃以上）、中温型（10～20 ℃）、低温型（15 ℃以下）和广温型（8～28 ℃）等不同类型的品种，同种内出菇温度显著不同的种类有香菇、平菇、白灵菇、木耳等。

（三）按用途分类

按照菌类作物的用途可分为药用菌物和食用菌物。

（四）按产品形式分类

不同的产品销售形式，需要不同质地的菌类作物品种。据此，菌类作物分为鲜销、干品、制罐和保鲜四大类。

（五）按收获产物分类

不同的菌类作物，其产物不同。有的品种，如产孢子多的灵芝，不收获子实体，而是收集灵芝孢子粉。有的则是栽培不产孢子类型的灵芝制作盆景。

（六）按子实体色泽分类

通过长期的品种选育，有的菌类作物种类出现了显著的色泽分化。如黄色和白色金针菇；奶白色、棕色和白色双孢蘑菇等。

（七）按子实体大小分类

在栽培的菌类作物中，同种不同品种的子实体大小差异较大。常按子实体大小划分品种类型的有香菇和草菇。香菇按子实体大小可分为大叶种、中叶种和小叶种，草菇按子实体大小可分为大粒种、中粒种和小粒种。

三、分布

（一）东北地区

东北地区包括黑龙江、吉林、辽宁3个省。主要品种：木耳、金针菇、香菇、猴头菇、滑菇、双孢蘑菇、杏鲍菇等。产品流向：本省各大中城市及江苏、北京、福建、安徽、上海、浙江。主要出口到日本、东南亚国家、美国、俄罗斯、韩国、欧洲国家。

（二）中部地区

中部地区包括河南、湖北、安徽等省。主要品种：香菇、金针菇、白灵菇、双孢蘑菇、木耳、杏鲍菇、茶树菇、银耳、鸡腿菇、灵芝等。产品流向：本省各大中城市及上海、广州、北京、天津、深圳、河北、山东、重庆、山西、福建、浙江、陕西西安。出口到东南亚国家、日本、美国、韩国、欧洲国家。

（三）西南地区

西南地区包括四川、云南、贵州、重庆。主要品种：双孢蘑菇、金针菇、平菇、香菇、鸡腿菇、木耳、茶树菇、牛肝菌、姬松茸等。产品流向：本省各大中城市及北京、山东、福建、上海。出口到新加坡、美国、欧洲国家、韩国、东南亚国家、日本。西南地区多山，野生菌类资源丰富，除了人工栽培的品种外，每年的野生菌出口量也很大。

（四）东南地区

东南地区包括广东、福建、浙江、江西、江苏等省。主要品种：秀珍菇、香菇、双孢蘑菇、姬松茸、木耳、茶树菇、巴西蘑菇、金针菇、大球盖菌、海鲜菇、杏鲍菇、竹荪等。产品流向：本省各大中城市及安徽、北京、上海、湖北武汉。供应我国台湾，出口到日本、韩国、美国、东南亚国家、欧洲国家。

（五）西北地区

西北地区包括陕西、甘肃、青海、宁夏、新疆、内蒙古。主要品种：香菇、木耳、双孢蘑菇、蜜环菌、平菇、金针菇等。产品流向：本省各大中城市及福建、浙江、四川、广东、上海、云南昆明、河南、山西、北京。出口到欧洲。

第五节　菌类作物种质资源

中国地处亚洲大陆东南部，地形复杂，气候和植被类型多样。已知的大型真菌有4 000种以上，伞菌类约2 000种，多孔菌类约1 300种，胶质菌类100余种，大型子囊菌类400多种。世界已知食用菌3 000多种，药用真菌1 000余种，中国食用菌1 000余种。

已人工驯化栽培或利用菌丝体发酵培养的有 100 多种，其中约 30 种进行商业化栽培。野生菌类资源的多样性为驯化开发新的菌类作物品种提供了丰富的种质基础。

菌类作物的种质资源包括各种栽培种的繁殖材料以及利用上述繁殖材料人工创造的各种遗传材料。种质资源蕴藏在各种类的各品种、品系、类型和野生近缘物种中，包括古老的地方品种、新培育的推广品种、引进品种等。相应的遗传材料包括各品种的活体、组织、孢子、体细胞、基因物质等，都属于种质资源的范围。

在已有描述和记载的 871 种食用菌中，约有 86 种食用菌成功地进行了人工驯化栽培。进行商业性栽培的有双孢蘑菇、香菇、平菇、金针菇、银耳、毛木耳、猴头菇、滑菇、竹荪等。此外，各种新开发或新引进的品种日益增多，菌类作物遗传多样性不断丰富。采用 ISSR（简单重复序列间扩增）技术对 55 个毛木耳菌株进行分析，从 27 条 ISSR 引物中筛选出了适合毛木耳种质分析的 17 条 ISSR 引物。17 条引物共扩增出 155 条带，且全部呈现多态性，多态性位点百分率 100%。55 株菌株的平均遗传相似系数为 0.410 9，表现出丰富的遗传多样性。但是，不可忽视的是，现代农业的发展带来的一个严重后果是品种的单一化，特别是在食用菌工厂化集中地区，菌类多样性有明显降低趋势。育种材料的选择空间非常有限，限制了育种水平和选种水平的提高，也使得选育的品种之间区别性不够显著，同时，仅有的种质资源也几乎从未进行系统研究，绝大多数野生资源除采集的一般记载外，几乎没有任何基本性状描述的资料。国内人工选育的品种绝大多数也只有农艺性状的描述，而没有供室内鉴定的指标和标识，对育成品种间亲缘关系的远近更是鲜见系统深入研究。

为了保护我国菌类作物种质资源的多样性，我国于 1979 年 7 月建立了菌种保藏制度，成立了中国微生物菌种保藏管理委员会，目前共下设 7 个分中心，其中普通微生物中心（CGMCC）、农业微生物中心（ACCC）、工业微生物中心（CICC）和林业微生物中心（CFCC）都负责从事食用菌菌种的收集与鉴定、保藏与供应、管理与交流及菌种保藏技术与应用技术的研究和培训等。另外，传统食用菌资源比较丰富和产业比较发达的福建、浙江、云南、湖北、上海、黑龙江、广东、吉林、四川等省份地方食用菌研究单位都保藏有相当数量的食用菌种质资源。

第六节　菌类作物菌种选定原则

一、菌种概念

菌类作物的菌种来源于自然界大量的野生食用菌，从中经分离并筛选、提纯出有用菌种，再加以驯化、改良，用于生产栽培。菌种原意指食用菌产生的孢子（相当于植物的种子），但在实际生产中，常将经过人工培养的纯菌丝体连同培养基质一同叫作菌种。2006 年 3 月 27 日农业部发布了《食用菌菌种管理办法》，其中明确了食用菌菌种的三级菌种称谓，其第三条规定"菌种分为母种（一级种）、原种（二级种）、栽培种（三级种）3 级"。2006 年新修订发布实施的 GB/T 12728—2006《食用菌术语》规范了三级菌种的称谓：母种（stock culture）是经各种方法选育得到的具有结实性的菌丝体纯培养物及其继代培养物，也称一级种、试管种。原种（mother spawn）是由母种移植、扩大培养而成的菌丝体培养物，也称二级种。栽培种（spawn）是由原种移植、扩大培养而成的菌丝体纯培养物，栽培种只能用于栽培，不可再扩大繁殖菌种，也称三级种。

二、菌种选育方法

从本质上讲，任何的栽培菌株最初都是来源于野生种质的分离，但只有在分离得到的纯培养物的基础上，经过人为的不断栽培驯化，人工选育出具有一定优良农艺性状和栽培价值的才能称为品种（variety）。故在菌种选育中，菌种指的就是品种之意。

（一）系统选育

选择育种是目前获得新菌种的一种最常用的方法，其实质是广泛搜集品种资源，积累和利用在自然条件下发生的有益变异。这样通过长期的去劣存优的选择作用，不断淘汰不符合人类需要的菌株，保留符合人类需要的菌株，就可逐步形成符合人类需要的新的菌株。食用菌栽培中多是以菌丝的无性繁殖为主要继代方式，种性容易产生退化，所以在同种的不同菌株间比较才有意义。此外，由于人工选择不能改变个体的基因型，而只是积累并利用自然条件下发生的有益变异。所以要使选择育种产生效果，除了细心观察现有品种中产生的明显有益变异个体外，更主要的是要广泛收集不同地域、不同生态型的菌株，以便从大量菌株中去粗取精、弃劣留优，筛选到适合人们需要的菌株。

从自然界现有菌株中选择培育新品种大体包括如下步骤：品种资源的收集→纯种分离→生理性能测定→初筛→复筛→区别性鉴定（形态、生理、同工酶、DNA 指纹）→试验、示范、推广。

（二）杂交育种

食用菌杂交育种的基本原理是通过可亲和的单核体交配实现基因重组。杂交育种通过选择适当的亲本进行交配。从杂交后代中选育出具有双亲优良性状的菌株，具有一定的定向性。这种育种方法适用于异宗结合的食用菌。贺建超等以双孢蘑菇 176 和 2796 为亲本菌株，通过单孢子杂交育种，经过初筛、复筛和生产性试验，获得一株新的稳定的双孢蘑菇杂交高产菌株。该杂交菌株具有发菌快、出菇早、产量高、颜色白、朵型较大、菌肉肥厚、抗逆性较强等优点。许益财等（2003）选择生态、种性等差异较大的长白山野生香菇和栽培品种 A3 - 3 为亲本，采用平板稀释法进行单孢分离、单孢萌发及单核菌丝镜检、配对，从中选择出优良组合抚香 1 号。该菌株符合育种目标，是一个产量高、菇形圆正、肉厚、内实、抗逆性强、耐高温、遗传性状稳定的优良品种，可在北方作为更新换代的优良新品种。刘宇等用杏鲍菇 1 号菌株和 9 号菌株通过单孢杂交育种方法选育出杏鲍菇 13 号杂交菌株。杏鲍菇 13 号杂交菌株的子实体产量最高，生物学效率达到109.20%。

杂交育种大体包括如下步骤：选择亲本→单孢分离→单孢菌丝培养与确认→单核菌丝体配对→将可亲和的组合转管繁殖→杂交菌株初筛→杂交菌株复筛→区别性鉴定（形态、生理、同工酶、DNA 指纹）→试验、示范、推广。杂交育种分为单孢杂交和多孢杂交。

（三）诱变育种

诱变育种是人为利用某些理化因子诱导食用菌遗传因子发生突变，再从多种突变体中选出正突变菌株的方法。诱变育种是获得优良食用菌菌株的常用手段。目前来看对食用菌育种较为有效的理化因子包括紫外线、离子束、激光、X射线、外太空辐射、超声波、快中子、亚硝酸、氮芥、硫酸二乙酯等。研究人员根据各自的试验条件及不同菌种的特点选择不同的诱变方法。大量的诱变育种经验表明，紫外线是菌类诱变育种的良好诱变剂，正向变异概率较高。

诱变育种程序如下：出发菌株选择→诱变材料制备→诱变处理→涂布培养→菌丝体纯化→初筛→复筛→区别性鉴定（形态、生理、同工酶、DNA指纹）→试验、示范、推广。

（四）原生质体融合

原生质体融合技术是通过脱壁后得到不同遗传类型的原生质体，在融合剂的诱导下进行细胞融合而达到整套基因组的交换和重组，产生新的品种和类型。此技术一般应用于克服远缘杂交不亲和障碍，属以上分类杂交间选用。平香1号是河北农业大学利用原生质体融合技术培育出来的。亲本为香菇与平菇，是不同属间的远缘杂交。平菇与香菇在生物学分类上分别属于侧耳属和香菇属。前者生长周期短、易栽培、产量高，但品质较差；后者味道鲜美。平香1号细胞工程菌株子实体的氨基酸含量介于双亲之间，比平菇的氨基酸含量有所提高，比香菇的氨基酸含量有所下降。菌株在菌丝生长速度和产量（生物学效率）方面都显著超过双亲。

原生质体融合技术大体包括如下步骤：原生质体的制备→遗传标记→原生质体融合→再生培养基上再生→被假定为异核体的融合产物通过营养互补作用而发育→初筛→复筛→区别性鉴定（形态、生理、同工酶、DNA指纹）→试验、示范、推广。

（五）转基因育种

转基因育种技术是将人工分离和修饰过的目的基因导入目的生物体的基因组中，从而达到改造生物的目的。张竞等（2003）将MT基因用电击法转入平菇。Zn^{2+}能诱导MT的合成，MT基因表达蛋白与金属离子结合而形成络合物。转基因平菇能富集锌，可对缺锌的人群补充锌，使平菇成为一种保健食品或蔬菜。转基因平菇出菇试验结果表明，在米糠与锯末比为1∶3的培养基上生长，在米糠与锯末比为1∶4的培养基上不生长。24 d菌丝可在广口瓶中长满，用于子实体培养。

（李　玉　李长田）

第二章

双 孢 蘑 菇

第一节 概　　述

双孢蘑菇（*Agaricus bisporus*）被欧美生产经营者常称为普通栽培蘑菇（common culti-vated mushroom）或纽扣蘑菇（button mushroom），中文别名为蘑菇、白蘑菇、双孢菇、洋菇。

双孢蘑菇不但肉质肥厚、味道鲜美，而且营养丰富、热能低。据报道，鲜菇含蛋白质3%～4%，脂肪 0.2%～0.3%，碳水化合物 2.4%～3.8%。其蛋白质含量几乎是芦笋、菠菜、马铃薯等蔬菜的 2 倍，与牛奶等值，而且可消化率达 70%～90%，享有 "植物肉"之称。其氨基酸组成较全面，尤其富含人体必需的赖氨酸等。双孢蘑菇还含有丰富的铁、磷、钾、钙等矿质元素及硫胺素（维生素 B_1）、核黄素（维生素 B_2）、烟酸（维生素 B_3）、抗坏血酸（维生素 C）等多种维生素及酶类。双孢蘑菇脂肪含量仅为牛奶的 1/10，脂肪的性质类似于植物脂肪，含有较高的不饱和脂肪酸，如油酸和亚油酸等，多食双孢蘑菇对降低血脂有明显作用。双孢蘑菇中所含多糖类物质具有药用价值，用蘑菇罐藏加工预煮液制成的药物对医治迁延性肝炎、慢性肝炎、肝肿大、早期肝硬化均有显著疗效。在西欧、北美及大洋洲，它早已成为仅次于生菜和番茄的第三大蔬菜，是人们每日必食的健康食品。双孢蘑菇在我国的消费量也日益增长。

第二节　双孢蘑菇的起源与分布

双孢蘑菇栽培起源于法国。据报道，1550 年，法国已有人将蘑菇栽培在菜园里未经发酵的非新鲜的马粪上，1651 年法国人用清水漂洗蘑菇成熟的子实体，然后洒在甜瓜地的驴、骡粪上，使它出菇。1707 年，被称为蘑菇栽培之父的法国植物学家 D. 托尼弗特用长有白色霉状物的马粪团在半发酵的马粪堆上栽种，覆土后长出了蘑菇。1754 年，瑞典人兰德伯格进行了蘑菇的周年温室栽培。1780 年，法国人开始利用天然菌株进行山洞或废弃坑道栽培。1865 年，人工栽培技术经英国传入美国，首次进行了小规模蘑菇栽培，到 1870 年已发展成为蘑菇工业。1910 年，标准式蘑菇床式菇房在美国建成。菌丝生长和出菇管理均在同一菇房内进行，称为单区栽培系统，适合手工操作。国内现在多采用这一栽培系统。1934 年，美国人兰伯特把蘑菇培养料堆制分为两个阶段，即前发酵和后发酵，极大地提高了培养料的堆制效率和质量。目前，国外许多菇场采用箱式多区栽培系统，将前发酵、后发酵、菌丝培养（菌丝集中培养也称三次发酵）、出菇阶段等分别置于各自最适的温湿度室内，不仅温湿度可以控制，还配有送料、播种、覆土装置，年栽培次数一般可达 6 次。美国 Sylvan 公司在佛罗里达州的菇场年栽培达 10 次，年产鲜菇 1.2 万 t，极大地提高了工效与菇房设施的利用率。此外，爱尔兰等国家还发展了塑料菇房袋式栽培等模式。国际蘑菇栽培出现了农村副业栽培、农场式生产和工业化生产并存的局面。1936 年有大约 10 个欧美国家栽培双孢蘑菇，1976 年有 80 多个国家和地区栽培，到 1996 年有 100 多个国家和地区栽培，栽培量与消费量以 10％以上的速率递增。目前，世界年产双孢蘑菇 400 多万 t，占世界食用菌总产量的 15％左右。双孢蘑菇成为世界上人工栽培最广泛、产量最高、消费量最大的食用菌之一。

在发达国家，双孢蘑菇工业化生产已逐渐成为主导模式。我国以农业生产为主，近年来设施与工厂化栽培也发展迅猛。我国金陵大学胡昌炽先生于 1925 年前后引进双孢蘑菇，试种出蕾。福建闽侯潘志农先生 1930 年开始家庭式小规模蘑菇栽培，获得成功。浙江杭州余小铁先生 1931 年也开始种植蘑菇。上海的蘑菇栽培始于 1935 年前后，1957 年在市郊推广了床架式栽培，1958 年用牛粪替代马粪栽培成功并向全国推广。1978 年我国改革开放，进一步促进了双孢蘑菇栽培、加工、贸易出口的发展，形成了产业规模。1979 年香港中文大学张树庭引进培养料二次发酵技术和法国菌株 5‐176 等，福建省轻工业研究所（福建省蘑菇菌种研究推广站）、上海市农业科学院食用菌研究所、轻工业部发酵研究所、浙江农业大学、上海师范学院、福建省三明市真菌研究所等对蘑菇品种改良和栽培技术进行了综合研究，促进了全国蘑菇生产的发展。1992 年，在轻工业部主持的全国蘑菇科研协作会上，福建省轻工业研究所推出由高产优质广适型杂交新品种 As2796 系列、培养料节能二次发酵技术和标准化塑料菇房等组成的规范化集约化栽培模式，使栽培产区从江南扩大到全国各地。2000 年以来，中国成为世界上栽培双孢蘑菇最多的国家，当年产鲜菇 50 多万 t，其中，福建 27.2 万 t，余为浙江、山东、广西、云南、四川、上海、江苏、湖南、河南、河北、北京、天津、新疆等地所产。年加工罐头、盐渍、冷冻蘑菇等产品近 40 万 t，出口约 30 万 t。2007 年以来，年产鲜菇均达 200 多万 t，出口 50 万 t 左右，占世界产量和贸易量的 50％，成为双孢蘑菇生产第一大国。有 3 个双孢蘑菇科技项目，分别于 1985 年、1986 年、2012 年获得国家级科学技术奖。

第三节　双孢蘑菇的分类地位与形态特征

一、分类地位

双孢蘑菇（*Agaricus bisporus*）属担子菌门（Basidiomycota）蘑菇纲（Agaricomycetes）蘑菇目（Agaricales）蘑菇科（Agaricaceae）蘑菇属（*Agaricus*）。

二、形态特征

双孢蘑菇由菌丝体和子实体两部分组成。

1. 菌丝体　菌丝体是营养器官，由担孢子萌发生长而成，粗 $1\sim10\ \mu m$，细胞多异核，细胞间有横隔，通过隔膜孔相连，经尖端生长、不断分枝而形成蛛网状菌丝体，主要作用是吸收、运送水分和营养物质，支撑子实体。从形态上看，菌丝体有绒毛菌丝（初生菌丝）、线状菌丝（次生菌丝）和索状菌丝（三生菌丝），其培养菌落有白色绒毛型、白色紧贴绒毛型、紧贴索状等类型。绒毛菌丝是初期生长的菌丝，在生长过程中遇到适宜的环境条件就会相互结合形成线状菌丝，进而扭结、分化、发育成子实体。其间，线状菌丝分化形成束状菌丝，束状菌丝体再分化成子实体组织和根状菌束。

2. 子实体　子实体是繁殖器官，也是人们食用的部分，包括菌盖、菌褶、孢子、菌柄、菌膜、菌环等几个部分（图 2-1）。子实体的机能是产生孢子，繁衍后代。子实体大小中等，初期呈半圆形、扁圆形，后期渐平展，成熟时菌盖直径 $4\sim12\ cm$。表面白色、米色、奶油色或棕色，光滑或有鳞片，干时变淡黄色或棕色，幼时边缘内卷，菌肉组织白色，较结实。菌盖下面呈放射状排列的片状结构称为菌褶，初期为米色或粉红色，后变至褐色或深褐色，密、窄，离生不等长。菌褶两侧生长着许多棒状的担子，担子为单细胞，无分隔，通常生有 2 个担孢子（图 2-2）。一朵蘑菇成熟后可以产生 10 多亿个孢子，孢子褐色、椭圆、光滑，大小为 $(6\sim8.5)\ \mu m\times(5\sim6)\ \mu m$，孢子印深褐色或咖啡色。菌柄是菌盖中央的支撑部分，起着给菌盖输送养分的作用，一般长 $3\sim8\ cm$，粗 $1.0\sim3.5\ cm$，白色，近圆柱状，内部结实至疏松。菌膜为菌盖和菌柄相连接的一层膜，随着子实体成熟，逐渐拉开，直至破裂。有的品种有菌环，单层、膜质，生于菌柄中部，易脱落。

图 2-1　双孢蘑菇子实体形态

1. 菌盖　2. 菌褶　3. 菌环　4. 菌柄　5. 根状菌束

（引自《蘑菇栽培》，1982）

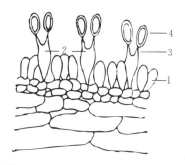

图 2-2　双孢蘑菇菌褶横切面示意

1. 幼嫩担子　2. 成熟担子

3. 担子柄　4. 担孢子

第四节　双孢蘑菇的生物学特性

双孢蘑菇是喜温喜湿的腐生真菌。野生双孢蘑菇通常生长在草地或丛林中腐熟或半腐熟的植物腐殖质和动物粪便上，单生或丛生。双孢蘑菇整个生育阶段，从孢子萌发到子实体成熟都要在一定的环境条件下进行，这些条件包括满足生长发育过程中所需要的营养、温度、水分、空气、酸碱度等环境因子。

一、营养要求

双孢蘑菇是一种腐生菌，完全依赖培养料中的营养物质。

（一）碳源

双孢蘑菇能利用各种碳源，如糖类、淀粉、木质素、半纤维素、树胶、果胶等各种碳水化合物。这些碳源主要存在于农作物的秸秆中，依靠嗜热及中温微生物和蘑菇菌丝分泌的各种酶，分解为简单的碳水化合物而为蘑菇所利用。半纤维素转化为戊糖（阿拉伯糖、木糖）、己糖（葡萄糖、半乳糖、果糖）之后，首先被蘑菇吸收利用，纤维素在转变成纤维二糖后才能被吸收利用。蘑菇菌丝生长阶段主要消耗培养料中的木质素，出菇期间主要消耗戊聚糖和α-纤维素。

（二）氮源

氮源是蘑菇生长发育过程中的重要营养成分。蘑菇不能同化硝酸盐，可以同化铵态氮。蘑菇更适合利用有机氮，其原因是有机氮中的碳可以转化为碳源，从而促进营养的平衡。蘑菇不能直接吸收蛋白质，但能很好地利用其水解产物。蘑菇的主要氮源有蛋白质、蛋白胨、肽、氨基酸、嘌呤、嘧啶、酰胺、胺、尿素、铵盐等。生产中常用牛、马、鸡粪和秸秆作为堆制培养料的原料，并添加适量菜籽饼或碳酸氢铵、尿素等氮源，通过培养料二次发酵和适宜的微生物活动，降解和转化原料中的各种成分，形成有益于蘑菇生长发育的木质素—蛋白质复合体、木质素—腐殖质复合体等。蘑菇生长最适碳氮比为 17：1，根据这个要求，在配制培养料时原料的碳氮比应为 28：1～30：1。

（三）矿质元素和维生素

矿质元素参与细胞结构物质的组成；作为酶的活性基团的组成成分，有的是酶的激活剂；调节培养基的渗透压和 pH 等。双孢蘑菇生长发育所需要的矿质元素（钙、磷、钾、硫和微量元素等）可以从堆肥和硫酸镁、磷酸二氢钾、磷酸钙等添加剂中得到满足，所需的维生素等可以从培养料发酵期间微生物代谢产物中获得的。

二、环境要求

（一）温度

温度是双孢蘑菇生长发育的一个重要影响因素。通常双孢蘑菇担孢子释放温度为13～20 ℃，超过 27 ℃，即使子实体已相当成熟，也不能释放。双孢蘑菇担孢子萌发的温度为24 ℃左右，温度过高或过低都会延迟担孢子的萌发。双孢蘑菇菌丝生长的温度为 6～32 ℃，最适为 22～26 ℃。子实体发育温度为 6～24 ℃，最适为 16～20 ℃。随不同品种而异。

（二）水分

双孢蘑菇子实体含水量90％左右，菌丝体含水量 70％～75％。不同类型菌株以及不同生长发育阶段对水分或空气湿度的需求不完全相同。一般要求堆制好的培养料的含水量达65%～68%，随品种不同而异。覆土的吸水量视不同材料掌握，通常田土需调节至手捏成团掉地即散，泥炭土可调至65%以上。菇房相对湿度在菌丝生长阶段保持75%～80%，出菇期应提高到90%～95%。

（三）pH

双孢蘑菇菌丝生长的较适pH 6.0～8.0，最适pH 7左右。菌丝体生长过程会产生碳酸和草酸使生长环境逐渐偏酸，因此播种时常把培养料调到pH 7.0～7.5，覆土层可调到pH 7.5～8.0。

（四）空气

双孢蘑菇是好氧性真菌，菌丝体和子实体都要不断地吸入氧气，呼出二氧化碳。培养料的分解也会不断产生二氧化碳、氨、硫化氢等有害于蘑菇菌丝体和子实体生长发育的气体。适于菌丝生长的二氧化碳浓度为0.1%～0.5%，空气中二氧化碳浓度降低到0.03%～0.1%时，可诱发菇蕾发生。覆土层中的二氧化碳浓度达0.5%以上时就会抑制子实体分化，达1%时子实体盖小，柄细长，易开伞。因此，菇房要经常通风换气。

（五）光照

双孢蘑菇菌丝和子实体生长发育不需要光照。直射光会使菇体表面干燥发黄，导致品质下降。

三、生活史

双孢蘑菇的繁殖方式有无性繁殖和有性生殖两种。无性繁殖是指由异核母细胞直接产生子代的繁殖方式。有性生殖是其生活史的主要部分，它通过两性核在担子中的结合，或两性细胞以菌丝融合方式结合后形成新的个体，包括从担孢子萌发成菌丝，扭结成原基，发育成菇蕾，生长成子实体，直到成熟从菌褶上再释放出担孢子的过程。双孢蘑菇的有性生殖有两个分支：一支是含"＋""－"两个不同交配型细胞核的担孢子，萌发成菌丝后，不需要交配就可以完成生活史。另一支是仅含有"＋"核的担孢子或仅含"－"核的担孢子，萌发成菌丝后，需经交配才能完成生活史。在典型的双孢蘑菇中，双孢担子占绝大多数，四孢担子为数较少，所以次级同宗结合的遗传方式在其完整的有性生殖生活史中占有很大的比例。也就是说，通常双孢蘑菇的担子上仅产生2个担孢子，绝大多数担孢子内含有"＋""－"两个核，即担孢子通常只获得4个减数分裂产物中的2个。这种异核担孢子萌发出的菌丝是异核的菌丝体，它们不产生锁状联合，不需要经过交配就能完成其生活史，因此这种异核担孢子是自体可育的。1972年Raper等详细地阐述了双孢蘑菇特殊的二极性次级同宗结合的生活史。此外，双孢蘑菇的担子偶尔也能产生单个、三个、四个甚至八个担孢子。据统计，一孢担子占3%，二孢担子占81.8%，三孢担子占12.8%，四孢担子占1.2%，五孢担子占0.013%，七孢担子占0.003%。单核孢子或同核的双核孢子是以异宗结合的遗传方式来完成其生活史的。因此，双孢蘑菇的有性生殖生活史可以用

图 2 - 3 来表示。

　　1992 年，在美国加利福尼亚州发现了双孢蘑菇的四孢变种。这不但丰富了种质资源，也极大地推动了性因子的研究，同时也使得双孢蘑菇有性生殖生活史的研究得到进一步完善。四孢变种的生活史是以异宗结合为主要生殖方式。杂交研究表明，四孢担子性状相对双孢担子是显性的，三孢担子介于二者之间。

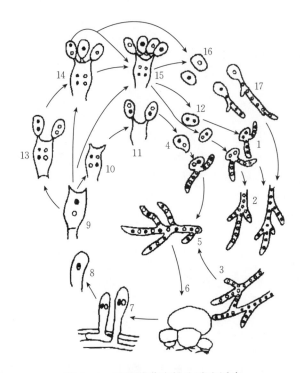

图 2 - 3　双孢蘑菇有性生殖生活史

1. 同核担孢子的萌发　2. 同核菌丝体　3. 同核菌丝体之间的质配　4. 异核担孢子的萌发　5. 异核菌丝体　6. 子实体　7. 担子　8. 接合的细胞核　9. 第一次减数分裂　10. 第二次减数分裂　11. 异核担孢子的形成　12. 担孢子的弹射　13. 同核担孢子的形成　14. 三孢担子　15. 四孢担子　16. 单核担孢子　17. 单核担孢子的萌发

（参考《自修食用菌学》，1987）

第五节　双孢蘑菇种质资源

一、概况

　　双孢蘑菇野生菌株子实体体表主要呈褐色至浅褐色，极少白色，菌柄白色，有的有菌环。据报道，现在用的白色品种是 1925 年棕色品种栽培床上的突变种。

　　双孢蘑菇菌种的提纯、制备与改良已有百年历史，菌株类型的叫法多样，有分为栽培菌株与野生菌株的，有分为双孢菌株和四孢变种的，有分为白色菌株、棕色菌株、浅棕色菌株、奶油色菌株和米色菌株的，有分为匍匐型菌株、气生型菌株和中间型菌株的，也有分为工厂化栽培品种与农业生产品种的。双孢蘑菇菌株的鉴定可以用同工酶电泳（Royse et al.，1982；王泽生等，1989）及 DNA 的 RFLPs（Castle，1988）、RAPD（曾伟等，1997；陈美元等，1998）、SRAP、ISSR（陈美元等，2009）方法进行，用聚类统计方法分析菌株间的遗传相似性及种群间存在的遗传差异性。生产上使用的品种有雪白色、米白色、奶油色、浅棕色和棕色品种。中国、荷兰、美国、英国和法国等开展了杂交育种研究，现在世界各国使用的商业菌种几乎均为杂交品种，以白色杂交品种为主，褐色杂交品种（俗称褐蘑菇）为辅。

二、优异种质资源

1. As2796（国品认菌 2007036）

选育单位：福建省农业科学院食用菌研究所（福建省蘑菇菌种研究推广站）。

品种来源：异核体菌株 02（国外引进种）和 8213（国内保留种）通过同核不育单孢杂交育成。

省级审（认）定情况：1993 年通过福建省蘑菇菌种审定委员会审定。

特征特性：子实体单生。菌盖直径 3.0～3.5 cm，厚度 2.0～2.5 cm，外形圆整，组织结实，色泽洁白，无鳞片；菌柄白色，中生，直短，直径 1～1.5 cm，长度与直径比为 1∶1～1.2∶1，菌柄长度与菌盖直径比为 1∶2.0～1∶2.5，无绒毛和鳞片；菌褶紧密、细小、色淡。

产量表现：单位面积产量为 9～18 kg/m²，生物学效率 35%～50%。

栽培技术要点：适合经二次发酵的粪草发酵料栽培，投料量每平方米 30～35 kg，碳氮比为 28∶1～30∶1，要求发酵料含水量 65%～68%，含氮量 1.4%～1.6%，pH 7.0 左右；栽培中发菌适温 24～28 ℃，空气相对湿度 85%～90%；出菇温度 10～24 ℃，最适温度 14～22 ℃。菌丝体可耐受最高气温 35 ℃，子实体可耐受最高气温 24 ℃，转潮不太明显，后劲强。注意正常管理的喷水量不少于高产菌株。气温超过 22 ℃，甚至达到 24 ℃时一般不死菇，可比一般菌株提前 15 d 左右栽培。注意不宜薄料栽培，料含氮量太低或水分不足都会影响产量或产生薄菇和空腹菇。菌种播种后萌发力强，菌丝吃料速度中等偏快，菌丝爬土速度中等偏快，扭结能力强，扭结发育成菇蕾或膨大为合格菇的时间长，因此开采时间比一般菌株迟 2～3 d。成菇率 90% 以上，成品率 80% 以上。一至四潮产量分布较均匀，有利于加工厂生产。

认定意见：经审核，该品种符合国家食用菌品种认定标准，通过认定。建议在我国各省份适温地区栽培，根据培养和出菇温度调整制种和播种时间。

2. As4607（国品认菌 2007035）

选育单位：福建省农业科学院食用菌研究所（福建省蘑菇菌种研究推广站）。

品种来源：亲本 As2796，单孢选育而成。

省级审（认）定情况：1997 年福建省蘑菇菌种审定委员会审定。

特征特性：子实体单生，商品菇直径 3.2～3.8 cm，菌盖厚 2.0～2.5 cm，外形圆整，组织结实，色泽洁白，无鳞片；菌柄直短，直径 1～1.5 cm，长度与直径比为 1∶1～1.2∶1，菌柄长度与菌盖直径比为 1∶2.0～1∶2.5，无绒毛和鳞片；菌褶紧密，细小，色淡。菇潮不明显，后劲强。菌种播种后萌发力强，菌丝吃料速度和爬土速度中等偏快，扭结能力强，扭结发育成菇蕾或膨大为商品菇的时间较长，因此开采时间比一般菌株迟 1～2 d。一至四潮产量分布较均匀，有利于加工厂生产。

产量表现：单位面积产量为 9～15 kg/m²，生物学效率 35%～45%。

栽培技术要点：适合经二次发酵的粪草发酵料栽培，投料量每平方米 30～35 kg，碳氮比为 28∶1～30∶1，含氮量 1.4%～1.6%，含水量 65%～68%，pH 7.0 左右。福建地区播种时间为 9～12 月。发菌适温 24～28 ℃，适宜空气相对湿度 85%～90%；出菇温度 10～24 ℃，最适温度 14～22 ℃。注意不宜薄料栽培，料含氮量太低或水分不足都会影响产量或产生薄菇和空腹菇。

认定意见：经审核，该品种符合国家食用菌品种认定标准，通过认定。建议在我国各省份适温地区栽培，根据培养和出菇温度调整制种和播种时间。

3. 英秀 1 号（国品认菌 2007037）

选育单位：浙江省农业科学院园艺研究所。

品种来源：国外引进的双孢蘑菇 A737，单孢选育而成。

特征特性：子实体散生，少量丛生，近半球形，不凹顶。商品菇菌盖白色，平均直径 4.1 cm，菌盖平均厚 1.7 cm，表面光洁，环境干燥时表面有鳞片；菌柄白色，粗短近圆柱状，基部膨大明显，平均长 2.6 cm，中部平均直径 1.5 cm。子实体组织致密结实。发菌适温 22～26 ℃，原基形成不需温差刺激，子实体生长发育温度 4～23 ℃，最适温度 16～18 ℃；低温结实能力强。菇潮间隔期 7～10 d。

产量表现：单位面积产量为 9.1～15.7 kg/m²。

栽培技术要点：堆肥适宜含氮量为 1.5%～1.7%，合成堆肥发酵前的适宜含氮量为 1.6%～1.8%，二次发酵后的培养料适宜含水量 65% 左右，pH 7.2～7.5。出菇期适宜室温 13～18 ℃，温度高于 20 ℃ 时禁止喷水，加强通风。自然气候条件下秋冬季播种，春季结束，跨年度栽培。河北、河南、山东、山西、安徽和江苏北部等蘑菇产区适宜播种期为 8 月，浙江、上海及江苏南部蘑菇产区适宜播种期为 9 月，福建、广东、广西等蘑菇产区适宜播种期为 10～11 月。应用菇棚覆膜增温技术措施，可适当推迟播种期，实现反季节栽培。要充分利用低温出菇能力强的特性，使其在自然温度较低季节大量出菇。适当提高培养基含水量有利于提高产量。注意预防高温烧菌和死菇；出菇期应保持覆土良好的湿度和空气相对湿度，以免菇盖产生鳞片。

认定意见：经审核，该品种符合国家食用菌品种认定标准，通过认定。建议在我国双孢蘑菇主产区栽培。

4. 蘑菇 176（国品认菌 2008030）

选育单位：上海市农业科学院食用菌研究所。

品种来源：从香港引进品种。

省级审（认）定情况：2004 年上海市农作物品种审定委员会审定。

特征特性：子实体单生、丛生，半球形，菌盖直径 3.5～4.5 cm，菌盖厚 1.9～2.3 cm，菌盖色白，表面光滑；菌柄长 2.8～3.6 cm，粗 1.9～2.5 cm。菌丝生长温度为 20～30 ℃，菌丝在 pH 5～8 时均能生长；发菌期为 20～25 d，从播种到出菇需 35～45 d；原基形成温度为 10～20 ℃，菌丝体生长最适温度为 24～28 ℃；子实体适宜生长温度为

10～20 ℃。出菇潮次明显，7 d 左右一潮菇。

产量表现：鲜菇单位面积产量为 8～13.5 kg/m²，生物学效率 40%左右。

栽培技术要点：①配方：以稻草为主料时，每平方米用稻草 20 kg、干牛粪 4 kg、豆饼粉 0.32 kg 或菜饼 0.5 kg、米糠 0.6 kg、磷肥 0.6 kg、尿素 0.075 kg、硫酸铵 0.25 kg、石膏 0.2 kg、石灰 0.65 kg；以麦草为主料时，每平方米用麦草 15 kg、干牛粪 2 kg、豆饼粉 0.5 kg 或菜饼 0.8 kg、尿素 0.18 kg、硫酸铵 0.2 kg、磷肥 0.6 kg、石膏 0.5 kg、石灰 0.4 kg。②上海地区播种期 9 月 5～10 日，其余地区提早 2～3 d 播种。③培养料含水量 65%～68%，必须进行二次发酵，发菌期控温 24～28 ℃。④当菌丝穿透料底时，进行覆土，覆土后发菌温度控制在 24～28 ℃，保持土层湿润。⑤菌丝长满覆土层时进行通风降温和喷水，降温到 10～20 ℃，最适温度在 15 ℃左右。⑥出菇期及时喷出菇水，多次喷湿，温度控制在 10～20 ℃，空气湿度 90%左右。⑦及时采收，做好残根清理和补土、补水工作。

认定意见：经审核，该品种符合国家食用菌品种认定标准，通过认定。建议在全国各省份适合栽培双孢蘑菇的区域栽培。

5. 棕秀 1 号（国品认菌 2007038）

选育单位：浙江省农业科学院园艺研究所。

品种来源：国外引进的褐色双孢蘑菇 Ab07，常规单孢选育技术育成。

特征特性：子实体散生，少量丛生，近半球形，不凹顶，菇柄粗短，白色，近圆柱状，基部稍膨大，平均长 2.8 cm，菌柄中部平均直径 1.5 cm。商品菇菌盖棕褐色，平均厚 1.8 cm，内部菌肉白色，肉质紧密，平均直径 4.1 cm，表面光洁。环境干燥时菌盖表面有鳞片产生。原基形成不需要温差刺激，菌丝生长温度为 5～33 ℃，发菌期适宜温度为 22～26 ℃；子实体生长发育温度为 4～23 ℃，最适温度为 16～18 ℃；低温结实能力强。

产量表现：单位面积产量为 9.8～16.5 kg/m²。

栽培技术要点：自然气候条件下秋冬季播种，可比常规品种延后 10～25 d 播种，跨年度栽培。河北、河南、山东、山西、安徽和江苏北部等蘑菇产区适宜播种期为 8 月，江苏南部、浙江、上海蘑菇产区播种期以 9 月为好；华南蘑菇产区适当推迟播种期，福建、广东、广西等蘑菇产区适宜播种期为 10～11 月。应用菇棚覆膜增温技术措施，播种期可推迟，实现反季节栽培。粪草培养料的适宜含氮量为 1.5%～1.7%，无粪合成料发酵前的适宜含氮量为 1.6%～1.8%，碳氮比为 30∶1～33∶1，二次发酵后的培养料适宜含水量为 65%左右，pH 7.2～7.5。发菌期如料温高于 28 ℃，应在夜间温度低时进行通风降温，必要时需向料层打扦，散发料内的热量，降低料温，以防"烧菌"；出菇期菇房内温度控制在 13～18 ℃，空气相对湿度应保持在 85%～90%，以利于子实体形成和生长发育。

认定意见：经审核，该品种符合国家食用菌品种认定标准，通过认定。建议在我国双孢蘑菇主产区栽培。

6. 棕蘑 1 号（国品认菌 2008031）

选育单位：上海市农业科学院食用菌研究所。

品种来源：国外引进品种。

省级审（认）定情况：2004 年上海市农作物品种审定委员会审定。

特征特性：子实体以单生为主，菇形圆整，质地坚实紧密；朵型中等，不开伞菇直径 3～5 cm；适当疏蕾，可获得菌盖直径 10～12 cm 的开伞子实体；菌盖呈棕色，无鳞片；菌柄着生于菌盖的中部；潮次明显，转潮快；菌丝最适生长温度为 25 ℃左右，最适出菇温度为 16～18 ℃。

产量表现：鲜菇单位面积产量为 8～10 kg/m²。

栽培技术要点：上海及周边地区一般在 8 月上中旬进行培养料堆制，9 月上中旬播种，10 月上旬覆土；出菇气温维持在 10～20 ℃时，一般出菇期可从当年 10 下旬至翌年 4 月下旬；建议进行二次发酵；发菌温度 25 ℃左右，覆土厚度 4 cm 左右；出菇温度 16～18 ℃；一潮菇喷一次水，避免在原基形成期喷水，当菇体长至大豆粒大时，可采用轻喷勤喷的方法喷水。

认定意见：经审核，该品种符合国家食用菌品种认定标准，通过认定。建议在全国双孢蘑菇适合种植区域栽培，并根据当地气候条件和品种特性安排栽培季节。

7. 蘑加 1 号（国品认菌 2010002）

选育单位：华中农业大学菌种实验中心。

品种来源：国外引进菌株经组织分离选择育成。

特征特性：子实体前期多丛生，后期多单生；菌丝半气生，菌盖洁白半球形，空气干燥时，易产生同心圆状的较规则鳞片，菌肉白色，致密，菌柄白色近柱状，基部稍膨大，菌褶离生，少有菌环。子实体个体较大、圆整，菇形好，色白，肉质口感好；出菇期相对集中，菇潮较明显，适合工厂化栽培；抗病虫害能力较弱，易受菇蚊、蛞蝓等为害，易发生真菌、细菌病害。

产量表现：以粪草做培养基，在适宜栽培条件及科学管理下，生物学效率可达 35%。

栽培技术要点：室内大棚床栽和大田畦栽，通常选用稻草、麦草及牛、马、鸡、猪等的粪便。培养料堆制发酵，最好进行二次发酵；气温在 15～28 ℃时播种，一般采用小麦等谷粒菌种或稻草、棉壳菌种；菌丝生长期应遮光，要求空气新鲜，适温 20～25 ℃，避免 30 ℃以上气温发生烧菌；出菇期要求遮光，保持空气新鲜，适宜温度为 13～18 ℃，避免出现 20 ℃以上气温，防止死菇或滋生杂菌和发生虫害；适时适量打水，保持覆土湿润，注意通风换气，避免水渗入培养料及菇面积水。

认定意见：经审核，该品种符合国家食用菌品种认定标准，通过认定。适合在全国蘑菇栽培产区推广，可根据不同气候条件适时栽培，湖北地区一般 9 月初播种，10 月底至翌年 4 月出菇。

8. W192（闽认菌 2012007）

选育单位：福建省农业科学院食用菌研究所（福建省蘑菇菌种研究推广站）。

品种来源：亲本 1 为 As2796，亲本 2 为 02，同核单孢杂交育成。

特征特性：子实体单生。子实体商品期菌盖为扁半球形，直径 3～5 cm，厚度 1.5～2.5 cm，白色，表面光滑；菌柄近圆柱状，白色，肉质，直径 1.2～1.5 cm，长度与直径比为 1∶1～1.2∶1，菌柄长度与菌盖直径比为 1∶2～1∶3；表面光滑，无绒毛和鳞片。子实体致密，储存温度 2～4 ℃，货架寿命 7～10 d。

产量表现：单位面积产量比国内当家品种 As2796 增产 10%～15%，规范化栽培平均单产 10.0 kg/m²，高产者可达 20.0 kg/m² 左右。工厂化栽培可达 30.0 kg/m²。

栽培技术要点：适合经二次发酵的粪草发酵料栽培，基质适合的含水量为 65%～70%，含氮量要求达 1.6%～1.8%，栽培中发菌的适宜环境条件为温度 24～28 ℃，相对湿度 85%～90%，pH 6.5～7.5，发菌期（长满培养料时期）18～20 d，覆土至出菇时间为 18～20 d，不需要后熟期，栽培周期为 80～100 d；原基形成不需要温差刺激，栽培中菌丝体和子实体耐受的最高温度分别为 32 ℃和 24 ℃，子实体对二氧化碳的耐受性中等，菇潮较明显，间隔期为 3～5 d。菌株耐肥、耐水和耐高温，要求每平方米投料量 30～35 kg，碳氮比为 28：1～30：1，喷水量不少于 As2796。菌种播种后萌发力强，菌丝吃料速度中等偏快，生长强壮有力，抗逆性较强，尤为耐高温。菌丝爬土速度中等偏快，扭结能力强，出菇快，开采时间比 As2796 早 2 d 左右。

认定意见：经审核，该品种符合福建省食用菌品种认定标准，通过认定。已在全国各蘑菇主产区（福建、江苏、广西、山东、河南、四川、浙江、江西、湖北、云南等）推广多年，南方平原区域在秋、冬与春季栽培，北方为秋、春季栽培，高寒区域可夏秋季栽培。

9. W2000（闽认菌 2012008）

选育单位：福建省农业科学院食用菌研究所（福建省蘑菇菌种研究推广站）。

品种来源：亲本 1 为 As2796，亲本 2 为 02，同核单孢杂交育成。

特征特性：菌丝生长最适温度 24～28 ℃；保藏温度 2～4 ℃；菌丝 16～18 d 长满直径 9 cm 培养皿；菌落形态中间贴生、外围气生；菌丝致密度中等；气生菌丝发达程度中等；菌落表面白色；菌落背面白色，无分泌色素；生长温度为 10～32 ℃；耐最高温度 34 ℃。子实体单生，半球形，致密；菌盖形状扁半球形，直径 3.0～5.5 cm，厚度 1.8～3.0 cm，白色，光滑。菌柄白色，圆柱状，长度 1.5～2.0 cm，直径 1.3～1.6 cm，肉质，中生，无绒毛和鳞片。鲜菇的储存温度 2～4 ℃；耐储藏性中等。

产量表现：单位面积产量 9～11 kg/m²，高产者可达 15～18 kg/m²。菇质比较结实，不易开伞，适合进行罐头加工及超市保鲜销售。

栽培技术要点：适于经二次发酵的粪草料栽培，表现出耐肥、耐水和耐高温的特点。要求每平方米投料量 30～35 kg，碳氮比 28：1～30：1，含氮量 1.6%～1.8%，含水量 65%～70%，pH 7 左右，正常管理的喷水量不少于 As2796。发菌的培养料适宜温度为 24～28 ℃，含水量 65%～70%，pH 6.5～7.0。发菌期的菇房温度控制在 20～24 ℃，相对湿度 85%～90%，二氧化碳浓度控制在 2 000 mg/kg 以下，培养料走菌时间 18～20 d。菌种播种后萌发力强，菌丝吃料速度偏快，生长强壮有力，抗逆性较强，尤为耐高温。培养料长满菌丝后覆土，覆土材料主要为稻田土、菜园土及草炭土等，覆土厚度为 4 cm 左右，原基形成不需要温差刺激。菌丝爬土速度中等偏快，扭结能力强，出菇较快，转潮较明显。栽培中菌丝体可耐受的最高气温为 34 ℃，子实体可耐受的最高气温为 22 ℃。子实体生长的适宜温度 16～20 ℃，湿度 90%～95%，pH 6.0～6.5。子实体对二氧化碳较敏感，二氧化碳浓度应控制在 800 mg/kg 以下，对光不敏感，不需要光刺激。菇潮较明显，间隔期 3～4 d。播种到出菇 35～40 d。

认定意见：经审核，该品种符合福建省食用菌品种认定标准，通过认定。已在全国各蘑菇主产区（福建、江苏、广西、山东、河南、四川、浙江、江西、湖北、云南等）推广多年，南方平原区域在秋、冬与春季栽培，北方为秋、春季栽培，高寒区域可夏秋季栽培。

第六节　双孢蘑菇种质资源研究和创新

直到 20 世纪 90 年代初，人们对双孢蘑菇的自然分布、种质资源还知之甚少（Groot et al.，1998）。20 世纪 90 年代以来，世界范围内的许多科学家对双孢蘑菇种质资源的分布、习性、群落结构、基因流动动态、遗传变异水平等方面进行了广泛的研究。在北美 R. W. Kerrigan 主持的 ARP（Agaricus Recovery Program）项目，自 1988 年开始已收集到数百个野生双孢蘑菇菌株（Kerrigan，1995）。在欧洲大陆以法国 P. Callac 为首的蘑菇研究组自 1990 年开始，已收集了约 250 个野生双孢蘑菇的菌株。在英国，T. Elliott 和 R. Noble 除收集了很多野生双孢蘑菇菌株外，还收集了该属其他种的许多菌株（李荣春等，2002）。在中国，福建省轻工业研究所王泽生研究团队专门从事双孢蘑菇研究，从 1983 年以来开始收集世界各地的双孢蘑菇菌株，至今已保藏 500 多株，其中包括国内外栽培菌株 200 多株，野生菌株 200 多株，对这些菌株进行了同工酶和 DNA 标记分析，并应用于杂交育种中（Wang and Liao，1993；曾伟等，1999；王泽生等，2005，2008；陈美元等，2007）。云南农业大学食用菌研究所李荣春也收集了一定数量来自欧洲和美洲的野生双孢蘑菇菌株，他应用 AFLP 等技术对这些菌株的遗传多样性，以及来自英国的野生菌株 96.4 的生活史、遗传变异等进行了研究（李荣春等，2001，2005）。这些项目的开展和进行，极大地丰富和发展了双孢蘑菇的生物学知识，使人们对双孢蘑菇的形态、结构、生理生化、遗传变异、交配类型、生活史以及 DNA 分子结构、同工酶多态性、生态分布等方面的认识得到了巨大的发展和进步。Kerrigan 指出，期待着在中国和东南亚找到双孢蘑菇新的遗传类群，以丰富该物种的已知的种质资源库（Kerrigan et al.，1995）。

我国野生蘑菇属资源分布广（李宇，1990），从北方辽宁、内蒙古到西南的云南、四川、西藏、新疆都有分布。但 2000 年以前，我国尚未对野生双孢蘑菇种质资源进行系统收集、鉴定与研究，也缺乏对它们的系统评价，限制了这些宝贵资源的利用。我国卯晓岚先生 20 世纪 70 年代曾经在新疆发现野生双孢蘑菇（卯晓岚，1998），可惜未保留活体。马文惠等（1993）在合肥郊区的野外采集了一株双孢蘑菇，并进行鉴定、制种、驯化，他们把新菌株定名为 Ag5。1993 年，王泽生等对收集到的国内外野外蘑菇分离株进行鉴定，认为 Ag5 菌株是栽培中逃逸到野外并生存下来的栽培种（Wang and Liao，1993）。1999年王波等在西藏高原草甸分离到双孢蘑菇野生菌株，并进行了初步研究（王波等，2001，2002）。2004 年，王泽生等在西藏同一高原草甸再次分离到野生双孢蘑菇菌株并进行了鉴定（王泽生等，2005；Wang，2008）。2007 年以来王泽生、王波研究团队承担了国家自然科学基金项目"中国野生双孢蘑菇种质资源的调查、鉴定与重要性状评价"，对中国野生双孢蘑菇种质资源分布情况进行调查，大量采集蘑菇野外生长菌株，至今已从西藏、宁夏、甘肃、新疆、四川等地采集到 200 多株野外蘑菇属菌株。对这些菌株进行了经典生物学与分子生物学比较与鉴定，分析野生菌株和对照菌株的种内和种间亲缘关系，建立各野生菌株的 DNA 指纹库，确定各菌株的特异分子标记，建立了居世界第三位的中国野生双孢蘑菇种质资源库。同时筛选出具有特殊或优良性状的中国野生双孢蘑菇种质，对这些特殊或优良性状的分子遗传基础进行了研究。最终完成中国野生双孢蘑菇种质资源研究与评价报告。上述研究结果，为育种、制种及生产提供了理论指导，为品种改良提供了有效的本土亲本材料，并为中国双孢蘑菇的品种鉴定和知识产权保护提供了科学依据（陈美元等，1998，2003，2009；廖剑华等，2001，2007，2013；王泽生等，2000，2003，2004，2012；Wang et al.，2002，2004，2008，2012）。

　　Lambert（1929）在国际上首次探讨了双孢蘑菇的性，他成功地分离出 9 个单孢子培养物，结果表明它们都具有产生正常子实体的能力。这是人们首次懂得可以用蘑菇孢子萌发成的菌丝体来制备生产用种。Sinden（1937）也用单孢子菌株做了试验，结果发现事实上有大约 1/3 的单孢子菌株根本就不结菇。这个试验首次暗示了蘑菇生殖系统的复杂性。它的子实体既产生自体可育的担孢子，也产生自体不育的担孢子。Kligman（1943）又对蘑菇生殖系统做了进一步的研究，他证实了蘑菇能产生自体可育和自体不育的两种分离物，并用 11 个自体不育的单孢分离物做杂交试验，共做了 55 个配对组合，结果有 7 个组合恢复了可育性。Kligman 还用 5 个分离自棕色菌株的自体不育株和 3 个分离自白色菌株的自体不育株配对杂交，结果 15 个配对组合中有 3 个产生了子实体。尽管他的试验结果提示了蘑菇可能存在一个不亲和性因子或不亲和性系统，但是 Kligman 的结论却是蘑菇是无性的，他认为蘑菇核的融合在孢子产生之前，是"没有遗传学意义的残余特性"。Lambert（1960）回顾了双孢蘑菇的遗传与育种，认为只有具不同核的孢子才能形成可育的单孢培养物。他提出一个遗传研究的途径，即从单个担子上分离出一对孢子，从单孢培养物中分离出同核的部分。Pelham（1967）首次从菌褶上直接分离出担孢子，并检验了从双孢和三孢担子上分离的孢子的结菇能力。这项工作成为美国的 Miller（1971）和英国的 Elliott（1972）进行蘑菇生殖系统分析的起点。Miller 和 Elliott 都从四孢担子上分离出孢子。Miller（1971）研究了 12 个此类培养物，结果全部都是不育的，用这 12 个培养物配对培养，66 个配对组合中有 34 个结菇。Elliott（1972）分析了一套完整的四分体，结果表明，6 个可配对的组合中有 4 个结菇。这些研究提供的证据表明，双孢蘑菇中有一个交配系统在起作用。双孢蘑菇的性特征介于同宗结合与异宗结合之间，属于次级同宗结合类型。

　　双孢蘑菇性因子的遗传研究主要在两方面展开，一是性因子的极性研究，二是性因子等位基因的寻找与定位。Miller 和 Kananen（1972）做了较全面的交配试验，结果表明交配亲和性受单一因子控制。Ginns（1974）重复解释了 Miller（1971）的配对数据，认为亲和性更可能是受双因子控制。但是，证据表明是单一因子系统在起作用。Miller 和 Kananen（1972）所做的进一步分析和另外三种蘑菇已被清楚地阐明是由单因子控制结实性的事实（Elliott，1978；Raper，1976）都支持双孢蘑菇受单因子控制的观点。

　　进一步的研究还表明，双孢蘑菇的性因子存在着复等位基因（Raper et al.，1972；Elliott，1979；Castle et al.，1988；Wang et al.，1991）。Elliott 用分离自一个棕色菌株的没有特定标记的分离物与交配型 A1 和 A2 培养物间杂交，结果全部可育。Castle 用 RFLP 为标记跟踪商业菌株与野生菌株同核体间的杂交时发现，其中 3 个同核体两两配对均可杂交成功。Wang 等以同工酶为标记进行高产菌株与优质菌株的同核体间杂交时也发现了类似的现象。Micheeline 和 Lmbernoow 等用四孢变种与传统的双孢蘑菇菌株杂交也发现了性因子等位基因。至此，人们共发现了 14 个双孢蘑菇性因子等位基因，而且这些等位基因出现的概率均一（Imbernon et al.，1995）。

那么，双孢蘑菇的性因子与结实性的关系又如何呢？May 等（1982）用经同工酶鉴定为杂种 F_1 的培养物做栽培试验，发现此类培养物并非全部恢复可育性，即部分没有结菇。这个结果暗示，决定蘑菇细胞壁亲和性的性因子并不保证决定子实体的发生。Xu 等（1993）用 RFLP（限制性片段长度多态性）和 RAPD（随机扩增多态性 DNA）标记技术研究的结果也认为蘑菇子实体的形成有赖于性因子，但由性可亲和的同核菌丝结合形成的异核体并不绝对保证子实体的形成。

双孢蘑菇菌种的提纯、制备与改良已有 100 多年的历史。1894 年，康斯坦丁等首次制成蘑菇"纯菌种"。1929 年，美国人兰伯特提出子实体能从单孢子萌发的菌丝体产生，公开了用蘑菇孢子和组织培养物制种的秘密。1948 年，法国培育出索米塞尔蘑菇菌株。1950 年美国培育出奶白色、棕色和白色等菌株。早期的选种方法基本采用多孢分离，但改良菌株的进程缓慢，Sinden（1981）叙述了其采用多孢筛选法获得 A6 菌株的经过，他前后经过近 30 年的努力，但 A6 也不是十分理想的菌株。我国过去采用多孢筛选法前后约有 30 年，但始终没有留下明显进步的菌株，这和我国把选种作为制种的一个程序，年年选，年年弃，没有将良种留下有关。然而多孢筛选法在遗传上均一性大于变异性，理论上难于获得具有明显变异性状的菌株。要有效地选育新菌株，得寻找别的方法。

单孢分离筛选比多孢分离筛选获得明显性状变异的新菌株的概率更大。尽管单孢分离是一种费时的工作，但采用此法确能获得比较好的菌株（Fritsche，1972；Kneebone et al.，1976）。福建省轻工业研究所王振川、王贤樵等于 1983 年把单孢平均萌发率由 10％左右提高到 60％以上，从一些菌株中分离了近千个单孢培养物，获得了 10 株具有较好种性的新菌株，其中闽 1 号菌株曾在省内外广泛使用。

虽然多孢分离和单孢分离选种曾经为双孢蘑菇商业性栽培提供了许多重要的菌株，但是这些菌株仍然存在难以克服的缺点，就是高产的菌株常常不优质，而优质的菌株常常不高产，单产甚至只达高产菌株的一半。为了选育兼具高产与优质性状的菌株，育种家很自然地着眼于杂交方法的研究。杂交在动植物育种中的应用已有长久的历史而且取得巨大的成就，为什么在双孢蘑菇育种中迟迟没有实现呢？1972 年，Raper 和 Elliott 等对双孢蘑菇生活史进行了详细的研究，并利用遗传标记作为分析的工具，揭示了蘑菇杂交育种存在两个障碍，一是它具有独特的遗传特性，使担子上的两个孢子大多具有异核而自身可育，二是它的同核体与异核体间没有形态上的差异，即异核体也不发生锁状联合现象。

对蘑菇遗传系统的深入研究，指导着蘑菇选育种工作的进展。1980 年荷兰 Horst 蘑菇试验站的 Fritsche 利用蘑菇不育单孢子培养物配对，以恢复可育性为标记选育杂交菌株，于 1981 年首先育成纯白色品系和米色品系间杂交的品种 U1 和 U3，并在欧洲广泛使用。福建省轻工业研究所王泽生和王贤樵等 1983 年开展杂交育种，以同工酶为遗传标记，用凝胶电泳方法鉴别菌株类型，鉴定同核体和杂交子代，分析子代遗传变异，建立起双孢蘑菇同核不育菌株配对杂交育种技术。至 1989 年，先后推出偏 G 型的杂交新菌株

As376、As555、As1671、As1789 等和 HG4 型的高产优质广适型优良杂交品种新菌株 As2796 系列（Wang et al.，1995；柯家耀，1991；王贤樵等，1989；王泽生等，1991，1992，1993，2001），这是我国自己培育的首批双孢蘑菇杂交菌株。As2796 首次解决了国内外普遍存在的高产与优质难以兼得的矛盾，在产量、品质和适应性上全面超过引进品种，扭转了我国双孢蘑菇靠国外引种栽培的局面，是我国具有自主知识产权的、近年全球产量最大的栽培品种。世界各国使用的商业菌种几乎均为杂交菌株，品种改良技术也逐渐进入基因工程水平（王泽生等，2012）。

　　分子生物学的进步在育种上开始了基因工程技术的应用，把人们需要的一个或几个基因片段从一个细胞分离提取出来，转移至另一个细胞中去，使外来的基因整合到受体细胞 DNA 上，改变受体细胞的遗传信息。无疑，这将给育种家开辟出广阔的前景，育成双孢蘑菇理想的菌株，为时将不会太远。

　　福建省轻工业研究所从 1994 年起先后承担了国家和福建省自然科学基金重点项目、科技重大与攻关计划，开始着手蘑菇基因工程育种的理论探索、技术研究与育种试验，并与美国 Sylvan 公司长期开展多方面的合作，建立起食用菌基因工程实验室。实验室拥有一个引自世界各地的双孢蘑菇野生与人工栽培菌株的种质库，达 500 多株，具有耐高温、抗干泡病、抗绿霉等优良种质。2007 年，福建省蘑菇菌种研究推广站从福建省轻工业研究所划转到福建省农业科学院，随后组建成立了福建省农业科学院食用菌研究所，已经培育成一批耐热转基因新菌株（陈美元等，2005，2009）。此外，厦门大学生命科学学院、上海市农业科学院食用菌研究所、四川省农业科学院土壤肥料研究所、华中农业大学应用真菌研究所、云南农业大学食用菌研究所、浙江省农业科学院园艺研究所、甘肃省农业科学院蔬菜研究所等也于 2000 年前后，开展了双孢蘑菇分子生物学研究或育种工作（曾伟等，1999，2000；马爱民等，1995；白雪等，2002；陈兰芬等，2002；凌霞芬等，1999；李洪荣等，2011；詹才新等，1997；Nazrul, et al.，2009，2011；陈文柄等，2004；江树勋等，2004；蔡志欣等，2013）。

（王泽生）

参考文献

白雪，陈兰芬，宋思扬，等，2001. 高温诱导双孢蘑菇蛋白质表达变化的分析［J］. 厦门大学学报（自然科学版），40（6）：1342-1345.

蔡志欣，陈美元，廖剑华，等，2013. 农杆菌介导双孢蘑菇菌丝转化技术的探讨［J］. 食用菌学报，20（1）：9-12.

陈兰芬，陈美元，宋思扬，等，2002. RT-RAPD 技术分析高温诱导双孢蘑菇相关基因片段［J］. 厦门大学学报（自然科学版），41（1）：103-107.

陈美元，廖剑华，王泽生，1998. 双孢蘑菇三种类型菌株的 RAPD 扩增研究［J］. 食用菌学报，5（4）：6-10.

陈美元，廖剑华，王波，等，2009. 中国野生蘑菇属 90 个菌株遗传多样性的 DNA 指纹分析 ［J］. 食用
　　菌学报，16（1）：11 - 16.

陈美元，廖剑华，郭仲杰，等，2009. 双孢蘑菇耐热相关基因的表达载体构建及转化研究 ［J］. 菌物学
　　报，28（6）：797 - 801.

陈美元，王泽生，廖剑华，等，2005. 农杆菌介导转化双孢蘑菇耐热相关基因片段 ［J］. 菌物学报，24
　　（增刊）：117 - 121.

陈文炳，江树勋，邵碧英，等，2004. 常见食用菌中转基因成分定性 PCR 检测方法的建立 ［J］. 食品科
　　学，25（10）：206 - 210.

江树勋，邵碧英，陈文炳，等，2004. 15 种常见食（药）用菌三种总 DNA 提取方法比较研究 ［J］. 食品
　　科学，25（5）：36 - 40.

柯家耀，1991. 福建省蘑菇菌种研究推广站双孢蘑菇杂交菌株简介 ［J］. 福建食用菌，1（2）：141 - 148.

李洪荣，2011. 双孢蘑菇液氮保藏菌株的遗传稳定性分析 ［J］. 中国农学通报，27（22）：276 - 280.

李荣春，2001. 双孢蘑菇遗传多样性分析 ［J］. 云南植物研究，23（4）：444 - 450.

李荣春，杨志雷，2002. 全球野生双孢蘑菇种质资源的研究现状 ［J］. 微生物学杂志，22（6）：34 - 37.

李荣春，Ralph Noble，2005. 双孢蘑菇生活史的多样性 ［J］. 云南农业大学学报，20（3）：388 -
　　391，395.

李宇，1990. 中国蘑菇属新种和新记录种 ［J］. 云南植物研究，12（2）：154 - 160.

廖剑华，2013. 双孢蘑菇野生种质杂交育种研究Ⅰ ［J］. 中国农学通报，29（7）：93 - 98.

廖剑华，陈美元，卢政辉，等，2007. 双孢蘑菇子实体颜色的遗传规律分析 ［J］. 菌物学报，26（增刊）：
　　138 - 140.

廖剑华，王泽生，陈美元，等，2001. 双孢蘑菇 MtDNA 粗提物的酶切分析 ［J］. 食用菌学报，8（1）：
　　1 - 4.

凌霞芬，郭倩，1999. 冰箱保藏双孢蘑菇菌株的遗传特性研究 ［J］. 食用菌学报，6（2）：15 - 19.

马爱民，贺冬梅，1995a. 双孢蘑菇同核原生质体育种技术研究——同核原生质体的分离与鉴定 ［J］. 食
　　用菌学报，2（3）：1 - 5.

马爱民，贺冬梅，1995b. 双孢蘑菇同核原生质体育种技术研究——同核原生质体的杂交 ［J］. 食用菌学
　　报，2（4）：11 - 17.

马文惠，马庭杰，宋天棋，1993. 双孢蘑菇野生菌株 Ag5 的栽培研究 ［J］. 中国食用菌，12（5）：
　　19 - 20.

卯晓岚，1998. 中国经济真菌 ［M］. 北京：科学出版社.

王波，2002. 野生双孢蘑菇形态特性及出菇验证 ［J］. 中国食用菌，21（1）：37.

王波，唐利民，李晖，2001. 野生双孢蘑菇鉴定与栽培 ［J］. 食用菌，23（增刊）：109 - 116.

王贤樵，王泽生，1989. 同工酶技术及其在比孢蘑菇选育种中的应用——双孢蘑菇同工酶标记筛选研究
　　［J］. 中国食用菌，（6）：7 - 12.

王泽生，1991. 应用同工酶电泳法分析双孢蘑菇白色菌株间的种内亲缘关系 ［J］. 福建食用菌，1（2）：
　　20 - 25.

王泽生，1992a. 双孢蘑菇杂交新菌株的种性与栽培技术要点 ［J］. 福建食用菌，1（4）：28 - 29.

王泽生，1992b. 双孢蘑菇杂交育种研究进展 ［J］. 中国食用菌（4）：22 - 23.

王泽生，1993. 双孢蘑菇杂交新菌株 As2796 的种性及其栽培技术要点 ［J］. 食用菌（5）：9 - 10.

王泽生，2000. 中国双孢蘑菇栽培与品种改良 ［J］. 中国食用菌，23（增刊）：33 - 36.

王泽生，陈兰芬，陈美元，等，2003. 双孢蘑菇耐热性状相关基因研究 ［J］. 菌物系统，22（增刊）：
　　325 - 329.

王泽生，陈美元，廖剑华，等，2004. 双孢蘑菇部分 cDNA 文库的构建及筛选 [J]. 菌物学报，（23）：63－65.

王泽生，池致念，廖剑华，1994. 双孢蘑菇酯酶标记位点同工酶分子量的测定 [J]. 食用菌学报，1（1）：28－30.

王泽生，池致念，王贤樵，1999. 双孢蘑菇易褐变菌株的多酚氧化酶特征 [J]. 食用菌学报，6（4）：15－20.

王泽生，廖剑华，陈美元，等，2001. 双孢蘑菇杂交菌株 AS2796 家系的分子遗传研究 [J]. 菌物系统，20（2）：233－237.

王泽生，廖剑华，陈美元，等，2012. 双孢蘑菇遗传育种和产业发展 [J]. 食用菌学报，19（3）：1－14.

王泽生，廖剑华，李洪荣，等，2005. 中国双孢蘑菇野生菌株的生物学特性研究 [J]. 菌物学报，24（增刊）：67－70.

王泽生，王贤樵，1994. 双孢蘑菇重要标记位点研究进展 [J]. 中国食用菌（2）：22－23.

王泽生，曾伟，1993. 食用菌线粒体基因组研究进展 [J]. 中国食用菌（4）：3－5.

詹才新，凌霞芬，1997. 双孢蘑菇菌落形态和产量性状相关性研究 [J]. 食用菌学报，4（3）：7－12.

曾伟，宋思扬，陈融，等，2000. 一个与双孢蘑菇子实体品质相关的 DNA 片段克隆 [J]. 食用菌学报，7（3）：11－15.

曾伟，宋思扬，王泽生，等，1999. 双孢蘑菇分子遗传育种研究进展 [J]. 微生物通报，26（4）：301－304.

曾伟，宋思扬，王泽生，等，1999. 双孢蘑菇及大肥菇的种内及种间多态性分析 [J]. 菌物系统，18（1）：55－60.

Castle A J，Horgen P A，Anderson J B，1987. Restriction fragment length polymorphisms in the mushroom *Agaricus brunnescens* and *Agaricus bitorquis* [J]. Appl Environ Microbiol，54：1643－1648.

Castle A J，Horgen P A，Anderson J B，1988. Crosses among homokaryons from commercial and wild－collected strains of the mushroom *Agaricus brunnescens* [J]. Appl Environ Microbiol，54：1643－1648.

Challen M P，Ran B G，Elliot T J，1991. Transformation strategies for *Agaricus bisporus* [M]//van Griensven. Genetics and Breeding of *Agaricus*. The Netherlands：Wageningen Pudoc：129－134.

Chang S T，Hayes W A，1978. The biology and cultivation of edible mushrooms [M]. New York：Academic Press.

Chen M Y，Liao J H，Cai Z X，et al.，2012. Analysis of gene expression differences in the substrate－decomposing ability degenerated strains of *Agaricus bisporus* [J]. Mushroom Science，18：284－292.

Chen M Y，Wang Z S，Liao J H，et al.，2005. Full－length cDNA sequence of a gene related to the thermotolerance of *Agaricus bisporus* [C]//Proceedings of the Fifth International Conference on Mushroom Biology and Mushroom Products（Shanghai）：85－88.

Chen M Y，Wang Z S，Liao J H，et al.，2008. Cloning and sequencing of gene 028－1 related to the thermotolerance of *Agaricus bisporus* [J]. Mushroom Science，17：159－165.

Elliott T J，1972. Sex and the single spore [J]. Mushroom Science，Ⅷ：11－18.

Elliott T J，1978. Comparative sexuality in *Agaricus* species [J]. Journal of General Microbiology，107：113－122.

Elliott T J，1988. Genetic engineering and mushrooms [J]. Mushroom J，184：528－529.

Esser K，Kück U，Stahl U，et al.，1983. Cloning vectors of mitochondrial origin for eukaryotes：A new concept in genetic engineering [J]. Current Genetics，7（4）.

Fritsche G，1972. On the use of monospores in breeding selected strains of cultivated mushroom [J]. Theor Appl Genet，42：62－64.

Fritsche G，1979. Test on breeding with *Agaricus arvensis* [J]. Mush Sci，10：91 - 101.

Fritsche，G，1981. Some remarks on the breeding and maintenance of strains and spawn of *Agaricus bisporus* and *A. bitorquis* [C]//Proc Int Sci Congr Cultivation Edible Fungi，11th：367 - 385.

Fritsche G，1991. Maintenance，rejuvenation and improvement of HORST - U1，genetic and breeding of *Agaricus* [C]//Proceedings of the International seminal on Mushroom Science（Horst，The Netherlands，14 - 17，May）：145 - 152.

Ginns J H，1974. Secondarily homothallic hymenomycetes：several examples of bipolarity are reinterpreted as being tetrapolar [J]. Can J Bot，52：2097 - 2110.

Groot D P W J，Visser J，Griensven van L J L D，et al.，1998. Biochemical and molecular aspects of growth and fruiting of the edible mushroom *Agaricus bisporus* [J]. Mycol Res，102（11）：1297 - 1308.

Imbernon M，Callac P，Granit S，et al.，1995. Allelic polymorphism at the mating type locus in *Agaricus bisporus* var. *burnettii* and confirmation of the dominance of its tetrasporic trait [M]//Elliott I J. Science and cultivation of edible fungi. Rotterdam，The Netherlands：Balkema：11 - 19.

Jin T R，Horgen P A，1994. Uniparental mitochondrial transmission in the cultivated button mushroom，*Agaricus bisporus* [J]. Appl Environ Microbiol，12：4456 - 4460.

Jin T R，Horgen P A，Sonnenberg A S M，et al.，1992. Investigations of mitochondrial transmission in selected matings between homokaryons from commercial and wild - collected isolates of *Agaricus bisporus* [J]. Appl envitron Microbiol，48：3553 - 3560.

Kajiwara S，Yamaoka K，Hori K，et al.，1992. Isolation and sequence of a developmentally regulated putative novel gene，priA，from the basidiomycete *Lentinus edodes* [J]. Gene，114（2）：173 - 178.

Kerrigan R W，1995. Global genetic resources for *Agaricus* breeding and cultivation [J]. Can J Bot，73（1）：S973 - S973.

Kerrigan R W，Royer J C，Baller L M，et al.，1993. Mieotic behaveour and linkage relationships in the secondarily homothallic fungus *Agaricus bisporus* [J]. Genetics，133：225 - 236.

Kerrigan R W，Velcko A J，Spear M C，1995. Linkage mapping of two loci controlling reproductive traits in the secondarily homothallic agaric basidiomycete *Agaricus bisporus* [M]//Elliott I J. Science and cultivation of edible fungi. Rotterdam，The Netherlands：Balkema：21 - 28.

Khush R S，Becker E，Wach M P，1992. DNA amplification polymorphisms of the cultivated mushroom *Agaricus bisporus* [J]. Appl Environ Microbiol，58：2971 - 2977.

Kligman A M，1943. Some cultural and genetic problems in the cultivation of the mushroom，*Agaricus campestris* FR [J]. Am J Bot，30：663 - 743.

Kneebone L R，Patton T G，Schultz P G，1976. Improvement of the brown variety of *Agaricus bisporus* by single spore selection [J]. Mush Sci，9：237 - 243.

Kulkarni R，Kamerath G D，1989. Isozyme analysis of *Morchella* species [J]. Mushroom Sci，12：451 - 457.

Lambert E B，1929. The production of normal sporophores in monosporus cultures of *Agaricus bisporus* [J]. Mycologia，21：333 - 335.

Lambert E B，1960. Improving spawn cultures of cultivated mushrooms [J]. Mush Sci，4：33 - 51.

Langton F A，Elliott T J，1980. Genetics of secondarily homothallic basidiomycetes [J]. Heredity，45：99 - 106.

Lodder S，Wood D，Gull K，1993. A protolasting technique with general applicability for molecular kayotyping of hymenomycetes [J]. Journal of General Microbiology，139：1063 - 1067.

Loftus M G，Moore D，Elliott T J，1988. DNA polymorphisms in commercial and wild strains of the culti-
vated mushroom，*Agaricus bisporus* [J]. Theor Appl Genet，76：712 - 718.

May B，Royse D J，1982. Confirmation of crosses between lines of *Agaricus brunnescens* by isozyme analy-
sis [J]. Exp Mycol，6：283 - 292.

Miller R E，Kananen D L，1972. Bipolar sexuality in the mushroom [J]. Mushroom Science Ⅷ：197 - 203.

Nazrul M I，Bian Y B，2009a. ISSR as new markers for the identification of homokaryotic protoclones of
Agaricus bisporus [J]. Current Microbiol（Sci），60（2）：92 - 98.

Nazrul M I，Bian Y B，2009b. Efficiency of RAPD and ISSR markers in differentiation of homo and
hetero -karyotic protoclones of *Agaricus bisporus* [J]. Journal of Microbiology and Biotechnology（Sci），
24，Nov.

Nazrul M I，Bian Y B，2011. Differentiation of homokaryons heterokaryons of *Agaricus bisporus* with in-
ter-simple sequence repeat markers [J]. Microbiological Research（Sci），166（3）：226 - 236.

Noël T，Labarère J，1987. Isolation of DNA from *Agrocybe aegerita* for the construction of a genomic li-
brary in *Escherichia coli* [J]. Mushroom Sci，12：187 - 201.

Pelham J，1967. Techniques for mushroom genetics [J]. Mush Sci，6：49 - 64.

Raper C A，1976. Sexuality and the life cycle of the edible，wild *Agaricus bitorquis* [J]. J Gen Microbiol，
95：54 - 66.

Raper C A，Raper J R，Miller R E，1972. Genetic analysis of the life cycle of *Agaricus bisporus* [J]. My-
clolgia，64：1088 - 1117.

Royer J C，Hintz W E，Horgen P A，1991. Efficient protoplast formation and regeneration and electro-
phoretic karyotype analysis of *Agaricus bisporus* [M]//van Griensven. Genetics and breeding of *Agari-
cus*. The Netherlands：Wageningen Pudoc：52 - 56.

Royer J C，Horgen P A，1991. Towards a transformation system for *Agaricus bisporus* [M]//van Griens-
ven. Genetics and breeding of *Agaricus*. The Netherlands：Pudoc Wageningen：135 - 139.

Royse D J，May B，1982. Use of isozyme variation to identify genotypic classes of *Agaricus brunnescens*
[J]. Mycologia，74：93 - 102.

Sinden J W，1937. Mushroom experiments [J]. Bull Pa Agric Exp Stn，352：38.

Sinden J W，1980. Strain adaptability [J]. Mushroom News，28（10）：18 - 32.

Sinden J W，1981. Strain adaptability [J]. Mushroom J，101：153 - 165.

Song S Y，Chen L F，Zheng Z H，et al.，2002. Analysis of potential thermotolerance - related gene of
Agaricus bisporus [M]//Mushroom Biology and Mushroom Products. Mexico：Cuernavaca：95 - 102.

Sonnenberg A S M，Groot P W，Schaap P J，et al.，1996. Isolation of expressed sequence tags of *Agari-
cus bisporus* and their assignment to chromosomes [J]. Appl Environ Microbiol，12：4542 - 4547.

Sonnenberg A S M，Hollander K，Munckhof A P J，et al.，1991. Chromosome separation and assignment
of DNA probes in *Agaricus bisporus* [M]//van Griensven. Genetics and brededing of *Agaricus*. The
Netherlands：Wageningen Pudoc：57 - 61.

Sonnenberg A S M，Wessels J G H，van Griensven L J L D，1988. An efficient protoplasting/regeneration
system for *Agaricus bisporus* and *Agaricus bitorquis* [J]. Curr Microbiol，17：285 - 291.

Summerbell R C，Castle A J，Horgen P A，et al.，1989. Inheritance of restriction fragment length poly-
morphisms in *Agaricus brunnescens* [J]. Genetics，123：293 - 300.

Timothy J Elliott，Michael P Challen，1983. Genetic ratios in secondarily homothallic basidiomycetes [J].
Experimental Mycology，7：170 - 174.

Van Griensven，1991. Genetics and Breeding of *Agaricus* [M]. The Netherlands：Wageningen Pucloc.

Wang H C，Wang Z S，1989. The prediction of strain characteristics of *Agaricus bisporus* by the application of isozyme electrophoresis [J]. Mushroom Science，12 (1)：87 - 100.

Wang Z S，Chen L F，Chen M Y，et al.，2004. Thermotolerance - related Genes in *Agaricus bisporus* [J]. Mushroom Science，16：133 - 138.

Wang Z S，Chen M Y，Cai Z X，et al.，2012. Genetic diversity analysis of *Agaricus bisporus* using SRAP and ISSR makers [J]. Mushroom Science，18：203 - 210.

Wang Z S，Liao J H，1990. Study on the crossbreeding techniques of *Agaricus bisporus* [J]. Microl Neotrop Apl (3)：1 - 12.

Wang Z S，Liao J H，1993. Identification of field - collected isolates of *Agaricus bisporus* [J]. Micol Neotrop Apl，6：127 - 136.

Wang Z S，Liao J H，Li F G，et al.，1991. Studies on the genetic basis of esterase isozyme loci EstA，B and C in *Agaricus bisporus* [J]. Mushroom Science，13 (1)：3 - 9.

Wang Z S，Liao J H，Li F G，et al.，1995. Studies on breeding hybrid strain As2796 of *Agaricus bisporus* for canning in China [J]. Mushroom Science，14 (1)：71 - 79.

Wang Z S，Liao J H，Li H R，et al.，2008. Study on the biological characteristics of wild *Agaricus bisporus* strains from China [J]. Mushroom Science，17：149 - 158.

Wang Z S，Song S，Chen L，et al.，2002. Analysis of potential thermotolerance - related gene of *Agaricus bisporus* [J]. Mushroom Biology and Mushroom Products (Cuernavaca，Mexico)：95 - 102.

Wang Z S，Wang H C，1989. Study on the genetic variation of *Agaricus bisporus* [C]//Mushroom Biotechnology，Proceedings of the International symposium on Mushroom Biotechnology (Nanjing，China，6 - 10，November)：329 - 338.

Wang Z S，Wang H C，1990. Isozyme patterns and characteristics of hybrid strains of *Agaricus bisporus* [J]. Microl Neotrop Apl (3)：19 - 29.

Xu J P，Kerrigan R W，Horgen P A，et al.，1993. Localization of the mating type gene in *Agaricus bisporus* [J]. Appl Enveron Microbiol，59：3044 - 3049.

第 三 章

草 菇

第一节 概 述

草菇（*Volvariella volvacea*）又名贡菇、南华菇、兰花菇、麻菇，蛋白质含量高于一般的蔬菜，维生素 C 含量居于水果蔬菜之首，含有较多的鲜味物质——谷氨酸和各种糖类，是一种既有营养又极为鲜美的食用菌。中医认为，草菇性寒、味甘，有消暑去热之功和发乳肥孩、护肝健胃及解毒之效。现代医学研究表明，草菇含有异构蛋白，可增强人体免疫机能，降低胆固醇含量，预防动脉粥样硬化。

第二节 草菇的起源与分布

草菇人工栽培起源于广东南华寺，但始于何时无从考证，据有关文献的记载推算，大约是 300 年前。

据广东《英德县志》记载："秆菇又名草菇，稻草腐蒸所生，或间用茅草亦生。光绪初，溪头乡人始仿曲江南华制法。秋初于田中筑畦，四周开沟蓄水，其中用牛粪或豆麸撒入，以稻草踏匀，卷为小束，堆制畦上，五六层作一字形，上盖稻草，旁亦以稻草围护免侵风雨，且易发蒸，半月后生出蓓蕾如珠，即须采收，剖开烘干。"从文中记述可分析，当时尚未有菌种应用，只是利用野生草菇所散发的孢子或厚垣孢子或菌丝体撒落在草堆上。

20 世纪 50 年代，福建农学院李家慎、李来荣开展草菇栽培研究，推广草菇栽培技术。60 年代以后，香港中文大学的张树庭等对草菇的形态学、细胞学、遗传学以及营养和栽培学进行了系列研究，取得丰硕成果，为草菇的高产栽培奠定了基础。张树庭不仅在草菇的基础理论上，还在草菇栽培上也做出了巨大贡献。他开创了废棉栽培草菇技术及泡沫板菇房保温栽培技术，这些技术至今在国内外仍还广为应用。同时，广东省微生物研究所、上海市农业科学院食用菌研究所、福建省三明市真菌研究所、福建农林大学等在草菇菌种选育、草菇栽培技术等方面进行深入研究，极大地促进了草菇栽培的发展。20 世纪 80 年代初，广东引进香港的草菇栽培技术，经过消化吸收与技术改进，发展起泡沫板菇房保温栽培模式，取得成效。

草菇的主产区主要分布在东南亚国家和地区，我国主要分布在广东、广西、福建、江西、江苏、湖南等省份。

<h1 style="text-align:center">第三节　草菇的分类地位与形态特征</h1>

一、分类地位

草菇（*Volvariella volvacea*）属担子菌门（Basidiomycota）蘑菇纲（Agaricomycetes）蘑菇目（Agaricales）光柄菇科（Pluteaceae）小包脚菇属（*Volvariella*）。

二、形态特征

草菇从菌丝扭结到子实体成熟大致经历针头期、小纽扣期、纽扣期、蛋形期、伸长期和成熟期 6 个时期（图 3-1）。商品菇是在蛋形期采收，这个时期形状椭圆，像鸡蛋，高 5~7 cm，顶部灰黑色而有光泽，基部接近白色（图 3-2）。如果把草菇纵向剖开，可以看到菌盖、菌柄被一层膜包裹着，这层膜称为外菌膜。当草菇进入伸长期，菌柄迅速伸长，菌盖顶破外菌膜，3~4 h 就能进入成熟期。伸长期和成熟期的子实体已失去商品价值。

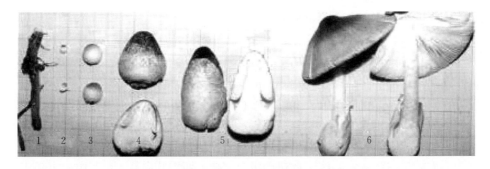

图 3-1　草菇子实体不同生长发育阶段的形态

1. 针头期　2. 小纽扣期　3. 纽扣期　4. 蛋形期　5. 伸长期　6. 成熟期

图 3-2　草菇商品菇形态

草菇的担孢子光滑，椭圆形，（4~5）μm×（6~8）μm，孢子印粉红色或红褐色（图 3-3）。

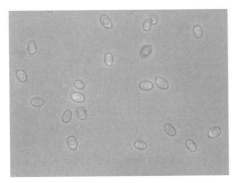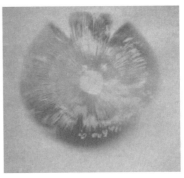

图 3-3 草菇担孢子（左）和孢子印（右）

第四节 草菇的生物学特性

一、营养要求

（一）碳源

草菇是草腐菌，在自然界中生长于稻草堆上，所以认为它利用纤维素、半纤维素的能力强。根据草菇基因组测序的结果，发现草菇基因组中拥有降解纤维素、半纤维素、木质素、果胶、淀粉等的酶基因。生产实践表明，草菇能够以稻草、废棉、玉米芯、废菌料为碳源。

（二）氮源

草菇生长发育需要氮源，有机态氮最好，铵态氮次之，硝态氮不能利用。由于尿素、铵态氮容易产生氨，对草菇菌丝生长有害，还会刺激鬼伞发生。营养生长阶段碳氮比（C/N）以 20:1 为宜，而在生殖生长阶段其碳氮比（C/N）则以 30:1～40:1 为好。在生产上，草菇栽培常用的氮源是牛粪、麦皮、米糠、玉米粉、豆粕等。如果氮源太多，菌丝生长容易出现菌被，影响原基形成，单产低，但菇体大。

（三）矿质元素

草菇也和其他食用菌一样，菌丝生长和子实体发育需要矿质元素，如钾、镁、铁、硫、磷和钙等。在培养料配制时，需要添加较多的石灰，一方面可提供钙素营养，另一方面可调整培养料的酸碱度。

（四）维生素

草菇在合成培养基上能正常生长，说明它的生长不是严格依赖于维生素。但是，在培养基中添加少量的 B 族维生素对菌丝体的生长有促进作用。在天然培养料中，一般都含有少量的维生素可供草菇利用，不必额外添加。

二、环境要求

(一) 温度

草菇菌丝生长的温度为 20～40 ℃，最适温度为 30～35 ℃，低于 20 ℃菌丝生长极为缓慢，15 ℃以下停止生长，5 ℃以下易引起菌丝受冻死亡，45 ℃以上易受热死亡。草菇菌种不能放于冰箱中保存，应保存在 15～20 ℃的环境中过冬。

草菇子实体发育温度为 25～38 ℃，低于 25 ℃或高于 38 ℃都难形成子实体原基，最适发育温度为 30～32 ℃。在子实体发育适温内，温度越高，子实体发育越快，但个体较小，而且易开伞；相反，较低的温度子实体发育较慢，不易开伞。

草菇属于稳温结实型菌类，子实体形成期间应保持温度稳定，这样有利于菇体生长发育。若遇高温天气，菇房温度较大幅度地升高，菇体生长加快，易开伞。但若遇寒潮，菇房温度迅速下降，会使菇蕾成批死亡，造成损失。

(二) 湿度

草菇属喜温、喜湿的菌类，只有具备高温、高湿条件才能获得高产。菌丝生长阶段要求培养料的含水量达到 65%～72%，出菇阶段要求空气相对湿度 90%～95%。

(三) pH

草菇喜欢微碱性环境，这是草腐菌类的共同特性。草菇菌丝在 pH 5～10 均能生长，最适 pH 8～9。子实体发生最适 pH 7.5～8.0。培养料配制时一般要加石灰。

(四) 光照和通风

光线与草菇菌丝生长并无太大关系，但对子实体形成影响很大。在完全黑暗条件下不形成子实体。散射光能促进子实体形成，颜色较深，呈灰黑色；光线不足，颜色较浅甚至不出菇。直射光会抑制子实体发育。最适宜光照度为 300～500 lx。光周期变化与子实体形成无关。

草菇为好氧性菌类，其菌丝生长和子实体发育都需要足够的氧气。在配制培养料时，因不同栽培材料理化性质上存在着差异，透气性也不一致。如以废棉栽培时，由于其弹性较差，单位体积内孔隙度较稻草低，为了维持培养料中有一定的孔隙度，常添加少量的稻草碎段或谷壳等提高培养料的透气性。

草菇子实体发育过程中的呼吸量为蘑菇的 6 倍。在菇蕾形成时，二氧化碳含量达最高峰，这与菇床微生物活动及子实体大量形成、呼吸量增加有关。草菇发育甚快，尤其是出菇期，呼吸作用所释放的二氧化碳聚积过量时，会使菇体生长停顿。出菇时，菇房内必须时常通风换气，但通风换气不可过急，以免使菇房内温度、湿度变化过大，不利于草菇发育，而且易使菇体顶端凹陷，影响商品外观。

三、生活史

香港中文大学张树庭从 20 世纪 60 年代就致力于草菇的遗传研究，他从两朵草菇中分离了 50 个单孢子（其中 30 个从 H 菇体上分离得到，20 个来自 K 菇体），有 41 个菌株菌丝生长"正常"（N）、9 个菌株表现为"不正常"（A）。单孢菌株经过栽培试验，有 38 株出菇，占 76%，12 株不出菇，占 24%，其中 9 个"不正常"菌株都不出菇。张树庭还从细胞学、营养缺陷型、抗药性等方面研究了草菇的交配型系统，认为草菇是同宗结合菌类。

鲍大鹏等从基因组学的角度研究了草菇的交配型，发现草菇 A 因子编码基因在系统发育上接近于二极性的双孢蘑菇、鬼伞和滑菇，他们分离了 124 个单孢菌株，其中有 23 个带有 A1 和 A2，是异核体单孢，占 18.6%。因此，他们认为草菇是次级同宗结合菌类。

笔者观察了 276 个担子，其中四孢担子 193 个，占 69.03%，三孢担子 58 个，占 21.01%，双孢担子 25 个，占 9.06%。根据减数分裂的规律，推算草菇异核体单孢数占 5.42%。用荧光染色观察草菇担孢子的细胞核，检查了 2 859 个担孢子，其中 282 个担孢子是双核的，占 9.86%，由此推算异核体单孢数占 4.93%。应用 SCAR（序列特异性扩增区）标记，检测了 112 个单孢菌株，其中有 8 个菌株出现杂合扩增片段，占单孢菌株数的 7.14%。上述 3 种方法检测结果：异核体单孢菌株的比例没有显著性差异，平均值为 5.11%。本实验室近年还研究 8 个草菇菌株的交配型因子，其中栽培菌株 3 个、野生菌株 5 个，研究结果显示，这些菌株共有 8 个 A 因子复等位基因，交配试验表明草菇是二极性异宗结合菌类。根据上述研究结果，总结出草菇的生活史（图 3-4）。

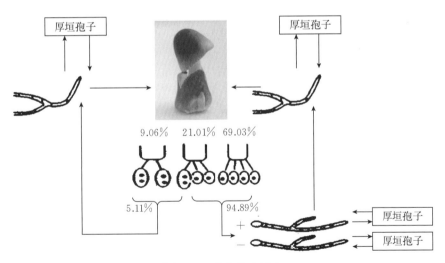

图 3-4 草菇的生活史

草菇担孢子有两类。一类是异核体，这类担孢子萌发后产生异核菌丝，无须进行质配，异核菌丝具有结实能力；另一类是单核担孢子，这类担孢子萌发后产生同核菌丝，可亲和的同核菌丝经过质配，形成异核菌丝。同核菌丝和异核菌丝均为多核细胞，都能形成厚垣孢子。同核菌丝形成的厚垣孢子为同核厚垣孢子，萌发后仍然是同核菌丝。异核菌丝形成的厚垣孢子为异核厚垣孢子，萌发后形成异核菌丝。

第五节 草菇种质资源

一、概况

Shaffer（1957）对北美草菇进行了调查。他认为全世界属于小包脚菇属（*Volvariella*）的菇有 100 多种、亚种或变种。我国草菇种类，邓叔群（1962）记载了 4 种，即草菇（*V. volvacea*）、银丝草菇（*V. bombycina*）、黏盖包脚菇（*V. gloiocephala*）、小包脚菇（*V. pusilla*）；卯晓岚（1998）的记载又增加了 2 种，为美味草菇（*V. esculenta*）、美丽草菇（*V. speciosa*）。

目前我国主栽的草菇都是 *V. volvacea*，有两个品系，即白色品种（如屏优 1 号）和黑色品种（如 V23）。白色品种产量较高，但菇质较松、风味略差，黑色品种则相反。

福建省食用菌种质资源库目前收集保藏了 74 个菌株，已开展了 RAPD、ISSR、SRAP 及 SCAR 标记研究，这些基础工作可为草菇育种的亲本选择及后代遗传分析提供帮助。

二、优异种质资源

1. V23 草菇 V23 是中国科学院中南真菌研究所（现在的广东微生物研究所）在 20 世纪 70 年代从野生草菇中分离驯化育成的品种。该品种子实体卵圆形，菌盖完全张开时直径 19 cm。菌柄近圆柱状，充分伸长为 15 cm。平均单朵重 30.6 g，属大粒品种，外菌膜较厚，不易开伞。子实体在菇床上以单生为主，丛生较少，采收容易。露地栽培接种 10 d 后开始收获，延续采收 25～40 d。菌丝和子实体生长的适宜温度分别为 36 ℃和 28～32 ℃，对高温、低温和恶劣气候的适应性弱。栽培季节 4～9 月，以 5～6 月最适宜。露地草床栽培以稻草为栽培材料，每 667 m² 地用稻草量 7～10 t，夏季气温高用量适当减少。菌种用量为稻草量的 2%～10%，每 100 kg 稻草产鲜菇 8～15 kg，生物学效率 8%～15%。室内床架栽培的生物学效率平均为 20%～25%。以该品种为出发菌株，经过单菇选择、组织分离和纯化，还培育了 V238 等品种。

2. 川草 53（国品认菌 2007039） 该品种是四川省农业科学院食用菌开发研究中心在 1994 年以野生草菇 V4 为材料，采用原生质体紫外线诱变技术筛选育成的新品种。2000 年通过四川省审定，2007 年获得国家品种认定。该品种的商品菇（蛋形期子实体）浅褐色至浅灰黑色，单朵重 15～30 g，椭圆形，单生或丛生，不易开伞。该品种适合用棉籽壳、废棉、稻草和麦秆作为培养料来栽培，培养料适宜含水量为 70%～75%，菇房空气相对湿度 90%～95%。培养料 pH 5～12，适宜 pH 7～10，最适 pH 8～9。菌丝生长温度为 15～40 ℃，适宜温度为 30～35 ℃，在 10 ℃以下和 45 ℃以上不生长。子实体形成的温度是 25～35 ℃，适宜温度为 28～30 ℃。菌丝生长不需要光线，但原基形成时需要一定的散射光，光线越强，菇体的颜色越深。播种后通风量不需要太大，播种后 5～7 d 需要加大通风量，二氧化碳浓度高不利于原基形成与发育。该品种若用棉籽壳栽培，在 30～35 ℃下发菌，播种后 5 d 形成原基，7～10 d 采收第一潮菇，采收两潮菇，生产周期 20 d 左右。生物学效率 30%左右，第一潮菇占 70%，第二潮菇占 30%。

第六节 草菇种质资源研究和创新

野生草菇一般长在稻草堆上，出菇时间短，易腐烂，因此采集野生种质困难，种质资源的研究相当薄弱。

笔者收集了 70 多份种质材料，检测了其中 45 个菌株的丰产性、稳产性、出菇快慢、子实体大小、抗高温能力、耐低温能力、耐酸碱能力、耐干燥能力、耐湿能力、耐缺氧能力、抗鬼伞能力、基质降解酶活性等，研究结果表明，生物学效率与菌丝生长速度、耐低温胁迫能力、木聚糖酶活性、β-葡萄糖苷酶活性等呈显著正相关，鬼伞的发生与菌丝的生长速度、抗低温的胁迫能力、耐酸胁迫能力、β-葡萄糖苷酶活性、蛋白酶活性等呈显著负相关。

（谢宝贵）

参考文献

邓叔群，1962. 中国的真菌 [M]. 北京：科学出版社.

傅俊生，2010. 草菇遗传规律研究 [D]. 福州：福建农林大学.

卯晓岚，1998. 中国经济真菌 [M]. 北京：科学出版社.

薛承琴，周慧敏，汪虹，等，2013. 草菇子代单孢菌株的菌落类型与 A 因子分布规律研究 [J]. 菌物学报，32（1）：89-95.

张翔，2014. 草菇交配型遗传因子研究 [D]. 福州：福建农林大学.

Bao D，Gong M，Zheng H，et al.，2013. Sequencing and comparative analysis of the straw mushroom (*Volvariella volvacea*) [J]. Genome PLoS ONE，8（3）：e58294. doi：10.1371/journal. pone.0058294.

Chang S T，1969. A cytological study of spore germination of *Volvariella volvacea* [J]. Bot Mag，82：102-109.

Chang S T，Chu S S，1969. Nuclear behaviour in the basidium of *Volvariella volvacea* [J]. Cytologia，34：293-299.

Chang S T，Yau C K，1971. *Volvariella volvacea* and its life history [J]. Amer J Bot，58：552-561.

Shaffer R L，1957. *Volvariella* in North America [J]. Mycologia，49：545-579.

第四章

毛　头　鬼　伞

第一节　概　　述

毛头鬼伞（*Coprinus comatus* ）又名鸡腿菇、鸡腿蘑、刺蘑菇，日本人称为细裂夜茸。毛头鬼伞肉质细嫩，味道鲜美，口感滑嫩，色香味均不亚于草菇，富含蛋白质、脂肪、粗纤维、维生素 B_1、维生素 B_2 以及钾、钙、磷、铁、锰、锌等多种矿质营养，其蛋白质中含有人体必需的 8 种氨基酸，特别是在蔬菜及谷物中缺乏的赖氨酸和亮氨酸含量十分丰富。

毛头鬼伞还是一种药用菌蕈，味甘性平，有益脾胃、清心宁神、助消化、增食欲、降血压、抑肿瘤、抗真菌等功效。据《中国药用真菌图鉴》等记载，毛头鬼伞热水提取物对小鼠肉瘤 S－180 和艾氏癌抑制率分别为 100％ 和 90％。毛头鬼伞中还含有治疗糖尿病的有效成分，具有调节体内糖代谢、抑制血糖的作用，并能调节血脂，对糖尿病人和高血脂者有保健作用，是糖尿病人的理想食品。

毛头鬼伞幼菇是食用器官，但少数人食用后有中毒反应，尤其与酒类同吃容易中毒，因其所含毒素易溶解于乙醇，与乙醇发生化学反应而引起呕吐或醉酒。

毛头鬼伞储藏期较短，幼菇在 4 ℃下 7 d 内不会自溶，在 12 ℃时仅能保存 4 d。因此，商品菇采收后要及时冷藏、鲜销或及时进行盐渍、制罐、干制等加工。

毛头鬼伞人工栽培历史并不长，栽培不难，抗逆性强，能利用多种农作物秸秆如麦秆、玉米芯、豆秆、花生壳等，以及栽培过平菇、金针菇、杏鲍菇等的废料（菌糠）、废棉等，还有酒糟、木糖醇渣等工厂下脚料等，其栽培过程是对废弃物的循环再利用过程，既节约了自然资源，避免了一些废弃物丢弃或燃烧造成的环境污染，又可以提供健康食品，生物学效率很高，近年来在国内得到了较大面积的推广。目前，毛头鬼伞总产量已位列我国平菇、香菇、双孢蘑菇、木耳、金针菇、毛木耳之后的第七位。鲜菇、干菇、盐水菇、罐头菇等均深受市场欢迎，经济效益显著，是一种具有较大商业价值和发展前途的食用菌。

第二节　毛头鬼伞的起源与分布

毛头鬼伞是一个古老而又新兴的食药用菌。据历史记载，早在元末明初，山东、淮北就沿用埋木法栽培毛头鬼伞。李时珍《本草纲目》（1578）中记载："蘑菰出山东、淮北诸处。埋桑、楮诸木于土中，浇以米泔，待菰生采之。长二三寸，本小末大，白色柔软，其中空虚，状如未开玉簪花。俗名'鸡腿蘑菰'，谓其味如鸡也。"这种"鸡腿蘑菰"即是今日所称的毛头鬼伞（黄年来，1993）。毛头鬼伞是一种世界性分布的菌类，主要分布区有亚洲、欧洲、大洋洲、南美洲和北美洲。在我国分布广泛，黑龙江、吉林、辽宁、河北、河南、内蒙古、山西、山东、甘肃、青海、云南、西藏等均有报道。野生毛头鬼伞分布在海拔 300～1 000 m 的杨树林落叶层及草地上，多发生在春秋肥沃土壤上，基质多为腐烂的秸秆、杂草及畜粪等。20 世纪 60 年代，英国、德国等国家的食用菌研究人员开始野生毛头鬼伞的驯化栽培工作，70 年代西方国家开始人工栽培，我国于 80 年代人工栽培成功。由于毛头鬼伞能利用食用菌的废料栽培，生长周期短，生物学效率较高，易于栽培，近年来在国内得到了较大面积的推广。

第三节　毛头鬼伞的分类地位与形态特征

一、分类地位

毛头鬼伞（*Coprinus comatus*）属担子菌门（Basidomycota）蘑菇纲（Agaricomycetes）蘑菇目（Agaricales）蘑菇科（Agaricaceae）鬼伞属（*Coprinus*）。

二、形态特征

毛头鬼伞可分为菌丝体和子实体两个部分。

毛头鬼伞菌丝体一般呈白色或灰白色，气生菌丝少，前期绒毛状，后期致密，呈匍匐状或扇形凸状生长，表面有索状菌丝。在母种培养基上，毛头鬼伞菌丝将要长满试管斜面时，在培养基内常有黑色素沉积。显微镜下观察，菌丝细胞管状、细长，分枝少，粗细不均匀，细胞壁薄而透明，中间具横隔，内具二核，在细胞分裂后粗线期染色体数目为 14 条，即 $n=14$（Lu，1970），菌丝直径一般为 3～5 μm，大多菌丝无锁状联合现象（马向东，2002）。菌丝具有较强的抗衰老能力。

毛头鬼伞子实体为中大型，单生或丛生，由菌盖、菌褶、菌柄、菌环四部分组成。菌盖中期圆筒形后钟形至近平展，幼菇白色，顶部淡土黄色，光滑，圆柱状，紧贴菌柄，菌肉白色，后期呈浅褐色直至黑色，边缘具条纹，表面开裂，形成反卷鳞片。菌柄白色，为圆柱状且向下渐粗，长 7～20 cm，粗 1～2.5 cm，与菌盖紧密相连，内部松软至空心。菌环白色，膜质，前期紧贴于菌盖上，后期菌盖边缘脱离，并能在菌柄处上下移动，最后脱落。菌褶密，较宽，离生，初白色，当担孢子成熟时呈深褐色至黑色，菌褶从下往上逐渐溶解成黑色汁液。菌褶上有褶缘囊状体，棒状或长椭圆形，无色，顶端钝圆，略稀，（24.4～60.3）μm×（11.0～21.3）μm。担孢子形成初期无色，子实体成熟后呈黑色，显微镜观察单个孢子暗黑色，光滑，萌发孔明显，椭圆形，大小为（7～10）μm×（10.5～17.5）μm。

第四节　毛头鬼伞的生物学特性

一、营养要求

（一）碳源

毛头鬼伞是一种适应性很强的土生草腐菌，可利用多种草本植物材料中的纤维素、半纤维素和木本植物中的木质素。碳源是毛头鬼伞生长的重要营养源，不仅是合成糖类和氨基酸的原料，也是重要的能量源，不同发育时期对碳源要求有明显的区别。葡萄糖、甘露糖、麦芽糖有利于菌丝生长，蔗糖、果糖、淀粉、纤维素有利于子实体形成。生产中制作母种培养基时多用葡萄糖、麦芽糖等，栽培种栽培基料用富含纤维素、半纤维素和木质素的天然材料，如玉米秸、豆秸、麦秸、稻草、玉米芯、棉籽壳等。

（二）氮源

氮源是毛头鬼伞合成蛋白质和核酸必不可少的原料。毛头鬼伞可利用多种氮源，包括无机氮源和有机氮源，即蛋白胨、酵母粉、氨基酸、尿素、氨、铵态氮、硝态氮、麦麸、米糠、玉米粉等。制作母种时蛋白胨和酵母粉是最好的氮源，但硝态氮和铵态氮等无机氮源不适合做毛头鬼伞氮源，如培养基中加入氨、铵盐、硝酸盐等，毛头鬼伞菌丝生长缓慢。制作栽培种或配制栽料时选用麦麸、米糠、玉米粉、大豆粉、棉籽饼以及畜粪等有机氮源作为主要的氮源。

根据测定，毛头鬼伞生长、发育所需的碳氮比以 20∶1～40∶1 为宜，毛头鬼伞培养料在发酵前碳氮比以 35∶1 为宜。

（三）矿质元素

矿质元素是毛头鬼伞生命活动不可缺少的营养物质，其主要功能不仅是构成菌体的成分，还作为辅酶或酶的组成部分，维持酶活性、调节渗透压、氢离子浓度、氧化还原电位等。毛头鬼伞在生长发育过程中需要的矿质元素有磷、硫、镁、钾、钙、钠、铁、钼、锰、锌等。

在生产中，除了钙和磷外，一般含纤维素的原料中已有足够的含量，不需添加。

磷在毛头鬼伞生长发育过程中是碳代谢必不可少的元素，还是核酸、磷脂以及高能化合物 ATP（三磷酸腺苷）的组成元素。没有磷，碳和氮不能被很好地利用，因此无论是秸秆粪肥培养料还是棉籽壳培养料，均需添加 0.5%～1.0% 的磷肥，在生产中常用磷肥有磷酸二氢钾、磷酸钙等。

钙既是作物生长发育必需的营养元素，又是作物代谢的重要调控者。钙能稳定细胞膜、稳定细胞内环境，能参与菌物抗逆以及解毒，还可以作为第二信使。适宜的钙浓度对毛头鬼伞菌丝体生长和子实体形成是十分有益的。钙能平衡钾、镁、钠、硫等元素，当这些元素浓度过高时，钙能与其形成化合物从而降低这些元素对菌丝生长的毒害作用。此外，钙还能使培养基或土壤成团粒，提高培养料的透气性和蓄水保肥能力。生产中常用石膏、碳酸钙、熟石灰等作为钙肥，钙浓度为 0.1 mmol/L 时，其菌丝生长最快（李林辉，2007），培养基配制时这些材料还有中和酸性、稳定培养料酸碱度等作用。

镁是多种酶的活化剂，参与脂肪、类脂、核酸和蛋白质的合成，在生物体内移动性较大，再利用率高。镁与通过 ATP 的能量转移有关，也与 pH 调控有关。镁对碳的氧化代谢起着重要的调节作用，生产中常用硫酸镁，浓度一般为 24 mg/L，其浓度过高会抑制菌丝生长。

钾是多种酶的激活剂，对糖代谢有促进作用，还可控制原生质的胶态和细胞膜的透性。各种无机钾盐都可以用作钾源。生产中常用磷酸二氢钾，其不仅是钾源，还对培养基酸碱度调节起着重要作用。

（四）维生素

维生素是食用菌生长和代谢所必需的微量有机物质，存在于许多天然产物中。在毛头鬼伞培养基中加入富含维生素 B_1 的原料（如麦芽浸膏、玉米及豌豆等嫩叶煎汁等），可以明显促进菌丝生长。适宜维生素 B_1 浓度为 100～150 mg/L。在麦芽汁培养液深层培养过程中，每 1 000 mL 可生产 25～28 g 菌丝体，故有人认为其具有某种形式的"固氮"能力（林杰，1995）。

二、环境要求

（一）温度

毛头鬼伞是中温型菌类。孢子萌发温度为 15～35 ℃；菌丝生长温度为 3～35 ℃，最适生长温度 24～28 ℃，菌丝抗寒能力极强，冬季−30 ℃菌丝体仍能存活，但不耐高温，35 ℃以上菌丝就会产生自溶现象。毛头鬼伞是变温结实型菇类，原基分化需要 10～20 ℃低温刺激，但温度低于 8 ℃或高于 30 ℃子实体不易形成。子实体生长的适宜温度为 8～30 ℃，最适宜生长温度为 12～18 ℃。在子实体适宜生长温度范围内，温度低子实体生长慢，菇质肥厚，柄粗腿白，品质优良，易于储藏保鲜，商品性好；温度偏高，超过 23 ℃时子实体生长加快，菌柄伸长，菌盖变小变薄，菌肉疏松，品质差，容易开伞自溶，从而失去商品性。

（二）湿度

毛头鬼伞是喜湿性菌类，生长所需水分主要来自培养料、覆土和空间。菌丝生长、子实体分化及发育对培养料和空间湿度要求不同。菌丝生长阶段培养料适宜含水量 60%～65%，超过或低于该含水量菌丝生长均减弱，含水量低于 55%时菌丝生长不良，甚至不易形成子实体，含水量高于 70%时，培养料透气不良，严重影响菌丝生长。菌丝生长阶段空气相对湿度以 70%～80%为宜。

毛头鬼伞菌丝有不接触泥土不出菇的特性，出菇前需覆土。覆土含水量也是影响毛头鬼伞高产稳产的关键。覆土含水量因土质而异，要灵活掌握，一般保持 20%～25%，即手握成团，触之即散。覆土过湿会影响透气性，过干则影响菌丝的生长、扭结及出菇，严重时会导致不出菇。

子实体分化和生长期间，空气相对湿度85%～90%为宜，不宜过高，湿度高于95%，直接影响子实体表面水分蒸腾和营养物质的转运，同时透气性差，二氧化碳浓度升高，导致子实体停止生长或发育不正常，造成商品菇菇质差，畸形菇多，易发生斑点病，严重的会使菇房内各种杂菌和病虫害滋生；空气湿度也不能太低，若低于60%，毛头鬼伞子实体瘦小，菌盖表面鳞片反卷，商品价值大减。

（三）pH

毛头鬼伞菌丝喜中性偏碱性环境，适宜pH 5～8.5，最适pH 6.5～7.5。若培养料pH<4或pH>9，菌丝均不能生长。覆土层以pH 7.0～7.5为宜。生产中，由于毛头鬼伞代谢产物使培养料pH逐渐下降，故在配制培养料时，一般调至pH 7.5～8.5为宜。

（四）光照和通风

毛头鬼伞菌丝生长阶段不需要光，在黑暗条件下菌丝生长旺盛，强光对菌丝生长有抑制作用。毛头鬼伞原基分化和子实体生长阶段均需要一定的散射光，如果没有散射光线的刺激，子实体不分化或生长缓慢。原基分化需要50～300 lx的光照度。一定的散射光可以使子实体生长肥壮、嫩白、紧实，但光照度过高或阳光直射，则子实体表面干燥，色泽浅黄，质地疏松，商品性极差。

毛头鬼伞为好气性菌类，从菌丝生长到子实体发育整个过程都需要充足的氧气。空气中适宜的氧含量促进菌丝分解吸收营养，明显提高菌丝的生长能力；空气中二氧化碳浓度偏高，明显抑制菌丝和子实体正常生长，造成菌丝萎缩，幼菇死亡，还易引起各种霉菌和病虫害的发生。子实体发育期间呼吸作用旺盛，若通风不良，会造成菇体发育迟缓，菌柄伸长，菌盖变小、变薄、畸形，菌盖上易形成褐色斑点。因此，在整个栽培管理阶段，除了培养料的松紧度和覆土层结构要适宜外，栽培场所必须注意及时通风换气。

（五）土壤

毛头鬼伞是一种土生菌，受土壤中一类革兰阴性菌群刺激而导致子实体分化，具有不覆土不出菇的特点。覆土中腐殖质对毛头鬼伞的生长有促进作用，在生产中选择富含腐殖质及革兰阴性菌群的覆土材料有利于毛头鬼伞产量和质量的提高。覆土要求中性或偏碱性，要经过消毒灭虫处理。覆土的时间、厚度、土质、方式等不同，对出菇时间、菇体形态、菇产量均产生一定的影响。

三、生活史

毛头鬼伞子实体成熟后，菌盖自外缘开始由猩红色逐渐变为墨汁色，并沿菌盖外缘向内自溶，液化后孢子随液滴滴下，经雨水等冲散传播。

在适宜条件下，毛头鬼伞孢子吸水膨胀，萌出芽管，逐渐分枝，形成单核菌丝。单核菌丝经过质配，产生双核菌丝，继而形成线状菌丝束，顶端迅速扭结膨大形成原基，经发育破土，形成菇蕾，最后发育成子实体。子实体生长发育过程中，在菌褶上，双核菌丝末端棍棒状细胞发育膨大，形成担子，担子细胞经核配和二次细胞分裂，其中一次为减数分裂，染色体减半，形成 4 个单倍体子核，每个子核分别进入担子上部梅花状的 4 个小梗，之后 4 个核分别发育成 4 个担孢子，担孢子随菌褶的液化滴下，完成生活史（图 4-1）。毛头鬼伞的生活史中，尚未发现无性繁殖阶段（曲同祥，1998）。

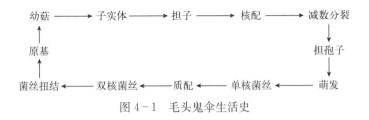

图 4-1　毛头鬼伞生活史

第五节　毛头鬼伞种质资源

一、概况

目前，毛头鬼伞种质资源主要分为野生种和栽培种，毛头鬼伞野生种呈世界性分布。随着毛头鬼伞栽培面积的扩大，鲜品及以其为原料制成的饮料、罐头、保健品和药物等产品的市场需求量逐年增加。育种家通过选择育种、诱变育种、杂交育种等手段选育出一系列优良菌株。毛头鬼伞优良菌株有单生和丛生之分。单生品种个体肥大，总产量略低，单菇重一般为 30～150 g，大的可达 200 g。丛生品种个体较小，但总产量高，一般丛重 0.5～1.5 kg，市场鲜销一般采用丛生品种。

二、优异种质资源

1. 鸡腿菇 Cc-1　由四川省农业科学院食用菌开发研究中心选育，已通过四川省品种审定委员会审定，并命名为川鸡 1 号。子实体单生或丛生，呈棒槌状，顶部圆凸，子实体长 7～15 cm，菌盖直径 2～4.5 cm，菌盖白色，表面被有浅褐色鳞片状肉刺，主要集中在盖顶。菌肉洁白，菌柄柱状，初期实心，组织细密，后期中空而脆。菌环白色，着生于菌柄中上部，易脱落。菌丝白色，前期绒毛状，整齐，长势较快，后期菌丝致密，呈匍匐状，分枝少，肉眼可见菌丝粗细不均匀，粗菌丝呈绳索状。菌丝生长最适温度 22～28 ℃。子实体生长发育最适温度 13～20 ℃。其产品鲜售加工兼宜，平均生物学效率83%～115%。

2. 唐研 1 号　由野生毛头鬼伞驯化成的新菌株。子实体丛生，初期呈乳头状，顶端光滑，八成熟时菌盖长卵圆形，商品菇（八成熟）菇体白色，上有鳞片，不反卷，菌柄基部粗，露土部分较细，中空。菌丝体白色，较细密，呈绒毛状，长满试管后菌丝变浓密，表面有索状菌丝，后期出现色素。菌丝生长适宜温度为 22～26 ℃，10 ℃时即可形成子实体，地温 10 ℃以上时可出菇，子实体生长发育最适温度 16～20 ℃，气温 24 ℃以上时出土 3～4 d 即可采收，20 ℃以下时 8～12 d 即可采收。该菌株特点是有较强的耐低温能力，子实体个大，产量高。生物学效率平均约为 140%。

3. 鸡腿蘑 2003　由衡阳市蔬菜研究所在鸡腿菇 2001 菌株基础上选育而成。子实体丛生或单生,棒槌形,长 10～15 cm,菌盖直径 3～5 cm,菌柄直径 1～3 cm。商品菇菇体光滑洁白,菌盖较常规显著缩小,鳞片小且不易开伞,质感紧密。菌丝白色绒毛状,在25～30 ℃条件下生长旺盛,试管种菌丝生长速度为 5～6 mm/d,前期生长整齐,长势较快,满管后逐渐加密,长时间保藏少量菌丝自溶,产生茶褐色液滴。菌丝生长最适温度 20～28 ℃,耐低温,−5 ℃条件下不死亡,40 ℃停止生长,约 45 ℃菌丝迅速自溶,老化死亡。子实体生长最适温度 18～25 ℃,温度低于 10 ℃或高于 30 ℃子实体均不易形成。在人防洞栽培条件下,鳞片少或无,菌盖小且不易开伞,菌柄粗壮,菇体光滑洁白,质感紧密。此菌株特点是耐低氧能力强,商品菇菌盖小,不易开伞,保存时间长,是人防洞栽培条件下的理想菌株。

4. 冀容 1 号　河北广平职教中心由野生毛头鬼伞驯化而成的菌株。中高温型,子实体丛生。商品菇菇形端正,菇体皆白,菌肉组织结实,菌盖厚,无脱柄现象。菌丝白色,扭结力强,生长最适温度 18～25 ℃,子实体生长发育最适温度 16～25 ℃。该菌株特点是单位产量高,品质优,抗逆性强,菇形好,出菇率高,一至四潮菇产量均衡,转潮不明显,后劲足,色泽理想,生物学效率可达 145%～170%。

5. 临 J－12　临沂市农业科学院运用紫外线诱变鸡腿菇 Cc985 选育而成的新菌株。中温偏高型喜湿性食用菌,子实体丛生或单生,棒槌形,个体较大,子实体颜色洁白,菌盖初圆柱状,光滑,中期钟状,有锈色鳞片,后期开伞。菌柄白色,圆柱状,纤维质,上细下粗,基部膨大。菌环白色,生于菌柄中上部。菌丝雪白,生长速度为 9.0 mm/d,长势强,发菌时间为 14 d,现蕾时间为 23 d,出菇温度范围广,为 10～32 ℃。单位面积产量达 15.57 kg/m²。

6. 蕈谷 8 号（国品认菌 2008038）　吉林省敦化市明星特产科技开发有限责任公司经野生种质驯化选育而来,采自长白山。子实体丛生、聚生、单生、散生、圆柱状,高 7～20 cm;菌盖厚 1.0～1.3 cm,菌肉白色,柄白色。菌丝生长温度 8～35 ℃,适宜温度 26～28 ℃;子实体形成需要低温刺激,出菇温度 9～30 ℃,适宜温度 12～18 ℃。生长基质含水量 65%～70%,出菇阶段空气相对湿度 85%～95%。喜中性偏碱基质,最适 pH 7.0～7.5。25 ℃条件下 20 d 完成发菌,覆土后 10 d 左右出菇,采收 4～5 潮菇,生产周期 110 d 左右。生物学效率达 110%～120%。

第六节　毛头鬼伞种质资源研究和创新

毛头鬼伞的研究历史很短,开发利用相对晚于动植物资源,但由于独特的品质使其成为食用菌中的后起之秀,是一种重要的生物资源,也是生态农业中的重要一环。

毛头鬼伞提取物可作为病毒抑制剂,通过无毒或低毒的方法防治植物病毒危害,是一种重要的生物农药资源。毛头鬼伞多糖对烟草花叶病毒（TMV）具有较强的体外和体内抑制活性,可以较显著降低 TMV 侵染活性（吴艳兵等,2007）。同时通过离子交换层析和凝胶层析方法从毛头鬼伞子实体中分离纯化出一种碱性蛋白质 Y3,分子质量约为 14.4 ku,具有抗烟草花叶病毒（TMV）的活性及红细胞凝集活性,也与核糖体失活蛋白

（RIP）有所相似，这种生物活性蛋白质 Y3 的编码基因为 $y3$，能在其子实体和菌丝体中表达（吴丽萍等，2003）。毛头鬼伞抗性蛋白质 Y3 浓度为 12.5 $\mu g/mL$ 时，对 TMV 侵染的抑制率达 83.0%；Y3 对 TMV 有较强的体外钝化作用，抑制中浓度（IC_{50}）约为 2.0 $\mu g/mL$。Y3 具有一定的体外脱病毒衣壳作用，电镜观察发现 Y3 可使部分 TMV 毒粒发生裂解、变短等（吴丽萍等，2004）。进一步研究揭示抗植物病毒蛋白质 Y3 是一种糖蛋白，能耐 80 ℃高温，在 pH 9.0 时较稳定，是一种新的蛋白质资源，可以开发成转基因的抗病毒工程产品用于生物农药生产。

毛头鬼伞也是免疫调节及抗肿瘤的重要生物资源，从毛头鬼伞新鲜子实体中提取粗多糖，经纯化得到的均一毛头鬼伞多糖（CCP），具有较高的免疫活性和抗肿瘤活性，通过腹腔注射能明显活化小鼠腹腔巨噬细胞，显著提高吞噬鸡红细胞的吞噬指数，CCP 对昆明种小鼠 S-180 移植性实体瘤具有明显抑制活性，可明显延长患 S-180 腹水瘤小鼠的存活期（李师鹏等，2001）。用类似方法从毛头鬼伞中又得到了一种毛头鬼伞多糖，分子质量为 947 ku，能清除阴离子自由基，具有一定的抗氧化活性（吴艳兵等，2007）。毛头鬼伞蛋白质提取物中的生物活性蛋白质不是直接影响淋巴因子的生成，而是间接地激活 T 淋巴细胞，从而进行免疫调节，同时还有凝集细胞的作用（Jeurinka et al.，2008）。抗性蛋白质 Y3 在浓度分别为 1.562 $\mu g/mL$ 和 0.781 $\mu g/mL$ 时，对兔血的凝集素滴度为 25，对人血的凝集素滴度为 26；利用胃癌细胞株 MGC-803 检测 Y3 的体外抗肿瘤活性，它的 IC_{50} 为 12 $\mu g/mL$（吴丽萍等，2003）。抗性蛋白质 Y3 不仅能抑制肿瘤细胞增殖，包括肿瘤细胞株 MGC-803、SMMC-7721 和 SPC-A，还能诱导细胞凋亡，如肿瘤细胞 SPC-A，这些性质与一些植物核糖体失活蛋白相似，如美洲商陆抗病毒蛋白（PAP）等（Wu et al.，2008）。另外，从毛头鬼伞子实体中还分离得到 4 个甾醇类化合物，分别为麦角甾醇、啤酒甾醇、麦角甾醇葡萄糖苷和 tuberoside。通过体外细胞毒性筛选，表明化合物 tuberoside 有较强的抑制人乳腺癌细胞 MCF-7 和狗肾细胞 MDCK 增殖的活性，其抑制增殖的 IC_{50} 分别为 10.9 $\mu g/mL$（18.4 $\mu mol/L$）和 5.8 $\mu g/mL$（9.8 $\mu mol/L$）（冯娜等，2010）。

液态深层发酵是开发毛头鬼伞活性成分的一条有效途径，利用该技术已从毛头鬼伞发酵液中分离得到降低血糖的生物活性物质 comatin，对患病试验鼠的血糖有良好的调控作用（Ding et al.，2010）。毛头鬼伞可以吸收微量元素钒，若在液体发酵中添加钒元素 0.4%，可使菌丝中的含量达 3.5 mg/g，且此时对菌体的毒性最小，若用这种富含钒的菌丝饲养高血糖病患小鼠，可明显降低其血糖含量（Han et al.，2006，2008）。

但在栽培中，毛头鬼伞菌种存在着比较严重的同种异名现象，给毛头鬼伞的菌种管理、育种研究工作带来一定的困难。运用 SRAP、RAPD、ISSR 3 种分子标记技术对不同地区来源的 57 株毛头鬼伞进行了遗传多样性分析，通过 3 种分子标记进行聚类分析，当相异系数 D 为 0.48 时，可以把 57 株毛头鬼伞分为 4 类：I 类包括三明毛头鬼伞；II 类包括 CCSH；III 类包括野生毛头鬼伞（黑龙江省五常市东北食药用真菌研究所分离的野生毛头鬼伞）；IV 类包括其余 54 个菌种。供试的 57 个菌株间的相异系数为 0～0.72，具有一定的遗传多态性。但其中有许多菌株两者之间的相异系数为 0（江玉姬等，2013）。

　　发展毛头鬼伞生产，选育优良菌株是关键的问题之一。毛头鬼伞杂交育种是目前国内外食用菌新品种选育中使用最广泛、收效最明显的育种手段，包括单孢杂交、双单杂交和多孢杂交3种方法。即利用毛头鬼伞含有某一遗传因子的孢子在单孢培养条件下，可充分表现其潜在的特性而显示出较大的变异，从而通过单孢分离和杂交、杂交菌株的筛选选育出优良的新菌株。在新疆阿拉尔已选育出具有地方特色的毛头鬼伞，但育种工作处于初始研究阶段，这方面研究还有待于提高和加深。

（范文丽）

参考文献

冯娜，张劲松，唐庆九，等，2010. 毛头鬼伞子实体中甾类化合物的结构鉴定及其抑制肿瘤细胞增殖活性的研究［J］. 菌物学报，29（2）：249-253.

黄年来，林志彬，陈国良，等，2010. 中国食药用菌学［M］. 上海：上海科学技术文献出版社.

江玉姬，谢宝贵，邓优锦，等，2013. 57株毛头鬼伞遗传多样性分析［J］. 菌物学报，32（1）：25-34.

李林辉，2007. 矿质元素对毛头鬼伞菌丝体生长的影响［J］. 菌物研究，5（3）：161-164.

李师鹏，安利国，张红梅，2001. 鸡腿蘑多糖对昆明小鼠血清溶菌酶活性影响的研究［J］. 中国食用菌，20（4）：36-37.

林杰，1995. 鸡腿蘑的栽培技术要点［J］. 浙江食用菌（1）：28-30.

马可，1989. 鬼伞属真菌的囊状体和孢子的形态特征的研究［J］. 河南师范大学学报（2）：88-91.

闵冬青，唐昌林，文明英，等，2009. 鸡腿蘑2003菌株的生物学特性及优质高效栽培技术［J］. 食用菌（1）：19-20.

曲同祥，李庆芳，张文利，1998. 鸡腿蘑栽培技术［J］. 中国食用菌，17（1）：23-25.

王惠国，关洪全，李忻红，2007. 毛头鬼伞的生物活性作用［J］. 中国真菌学杂志，2（6）：382-384.

吴丽萍，吴祖建，林奇英，等，2003，毛头鬼伞（Coprinus comatus）中一种碱性蛋白的纯化及其活性［J］. 微生物学报，43（6）：793-798.

吴丽萍，吴祖建，林奇英，等，2004. 一种食用菌提取物Y3对烟草花叶病毒的钝化作用及其机制［J］. 中国病毒学，19（1）：54-57.

吴艳兵，谢荔岩，谢联辉，等，2007a. 毛头鬼伞多糖抗烟草花叶病毒（TMV）活性研究初报［J］. 中国农学通报，23（5）：338-341.

吴艳兵，谢荔岩，谢联辉，等，2007b. 毛头鬼伞（Coprinus comatus）多糖的理化性质及体外抗氧化活性［J］. 激光生物学报，16（4）：435-442.

武铎利，计炳生，刘玉静，2007. 鸡腿菇冀容1号特性与栽培技术要点［J］. 食用菌（6）：24.

张艳艳，李林辉，2008. 毛头鬼伞菌丝体对培养料中不同养分的利用特点［J］. 菌物研究，6（3）：179-182.

Ding Z，Lu Y，Lu Z，et al.，2010. Hypoglycemic effect of comatin, an antidiabetic substance separated from Coprinus comatus broth, on alloxan-induced-diabetic rats［J］. Food Chemistry，121：39-43.

Han C，Cui B，Wang Y，et al.，2008. Vanadium uptake by biomass of Coprinus comatus and their effect on hypoglycemic Mice［J］. Biol Trace Elem Res，124：35-39.

Han C, Yuan J, Wang Y, et al. , 2006. Hypoglycemic activity of fermented mushroom of *Coprinus comatus* rich in vanadium [J]. Journal of Trace Elements in Medicine and Biology, 20: 191 - 196.

Jeurinka P V, Noguerab C L, Savelkoul H F J, et al. , 2008. Immunomodulatory capacity of fungal proteins on the cytokine production of human peripheral blood mononuclear cells [J]. International Immunopharmacology, 8: 1124 - 1133.

Lu B C, Raju N B, 1970. Meiosis in *Coprinus*: Ⅱ. Chromosome pairing and the lampbrush diplotene stage of meiotic prophase [J]. Chromosoma (Berl), 29: 305 - 316.

Wu L P, Wu Z J, Lin D, et al. , 2008. Characterization and amino acid sequence of Y3, an antiviral protein from the mushroom *Coprinus comatus* [J]. Chinese Journal of Biochemistry and Molecular Biology, 24 (7): 597 - 603.

第 五 章

巴 西 蘑 菇

第一节 概 述

巴西蘑菇（*Agaricus blazei*）又名姬松茸、小松菇、柏氏蘑菇，是一种食药兼用的珍稀食用菌，其子实体肉质柔嫩，美味可口，香气浓郁，具杏仁味，食药用价值颇高。巴西蘑菇营养价值高，维生素、矿质元素含量丰富，种类齐全，必需氨基酸含量较高。巴西蘑菇还含有多糖、糖蛋白、核酸、脂质、甾醇类物质等多种生理活性物质，具有很高的保健功能和药用价值。近些年来，由于水野·卓（Mizuno T）等发现巴西蘑菇子实体中含有多种抗肿瘤活性多糖体，在降血脂、降血压、治疗糖尿病及维护肝功能等方面均具有显著的医疗保健作用，在日本掀起巴西蘑菇食用热潮，被日本医学界称为"地球上肿瘤患者最后的食品"，市场价格居高不下，是一种极具开发价值的珍贵食药用菌。

第二节 巴西蘑菇的起源与分布

巴西蘑菇原产于巴西东南部圣保罗市 Piedade 一带的山地草原上，美国加利福尼亚州南部和佛罗里达州海岸草地以及秘鲁等国亦有分布。在巴西圣保罗地区，巴西蘑菇被作为健康食品由来已久，在当地语言中被称作"Cogmelo de Deus"，即"上帝的蘑菇"的意思，但当时巴西蘑菇的神奇功效并不为外界所知。1945 年，巴西蘑菇被美国真菌学家 W. A. Murrill 首次发现，但他并未进行深入研究。1965 年日裔古本隆寿（Takatoshi Furumoto）在巴西圣保罗 Piedade 郊外农场草地上采到一种野生菇，并把该菌带回日本，送给三重县津布岩出菌学研究所。日本三重大学农学部的岩出亥之助对这种无名菌种进行了菌种分离和培养试验，获得岩出 101 菌株，并取名为姬松茸，中文为小松口蘑之意。1967 年，由比利时的海涅曼（Heinemann）鉴定为新种，并命名为 *Agaricus blazei* Murrill，按其翻译，中文名为柏拉氏蘑菇或巴西蘑菇，与双孢蘑菇（*A. bisporus*）同属。此后，开始了人工驯化栽培研究，1975 年，室内高垄栽培法首次获得成功，并经不断改进确立了现在的大规模人工栽培方法。1976 年日本三重、爱知、岐阜 3 个县以经济效益为目标推广普及其栽培技术，直至 1978 年才商业化栽培成功。1988 年巴西蘑菇传至越南、泰国、印度尼西亚、我国台湾等地区。

　　1992年福建省农业科学院土壤肥料研究所和植物保护研究所引进了巴西蘑菇菌种，对其生物学特性和栽培技术进行研究并栽培成功。1994年开始先后在福建仙游、莆田、松溪、顺昌、屏南、尤溪、罗源、霞浦等地推广，成为福建省食用菌出口的主要品种之一。近20年来，在巴西蘑菇新品种选育、安全生产综合调控，以及菌种生产技术规程等关键技术上取得了新的成果。目前巴西蘑菇栽培已从福建省进一步推广到浙江、江西、广西、河南、四川、江苏、新疆、云南等省份，成为这些省份食用菌产业发展新的增长点。

第三节　巴西蘑菇的分类地位与形态特征

一、分类地位

　　巴西蘑菇（*Agaricus blazei*）属担子菌门（Basidiomycota）蘑菇纲（Agaricomycetes）蘑菇目（Agaricales）蘑菇科（Agaricaceae）蘑菇属（*Agaricus*）。

二、形态特征

　　巴西蘑菇子实体粗壮，多数单生，个别丛生，伞状，菌盖圆形至半球形，菌肉厚，白色，受伤后变橙黄色，直径5～10 cm，大的15 cm，厚度0.65～1.3 cm，边缘厚，表面浅褐色到棕褐色，覆有纤维状鳞片，盖缘有菌幕碎片。菌褶离生，宽6～8 cm，初时乳白色，后肉色，受伤后变肉褐色。菌柄生于菌盖中央，长4～14 cm，直径1～3 cm，近圆柱状，中实，白色，柄基部稍膨大，柄上部着生白色菌环，菌环以上乳白色，菌环以下有栗褐色纤毛状鳞片。孢子印黑褐色，孢子暗褐色，光滑，宽椭圆形至球形，大小（5.2～6.6）$\mu m \times$（3.7～4.4）μm，没有芽孔。菌丝没有锁状联合，生长在PDA斜面培养基上的菌丝绒毛状，洁白浓密，基内菌丝无色，气生菌丝多，爬壁能力较强，菌丝宽5～6 μm，长满斜面后在管壁与斜面接触处形成乳白色扭结。

第四节　巴西蘑菇的生物学特性

一、营养要求

（一）碳源

　　巴西蘑菇为粪草腐生菌，各种富含植物纤维的材料均可使用，如稻草、麦秆、玉米秆、芦苇、芒萁、五节芒、甘蔗渣、杂木屑、棉籽壳等均可作为栽培巴西蘑菇的良好碳源。菌丝体能利用葡萄糖、蔗糖、废糖蜜等碳源，利用可溶性淀粉差，另外，甘油对菌丝生长有抑制作用。

（二）氮源

　　有机氮源比无机氮源更适合巴西蘑菇菌丝生长，最适有机氮为酵母膏，其最佳浓度为0.4%～0.5%，其次是牛肉浸膏，不能利用蛋白胨；最适无机氮为硫酸铵、硝酸铵等。巴西蘑菇栽培常用牛粪、马粪、羊粪、禽粪等做原料，以及豆饼粉、麸皮、玉米粉、菜籽饼等做辅料，菌丝体可以利用其中的有机氮。

（三）矿质元素

巴西蘑菇需要的矿质元素主要是钾、镁、锌、磷等。

二、环境要求

（一）温度

巴西蘑菇菌丝体生长温度为 10～35 ℃，最适温度为 23～27 ℃。子实体发生的温度为 18～33 ℃，最适温度 20～25 ℃，低于 18 ℃菌丝难以扭结现蕾；超过 25 ℃时，子实体发育快，菌盖薄，重量轻，易开伞；超过 30 ℃时，大部分幼蕾萎缩死亡。

（二）湿度

巴西蘑菇栽培料含水量以 55%～60% 为最适，生产中可掌握料液比 1∶1.3～1∶1.5，水分过高或过低，都会影响菌丝生长和扭结。菌丝生长阶段空气湿度要求 70% 左右，过低易使料面风干，过高同时伴随通风不良易引发病害。子实体生长阶段要求空气湿度 80%～95%，一般在现蕾、幼菇、成菇各阶段应分别掌握 85%、90%、95% 最为适宜。在空气湿度 80%～85% 时子实体盖小，朵平均直径为 4.5 cm，菇薄，厚度为 0.9 cm，朵轻，从扭结到收菇只需 5 d；空气湿度 85%～95%，子实体盖大，朵平均直径为 5.8 cm，菇厚 1.2 cm，从扭结到收菇 7 d。

（三）pH

菌丝可在 pH 5～8 生长发育，最适 pH 7～7.5。生产中可将培养料调至 pH 8～9，经堆制发酵将自动下降至 pH 7 左右，恰好适合菌丝生长。

（四）光照和通风

菌丝生长阶段不需要光线，在黑暗条件下菌丝生长良好。子实体发育阶段需要一定散射光，栽培场所以三阳七阴的遮阴度为宜。

巴西蘑菇属好气性食用菌，对二氧化碳耐受力较差，通风不良时菌丝生长缓慢，甚至停止生长，菇蕾变黄枯萎，子实体畸形，影响商品质量，因此子实体发生时需要大量新鲜的空气。

第五节　巴西蘑菇种质资源

一、概况

目前，巴西蘑菇栽培生产用的都是褐色品系。该品系菌丝生长状况良好，抗性强，生育期适中；子实体韧性好，较耐储运，菌株生产性能良好，产量高，适合大面积推广应用。白色品系由于抗性较差，产量不稳定，未能在实际生产中推广应用。

食用菌种质资源是进行优良菌种选育的基础，无论是改良品种的丰产性、优质性，还是提高品种抗逆性、食品安全性等都离不开对种质资源的收集、开发和利用。巴西蘑菇栽培范围广、生产量大、产业化程度最高，但在种性鉴定、品种审定与认定、良种选育、菌种管理等方面一直采用传统的、直观的形态鉴别方法。由于巴西蘑菇形态结构简单，鉴别缺乏科学性，致使生产上同种异名、同名异种现象普遍存在，因此迫切需要对种质资源进行更准确、可靠的评价。近年来，随着分子生物学技术的发展，分子标记技术、酯酶和过氧化物同工酶分析比较成为研究巴西蘑菇种内遗传差异性和测量属内遗传距离的主要手段。

二、优异种质资源

(一) 褐色品系

1. 岩出 101　是从日本引进的注册巴西蘑菇菌株。子实体菌盖幼菇为钟状，成菇为平顶馒头状。成菇菌盖直径 5～12 cm，表面覆盖淡褐色纤维状鳞片，边缘有内菌幕残片。菌肉白色，中央部肉厚，边缘肉薄；菌褶白色、肉色，老熟后黑褐色，密，离生，前期白色，开伞后褐色；菌柄圆柱状，中实，柄基部稍膨大，柄长 4～13 cm，直径1～4 cm。该品种菌丝生长适宜温度为 22～26 ℃，适宜 pH 6.5～7.0，栽培料适宜含水量为 62%，子实体生长适宜温度为 20～24 ℃，空气相对湿度为 80%～90%。

2. AbML11　福建省农业科学院土壤肥料研究所选育。2003 年以 AbM9 的担孢子为试验材料，利用氮离子束注入技术，从中选育出巴西蘑菇新菌株 AbML11。2010 年巴西蘑菇 AbML11 通过福建省品种认定（闽认菌 2010001）。该品种具有产量高、转潮快的特点。子实体前期呈浅棕色至浅褐色；子实体中等偏小；成菇菌盖圆整，扁半球形，直径为 3～4 cm，盖缘内卷；菌褶离生，前期白色，开伞后褐色；菌柄实心，前期粗短，逐渐变得细长，长度为 2.0～6.0 cm，直径 1.5～3.0 cm。AbML11 子实体（干品）经福建省农业科学院中心实验室检测，粗蛋白含量 31.0%，氨基酸含量 19.64%，每 100 g 含维生素 C 32.4～45.4 mg。

巴西蘑菇 AbML11 适合以稻草、芦苇、牛粪等为主料，以麸皮、过磷酸钙、石灰等为辅料；培养料采用常规的二次发酵方法制备，适宜含水量为 55%～60%（料液比为 1：1.4），适宜 pH 6.5～7.5；每平方米播种量 1～2 瓶（750 mL 菌种瓶）。菌丝生长适宜温度为 23～27 ℃，子实体发育适宜温度为 22～25 ℃，菇房适宜空气相对湿度为 75%～85%。在南平、三明、莆田、福州等地多年多点试种，平均生物学效率达 33%，比出发菌株 AbM9 增产 30% 左右。适合在福建省各地自然季节栽培，已推广到全国各地。

3. AbM9　福建省农业科学院土壤肥料研究所 1992 年从日本引进，菇蕾单生或丛生，菌盖斗笠状或圆形，浅褐色，有绒毛，菌柄粗短，脚柄有气生菌丝。子实体中等偏大，成菇菌盖圆整，朵型较大，直径平均 4.85 cm，菌盖厚度 3.32 cm，菌柄平均长度 5.15 cm、直径 2.77 cm。结菇能力强，菌种略有退化。

4. AbML2 福建省农业科学院土壤肥料研究所选育。以 AbM9 的担孢子为试验材料，利用氮离子束注入技术，从中选育到巴西蘑菇新菌株 AbML2。子实体中等，成菇菌盖圆形，浅褐色，光滑，少绒毛，菇蕾多单生，菌柄细长，脚柄无气生菌丝。在南平、三明、莆田、福州等地多年多点试种，出菇早、抗逆性强、性状稳定，产量高，较 AbM9 氨基酸总量提高 5.23%，赖氨酸含量提高 8.33%，表现出良好的经济效益。

5. A0009 福建省食用菌种质资源保藏管理中心库藏编号为 A0009 的巴西蘑菇品种，引自黑龙江省东北食用菌研究所，原菌号为松茸。菌盖直径一般为 3.2～3.7 cm，柄长 4.4～8.5 cm，褐色，散生；第一潮菇产量较高，可达 2.0 kg/m²。菌丝生长温度为 10～35 ℃，适宜生长温度 30 ℃，致死高温 40 ℃；基质含水量 50%～75% 均可生长，最适值 70%；pH 4～9 均可生长，最适 pH 7。

6. A0012 福建省食用菌种质资源保藏管理中心库藏编号为 A0012 的巴西蘑菇品种，引自四川省农业科学院微生物实验室，原菌号为姬松茸。菌盖直径一般为 3.3 cm，柄长 5～10 cm，棕褐色，丛生；第一潮菇产量较高，可达 2.1 kg/m²。菌丝生长温度为 10～35 ℃，适宜生长温度 30 ℃，致死高温 40 ℃；基质含水量 50%～75% 均可生长，最适值 70%；pH 4～10 均可生长，最适 pH 7。

7. 福姬 5 号 以日本引进姬松茸品种 J1 菌丝体为材料，采用 ^{60}Coγ 射线照射选育而成，2013 年通过福建省品种认定（闽认菌 2013002）。子实体单生、群生或丛生，伞状，菌盖近钟形，褐色，表面有淡褐色至栗色的纤维状鳞片，直径平均 4.72 cm，菌盖厚度平均 3.16 cm，菌肉厚度平均 0.95 cm，菌柄长度平均 6.30 cm、直径 2.19 cm。

菌丝生长的适宜温度 23～26 ℃，子实体发育适宜温度 22～26 ℃；出菇适宜的空气相对湿度为 85%～95%。经莆田、顺昌、武夷山等地两年区域试验，平均产量 7.43 kg/m²，生物学效率 27.8%，比对照 J1 增产 30.58%。据实地调查，杂菌污染率及虫害程度与对照 J1 无明显差异，适合福建省栽培。

（二）白色品系

1. AbML7 福建省农业科学院土壤肥料研究所选育。2003 年以 AbM9 的担孢子为试验材料，利用氮离子束注入技术，从中选育到巴西蘑菇新菌株 AbML7。菇蕾单生或丛生，菌盖斗笠状或圆形，菌柄细长，从菌柄到菌盖均为白色，产量高低不稳定。AbML7 经过多代栽培后，其子实体仍保持白色性状，说明该菌株色泽基因发生了突变。巴西蘑菇子实体白色对生产加工与产品外观改善有益，且丰富了巴西蘑菇的种质资源，同时，寻找巴西蘑菇白色基因的分子标记对今后白色食用菌育种将具有重要的理论和实践意义。

2. 白系 1 号 1996 年，福建省农业科学院耕作轮作研究所从姬松茸栽培大棚菇床上发现一朵白色巴西蘑菇，经组织分离获得纯种，并进行多次出菇试验。从该菌株孢子弹射、培养获得一白色菌株后代，出菇试验表明该菌株子实体也是白色。经过几年的试验推广和商业性栽培表明，该白色菌株遗传性稳定，产量较高，商品性状好，特别是加工后感观品质比普通巴西蘑菇好，定名为白系 1 号。菌丝粗壮，色白，原基分化快而均匀整齐，从原基到子实体成熟均为白色，子实体发育至采收标准时，菌盖呈馒头形，菌盖直径

3.5~6.0 cm，菌肉厚 0.8~1.2 cm；菌柄长 4.0~7.0 cm，直径 1.5~3.0 cm。

第六节 巴西蘑菇遗传特性和种质资源研究

一、巴西蘑菇遗传特性研究

采用荧光染色法观察巴西蘑菇菌丝体和担孢子的核，用扫描电镜观察巴西蘑菇担孢子着生情况，结果发现巴西蘑菇菌丝体为多核，未见到锁状联合；巴西蘑菇担孢子多数为双核，占 56.3%，少数为单核，占 17.6%，每个担子上着生 4 个担孢子或 3 个担孢子。这些现象表明，巴西蘑菇的交配系统以同宗结合为主，也有异宗结合的情况（陈济琛等，2005），该结果为巴西蘑菇良种选育奠定了基础，但对于巴西蘑菇的极性和配型还有待深入研究。

有学者研究了菌丝生长期、菇蕾期、一潮菇期和二潮菇期培养料中的胞外羧甲基纤维素酶、淀粉酶和蛋白酶活性的动态变化及与产量的关系。结果表明供试的巴西蘑菇菌株淀粉酶活性在菌丝生长期均最高，与菌丝长速的相关性不显著；蛋白酶活性在菇蕾期最高，与产量的相关性不显著；羧甲基纤维素酶活性在一潮菇期最高，与产量呈正相关，相关系数为 0.928，达显著水平。该研究为巴西蘑菇高产菌株的筛选提供了一定的理论依据。

二、巴西蘑菇种质资源创新研究

目前已有不少巴西蘑菇育种的研究报道。胡润芳等（2002）通过组织分离和孢子培养，选育出巴西蘑菇特异新菌系白系白系 1 号。该菌株子实体白色，遗传性状稳定，产量高，商品性状好，菌丝适宜生长温度为 22~25 ℃，子实体形成适宜温度 18~22 ℃，空气相对湿度为 85%~95%。陆利霞等（2002）以巴西蘑菇原生质体为诱变材料，用不同诱变剂如紫外线、^{60}Co、亚硝基胍进行多次反复诱变处理，获得 2 株活性多糖含量较高、遗传稳定的变异株 C811、N516。与出发菌株各项发酵指标比较，突变株其他各发酵特性变化不明显，而单位发酵液活性多糖含量分别提高 260% 和 300% 以上。翁伯琦等（2003）采用 ^{60}Co 辐射诱变技术，获得巴西蘑菇新菌株 J3。连续栽培其产量比原菌株高 70% 以上。经氨基酸、脂肪酸组分分析表明，J3 菌株子实体的营养价值优于原菌株，经扫描电镜观察发现 J3 菌株菌丝体有明显竹节状结构，RAPD 分析显示其 PCR 指纹图谱有异于原菌株。由此判断，J3 菌株是一个富有开发前景的突变株。严丽娟等（2008）报道了经不同剂量 ^{60}Coγ 射线辐照对巴西蘑菇菌丝生长、扭结和细胞形态结构的影响。结果表明，采用 0.2~0.5 kGy 低剂量辐射后的巴西蘑菇菌丝，细胞壁比对照厚，而且细胞出现重度质壁分离。随着辐照剂量的增大，其细胞壁变薄，而且细胞出现轻度质壁分离。经高剂量辐射后，巴西蘑菇菌丝生长速度减缓，菌丝生长稀疏、细弱。与对照相比，采用低剂量辐射有利于菌丝生长和提前扭结，其子实体增产率达 34.8%。郑永标等（2008）采用 N⁺ 束辐照诱变育种，发现 N⁺ 束注入与紫外线辐射对巴西蘑菇担孢子萌发的影响显著不同，表现出一定程度的马鞍型效应。不同剂量的 N⁺ 束注入巴西蘑菇担孢子，其产生的生物学效应不同：N⁺ 注入束流为 $200 \times 2.6 \times 10^{13}$ N⁺/cm²，筛选到一株箱栽生物学效率提高 47.0% 的巴西蘑菇新菌株 AbML11；N$^+$注入束流为 $400 \times 2.6 \times 10^{13}$ N$^+$/cm^2，筛选到一株子实体呈现白色突变的巴西蘑菇新菌株 AbML7；N$^+$注入束流为 $500 \times 2.6 \times 10^{13}$ N$^+$/cm^2 时，筛选到一株具有赖氨酸 AEC 抗性突变的巴西蘑菇新菌株 AbML2。

　　加强食用菌种质资源的保存和评价，可以促进我国食用菌产业的有序发展，选用科学合理、简单直观的种质资源评价方法更是迫在眉睫。近年来，有报道利用酯酶同工酶及 ITS、ISSR、RAPD、SRAP 等技术对巴西蘑菇种质资源多样性进行研究。如郭倩等（2004）采用酯酶同工酶谱的方法对我国巴西蘑菇种质资源多样性进行报道，结合传统鉴定菌株间差异性的拮抗反应方法，对国内收集到的 19 个巴西蘑菇菌株遗传多样性进行了初步研究，认为这 19 个巴西蘑菇菌株主要来源于两个菌株的组织分离物。林新坚等（2007）筛选到 6 个适合巴西蘑菇 ISSR - PCR 扩增的引物，为利用 ISSR 标记技术研究巴西蘑菇的种质资源提供了参考。林戎斌等（2012）利用 ISSR、RAPD 和 SRAP 分子标记法对 16 株巴西蘑菇菌株进行比较分析，其中 8 条 RAPD、4 条 ISSR 和 2 对 SRAP 引物适合巴西蘑菇菌株鉴定分析，结果表明 3 种标记方法均将 16 个菌株分为三大类群，A0011+1 和 A0013 为一类，A0009 单独为一类，其余菌株为一类。分析结果比较表明，SRAP 标记反映的遗传信息较丰富，RAPD 引物扩增到的多态性条带数较多。

　　目前，在动植物及细菌、病毒等方面的遗传工程育种开展比较完善，但在食用菌育种中还处于起步研究阶段，尤其巴西蘑菇育种的报道较少，这方面研究还有待于提高和深入。

第七节　巴西蘑菇镉元素迁移规律与安全生产综合调控研究

一、巴西蘑菇镉元素迁移与分布规律

　　巴西蘑菇对镉有一定的吸附能力，不同的巴西蘑菇品种有所差异。在水源、空气洁净的条件下，巴西蘑菇镉的主要来源为土壤、稻草和牛粪等原料。菜园土和水稻土比红壤和黄红壤镉含量低，深层土比表层土的镉含量低；不同地方的土壤、稻草和牛粪等原料镉含量有差别；栽培原材料除牛粪含镉较多外，其他栽培料和辅料都较低。巴西蘑菇镉含量分布与潮次的变化差异不明显；多数巴西蘑菇样品镉含量分布为菌根＞菌柄＞菌盖；说明镉在巴西蘑菇体内是沿着菌根→菌柄→菌盖迁移的，与植物营养吸收、运输的规律一致。这可以作为降低巴西蘑菇产品镉含量技术的指导措施。

二、巴西蘑菇安全生产综合调控技术

　　大量研究表明，通过菌种、菇潮、土壤、原料改良剂以及环境的选择和调控，可以使巴西蘑菇产品达到日本和欧盟标准要求。①环境：符合绿色或有机生产场所。②菌种：AbML2、AbML11 等品种。③土壤：无重金属污染的塘泥、菜园土和水稻土 5～20 cm。④原料：稻草、蔗渣（叶）、玉米芯、棉籽壳、木屑、牛粪镉含量 0.1～0.2 mg/kg。⑤辅料：麸皮镉含量小于 0.05 mg/kg，石膏、钙镁磷肥、尿素等镉含量小于 0.02 mg/kg。

⑥改良剂：钙镁磷肥 0.4%～0.6%，硅钙肥 1.2%～1.6%，镉含量小于 0.02 mg/kg。⑦菇潮：1～3 潮镉含量小于 6 mg/kg，4～8 潮镉含量小于 2 mg/kg。

（陈济琛　林新坚　林戎斌　林陈强）

参考文献

陈济琛，郑永标，林新坚，等，2005. 姬松茸菌丝及担孢子核观察 [J]. 南京农业大学学报，28（4）：144-146.

郭倩，潘迎捷，周昌艳，等，2004. 姬松茸菌株种质资源多样性的初步研究 [J]. 食用菌学报，11（1）：12-16.

胡润芳，黄建成，林衍铨，等，2002. 姬松茸特异新菌系"白系 1 号"的选育及高产栽培研究 [J]. 江西农业大学学报，24（6）：838-839.

黄年来，1994. 巴西蘑菇值得研究和推广 [J]. 中国食用菌，13（1）：11-13.

林戎斌，张慧，林陈强，等，2012. ISSR、RAPD 和 SRAP 分子标记技术在姬松茸菌株鉴定上的应用比较 [J]. 福建农业学报，27（2）：149-152.

林新坚，江秀红，蔡海松，等，2007a. 姬松茸 ISSR 特异扩增体系的研究 [J]. 食用菌学报，14（4）：25-30.

林新坚，江秀红，林戎斌，等，2007b. 姬松茸菌株的胞外酶活性剂与产量的关系 [J]. 食用菌学报，14（3）：24-28.

翁伯琦，江枝和，黄挺俊，等，2003. 姬松茸^{60}Co 辐射菌株 J3 若干特性研究 [J]. 中国农业科学，36（9）：1065-1070.

严丽娟，郑焕春，2008. 姬松茸^{60}Coγ射线辐照诱变育种试验初报 [J]. 中国食用菌，27（5）：158-161.

杨佩玉，江枝和，朱丹，等，1994. 姬松茸若干菌性研究 [J]. 福建农业学报，9（4）：55-59.

隅谷立光，黄年来，2001. 巴西蘑菇 [J]. 中国食用菌，20（2）：6-7.

郑永标，林新坚，陈济琛，等，2008. 氮离子束注入姬松茸担孢子的生物学效应研究 [J]. 激光生物学报，17（4）：482-485.

Iwade T，Ito H，1982. Miracle himenmatsutake [M]. Tokyo：Chikyu-sha.

Murrill W A，1945. New Florida fungi [J]. Florida Acad Sci，8：175-198.

第 六 章

长 裙 竹 荪

第一节 概 述

长裙竹荪（*Dictyophora indusiata*）是名贵的食药用菌。长裙竹荪味道鲜美，具有独特的清香味，被视为山珍名肴，素有"真菌皇后""雪裙仙子""山珍之花"的称号。长裙竹荪含有多种氨基酸、维生素、淀粉、糖、粗脂肪和矿质元素，有强身壮体、延缓衰老、抗毒、防腐、防癌的作用，对白血病、高血压、肠炎、气管炎有一定的疗效。

第二节 长裙竹荪的起源与分布

我国竹荪食用历史悠久，在唐代段成式的《酉阳杂俎》中已有记载。我国是长裙竹荪产地，也是世界上最先实现长裙竹荪人工栽培的国家。早在 1972 年，四川省长宁县的黄文培便开始研究人工驯化栽培长裙竹荪，在经过 14 年的反复摸索后于 1986 年成功培育出第一株竹海长裙竹荪。同时，浙江省云和县陈可义等（1986）、贵州省科学院生物研究所胡宁拙等（1986）也报道了长裙竹荪的人工栽培获得成功。随后，长裙竹荪栽培在全国许多省份和地区推广开来。

野生长裙竹荪主要分布于四川、福建、广东、海南、广西和云南西双版纳等地区，多生于竹林下，偶见于松林中。

第三节 长裙竹荪的分类地位与形态特征

一、分类地位

长裙竹荪（*Dictyophora indusiata*）属担子菌门（Basidiomycota）蘑菇纲（Agarico-mycetes）鬼笔目（Phallales）鬼笔科（Phallaceae）竹荪属（*Dictyophora*）。

二、形态特征

子实体较大（图 6-1），幼时卵状球形（图 6-2）。菌盖钟形，具有显著网格，顶端平，有孔口。子实层暗绿色，呈黏液状，微臭。菌裙白色，网状，网眼圆形、椭圆形或多角形，从菌盖下垂，长 8.5～12 cm。菌柄白色，中空，纺锤形至圆柱状，表面呈海绵状。菌托白色、灰白色或淡紫色，卵形。孢子大小（3～3.5）μm×（1.5～2）μm，光滑，无色透明，椭圆形。

图 6-1　大田栽培出菇的长裙竹荪　　　　图 6-2　长裙竹荪菌蕾

第四节　长裙竹荪的生物学特性

一、营养要求

（一）碳源

长裙竹荪利用葡萄糖、甘露糖、麦芽糖和淀粉的能力较强，但对乳糖、纤维素和半纤维素的利用能力较弱。

（二）氮源

长裙竹荪利用硫酸铵、蛋白胨和硝酸铵的能力较强，对硝酸钾、尿素、牛肉膏等的利用能力较差。

（三）矿质元素

据贺新生等（1991）研究，磷酸盐能有效地满足竹荪菌丝营养要求，Fe^{2+} 也能满足竹荪菌丝的营养要求。而杨志荣等（1990）的研究则认为，Fe^{2+}、K^+、Zn^{2+} 都不是竹荪生长的必需矿质元素，但 $MgSO_4$ 能促进菌丝的生长。

二、环境要求

（一）温度

不同温度对长裙竹荪菌丝体生长发育影响显著。长裙竹荪菌丝最适生长温度为 25 ℃，在较高温度下菌丝萌动较快，但在 30 ℃下培养，4 d 后菌丝生长速度明显下降，16 d 后完全停止生长。在较低温度下菌丝生长缓慢，但生活力强。

（二）湿度

湿度对长裙竹荪菌丝的生长影响较大，湿度为 60%～70%时菌丝生长较好。

（三）pH

长裙竹荪生长最适 pH 5.5。

（四）光照和通风

长裙竹荪菌丝要求在黑暗条件下生长，长时间的光照会使菌丝老化。菌蕾的形成和开裙则需要一定的散射光，如果受到直射光照射，菌蕾表皮细胞会坏死，造成子实体萎缩。

苏珂英和董林根（1987）的研究结果表明，长裙竹荪菌丝生长最适宜的二氧化碳浓度是 0.10%～0.15%，当二氧化碳浓度超过 0.20%时，菌丝生长明显受抑制。

三、生活史

在适宜条件下，长裙竹荪孢子萌发出单核菌丝，可亲和单核菌丝融合后经质配和核配形成双核菌丝，双核菌丝进一步发育便成为组织化了的索状菌丝，适宜的条件下，索状菌丝的顶端逐步膨大成白色小球，形成竹荪子实体原基，经过 40～60 d，这些原基中的少数处于生长优势的部分便继续长大成熟为鸡蛋或鸭蛋大的卵形菌蕾，破土分化成子实体（图 6 - 3）。

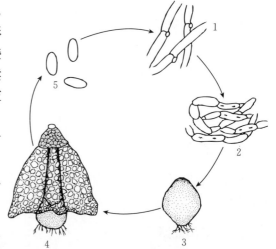

图 6 - 3　长裙竹荪生活史
1. 菌丝　2. 双核菌丝
3. 菌蕾　4. 子实体　5. 孢子

竹荪的子实体分化形成，可分为 6 个时期：

1. 原基分化期　位于菌索先端的白色小球，内部结构简单。

2. 球形期　原基逐渐膨大成球状体，开始露出地面，内部器官已分化完善，顶端表面出现细小裂纹，外菌膜见光后开始产生色素。在外菌膜与内菌膜之间充满透明的胶质体。

3. 卵形期　位于菌蕾中部的菌柄，逐渐向上生长，使顶端隆起形成卵形，裂纹增多，其余部分变得松软，菌蕾表面出现皱褶。

4. 破口期　菌蕾达到生理成熟后，在适宜条件下外菌膜破裂，露出黏稠状胶体。

5. 菌柄伸长期　菌蕾破裂后，菌盖顶部孔口露出，出现菌盖，菌盖外层表面附着黄绿色或暗绿色的子实层，当菌柄伸长到 6～7 cm 时，菌裙开始向下露出，菌柄继续伸长，菌裙向下撒开。

6. 成熟自溶期　菌柄停止生长，菌裙已达最大限度，子实体完全成熟，随即萎缩。孢子液自溶。

第五节　长裙竹荪种质资源

一、概况

目前长裙竹荪品种选育主要是通过野生长裙竹荪经单孢分离或组织分离的方法获得优良菌株。但目前长裙竹荪生产栽培中，栽培种的获得主要是采用孢子分离的方法。长裙竹荪主栽区四川省宜宾市长宁县多年的栽培经验证明，组织分离获得栽培种的成功率虽然高，但是其产量稳定性不高，会出现蛋多、蛋小和菌盖薄的现象；而单孢分离的方法虽然获得菌种的成功率低，但其菌种在生长中农艺性状表现较好，蛋大、菌裙大、菌盖厚，产量较高且稳定。

二、优异种质资源

1. 竹海长裙竹荪　系宜宾市农业科学研究所和长宁南竹经营所利用野生长裙竹荪经组织分离所得。1999 年通过四川省认定，是四川省宜宾市长宁县主要栽培品种。具有产量高，品质好，适应性强，商品性好，市场竞争力强的特点。1991—1993 年对比试验产量 225～260 g/m²，比对照南京长裙增产 25%～65.5%。海拔 300～1 000 m 均可种植，竹林、树林、果园、玉米地均可种植。

2. 宁 B_1 号（国品认菌 2008054）　由湖南省微生物研究所选育，从野生竹荪分离筛选所得，生物学效率 65% 以上，2008 年通过全国食用菌品种认定委员会认定。子实体幼期椭圆形，成熟后菌柄伸长，菌柄基部 2～4 cm，株高 12～24 cm，菌托紫色；菌盖钟形，高宽均为 3～6 cm，有明显网格，成熟后网格内有微臭的暗绿色孢子。菌裙白色，网格多角形，下垂 10 cm 以上。中温偏低型出菇品种，子实体生长需良好的通风条件。

该品种适合山区栽培，最适播种期为 3～4 月，当年播种当年收获。菌丝生长温度 8～25 ℃；菇蕾形成温度 10～23 ℃，空气相对湿度 80% 以上；开伞温度 12～23 ℃，空气相对湿度 90% 以上；在适宜培养条件下 65 d 左右出菇；要求覆土出菇，播种时菇床边土不宜过厚，土层宜稍干，以免影响通气；出菇阶段要求菇床湿度稍大。

第六节　长裙竹荪种质资源研究和创新

长裙竹荪是珍贵的食用菌，但对其优良菌株筛选和定向培育工作做得很少。20 世纪 70 年代初，四川省长宁县的黄文培便开始进行人工分离长裙竹荪野生资源，并进行驯化栽培研究，直到 1986 年成功培育出第一株长裙竹荪。1987 年四川省农业科学院的谭伟等对蜀南竹海长裙竹荪资源及生境进行了调查研究，基本摸清了长裙竹荪的生物学特性及子实体发育的环境条件，为长裙竹荪的人工栽培奠定了坚实基础。郑维鹏等（1991）针对竹荪属优良菌株选育与栽培试验的研究结果表明，初期菌蕾组织分离成功率高是获得纯菌株的最好方法，而孢子分离方法的成功率极低。

第七节　长裙竹荪栽培技术

长裙竹荪在秋季采用生料栽培,大田净作,遮阳网遮阴。长裙竹荪生产周期近 1 年,即当年播种第二年采收结束。自然条件下,中秋前后铺料播种,翌年 4 月采收,6～9 月采收结束。

(一)原料类型与要求

凡质地较硬,含有木质素、纤维素的农副产品下脚料和废弃物均可作为长裙竹荪栽培的原料。以竹类、木屑、秸秆、菌草、壳类为主。竹类:不论大小,新旧,老嫩竹子的根、叶、枝、片、屑、茎以及竹业加工下脚料等均可利用;杂木类:不含香油脂的杂木类均可;秸秆类:除稻草、小麦秆外,其他秸秆均可利用;菌草类:芦草、芦苇等;壳类:谷壳、花生壳、豆壳。

所有原料经充分晒干切碎后备用,要求新鲜、干燥、无虫蛀、无霉变、无异味,应符合 NY/T 1935—2010《食用菌栽培基质量安全要求》的规定。

(二)培养料配方

长裙竹荪采用单一培养料配方,即竹屑 100%。竹屑来源于竹器加工厂等的下脚料。每 667 m^2 用干料 5～6 t,一般每平方米用干料 15 kg。

(三)母种培养基制作

采用鲜松针培养基或竹屑培养基,母种培养基配方如下:

1. 松针培养基

(1)鲜松针 36 g,马铃薯 250 g,琼脂 20 g,葡萄糖 25 g,蛋白胨 5 g,磷酸二氢钾 3 g,水 1 000 mL。

(2)松针 100 g,马铃薯 200 g,蔗糖 20 g,琼脂 20 g,水 1 000 mL。

2. 竹屑培养基　竹屑 200 g,蔗糖 20 g,琼脂 20 g,水 1 000 mL。

将松针或竹屑洗净加水 1 000 mL,煮沸 10 min,过滤备用。将去皮马铃薯切片加入过滤松针或竹屑浸汁 1 000 mL,煮沸 15 min,过滤,加入琼脂,补足水至 1 000 mL,继续加热溶解,加入糖等配料搅拌均匀,用分装器装入试管中,装量为试管长的 1/5,塞上棉塞或透气塞。置灭菌锅内,在 0.15 MPa 压力下灭菌 30 min,取出排放在斜面上自然冷却。

(四)组织分离与纯化

在无菌条件下对菌蕾表面消毒,剖成两半后,切取菌蕾中心白色组织块约 5 mm×5 mm,接种到斜面培养基上,置 22～25 ℃条件下培养 20～35 d,在试管斜面上出现放射状菌丝束,进行菌丝纯化和转管移植。

(五)原种扩繁

采用麦粒种培养基或竹屑培养基或木屑培养基,原种培养基配方如下:

1. 麦粒种培养基 麦粒（小麦、大麦、荞麦均可）80％，棉籽壳（竹枝丫粉、杂木屑或草粉）15％，过磷酸钙1.5％，石膏粉1％，石灰0.5％，蔗糖2％。

2. 竹屑培养基 竹屑10％，杂木屑60％，麦麸或米糠25％，尿素1％，蔗糖2％，石膏粉2％。

3. 木屑培养基 杂木屑（或棉籽壳）76％，麸皮20％，白糖1％，石灰粉2％，过磷酸钙0.3％，尿素0.3％，磷酸二氢钾0.3％，硫酸镁0.1％。

（六）原种制作

将培养料拌匀，含水量60％～65％，pH 5.5～6.0。拌好后装瓶至4/5处，料面压平压实，要求上紧下松，中间打洞，并用水洗净瓶身和瓶口，擦干瓶口后用塑料薄膜或无纺布封口。置于1.5 MPa下灭菌2.5 h，待培养基冷却至25 ℃时在无菌条件下接种，接种后用灭菌棉球或无纺布封口，置于22～25 ℃、空气相对湿度65％～70％、通风避光的培养室内培养，定期检查捡除杂菌，待菌丝长满瓶经检查合格，用作移植扩大培养栽培种。每支母种接6～7瓶原种，原种瓶规格为750 mL玻璃瓶或塑料瓶。

（七）栽培种生产

1. 栽培种培养基 采用竹屑培养基或木屑培养基，栽培种培养基配方参见原种培养基配方。

2. 栽培种制作 若采用瓶装制作栽培种，制作方法与原种制作相同。每瓶原种接45～50瓶栽培种。

若采用塑料袋制种，栽培袋采用17 cm×33 cm×0.05 mm聚丙烯塑料袋或聚乙烯塑料袋。将拌好的培养料装入菌种袋中至袋4/5处，上紧下松，料面压平压实，用清水洗净袋身和袋口，擦干袋口后，套好颈圈（套环）用薄膜封口。采用常压灭菌，在3 h之内使灭菌温度升到100 ℃，保持100 ℃ 10～12 h，待冷却至28 ℃以下时接种，接种后用灭菌棉球或无纺布封口，置于22～26 ℃、空气相对湿度65％～70％、通风避光的培养室内培养，定期检查捡除杂菌，待菌丝基本长满袋时，经检查合格即可用于生产栽培。

3. 栽培种选择 每667 m² 栽培场地栽培菌种用量为1 000～1 200瓶或500～600袋。一般栽培种菌龄应小于3个月。生产栽培时宜提前10 d以上购买菌种，应选竹荪菌丝生长尚差1～2 cm才满袋（瓶）或刚走满袋（瓶）的菌种，并将菌种置于低温、避光、干燥的地方储藏。生产用的栽培种菌丝白色，浓密粗壮、整齐健壮，含水量适中，必须无杂菌，无虫害，无黄水。见光或机械受损后，栽培种因种类不同菌丝颜色会发生相应变化。

（八）栽培场地选择与预处理

1. 栽培场地选择 要求土壤腐殖质含量高，土质疏松肥沃。

以选择间隔3年以上未种植竹荪的微酸性轻沙壤土或沙黄壤土的水旱轮作田块为宜；经常积水、白蚁出没和人畜活动频繁的地方不宜选作栽培场地；前茬种植玉米等作物的田块不宜选作栽培场地。

2. 栽培田块预处理　准备栽培的田块，栽培前 1 个月，每 667 m² 施腐熟的农家肥 1 t、过磷酸钙 50 kg，提高种植田块的基础肥力。在铺料播种前 15 d 左右，选择晴天深耕除草，曝晒 10 d 左右，选晴天打碎土块，平整土面。在铺料播种前 1 周左右，选晴天对生产场地撒生石灰进行消毒杀菌杀虫，用量为 0.3 kg/m²。

（九）栽培管理

1. 农艺流程　备料处理→厢床制作→铺料播种→发菌管理→出菇管理→采收加工→转潮管理。

2. 原料处理

（1）生料栽培原料处理　生料栽培的竹屑和竹片用浓度为 2% 的石灰水泼洒后堆闷消毒杀菌，料块无白心。铺料播种前用清水冲洗，无氨味，酸碱度降至 pH 6.0～6.5，含水量 60%～70%。

（2）发酵混合料栽培原料处理　12 月初，按照粗料：细料＝3：7 的比例搭配备料建堆发酵，碳氮比调为 20：1～30：1。操作时，把备好的原料先干拌均匀后，再加水拌匀，一般料水比 1：1.2，培养料含水量为 65%～70%，pH 5～6。堆成高约 1.4 m、宽 1.5 m 的锥体，在露天自然发酵或用薄膜覆盖发酵。当料温（中心）达到 65 ℃时第一次翻堆，以后每隔 10～15 d 翻堆 1 次，共翻堆 3～4 次，选择在晴天 9:00 后温度较高时翻堆，要求内外互换翻堆，第一次翻堆时加入尿素等肥料，最后一次翻堆时加入麸皮等辅料。自然发酵期一般为 2～3 个月。

下田铺料前要检查培养料相关指标，料含水量要求达到 60%～65%，可用感观来把握，即用手抓培养料紧握后，手指间有 3～4 滴水渗出，但不下滴，伸开手指后料在手掌中成团，掷进料堆即散开；要求 pH 5～6，培养料发酵至暗褐色有香气，无氨气刺激味。

3. 厢床制作　长裙竹荪净作厢宽 50～60 cm，沟宽 25～30 cm，深 15～20 cm，长度视场地而定，以 10～15 m 为宜，并清理四周排水沟。

4. 铺料播种　铺料前，用水将厢床浇透。采用边铺料边播种边覆土的播种方式。

竹荪播种选择阴间多云天气，将处理好的培养料铺在做好的厢面上，先铺料厚 22～23 cm，料面呈瓦背形，后将菌种掰成乒乓球大小的块状，梅花状均匀地摆放在料面上，菌种块间距 6～7 cm，一般每平方米用种量 1.5 kg，即每平方米 3 瓶（50 mL 菌种瓶），再铺一层 2 cm 厚的培养料盖面，培养料总厚度 25 cm 左右；并在播种后将厢面略压实，用力要适度，使菌种与培养料更好地接触；一般以开沟土就地敲碎覆土，覆土颗粒以直径 0.3～1 cm 为佳，覆土厚度 2～3 cm，土壤含水量 20% 左右，即覆土达到能手捏成团、落地即散的标准。最后再盖上少许竹叶或覆盖塑料黑膜以保温、保湿、防晒、防雨、遮光。

5. 发菌管理

（1）菌丝定植检查　播种后 10～15 d，在厢床边角处扒开播种层，观察菌种是否萌发与生长，以及生长势的强弱，若料内菌种块呈白色绒毛状，菌丝吃料 0.6～1.0 cm，说明菌丝萌发定植正常，如发现菌种块白色菌丝不明显，且变黑，闻有臭味，应立即查明原因并及时补种，确保菌种的成活率达 95% 以上。

（2）发菌期管理　发菌期管理的关键是前期保温控湿，后期保湿通风。发菌期湿度管理包括培养料含水量、覆土湿度、空气相对湿度 3 项指标，即培养料含水量保持在60%～70%为宜，实际操作中用手使劲捏料有小水珠但不下滴即可；覆土含水量控制在 20% 左右，不能超过 30%，土壤湿度一般控制在手捏土粒能压扁而不黏为度；空气相对湿度保持在 70%～80%。播种后 15 d 内一般不喷水，如遇连续晴天则要喷水，喷水至土壤或覆盖的竹叶湿润即可，遇大暴雨盖好薄膜，及时开沟排水，防止雨水渗透到菌床，造成积水溺死腐烂菌丝。

发菌期气温保持 20～30 ℃为宜，厢床内 5 cm 处地温保持在 20 ℃左右，地表温度控制在 22～25 ℃为宜。中低温型的长裙竹荪、红托竹荪和短裙竹荪，要求气温控制在 20～24 ℃为宜，而高温型的棘托竹荪要求气温控制在 25～30 ℃为宜。通过盖膜引光增温或揭膜遮阴、通风降温的方式进行调节。

二氧化碳浓度控制在 0.03%～0.33%，以 0.13%为宜。气温 20 ℃以下需盖膜保温，每天中午通风 0.5 h，当气温达到 22 ℃以上时，要及时揭除地膜，增加厢床土壤空气，防止培养料内温度和二氧化碳浓度过高。

发菌期需避光培养，覆盖地膜为黑色薄膜，竹叶等覆盖物厚度以 2 cm 为宜，以覆土不留空白区为宜。

（3）遮阴棚搭建　当菌丝长出料面时，竹荪净作栽培场地应及时搭建遮阴棚。操作时，先在竹荪种植田块四周埋入高 2.5 m、直径 6 cm 以上的竹竿或木杆，竿（杆）距 3 m，用铁丝相互连接固定形成荫棚网架，一般每 667 m² 埋 80 根，网架上覆盖 6 针遮阳网（密度 75%）2 层，四周下垂至地表，将遮阳网与网架固定，遮阴度 70%～80%（即调节到"三分阳七分阴"）。遮阳网搭成后高 2.0～2.2 m。可在遮阳网架顶层两层遮阳网之间夹一层白色塑料地膜，用于防止出菇期大暴雨冲刷厢面。

6. 出菇管理

（1）出菇期湿度管理　出菇期管理关键是补水。当厢床覆土出现菌索时（原基分化期），揭除覆盖地膜，喷水提高空气相对湿度至 85%，菌蕾生长期保持在 85%～90%，抽柄撒裙期保持在 90%～95%；料层含水量保持在 60%～65%为宜；覆土含水量保持在 25%左右，厢面青苔是覆土含水量适宜的指示标志。

补水以少量多次为原则，一般晴天、热天早晚各喷水一次，雨天、低温天、阴天少喷或不喷，喷水时间选在中午，以竹叶等覆盖物不干或厢面覆土不发白为准；菌蕾小轻喷，菌蕾大重喷多喷。气温在 25 ℃以下时喷水次数要少，量要足，30 ℃以上时喷水宜少量多次。喷水的具体时间、次数、水量还要看天、看菇、看土灵活掌握。喷水可采用活动式微喷带雾状喷洒。遇雨水较多的天气，要及时排水。

（2）出菇期温度管理　出菇期气温总体控制在 20～30 ℃。菌蕾直径 1 cm 以下时，最适气温 23 ℃左右，菌蕾直径 5 cm 以下时地温宜 22 ℃左右；菌蕾破口抽柄期最适气温 23～25 ℃。中低温型的长裙竹荪、红托竹荪、短裙竹荪出菇温度以 20～25 ℃为宜，最高气温不能超过 30 ℃；高温型的棘托竹荪出菇温度以 25～32 ℃为宜，最高气温不能超过 35 ℃。

（3）出菇期光照管理　出菇需要一定的散射光，以"七阴三阳"为标准。

7. 转潮管理

（1）厢床清理　竹荪可多批采收。每采完一潮菇后，应及时清除厢面散落的菌托、菌盖、碎菇、病菇、死菇、老化菌索，并修补好覆土层。

（2）水分管理　一潮竹荪采收结束后，5~7 d 内应停水或少喷，土壤含水量控制在20％左右。经 7~10 d，厢面出现第二潮菇的菌索时，在厢面浇一次重水。

（3）追肥　每采收一潮菇后，可适当追肥，促进下一潮菇蕾形成，追肥时间结合喷水进行，选在 15：00 后，用 0.5％尿素加 0.5％磷酸二氢钾稀释液等喷施厢面覆土层。掌握薄施、勤施、勤喷的原则，防止浓度过高烧蕾，注意保湿并防高温。

（4）厢面除草　厢面杂草少时可不用除草，当杂草较多较高时，一般采用人工除草方式，用割除方法除草，切记不能用手拔厢床上的杂草，以防止因表土松动而破坏菌丝正常生长。

（甘炳成　何晓兰　唐　杰　彭卫红）

参考文献

陈可义，王亦仁，徐国山，1986. 长裙竹荪室外栽培研究简报 [J]. 中国食用菌（2）：18.

贺新生，陈国元，1991. 竹荪快速制种和高产栽培研究 [J]. 中国食用菌（1）：13 - 15.

胡宁拙，邹方伦，周薇，等，1986. 竹荪人工栽培技术 [J]. 中国食用菌（3）：25 - 27.

苏琍英，董林根，1987. 长裙竹荪生物学特性的研究. Ⅰ. 不同因子对菌丝体生长发育的影响 [J]. 浙江林学院学报，4（2）：39 - 45.

谭伟，黄文培，刘宁，1987. 竹荪子实体形成过程的形态学初探 [J]. 中国食用菌（2）：26 - 27.

谭伟，童云霞，黄文培，等，1987. 蜀南竹海竹荪资源及生境调查 [J]. 中国食用菌（4）：19 - 20.

刑湘臣，2000. 竹荪杂谈 [J]. 农业考古（3）：211 - 213.

杨志荣，张伟，1990. 竹荪菌丝生长的营养研究 [J]. 食用菌（2）：20 - 21.

郑维鹏，伊可儿，张振核，1991. 竹荪属优良菌株选育与栽培试验 [J]. 福建林学院学报，11（2）：146 - 152.

第七章

平　菇

第一节　概　述

平菇别名北风菌、青蘑、冻蘑、天花菌、鲍鱼菇、灰蘑、黄蘑、元蘑、白香菇、杨树菇、傍脚菇、边脚菇、青树窝、蛤蜊菌等，英文名为 oyster mushroom，日文名称为平茸（ヒラタケ），有说法认为"平菇"的汉语名是从"平茸"翻译而来的。平菇并不是分类学上的种，而是包括多个种。狭义上平菇仅包括糙皮侧耳（*Pleurotus ostreatus*）一种，属名"*Pleurotus*"来自希腊语，其词源是"pleura"，意思是"肋骨、侧耳"，用于真菌的属名，翻译为"侧耳属"。种加词"*ostreatus*"意思是粗糙的。广义上平菇包括糙皮侧耳（*P. ostreatus*）、佛罗里达侧耳（*P. florida*）、肺形侧耳（*P. pulmonarius*）、白黄侧耳（*P. cornucopiae*）4 个种。

2012 年前平菇是我国食用菌中栽培量最大的种类，2012 年平菇产量 532.9 万 t，排在香菇之后列第二位。山东、河南、河北、江苏是我国平菇主要产区。

平菇子实体肉肥质嫩、味道鲜美，具有高蛋白、低脂肪的特点，富含多种矿质元素和维生素。100 g 干平菇含蛋白质 7.8～17.7 g、脂肪 1.0～2.3 g、糖类 57.6～81.8 g、粗纤维 5.6～8.7 g、灰分 5.1～9.5 g。据报道，平菇中微量元素含量（mg/kg）分别为锶 3.527、锰 7.985、钼 1.500、钒 13.782、锌 55.168、锂 1.398、铁 73.895、铜 9.607。平菇富含维生素 B_1、维生素 B_2。据联合国粮农组织（FAO）公布的数据，除维生素 C 外，平菇的其他维生素含量都高于一般蔬菜。平菇具有一定的药用功能，糙皮侧耳中的 β - D - 葡聚糖可抗细菌、进行免疫调节，糖肽、凝血素、β - D - 葡聚糖可抗肿瘤，洛伐他汀可降解胆固醇、降血脂。

第二节　平菇的起源与分布

糙皮侧耳的首次栽培是在第一次世界大战时的德国（Busse，1920；Falck 1917），首次人工栽培记录见于 Kaufert 在 1936 年的著作，真正利用农林废弃物栽培是 20 世纪 70 年代以后，因为自那时起食物短缺不再是局部短期的现象，而是全球的问题。

糙皮侧耳的拉丁名（*Pleurotus ostreatus*）和英文名（oyster mushroom）均是指子实

体的形状。拉丁语 *Pleurotus* 指菌柄相对于菌盖侧向生长，而拉丁语 *ostreatus* 和英语 oyster 指的是菌盖的形状类似于双壳类，也有许多人认为是由于它与牡蛎味道有相似之处。

糙皮侧耳广泛存在于世界各地的温带和亚热带森林中。糙皮侧耳是腐生菌，生长早期有些像兼性寄生菌。糙皮侧耳在秋冬季生长于阔叶硬木上，特别是棉白杨、橡树、桤木、枫树、杨树、桦树、山毛榉树、桦树、榆树、柳树等。在中国，糙皮侧耳分布于河北、山西、内蒙古、黑龙江、吉林、辽宁、江苏、山东、河南、湖北、湖南、江西、陕西、甘肃、四川、新疆、西藏、广东、广西、云南、贵州、浙江、安徽、福建、香港、台湾等地。

第三节　平菇的分类地位与形态特征

一、分类地位

平菇属担子菌门（Basidiomycota）蘑菇纲（Agaricomycetes）蘑菇目（Agaricales）侧耳科（Pleurotaceae）侧耳属（*Pleurotus*）。

平菇栽培种类多，商业品种也多，性状各异。可以按照不同的用途划分平菇品种的类型。

（一）按色泽划分品种

不同地区人们对平菇色泽的喜好不同，因此栽培者选择品种时常把子实体色泽放在第一位。按子实体的色泽，平菇可分为深色品种（黑色种）、浅色品种、乳白色品种和白色品种四大品种类型。

1. 深色品种（黑色品种）　这类色泽的品种多是低温种，属于糙皮侧耳和黄白侧耳，而且色泽的深浅程度随温度的变化而变化。一般温度越低色泽越深，温度越高色泽越浅。另外，光照不足色泽也变浅。深色种多品质好，表现为肉厚、鲜嫩、滑润、味浓、组织紧密、口感好。

2. 浅色品种（或灰色品种）　这类色泽的品种多是中低温种，最适宜的出菇温度略高于深色品种，多属于黄白侧耳种。色泽也随温度的升高而变浅，随光线的增强而加深。

3. 乳白色品种　这类色泽的品种多为广温品种，属于佛罗里达侧耳种。这类品种对光照敏感。在间接日光光源下子实体呈乳白色，在直接日光光源下要弱光条件才能呈乳白色，光照稍强就有棕褐色素产生；在灯光光源下呈乳白色甚至白色。这类品种菌盖较前两类稍薄，柄稍长，但质地紧密，口感清脆。

4. 白色品种　这类品种全部为中低温品种，是糙皮侧耳的突变株。子实体的色泽不受光照度影响，不论光照多强，子实体均为白色。这类品种子实体柄极短，菌盖大，组织较紧密。

（二）按孢子量划分品种

平菇从菌褶一分化形成就随之产生并弹射担孢子。随着子实体的迅速生长，担孢子的形成和弹射量也日渐增多。平菇的担孢子可以被人呼吸至呼吸道并在此萌发，从而引起栽培者的孢子过敏反应。孢子过敏反应的症状不同，多数咽喉不适、轻咳少痰，少数过敏反应严重者会出现孢子肺（孢子聚集于肺门处）、气管炎、重咳、低烧。根据生产的需要，为了免除平菇孢子对人体的危害，食用菌科技工作者经过多年的努力，选育出了少孢、无孢和孢子晚释品种。

1. 多孢品种　凡未经任何人工诱变处理，由野生驯化而来的糙皮侧耳、黄白侧耳和凤尾菇的任何品种，都是产孢量较大，而且产孢较早的。在通风条件不好的栽培场所，要尽量避免使用。

2. 少孢品种　佛罗里达种的任何品种子实体的产孢量都大大少于多孢品种。当市场对其子实体色泽无不良反应的情况下，可以此代替多孢品种。

3. 少孢品种和孢子晚释品种　这类品种有的是自然野生菌株驯化而成，有的是野生突变株，有的是人工诱变突变株。这些品种除孢子少和孢子晚释外，生产性状也极为优异，是近年主要推广应用的品种，如灰美 2 号。

4. 无孢品种　这类品种多是人工诱变的突变菌株，目前尚无大面积推广应用的栽培品种。

（三）按出菇温度划分品种

人工栽培的平菇生物学上属于多种，而非一种。根据子实体形成的温度范围又可分为5 个温度类型，即低温品种、中低温品种、中高温品种、广温品种和高温品种。

1. 低温品种　出菇温度 3～18 ℃，最适温度 10～15 ℃。低温品种的特点是产量中等，品质上乘。特别是以其柄短肉厚，口感细腻、鲜嫩而备受青睐。

2. 中低温品种　出菇温度 5～23 ℃，最适温度 13～18 ℃。这类品种多属于糙皮侧耳和黄白侧耳两种。这类品种的特点是出菇快，转潮快，产量中等，口感柔软，耐运输。

3. 中高温品种　出菇温度 8～28 ℃，最适温度 16～24 ℃。这类品种多为佛罗里达种，或黄白侧耳与佛罗里达侧耳的单孢杂交种。其特点是菌丝抗杂能力强，生长浓密，发菌期较耐高温，产量上等。以子实体乳白色，口感清脆而备受消费者欢迎。

4. 广温品种　出菇温度 8～32 ℃，最适温度 18～26 ℃。广温品种多为白黄侧耳和糙皮侧耳。中国常用的品种有西亚光 1 号、CCEF 89、99 等。这类品种的特点是菌丝发菌期耐高温，抗杂能力强，菇型大，产量高，产孢少。

5. 高温品种　出菇温度在 20 ℃以上。这类品种主要是凤尾菇和糙皮侧耳种内的菌株。凤尾菇出菇适温为 20～24 ℃，糙皮侧耳的高温菌株可在 24～26 ℃下出菇。

二、形态特征

侧耳属的担子果通常较大，肉质，单生或叠瓦状排列，扇形或贝壳状，无毛或有绒毛，颜色呈白色、奶油色、灰色、粉色、棕色，甚至是罕见的蓝色、黄色或淡紫色。菌柄短，单生，偏生或侧生，极少数是中生的。菌褶延生，有时与菌柄连在一起，浅色，薄或宽，边缘完整。菌盖边缘存在或无菌幕，或在菌柄周围形成一个环形区。孢子印白色、奶油色、粉红色或紫色。

孢子圆柱状或近圆柱状，薄壁，透明，无淀粉质反应或似糊精反应，没有芽孔。褶缘囊状体缺失或不发达，早期消失，薄壁，棒状或突尖状。子实下层发达，子实层菌髓不规则。菌盖皮经常不发达，有辐射状菌丝排列，有时有色素。菌丝系统分为单系菌丝或二系菌丝，不呈胶质状，存在锁状联合，木腐型。

微观形态上，侧耳属与其他属的区分不明显。侧耳的菌丝系统是单系菌丝或二系菌丝，无联络菌丝，这点容易与亲缘关系近的属，如香菇属（*Lentinula*）混淆。侧耳属内种间菌丝为单系菌丝或二系菌丝，如糙皮侧耳、肺形侧耳、泡囊侧耳、刺芹侧耳、金顶侧耳为单系菌丝，桃红侧耳、白黄侧耳为二系菌丝。

侧耳属所有种均具有薄壁、光滑、圆柱状或近圆柱状的孢子。孢子小的（长<8 μm）如 *P. auriovillosus*，中等大小的（长 8~12 μm）如 *P. albidus*，大的（长>13 μm）如 *P. cystidiosus*。

菌盖皮通常是表皮，在泡囊侧耳和桃红侧耳中，菌盖皮为盖表囊状体。糙皮侧耳具有宽的菌盖皮，而肺形侧耳的菌盖皮较窄，这一点很容易将它们区分。

侧耳属具有不规则的子实层菌髓，并结合有厚度超过 7 μm 的发达子实下层，这是侧耳属的一个独特特征。侧耳属的化学反应不明显。担子果中不同处的油脂菌丝可用 5% KOH 区分。侧耳属所有已知种的孢子在 Melzer 试剂中呈阴性。

糙皮侧耳的特征：单系菌丝系统，无菌丝索，菌盖灰色或灰褐色，菌盖边缘完整，极少裂开或呈锯齿状，菌盖皮厚度超过 100 μm，秋冬季结实，气味似茴芹。糙皮侧耳的孢子颜色呈白色、淡紫色到紫灰色，大小（7.5~9.5）μm×（3~4）μm（图 7-1）。

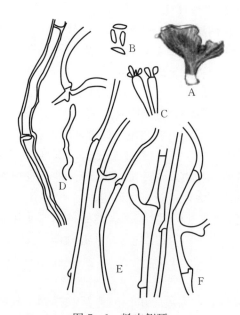

图 7-1　糙皮侧耳
A. 子实体　B. 孢子　C. 担子　D. 菌髓的菌丝　E. 菌柄的菌丝　F. 菌盖的菌丝
（引自 Bernardo et al.，2004）

糙皮侧耳和白黄侧耳是平菇近缘种，形态特征相近，用 rDNA ITS 序列也难以将其区分开。它们形态上的区分如下：糙皮侧耳菌盖或多或少呈牡蛎状，颜色从奶油色至黑色，白色的菌柄在菌盖边缘或无菌柄（图7-2）；白黄侧耳菌盖呈喇叭状，白色至浅灰色，菌柄中生，菌褶延生，菌褶形成网纹（图7-3）。

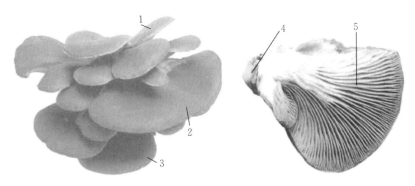

图7-2　糙皮侧耳子实体形态

1. 菌盖表面光滑　2. 菌盖深灰色至棕色　3. 菌盖似牡蛎状

4. 菌柄在菌盖边缘或无柄　5. 菌褶密集、延生、柔软、奶油色

（引自 Thomas et al.，2002）

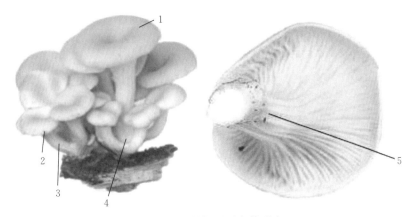

图7-3　白黄侧耳子实体形态

1. 菌盖表面光滑　2. 菌盖呈喇叭状　3. 菌盖近白色　4. 子实体通常簇生　5. 菌褶有网纹

（引自 Thomas et al.，2002）

第四节　平菇的生物学特性

一、营养要求

平菇可利用的营养很多，木质类的植物残体和纤维质的植物残体都能利用。已有文献报道，平菇能很好地降解木质素但利用率很低，用木质素含量较低的麦秸（7.9%）培养平菇，检测木质素降解量，结果表明培养14 d，平菇降解了木质素总量的7.1%（Knezevic et al.，2013）。因此，木质素含量高的油菜秆、棉秆、木屑等基质，栽培平菇效果不佳，这已经为实际生产所证实。根据平菇的生长习性，应尽量选择纤维素、半纤维素含

量高，木质素含量低的基质，采用废棉、棉籽壳、玉米芯等基质栽培平菇，生物学效率较高。在实际生产中也有采用木屑、稻草、麦秸等基质部分替代棉籽壳来生产平菇，但生物学效率不高，只适合以上基质较丰富的地方生产平菇。

二、环境要求

(一)温度

1. 菌丝生长 不同种的菌丝生长温度和适宜温度不完全相同，多数种和品种在 5～35℃下都能生长，20～30 ℃是其生长的共同适宜温度，低温和中低温品种的最适生长温度为 24～26 ℃，中高温和广温品种的最适生长温度为 28 ℃左右，凤尾菇的最适生长温度为 25～27 ℃。

2. 子实体形成和生长 如前文所述，平菇从子实体形成温度上看，品种可划分为几大温型，除高温品种外，12～20 ℃是各温型品种出菇的最适温度。在适宜的温度范围内，温度越高，子实体生长越快，菌盖越薄，色泽越浅。

(二)湿度

菌丝体生长的基质含水量以 60％～65％为适量，实测含水量低于 60％时，菌丝基本上不萌发。生料栽培，基质含水量过高时，透气性差，菌丝生长缓慢，同时易滋生厌氧细菌或霉菌。出菇期以 70％左右含水量为适，大气相对湿度在 85％～95％时子实体生长迅速、健壮，低于 80％时菌盖易干边或开裂，较长时间超过 95％则易出现烂菇。

(三)pH

平菇菌丝在 pH 3.5～9.0 都能生长，适宜 pH 5.4～7.5。在栽培中，自然培养料和水混合后，基质的酸碱度多在 pH 6.0～6.5，适宜平菇菌丝生长。但是，实际栽培中，常加入生石灰提高酸碱度到 pH 7.5～8.5，以抑制霉菌的滋生，确保发菌。

(四)光照

平菇菌丝体生长不需要光，光反而抑制菌丝的生长。然而平菇在原基形成和子实体发育期需要光照。用 200 lx 的光照度照射 12 h 以上才能形成原基，子实体需要 50～500 lx 的光照度才能正常发育。光照度影响子实体的色泽和柄的长度。在适宜的光照度范围内，较强的光照条件下，子实体色泽较深，柄短，肉厚，品质好；光照不足时，子实体色泽较浅，柄长，肉薄，品质较差。因此，栽培中要注意给予适当的光照。

(五)通风

平菇菌丝对二氧化碳的忍受力较强，在二氧化碳浓度达到 15％～20％的情况下仍能旺盛生长，只有当二氧化碳浓度达到 30％时，菌丝的生长才迅速受到抑制。虽然平菇的菌丝可以忍受高浓度的二氧化碳，但其子实体却没有此能力。当菇棚或栽培袋中的二氧化碳浓度高于 600 mg/kg（0.06％）时，菇柄伸长，菌盖生长受到抑制。因此，在出菇过程中，要注意通风，特别是北方冬季出菇时，要注意通风与保湿的平衡关系。

三、生活史

平菇是典型的异宗结合担子菌，其生活史中最关键的是细胞质融合（plasmogamy）、核融合（karyogamy）及减数分裂（meiosis）等 3 个阶段：

（1）担孢子萌发，意味着生活史开始。

（2）单核菌丝（初生菌丝）开始发育。

（3）两条可亲和的单核菌丝交配，实现细胞质融合。

（4）形成异核的双核菌丝，可见锁状联合。

（5）在适宜的环境条件下，双核菌丝体经组织分化，形成子实体。

（6）菌褶表面的双核菌丝体的顶端细胞发育成担子。

（7）来自两个亲本的一对可亲和的单倍体核在担子中融合，形成一个双倍体核。

（8）双倍体进行减数分裂，产生 4 个单倍体核。每个单倍体核分别移到担子小梗的顶端形成一个担孢子。一个完整的生活史就完成了（图 7 - 4）。

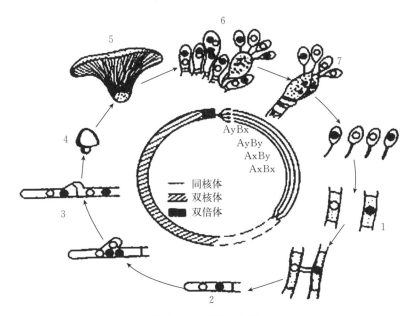

图 7 - 4　平菇的生活史

1. 单核菌丝　2. 双核菌丝　3. 锁状联合　4. 菇蕾　5. 成熟子实体　6. 子实层　7. 担子和担孢子

与上述细胞质融合、核融合、减数分裂等 3 个关键阶段相对应，平菇的生活史中有 3 个不同的核期：

（1）减数分裂后开始的、同核的单倍体阶段，即单倍核期。

（2）细胞质融合后开始的、异核的双核阶段，即异双核期。异双核期是担子菌生活史中时间最长的一个时期。双核菌丝体不仅粗壮健旺，生命力强，而且具有形成子实体的能力。

（3）从核融合开始的、短暂的单核双倍体阶段，即双倍核期。

第五节 平菇种质资源

一、概况

平菇的种质资源包括栽培品种和野生菌株两类。平菇是栽培量最广泛的菇类，由于菌种一直得不到规范管理，生产中使用的平菇栽培品种非常多，同物异名现象泛滥，实际的品种数量非常少，全国主要栽培的不一样的平菇品种估计只有 20 个左右。

2006—2009 年，从四川省农业科学院、福建农林大学、华中农业大学、山东省农业科学院、中国农业科学院收集 249 个不同名称平菇栽培种质，先用 ITS 进行种鉴定，然后采用拮抗反应、ISSR 反应进行菌株鉴定，同时进行连续 3 年春秋两季的栽培出菇试验。结果显示：249 个不同名称的平菇，剔除同物异名后，只有 72 个品种，这 72 个品种中 51 株只有 1 个名称，其余 21 株有 2~4 个名称。其中平菇 99 的同物异名最多，达 41 个，平菇 CCEF89 的同物异名 32 个。

平菇 99 的同物异名：农平 10 号、5526、9745、2019、黑霸王、农平 20、黑丰 204、农平 5 号、1500、天达 300、29、武汉 1 号、黑平 1 号、P81、澳兰、新 99、高抗 1 号、昆平 3、P52、黑牡丹、平菇 981、8804、963、P-01、早丰 162、太空 2 号、优平 680、黑平 04、神州 5 号、黑 602、黑平 815、汉口 3 号、锡平 1 号、法引黑平、玉芯专用、风云 888、脱毒 2004、草优 2 号、豫平 2 号、超级 100。

平菇 CCEF89 的同物异名：1029、野平、平 88、科大黑、新黑 1、农丰 5、牌 1、早秋 615、牌 2、澳黑 2、318、庆丰 1、科大、963、易丰 119、97、华中、645、槐 2、平 168、抗病 1、黑丰 268、杂优 1 号、长江 999、高丰 246、科大杂优、新冬黑平、SL、南京 1 号、50822、3015。

在野生的糙皮侧耳种质方面，1968 年 Eugenio 等估测自然界的糙皮侧耳具有 A 交配型因子 63 个，B 交配型因子 190 个，可形成的交配型共 $63 \times 190 = 11970$ 种，可形成的双核体个数为 1.43×10^8，即可形成的不同菌株至少 1.43 亿个。

二、主要栽培的种质资源

1. SD-1（鲁农审 2009082） 山东省农业科学院经单孢杂交选育，亲本为 SA10027、SA10008。子实体叠生，覆瓦状；菌盖大而平展，幼期黑褐色，随温度升高变浅，成熟时深灰色，直径 10~15 cm，厚 1~1.4 cm，表面光滑，无绒毛；菌褶白色、较密，辐射状；菌柄白色侧生，直径 1.1~1.8 cm，质地紧密，无绒毛，无鳞片。菌丝生长适宜温度 20~25 ℃；发菌最适温度 24~26 ℃，不可超过 30 ℃；子实体生长最适温度 8~24 ℃，空气相对湿度 85%~95%。生物学效率 120%~150%。

2. SD-2（鲁农审 2009082） 山东省农业科学院经单孢杂交选育，亲本为 SA10002、SA10083。子实体叠生，覆瓦状，扇形，表面光滑有细条纹，中部略凹，菌肉较厚；菌盖颜色随温度降低由灰色至深灰色，直径 6~14 cm，厚 0.6~1.1 cm；菌柄白色、侧生，长 1~3 cm，直径 1.1~1.8 cm，实心，肉质较软，基部有少量绒毛；菌褶白色、较密。菌丝生长最适温度 20~25 ℃；发菌最适温度 20~24 ℃，空气相对湿度 40%以下；子实体生长温度 10～29 ℃，适宜生长温度 16～24 ℃。单菇重 30～50 g。

3. 丰 5（国品认菌 2008025）　山东农业科学院土壤肥料研究所野生种质驯化选育而来。子实体叠生，大型，菇形圆整；菌盖起初灰黑色，后为浅灰色，随温度的变化而变化。表面光滑，直径 5～8 cm，厚 1～1.8 cm；菌柄长 2.5～3.5 cm，直径 1.4～1.8 cm。菌丝生长温度为 4～35 ℃；发菌适宜温度 23～25 ℃，经 20 d 左右发菌完毕；原基形成需要 5～8 ℃温差刺激，子实体生长适宜温度 12～24 ℃，相对湿度 90%左右。棉籽壳栽培采收 3 潮菇，生物学效率 150%～200%。

4. 亚光 1 号　中国农业科学院农业资源与农业区划研究所 1983 年从德国引进，系统选育而来。子实体大型，近喇叭状至扇形；菌盖幼时灰色，渐变为浅灰色或灰白色，随温度变化而变化，直径 7～25 cm，厚 1.5～1.8 cm；菌柄长 2～10 cm，直径 1.4～1.8 cm，菌柄侧生偏中；产孢量少，孢子释放晚。适宜发菌温度 15～30 ℃，子实体形成温度 6～31 ℃，适宜温度 10～25 ℃，广温型品种。抗青霉和根霉的能力强。14～20 ℃下棉籽壳栽培 15 d 左右发菌完毕，20 d 前后出菇，可采收 4～5 潮，生物学效率 180%～250%。

5. 特白 1 号　中国农业科学院农业资源与农业区划研究所系统选育而来。子实体纯白色，丛生，整丛呈牡丹花形，菌盖中大型，直径 6～16 cm，厚 1～1.3 cm；菌柄短且细，长 1～3 cm，直径 0.8～1.2 cm。PDA 培养基上生长，后期易分泌黄色素；发菌最适温度 24 ℃；出菇温度 5～17 ℃，最适温度 12～14 ℃，属于中低温、耐低温品种。常规栽培 25～30 d 完成发菌，需要 10～14 d 的后熟才能出菇。接种到出菇 40 d 左右，出菇 3 潮，棉籽壳栽培生物学效率 130%～140%。

6. CCEF89　国外引进，系统选育而来。子实体丛生，大型；菌盖断面漏斗形，平均长径 10.2 cm，平均短径 7.8 cm，厚 1.3 cm，表面光滑，致密度中等偏上。幼时和低温下菌盖褐色微黄，高温下浅灰色。菌褶低温下暗灰色，菌柄白色，无纤毛，表面平滑细腻，短粗型，平均长 2.2 cm，粗 1.9 cm。菌丝生长适宜温度 24～30 ℃，无分泌物、色素产生；发菌适宜温度 15～29 ℃；子实体生长适宜温度 12～20 ℃，属广温型品种。生产周期 22 d 左右，无后熟期，3～5 d 形成原基，后经 6～7 d 可采收。生物学效率 130%左右。

7. 99　国外引进，系统选育而来。子实体丛生，大型；菌盖断面凹形，平均长径 9.9 cm，平均短径 8.3 cm，厚 1.2 cm，表面光滑，质地极其紧密。幼时和低温下菌盖深青褐色，高温下菌盖浅灰色。菌褶低温下暗灰色，无网纹。菌柄白色，无纤毛，表面光滑细腻，短粗型，平均长 2.8 cm，粗 2.3 cm，下细上渐粗。菌丝生长适宜温度 24～30 ℃，无色素、分泌物产生。发菌适宜温度 15～20 ℃；子实体生长适宜温度 11～21 ℃，属广温型品种。适宜的条件下发菌，发菌期 20 d 左右，无后熟期，3～5 d 形成原基，从接种到采收经过 30 d 左右。采收 3 潮菇，生物学效率 130%左右。

8. 金地平菇 2 号（国品认菌 2008020）　四川省农业科学院土壤肥料研究所对融平 1 号（核融合平菇品种）的孢子进行双核化处理选育而成。子实体丛生，深灰色、扇形；朵型紧凑，光滑光亮，商品性高；菌盖直径 8～15 cm，菌肉白色，紧实，菌肉厚 1.2 cm 左右，菌柄白色，柄长 1～2 cm，菌褶细密白色；中低温型菌株，菌丝最适生长温度 20～25 ℃，出菇期间温度 8～22 ℃，最适温度 10～18 ℃，菇潮明显，潮次间隔期 5～7 d；不出现黄菇、死菇现象，高产稳产，抗病能力和抗杂能力强。

产量表现：生物学效率 100％以上。

栽培技术要点：四川地区适合在 9～10 月接种，发菌温度 25 ℃左右，培养 35 d 左右进行出菇管理，要求空气相对湿度 90％～95％，通风良好；采收一潮菇后，停止喷水 5～7 d，待第二潮菇蕾形成后，进入出菇管理；通常可采收 5～6 潮菇。

9. 金凤 2-1（国品认菌 2008021）　四川省农业科学院土壤肥料研究所经金针菇×凤尾菇细胞融合育种而来。子实体丛生，紧凑；中大叶型，大小均匀，色泽美观，边缘不上卷，商品性好；每丛由 10～25 片组成；菌盖灰褐色至深灰褐色，肉厚质嫩鲜香，菌褶细白；菌柄偏生至侧生，柄长 2～3 cm，粗 1～2 cm；菌丝生长温度 20～30 ℃，出菇温度 5～34 ℃，最适出菇温度 10～25 ℃；出菇潮次明显，转潮间隔 5～6 d；不易出现黄菇和死菇，抗杂菌能力和抗病能力强；菇体不易破碎，韧性较好，耐储运。

产量表现：生物学效率 150％以上。

栽培技术要点：气温 5～34 ℃条件下均可进行栽培，栽培原料范围广，可利用草料、秸秆、蔗渣、木屑等配方栽培，培养料水分含量 65％～70％，菌袋装料稍松有利于出菇和高产；20～25 ℃条件下，40 d 左右菌丝长满袋；菌丝满袋后即可移入菇房出菇，空气相对湿度控制在 90％左右，两端出菇；出菇期需氧量大，要求通风良好。

10. 黑平-01（国品认菌 2008022）　上海市农业科学院食用菌研究所从江苏引进品种系统选育而成。子实体丛生，光泽好；出菇温度 5～28 ℃，最适出菇温度 10～25 ℃；高温条件下，菇体灰色，最大直径 100 mm 左右；低温条件下，菇体黑色，肉质厚，最大直径 150 mm 左右。

产量表现：生物学效率 130％左右。

栽培技术要点：春季栽培于每年 2 月初接种，发菌时间 45 d 左右，3 月中旬移入大棚栽培，采用墙式栽培，采收时间为 3 月中旬到 6 月中旬；秋季栽培于 10 月初进行，30 d 菌丝全部发满，11 月上旬移入大棚进行出菇管理，翌年 1～2 月采收结束。

11. 高平 1 号（国品认菌 2008023）　上海市农业科学院食用菌研究所从上海郊县引进。子实体丛生，白色，菌盖直径 15～100 mm，肉质厚，菇柄中等；高温型品种，最高出菇温度可达 34 ℃，最低出菇温度为 10 ℃；高温条件下，菇体白色，菇柄中等，最大直径 100 mm 左右；低温条件下，菇体灰白，肉质厚，最大直径 15 mm 左右；菇体韧性好，菇盖不易开裂，抗杂菌能力强。

产量表现：生物学效率 115％～125％。

栽培技术要点：春季栽培于每年 2 月下旬接种，发菌时间 45 d 左右，4 月上旬移入大棚栽培，4 月上旬到 7 月中旬采收；秋季栽培于 9 月初接种，25～30 d 菌丝全部发满，10 月上中旬移入大棚进行出菇管理，12 月下旬采收结束。

12. 中蔬 10 号（国品认菌 2008024）　中国农业科学院农业资源与农业区划研究所国外引进品种。子实体丛散生，大小中型；菌盖厚度中等，色泽受温度影响，低温下呈深灰棕色，高温下呈乳白色；广温耐高温型品种，菌丝体生长最适温度 25～28 ℃；出菇温度 8～30 ℃，最适出菇温度 16～26 ℃，可以周年栽培。

产量表现：纯棉籽壳栽培条件下，生物学效率可达 130％～170％。

栽培技术要点：发菌完成后，及时给予增湿和开口通风，防止菌皮加厚；菌皮较厚时影响出菇，需破皮喷水；出菇 2 潮以后，适量补水可提高产量；浸泡造成的低温刺激可加快转潮；出菇期光照度控制在 200 lx 以下，有利于子实体色泽亮丽，获得乳白色菇体；栽培季节为春、秋两季，适合周年栽培。

第六节　平菇种质资源研究和创新

2012 年，李慧等从 72 个不同平菇品种中挑选 48 个生长良好的品种，进行遗传多样性分析并构建核心样本。采用 11 对 SSR 引物扩增产物均检测到了清晰稳定的条带，11 对 SSR 标记在 48 份平菇种质中共检测到 84 个等位基因，不同 SSR 标记检测到的等位基因数为 5~13 个，平均检测效率为每个标记 7.6 个；各位点的 Nei's 基因多样性指数为 0.527 1~0.821 8，平均值为 0.681 2；Shannon's 信息指数为 0.981 6~2.074 8，平均值高达 1.423 9，表明本研究中所选取的 11 个 SSR 位点在平菇种质中具有较丰富的多态性。根据 11 个 SSR 引物扩增结果，48 份种质间的遗传相似系数为 0.642 9~0.942 5。以不同 SSR 等位基因保留比例构建核心样本，最终抽取 25 份样本，约占原种质的 52%，这 25 个品种名称见表 7-1。

表 7-1　平菇 25 个核心种质的信息

编号	CCMSSC 编号	品种名称	来源	子实体颜色
1	00328	超低温平菇	河北	暗黄褐色
2	00374	亚光 1 号	北京	暗黄褐色
3	00389	CCEF89	河北	暗黄褐色
4	00391	ACCC50601	湖南	暗灰褐色
5	00398	ACCC50712	香港	灰色
6	00403	P928	福建	灰色
7	00406	99	辽宁	暗灰褐色
8	00419	加拿大 7 号	陕西	灰色
9	00436	京平	四川	灰色
10	00457	ACCC50234	江苏	灰色
11	00503	中蔬 10 号	北京	乳白色
12	00578	平 001	上海	深灰色
13	00585	51	湖北	乳白色
14	00599	925	湖北	浅黄褐色
15	03846	雪美 F2	江苏	白色
16	03849	平 117	山东	暗灰褐色
17	03850	平 2004	山东	暗灰褐色
18	03851	2061	山东	暗黄褐色
19	03763	豫平 1 号	河南	深灰色
20	03852	春山	山东	暗灰褐色

（续）

编号	CCMSSC 编号	品种名称	来源	子实体颜色
21	03760	中蔬 98	福建	乳白色
22	03854	永发黑平	江苏	暗黄褐色
23	03762	F803	江苏	乳白色
24	03857	长江 999	湖北	白色
25	03858	金凤 2 - 1	四川	深灰色

盛春鸽等 2012 年以平菇白色菌株 CCMSSC00358（P - w）和深灰色菌株 CC-MSSC00406（P - d）为材料，构建自交系 2 个（P - w×P - w、P - d×P - d），两亲本杂交一代（F_1，P - w×P - d），杂交一代中浅灰色和深灰色子实体与二亲本的回交系 4 个（F_1 浅×P - w、F_1 浅×P - d、F_1 深×P - w、F_1 深×P - d），共 7 个家系群体。出菇期观测统计各家系群体不同颜色的个体数。菌株 P - w 的自交系出菇 29 个，子实体全部为白色。菌株 P - d 的自交系出菇 17 个，子实体浅灰色 5 个、深灰色 12 个，经卡方检验，浅灰色：深灰色＝1：3。杂交一代（F_1，P - w×P - d）出菇 82 个，子实体颜色呈现由浅向深的连续分布，无白色子实体出现。按照深浅分为浅灰色和深灰色两大类，分别为 47 个和 35 个，经卡方检验，比例为 1：1。在回交系中，F_1 代与白色亲本杂交，经卡方检验，出现深灰色：浅灰色：白色＝1：4：3 的分离；与深灰色亲本杂交，无白色子实体出现，经卡方检验，深灰色：浅灰色＝5：3。最后结论是平菇子实体的颜色性状为数量性状，深灰色对白色呈不完全显性，由不同位点上的两对主基因控制。徐荣荣继续以深灰色菌株 CCMSSC00406（P - d）的子代进行自交，最后得到 2 个深色的纯合子，纯合子的子代颜色不分离。

第七节　平菇遗传学与分子生物学研究

平菇类食用菌为四极性异宗结合担子菌，遗传交配行为受交配型因子控制（Raper，1966，1978）。通过脉冲场电泳和遗传连锁作图的方法研究得到其基因组大小为 35 Mbp，由 11 条染色体构成，染色体大小为 1.4～4.7 Mbp（Larraya et al.，2000）。在糙皮侧耳的基因组测序完成后，基因组大小被精确为 34.3 Mbp。平菇线粒体为 73 kb 的环形 DNA 分子，包括 26 个 RNA 基因和 44 个已知基因。这些已知基因编码 18 个蛋白质，其中包括 14 个普通线粒体基因，一个核糖体小亚基蛋白 3 基因，一个 RNA 聚合酶基因和两个聚合酶基因（Wang et al.，2008）。

分子标记技术被广泛应用于平菇种类的遗传多样性研究。微卫星序列标记（MS）被应用于鉴定多个平菇的遗传多样性和群体结构分析（Ma et al.，2009）；特异性的分子标记被用来快速检测平菇栽培过程中的木霉侵染（Kredics et al.，2009）。Larraya 等应用 RAPD 和 RFLP 两种分子标记和一些功能基因总计 135 个遗传位点构建了糙皮侧耳的遗传连锁群，总长度为 1 000 cM（Larraya et al.，2000）。以此为基础，将与糙皮侧耳生长速率和产量等数量性状相关的 QTL 定位在遗传连锁图谱上（Larraya et al.，2002，Larraya et al.，2003），为分子标记辅助育种提供了基础信息。另外，通过遗传作图的方式确定了与木质素降解酶（MnP/VP）活性相关的主要 QTL 位点在第 6 号和 11 号染色体上。Park 等鉴定了 82 个在平菇菌褶中表达的基因，并将这些基因定位在了遗传连锁群上（Park et al.，2006）。同样，无孢平菇的突变位点被定位在遗传连锁群上，研究表明产孢与否主要由单个基因位点决定，与交配型因子 B 连锁（Okuda et al.，2009，2012），开发了应用 RT－PCR 的方法快速区分菌株是否产孢子（Okuda et al.，2011）。另外，研究发现平菇菌丝的生长速率与交配型相关（Larraya et al.，2002）。发现性状与标记间的连锁关系，将为平菇的分子标记辅助育种提供基础数据。

此外，以平菇为材料，研究者们开展了子实体发育阶段和环境胁迫条件下的基因表达情况的相关研究，Lee 等对比了菌丝体生长阶段和子实体生长阶段的基因表达差异，发现了少数几个在两个阶段共同表达的基因（Lee et al.，2002）。真菌子实体中特异存在的疏水蛋白通过参与子实体形成中菌丝的附着过程，起到防止干燥和调节气体交换的作用（Wessels，2000）。研究发现，糙皮侧耳中的两个疏水蛋白（Fbh1 和 POH1）基因在糙皮侧耳的子实体中特异性表达（Kershaw and Talbot，1998），另一疏水蛋白基因 vmh3 在子实体和菌丝体阶段都有表达。Fbh1 和 POH1 在核苷酸和氨基酸水平上的相似度分别为 59% 和 66%，两个蛋白质的基因结构相似，基因的内部都存在多个类似微卫星的区域（Penas et al.，2004）。

第八节　平菇相关的生物技术研究

平菇的生长受多种环境因素的影响，栽培过程中的高温可导致平菇子实体发育缓慢和栽培袋染菌。研究发现外源添加一氧化氮通过促进海藻糖的合成来缓解平菇的高温伤害（Kong et al.，2012a，2012b）。平菇具有高效的木质素降解能力，原因在于平菇可以产生多种木质素分解酶，其中研究最多的当属漆酶。漆酶目前已经被广泛应用于纺织、食品、化工等工业生产。随着生产规模和产量的不断增加，平菇也成为漆酶生产源。经过鉴定发现平菇漆酶属于高氧化还原能力的漆酶种类（Garzillo et al.，2001）。目前有研究者通过育种的方式构建平菇漆酶的高产菌株（Del Vecchio et al.，2012）。同时平菇也被用于回收农业生产中的木质纤维素废料，提纯价值成分或生产动物饲料（Koncsag et al.，2012）。

（陈　强　高　巍）

参考文献

图力古尔，李玉，2001. 我国侧耳属真菌的种类资源及其生态地理分布［J］. 中国食用菌，20（5）：8-10.
黄年来，林志彬，陈国良，2010. 中国食药用菌学［M］. 上海：上海科学技术文献出版社.

盛春鸽，黄晨阳，陈强，等，2012. 白黄侧耳子实体颜色遗传规律 [J]. 中国农业科学，45（15）：3124 - 3129.

张金霞，黄晨阳，2008. 无公害食用菌安全生产手册 [M]. 北京：中国农业出版社.

张金霞，黄晨阳，胡小军，2012. 中国食用菌品种 [M]. 北京：中国农业出版社.

Cohen R，Persky L，Hadar Y，2002. Biotechnological applications and potential of wood - degrading mushrooms of the genus *Pleurotus* [J]. Applied Microbiology and Biotechnology，58（5）：582 - 594.

Del Vecchio C，Lettera V，Pezzella C，et al. ，2012. Classical breeding in *Pleurotus ostreatus*：A natural approach for laccase production improvement [J]. Biocatalysis and Biotransformation，30：78 - 85.

Eger G，Eden G，Wissig E，1976. *Pleurotus ostreatus*—breeding potential of a new cultivated mushroom [J]. Theoretical and Applied Genetics，47（4）：155 - 163.

Garzillo A M，Colao M C，Buonocore V，et al. ，2001. Structural and kinetic characterization of native laccases from *Pleurotus ostreatus*，*Rigidoporus lignosus*，and *Trametes trogii* [J]. Journal of Protein Chemistry，20：191 - 201.

Kershaw M J，Talbot N J，1998. Hydrophobins and repellents：proteins with fundamental roles in fungal morphogenesis [J]. Fungal Genetics and Biology：FG & B，23：18 - 33.

Knezevic A，Milovanovic I，Stajic M，et al. ，2013. Lignin degradation by selected fungal species [J]. Bioresource Technology，138：117 - 123.

Koncsag C I，Eastwood D，Collis A E C，et al. ，2012. Extracting valuable compounds from straw degraded by *Pleurotus ostreatus* [J]. Resources，Conservation and Recycling，59：14 - 22.

Kong W，Huang C，Chen Q，et al. ，2012a. Nitric oxide alleviates heat stress - induced oxidative damage in *Pleurotus eryngii* var. *tuoliensis* [J]. Fungal Genetics and Biology：FG & B，49：15 - 20.

Kong W W，Huang C Y，Chen Q，et al. ，2012b. Nitric oxide is involved in the regulation of trehalose accumulation under heat stress in *Pleurotus eryngii* var. *tuoliensis* [J]. Biotechnol Lett，34：1915 - 1919.

Kredics L，Kocsubé S，Nagy L，et al. ，2009. Molecular identification of *Trichoderma* species associated with *Pleurotus ostreatus* and natural substrates of the oyster mushroom [J]. FEMS Microbiology Letters，300：58 - 67.

Larraya L M，Alfonso M，Pisabarro A G，et al. ，2003. Mapping of genomic regions（quantitative trait loci）controlling production and quality in industrial cultures of the edible basidiomycete *Pleurotus ostreatus* [J]. Applied and Environmental Microbiology，69：3617 - 3625.

Larraya L M，Idareta E，Arana D，et al. ，2002. Quantitative trait loci controlling vegetative growth rate in the edible basidiomycete *Pleurotus ostreatus* [J]. Applied and Environmental Microbiology，68：1109 - 1114.

Larraya L M，Perez G，Ritter E，et al. ，2000. Genetic linkage map of the edible basidiomycete *Pleurotus ostreatus* [J]. Appl - Environ - Microbiol，66（12）：5290 - 3000.

Lechner B E，Wright J E，Albertó E，2004. The Genus *Pleurotus* in Argentina [J]. Mycologia，96（4）：845 - 858.

Lee S H，Kim B G，Kim K J，et al. ，2002. Comparative analysis of sequences expressed during the liquid-cultured mycelia and fruit body stages of *Pleurotus ostreatus* [J]. Fungal - genetics - and - biology，35（2）：115 - 134.

Ma K H，Lee G A，Lee S Y，et al. ，2009. Development and characterization of new microsatellite markers for the oyster mushroom（*Pleurotus ostreatus*）[J]. Journal of Microbiology and Biotechnology，19：851 - 857.

Okuda Y，Matsumoto T，Ninomiya K，2011. Rapid detection for sporeless trait from *Pleurotus pulmonarius* culture extracts by using real - time PCR [J]. Mycoscience，52：143 - 146.

Okuda Y, Murakami S, Matsumoto T, 2009. A genetic linkage map of *Pleurotus pulmonarius* based on AFLP markers, and localization of the gene region for the sporeless mutation [J]. Genome, 52: 438 - 446.

Okuda Y, Ueda J, Obatake Y, et al., 2012. Construction of a genetic linkage map based on amplified fragment length polymorphism markers and development of sequence - tagged site markers for marker - assisted selection of the sporeless trait in the oyster mushroom (*Pleurotus eryngii*) [J]. Applied and environmental microbiology, 78: 1496 - 1504.

Park S K, Peñas M M, Ramírez L, et al., 2006. Genetic linkage map and expression analysis of genes expressed in the lamellae of the edible basidiomycete *Pleurotus ostreatus* [J]. Fungal Genetics and Biology, 43: 376 - 387.

Penas M M, Aranguren J, Ramirez L, et al., 2004. Structure of gene coding for the fruit body - specific hydrophobin Fbh1 of the edible basidiomycete *Pleurotus ostreatus* [J]. Mycologia, 96: 75 - 82.

Raper C A, 1978. Sexuality and breeding [M]//Chang S T, Hayes W A. The biology and cultivation of edible mushrooms. Pittsburgh, USA: Acad Press.

Thomas Laessoe, Gary Lincoff, 2002. Smithsonian handbooks: Mushrooms [M]. London: Dorling Kindersley Limited.

Raper J R, 1966. Genetics of Sexuality in Higher Fungi [M]. New Jersey: John Wiley & Sons.

Wang Y, Zeng F, Hon C C, Zhang Y, et al., 2008. The mitochondrial genome of the Basidiomycete fungus *Pleurotus ostreatus* (oyster mushroom) [J]. FEMS Microbiology Letters, 280: 34 - 41.

Wessels J G H, 2000. Hydrophobins, unique fungal proteins [J]. Mycologist, 14 (4): 153 - 159.

第八章

杏 鲍 菇

第一节 概 述

杏鲍菇（*Pleurotus eryngii*），中文学名刺芹侧耳，又名雪茸，被誉为草原上的美味牛肝菌。杏鲍菇的营养丰富均衡，是一种品质优良的大型肉质菌类。杏鲍菇质地脆嫩，肉质肥厚，味道鲜美，因具有独特的杏仁味和口感类似鲍鱼而得名。

中医认为，杏鲍菇有降血压、降血脂、益气、杀虫和美容的作用，可促进人体对脂类物质的消化吸收和胆固醇的溶解，对肿瘤也有一定的预防和抑制作用，是老年人预防心血管疾病与肥胖症患者的理想营养保健食品。

杏鲍菇子实体含有丰富的营养物质，其干品含蛋白质 21.44%，脂肪 1.88%，总糖 36.78%，碳水化合物 57.35%。与香菇干品相比，杏鲍菇游离氨基酸和甘露醇含量更高，而脂肪和总糖含量较低，特别适合老年人食用。杏鲍菇含有 17 种氨基酸，其中 7 种是人体必需的，占氨基酸总量的 42% 以上。符合世界卫生组织（WHO）提出的参考蛋白模式，必需氨基酸总量达到 40% 的要求。杏鲍菇寡糖含量丰富，与双歧杆菌共用，有改善肠胃功能和美容的效果。

第二节 杏鲍菇的起源与分布

杏鲍菇人工栽培研究起始于法国、意大利和印度。Kalmar（1958）首次开展人工栽培试验；Henda（1970）在印度北部的克什米尔高山上发现了杏鲍菇，并进行了段木栽培；Vessey（1971）分离到杏鲍菇菌株；法国科研人员（1974）采用孢子分离法获得杏鲍菇菌株；Cailleux（1974）用杏鲍菇子实体菌褶分离到杏鲍菇菌株，在 12～16 ℃，275 lx 光照条件下栽培成功；Ferri（1977）成功地进行了杏鲍菇商业性栽培，但栽培数量有限。我国杏鲍菇栽培始于 20 世纪 90 年代后期，近年广为栽培，菌种均引自国外，目前已成为产量增长最快的国家。

杏鲍菇生于伞形科（Umbelliferae）植物田刺芹（*Eryngium campestre*）、阔叶拉瑟草（*Laserpitium latifolium*）以及阿魏（*Ferula asafoetida*）等植物的地下根颈及周围土壤中，营腐生、兼性寄生生活，所以又称刺芹侧耳。其主要生境分布在亚热带草原及干旱沙漠地带，野生杏鲍菇生长时节在春末直至夏初。杏鲍菇生态型多样，其生态型垂直分布完全不同，主要分布产区有南欧、中亚、北非等地区。

第三节 杏鲍菇的分类地位与形态特征

一、分类地位

杏鲍菇（*Pleurotus eryngii*）属担子菌门（Basidiomycota）蘑菇纲（Agaricomycetes）蘑菇目（Agaricales）侧耳科（Pleurotaceae）侧耳属（*Pleurotus*）。

二、形态特征

（一）菌丝

菌丝白色，粗壮，有锁状联合，在24 ℃环境下生长速度快，具有很强的"爬壁"现象，一般10 d就可以长满试管斜面。15 ℃环境条件下，生理成熟的菌丝使试管斜面培养基色泽转为淡黄色，有时还会出现子实体扭结的现象。

（二）子实体

子实体单生、丛生或群生，肉质因基质营养和水分及菌丝生理成熟度而异。菌盖表面浅褐色至深土黄色，菌盖幼时略呈弓形，成熟时浅凹圆形至扇形，直径2～12 cm，群生时偏小，表面有丝状光泽和放射状条纹。菌肉白色，有杏仁味。菌褶延生，密集，乳白色，不等长。菌盖幼时呈黑色，随着菇龄增加渐变浅，成熟变为浅土黄、浅黄白色，中央周围有辐射状褐色条纹，并且具有丝状光泽。菌柄偏生或侧生，罕见中生，长2～8 cm，粗1～3 cm，近白色，中实，幼时肉质，老后半纤维质。孢子印白色；担孢子椭圆形至近纺锤形，光滑、无色，（9.58～12.5）μm×（5～6.25）μm。

根据子实体的形态特征，目前国内的杏鲍菇菌株大致可分为3种：保龄球形、棍棒形、鼓槌形，其中保龄球形和棍棒形在国内栽培中较为广泛。但是菇形有可能与管理水平息息相关。其中保龄球形和棍棒形都是由于在不同发育阶段的管理上，特别是供氧量调节上存在差异造成的。

第四节 杏鲍菇的生物学特性

一、营养要求

杏鲍菇为木腐菌，具弱寄生性，分解纤维素、木质素、蛋白质的能力较强，可在多种阔叶树木屑、棉籽壳、甘蔗渣、玉米芯等农副产品下脚料组成的基质上生长，并非一定要用伞形花科植物才能栽培。杏鲍菇对葡萄糖、果糖和麦芽糖等碳源的利用率较高，而对甘露醇的利用率较低，对蛋白胨、酵母膏、大豆粉等有机氮源利用率较高，而对硝酸铵、硫酸铵、尿素、硝酸钾等无机氮源的利用率较低。杏鲍菇需要较丰富的碳源和氮源，特别是氮源越丰富，菌丝生长越好，产量也越高。栽培料中添加棉籽壳、棉籽粉、玉米粉、大豆粉，可以提高子实体产量。

二、环境要求

(一) 温度

温度是决定杏鲍菇生长和发育的主要因子，也是产量能否稳定的关键。杏鲍菇菌丝生长温度为 22～27 ℃，最适温度是 25 ℃左右。原基形成的最适温度是 10～15 ℃（台湾报道的是 16～18 ℃），低于 8 ℃或高于 20 ℃不能形成原基。子实体发育的温度因菌株而异，一般适温为 15～21 ℃，但是有的菌株不耐高温，以 10～17 ℃为宜，超过 18 ℃容易发生病害，而低于 8 ℃子实体不会发生也难生长。

(二) 湿度

杏鲍菇比较耐旱，这是生于干旱沙漠地区所具有的特性。杏鲍菇所需的水分主要靠培养基供给，因此培养基含水量一般控制在 65%～70%，菌丝生长速度最快，浓白、旺盛，低于 60% 则明显影响产量。菌丝培育期间，适宜空气相对湿度为 70% 左右。原基形成时要提高到 90% 左右，超过 90% 会使菌丝徒长，对出菇不利。

不宜直接向菇体上喷水，只能够通过水雾来提高空气相对湿度，使菇体表皮细胞始终处于湿润状态，这样可以减少菇盖表面出现开裂现象。

(三) 空气

杏鲍菇是好氧性真菌，栽培场所要求通风良好，二氧化碳浓度应低于 0.07%。

杏鲍菇菌丝生长阶段需氧量较少，随着菌丝在培养基中蔓延，培养基降解，栽培包内二氧化碳累积量不断增加，但对菌丝生长影响不大，一定浓度的二氧化碳对菌丝生长有良好的促进作用。在发菌期，瓶内积累的二氧化碳浓度由正常空气中含量的 0.03% 渐升到 0.22%～0.28%，能明显地加快菌丝生长。但当培养料内二氧化碳浓度过高时，对菌丝的生长则有阻滞作用。同菌丝培养阶段不同，原基和子实体发育需要充足的新鲜空气，二氧化碳浓度在 0.4% 时原基形成早，子实体生长发育时二氧化碳浓度要控制在 0.02%～0.08%，超过 0.2% 菌盖变小，在 0.08% 以下可得到形态正常的子实体。控制栽培环境中二氧化碳的浓度，能够获得比例高、品质优良的商品菇。

(四) 光照

杏鲍菇菌丝生长阶段不需要光线，子实体生长发育阶段需要较明亮的散射光才能形成形态正常、色泽好的子实体。适宜的光照度为 500～1 000 lx，光照过强，菌盖变黑；光照过弱，菌盖变白，菌柄变长。

(五) pH

培养料酸碱度的高低，直接影响食用菌菌丝细胞的新陈代谢和整个生活史的完成。因此，栽培食用菌时，务必使之在适宜的 pH 环境下生长发育。不同的食用菌类型，新陈代谢的酶特性不同，需要不同的 pH。杏鲍菇菌丝生长的最适 pH 6.5～7.5，其生长 pH 4～8，出菇时的最适 pH 5.5～6.5。pH 过高和过低都会导致杏鲍菇菌丝生长不良，尤其在较高的 pH 下，菌丝生长明显受到抑制。pH 对菌丝的影响机制比较复杂，其原因可能是在不同的 pH 环境下菌丝酶活性不同，直接影响菌丝生理活动的强弱。另一方面，还有可能是 pH 胁迫，影响到菌丝细胞渗透力，pH 过高或过低都会影响外界溶液的渗透压，破坏细胞正常的新陈代谢，从而影响细胞的生活力。

三、生活史

杏鲍菇交配型因子表明，杏鲍菇属于典型的四极性异宗结合交配系统（图 8-1）。

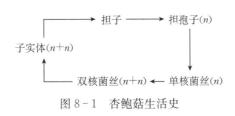

图 8-1 杏鲍菇生活史

第五节 杏鲍菇种质资源

1. 川杏鲍菇 1 号（国品认菌 2007041） 四川省农业科学院土壤肥料研究所以 Pe1 为出发菌株，常规定向选择育成。子实体单生或丛生，菌盖浅褐色至淡黑褐色，平展，顶部凸，直径 3～5 cm，表面覆盖纤毛状鳞片；菌柄白色，商品菇保龄球形，长度 6～9 cm，直径 4.2～6.2 cm，质地紧实，长度与直径比 1.47∶1，长度与菌盖直径比 1.63∶1。子实体致密中等，口感脆嫩，浓香。适合以棉籽壳、玉米芯为主料栽培。发菌适温 22～25 ℃，发菌期 30 d，无后熟期，栽培周期 60 d；原基形成不需要温差刺激；菌丝可耐受最高温度 35 ℃，最低温度 1 ℃；子实体耐受高温 22 ℃，最低温度 5 ℃；子实体对二氧化碳耐受性较强；菇潮明显，一般只发生 1 潮。

产量表现：代料栽培条件下，生物学效率 50%。

栽培技术要点：北方地区秋栽 8～9 月接种，春栽 1～2 月接种；南方地区 8～10 月接种。无后熟期，菌丝体长满后即可出菇。菌丝长满袋（瓶）后，在 8～18 ℃、空气相对湿度 95%、光照度 10～300 lx 下搔菌催蕾；幼菇长出袋（瓶）口后疏蕾，每袋保留 1～3 个子实体，可提高商品质量。疏蕾后保持温度 13～18 ℃，空气相对湿度 85%～90%。注意不能在菇体上喷水过多，做到保持通风良好和光照度在 10 lx 以上。

2. 川杏鲍菇 2 号（国品认菌 2007040） 四川省农业科学院土壤肥料研究所经单孢杂交选育，亲本为 Pe1、Pe2。子实体中型，质地紧密；菌盖黄褐色，直径 1.8～2.8 cm，厚 0.8～1.5 cm，平展，表面覆盖纤毛状鳞片；菌柄白色、中生。保龄球形，长 11.4～4.8 cm。菌丝生长温度为 5～35 ℃，最适温度 25 ℃；子实体形成的温度为 12～25 ℃，适宜温度 15～17 ℃。

采用棉籽壳基质栽培，温度 22～25 ℃条件下 28 d 完成发菌，再经 20 d 左右采菇，生产周期 50 d。生物学效率 60％，较高管理水平下，生物学效率可达 70％。

3. 杏鲍菇 1 号（国品认菌 2008058）　上海市农业科学院食用菌研究所从国外杏鲍菇品种中综合筛选获得。菇体洁白；菌柄上下粗细均等，长度一般为 30～100 mm，最长可至 150 mm，直径平均为 30～50 mm；单菇重 40～100 g，最高可达到 200 g 以上；品种抗病能力强。

产量表现：工厂化设施栽培 850 mL 栽培瓶，平均单产 120 g；自然条件大棚栽培，平均每袋产鲜菇 150～200 g（17 cm×33 cm 塑料袋）。

栽培技术要点：

① 设施栽培：采用全自动装瓶机，要求装瓶紧实度均匀，850 mL 塑料瓶每瓶应装料 630 g±15 g，采用高压灭菌设备进行灭菌处理；灭菌结束后，迅速冷却至 20 ℃，用全自动接种机接种；培养室温度控制在 22～23 ℃，空气相对湿度调节至 70％～75％，并保持黑暗；发菌 45～50 d 后，整齐摆放在栽培床架上，栽培室温度 16～18 ℃，湿度 70％～90％，干湿交替管理；搔菌 16～18 d 后，开始采收。

② 大棚栽培：适合春、秋两季栽培，适宜生长温度为 12～20 ℃；上海地区安排在 9 月底至 10 月制种，此时气温在 25 ℃下，适合菌包的培养；有条件的地区可用自动装袋机装袋，要求装料均匀、结实；菌丝发满袋需 40 d 左右，后熟 10～15 d，11 月中旬开始出菇管理。

4. 中农脆杏　中国农业科学院农业资源与农业区划研究所经原生质体融合育种而来，亲本引自法国。原基簇生，灰白色；成熟时菌盖呈灰褐色，盖小，表面无突起物，质地硬；菌柄白色，保龄球形，表面光滑，质地中等，菌褶淡黄色，有网纹。子实体出菇整齐，菇形好，形态的一致性高于 80％。菌丝体生长适宜温度 24～26 ℃，出菇适宜温度 12～16 ℃。

工厂化栽培 35 d 左右出菇，以棉籽壳作为栽培基质生物学效率达 50％。

5. 中农美纹　中国农业科学院农业资源与农业区划研究所以野生种质驯化选育而来。原基丛生，灰白色；菌盖灰褐色，盖顶平展，表面有形似大理石花纹；菇体平均长 9.9 cm，宽 8.5 cm，质地紧密；菌柄浅灰色，近保龄球形，平均长 7.1 cm，直径 6.1 cm，表面光滑，质地紧密；菌褶浅黄色，有网纹。出菇整齐，大小均匀，子实体形态优美，一致性高。菌丝生长温度 5～35 ℃，适宜温度 22～28 ℃，最适温度 24～26 ℃；子实体形成适宜温度 8～16 ℃，最适温度 10～12 ℃。

第六节　杏鲍菇种质资源研究和创新

食用菌的不同菌丝能不能结合，主要取决于性因子的不亲和性。根据性因子的不亲和性，将食用菌的交配系统分为初级同宗结合、次级同宗结合、二极性异宗结合和四极性异宗结合 4 种类型。杏鲍菇属于四极性异宗结合。

交配行为受不亲和性因子所控制，担子菌食用菌中不亲和性因子很多，A 因子和 B 因子均存在较多的复等位基因。受一对不亲和性因子控制的称为二极性交配型。受二对不亲和性因子控制的称为四极性交配型。在异宗结合担子菌中，25％为二极性交配型，75％

为四极性交配型（Whitehouse，1949；黄年来，1994）。

四极性交配型的担子菌，其子实体可以形成四种交配型的担孢子，分别为 A_1B_1、A_1B_2、A_2B_1 和 A_2B_2。A_1B_1 与 A_2B_2 是可亲和的，可以配对形成锁状联合，产生双核菌丝；A_1B_2 与 A_2B_1 是可亲和的，可以配对形成锁状联合，产生双核菌丝。不过，即使具有相同交配型的担孢子，其遗传组成并不完全相同。

A 因子和 B 因子分别控制食用菌生活史中不同的功能，A 因子控制细胞核的配对与锁状联合的形成。B 因子控制细胞核的迁移与锁状联合的形成。当 A 因子不同，B 因子相同时（A≠，B＝），即同源 B 异核体，属半亲和性，细胞核不迁移，只局限于双方接触区进行交配，两菌丝互相排斥，中间形成沟，形成假锁状联合，不能产生子实体。当 A 因子相同，B 因子不同时（A＝，B≠），即同源 A 异核体，属半亲和性，细胞核发生迁移，但每个细胞中核数目不定，属于无限核迁移，两菌丝可融合在一起生长，但气生菌丝很少，菌丝呈平贴状，不能形成锁状联合，也不能产生子实体。当 A 因子和 B 因子都不同时（A≠，B≠），交配是亲和的，可以形成真正的锁状联合，形成子实体。当 A 因子和 B 因子都相同时（A＝，B＝），不能形成锁状联合，也不能形成子实体。四极性中四个交配型比例为 1：1：1：1，只有 25％ 的可孕率。

在四极性交配系统中，A 因子与 B 因子分别对应位于不同染色体上的两个交配型位点。A 交配位点由两个紧密连锁的基因复合物 Aα 和 Aβ 组成，包括 4 对基因，分别为 a、b、c 和 d 基因对，a 和 b 之间有 7 kb 的序列将它们分为 α 和 β 两个复合物，与遗传学上定位的 Aα 和 Aβ 是对应的，α 复合物有 1 个基因对 a，β 复合物含有 b、c 和 d 3 个基因对。每个位点有多个复合等位基因，Aα 有 9 个等位基因，Aβ 有 32 个等位基因。B 交配位点的交配型基因编码信息素及其受体，主要控制核的迁移。担子菌的 B 交配型位点与 A 位点一样，都是由 a 和 β 两个基因复合物（基因簇）组成，目前在裂褶菌中已分离到了 Bα1 和 Bβ1 复合物，它们的结构很相似。

一、变种和品种的多样性

杏鲍菇由于寄主广泛，寄主生存的生态条件差异大，导致种群内不同条件下自然群体的生态、形态和生理特征的多样性，因此常被称为刺芹侧耳种族群。按照传统的侧耳属内种的分类观念，根据寄主的不同，这个种族群内包含了数个变种。这些变种的寄主植物不同，子实体形态也存在显著的差别。幼小子实体的菌盖有圆形、扇形、贝状等，色泽有暖灰色、米黄色、浅米色等；成熟子实体的色泽有暖棕色、浅米色、米棕色。菌盖大小差异很大，成熟的子实体小的直径仅 4 cm，大的可至 12.5 cm。菌褶乳白色、象牙色、浅米色。菌柄侧生、偏生、少中生。担孢子大，差别也很大，长 6.5～13.5 μm，宽 3.0～5.0 μm。在交配试验中，不同生态类型和变种之间的亲和性不同，常出现不完全交配现象（Zervakis et al.，1995）。

目前人工栽培的主要变种为 *P. eryngii* var. *eryngii* 和 *P. eryngii* var. *ferulae*，前者完全引自地中海地区和中国台湾，后者经由中国新疆野生种质资源驯化选育而成。二变种间在实验室条件下可交配，交配率为 25％～56％，但是杂交后代的孢子可育性大大降低，可育孢子仅 30％（Hilber，1982）。中国种质 *P. eryngii* var. *ferulae*，与意大利种质

P. eryngii var. *eryngii* 交配率为 56.25%，与 Hilber（1922）报道的结果相近。ITS 序列分析表明，新疆阿魏上的阿魏侧耳（*P. eryngii* var. *ferulae*）序列与 GenBank 注册的刺芹侧耳（*P. eryngii*）完全相同（张金霞，2004）。

刺芹侧耳的美味使其成为重要的栽培食用蕈菌。宿主植物多样性丰富，自然分布广泛及遗传背景丰富，有利于商业品种的选育。英国、日本、中国台湾等先后开展了刺芹侧耳的育种，选育出了适合各种商业需求的优良品种。栽培试验和遗传学分析表明，中国栽培的至少有 9 个品种（黄晨阳等，2005）。商业性状种质的差异主要表现在形态、质地、风味和生理特性的不同。按大小其栽培品种被分为大型、中型和小型，按形态被分为柱形和保龄球形，按色泽被分为深色种和浅色种。质地上，有的紧密，有的疏松；有的味道清淡，有的具有浓郁的杏仁味。栽培中生理特性的差异表现为适宜生长温度的不同。

二、分子遗传学上的多样性

近年来，随着分子生物学的迅速发展，分子标记技术被广泛应用于群体遗传多样性研究。20 世纪 80 年代出现的 RFLP 和 90 年代出现的 RAPD 分子标记技术，已广泛应用到香菇、金针菇、双孢蘑菇、侧耳等食用菌遗传多样性、菌株鉴别和育种研究中。加拿大蒙特利尔大学 Zielkiewicz 等（1994）发展的 ISSR 是基于 SSR 发展而来的一种新型分子标记技术，其生物学基础是基因组中存在的简单重复序列（SSR），以 SSR 基序序列为基础设计长度为 16~18 bp 的引物，对基因组 DNA 的 SSR 区域进行 PCR 扩增，不同物种基因组 DNA 中的 SSR 数目和间隔的长短不同，就可导致特定结合位点分布发生相应的变化，从而使 PCR 产物增加、减少或发生分子质量的改变，根据谱带的有无及相对位置，分析不同样品间 ISSR 标记的多态性，该技术可以和 RAPD 一样用于各类动植物的研究，但其产物多态性远比 RFLP、SSR、RAPD 等标记更加丰富，可以提供更多的关于基因组的信息，而且比 RAPD 技术更加稳定可靠，试验重复性更好。

应用 RFLP 技术对中国栽培菌株进行分析表明，IGS－RFLP 图谱是杏鲍菇进行种质分析简便易行和准确有效的技术，相同品种的酶切位点相同，有相同的 IGS－RFLP 图谱，而不同品种则呈现其特有的 IGS－RFLP 图谱，这种差异性与园艺性状的区别相符合。

第七节　杏鲍菇生产发展现状

我国杏鲍菇栽培自 2003 年开始逐渐从季节性栽培向工厂化栽培转变。杏鲍菇规模栽培最早出现在广州，随后在福建漳州得到很大的发展。经过几年的栽培摸索，栽培工艺逐渐成熟。杏鲍菇属于稳温结实型菌类，漳州气候属于亚热带气候，风调雨顺，环境气候适合进行杏鲍菇工厂化栽培。漳州最早栽培仅有零星几家，由于其口感很好，可以和鲍鱼相媲美；而且耐储藏，货架期长，市场需求量迅速大幅度增加，市场价曾经每千克高达 36 元。在经济效益的影响下，短短几年，栽培厂家像雨后春笋般发展到近百家，日生产量也从几吨增长到几十吨，产品发往全国各大城市，而价格则逐渐回落，维持在每千克 10 元左右。2008 年以后，漳州杏鲍菇栽培技术向全国各大城市转让，2010 年国家对农业现代化支持力度加大，社会闲散资金纷纷涌入食用菌工厂化行业。现在我国各地的杏鲍菇生产企业众多，投资金额从几百万元水平发展到数千万元，甚至上亿元。各省份包括新疆都有杏鲍菇的大型企业。栽培方式也从袋式栽培向瓶式栽培转变。由于瓶式栽培杏鲍菇的第一次投入额较大，目前依然采用以塑料袋为栽培容器，采用漳州的栽培模式和栽培技术，但由于受到生物畸形的影响，商品外观上还存在欠缺，不如瓶式栽培。这两年，物价上涨，劳动力缺乏，使的企业开始选择瓶式栽培。纵观各地，包括日本、韩国、我国台湾省，瓶式栽培与袋式栽培的产量还存在一定的差距。虽然我国大陆菇价与我国台湾及日本、韩国相差无几，但是我国国民可支配收入只有他们的1/10，所占可支配收入的百分比相对较低，所以期望菇价还会上升是不现实的。面对生产成本的不断提高，员工劳动力成本的上升，企业利润空间被压缩，为了生存，只能够从降低生产成本、提高机械化水平和改善商品外观上寻求出路。虽然瓶式杏鲍菇栽培产量暂时较袋式栽培低，但因其机械化程度高，商品外观上乘，瓶栽将成为今后发展杏鲍菇生产的主流模式。

（李长田　黄　兵）

参考文献

陈士瑜，2005. 侧耳类栽培新技术 [M]. 上海：上海科学技术文献出版社.

郭美英，1998a. 杏鲍菇的特性与栽培技术研究 [J]. 食用菌，20 (5)：11-2.

郭美英，1998b. 珍稀食用菌杏鲍菇生物学特征的研究 [J]. 福建农业学报，13 (3)：44-49.

黄晨阳，张金霞，2004. 食用菌重金属富集研究进展 [J]. 中国食用菌，23 (4)：7-9.

黄年来，1998. 一种市场前景看好的珍稀食用菌——杏鲍菇 [J]. 中国食用菌，17 (6)：3-4.

王凤芳，2002. 杏鲍菇中营养成分的分析测定 [J]. 食品科学，23 (4)：132-135.

张金霞，黄晨阳，胡清秀，2005. 食用菌品种鉴定及品种保护技术 [J]. 中国食用菌，24 (4)：14-16.

章灵华，肖培根，1992. 药用真菌中生物活性多糖的研究进展 [J]. 中草药，23 (2)：95-99.

周静，1994. 近年来国内植物多糖生物活性研究进展 [J]. 中草药，1994，25 (1)：40-44.

Bresinsky A，Fischer M，Meixner B，et al.，1987. Speciation in *Pleurotus* [J]. Mycologia，79 (2)：234-245.

Estrada A E R，Royse D J，2007. Yield，size and bacterial blotch resistance of *Pleurotus eryngii* grown on cottonseed hulls/oak sawdust supplemented with manganese，copper and whole ground soybean [J]. Bioresource Technology，98 (10)：1898-1906.

Rajarathnam S，Bano Z，Miles P G，1987. *Pleurotus* mushrooms. Part I A. Morphology，life cycle，taxonomy，breeding，and cultivation [J]. Critical Reviews in Food Science & Nutrition，26 (2)：157-223.

Venturella G，Zervakis G I，Papadopoulou K，2001. Genetic polymorphism and taxonomic infrastructure of the *Pleurotus eryngii* species-complex as determined by RAPD analysis，isozyme profiles and ecomorphological characters [J]. Microbiology，147 (11)：3183-3194.

Whitehouse H L K，1949. Heterothallism and sex in the fungi [J]. Biological Reviews，24 (4)：411-447.

Zervakis G，Balis C，1996. A pluralistic approach in the study of Pleurotus species with emphasis on compatibility and physiology of the European morphotaxa [J]. Mycological Research，100（6）：717－731.

Zielkiewicz J，1998. Excess molar volumes and excess Gibbs energies in N－methylformamide＋water，or＋methanol，or＋ethanol at the temperature 303. 15 K [J]. Journal of Chemical &. Engineering Data，43（4）：650－652.

第 九 章

秀 珍 菇

第一节 概 论

秀珍菇为肺形侧耳（*Pleurotus pulmonarius*）的商品名，又名印度鲍鱼菇，别名环柄香菇、袖珍菇、环柄斗菇、姬平菇和小平菇等。

秀珍菇子实体单生或丛生，朵小形美，菇体质地脆嫩，清甜爽口，且富含蛋白质、真菌多糖、维生素及微量元素。有降低人体胆固醇和血脂的功效，被誉为"植物肉""味精菇""山珍之王"等，是理想的高蛋白、低脂肪保健食品。

第二节 秀珍菇的起源与分布

秀珍菇原产印度，系热带及亚热带的一种野生食用菌。1974 年 Jandiaik 在印度首先发现并分离了该菌株，经过人工栽培试验，证实是一株高产优良食用菌。20 世纪 70 年代，菌种引入我国香港，随后在我国多个省份栽培成功。美国、加拿大和澳大利亚等地也有广泛栽培。

第三节 秀珍菇的分类地位与形态特征

一、分类地位

秀珍菇（*Pleurotus pulmonarius*）属担子菌门（Basidiomycota）蘑菇纲（Agarico-mycetes）蘑菇目（Agaricales）侧耳科（Pleurotaceae）侧耳属（*Pleurotus*）。

有关秀珍菇的学名比较混乱，张金霞等认为 *Pleurotus geesterani* 是个子虚乌有的名字，现在栽培的秀珍菇就是 30 年前块式栽培的商品名称为凤尾菇的种，当时叫 *P. saju-cajor*，后来发现这是个误用的拉丁名，因为这个拉丁名的种是有菌环的，而凤尾菇没有，这个凤尾菇的正确拉丁名应该是 *P. pulmonarius*，肺形侧耳。钟顺昌和彭金藤确认我国台湾的秀珍菇就是 20 世纪 80 年代大陆栽培的凤尾菇，只是栽培方式的改变（袋栽、搔菌、早采收）使子实体分化的个数多而个体小而已。张金霞等进一步对 20 世纪 80 年代大陆栽培的凤尾菇和现在的秀珍菇做了平行试验，包括栽培、子实体形态观察、交配试验、拮抗反应、ITS、RAPD，结果表明二者不仅是同一个种，还是同一个营养亲和群，即为同一菌株，ITS 测序、16 条引物的 RAPD 图谱都完全一样。因此，秀珍菇的拉丁学名为 *P. pulmonarius*，肺形侧耳。

二、形态特征

菌落白色、平铺，菌丝白色（图 9 - 1）。子实体单生或丛生，多数单生。不同的生长发育阶段子实体的形态不同，环境条件也会影响其形态。一般子实体小到中型，菌盖扇形、肾形、圆形、扁半球形，后渐平展，基部不下凹，菌盖直径 3～7 cm，厚度 0.4～0.8 cm；菌盖灰白色、灰褐色、棕褐色、茶褐色等；菌柄长度 4 cm 左右，直径 0.7～1.5 cm，颜色较平菇白且质脆。菌褶贴生于菌盖下面，延生，长短不一，菌褶两侧着生

图 9 - 1　秀珍菇菌落形态

很多担子，每个担子上生长有 4 个担孢子，孢子印白色，孢子无色透明，光滑，近圆柱状，孢子大小为 (8.55～11.98) μm×(3.2～4.18) μm（图 9 - 2）。

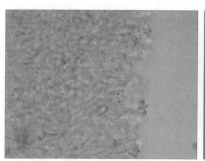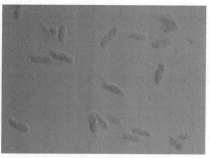

图 9 - 2　秀珍菇担孢子形态

第四节　秀珍菇的生物学特性

一、营养要求

秀珍菇是一种生命力很强的木腐菌，具有很强的腐生能力。栽培秀珍菇的主要原料是棉籽壳、阔叶树木屑、甘蔗渣和农作物秸秆，辅料是麸皮、米糠、石膏、石灰等。李伟平等（2007）研究了碳氮营养对秀珍菇生长发育及胞外酶活性的影响，试验结果表明秀珍菇菌株菌丝生长的最适碳源是麦芽糖，最适氮源是酵母膏，最适的碳氮比为 10：1～20：1，生长较适宜的氮素浓度为 0.4%～0.55%；以棉籽皮、杂木屑、麸皮 3 种物质作为培养料的主要组分配制成不同氮浓度和不同碳氮比的培养料配方，结果表明适合秀珍菇生长的碳氮比为 39.21：1～51.32：1，氮浓度为 0.82%～1.06%。

二、环境要求

(一) 温度

秀珍菇菌丝体生长的适宜温度为 20～30 ℃，最适温度为 22～26 ℃。试验表明，低于 20 ℃时秀珍菇菌丝生长缓慢，15 ℃时菌丝生长势极弱，菌丝呈气生状，生长极其缓慢，25 ℃以上菌丝生长显著加快，30 ℃时菌丝生长明显受到抑制，35 ℃时菌丝渐渐死亡。子实体分化阶段，适宜温度为 8～22 ℃，最适温度为 10～20 ℃。秀珍菇是变温结实型菇类，原基分化温度不仅要求低于菌丝生长温度还需要给予一定的温差刺激，条件满足后子实体分化加快、出菇整齐、潮次明显。一般品种气温持续超过 28 ℃时难分化出原基。

(二) 湿度

菌丝生长阶段培养基的适宜含水量为 55%～60%。水分含量过高，氧气供给不足影响菌丝生长，进而影响产量。子实体生长阶段，栽培基质最适含水量为 60%～65%，空气相对湿度以 85%～95% 为好，低于 70%原基不易形成，高于 95%时易感染细菌。

(三) pH

秀珍菇适合在微酸性条件下生长，培养基最适 pH 6.0～6.5。

(四) 光照和通风

秀珍菇发菌期不需光照，但在出菇和菇体发育过程中需要一定的散射光。秀珍菇好气，在菌丝生长和菇体发育过程中均需要新鲜空气，尤其是出菇及生长过程中，如场地通风不畅，易长成畸形菇。

三、生活史

秀珍菇的生活史见图 9-3。

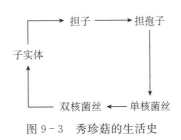

图 9-3　秀珍菇的生活史

第五节　秀珍菇种质资源

一、概况

我国最早栽培的秀珍菇品种是凤尾菇品种，系香港中文大学张树庭教授引自印度的栽培品种（在中国微生物菌种保藏管理中心普通微生物中心编号为 AS5.185，在中国微生物菌种保藏管理中心农业微生物中心编号为 ACCC50168）。目前秀珍菇商业品种通过国家认定的有秀珍菇 5 号（上海市农业科学院食用菌研究所选育）、中农秀珍（中国农业科学院农业资源与农业区划研究所选育）；省审品种有农秀 1 号（浙江省农业科学院选育）、苏夏秀 1 号（江苏省农业科学院蔬菜研究所选育）等。其他在生产上推广使用的品种：秀珍菇（TX-1）（泰安市农业科学研究院采集）、黑秀珍（甘肃省兰州市农业科学研究所采集）、台湾秀珍菇、秀珍菇 845、秀珍菇 9 号（华中农业大学菌种实验中心保藏）、秀珍菇 18、秀珍 193、秀珍 165、秀珍菇 12、秀丽 1 号、秀珍菇 2 等。

二、部分推广应用的商业菌株

1. 中农秀珍（国品认菌 2008027） 中国农业科学院农业资源与农业区划研究所从国外引进品种。子实体丛散生，中小型，大小均匀；菌盖浅棕褐色，菌柄白色、不连生；菌丝生长最适温度 25 ℃左右，出菇温度 10～20 ℃，最适出菇温度 12～14 ℃；子实体分化快而均匀，发育中不死菇；口感较同类品种清脆、幼嫩；储藏温度 3 ℃，1 ℃时细胞失水出现冷害。适合北方春、秋、冬季栽培和南方初冬季节栽培；栽培基质含水量 62%～64%，子实体生长期间空气相对湿度控制在 85%～92% 为宜；在适宜条件下，栽培周期 70～90 d，接种 20 d 后即可出菇，30 d 左右即可采收第一潮菇，一般可采收 3～4 潮，适合七成熟或更早采收。纯棉籽壳栽培条件下，生物学效率 70%～80%。

2. 秀珍菇 5 号（国品认菌 2008026） 上海市农业科学院食用菌研究所自印度引进品种系统选育。子实体单生或丛生，多数单生；菌盖呈扇形、贝壳形或漏斗状，直径 3～5 cm，菌盖生长初期浅灰色，后呈棕灰色或深灰色，成熟后变浅呈灰白色；菌柄白色、偏生，柄长受二氧化碳浓度影响，一般 4～6 cm。菌丝生长最适温度 25 ℃左右，子实体生长温度 10～32 ℃，最适生长温度 20～22 ℃，温度高于 25 ℃时菇蕾生长快，易开伞。栽培基质含水量 60%～70%，子实体生长期间空气相对湿度控制在 85%～95% 为宜。基质以木屑或稻草为主，生物学效率 60%～70%。

3. 苏夏秀 1 号 江苏省农业科学院蔬菜研究所选育（图 9-4），通过江苏省品种鉴定，编号苏农科鉴字 2011 第 12 号。菇盖茶褐色，采收期菇盖直径 1.5 cm 左右，菌柄长度 6 cm 左右，菇质鲜香脆嫩，出菇温度为 10～30 ℃，30 ℃能正常出菇，最高耐受 35 ℃，生长迅速，可在其他秀珍菇品种不能出菇的夏季栽培。菌丝活力强，需要温差刺激，适宜配方栽培生物学效率可以达到 90% 以上。

4. 农秀 1 号 浙江省农业科学院园艺研究所选育（图 9-5），2008 年通过浙江省非主要农作物品种认定。子实体单生或丛生，菌盖扇形，基部不下凹，商品菇柄长 3～6 cm、直径 0.7～1 cm，菇盖表面光滑，厚度中等，中部一般厚 0.6 cm，白色或灰白色。菌褶密集延生，白色，狭窄，不等长，髓部近缠绕型；菌柄白色，多数侧生，上粗下细，基部少绒毛。菌丝生长温度 10～35 ℃，最适温度 25～28 ℃。出菇温度 10～30 ℃，最适温度 18～22 ℃，经冷库低温刺激处理可以在夏季高温期（35 ℃左右）出菇。幼菇颜色较深，菇柄白色、粗长，菇盖厚实，不易破碎，商品性好。菌丝不易吐黄水，抗黄枯病能力较强。回潮期稍长，从接种到头潮菇采收一般需 50～60 d。

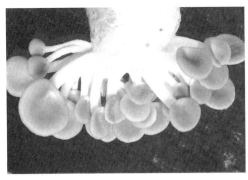

图9-4　苏夏秀1号 　　　　　　　　　　　图9-5　农秀1号

5. 秀珍菇（TX-1）（图9-6）　泰安市农业科学研究院采集野生菌株驯化（图9-7）。子实体丛生或散生；菌盖扇形，灰褐色；菌褶白色，延生，不等长；菌柄白色，偏生；菌丝生长最适温度23～25 ℃，出菇温度10～28 ℃，最适出菇温度15～23 ℃；适合北方春末夏初、夏末秋初栽培；栽培基质含水量55％～65％，子实体生长期间空气相对湿度控制在85％～95％为宜；较适应大豆秸秆、玉米芯、玉米秸秆、工厂化栽培金针菇或杏鲍菇菌渣为主的基质，在适宜条件下生物学效率80％～90％。

图9-6　秀珍菇（TX-1）　　　　　　　　　图9-7　野生资源

第六节　秀珍菇种质资源研究和创新

　　种质资源是育种的基础，食用菌种质资源评价传统方法主要有拮抗试验法和酯酶同工酶法。泰安市农业科学研究院对引进的9个秀珍菇主栽品种进行了拮抗试验（图9-8），将其分为不同的4个组；进一步对9个供试菌株进行了品比试验，筛选出适合本地区栽培的优质高产菌株。同时，通过野生资源的采集和人工驯化栽培丰富本地区种质资源。

　　近年来分子标记的发展与应用大大推动了种质资源材料间的遗传学关系分析和资源利用研究，通过分子标记揭示出的不同物种分子水平上的多态性可反映出生物物种间甚至种间的遗传多样性。主要应用的分析标记类型有 RAPD、RFLP、IGS、ISSR、SCAR、

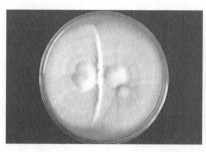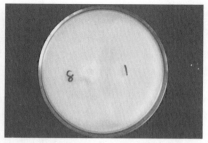

图 9 - 8　秀珍菇拮抗试验

SRAP、EST - SSR 等。郭力刚等（2000）分析了在不同国家和地区栽培的 8 个秀珍菇菌株的农艺性状，利用现代分子生物学技术扩增获得秀珍菇菌株 RAPD 的 DNA 指纹图谱，并构建其树状遗传聚类图。结果表明，这些菌株存在较大的遗传差异，亲缘关系相差较大，相似性系数为 0.333～1.000。卢启泉（2007）通过秀珍菇 34 个菌种的 SRAP、RAPD 和 ISSR 综合分析，采用 Jaccard 聚类距离中的类平均法（UPGMA）进行聚类分析发现：Pl. g0017、Pl. g0018 和 Pl. g0019，Pl. g0029、Pl. g0030 和 Pl. g0031，这两组菌种间的亲缘关系很近，可能为"同种异名"。此外，利用 SRAP、RAPD 和 ISSR 技术，通过 DPS 软件系统，采用 Jaccard 聚类距离中的类平均法（UPGMA）进行聚类分析，在 $D=0.57$ 相异系数水平上将 34 个供试菌株分为 8 个群体。忻雅等（2008）对 10 个秀珍菇菌株进行了 RAPD 标记、EST - SSR 标记及二者相结合的聚类分析。3 种分析结果相近，且与菌丝、子实体生长特性分析结果相统一，将 10 个供试菌株区分为 5 组。卢政辉（2008）对 22 个秀珍菇栽培菌株及其近缘种的总 DNA 进行 SRAP 分析，5 对引物共获得 47 条较为明显的扩增条带，其中包含 9 条菌株特异性标记条带。利用 47 条扩增条带对 22 个菌株进行聚类分析，获得亲缘关系树状图。结果显示：在 14% 的相似值上，22 个菌株可以分为两大类群，而在 100% 相似值上，可分为大小 10 个类群，其中 8 个类群只包含单个菌株，其余 2 个类群分别包含 4 个和 10 个菌株。朱坚等（2009）收集了国内 36 个命名为秀珍菇的菌株，进行 ITS 特异性扩增，结果显示菌株间没有多态性。根据 ITS-RFLP 及 ITS 序列，将 36 个菌株分为两类，第一类菌株包括 5 个菌株，是糙皮侧耳；其余 31 个菌株归入第二类，是凤尾菇。朱坚认为结合 ITS-RFLP、ITS 序列分析、交配亲和性研究结果，秀珍菇的学名定名为 *P. geesteranus* 不妥，应该是 *P. pulmonarius*（凤尾菇）。张黎杰（2009）从 30 株秀珍菇菌株中只发现了秀珍菇菌株 4 个 A 因子和 3 个 B 因子，一方面表明了我国秀珍菇的交配型因子并不具有多样性的特点，秀珍菇菌株的种质资源较为匮乏；另一方面也说明了可能大多数秀珍菇原本是同一菌株，由于菌种相互串引，随意命名，随意编号，然后栽培出菇冠以新名，使得菌种间同物异名的现象普遍存在。

第七节　秀珍菇栽培技术

一、秀珍菇常规栽培技术

1. 原料配方　干燥无霉变的玉米芯、玉米秸、大豆秸、棉籽壳、木屑、工厂化栽培的食用菌菌渣等都可以利用，玉米秸、大豆秸用机械粉碎，长度以 0.5～1 cm 为宜，玉米芯粉碎至粒度为 0.5～0.8 cm。所用石灰应是新鲜生石灰块，预先加少量水粉开，过细筛（孔径 1～2 mm）备用。

（1）玉米芯、玉米秸、棉籽壳复合配方

配方 1：玉米芯 68%，玉米秸 15%，麸皮 15%，石灰 2%，复合肥 0.2%。

配方 2：玉米芯 13%，玉米秸 70%，麸皮 15%，石灰 2%，复合肥 0.2%。

配方 3：玉米芯 37%，棉籽壳 50%，麸皮 10%，石灰 3%。

（2）大豆秸、棉籽壳复合配方

配方 1：大豆秸 58%，棉籽壳 15%，锯末 10%，麸皮（玉米面）15%，另加石灰 2%，复合肥 0.2%。

配方 2：大豆秸 28%，棉籽壳 65%，麸皮 5%，石灰 2%，复合肥 0.2%。

配方 3：大豆秸 37%，棉籽壳 50%，麸皮 10%，石灰 3%。

（3）以棉籽壳为主的复合配方

配方 1：棉籽壳 78%，玉米芯 10%，麸皮 10%，石灰 2%，复合肥 0.2%。

配方 2：棉籽壳 78%，大豆秸 10%，麸皮 10%，石灰 2%，复合肥 0.2%。

配方 3：棉籽壳 48%，杂木屑 40%，麸皮 10%，石灰 2%，复合肥 0.2%。

（4）添加菌渣复合配方　工厂化生产金针菇菌渣或杏鲍菇菌渣 30%，玉米芯 28%，棉籽壳 30%，麸皮 10%，石灰 1%，石膏 1%。

2. 装袋灭菌（熟料栽培）　栽培袋采用耐高温的低压聚乙烯或耐高温高压的聚丙烯。栽培袋规格 17 cm×35 cm 或 22 cm×45 cm。玉米芯、玉米秸、大豆秸、木屑提前一天拌料预湿，其他辅料加入水中与棉籽壳一起拌匀，再将各种原料混合。复合料拌匀后的含水量为 60%～65%。拌好的料先堆放 1～2 h，充分吸水后再装袋，如果场地允许，可采取发酵 3～5 d 再装袋。装入的培养料要求松紧适宜，不宜过松。然后进行高压灭菌或常压灭菌。

3. 接种培养　接种在超净工作台上操作，也可以在无菌的接种箱、接种罩或接种室内进行。打开袋口，迅速从瓶中挖出菌种，直接放入袋内，并将袋口表层培养料完全覆盖，用绳扎紧袋口。

培养发菌场所要求清洁卫生，干燥，通风良好，遮光。使用之前，喷洒消毒剂和杀虫剂。培养发菌温度控制在 20～26 ℃。经常通风换气，保持室内空气新鲜。料温 23 ℃左右，菌丝生长快而健壮，如果低于 15 ℃，要采取加温措施，尤其在接种后，应立即把发菌场所温度升上去，以保证菌种尽快萌发生长。否则，如果菌种长期不萌发，就会增加感染率。培养 10 d 后，检查一次发菌情况，将感染杂菌的菌袋捡出。

4. 出菇管理　当菌丝长满栽培袋后，发菌室温度降至 18～22 ℃，维持 1 周左右，将栽培袋搬进菇房或塑料大棚等出菇场所，层架排放或墙式排放，创造适宜条件促使出菇。工厂化栽培根据秀珍菇生长条件调控；设施大棚等场所出菇建议使用微喷设备进行增湿，减少大水漫灌造成的资源浪费，降低劳动强度，并有效减少病害。秀珍菇原基形成时间一般比平菇提前 5～7 d，一般开袋 5 d 左右出菇，11～14 d 就可采收。

5. 病虫害防治　采取以净化栽培环境、预防为主的综合防治措施。在菌丝生长温度范围内，降低发菌温度控制污染率，减少出菇期病害。利用喷雾带或雾化喷头进行增湿，减少黄斑病的发生。出菇场所通风口全部使用 60 目以上防虫网，门口安装防虫灯，内部悬挂粘虫板，及时诱杀害虫。

二、秀珍菇高温季节栽培技术

每年 5~9 月是食用菌生产淡季。反季节栽培秀珍菇能够弥补高温季节食用菌少的不足，同时价格可观，能够有效提高经济效益。下面介绍一种简单易行的秀珍菇反季节栽培方法。

1. 栽培设施的改进 菇棚内、外均增设微喷灌（图 9-9、图 9-10）。菇棚外的喷灌摆放在菇棚上方，与草苫子间隔摆放，作用主要是降低温度，而菇棚内的喷灌通过喷水既能增加棚内湿度也能有效降低温度。高温反季节栽培秀珍菇，由于温度高，容易发生病虫害，因此应严格控制好环境卫生，原材料灭菌处理要彻底。出菇场所所有通风口和门都需安装防虫纱网，防止菇蚊、菇蝇等害虫侵入，定期进行周边环境卫生的清理和杀虫。菇棚门口安装杀虫灯，菇棚内悬挂粘虫板，及时诱杀害虫。

图 9-9 菇棚外增设微喷灌　　　　　　图 9-10 菇棚内增设微喷灌

2. 栽培管理的改进 菇棚内摆筐发菌（图 9-11），将接种的菌袋放入筐内，摆放菌袋的筐子整齐地置于菇棚内，每行间留有排水沟。温度过高时，可以通过排水有效降低温度。菌袋放入筐内比直接摆放地上干净，能够有效防止杂菌的污染，同时操作起来比较方便。待菌袋发满菌后移到出菇架上进行出菇管理。菌袋层架式摆放，排袋时菌袋每层均用两根竹片间隔（图 9-12）。层架式摆放菌袋能够有效节约空间，同时菌袋间的间距能够避免烧袋，也有利于温度的降低。一般出菇期每天需喷水 3 次，每次约 30 min，可根据温度进行调整，一般菇棚内温度降至 25 ℃即可停止喷水。利用菇棚内外的微喷灌设施调控温度，比用空调进行温度调控节省能源降低成本。

反季节栽培秀珍菇大棚最好建在树多、靠近水源的地方，因为这种地方昼夜温差比较大，有利于秀珍菇原基分化。建 1 个长 100 m 的上述大棚成本约 7 万元，其中喷灌大约需要 2 000 元，菌袋排放用的架子成本约 5 000 元。这种菇棚的建设成本虽然比普通大棚高出几千元（喷灌、架子和防虫网的费用），但比使用空调等来调控温度成本低得多。利用上述方法进行秀珍菇反季节栽培，6~9 月均可出菇，且生物学效率能够达到 80%~100%。鲜菇非常畅销，售价为 8~10 元/kg，效益可观。

图 9 - 11　摆筐发菌

图 9 - 12　每层菌袋用两根竹片间隔

（安秀荣）

参考文献

郭力刚，冯志勇，谭琦，等，2000. 秀珍菇菌株遗传差异研究初报 [J]. 食用菌学报，7（4）：4 - 7.

兰玉菲，王庆武，安秀荣，等，2012. 秀珍菇反季节高产栽培技术 [J]. 食用菌（3）：44.

卢启泉，2007. 四类平菇种质资源的分子标记分析 [D]. 福州：福建农林大学.

卢政辉，2008. 秀珍菇及其近缘 22 株菌株的 SRAP 分析 [J]. 江西农业学报，20（11）：8 - 10.

忻雅，阮松林，王世恒，等，2008. 基于 RAPD 和 EST - SSR 标记的秀珍菇菌株聚类分析 [J]. 食用菌
　　学报，15（4）：20 - 25.

张金霞，黄晨阳，郑素月，等，2005. 平菇新品种——秀珍菇的特征特性 [J]. 中国食用菌（4）：26 - 25.

张黎杰，2009. 秀珍菇等四种侧耳属食用菌的交配型分析及其基因克隆 [D]. 福州：福建农林大学.

朱坚，刘新锐，谢宝贵，等，2009. 秀珍菇种质资源的 ITS - RFLP 分析 [J]. 福建农林大学学报，38
　　（2）：186 - 191.

菌类作物卷

第十章

金 顶 侧 耳

第一节 概 述

金顶侧耳（*Pleurotus citrinopileatus*）菌盖呈黄色，又称金顶蘑、玉皇蘑、榆黄蘑。英文名为 golden oyster mushroom 或 elm yellow mushroom（王柏松等，1988）。金顶侧耳是东北地区著名的食药兼用真菌。20 世纪 70 年代开始人工驯化培养，80 年代中期，在吉林、黑龙江、山西、江苏等省已有大面积栽培。生长周期约 3 个月，不耐高温。金顶侧耳分解力强，可以利用玉米芯、木屑、蔗渣、稻草、酒糟、棉籽壳、豆秸、甜菜渣等多种农林副产物进行生产，生物学效率高。金顶侧耳适应性广、抗逆性强，不仅能在阔叶树的枯木和木屑上生长，也可在多种农作物的副产品上生长，而且可栽培于大棚或露地，使金顶侧耳生产由室内走向室外，改平面栽培为立体栽培，结合露地和保护地生产，已经实现周年生产（沈海川，1986）。金顶侧耳色泽艳丽，味道鲜美，既适合鲜食，又可利用冷冻、快速脱水干燥、盐渍等方法进行加工。金顶侧耳子实体具有高蛋白、低糖、低盐、低脂肪的特点，但不饱和脂肪酸含量却很高，能有效降低血脂、预防肥胖及心血管疾病（章克昌，2002）。含有人体必需的各种氨基酸及钾（K）、磷（P）、铁（Fe）、钙（Ca）、钠（Na）、镁（Mg）、锰（Mn）等中微量元素，但对人体有害的重金属铜（Cu）、锌（Zn）含量却极低（Ghosh et al.，1990，1991），并发现金顶侧耳中还含有对人体有益的微量元素硒（Se）和锗（Ge）（刘晓峰等，1998）。据我国的医学文献记载，金顶侧耳入药有滋补强壮之效，可治疗虚弱、萎症、痢疾，民间用于治疗肺气肿。从子实体中分离出的活性成分具有抗肿瘤、增强机体免疫力、利尿、止咳平喘、抗衰老的作用（王慧杰，2001）。

第二节 金顶侧耳的起源与分布

金顶侧耳的栽培起源于中国。金顶侧耳分布于我国东北、河北、四川和云南等地，日本、东南亚、欧洲、北美洲也有分布，在温暖多雨的夏秋季节腐生于榆、栎、桦、杨、柳、核桃等阔叶树的枯立木干基部、伐桩和倒木上（图力古尔等，2001）。20 世纪 70 年代开始对野生的金顶侧耳进行组织分离和驯化等研究。

第三节　金顶侧耳的分类地位与形态特征

一、分类地位

金顶侧耳（*Pleurotus citrinopileatus*）属担子菌门（Basidiomycota）蘑菇纲（Agaricomycetes）蘑菇目（Agaricales）侧耳科（Pleurotaceae）侧耳属（*Pleurotus*）。

二、形态特征

金顶侧耳子实体丛生或覆瓦状叠生。菌盖初期为扁半球形或半球形，中部下凹呈喇叭状或浅漏斗形，边缘平展或波浪状，颜色金黄至浅黄，老熟后颜色变浅，有的品种菌盖表面带有浅色的条纹，菌盖直径 2～13 cm。菌肉白色，质脆。菌褶白色，长短不一，与菌柄延生。菌柄偏生或近中生，白色，长 1.5～11.5 cm，粗 0.4～2 cm。常数个或数十个柄基部连在一起。成熟子实体的菌盖表皮到两菌褶腔距离为 193.6～503.5 μm，子实层厚度为 110.1～184.5 μm，担子长度为 14.7～24.0 μm，孢子印白色至淡紫色。孢子无色，长椭圆形，一端有尖突，表面光滑，内有一个细胞核。孢子的平均大小（长×宽）为（5.66～8.25）μm×（2.06～3.38）μm。初生菌丝有一个细胞核在两个横隔膜间，次生菌丝有两个细胞核在两个横隔膜间，具有锁状联合结构（崔丹，2012）。

第四节　金顶侧耳的生物学特性

一、营养要求

（一）碳源

碳素是金顶侧耳的重要能量来源，也是合成氨基酸的原料。大分子的碳素主要以木质素、纤维素、半纤维素和淀粉等形式存在，小分子物质为葡萄糖、蔗糖等。金顶侧耳为木腐菌，能够分泌胞外酶，具有分解木质素、纤维素和半纤维素的能力，将大分子物质分解成小分子物质再被吸收利用，因此不仅可在阔叶树和木屑上生长，亦可在多种农副产品如棉籽壳、高粱壳、玉米芯、麦秸、蔗渣、甜菜渣、酒糟、稻草、大豆秸等上生长。

（二）氮源

氮素是金顶侧耳生长必需的营养成分，主要的氮源有氨基酸、蛋白质、铵盐和尿素等。与碳素营养的利用方式相同，菌丝体必须分泌胞外酶将大分子的氮素营养分解成小分子物质再加以利用。在生产中一般以玉米粉、麦麸、饼肥等物质作为氮源。在菌丝体营养生长阶段，培养基中适宜的含氮量为 0.016%～0.064%，在生殖生长阶段含氮量应保持在 0.016%～0.032%。

（三）矿物质

金顶侧耳的生长发育还需要少量的矿物质，如碳酸钙、硫酸钙、硫酸镁、磷酸二氢钾和磷酸氢二钾等。一般来说，培养料中如木屑、米糠、麦麸、秸秆和水中的含量已基本能满足其生长发育需要，生产中很少添加无机盐类。在实际生产中应根据培养料的养分组成，适当添加石膏、石灰、磷酸二氢钾等来满足金顶侧耳对无机盐类的需求。

（四）维生素

维生素作为金顶侧耳物质代谢中辅酶的组分是其生长所必需的，但金顶侧耳对这类物质的需要量极少。如维生素 B_1 在米糠和麦麸等培养料中含量较多，所以在生产中配制培养料时一般不再另行添加。

二、环境要求

（一）温度

金顶侧耳菌丝生长温度为 $12\sim30$ ℃，最适温度为 $23\sim27$ ℃，温度高于 30 ℃时，菌丝体的生长受到抑制，32 ℃时菌丝体很难生长。子实体生长发育温度为 $10\sim29$ ℃，最适温度为 $17\sim23$ ℃。温度高于 24 ℃后，产量下降。随着温度降低，子实体生长发育的速度减缓，产量降低，颜色变深；随着温度的升高，子实体生长发育的速度加快，超过最适温度范围，菇盖薄，产量开始下降。金顶侧耳子实体的分化不需要变温刺激，一般在 $14\sim28$ ℃均可形成菇蕾，$17\sim25$ ℃为适宜温度（杨儒钦等，1997）。

（二）湿度

水分是金顶侧耳生长发育过程中保证新陈代谢和吸收营养不可缺少的基本条件，各个阶段对水分有不同要求。在菌丝体生长阶段，栽培金顶侧耳的培养料中水分含量要求为 $60\%\sim65\%$，进入生殖生长阶段培养料中的水分含量要求为 $70\%\sim75\%$。同时，金顶侧耳子实体生长对空气湿度要求也较高，一般为 $80\%\sim90\%$。湿度过低，幼菇生长速度减缓，产量和品质下降。湿度过高容易导致病害发生，而且这种条件下生产的产品菌盖脆且易碎，对商品性状产生较大的影响。

（三）pH

pH $5\sim7$，菌丝生长良好，当 pH<4 或>7.5 时，菌丝稀疏，生长速度变慢，进而造成出菇困难（沈海川等，1982）。在生产中，由于培养料需要进行灭菌处理，导致其 pH 有所下降；另一方面，由于菌丝体在生长过程中会产生一些酸性的代谢产物，造成培养料中的 pH 降低。因此在配制培养料时一般通过添加 1% 的石膏来提高其 pH，避免由于培养料在灭菌和菌丝体培养阶段 pH 的降低对生产造成影响。

（四）光照

金顶侧耳在不同的生长阶段对光照的要求不同。在菌丝体生长阶段不需光照，在子实体生长发育时需要一定的散射光。在 500 lx 以内，随着光照度的提升子实体颜色呈现加深的趋势，说明光照能够促进子实体色素的合成。因此，在金顶侧耳出菇阶段要注意光照的控制，避免颜色变淡，降低产品的品相。

（五）空气

金顶侧耳在不同生长阶段对氧气含量要求不同。在菌丝体生长阶段，对氧气的需要量较低，随着营养生长向生殖生长过渡，对氧气的需要量逐渐增加。二氧化碳浓度对子实体的生长发育也会产生一定的影响。空气中的二氧化碳浓度过高会抑制子实体的生长，造成菌盖变小。因此，在室内栽培时，一定要保障良好的通风换气条件。

三、生活史

金顶侧耳生活史见图 10-1。

（1）孢子萌发产生芽管或者沿孢子的长轴伸长，生活史开始。

（2）单核菌丝开始发育。每一个单核菌丝细胞中含一个具相同遗传物质的单倍体细胞核，故又称为同核菌丝体。单核菌丝体能独立地、无限地进行繁殖。

（3）两条可亲和的单核菌丝进行质配。

（4）形成双核菌丝。交配的两条单核菌丝，在有性生殖上是可亲和的，在遗传性质上是不同的单倍体，配对时菌丝体的每个细胞都有一对细胞核，每个横隔膜处通常产生一个锁

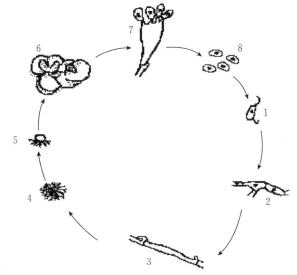

图 10-1　金顶侧耳生活史
1. 担孢子萌发　2. 单核菌丝　3. 双核菌丝　4. 菌丝体
5. 原基　6. 子实体　7. 担子　8. 担孢子

状联合。双核菌丝体是一种特殊的异核菌丝体，能独立地、无限地进行繁殖。

（5）在适宜的环境条件下，双核菌丝体先端产生子实体。

（6）在子实体中，双核菌丝体的先端形成担子，担子在菌褶的表面内壁排列成子实层。

（7）来自两个亲本的一对遗传性质不同、可亲和的单倍体核在担子中进行核配。形成双倍体核。

（8）双倍体核立刻进行减数分裂，在此期间，交配双方的遗传物质进行重组和分离，产生 4 个单倍体核。每个单倍体核都移到担子小梗的顶端，形成 1 个担孢子。在正常情况下，每个担子形成 4 个单核的担孢子。

（9）担孢子弹射后，在担孢子萌发过程中，细胞核发生一次有丝分裂，生活史又重新开始（姚方杰，2002）。

第五节　金顶侧耳种质资源

一、概况

根据《金顶侧耳 DUS 测试指南》，菌丝浓密程度分成 3 类，稀疏、中等和浓密；气生

菌丝发达程度分为 3 类，不发达、中等和发达。从生育期看，金顶侧耳不同品种的原种生育期一般为 17～24 d，栽培种生育期一般为 32～50 d，可分成较短、中等和较长 3 类；不同品种的子实体原基发生时间一般为 45～62 d，不同品种的采收时间一般为 57～72 d，可分成较短、中等和较长 3 类。从农艺性状来看，菌盖颜色可分为浅黄、黄和深黄 3 类；菌盖和菌柄的硬度可分为脆、中和致密 3 类；菌盖边缘状态可分为平滑和褶皱 2 类；从数量性状看，菌盖直径和菌柄长度可分为较短、中等和较长 3 类；菌盖与菌柄比值一般为 1.37～2.88，可分为小、中和大 3 类；菌盖厚度可分为薄、中等和较厚 3 类；菌柄直径可分为较小、中等和较大 3 类；子实体丛生有效茎数一般为 21～41，可分为少、中和多 3 类。从产量看，第一潮菇和第二潮菇产量占总产量的比例可分为小、中和大 3 类。

二、优异种质资源

1. 旗金 1 号 该品种为吉林农业大学选育的杂交品种，2011 年通过吉林省农作物品种审定委员会审定（吉登菌 2011005）。具有丰产、抗杂等特性。属中温中早熟、晚熟品种，春茬从接种到采收 55～75 d，菌丝体洁白浓密，子实体金黄色、丛生、喇叭形，抗杂能力较强，品质佳、商品性好。单个子实体直径 3.5～7.8 cm，菌盖厚 0.45～0.75 cm，生物学效率 85.7%。

春季栽培 4 月接种，秋季栽培 8 月接种，大棚、温室栽培。栽培袋选用规格为 22 cm×（43～45）cm 塑料袋，每袋装干料 1 kg，一般采用熟料（或者发酵料）栽培，5～7 层菌袋堆垛，两头出菇。基本配方为玉米芯（或木屑）78%、麸皮（或米糠）20%、石膏 1%、玉米粉 1%，发菌温度 20～25 ℃，20～30 d 发好菌后两端解口出菇，原基发生温度为 20～25 ℃，空气相对湿度 85%～90%，每天通风 2～3 次，要求 300～800 lx 散射光，8～11 d 现蕾。现蕾后的子实体生长期每天喷水 3～4 次，每次不超过 1 h，避免向菇蕾上喷水，保持湿度 85%～90%，防止形成畸形菇。子实体长大后不忌讳直接喷水其上。子实体六七分熟时成丛采收，一般采收 3～4 潮。

母种采用常用的 PDA 培养基，原种采用颗粒培养基（玉米、高粱、麦粒），高压灭菌后接种培养，栽培种采用玉米芯（或木屑）78%、麸皮 20%、石膏 1%、玉米粉 1%的配方，含水量为 60%～65%，高压灭菌。菌种在严格控制温度（24 ℃±2 ℃）的恒温条件下培养，母种需要 1 周时间，原种需要 18～25 d，栽培种需要 25～30 d，一般菇农采用粗放式培养时，需要更长时间。一般春季栽培，12 月上中旬培养母种，12 月下旬至翌年 2 月上旬培养原种，2 月中旬至 4 月初培养栽培种。

2. 旗金 2 号 该品种为吉林农业大学培育的杂交品种，2011 年通过吉林省农作物品种审定委员会审定（吉登菌 2011006）。具有早熟、抗杂和丰产等特性。属中温中熟品种，从接种到采收春茬需要 50～70 d，秋茬需要 20～45 d。菌丝体洁白浓密，子实体金黄色、丛生、喇叭形，抗杂能力较强，品质佳、商品性好。单个子实体直径 3.4～5.1 cm，菌盖厚 0.37～0.63 cm，生物学效率 84.9%。

旗金 2 号的栽培管理和菌种培养同旗金 1 号。

3. 吉金 1 号 该品种为吉林农业大学选育的品种，通过野生菌株的系统选育而成，2012 年通过吉林省农作物品种审定委员会审定（吉登菌 2012011）。具有中熟和丰产等特性。中温、中熟品种，春茬从接种到采收 60～70 d，菌丝体洁白浓密，子实体深黄色、丛生、喇叭形，抗杂能力较强，品质佳、商品性好。单个子实体直径 3.1～8.0 cm，菌盖厚 0.48～0.78 cm，生物学效率 86.9%。

春茬 4 月接种，秋茬 8 月接种。大棚、温室熟料或发酵料栽培，栽培袋规格为 22 cm×（43～45）cm 塑料袋，每袋装干料 1 kg。基本配方为玉米芯（或木屑）78%、麸皮（米糠）20%、石灰 1%、玉米粉 1%。5～7 层菌袋堆垛发菌，温度 25～28 ℃。出现原基后两端解口出菇，温度为 20～25 ℃，空气相对湿度 85%～90%，每天通风 2～3 次，要求散射光。现蕾后的子实体生长期每天喷水 3～4 次，禁止直接向菇蕾上喷水，保持相对湿度 85%～90%。子实体六七分熟时成丛采收，一般采收 3～4 潮。

一般 12 月上中旬培养母种，12 月下旬至翌年 2 月上旬培养原种，2 月中旬至 4 月初培养栽培种。母种使用常规 PDA 培养基，原种使用颗粒培养基（玉米、高粱、麦粒），栽培种使用玉米芯（木屑）78%、麸皮 20%、石灰 1%、玉米粉 1% 的培养料配方，含水量为 60%～65%。菌种在 24 ℃±2 ℃恒温条件下培养会适当缩短生育期，农艺式生产时需要更长时间。

4. 旗金 3 号　该品种为吉林农业大学培育的杂交品种，2012 年通过吉林省农作物品种审定委员会审定（吉登菌 2012012）。具有中早熟和丰产等特性。春茬从接种到采收 52～65 d，菌丝体洁白浓密，子实体浅黄色、丛生、喇叭形，抗杂能力较强，品质佳、商品性好。单个子实体直径 3.4～7.7 cm，菌盖厚 0.43～0.76 cm，生物学效率 85.8%。

旗金 3 号的栽培管理和菌种培养同吉金 1 号。

第六节　金顶侧耳种质资源研究和创新

一、金顶侧耳种质资源研究

姚方杰对金顶侧耳交配型系统的构成与特点、温度遗传规律及基因连锁图谱等遗传育种规律进行了大量研究，结果发现金顶侧耳交配型系统类型为四极性，由 A、B 两对不亲和性因子控制。同时确定了不亲和性因子和营养缺陷标记所在的连锁群以及其他连锁群的基因组成、排列顺序，作出了金顶侧耳基因连锁图谱（姚方杰等，2002，2003）。彦培璐（2010）对金顶侧耳交配型进行了多样性分析，并对金顶侧耳 A、B 因子的不亲和性因子数进行计算，同时估算出金顶侧耳可能存在的不亲和性因子总数，为金顶侧耳遗传育种研究提供了科学依据。在计算不亲和性因子数的基础上选育出金顶侧耳优良菌株，并总结出配套栽培技术。崔丹（2012）采用植物显微技术、同工酶技术、ISSR 分子标记方法，对金顶侧耳种质资源进行多样性研究。通过植物显微技术对金顶侧耳的担孢子、单核菌丝体、双核菌丝体、原基、子实体等显微结构进行了观察和测量。通过 ISSR 技术在分子水平上对来源于日本及我国四川、吉林和北京的金顶侧耳菌株进行了遗传多样性分析，结果表明供试的 20 个金顶侧耳菌株间具有比较丰富的遗传多样性。大部分来自同一地区的栽培菌株可以聚为一类，不同地区栽培菌株聚为另一类，可能与金顶侧耳菌株之间频繁引种等现象密切相关。结果说明应用 ISSR 技术可以有效区分金顶侧耳各品种。采用聚丙烯酰胺凝胶电泳对 20 个金顶侧耳菌株酯酶同工酶进行了研究，结果表明金顶侧耳酯酶同工酶酶谱具有丰富的多样性。共检测出 14 条酶带，其中迁移率相同酶带 3 条，迁移率不同酶带 11 条，多态性为 78.6%。聚类分析的树状图中，相似系数 0.80 时可将供试菌株分成七大类。这可能与目前各个地区互相穿插引种、菌种管理情况等有关（崔丹等，2012）。

二、金顶侧耳种质资源创新方法

1. 单—单杂交 在培养皿中进行，在每一培养皿的琼脂平板上接入杂交亲本的单核菌丝各一块，二者的距离为 3 cm。在适宜的温度下培养，当两单核菌丝接触后，镜检接触处的菌丝体如发现为双核菌丝，即可挑取一小块菌丝体移植到斜面培养基上。

2. 镜检 光学显微镜下观察菌丝锁状联合的有无，有锁状联合的鉴定为杂交菌株。

3. 生理特性鉴定 将镜检后具有锁状联合的杂交菌株与其亲本进行体细胞不亲和性试验，杂交菌株和两个亲本之间相距 2 cm 时同时接入培养皿内，置于 25 ℃培养箱中避光培养，13 d 后观察拮抗线的有无，确定生理特性异同，筛选出与亲本不亲和的杂交菌株进行酯酶同工酶的鉴定。

4. 酯酶同工酶鉴定

（1）菌丝体样品制备 将杂交菌株、亲本单孢、亲本接种在完全培养基试管斜面上，25 ℃避光培养菌丝体长满斜面，无菌条件下将菌块接种于三角瓶中，在 25 ℃、100 r/min 条件下振荡培养 15 d 后待用。

（2）样品处理 将培养的菌丝体过滤，放入已经预冷的研钵中，将样品提取液和酶样以 1∶1 的比例加入研钵中，倒入液氮防止样品失活，充分并尽快研磨，将研磨后的样品置于 4 ℃、12 000 r/min 的冷冻离心机中离心 15 min，上清液即为同工酶提取液，−80 ℃下冷藏备用。

（3）凝胶制备 分离胶的浓度为 9.0%，药品及其比例：分离胶缓冲液∶分离胶母液∶双蒸水∶过硫酸铵溶液＝2∶5∶1∶8，搅拌均匀后，迅速注入干净的凝胶玻璃板中，灌胶完毕后在上面加入少量的蒸馏水防止胶面不平，待胶凝固后方可使用。浓缩胶的浓度为 7.0%，药品及其比例：浓缩胶缓冲液∶浓缩胶母液∶双蒸水∶过硫酸铵溶液＝1∶2∶1∶4，搅拌均匀后迅速注入凝胶玻璃板，插好样品梳后待胶凝固方可使用。

（4）点样 待浓缩胶凝固完全后，小心抽出样品梳，并注入电极缓冲液。

将同工酶提取液和甘油溴酚蓝指示剂溶液按 10∶1 的比例混匀后，取 20 μL 电泳样品逐个样孔加入。

（5）电泳 电泳条件为浓缩胶电压 130 V，当前沿指示剂在分离胶上时，变换电压为 260 V，当溴酚蓝前沿指示剂离凝胶玻璃板约 1 cm 时，停止电泳。

（6）染色 染色的条件为 37 ℃、15 min，待凝胶片上出现红褐色的同工酶谱带后，用蒸馏水将凝胶片上的多余染色液冲洗掉，之后放入 7%乙酸溶液中对其谱带进行定色固定，并置于 4 ℃的条件下保存。

（7）酯酶同工酶统计分析 测量定色固定好的酯酶同工酶凝胶片上的谱带迁移距离（d_n）以及溴酚蓝前沿指示剂的迁移距离（d），计算条带 n 的迁移率（Rf_n），即 $Rf_n = d_n/d$。同时对酯酶同工酶凝胶片进行图像采集并保存。在谱带迁移的位置上，对谱带的有无进行观察记录分析，有谱带出现的记为"1"，未出现的记为"0"，并用相应软件进行分析建立聚类分析图。

（姚方杰）

参考文献

崔丹，2012. 金顶侧耳种质资源多样性的研究 [D]. 长春：吉林农业大学 .

崔丹，姚方杰，张友民，2012. 金顶侧耳酯酶同工酶多样性的研究 [J]. 北方园艺（10）：179 - 181.

刘晓峰，李玉，孙晓波，等，1998. 榆黄蘑（*Pleurotus citrinopileatus*）成分和药用活性的研究 [J]. 吉林农业大学学报，20（增刊）：181.

沈海川，1986. 榆黄蘑栽培 [M]. 北京：中国林业出版社 .

沈海川，邱树功，1982. 榆黄蘑人工栽培试验 [J]. 食用菌（1）：9 - 10.

图力古尔，李玉，2001. 我国侧耳属真菌的种类资源及其生态地理分布 [J]. 中国食用菌，20（5）：8 - 9.

王柏松，江日仁，1988. 金顶侧耳的生物学特性观察 [J]. 食用菌，10（3）：6.

王慧杰，2001. 食用菌的药用保健价值 [J]. 食用菌（3）：41 - 42.

彦培璐，2010. 金顶侧耳不亲和性因子多样性及优良品种选育研究 [D]. 长春：吉林农业大学 .

杨儒钦，杨雪梅，1997. 榆黄蘑的生物学特性 [J]. 食用菌（1）：15.

姚方杰，2002. 金顶侧耳基因连锁图谱与双—单交配机制解析及高温型菌株选育研究 [D]. 长春：吉林农业大学 .

姚方杰，李玉，2002. 金顶侧耳交配型系统特性的研究 [J]. 吉林农业大学学报，24（2）：61 - 63.

姚方杰，李玉，2003. 金顶侧耳不同交配型营养缺陷突变菌株的制备 [J]. 吉林农业大学学报，25（3）：270 - 274.

章克昌，2002. 药用真菌研究开发的现状及其发展 [J]. 食品与生物技术，21（1）：99 - 103.

Ghosh N，Mitra D K，Chakravarty D K，1991. Composition analysis of tropical white oyster mushroom（*Pleurotus citrinopileatus*）[J]. Ann Appl Biol，118（3）：527 - 532.

Ghosh N，Chakravarty D K，1990. Predictive analysis of the protein quality of *Pleurotus citrinopileatus* [J]. J Food Sci Technol，27（4）：236 - 238.

第十一章

香　菇

第一节　概　述

一、香菇的营养价值和药理作用

1. 香菇的营养价值　香菇具有很高的营养价值，素有"山珍""菇中之王"的美称。其蛋白质含量高，维生素和矿物质含量丰富。100 g 鲜香菇的热量约 167 J，与其他果蔬类及植物性食物相比，香菇是一种高蛋白、低热量的食品。据科学试验测定，干香菇中含蛋白质 19%～20%、脂肪 4%、糖类 59%～70%、粗纤维 7%、核酸类物质 4%、矿质元素 4%～9%，此外还包含维生素 C、维生素 B_1、维生素 B_2、维生素 E 和胡萝卜素等。香菇蛋白质的组成不同于一般粮食作物，其所含的蛋白质品质较好，主要成分为白蛋白、谷蛋白和醇溶蛋白，这三者的比例约为 100∶63∶2。香菇中含有 30 多种酶和 18 种氨基酸，人体必需的 8 种氨基酸中香菇有 7 种，其中，精氨酸和赖氨酸含量丰富，有很好的增智健脑作用。香菇含有一般蔬菜所缺少的维生素 D 原（麦角甾醇），可增强人体抵抗力，有助于小孩骨骼和牙齿生长，防止佝偻病，且有降低胆固醇，抗御感冒、病毒等作用。香菇中维生素 C 含量丰富，每 100 g 干香菇中维生素 C 含量在 170 mg 以上。

传统中医认为香菇风味独特，鲜香菇清香嫩滑，干香菇香气袭人，同时香菇含有大量对人体有益的成分。历代医药学家对香菇的药性及功用均有著述。《本草纲目》中记载香菇"性平、味甘、无毒"；《日用本草》中记载香菇"益气、不饥、治风破血"；《本经逢原》认为香菇"大益胃气"；《神农本草》中也有服饵菌类可以"增智慧、益智开心"的记载。

香菇中的矿质元素含量丰富，包括磷、铁、钾、钠、钙、镁、锌、硒等，其中钾元素含量最高，占灰分的 64%，因此香菇是一种很好的碱性食品。

香菇还富含一般蔬菜所缺少的麦角甾醇，干香菇中麦角甾醇的含量每克高达 128 IU，是大豆的 21 倍、紫菜的 8 倍、甘薯的 7 倍。麦角甾醇在阳光下可转变为维生素 D，而维生素 D 有助于钙的吸收和利用，可促进儿童骨骼和牙齿的生长。

香菇不仅营养丰富，味道也很鲜美。香菇中含有香菇精、月桂醇、鸟苷酸等芳香类物质，因而具有浓郁的香气。香菇中谷氨酸、天门冬氨酸和鸟苷酸等鲜味物质含量较高，因此香菇食用时口味鲜美爽口。

2. 药用价值 香菇不仅是一种美味的食品，具有很高的营养价值，还具有较高的药用价值。现代医学证实，香菇具有增强免疫力、抗肿瘤、预防心血管疾病和佝偻病等多种功能，这为香菇及其衍生产品提供了广阔的应用前景。

（1）增强免疫力 香菇多糖具有重要的免疫药理作用，可改善机体代谢能力，增强免疫力，提高机体对多种细菌、寄生虫、病毒性感染的抵抗力，同时还有一定的抗疲劳作用。

香菇嘌呤具有解毒作用，可增强人体对感冒、流感的抵抗力，有效地预防感冒发生。此外，香菇还具有抗基因突变的作用，可保护DNA的正常结构和功能，从而发挥健身防病的功效。

（2）抗肿瘤作用 香菇抗肿瘤的主要成分是香菇多糖，它没有化疗药物的毒副作用。香菇多糖进入抗体后诱导产生一种具有免疫活性的细胞因子，在这些细胞因子的综合作用下，机体免疫系统增强，对肿瘤细胞起到防御与杀伤作用。香菇多糖通过激活巨噬细胞，增强抗体依赖性细胞诱导的细胞毒作用（ADDC），发挥抗肿瘤活性；此外，香菇多糖还能使肿瘤部位的血管扩张和出血，导致肿瘤出血坏死和完全退化。

（3）预防佝偻病 香菇含钙量较高，含维生素D原丰富。常食香菇能补充体内的钙和维生素D原（促进钙、磷吸收），预防缺钙型佝偻病，以及因缺乏维生素D导致血磷和血钙代谢障碍而引发的佝偻病。

（4）预防心血管疾病 香菇嘌呤和香菇多糖均可促进胆固醇代谢而降低其在血清中的含量；酪氨酸氧化酶有降低血压的功效。另外，香菇中还含有丰富的不饱和脂肪酸，常食用香菇对高血压和心脑血管病具有良好的预防作用。

（5）健胃、保肝 中医常用香菇预防和治疗脾胃虚弱、腹胀、四肢乏力、面黄体瘦等消化系统疾病。香菇对治疗急慢性肝病如病毒性肝炎、传染性肝炎、肝硬化等有一定的疗效。香菇多糖及其培养液有护肝功效，可增强肝脏排毒能力，降低血清转氨酶水平。

（6）其他 香菇含铁量较高，并含有少量植物中不存在的维生素B_{12}。维生素B_{12}对人体造血功能影响较大，常食香菇可补充体内的铁含量，增强人体的造血功能，预防贫血。此外，香菇柄中含有大量的膳食纤维，膳食纤维能明显地缓解膀胱炎、膀胱结石以及肾结石等泌尿系统疾病的症状，还能吸附肠道内的有毒物质，将体内积累的毒素排出体外。双链核糖核酸可诱导干扰素产生，有抗病毒作用。

二、香菇的栽培史

中国是世界上最早进行人工栽培香菇的国家，栽培历史已有800多年，大致经历了原木"砍花"、段木生产和代料栽培3个重要的发展阶段。

宋嘉定二年（1209）何澹著《龙泉县志》记述："香蕈，惟深山至阴之处有之。其法，用干心木、橄榄木，名曰蕈樀。先就深山下砍倒仆地，用斧班驳剁木皮上，候淹湿，经二年始间出，至第三年，蕈乃遍出。每经立春后，地气发泄……。"他用185个字，精辟地概括了选树、伐树、晒山、砍花、浇水、出菇、采收、焙干等完整的香菇砍花栽培技术。经现代考证，中国香菇栽培源自浙江龙泉、庆元、景宁等三县（市）连成一片的1 300 km^2的菇民区，吴三公是当地菇民的代表，依靠的就是古老的砍花技术。

砍花法，即半野生半人工诱导栽培法，用斧子在倒伏的树木上砍伤表皮，保持湿度，野生香菇孢子随风飘落到伤口处，萌发、定植、形成菌落，最终形成子实体。砍花法生产的香菇虽然菇型较小，菌肉较薄，但其香气浓郁，深受老百姓喜爱。虽然产量较低，但采收年限较长，砍花一次后，可连续采收 4 年。同时，在资源丰富的林区，对林木的更新也有着积极意义。但是这种方法比较原始落后，香菇的产量取决于自然界中野生香菇孢子的浓度及质量，对气候环境的依赖甚多。砍花法的最高干香菇年产量是 1938 年记录的 650 t。

1928 年，日本森本彦三郎首先运用锯木屑菌种接种段木获得成功，从此香菇生产从原木砍花栽培走向人工栽培。随着中日两国民间交往，该法传入我国。浙江龙泉的李师颐和福建闽侯的潘志农等对香菇段木接种方法进行了早期的传播。

段木栽培法是指将适合栽培香菇的阔叶树木伐倒后截成段木，人工接入香菇纯菌种，然后在适合香菇生长的场地集中进行人工科学管理的方法。段木栽培法使自然状态下进行人工干预的砍花法栽培发展成自然条件下人工控制的栽培方法，实现了自然与人工的统一，是人工栽培香菇历史上的一次技术性革命。这种方法既缩短了香菇的栽培周期，又大幅提高了香菇的产量。1949 年以后，我国相继成立了上海市农业科学院食用菌研究所、华中农业大学植物保护系应用真菌研究室、广东省微生物研究所真菌室、福建省三明市真菌研究所。以上海市农业科学院食用菌研究所陈梅朋为代表的这些科研、教学机构的科研人员对香菇段木栽培做了大量的研究及普及工作，使得香菇段木栽培在我国得以全面普及。

然而，香菇段木栽培方法消耗了大量的林木资源，栽培量扩大后会危及我国香菇主产区的生态发展。1978 年，上海市农业科学院食用菌研究所又开创了香菇木屑菌砖代替香菇段木的栽培法，这一方法利用工业下脚料——木屑作为培养料，改变了过去段木栽培的资源浪费，消除了香菇栽培的地域限制，使香菇生产从偏僻的林区迁移到了交通便利的平原地区，香菇产量得到了迅速的提高。代料栽培法利用富含纤维素、木质素和半纤维素的木屑等作为培养料，适量配加含有机氮、维生素及矿物质的麸皮、米糠和石膏等物质，配成适合香菇生长的培养基。这是继香菇段木栽培之后的又一次重大技术革命，大大提高了生物学效率。

1982 年之前，香菇段木栽培和代料栽培、木屑压块栽培并存，以段木接种栽培为主。1983 年，福建省古田县彭兆旺等在银耳菌棒栽培的启发下，创造了香菇菌棒栽培技术，比压块栽培简易，迅速在福建省全面推广，使全省香菇产量由 1983 年的 308.9 t 发展到 1989 年的 13 637 t。随着代料栽培香菇技术的不断完善，香菇成为我国生产区域最广泛、总产量最高、经济效益最大的主要栽培菇类。

三、我国香菇产业发展的现状

（一）新模式、新品种为产业发展提供重要的技术支撑

目前我国的香菇栽培以代料栽培为主，保留有极少部分段木栽培。香菇代料栽培经过 30 多年的发展后，出现了适应不同地区气候特点和栽培传统的多种栽培模式和品种。主产区最主要的香菇栽培模式：层架花厚菇栽培模式、脱袋地面斜置栽培模式、覆土栽培模式和半熟料栽培模式等。

花菇一直是香菇中的上乘之品，仅在段木栽培中有少量产生，因其外观漂亮、菇厚、含水量低、保存期长而享誉海内外。20世纪90年代福建省寿宁县、浙江省庆元县的食用菌工作者在充分利用自然资源的基础上，因地制宜地创造出了木屑栽培人工调促花菇形成技术，实现了人工培育花菇的突破。它是在香菇生产过程中通过控制湿度、通风、温度、光照等自然条件，人为改变香菇的正常生长发育，使菌盖形成褐白相间的花纹，因而称之"花菇"。当地受季风气候影响，秋冬季有西北风，晴朗干燥的气候居多，有利于香菇子实体分化和菌盖裂纹的形成，是南方花菇的主产区。湖北省随州，河南省西峡、泌阳冬季光照充足，雨量少，昼夜温差大，也是盛产花菇的地区。

脱袋地面斜置出菇主要是生产秋冬鲜菇的方法，适用区域广，产量高。在福建、浙江、四川、河北等产区都有采用。

覆土栽培多适于夏季香菇栽培，利用地面的温度对菌棒进行降温和保湿，有利于高温季节生产优质的厚菇。

半熟料栽培模式是辽宁省香菇栽培近年发展的新技术，该法利用大接种量和保温措施使菌丝迅速发满袋，给予充分的后熟时间确保香菇产量。此法大大缩减了灭菌时间，节省了燃料。

各种栽培模式的成功应用与其配套良种是密不可分的，代料栽培初期有74系列品种配套压块栽培模式，香菇菌棒栽培模式是在Cr系列品种的配合下迅速推广的。近几年，由于菌种管理制度、菌种质量体系、品种评价体系的完善，香菇品种的混杂情况已经大为改观。2007年起，一批优良的香菇品种先后得到有关部门的认定。另外，香菇武香、808、申香16等一系列新品种的选育与应用对于产业可持续发展起到了积极的作用。

必须指出的是，香菇目前还没有做到工厂化周年栽培。其原因有几方面，一是香菇菌棒培养后熟期相当长，造成菇房利用效率低；二是香菇出菇不同步，且出菇期较长；三是香菇子实体形成和发育期间需要有6~10 ℃的温差，目前的工厂化设备很难操作并且需要消耗大量能源。长周期、高能耗势必影响工厂化产品的市场竞争力。

（二）香菇生产设施化、规模化、标准化程度快速提升

凭经验、靠天收，一直是过去我国广大农村香菇生产的现状。栽培生产从分散生产到合作社、协会集中生产，生产过程集约化、机械化程度逐步提高，标准化生产成为现代农业发展的必然趋势。

首先是香菇生产设施有了很大的进步。香菇生产过程的拌料、装袋、灭菌、接种、管理等工序，费工费力，制约了香菇产业的发展。轻简化机械设备的制造和应用使香菇各生产环节从纯手工到逐步机械化，包括原料处理过程中的木材削片机、木屑粉碎机、自动过筛机，菌棒制作过程中使用的原料搅拌机、装袋机（立式装袋机、卧式装袋机、自动装袋机）、菌袋扎口器，菌棒制作阶段使用的高压灭菌设备、常压灭菌设备，接种时的配套小工具、接种机，培养过程中的自动打孔器，出菇管理过程中的自动补水器、喷淋装置等。众多机械设备的使用，解决了劳动力与劳动强度的问题，继而使得香菇代料栽培面积迅速扩大。

在经济不断发展的新形势下，香菇产业规模仍在逐步扩大，各地政府大力引导、强化标准化示范工作。香菇标准化、规模化生产已经成为支持产业发展的重要工作。各家各户的小规模生产已经不能满足香菇销售市场的需求，产品质量不高，数量有限，小农小户的生产方式势必会被取代。标准化生产有利于提高产品的质量安全、商品品质。在香菇主产区，通过政府补贴进行了菇棚的改造和集中管理，通过建立示范种植基地，逐步推进标准化生产工作。以河南西峡为例，该县为了增强"西峡香菇"的国际市场竞争力，2006年成立了"西峡县香菇标准化生产出口基地联合会"，旨在进一步提高香菇品质，稳定农民收益。全县先在香菇栽培上做了3个改动：改木质香菇棚架为统一标准的水泥制香菇棚，起到"永久、环保"的作用；改土路面为硬化路面，解决生产条件差的问题；改周围环境差为净化、绿化、美化的环境。另外，在原辅料、水源、菌种生产方面把好关，给示范基地配备了灭菌炉、保鲜库、烘干炉等设备，一系列的标准化措施使西峡香菇产业的生产提高到了一个新的水平，形成了具有区域特色的西峡香菇产业。

（三）生产时空持续扩展，产销两旺的趋势不变

我国地域辽阔，气候多样。香菇生产在科学技术进步的推动和广大菇农的努力下，近年来全国各地在木屑代料栽培香菇技术的基础上，结合不同的地域气候特点，创造了很多行之有效的栽培形式。我国香菇生产传统产区，主要分布在长江以南各省份，这种布局是依附于传统栽培技术而自然形成的。在发展食用菌生产上，过去忽略了食用菌生态学的研究。香菇是低温型菌类，我国北方地区大体跨越寒带和温带两个气候带，除极短的盛暑期，其余时间均可生产香菇。如河北平泉，地处河北省东北部，属大陆性季风气候，由于地貌复杂，高山丘陵交错起伏，川谷纵横，形成许多小气候区。该地充分利用气候与区域优势发展了夏季覆土生产香菇，因其生产的夏菇肉厚质优，很快就在国内夏季鲜香菇的市场中占据了一席之地。再如辽宁新宾，属温带大陆性季风气候，一年四季分明，夏季多雨，冬季寒冷，春秋季较短。该地根据气候特点在春夏秋季生产香菇，除了引进南方的全熟料菌棒栽培技术外，还发明了半熟料栽培模式。高质量的夏菇、秋菇充实了市场的需求空间。因此，在北方开发更多的香菇生产基地，可充分利用自然条件扩展我国香菇生产的空间和时间。

另一方面，随着国民经济的发展，人民生活水平不断提高，香菇的营养保健作用逐步为老百姓所认识，国内香菇消费市场稳步上升，缓解了2008年金融危机以来出口数量大幅减少给香菇产业带来的冲击。传统的香菇产业是把香菇烘烤后干销，出菇季节基本集中在11月至翌年5月。近年来国内外香菇消费从干菇消费转向了干、鲜消费并重，鲜菇消费越来越活跃。倡导科学饮食，增加消费产品形式，拓展国内外的市场需求是提高香菇产业效益的重要途径。

随着我国香菇产业"南菇北移"战略的实施，香菇产区由南向北不断延伸，栽培面积不断扩大，形成了产业化、专业化、标准化的生产格局。各地在香菇省力、低耗、高产、优质栽培技术上形成了许多突破。新技术、新模式的不断涌现极大地促进了香菇产业的发展，造就了一支科技队伍和栽培大军。至1989年，中国香菇总产首次超过日本，一跃成为世界香菇生产第一大国。2013年，香菇成为我国产量最高的菇种，总产量635.48万t，

占食用菌总产量的 22.47%，占世界香菇总产量的 80%以上。从香菇生产、商贩贩运到加工内销或者出口，已经形成了完善的产业链，香菇生产具有广阔的发展前景。

第二节　香菇的起源与分布

香菇栽培源于中国，至今已有 800 年以上的历史。大量的史料证实，浙江龙泉、庆元、景宁三县（市）是人类最早进行人为干预的香菇原木砍花法的发祥地，早在宋代浙江庆元龙岩村的农民吴三公发明了这一技术，后扩散全国，经僧人交往传入日本。据考有关文字史料：吴三公又名吴昱，因兄弟排行第三，被菇民尊称为吴三公。宗谱载："吴氏祖先于唐代由山阴（今绍兴）迁至庆元"，吴三公于宋高宗建炎四年（1130）三月一十七日出生在龙、庆、景之交的龙岩村，因其在兄弟中排行第三，故称三公。相传吴三公常入深山密林狩猎和采集野生菌蕈，在日积月累的观察中发现伐倒的阔叶树表皮被砍伤后，伤处常长出香菇，此法屡试屡验，这便是人工栽培香菇"砍花法"的由来。在生产实践中，吴三公还发现一些树木虽经砍花却多年不出菇，不知何故，无奈之下不禁仰天长叹，以斧猛敲，这一敲不要紧，惊动了菌丝的萌发，数日后菇出如涌，此便是后世菇民不传之秘"惊蕈术"。他创制出古老砍花法和惊蕈术，为贫穷的山区菇民开辟出一条有效的生存途径，深受人们爱戴和尊敬。古代菇民感念他的功德，于宋度宗咸淳元年（1265）在后广盖竹村兴建起"灵显庙"祀奉吴三公为"菇神"。而后，由于香菇业有较大发展，至清乾隆三年（1738），菇民们又在后广西洋村村口，兴建起"吴判府庙"祀奉吴三公父子，从此菇民聚集的机会增多，互相交流制菇经验，使香菇产量急剧上升，菇民生活日益改善，前往进香的人川流不息。由于原有古庙年代久远，简陋狭窄，容纳不下诸方前来的进香人士，至光绪元年（1875），由龙、庆、景菇民募集巨款，在"吴判府庙"之旧址上，重新建造了占地面积达 1 200 多 m^2 的菇神庙——西洋殿。该殿位于浙江省第二高峰的百山祖之下，坐落百山祖自然保护区入口处——西洋村村口，该殿主体建筑平面呈纵长方形，自南至北分别为照壁、石大门、倒座（戏房）、戏台、月台、中亭、正殿以及厢房，还有附属建筑：东侧为观音堂，西侧为庙祝舍、库房等。800 多年来，香菇成为庆元人民赖以生存的传统产业，菇民足迹遍布全国。吴三公不仅是龙泉、庆元、景宁三县（市）菇民的代表，也是世界人工栽培香菇的创始人。中国食用菌协会理事张寿橙高级工程师等人，于 1987 年 7 月在英文版国际性刊物《热带菇类》上发表了吴三公的光荣业绩，并于 1988 年 8 月在香港举行的第八届应用生物国际会议上，又以《吴三公为代表的龙、庆、景菇民文化对中国和日本香菇栽培的影响》为题作了专文论述，并以切实足够的文字史料论证了被日本菌学界称为瑰宝的一本书——1796 年佐藤成裕所著的《惊蕈录》，不但其内容精华部分源自龙泉、庆元、景宁，而且"惊蕈"亦为我国菇民方言，使得香菇栽培起源于中国龙庆景，吴三公是我国菇农的代表得到全世界的公认。

香菇从野生转变为人工栽培，从龙泉、庆元、景宁传播到我国各地，发展至今已成为全球性产业，给人类提供了新的蛋白质来源。这是一项历史性的创造，也是中华农业文明的重要组成部分。

野生香菇主要分布在北半球的温带到亚热带地区。世界范围内香菇的主产区主要集中在亚洲，其中中国、日本、韩国为三大主产国。根据目前的资料所知，香菇的自然分布区域在亚洲东南部，大致范围是东经 80°～150°，南纬 10°至北纬 41°，属于热带及亚热带自然环境区分布的真菌生物。这显然说明了香菇的分布与地理位置、环境条件及发生历史有关。记载有野生香菇分布的国家和地区主要有中国、日本、朝鲜半岛、俄罗斯远东地区、菲律宾、印度尼西亚、巴布亚新几内亚、印度、越南、老挝、泰国、马来西亚、尼泊尔、克什米尔地区和新西兰等。中国的野生香菇分布较广，自然分布在热带、亚热带，少数见于暖温带地区，包括东北的辽宁、吉林，华东的安徽、浙江、江西、福建、台湾，华中的湖南、湖北，西南的云南、贵州、四川、广西，华南的广东、海南，西北的陕西。

第三节　香菇的分类地位与形态特征

一、分类地位

（一）系统学分类

香菇（*Lentinula edodes*）属担子菌门（Basidiomycota）蘑菇纲（Agaricomycetes）蘑菇目（Agaricales）光茸菌科（Omphalotaceae）香菇属（*Lentinula*）。

（二）按照栽培基质分类

段木香菇：香菇在整块原木上生长，风味更接近野生香菇，其产量较低。近年来市场上段木香菇已经很少见。

代料香菇：香菇在以木屑和麸皮等混合培养料上生长而成，其产量高于段木香菇的产量。目前市场上大部分香菇都为代料香菇。

还有段木代料两用香菇。

（三）按香菇的生产季节分类

秋菇：9～11 月出菇，不同地区因气候差异出菇月份有所差异。春栽或秋栽品种都可出秋菇，春栽品种菌棒越夏后或者在出完夏菇后于秋季出的菇，一般菇形和单菇重都优于夏菇。

冬菇：12 月至翌年 2 月出菇。春栽或秋栽品种都可出冬菇，冬菇品质一般为所有菇中最优的。

春菇：3～6 月出菇，一般为秋、冬菇的延续。秋栽品种在秋季较晚时开始出菇，出菇期可延续到第二年的春季，这时出的菇为春菇。春菇一般较秋、冬菇薄，单菇重略小于秋、冬菇。

高温菇：夏季 7～8 月高温期出的菇。一般为春栽高温型品种在夏季高温期间通过控温调节出的菇，菇一般较薄，品质相对较差，多以鲜菇上市，较受欢迎。

（四）按出菇时间的长短分类

长菌龄品种：接种后需要培养 120 d 以上才能出菇的香菇品种。

短菌龄品种：接种后培养 60～80 d 即可出菇的香菇品种。

还有介于两者之间的中菌龄品种。

（五）按香菇温型分类

高温型香菇：生产中一般将能在 25～35 ℃ 环境中出菇的香菇品种称为高温型香菇。但实际生产中会采取一定的设施来降低实际出菇环境的温度。

中温型香菇：生产中一般将出菇温度在 15～25 ℃ 的香菇品种称为中温型香菇。

低温型香菇：生产中一般将出菇温度在 10～20 ℃ 的香菇品种称为低温型香菇。

还有广温型香菇。

（六）按照商品类别分类

花菇：是香菇子实体生产过程中，在特定的环境条件下形成的一种特殊的畸形菇，因顶面有花纹而得名。它是香菇在生产过程中通过控制温度、湿度、光照和通风等自然条件，人为改变香菇的正常生长发育，使菌盖形成褐白相间的花纹，因而形成花菇。在香菇生产花菇的栽培模式中，不同品种间形成花菇的比例有明显差异。花菇是香菇中的上品，其子实体菌盖有白色裂纹，呈半球形，卷边，肉厚，菌盖褐色，菌褶浅黄，柄短，足干，香气浓，无病虫害，无焦黑。其中裂纹白、大、深且裂纹似菊花状的天白花菇质量最佳，其次为茶花菇。

厚菇：又称冬菇，其子实体菌盖呈半球形，卷边，肉厚，褐色，褶浅黄，柄短，足干，香气浓，无病虫害，无焦黑。

金钱菇：又称薄菇，子实体菌盖平展，肉薄，盖棕褐色，褶浅黄，柄长，足干，无病虫害，无焦黑。

菇丁：菌盖直径 2.5 cm 以内的小香菇，色泽正常，柄长，足干，无病虫害，无焦黑，无畸形烂片。

二、形态特征

香菇菌丝白色，绒毛状，具有横隔和分枝，双核菌丝有明显的锁状联合，成熟后扭结成网状。菌丝在斜面培养基上平铺生长，在试管内略有爬壁现象，边缘呈不规则弯曲。老化后略有淡黄色素分泌。早熟品种在冰箱内存放时间稍长后，有的会形成原基。

香菇子实体是香菇的繁殖器官，由菌盖、菌褶和菌柄 3 部分组成。

菌盖位于子实体上部，幼时菌盖内卷，呈半球形。随着生长逐渐平展，趋于成熟。过分成熟时，菌盖边缘向上反卷。菌盖表面色泽为淡褐色或茶褐色，部分品种的子实体菌盖被有白色或黄白色鳞片，有的出现菊花样纹斑，甚至龟裂，称为花菇。

菌褶着生于菌盖下方，是孕育孢子的场所。辐射状排列呈刀片状，不等长，弯生。孢子印白色，孢子椭圆形，无色，光滑，$(4.5～7)\ \mu m \times (3～4)\ \mu m$。

菌柄起支撑作用，中生或偏生于菌盖下方，呈圆柱状、锥状或漏斗状，内部实心，纤维质。有些品种菌柄表面附着纤毛。

第四节　香菇的生物学特性

一、营养要求

营养是香菇整个生命过程的能源，也是菌丝体、子实体生长发育的物质基础。丰富而全面的营养是香菇优质高产的根本保证。

香菇是一种木腐菌，主要的营养成分是碳水化合物和含氮化合物。以纤维素、半纤维素、木质素、果胶质、淀粉等作为生长发育的碳源，但要经过相应的酶分解为单糖后才能吸收利用。以多种有机氮和无机氮作为氮源，小分子的氨基酸、尿素、铵态氮等可以直接吸收，大分子的蛋白质、蛋白胨需降解后吸收。菌丝生长还需要多种矿质元素，以磷、钾、镁最为重要。并且需要少量的无机盐和维生素等，需补充少量维生素 B_1。香菇也需要多种维生素、核酸和植物生长调节剂，这些多数能自我满足。

(一) 碳源

香菇菌丝能利用广泛的碳源，包括单糖类、双糖类和多糖类，糖的浓度在 $1\%\sim5\%$ 比较好。培养基或木材中的木质素和纤维素是香菇最基本的碳素来源。在天然培养基中经常用麦芽浸膏、酵母粉、马铃薯、玉米或可溶性淀粉作为碳源。

(二) 氮源

香菇菌丝能利用有机氮（蛋白胨、L-氨基酸、尿素）和铵态氮，不能利用硝态氮和亚硝态氮。香菇生长发育的最适氮浓度，因氮源种类和香菇菌株不同而有所不同。

在香菇菌丝营养生长阶段，碳源和氮源的比例以 $25:1\sim40:1$ 为好，高浓度的氮早期容易造成污染，同时会抑制香菇从营养生长向生殖生长转换，抑制原基的分化。而在生殖生长阶段（子实体分化和生长期），碳氮比范围广，为 $73:1\sim600:1$。

(三) 矿质元素

矿质元素在常规的培养料配方中都存在，但其浓度是否能促进香菇的高产、优质，或对香菇生长产生不良影响还不是很明确。

在香菇栽培常规的培养料配方（木屑 80%，麸皮 20%）中，这些矿质元素的本底测量值，钙和镁分别可达到 1 120 mg/kg 和 1 950 mg/kg，锌、铜、铁和锰的浓度分别为 22.5 mg/kg、3.5 mg/kg、200 mg/kg 和 34.4 mg/kg。

目前的试验结果显示，中量元素钙和镁的添加，钙以二水硫酸钙（石膏）的形式，镁以七水硫酸镁的形式，小剂量添加，添加量不超过 0.5%（m/m）时都可以促进菌丝的生长，添加量超过 0.5% 之后对生长没有影响，但钙元素在添加量超过 3% 之后会抑制香菇菌丝生长。微量元素中锌、锰的培养料本底值可以达到促进菌丝生长的浓度，再多的添加没有更大的促进作用，故锌和锰元素的添加对香菇生产没有意义；铜、铁的添加对香菇生产有害无益，铜元素的培养料本底浓度不具有抑制菌丝生长的效果，但是添加到本底 3 倍以上（达到 10 mg/kg）就能显著抑制香菇菌丝的生长，并且对香菇的产量也有很大的抑制作用；铁元素随着添加浓度的增大，使发菌速度降低，并且使产量也随之显著降低。

需要说明的是各地原料的元素本底值相差较大，可能是木屑或者麸皮中掺假所致，尤其是钙、镁和铁元素的本底浓度可相差 10 倍多。所以控制香菇培养料中铜和铁元素的浓度对香菇生产有重大的意义，只要有一点儿人为添加就会使其浓度超过本底值数倍，而对香菇生产构成很大的不可察觉的危害，过多的铜和铁元素对香菇产量有很大的抑制作用，所以原料安全问题不容忽视，需要共同重视，原材料质量标准体系的建立需要提上日程。

(四) 维生素

香菇菌丝的生长需要维生素 B_1。适合香菇菌丝生长的维生素 B_1 浓度大约是每升培养基 $100\,\mu g$。维生素在马铃薯、麦芽浸膏、酵母膏、米糠、麸皮、玉米中有较多的含量，因此使用这些原料配制培养基时，可不必再添加。

二、环境要求

(一) 温度

香菇是低温和变温结实型菇类，但不同的香菇品种表现不一致。担孢子萌发的最适温度为 22～26 ℃；菌丝生长的温度为 5～32 ℃，最适温度 23～25 ℃。香菇原基在 8～21 ℃分化，在 10～12 ℃分化最好。子实体在 5～24 ℃内发育，8～16 ℃最适。实际生产中，根据各个香菇品种原基分化的最适温度范围，将香菇分为低温（5～15 ℃）发生型、中温（10～20 ℃）发生型、高温（15～25 ℃）发生型，以及中低温发生型、中高温发生型品种。同一品种，在适温范围内，较低温度条件下子实体发育慢，菌柄短，菌肉厚实，质量好；在高温条件下子实体发育快，菌柄长，菌肉薄，质量差。在恒温条件下，香菇不易形成原基。

(二) 水分

水分是香菇生命活动的物质基础，香菇生长发育所需的水分来源于两方面，一是培养基内的含水量，二是空气湿度。在不同的发育阶段，香菇对水分的要求是不同的。

1. 水分对菌丝生长的影响　在木屑料培养基中，10%～15%的含水量条件下菌丝生长极差，含水量 30%以下则接种成活率不高。目前我国的常规栽培中，培养料配方的含水量 45%～60%，含水量增加到 80%后，菌丝生长速度与 60%时无显著性差异，但 80%含水量下菌丝生长非常稀疏。这个结果说明在 30%～80%的培养料含水量下香菇菌丝都能正常生长，但含水量低的培养料因为不容易彻底灭菌而造成污染，含水量高因为透气性差而使菌丝稀疏。因此，在保证成品率和透气性的情况下含水量在 50%左右比较理想，我国各产区因为不同的气候条件以及产菇类型要求，含水量会呈现出上述差异。

2. 水分对子实体的影响　子实体形成阶段培养料含水量保持 60%左右，空气湿度 80%～90%为宜。培养料含水量太高，所生香菇质软易腐，菌盖呈暗褐色水渍状，商品价值低。含水量适宜，可以培养厚菇；若空气湿度低，可以培养柄短肉厚、菌盖色浅、有裂纹的花菇。

（三）空气

香菇是好气性菌类，足够的新鲜空气是保证香菇正常生长发育的重要环境条件之一。在香菇生长环境中，如遇通气不良、二氧化碳积累过多、氧气不足，菌丝生长和子实体发育都会受到明显的抑制。缺氧时菌丝借糖酵解作用暂时维持生命，但消耗大量营养，菌丝易衰老、死亡，这就加速了菌丝的老化，子实体易产生畸形，也有利于杂菌的滋生。在三气培养箱中，调节氧气、二氧化碳和氮气的浓度，在保持极高浓度的二氧化碳情况下（15%），氧气浓度从 15% 下降到 2.5%。结果显示，在氧气浓度从 15% 下降到 5% 时，菌丝的生长速度与正常空气中没有显著差异；氧气浓度下降到 2.5% 时，生长速度极显著下降。这个结果显示，二氧化碳浓度的积累并不是抑制菌丝生长的原因，氧气不足才是关键，在实践中，通过检测二氧化碳浓度的上升，可以判断氧气的消耗情况，从而推测局部的菌丝是不是缺氧而受到抑制。

（四）光照

香菇菌丝的生长不需要光线，在完全黑暗的条件下菌丝生长良好。强光照射会加速孢子失水而对孢子的萌发不利。强光对菌丝生长有抑制作用，在强光的刺激下，菌丝易形成茶色被膜（俗称菌被或菌皮）。在明亮的室内，菌种瓶（袋）易出现褐色菌膜，有时甚至会诱导原基生成。但是，强度适合的散射光对香菇子实体发育是必要的。在完全黑暗的条件下，子实体不形成。但只要有微弱的光线，就能促进子实体形成。光线太弱，出菇少，菇型小，柄细长，质量次。但直射光又对香菇子实体有害，随着光照度增强，子实体的数目减少。

（五）pH

香菇菌丝生长发育要求微酸性的环境，培养料 pH 3～7 菌丝都能生长，以 pH 5～6 最适宜，pH＞7.5 生长极慢或停止生长。在生产中常将栽培料调到 pH 6.5～7，因为高温灭菌会使栽培料的 pH 下降，菌丝生长过程中所产生的有机酸也会使栽培料的 pH 下降。子实体发生发育的最适 pH 3.5～4.5。在培养基中，香菇菌丝产生和积累的有机酸，如醋酸、琥珀酸、草酸等，至少有一部分可通过使培养基酸化，从而促进子实体的发生。

三、生活史

香菇是四极性异宗结合的担子菌类，它的生活史是从孢子萌发开始，经过菌丝体的生长和子实体的形成，到产生新一代的孢子而告终，这就是香菇的一个世代（图 11-1）。具体的生活史经由以下 7 步完成：

（1）担孢子萌发，产生 4 种不同交配型的单核菌丝。

（2）两条可亲和的单核菌丝通过接合，进行质配，形成有锁状联合的双核菌丝，并借锁状联合使双核菌丝不断增殖。

（3）双核菌丝发育到生理成熟，在适合条件下互相扭结，形成原基，并不断分化成完整的子实体。

（4）在子实体的菌褶上，双核菌丝的顶端细胞发育成担子，担子排列成子实层。

（5）在成熟的担孢子中，两个单元核发生融合（核配），形成一个双元核。

（6）担孢子中的双元核发生一次减数分裂，最终形成 4 个担孢子。

（7）担孢子在萌发过程中发生一次有丝分裂，表明生活史重新开始。

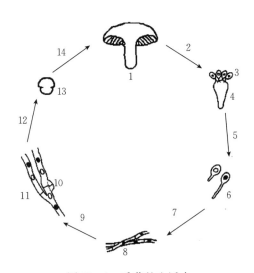

图 11-1　香菇的生活史

1. 子实体　2. 产孢　3. 担孢子　4. 担子　5. 孢子萌发　6. 不同交配型担孢子萌发　7. 单核菌丝形成
8. 不同交配型单核菌丝杂交　9. 双核菌丝形成　10. 锁状联合　11. 双核菌丝
12. 菌丝扭结形成原基　13. 原基　14. 原基发育形成子实体

第五节　香菇种质资源

一、香菇野生种质资源

在自然界里，香菇是一种生于壳斗科、桦木科、金缕梅科等阔叶树倒木上的木腐菌，其分布受环境条件和自身生长条件的限制。野生的香菇自然分布范围很广，主要分布于中国、朝鲜、日本、菲律宾、印度尼西亚、巴布亚新几内亚、新西兰、尼泊尔、泰国、马来西亚和俄罗斯库页岛等国家和地区。

中国作为世界最大的香菇生产国和适生地，幅员辽阔，地处热带、亚热带气候区，地理环境和气候条件丰富多变，因此自然形成的香菇种质资源也十分丰富。全国大部分省份都有香菇野生种质资源的报道，主要分布在浙江、福建、海南、台湾、安徽、江西、湖南、湖北、广东、广西、四川、云南、贵州、甘肃、陕西、西藏、辽宁和香港等地，这些区域也是适合香菇人工栽培的主要地区，河南、河北、山西以及除陕西、甘肃两省以外的广大西北地区则均无野生香菇报道的记载。

二、香菇栽培种质

目前香菇人工栽培主要集中于东南亚地区，中国、日本、韩国是世界香菇的主要栽培国，香菇的栽培种质绝大多数都来源于这几个国家。日本目前在售的香菇菌种有 120 余个，并且按照栽培原料和栽培季节严格分类。我国报道的香菇栽培种质已超过 100 种，其中目前仍在使用的有 50 多个。表 11 - 1 列出了目前常用香菇栽培种质，其中包括通过国家品种认定的 25 个品种。

表 11 - 1　常用香菇栽培种质

序号	名　称	品种来源	品种出处
1	申香 8 号	野生菌株 70×苏香，原生质体单核杂交选育	上海市农业科学院食用菌研究所
2	申香 10 号	L26×苏香，原生质体非对称杂交选育	上海市农业科学院食用菌研究所
3	申香 12	野生菌种 69 号×苏香，原生质体非对称杂交育成	上海市农业科学院食用菌研究所
4	申香 16	939×L135 原生质体杂交	上海市农业科学院食用菌研究所
5	申香 18	申香 15×939 非对称杂交	上海市农业科学院食用菌研究所
6	7402	国外引进品种系统选育而来	上海市农业科学院食用菌研究所
7	庆元 9015	939 系统选育	浙江省庆元县食用菌科学技术研究中心
8	庆科 20	庆元 9015 系统选育而来	浙江省庆元县食用菌科学技术研究中心
9	939	系统选育	浙江省庆元县食用菌科学技术研究中心
10	241 - 4	241 系统选育	浙江省庆元县食用菌科学技术研究中心
11	L26	杂交选育	福建省三明市真菌研究所
12	Cr - 04	7917×L21，单孢杂交育成	福建省三明市真菌研究所
13	Cr - 02	7402×当地野生品种 Lc - 01，单孢杂交育成	福建省三明市真菌研究所
14	Cr - 62	7917×L21，单孢杂交育成	福建省三明市真菌研究所
15	闽丰 1 号	L12×L34，单孢杂交育成	福建省三明市真菌研究所
16	L135	国外引进品种筛选育成	福建省三明市真菌研究所
17	L9319	分离驯化育成	浙江省丽水市大山菇业研究开发有限公司
18	L808	国外引进菌株经分离选育而成	浙江省丽水市大山菇业研究开发有限公司
19	L952	国外引进香菇栽培品种经系统选育而成	华中农业大学
20	华香 8 号	系统选育而成	华中农业大学
21	华香 5 号	国外引进菌株经分离选育而成	华中农业大学
22	香杂 26	野生种 No. 8×No. 40 杂交育成	广东省微生物研究所
23	香九	野生种驯化育成	广东省微生物研究所
24	广香	野生菌株驯化育成	广东省微生物研究所

（续）

序号	名 称	品种来源	品种出处
25	森源 8404	野生种驯化育成	湖北省宜昌森源食用菌有限责任公司
26	森源 1 号	8404×856，单孢杂交育成	湖北省宜昌森源食用菌有限责任公司
27	森源 10 号	8404×135，单孢杂交育成	湖北省宜昌森源食用菌有限责任公司
28	武香 1 号	国外引进菌种，常规系统选育而成	浙江省武义县真菌研究所
29	菌兴 8 号	野生香菇采集分离驯化栽培育成	浙江省丽水市食用菌研究开发中心，浙江省林业科学研究院
30	18	系统选育	河北平泉
31	金地香菇	L939×135，原生质体融合育成	四川省农业科学院土壤肥料研究所
32	9608	9015 或 939 系统选育而成	河南省西峡县食用菌科研中心
33	赣香 1 号	1303 和 HO3，单孢杂交育成	江西省农业科学院微生物研究所

我国的香菇栽培种质从来源上，主要是利用野生种质资源，采用传统的自然育种法（野生食用菌的驯化、筛选）和现代的育种手段（如杂交、细胞融合、基因重组等生物技术）育成的优良品种，另外引进国外优良种质资源后进行驯化和系统选育的品种也是我国香菇栽培种质的来源之一。

三、香菇部分栽培种质简介

1. 申香 8 号（国品认菌 2007001） 上海市农业科学院食用菌研究所采用单核原生质体杂交育成，亲本 70（野生种）、苏香。子实体单生或丛生，中大叶型；菌盖褐色，直径 8 cm 左右，厚 1.2 cm；菌柄长 4～6 cm，直径 1.2 cm，呈淡褐色；质地较紧实，浓香型。中高温型菌株，发菌适温 24 ℃±1 ℃；菇蕾形成时需要 8～10 ℃的温差刺激。栽培中菌丝体可耐受最高温度 32 ℃，子实体可耐受最高温度 30 ℃，最低 0 ℃。菇潮明显，间隔 15 d 左右。

产量表现：生物学效率 83%。

栽培技术要点：江苏、浙江地区 8 月上中旬接种菌棒，最适培养菌龄 70 d 左右；培养过程中需要刺孔通气。采收 2～3 潮菇后，需适当补水。

2. 申香 10 号（国品认菌 2007002） 上海市农业科学院食用菌研究所采用原生质体非对称杂交育成，亲本 L26、苏香。子实体单生，商品菇菌盖呈半球形至平展，中大型，直径 10 cm 左右，淡褐色，菌盖厚 1.5 cm 左右，表面有白色鳞片；菌柄长 3～5 cm，直径 1.2～1.5 cm，褐色。口感滑嫩，浓香。中温出菇型品种，发菌适温 24 ℃±1 ℃，菇蕾形成时需要 8～10 ℃的温差刺激。栽培中菌丝体可耐受最高温度 32 ℃，最低可至 0 ℃以下；子实体可耐受最高温度 30 ℃，最低可至 0 ℃。二氧化碳耐受浓度≤1 500 mg/kg。菇潮明显，间隔期 15 d 左右。

产量表现：生物学效率 90%以上。

栽培技术要点：根据培养和出菇温度调整制种和接种时间。江苏、浙江地区 8 月中下旬接种菌棒，最适培养菌龄 65～70 d。菌棒发菌成熟后，即移至塑料大棚内，给予日夜温差刺激 3～5 d，显现菇蕾后，立即脱袋（否则会造成大量畸形菇），空气相对湿度控制在 85%～95%。一潮菇采收后，养菌 4～6 d，现蕾后再提高湿度，采收 2～3 潮菇后需适当补水。适于做出口保鲜菇生产，烘干收缩率高，不宜干制。

3. 申香 12（国品认菌 2007003）　上海市农业科学院食用菌研究所采用原生质体非对称杂交育成，亲本 69 号（野生菌种）、苏香。菇形圆整，中叶型，直径 8～10 cm，菌盖厚 1.5 cm 左右；菌盖褐色，表面鳞片较多；菌柄中等，4～7 cm，直径 1.2～1.3 cm，淡褐色，耐储存，2～5 ℃下货架寿命为 10 d；口感滑嫩，浓香。中高温出菇型，菇蕾形成时需要 8～10 ℃的温差刺激。栽培中菌丝体可耐受最高温度 32 ℃，最低可至 0 ℃以下；子实体不超过 30 ℃，最低可至 0 ℃以下。二氧化碳耐受浓度≤1 500 mg/kg。出菇潮次明显，间隔期 15 d 左右。

4. Cr‑02（国品认菌 2007004）　福建省三明市真菌研究所采用单孢杂交育成，亲本 7402、Lc‑01（当地野生品种）。子实体群生，菌盖圆整，暗褐色或棕褐色，纤毛较细，有时光滑；菌盖直径 3～8 cm，平均直径 3.8 cm，菌肉厚 0.8～1.3 cm。菌柄圆柱状，有时顶稍粗，淡褐色，有纤毛；平均长度 2.8 cm，平均直径 0.96 cm，长度与直径比 2.9，长度与菌盖直径比 0.74。子实体较致密，滑、嫩、浓香。早生品种，朵形圆整。菇蕾形成时需不低于 5 ℃的温差刺激，菌丝可耐受 4 ℃低温和 35 ℃高温，子实体可耐受 7 ℃低温和 25 ℃高温。菇潮明显，间隔 10～15 d。

产量表现：在福建省秋季袋式栽培生物学效率 90%～100%。

栽培技术要点：福建地区 8 月底至 9 月上旬接种。适宜发菌温度 18～28 ℃，25～28 ℃条件下发菌期 30～35 d，后熟期 30 d；栽培期 8 月下旬至翌年 4 月。黑暗或弱光培养，减少温差。长满袋后，23～28 ℃避光后熟培养 30 d。菇蕾形成时拉大日夜温差，菌袋含水量 50%以上，温度 10～25 ℃。

5. L135（国品认菌 2007005）　福建省三明市真菌研究所从国外引进品种中筛选育成。子实体散生；菌盖圆整，茶褐色，鳞片少或无；菌盖直径 5～8 cm，平均直径 6.58 cm，厚 2.27 cm。菌柄圆柱状，纤毛少或无，平均长 3.42 cm，平均直径 1.19 cm，菌柄长度与直径比 2.87，长度与菌盖直径比 0.52。子实体致密。菇蕾形成时需不少于 6 ℃的温差刺激，菌丝可耐受 4 ℃低温和 34 ℃高温，子实体可耐受 5 ℃低温和 22 ℃高温。菇潮明显，间隔期 10～15 d。

产量表现：袋式花菇栽培生物学效率 90%。

栽培技术要点：适于花菇和厚菇生产。福建地区 2～4 月接种。25～28 ℃条件下发菌期 30～35 d，后熟期 150～180 d；栽培周期 2 月至翌年 4 月。黑暗或弱光培养，减少温差。18～28 ℃弱光或避光后熟培养 200～240 d。菇蕾形成时要求日夜温差大，7～18 ℃条件下催蕾。幼蕾期控制空间相对湿度 75%～85%，保持空气清新，菇蕾直径长至 1～1.5 cm 时疏蕾，每袋只保留 3～5 朵；菇蕾直径长至 2～3 cm 时降低空气相对湿度至 70%～75%；裂纹形成后空气相对湿度再降低至 60%～65%。采收后停水 3～5 d，菌袋含水不足 45%时补水。越夏注意预防料温过高而烧菌。

6. 闽丰 1 号（国品认菌 2007006）　福建省三明市真菌研究所采用单孢杂交育成，亲本 L12、L34。子实体散生；菌盖圆整，黄色至棕褐色，盖顶中央光洁，半径 1/2 处着生鳞片，边缘有纤毛，平均直径7.5 cm，平均厚度2.1 cm；菌柄圆柱状或近圆柱状，有纤毛，平均长度4.7 cm，平均直径1.5 cm，长度与直径比3.2，长度与菌盖直径比0.63。早生品种，转潮快，朵大，菌肉厚。菇蕾形成时需不低于3 ℃的温差刺激，菌丝可耐受5 ℃低温和35 ℃高温，子实体可耐受8 ℃低温和28 ℃高温；菇潮明显，间隔期10 d。

产量表现：秋季袋式栽培生物学效率90%～100%。

栽培技术要点：福建地区8月底至9月上旬接种，栽培周期8月下旬至翌年4月。25～28 ℃条件下发菌期30 d，后熟期25 d；菌丝长满后，23～28 ℃弱光或避光培养25 d。菇蕾形成时拉大日夜温差，气温10～25 ℃，空气相对湿度85%～95%。

7. Cr - 62（国品认菌2007007）　福建省三明市真菌研究所采用单孢杂交育成，亲本7917、L21。子实体群生；菌盖圆整，较致密，浅褐色，鳞片少，平均直径6.0 cm，平均厚度1.6 cm；菌柄圆柱状，纤毛少，平均长3.9 cm，平均直径1.0 cm，长度与直径比3.75，长度与菌盖直径比0.65。朵大，圆整，美观，菌肉厚。菇蕾形成时需不低于5 ℃的温差刺激，菌丝可耐受5 ℃低温和35 ℃高温，子实体可耐受7 ℃低温和28 ℃高温。菇潮明显，间隔期10～15 d。

产量表现：生物学效率90%～100%。

栽培技术要点：福建地区8月底至9月上旬接种，栽培周期8月下旬至翌年4月。25～28 ℃条件下，发菌期30～35 d，后熟期30 d；发菌期尽量减少温差，后熟期最好保持温度23～28 ℃；菇蕾形成时拉大日夜温差，控制温度13～26 ℃、空气相对湿度在85%～95%条件下催蕾。

8. Cr - 04（国品认菌2007008）　福建省三明市真菌研究所采用单孢杂交育成，亲本7917、L21。子实体群生；菌盖圆整，较致密，茶褐色，鳞片少；平均直径6.5 cm，平均厚1.9 cm；菌柄圆柱状，纤毛少，平均长4.3 cm，平均直径1.1 cm，菌柄长度与直径比4.0，菌柄长度与菌盖直径比0.67。菇蕾形成时需不低于5 ℃的温差刺激；菌丝可耐受5 ℃低温和35 ℃高温，子实体可耐受7 ℃低温和28 ℃高温。子实体生长需良好通风。品种朵大，菌肉厚，菇潮明显，间隔10～15 d。

产量表现：生物学效率90%～100%。

栽培技术要点：同Cr - 62。

9. 庆元9015（国品认菌2007009）　浙江省庆元县食用菌科学技术研究中心1990年从庆元段木香菇老栽培场（历年使用241、8210、日丰34三个菌株）采集子实体，经组织分离筛选育成。子实体单生，偶有丛生；菌盖褐色，被有淡色鳞片，朵大，圆整，易形成花菇；菌盖直径4～14 cm，厚1～1.8 cm；菌褶整齐呈辐射状；菌柄白黄色，圆柱状，质地紧实，长3.5～5.5 cm，直径1～1.3 cm，被有淡色绒毛。菇质紧实，耐储存，适于鲜销和干制，鲜菇口感嫩滑清香，干菇口感柔滑浓香。中温偏低、中熟型菌株。菇潮明显，间隔期7～15 d，头潮菇在较高的出菇温度条件下菇柄偏长，菇体偶有丛生。

产量表现：高棚层架栽培花厚菇每100 kg干料产干菇8.6～11.7 kg；低棚脱袋栽培普通菇每100 kg干料产干菇9.2～12.8 kg。

栽培技术要点：代料和段木栽培两用品种，春、夏、秋三季均可接种；南方菇区2～7月接种，10月至翌年4月出菇；北方菇区3～6月接种，10月至翌年4月出菇。菌丝生长温度 5~32 ℃，最适温度 24~26 ℃；出菇温度 8~20 ℃，最适温度 14~18 ℃；菇蕾形成时需 6~8 ℃的昼夜温差刺激。在培菌管理过程中视发菌情况需对菌棒进行 2~3 次刺孔通气；菌棒震动催蕾效果明显，要提早排场，减少机械震动，否则易导致大量原基形成分化和集中出菇，菇体偏小；出菇期低温时节应及时疏去菇棚顶部及四周的遮阴物，提高棚内光照度和温度，有利于提高菇质。

10. 241-4（国品认菌 2007010）　浙江省庆元县食用菌科学技术研究中心以段木香菇菌种 241 为出发菌株采集特异菌株，经拮抗、品比等试验筛选育成。子实体单生，菇型中等，圆整，菌盖直径 6~10 cm，厚度 1.8~2.2 cm，棕褐色，被有淡色鳞片，部分菌盖有斗笠状尖顶；菌柄黄白色，圆柱状，有弯头，质地中等硬，长 3.4~4.2 cm，直径 1~1.3 cm，被有淡色绒毛。菌肉质地致密，耐储存，鲜菇口感嫩滑清香，干菇口感脆而浓香。中低温、迟熟型菌株。菇潮明显，间隔期 7~15 d。

产量表现：每 100 kg 干料产干菇 9.3~11.3 kg。

栽培技术要点：代料和段木栽培两用品种，适合春季制棒，秋冬季出菇。出菇温度 6~20 ℃，最适温度 12~15 ℃；菇蕾形成时需 10 ℃以上的温差刺激。南方菇区适宜接种期为 2~4 月，北方菇区适宜接种期为 3~5 月；10 月至翌年 4 月出菇。发菌期间要先后刺孔通气两次，早期菌丝生长缓慢时通"小气"，长满全袋 5~7 d 后排气；排场可安排在排气后至出菇期前 15 d；菇棚内连续 3 d 最高气温在 16 ℃以下，50%菌棒自然出菇为脱袋适期；补水水温要低于棚内气温 5~10 ℃。花菇比例低，不适合做花菇品种使用。

11. 武香 1 号（国品认菌 2007011）　浙江省武义县真菌研究所从国外引进菌种经常规系统选育而成。子实体单生，偶有丛生；中等大小，菌盖直径 5~10 cm，淡灰褐色；菌柄白色，有绒毛，菌柄长 3~6 cm，直径 1~1.5 cm。菇体致密，有弹性，具硬实感，口感嫩滑清香。耐高温、出菇早、转潮快。

产量表现：生物学效率平均 113%以上。

栽培技术要点：南方地区 3 月下旬至 4 月中下旬制袋接种，6 月中下旬开始排场转色、出菇、采收；北方地区 2 月上中旬至 3 月下旬制袋接种，5 月上中旬开始排场转色、出菇、采收。菌龄 60~70 d。发菌适宜温度 24~27 ℃；出菇温度 5~30 ℃。子实体 6~8分熟时采收；出口鲜菇 5~6 分熟时采收。在菌筒排场之前，掌握 3 个特征：①菌筒菌丝体膨胀，瘤状隆起物占整个袋面的 2/3；②手握菌袋时，瘤状物菌体有弹性和松软感；③菌袋四周出现少许的棕褐色分泌物。菌袋排场后，约 1 周后，瘤状物基本长满菌袋，并约有 2/3 转为棕褐色时，即可脱袋。菇蕾形成时要求温差 10 ℃以上；吐黄水期间，经常通风喷水。菌棒含水量降至 35%~40%时进行补水。注意在高温高湿、通风不足的环境下菌筒易受杂菌感染，且子实体发生量多，生长快，肉质薄，菇柄长，易开伞。

12. 赣香 1 号（国品认菌 2007012）　江西省农业科学院微生物研究所采用单孢杂交育成，亲本 1303 和 HO3。子实体单生或丛生，菌盖深褐色，菌盖直径 4~10 cm，柄长 3~8 cm，直径 0.5~1.5 cm。前期现蕾较多。接种到出菇 60~65 d，出菇温度 5~24 ℃，最适出菇温度为 16~22 ℃。鲜菇储藏温度 4~15 ℃，保藏期 7 d 以上。

产量表现：生物学效率 110%以上。

栽培技术要点：制袋宜在 8 月底至 9 月初，10 月底至 11 月初脱袋出菇，常应用于冬季和春秋季出菇。培养料添加 10%～20% 棉籽壳。出菇管理要求掌握好最佳脱袋时间，菌丝养菌 60 d 左右根据天气适时脱袋，进行出菇管理。

13. 金地香菇（国品认菌 2007013）　四川省农业科学院土壤肥料研究所采用原生质体融合育成，亲本 L939、135。子实体单生，少有簇生，菇体扁平球形，稍平展，红褐色，菌盖直径 12～16 cm，厚 1～2 cm，边缘有明显鳞片；菌褶白色，密；菌柄长 8～10 cm，直径 0.5～1 cm。菇体致密，柔软。子实体生长最适温度 15～22 ℃；菇潮间隔期约 15 d。

产量表现：生物学效率 80%～95%。

栽培技术要点：脱袋关闭大棚保湿转色，温度保持 18～22 ℃，空气湿度 80%～85%，给予散射光。转色后增大光照度到 100 lx 以上，同时加大温差，刺激出菇，连续处理 5 d，现蕾后开始进入出菇管理。菌棒温度控制在 15～25 ℃，采收前 2 d 停止喷水。养菌 7～10 d 后，再行催菇和出菇管理。采收 1～2 批后，应及时注水补水。

14. 森源 1 号（国品认菌 2007014）　湖北省宜昌森源食用菌有限责任公司采用单孢杂交育成，亲本 8404、856。子实体大中叶型，多单生，少数丛生，菇形圆整，致密度中等；菌盖圆形，深褐色，直径 4～7 cm，厚 1～3 cm；菌柄白色，质地坚韧，菌柄长 1～4 cm，直径 1～1.5 cm，菌柄长度与菌盖直径比 1：3；中低温中熟段木栽培种；发菌适宜温度 15～25 ℃，空气相对湿度 80% 左右，菇蕾形成时需要 10 ℃ 左右的温差刺激；栽培中菌丝体可耐受最高温度 35 ℃，最低温度 5 ℃，菌丝生长适宜温度为 15～25 ℃；子实体可耐受最高温度为 30 ℃，最低温度 5 ℃，子实体生长适宜温度为 8～20 ℃，花菇率高。对温湿差和震动刺激反应敏感，过强震动容易出菇太多。子实体口感滑嫩、浓香，质地紧实，高温时较疏松。

产量表现：每立方米段木产干菇 25 kg 以上。

栽培技术要点：适合段木栽培，落叶后砍树、断筒，30 d 后钻眼接种，适宜接种期在 11～12 月上旬和 2 月中旬至 3 月底，发菌期适量喷水保湿和通风，越夏防强日晒，10 个月后开始出菇，一般采用喷水增湿刺激出菇，出菇季节在 9 月下旬至翌年 5 月，收获期 3～5 年。

15. 森源 10 号（国品认菌 2007015）　湖北省宜昌森源食用菌有限责任公司采用单孢杂交育成，亲本 8404、135。大中叶型，单生，浅褐色，柄短盖大，菇形圆整，菌盖直径 4～8 cm，厚 1～3 cm；菌柄白色，质地紧实，有弹性，长 1～3 cm，直径 1～1.5 cm，菌柄长与菌盖直径比 1：4。子实体致密度中等，高温时稍疏松，口感滑嫩、浓香。低温、中熟、代料段木栽培两用种，成活率高，接种后菌种定植快，菇潮明显，不易开伞，保鲜期长；栽培中菌丝体可耐受最高温度 35 ℃，最低温度 5 ℃，适宜温度为 15～25 ℃；子实体可耐受最高温度 30 ℃，最低温度 5 ℃，适宜温度 6～20 ℃。

产量表现：代料栽培每千克干料产干菇 150 g 左右，段木栽培每立方米段木产干菇 25 kg 以上。

栽培技术要点：代料栽培适宜接种时间为 1～4 月，发菌温度 15～25 ℃，越夏期间保持通风避光，10 月至翌年 5 月出菇，采用不脱袋划口出菇，菇潮明显，菇潮间期适量补水。段木栽培适宜接种时间为 11～12 月上旬和 2 月中旬至 3 月底，落叶后砍树、断筒，30 d 后接种，发菌期适量喷水保湿和通风，越夏防强日晒，10 个月后开始出菇，一般采用喷水增湿刺激出菇，出菇季节 10 月至翌年 5 月，收获期 3～5 年。培养基水分偏重和菌筒转色过度时产量稍低，但子实体质量更好。

16. 森源 8404（国品认菌 2007016） 湖北省宜昌森源食用菌有限责任公司利用野生种驯化育成，采自湖北省远安县望家乡。子实体多单生，少数丛生，大中叶型，菇形圆整，茶褐色，菌盖直径 5～8 cm，厚 1～3 cm；菌柄白色，质地韧，有少量绒毛，长 1～4 cm，直径 1～1.5 cm，长度与菌盖直径比 1 : 4，菇体致密度中等。栽培中菌丝体可耐受最高温度 35 ℃，最低温度 5 ℃，菌丝体生长适宜温度为 15～25 ℃；子实体可耐受最高温度 30 ℃，最低温度 5 ℃，子实体生长适宜温度为 6～18 ℃。子实体朵大肉厚，圆整柄短，花菇厚菇率高；有丛生现象，高温时菇质较疏松。

产量表现：在适宜栽培条件下（配方、地区和季节），每立方米段木产干菇 25 kg 以上。

栽培技术要点：适合段木栽培，低温迟熟段木种。落叶后砍树、断筒，30 d 后钻眼接种，适宜接种期为 11～12 月上旬和 2 月中旬至 3 月底，发菌期适量喷水保湿、通风，越夏防强日晒，接种 12 个月后开始出菇，可采用增湿和震动刺激出菇，出菇季节 10 月下旬至翌年 4 月，收获期 4～6 年。

第六节　香菇种质资源研究和创新

一、我国香菇野生种质资源遗传多样性的研究

我国香菇自然种质遗传多样性的研究中，采用 RAPD、AFLP、RFLP、ISSR、SSR 等分子标记对不同采集地域的野生种质资源进行系统聚类分析以及用 ITS 序列测序进行系统谱系分析的研究较多，也得到了许多研究结果，这些对于野生种质资源的遗传多样性研究来说，正是进一步培养优良香菇菌种、深入开发利用香菇产品的基础。

代江红和林芳灿研究了 1 km² 范围内的 18 个野生香菇菌株，认为香菇个体间的遗传差异随着空间距离的增大，异质性相应提高。

孙勇和林芳灿采用 RAPD 的方法对中国 14 个省份的 53 个野生香菇菌株进行了研究，将它们聚类后分为 4 个类群，其中横断山脉、云南高原、台湾及华南地区菌株的多样性尤为丰富，结果表明香菇基于 DNA 相似系数的遗传聚类组的划分，与菌株的地理来源明显相关，自然地理和生态环境的差异是影响中国各区域菌株遗传差异的主要因素之一。中国香菇自然种质蕴藏着丰富的遗传多样性，是香菇自身遗传体系与各地复杂而富于变化的自然生态环境长期共同作用的结果。

林芳灿等 2003 年对收集于中国东北、西北、西南、华中、华南和华东六大区域 14 个省份的 53 个野生香菇菌株进行了原生质体交配型因子鉴定，在这群样本中鉴定出了 66 个不同的 A 因子和 72 个不同的 B 因子，而且 A、B 不亲和性因子系列中的特异性因子呈等概率分布，并据此估算了中国香菇自然群体中的 A、B 因子数量，分别为 121 个和 151 个，其数目多于日本学者对日本香菇资源的同类报道。中国香菇自然群体中的交配型总数理论上可达 18 271 种，形成的遗传性不同的双核体近 1.67 亿种，这个估算表明了中国蕴藏着丰富的香菇自然种质资源，与已知的其他区域相比，中国香菇的自然群体遗传多样性

要丰富得多。

在香菇自然群体中，不同菌株的 ITS 序列存在相当程度的变异。可以根据 ITS 序列差异将不同菌株划分为不同的谱系，因此在香菇的系统发育和生物地理学研究中，ITS 序列分析也不失为一种有效的手段。无论是分子标记分析，还是 ITS 序列分析，在地缘上有关联的菌株，如来自同一省份、相邻省份，或同一大区的菌株，都有优先聚为同一大类的趋向。又如，在 RAPD 分析和 ITS 序列分析中，有两个共同的遗传多样性较丰富的区域，即高海拔的西南高原地区及低海拔的东部沿海地区。

Hibbett 等在用 ITS 序列分析进行香菇系统发育学和生物地理学研究方面做了开创性的工作，为亚洲—澳大利亚香菇 rDNA 谱系的建立做出了积极贡献。在其 1995 年的研究中，在供试菌株中没有 1 个中国菌株的情况下，构建了由 4 个谱系组成的亚洲—澳大利亚香菇生物地理学谱系，并声称亚—澳香菇的起源地位于南太平洋岛屿，这是所研究范围中在系统发育上最具多样性的地域。在 1998 年的研究中，供试菌株中补充了包括 7 个中国菌株在内的 15 个菌株，结果中国湖北省的 1 个菌株与 1 个尼泊尔菌株构成了 1 个新的谱系，因而也就产生了"另一个富于遗传多样性的区域"，即先前未曾采样的中国。由此不难看出，在系统发育学、生物地理学研究中，样本是否具有足够的广泛性和代表性，对于获得尽可能符合客观实际的结论是多么重要。

上海市农业科学院食用菌研究所采用香菇全基因组测序后开发的覆盖整个基因组的 SSR 标记对该所菌种保藏中心的野生香菇种质进行了基于 SSR 标记的聚类分析，这些野生香菇种质为该所历时 30 年从全国 9 个省份采集获得，并以 30 年来使用最广泛的栽培种质作为对照。野生种质的采集地域范围从同一棵倒木不断扩大，相距 1 km 以内到相距 100 km 以内再扩大到不同的省份之间，在某些省份采集的时间跨度为 30 年。SSR 聚类分析的结果表明，香菇个体间的遗传差异随着空间距离的增大，异质性相应提高；其中有一小部分的野生种质受到栽培种质的影响，在聚类中位于野生种质和栽培种质之间聚为独立的一支；从时间跨度上看，2000 年以后采集的菌株在聚类图中分布最为分散，20 世纪 80 年代采集的菌株分布最为集中，90 年代的次之。这个结果很好地反映了我国香菇野生种质随时间和空间的分布变化，以及受到人工栽培的影响。

二、种质资源的鉴定研究

种质资源是食用菌遗传学和育种学研究的基础，在我国食用菌种质资源的研究中，普遍存在同物异名、异物同名等现象，菌种资源的管理十分混乱，不利于育种者、生产者合法权益的保护，而传统研究方法耗时费力，且易受环境影响，显然不适合食用菌种质资源及菌株鉴定研究领域飞速发展的需求，分子标记技术准确、快速，其相关方法的飞速发展，顺应了这种发展趋势。目前在香菇种质资源鉴定中使用的分子标记有 RAPD、ISSR、AFLP、SSR 以及 SCAR 等。

在各种标记技术当中，RAPD 技术因其简单方便的操作和应用范围广而成为使用最广泛的鉴定技术，但其重复性不好，容易受到 DNA 提取质量的影响。对于 ISSR 技术，秦莲花等（2004）利用 ISSR 技术在香菇中确证了（TGTA）n 微卫星基序的存在，在后续研究中，他们将 ISSR 技术与 ITS 序列分析相结合，有效鉴定了香菇生产菌株（秦莲花等，2006）。Zhang 等（2007）对 17 个中国香菇菌株开展了 ISSR 指纹图谱研究，2 个 ISSR 引物可以产生 32 条谱带，并能鉴定出全部供试菌株。

AFLP 应用于食用菌菌株鉴定领域的报道尚不多见，Terashima 和 Matsumoto（2004）报道 AFLP 技术适用于从烘干香菇子实体提取 DNA 后的指纹分析，AFLP 技术在菌株多态性鉴定方面是高度敏感的。宋春艳（2006）对 12 个相似性极高的香菇菌株进行了 AFLP 分析，并获得了其中一个菌株的特异性条带，结果表明相似性较高的菌株采用 AFLP 标记也能获得一定程度的区分。

SCAR 分子标记在食用菌菌株尤其是栽培菌株的鉴别方面具有十分优异的表现，目前已有很多成功应用先例。宋春艳（2006）对 33 个栽培种质进行 RAPD 分析，开发了 4 个特异性的 SCAR 标记用于区分其中的 4 个菌株，并利用 135 菌株的特异性 SCAR 标记对 108 个栽培菌株和 56 个野生种质进行了验证，从栽培菌株中找到了 10 个具有此标记的菌株，均为各地异名而同物的 135 菌株，结果证明特异性的 SCAR 标记可以快速、准确地进行菌株鉴定。

SSR 标记在全基因组测序的基础上，得到了大量开发，因此选用 SSR 标记进行香菇指纹图谱构建的工作在近几年发展迅速，SSR 标记的优点主要有：①数量丰富，广泛分布于整个基因组；②具有较多的等位性变异；③共显性标记，可鉴别出杂合子和纯合子；④试验重复性好，结果可靠；⑤多态性高；⑥高度的种间转移扩增性，即相同引物可在近缘物种间使用。张丹等（2012）在采用全基因组测序开发的大量 SSR 引物的基础上对全国的栽培种质进行了聚类分析和指纹图谱的构建工作，并用 7 对 SSR 引物构建了 12 个栽培菌株的指纹图谱，SSR 指纹图谱相对其他分子标记稳定性更高，并且开发的难度相对较小。

三、香菇种质资源的创新

种质是指农作物亲代传递给子代的遗传物质，它往往存在于特定品种之中。如古老的地方品种、新培育的推广品种、重要的遗传材料以及野生近缘植物，都属于种质资源的范围。在香菇的实际生产中，种质资源是研究遗传变异和进行遗传育种的重要材料，是影响香菇产量及质量的关键因子，也是香菇遗传和育种研究成果最直接和最终的表现形式。拥有好的种质，也就拥有育种的主动权。香菇种质资源的创新主要体现在栽培种质的创新上，育种工作者在现有的种质资源基础上进行选择、重组，得到了与自然发展截然不同的新型种质。

我国香菇育种的主要方法有选择育种、杂交育种、诱变育种和原生质体融合育种等。诱变育种和细胞融合（原生质体融合）育种在香菇中使用较少，转基因育种还没有在香菇中进行过报道。因此，选择育种和杂交育种仍然是香菇育种工作的主要方法。

（一）选择育种

选择育种主要是采集、分离野生菌株或国外引进的优良菌株，进行驯化栽培，通过生理性能测定、菌株比较试验、扩大试验及示范推广等步骤获得适合本地特色的优良菌株。例如比较突出的是由上海市农业科学院食用菌研究所从日本引进的 7401 至 7405 系列和由华中农业大学引进的 79 系列。

（二）杂交育种

杂交育种一般采用菌丝配对的方式，有单单杂交和单双杂交两种模式。杂交中使用的单核体可通过孢子分离法获得孢子单核体菌丝，或通过原生质体制备的方法获得原生质体单核体，这两种单核体在香菇杂交育种中都经常使用。杂交过程通过亲本间基因的自由组合、交换或其他方式产生不同于亲本基因组合的新品种。其中，福建省三明市真菌研究所通过单孢杂交选育出的 Cr 系列，上海市农业科学院食用菌研究所的申香系列都是杂交选育品种，也是目前我国香菇代料栽培的主导品种。近年来，自交育种也有学者在进行探索，对于杂合体的香菇菌株而言，自交能起到纯化优良基因、剔除有害基因的目的，并且自交的过程可以采用多孢自交的方法，获得自交后代的过程简捷快速，并且试验证明筛选的优良的自交后代的概率也不低，自交选育可作为杂交育种的一种补充和育种材料获得的手段。

（三）原生质体融合

原生质体融合是 20 世纪 70 年代发展起来的新技术，它是指通过脱壁后的不同遗传类型的原生质体，在融合剂的诱导下融合，最终达到部分或整套基因组的交换和重组，产生新的品种和类型。食用菌的种内、种间、属间，乃至科间原生质体融合均已有报道。原生质体融合技术是在细胞水平上使亲缘关系较远的不同种属间物种的遗传物质进行交换，扩大了遗传物质交流的范围，增加了变异创造的途径和选择范围。但属间融合子稳定性差以及生产性能差，在短时间内要获得突破有一定的难度。在香菇中通过以 PEG 促融的化学方法和以电融合为基础的物理方法，先后获得了香菇种内，香菇属种间及香菇与松茸、金针菇和凤尾菇的融合子。

（四）诱变育种

诱变育种是通过物理和化学诱变方法，使香菇菌丝部分细胞的遗传物质发生改变，从而引起遗传性状的变异，然后从中选出具有优良性状的香菇新菌株。目前在香菇诱变育种主要是以菌丝片段和原生质体为诱变材料。梁枝荣等（2001）比较研究了紫外线处理香菇原生质体后得到的再生菌株与它们亲本菌株的菌丝生长速度、产量和出菇期等农艺性状，发现大约 30% 的再生菌株获得了较高的产量和较早出菇期的优良特性，多次继代培养证明了这些优良再生菌株获得的稳定性。

（五）基因工程育种

基因工程育种在食用菌中主要包括以下两个方面的应用：一是利用食用菌作为新的基因工程的受体菌，生产人们所期望的外源基因编码的产品。二是利用基因工程技术定向培育食用菌新品种，包括抗虫、抗病的新品种，以及将编码纤维素或木质素降解酶基因导入食用菌基因内，以提高食用菌菌丝体对栽培基质的利用率或开拓新的栽培基质，最终提高食用菌产量和质量。目前在香菇中还没有基因工程育种获得品种的报道，并且由于食品安全和转基因作物安全问题受大众逐渐接受和认识的影响，基因工程育种的脚步应当慎重而且缓慢。

（谭　琦）

参考文献

代江红，林芳灿，2001. 香菇自然群体中个体间的空间分布及其遗传联系 [J]. 菌物系统，20（1）：100-106.

黄年来，林志彬，陈国良，等，2010. 中国食药用菌 [M]. 上海：上海科学技术文献出版社.

黄伟，2010. 香菇生产技术与产业化管理 [M]. 北京：中国农业出版社.

黄毅，2008. 食用菌栽培 [M]. 北京：高等教育出版社.

梁枝荣，安沫平，通占元，2001. 香菇原生质体分离诱变育种研究 [J]. 微生物学通报，28（2）：38-41.

林芳灿，汪中文，孙勇，等，2003. 中国香菇自然群体的交配型因子分析 [J]. 菌物系统，22（2）：235-240.

卯晓岚，1996. 中国香菇属的种类及香菇的自然分布 [J]. 中国食用菌，15（3）：34-36.

潘迎捷，陈明杰，汪昭月，等，1992. 香菇和虎皮香菇的种间原生质体融合 [J]. 上海农业学报，8（1）：9-12.

秦莲花，宋春艳，谭琦，等，2006. 用 ITS 和 ISSR 分子标记技术鉴别香菇生产用种 [J]. 菌物学报，25（1）：94-100.

秦莲花，张红，陈明杰，等，2004. 微卫星（TATG）$_n$ 基序在香菇菌种中的验证 [J]. 微生物学报，44（4）：474-478.

上海市农业科学院食用菌研究所，1983. 食用菌栽培技术 [M]. 北京：农业出版社.

宋春艳，2006. 香菇生产用菌株的遗传鉴定 [D]. 南京：南京农业大学.

孙勇，林芳灿，2003. 中国香菇自然种质遗传多样性的 RAPD 分析 [J]. 菌物系统，22（3）：387-393.

谭琦，潘迎捷，黄为一，2000. 中国香菇育种的发展历程 [J]. 食用菌学报，7（4）：48-52.

谭琦，宋春艳，2011. 香菇栽培实用技术 [M]. 北京：中国农业出版社.

谭琦，宋春艳，2013. 香菇安全生产技术指南 [M]. 北京：中国农业出版社.

田娟，李玉祥，李惠君，1996. 香菇金针菇远缘亲本原生质体融合及融合子检测 [J]. 南京农业大学学报，19（3）：63-69.

听雅，崔海瑞，张明龙，等，2006. 白菜 ES 下 SSR 标记的通用性 [J]. 细胞生物学杂志，28：248-252.

王澄澈，苗艳芳，梁枝荣，等，2000. 香菇和凤尾菇原生质体融合初探. 西北农业大学学报，8（2）：68-71.

王键，图力古尔，李玉，2011. 香菇属（*Lentinus*）真菌的研究进展兼论中国香菇的种类资源 [J]. 吉林农业大学学报，23（2）：41-45.

王淑珍，白晨，高雁，等，2003. 松茸与香菇原生质体融合的研究 [J]. 食用菌（2）：9-10.

徐学锋，林范学，程水明，等，2005. 中国香菇自然种质的 rDNA 遗传多样性分析 [J]. 菌物学报，24（1）：29-35.

杨新美，1988. 中国食用菌栽培学［M］. 北京：农业出版社.

应正河，2004. RAPD、SRAP 和 ISSR 标记在香菇种质资源的应用及其 SCAR 标记的建立［D］. 福州：福建农林大学.

张丹，巫萍，章炉军，等，2012. 基于香菇全基因组序列开发的部分 SSR 标记多态性分析与品种鉴定［J］. 食用菌学报，19（4）：1‐6.

张寿橙，1993. 中国香菇栽培历史与文化［M］. 上海：上海科学技术出版社.

张引芳，潘迎捷，陈春涛，等，1996. 中国香菇栽培品种的遗传相关性研究［J］. 农业生物技术学报，4（2）：141‐146.

卓英，谭琦，陈明杰，等，2006. 香菇主要栽培菌株遗传多样性的 AFLP 分析［J］. 菌物学报，25（2）：203‐210.

张树庭，Miles P G，1992. 食用蕈菌及其栽培［M］. 杨国良，张金霞，译. 河北：河北大学出版社.

Hibbett D S，Hansen K，Donogllue M J，1998. Phylogeny and biogeography of *Lentinula* inferred from an expanded rDNA dataset［J］. Mycol Res，102：1041‐1049.

Tauraz D，1989. Hypervariability sequences simple repeats as a general source for Polylnorphic DNA markers［J］. Nucleic Acide Res，17：6463‐6471.

Terashima K，Matsumoto T，2004. Straint typing of shiitake（*Lentinula edodes*）cultivars by AFLP analysis，focusing on a hea‐dred fruiting body［J］. Myeoscience，45：79‐82.

第十二章

木　耳

第一节　概　　述

木耳是木耳属模式种，通常称为黑木耳。但是国内关于真菌名称的主要书籍中多数使用木耳，如《真菌名词及名称》《中国真菌总汇》《孢子植物名词及名称》等。光木耳、云耳、细木耳等名称作为俗名（戴玉成等，2011）。中文"木耳"是从形态上表述其为生长在木头上的黑色耳状的食用真菌，日文"キクラゲ"是从胶质含量较高方面描述其为生长在木头上的、像海蜇一样口感的真菌，而英语同中文一样都是根据形态即木头上的耳状物而命名为"wood ear"。

木耳是我国记载利用最早的食用菌，具有独特的生态与保健功能，比较效益是水稻的10倍、玉米的15倍以上，一直受到生产者和消费者的重视。我国是木耳生产、消费大国，木耳产量占世界的95％以上，堪称"国蕈"。

木耳含有丰富的粗蛋白、氨基酸、粗纤维、糖类、钙、磷、铁、胡萝卜素、硫胺素、核黄素、维生素C、烟酸等营养物质。贾思勰的《齐民要术》记载了木耳烹调方法。木耳生熟皆宜，在中华料理中不仅作为原料使用，还是重要的配料来源，它是中国老百姓餐桌上久食不厌的传统食用菌。木耳含有清涤肠胃中纤维素的大量胶质物质、抗肿瘤的酸性异葡聚糖类物质、抑制血小板聚集的腺苷类物质等，具有益气强身、滋肾养胃、软化血管、防止血栓形成、清滑消化系统的作用（李玉，2001）。

第二节　木耳的起源与分布

木耳的栽培可考记载为隋唐时期甄权所著的《药性论》，其中记载了"煮浆粥安槐木上，草覆之，即生蕈"，此处的"蕈"按东汉许慎的《说文解字》即指桑耳。宋元时期，食用菌的栽培有了更进一步的发展，元代《王祯农书》中有较为详细的记载。到了清代，湖北的郧县已发展成为木耳的重要产区，一些栽培方法甚至延续到20世纪60～70年代。

木耳在世界上分布比较广泛。我国是世界上木耳资源最丰富的国家之一，野生资源丰富，目前有记载的野生资源分布于云南、浙江、江苏、福建、广东、广西、河南、湖南、湖北、四川、山西、陕西、吉林、黑龙江、内蒙古、贵州等。野生木耳多生长在桑、槐、榆、栎、桦树等朽木上（李玉，2001）。不同地区的木耳生理特点和形态都有一定差异，形态上的差异主要表现在耳片发生形式、大小、薄厚、色泽、绒毛的疏密和长短。

第三节　木耳的分类地位与形态特征

一、分类地位

木耳（*Auricularia heimuer*）属担子菌门（Basidiomycota）蘑菇纲（Agaricomycetes）木耳目（Auriculariales）木耳科（Auriculariaceae）木耳属（*Auricularia*）。

二、形态特征

木耳孢子印白色，不规则。其有性担孢子形状为肾形或者圆棒状，颜色为无色，透明度高。不同品种的木耳担孢子大小有差异，其长×宽为（11.20～13.44）μm×（3.51～5.59）μm（张鹏，2011）。菌丝体在光学显微镜下观察呈半透明状，纤细，具分枝，其中双核菌丝体具有锁状联合，单核菌丝体则没有这种特性，且较双核菌丝体更为纤细。双核菌丝体菌落呈白色，生长整齐，但其长势比其他食用菌（如香菇、平菇等）弱，吃料能力差。英国邱园真菌标本馆（Fungarium at Kew Gardens）的300多份馆藏木耳标本，子实体呈黄白色至黑褐色，多数单生，少数丛生（图12-1、图12-2）。耳片形状呈耳形、碗形或不规则。新鲜时呈胶质有弹性，干燥后强烈收缩。木耳干耳复水能力强。子实层生于腹面，光滑或有脉状皱褶，弹射孢子；非子实层即为背面，有纤毛，平滑或具脉状皱褶，颜色浅于腹面。子实体腹背面皱褶品种差异明显。耳片新鲜时，其边缘形状因品种而呈平滑、缺刻、反卷等形态。

图12-1　子实体单生　　　　　　　　图12-2　子实体丛生
（姚方杰，张友民）　　　　　　　　（姚方杰，张友民）

第四节　木耳的生物学特性

一、营养要求

（一）碳源

碳素是木耳的重要能量来源。木耳是典型的木腐菌，但菌丝体分解纤维素和木质素能力弱，生长缓慢，因此尽可能增加栽培料的营养。适合木耳的碳源有单糖、二糖、有机酸等小分子物质，如蔗糖、葡萄糖，可以直接被木耳菌丝体吸收和利用。大分子的碳源主要有木质素、纤维素、半纤维素和淀粉等，但需要通过分泌胞外酶并将大分子碳源分解成阿拉伯糖、木糖、葡萄糖、果糖和半乳糖等小分子物质后才能吸收和利用。在生产中可以桑、槐、榆、栎、桦树等阔叶树段木或木屑等为碳源，亦可在多种农副产品如棉籽壳、玉米芯上生长。

（二）氮源

氮素是木耳生长必需的营养成分，它是合成氨基酸、蛋白质和核酸的必需原料。主要的氮源有氨基酸、蛋白质、铵盐、硝酸盐和尿素等。其中有机氮比无机氮更容易被木耳菌丝体分解、吸收和利用。与碳素营养的利用方式相同，菌丝体必须分泌胞外酶将大分子的氮素营养分解成小分子物质再加以利用。在生产中一般以玉米粉、麦麸、大豆粉和蛋白胨等物质作为氮源。

（三）矿质元素

木耳的生长发育还需要少量的矿质元素，如钙、磷、钾、镁等元素，这些矿质元素主要以碳酸钙、硫酸钙、硫酸镁、硫酸亚铁、磷酸二氢钾和磷酸氢二钾等无机盐的形式存在。一般来说，培养料中如木屑、米糠、麦麸、秸秆和水中均含有部分上述木耳所需的无机盐类，基本能满足其生长发育需要。在实际生产中应根据培养料的养分组成，适当添加石膏、石灰、磷肥、磷酸二氢钾等来满足木耳对矿质元素的需求，既补充了矿质元素又起到了调节 pH 的作用。

（四）维生素

木耳的生长发育需要维生素，其作为木耳物质代谢中的辅酶组分是生长所必需的，但木耳对这类物质的需要量极少。在米糠和麦麸等培养料中含量较多的维生素 B_1 和维生素 H 对菌丝体生长均有促进作用。维生素 B_6、肌醇和叶酸等对木耳菌丝体的生长影响不大。较高浓度的维生素 B_2、维生素 C 和烟酸对木耳菌丝体的生长反而有抑制作用。

二、环境要求

（一）温度

木耳属于中温型菌类，菌丝体生长适宜温度 22～35 ℃，一般菌丝体培养温度 25 ℃，子实体生长温度 15~28 ℃，最适温度 22~25 ℃。生产上木耳在不同的生长发育阶段，给予不同的温度条件，母种培养在 25 ℃左右。

(二) 湿度

木耳喜温暖潮湿的气候，对空气湿度的要求因生育期而异。栽培种菌丝体生长发育阶段所需的水分来源于培养料，基质含水量要求在 58%±2%，水分过多，透气性差，抑制菌丝体生长发育，且易感染厌氧性杂菌，但水分过少，也会降低代谢能力，减缓生长发育。菌丝体生长发育阶段要求空气相对湿度 55%~65%；子实体分化阶段，即原基发生阶段，要求空气相对湿度 85%~90%；子实体生长期要求空气相对湿度 80%~90%。

(三) pH

木耳菌丝体能在 pH 4~8 时生长，最适 pH 5~7。当 pH<4 或 pH>7.5 时，菌丝稀疏，生长速度变慢，进而造成出菇困难 (沈海川等，1982)。在生产中，由于培养料需要进行灭菌处理，导致其 pH 有所下降；另外，由于菌丝体在生长过程中会产生一些酸性的代谢产物，造成培养料中的 pH 降低。因此，在配制培养料时一般通过添加 1%的石膏来提高其 pH，避免由于在灭菌和菌丝体培养阶段培养料 pH 降低对生产造成影响。

(四) 光照

木耳的各个生长发育阶段对光照要求不同。菌丝体生长期对光照要求不严格，多在黑暗或弱光条件下；子实体分化阶段要求散射光以刺激原基的形成；子实体膨大、生长期需要大量散射光和一定强度的直射光，出耳阶段给予强光条件，子实体生长相对缓慢，但是能够抑制杂菌的发生，耳片色泽深，呈黑色或黑褐色，质地好，耳片厚，光照过弱，耳片色泽浅，产量低，质量差。

(五) 空气

木耳为好气性真菌。在生长发育过程中，要求空气畅通清新，排除过多的二氧化碳和有害气体。当空气中二氧化碳超过 1%时，就会阻碍菌丝体生长，影响菌丝体代谢，子实体呈畸形，变成珊瑚状；超过 5%就会导致子实体中毒死亡。因此，在栽培中要求发菌场所、出耳场所通风良好，保持空气流通新鲜。

三、生活史

木耳子实体成熟时，在其腹面的子实层形成担孢子。担孢子萌发长出芽管，芽管伸长为单核菌丝，交配型可亲和的单核菌丝结合，形成双核菌丝。双核菌丝不断生长，分化发育形成原基，原基进一步形成子实体，子实体成熟后又产生大量的担孢子，这样的一个生长发育过程就是木耳有性生活史 (张鹏，2011) (图 12-3)。笔者研究发现，单核菌丝、双核菌丝均可以产生马蹄状的分生孢子，这填补了木耳无性生活史空白，对今后开展木耳的遗传育种研究具有重要意义。

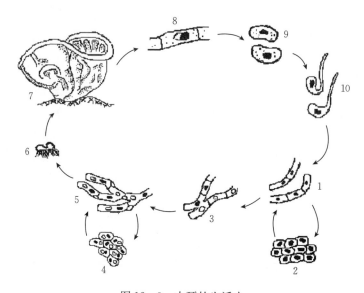

图 12 - 3　木耳的生活史

1. 单核菌丝　2. 单核分生孢子　3. 质配　4. 双核分生孢子　5. 双核菌丝
6. 原基　7. 子实体　8. 核配　9. 担孢子　10. 芽管
(引自姚方杰，张友民)

第五节　木耳种质资源

一、概况

木耳核心种质群具体包括菌落形态特征的核心种质，子实体朵型特征的核心种质，耳片边缘特征的核心种质，腹面皱褶特征的核心种质，背面皱褶特征的核心种质，原基发生类型特征的核心种质，生育期特征的核心种质等（陈影，2010）。

菌落形态特征的核心种质以菌丝浓密度进行核心种质的筛选，分为浓密型、中等型、稀疏型。

子实体朵型特征的核心种质分为单片簇生型、菊花紧凑型和菊花舒展型 3 种。单片簇生型特征是朵片稀疏，朵片大，耳片腹面无皱褶，背面皱褶明显；菊花紧凑型特征是朵片密集聚生，朵片长、宽均一，耳片背面无皱褶；菊花舒展型特征是朵片舒展，朵片长，耳缘平滑。

耳片边缘特征的核心种质包括平滑型和缺刻型两种。

腹面皱褶特征的核心种质根据鲜耳腹面脉状皱褶的有无，分为有型和无型两种。

背面皱褶特征的核心种质根据鲜耳脉状皱褶的有无，分为无型和有型两种。

温型特征的核心种质包括高温型、低温型和广温型。高温型核心种质在 40 ℃耐受性强；低温型核心种质在 5 ℃耐受性强；广温型核心种质在 5～40 ℃适应性强。

生育期特征的核心种质分为早熟型、中熟型和晚熟型。早熟型核心种质子实体成熟时间＜90 d；中熟型核心种质子实体成熟时间为 90～100 d；晚熟型核心种质子实体成熟时间>100 d。

产量类型的核心种质分为高产型、中产型和低产型。高产型核心种质每 100 kg 干料产干耳大于 7.0 kg；中产型核心种质每 100 kg 干料产干耳 6.0～7.0 kg；低产型核心种质每 100 kg 干料产干耳小于 7.0 kg。

二、优异种质资源

1. 黑 29（国品认菌 2007018）　黑龙江省科学院应用微生物研究所选育，品种来源于黑龙江省尚志市鱼池乡野生黑木耳。子实体簇生，耳根较小，子实体单朵直径 6～12 cm，可分成单片，厚 0.5～1.0 mm。耳脉多而明显，耳片呈碗状，腹背面差异大。腹面黑色，有光泽，背面灰褐色，绒毛短、密度中等。栽培中菌丝体可耐受最高温度 35 ℃、最低温度 20 ℃；子实体可耐受最高温度 30 ℃、最低温度 5 ℃。晚熟品种，出耳较晚，不齐，没有明显的耳潮间隔，二潮产耳很少。每 100 kg 干料产干耳 10～15 kg。

春季栽培种接种时间为 1 月下旬至 2 月上旬，割口出耳时间 4 月下旬至 5 月上旬。秋季栽培种接种时间为 5 月中旬，割口出耳时间 7 月下旬至 8 月上旬。由于出耳要求 10～15 d 的后熟期，因此制袋安排要提早。发菌适宜温度 25～26 ℃，前期适温 22～25 ℃，避光，后期适温 20 ℃左右。长满菌袋后，18～20 ℃再培养 10～15 d 之后割口催芽。割口最适温度 10～15 ℃，割口后 15～20 d 耳芽形成，集中催耳，催耳期空气相对湿度在 85% 以上，最适温度 15～25 ℃。保持良好通风条件，有散射光，分床后可进行“全光”管理。

2. 新科（国品认菌 2008017）　浙江省丽水市云和县食用菌管理站选育，品种来源于浙江省云和县野生菌株。子实体单片，中温型品种。菌丝生活力强，生长温度 5～36 ℃，最适生长温度 27～30 ℃；耳基形成温度 15～25 ℃，最适生长温度 18～22 ℃。菌丝生长基质含水量 50%～55%，耳芽发生期基质最适含水量 55%～60%。耳片肉质厚，具光泽，浸泡系数大，湿度偏低时菌丝生长速度慢，耳片过熟时颜色变浅，甚至会产生红棕色。段木栽培生物学效率 70% 左右，代料栽培生物学效率 135% 左右。

段木栽培选择栓皮栎、麻栎、槲栎、桦木、山樱桃、枫香、枫杨、蓝果树、山乌桕等树种。当地气温在 5 ℃以上时接种，长江以南地区 2～3 月接种，长江以北地区 3～4 月接种。接种穴间距 5～7 cm，穴孔排列成“品”字形，种块塞满穴孔，穴口压上树皮盖，接种后应上覆塑料薄膜发菌。发菌期做好光照、温度和通风管理，发菌 10 d 左右进行第一次翻堆，以后每隔半月翻堆一次，注意通风换气及喷水补湿。接种穴间菌丝连接时即可起架进行出耳管理，耳木排场选择在海拔 300～500 m 地势平坦、通风、水源等条件较好的场地。出耳期间做好水分管理及病虫害防治，耳片发生期控制空气相对湿度 85%～95%。及时采摘和晒耳，每批耳采摘后停止喷水 5～7 d，促使菌丝恢复生长。

代料栽培高海拔地区 8 月上旬制作菌棒，低海拔地区 9 月上中旬制作菌棒。培养基配方：杂木屑 76%，麦麸 10%，米糠 10%，蔗糖 1%，玉米粉 2%，硫酸钙 0.5%，碳酸钙 0.5%。发菌场喷杀虫灭菌剂，耳棒堆叠整齐，培养 15～20 d 进行翻堆，菌丝长满菌棒时进行刺孔供氧，孔深 2～3 cm，见光催耳芽；菌棒全面刺孔后 7 d 就可以出田排场。以畦式排场，畦宽 1.3～1.5 m，长度不限。排场后做好水分管理和病虫害防治，及时采摘晒干，避免产生流耳。

3. 单片 5 号（国品认菌 2008013）　华中农业大学选育，品种来源于浙江缙云县野生黑木耳菌株。子实体单生，少有丛生。耳片直径 3～8 cm，厚 1.0～1.4 mm，干后边缘卷缩成三角状。耳片边缘平滑，腹面浅黑色，背面灰褐色至黄黑褐色，有细短浅色绒毛，脉状皱纹无或不明显。段木栽培为主，亦可用木屑做主料进行代料种植。树种以枫香、核桃最为适宜，栓皮栎、麻栎、青冈栎、板栗等树种均可。出耳较快，产量较高。菌丝较稀疏，定植和抗杂能力较弱，菌种生产时注意防止杂菌污染。在适宜栽培条件下每根直径 6～8 cm、长 1.2 m 的栎木可产干耳 165～200 g；袋栽（15 cm×55 cm 塑料袋）每袋可采干耳 65 g 左右。

段木栽培为主，以树龄 6～10 年、直径 6～10 cm、长 1.2 m 的段木为好；含水量 40% 左右时钻眼接种，孔距 3～4 cm，孔深 1.5～2 cm，孔径 1.4 cm 为宜。接种适宜时期为 2 月中旬至 4 月上旬，气温 7～20 ℃，采用木屑菌种或丝条状木屑菌种。当菌丝深入木质部达 2/3 以上，接种眼有 60% 以上出现耳芽时起架，耳木排场和起架场所应选择阳坡湿润地，避免阴坡或低洼地。8 月底至 9 月初可进行喷灌浇水出耳，高温季节早晚浇水，低温季节中午浇水，干湿交替，避免水分过多出现流耳。出耳适宜温度为 14～25 ℃，收获期为 2 年，当年秋季和翌年春季为出耳盛期。

代料栽培可用木屑为主料，采用 15 cm×55 cm 塑料袋刺孔斜立地栽模式，湖北地区在 8 月底至 9 月初接种，10 月底至 12 月以及翌年 3～5 月出耳，喷水带喷灌浇水，干湿交替，每袋可采干耳 3～4 茬。

4. 延特 5 号（国品认菌 2008011）　吉林省延边朝鲜族自治州特产研究所人工驯化育成，品种来源于长白山野生菌株。中晚熟品种，子实体散朵状、根小、圆形边。耳片直径 6～10 cm，厚 0.8～1.2 mm，腹背面明显，腹面极黑、有光泽，背面灰褐色。高温高湿不烂耳，见光易出耳，出耳芽快，抗杂能力强。菌丝生长温度 6～36 ℃，适温 20～28 ℃；适温下发菌期 40 d 左右菌丝长满袋，15～20 ℃条件下后熟 15～20 d；出耳温度 14～32 ℃，最适出耳温度 22～28 ℃。木屑栽培生物学效率可达 100%。

栽培技术要点：春、秋耳栽培皆可，易催耳，出耳齐，适于代料栽培和段木栽培。培养料的配方为木屑 86%，麸皮 10%，豆粉 2%，石膏 1%，生石灰 1%。在恒温室内培养发菌，空气相对湿度 70%，温度初始为 27～28 ℃，菌丝定植后降至 25 ℃。待菌丝长至菌袋 1/3 时，温度降到 22 ℃，后熟阶段温度控制在 15～18 ℃。室内催耳时将划完口的菌袋摆放在床架上，进行变温和光照刺激。夜间开门通风降温，白天关门保温，拉大昼夜温差。室外催耳时把划完口的菌袋放在做好的耳床上，上面盖一层草帘保湿，一层塑料薄膜保温。催耳可早、晚撤掉草帘和塑料薄膜，中午盖上的方法拉大昼夜温差。一般经过 10 d 左右，当耳芽长至 1 cm 左右时即可分床。分床时菌袋间隔一般为 15～20 cm，袋与袋呈"品"字形摆放。在耳片生长期要加强湿度管理，要求干湿交替（胡志强等，2011）。

5. 黑 793　华中农业大学选育，品种来源于神农架山区中野生木耳子实体分离驯化。子实体丛生，有时单生。耳片半透明，直径 6～12 cm，厚 0.8～1.0 mm。耳片边缘波状或平滑内卷，有时叠生或丛生菊花状。耳片腹面光滑，黄褐色，背面淡黄褐色，有稀疏绒毛，有明显脉纹。菌丝体可耐受 38 ℃高温和 5 ℃低温。干耳褐色或灰褐色，商品外观菊花状或不规则状。产量为每根段木可产干耳 120 g 以上。

适合段木栽培，选择麻栎、栓皮栎、油桐、乌桕、枫香等树种，树木直径 6～8 cm。冬季落叶后砍树、架晒，树木含水量 42%～45% 时钻眼接种。一般 3 月上旬至下旬气温在 10～20 ℃时接种，宜采用锯木屑菌种。菌丝定植、发菌期适宜温度为 20～26 ℃，需适当遮阴，注意通风，干湿交替，避免出现 28 ℃以上气温"烧菌"。耳木排场和起架场所选择阳坡湿润肥沃地，避免阳坡、岗地或阴坡低洼地。春、秋季均可出耳，出耳期适宜温度为 18～26 ℃，适量喷水，干湿交替，避免水分过多而"流耳"。收获期 1～2 年，以翌年春季为出耳盛期。适合在湖北、河南、陕西、四川等木耳产区进行段木栽培。

6. 黑威 981（国品认菌 2008018） 黑龙江省科学院应用微生物研究所选育，品种来源于大兴安岭呼中林场野生木耳。子实体聚生，耳片呈碗状，腹背面差异大。耳片直径 4～12 cm，耳片腹面黑色有光泽，背面灰褐色，绒毛短。采用熟料栽培，基质含水量 60%～65%，碳氮比为 20：1～40：1，发菌适宜温度 22～26 ℃，空气相对湿度 60%，pH 5.5～7.0。发菌前期培养温度为 22～25 ℃，后期温度 20 ℃左右。子实体可耐受最高温度 30 ℃，最低温度 10 ℃。二潮耳产量很少。木屑栽培生物学效率可达 100%。

配方 1：木屑 79%，麦麸 20%，石膏 1%。配方 2：木屑 84%，麦麸（米糠）13%，豆粉 2%，石膏 0.5%，白灰 0.5%。接种时间为 2 月下旬至 3 月上旬，割口出耳时间为 4 月下旬至 5 月上旬。菌种萌发期室温控制在 26～28 ℃，生长期室温控制在 22～25 ℃，少通风或不通风，避光培养。菌种培养后期室温控制在 18～20 ℃，多通风，给予适当散射光。菌丝长满菌袋后，进行割口催芽管理，一般在 4 月下旬至 5 月上旬集中催耳，最适温度 20～25 ℃，空气相对湿度在 85%以上，要求通风良好、有散射光。分床后第一天不浇水，此后每天上、下午浇水，中午气温高时不浇水。耳片长速缓慢或不易开片时，可停水晒床 2～3 d，再继续浇水。采收前停水 1 d，以清晨或上午采收为佳。适合在东北地区春、秋季栽培。

7. 中农黄天菊花耳（国品认菌 2007026） 中国农业科学院农业资源与农业区划研究所选育，品种来源于大巴山野生种，通过常规人工选择育成。菌丝纤细，菌落呈绒毛状。耳片聚生，菊花状，色泽较黄，半透明，耳根稍大。耳片直径 6～12 cm，厚 0.8～1.2 mm，背面呈黄褐色，绒毛短，新鲜时几乎不见绒毛，腹面平滑，有脉状皱纹。菌丝生长温度 6～36 ℃，适温 22～32 ℃。出耳温度 15～32 ℃，最适温度 20～26 ℃。耳片分化时适宜空气湿度为 90%～95%。发菌期 40～60 d，后熟期较短，为 7～10 d，栽培周期为 90～120 d。需低温刺激和光照形成耳基，基质中菌丝体可耐受最高温度 38 ℃。以木屑为主料栽培条件下，生物学效率 110%左右。

南方耳区宜秋栽，9 月中旬接种，11～12 月出耳。北方耳区春栽，1～3 月接种，4～6 月出耳。后熟培养保持适宜温度 20 ℃左右，子实体原基形成到耳芽期保持适宜温度 20～25 ℃，适宜大气湿度 85%～95%。耳芽期不宜直接向栽培袋喷水，保持料内水分含量 60%～70%，自然光照。耳芽盖满开口后可直接喷水。适合在东北、华北、长江流域栽培。

8. 旗黑 1 号 吉林农业大学选育，品种来源于吉林省白河林业局二道林场采集的野生菌株木耳 AU5 号。中温、中熟品种，从接种到采收 115～125 d，菌丝体洁白浓密，气生菌丝发达呈绒毛状,菌落边缘整齐,均匀。无效原基少,子实体单片簇生,黑色,单个耳片直径 5~10 cm,厚 0.10~0.13 cm。产量为每 100 kg 干料产鲜耳 78.4 kg。

熟料栽培,栽培袋为 17 cm×33 cm 的聚丙烯折角袋,每袋装干料 0.5 kg。2 月中旬接菌制袋,5 月上中旬割口催芽,保持 75%~85%空气相对湿度,但避免水滴到耳芽上。适合 V 形口和小孔出耳。出现耳芽以后早晚喷雾,干湿交替,6 月中旬当耳片尚未弹射孢子时开始采收。适合在吉林省栽培。

9. 吉黑 1 号 吉林农业大学和吉林省海外农业科技开发有限公司选育,品种来源于吉林省和龙市林业局福洞山采集的木耳野生菌株 2003－7。从接种到采收 118~130 d,属于中晚熟品种。菌丝体洁白浓密,气生菌丝发达呈绒毛状,菌落边缘整齐、均匀。子实体单片簇生,黑色,小孔栽培单片耳率高达 90%以上,单个耳片直径 3.2~5.8 cm,厚 0.11~0.13 cm。产量为每 100 kg 干料产鲜耳 79.8 kg。

熟料栽培,栽培袋为 17 cm×33 cm 的聚丙烯折角袋,每袋装干料 0.5 kg。培养料配方为柞木等阔叶树木屑 86.5%,稻糠或麦麸 10%,豆面 1.5%,石灰 1%,石膏 1%,含水量 58%±2%。在吉林省,2 月中下旬制备栽培袋,按照"全光间歇弥雾栽培模式"进行管理,4 月末至 5 月上旬割口催芽、摆地出耳,适合 V 形口和小孔出耳,保持 75%~85%空气相对湿度,但避免水滴直接落到耳芽上,注意干湿交替,6 月中旬当耳片即将弹射孢子时开始采收。秋季栽培,7 月下旬至 8 月初下地出耳,一般不用催芽。适合在吉林省栽培。

10. 吉黑 2 号 吉林农业大学、杭州市农业科学研究院和吉林省海外农业科技开发有限公司共同选育,品种来源于吉林省地方品种与大兴安岭加格达奇林业局采集的野生菌株经过单单杂交,再经系统选育而成。从接种到采收 115~125 d,属于中熟品种。菌丝体洁白浓密,气生菌丝发达呈绒毛状,菌落边缘整齐、均匀。子实体单片簇生,黑色,小孔栽培单片耳率高,单个耳片直径 3.5~6.3 cm,厚 0.12~0.14 cm。产量为每 100 kg 干料产鲜耳 80.9 kg。

熟料栽培,栽培袋为 17 cm×33 cm 的聚丙烯折角袋,每袋装干料 0.5 kg。培养料配方为阔叶树木屑 77%,麦麸或米糠 20%,糖 1%,石膏 1%,石灰 1%,含水量 60%。在吉林省,2 月中旬制备栽培袋,4 月末至 5 月上旬割口催芽、摆地出耳,适合小孔出耳。保持 75%~85%空气相对湿度,但避免水滴直接落到耳芽上。耳片生长期早晚喷雾,干湿交替,6 月中旬当耳片即将弹射孢子时开始采收。秋季栽培,8 月初下地出耳,一般不用催芽。适合在吉林省栽培。

11. 吉黑 3 号 吉林农业大学、吉林省海外农业科技开发有限公司和杭州市农业科学研究院共同选育。品种来源于野生黑木耳菌株与地方品种单单杂交,再经系统选育而成。属于中熟品种,从接种到采收 95~105 d。菌丝体洁白浓密,菌落边缘整齐、均匀。子实体呈簇生型,黑褐色,小孔栽培单片耳率高达 90%以上,单个耳片直径 3.0~6.5 cm,厚 0.11~0.13 cm。产量为每 100 kg 干料产鲜耳 81.7 kg。

适于吉林省春、秋两季栽培,采用"全光间歇弥雾栽培模式"的东北短袋栽培。春栽在 2 月中下旬制备栽培袋,4 月末至 5 月初下地;秋栽栽培种制种时间为 5 月下旬至 6 月上旬,7 月中下旬即可下地出耳。培养料配方为阔叶树木屑 86.5%,麦麸或稻糠 10%,

豆粉 1.5%，石灰 1%，石膏 1%，含水量 60%。

12. 8808（国品认菌 2007017）　黑龙江省科学院应用微生物研究所通过野生驯化选育而来，亲本采自黑龙江省伊春市汤旺河。子实体聚生，菊花状，朵大，耳根较大，耳片稍小；单朵直径 6～12 cm，厚度 0.5～1 mm；耳片腹面黑色、有光泽，有褶皱但不明显，背面灰褐色，较平整，无耳脉；绒毛短、粗细中等、密度中等。菌丝适宜培养温度 22～26 ℃，菌丝洁白、浓密，分泌茶褐色素。发菌适宜温度 22～25 ℃，空气相对湿度 60%；适宜出耳温度 18～23 ℃，空气相对湿度 85%～95%；从制种到采收结束 100～110 d。在适宜栽培条件下，17 cm×33 cm 规格的栽培袋，可产干耳 40～60 g，生物学效率 100%～150%。

适合东北地区春季栽培，接种时间为春季 2 月下旬至 3 月上旬，割口出耳时间为 4 月下旬至 5 月上旬。

13. 931（国品认菌 2007019）　黑龙江省科学院应用微生物研究所采用原生质体再生选育，亲本为 AU86（野生黑木耳品种）。子实体聚生，菊花状，朵大，耳根较大，耳片稍小；单朵直径 5～11 cm，厚度 0.5～1 mm；耳片腹面黄褐色、有光泽，背面灰褐色，绒毛短、粗细中等、密度中等。菌丝适宜培养温度 22～26 ℃，生长温度为 5～35 ℃，耐最高温度 38 ℃/5 h。在适宜的培养条件下，11～12 d 长满直径 90 mm 培养皿，菌落边缘较整齐，菌丝致密，气生菌丝较发达，无色素分泌。适宜温度下培养，45 d 左右菌丝发满菌袋，18～20 ℃ 培养 7～10 d 后割口催芽，割口后 10～15 d 形成耳芽，50 d 左右采收结束。从制种到采收结束 100～110 d，属于早熟品种。适宜条件下栽培，17 cm×33 cm 规格的栽培袋，产干耳 40～60 g，生物学效率 100%～150%。

适合东北地区春季栽培，接种时间为 2 月下旬至 3 月上旬，割口时间为 4 月下旬至 5 月上旬。

14. AU86（国品认菌 2007020）　黑龙江省科学院应用微生物研究所利用野生种质驯化，系统选育而来，亲本采自黑龙江省呼玛县三卡林场。子实体聚生，菊花状，朵大，耳根较大，耳片稍小；单朵直径 6～10 cm，厚 0.5～1 mm；耳片腹面黑色、平滑、无耳脉，边缘圆整，绒毛短、粗细中等、密度中等。菌丝生长温度为 5～35 ℃，培养适宜温度为 22～26 ℃。在适宜的培养条件下，12～13 d 长满直径 90 mm 培养皿，菌落洁白、绒毛状，边缘不整齐；菌丝洁白、浓密，气生菌丝发达，分泌大量茶褐色素。发菌期室温 26～28 ℃，定植后室温 22～25 ℃，后期室温 20 ℃ 左右，空气相对湿度 60% 左右，通风良好。当菌丝长满菌袋后（45 d 左右），无须后熟直接开口出耳。割口后 8～14 d 形成耳芽，进入生长旺盛期，50 d 左右采收结束。从接种至采收结束 100～110 d。适宜条件下栽培，17 cm×33 cm 规格的栽培袋，产干耳 40～60 g，生物学效率 100%～150%。

适合东北地区春季栽培，接种时间为 2 月下旬至 3 月上旬，割口时间 4 月下旬至 5 月上旬。

15. 黑威 9 号（国品认菌 2007021）　黑龙江省科学院应用微生物研究所利用野生种质驯化，系统选育而来，亲本采自黑龙江省东宁市。子实体聚生，牡丹花状，朵大，耳根较小；耳片碗状，腹背面差异大，直径 8～11 cm，可分成单片，厚 0.5～1 mm；耳片腹面黑色、有光泽，背面灰褐色，耳脉多而明显，绒毛短、粗细中等、密度中等。菌丝生长温度为 5～35 ℃，培养适宜温度为 22～26 ℃。在适宜的培养条件下，12 d 长满直径 90 mm 培养皿。菌落雪花状疏松，边缘不整齐；菌丝米白色，高温（高于 28 ℃）分泌少量茶褐色素，低温（低于 22 ℃）分泌少量灰黑色素。当菌丝长满菌袋后（45 d 左右），在 18～20 ℃下再培养 15～20 d 后割口催芽。割口后 20～25 d 形成耳芽，进入生长旺盛期，60 d 左右采收结束。从接种至采收结束 110～120 d。适宜条件下栽培，17 cm×33 cm 规格的栽培袋，产干耳 40～55 g，生物学效率 100%～150%。

　　适合东北地区栽培。春季接种日期为 2 月下旬至 3 月上旬，割口时间 4 月下旬至 5 月上旬；秋季 6 月上旬接种，割口时间 7 月下旬至 8 月上旬。

　　16. Au8129（国品认菌 2007023）　福建省三明市真菌研究所利用野生种质驯化选育而来，亲本为东北野生种。子实体聚生，菊花状；耳片大，耳状，直径多数为 5～10 cm，平均厚 1.3 mm，边缘波浪状；耳基较小，绒毛细、短。菌丝生长温度为 5～35 ℃，培养适宜温度 24～28 ℃。耐最高温度 40 ℃/24 h，耐最低温度 0 ℃/8 h。在适宜培养条件下，10 d 长满直径 90 mm 培养皿。菌落平整，边缘整齐；菌丝白色，无气生菌丝，后期分泌褐色素。适宜温度下发菌 35～40 d，后熟期 30 d，栽培周期南方 4～5 个月，东北地区约 8 个月。子实体生长温度 10～28 ℃，适宜温度 15～25 ℃，空气相对湿度 90%～95%。生物学效率 100%。

　　适合在福建中北部、浙江、江西、湖南、湖北、江苏、四川、河南、山东、黑龙江、吉林等地区栽培。一般为秋季栽培。

　　17. 吉 AU1 号（97095）（国品认菌 2007024）　吉林农业大学利用野生种质驯化选育而来，亲本为长白山野生黑木耳。子实体半菊花状（根据开口方式不同，可表现为单片或菊花状）；耳片直径 6～12 cm，厚 0.8～1.2 mm，背面青褐色，有短绒毛，腹面平滑，红褐色，有脉状皱纹；成熟时耳片边缘不整齐，呈波浪状。菌丝生长温度 6～36 ℃，最适温度 24～26 ℃。在适宜培养条件下，12 d 长满直径 90 mm 培养皿。菌落边缘不整齐；菌丝白色、致密，气生菌丝较少，分泌黑色素，并随着光照增加而增多。发菌最适温度 25 ℃，子实体形成温度 5～25 ℃，适宜温度 10～25 ℃。22～26 ℃下，菌丝 35～60 d 长满菌袋，满袋后需要后熟培养 15～20 d，催耳期 15～20 d，出耳期 40～45 d，不出二潮耳。从接种到采收结束 120～150 d。硬杂木屑栽培生物学效率达 110%～130%。

　　适合东北地区栽培。春耳接种期为 1 月初到 3 月初；秋耳为 5 月 2 日到 6 月末。

　　18. 吉 AU2 号（9603）（国品认菌 2007025）　吉林农业大学利用野生种质驯化选育而来，亲本为长白山野生黑木耳。子实体半菊花状（根据开口方式不同，可表现为单片或菊花状）；耳片直径 3～12 cm，厚 0.8～1.2 mm，背面青褐色，有短绒毛，腹面平滑，红褐色，有脉状皱纹；成熟时耳片边缘不整齐，呈波浪状。菌丝生长温度 6～36 ℃，最适温度 24～26 ℃。保藏温度 2～5 ℃。在适宜培养条件下，11 d 长满直径 90 mm 培养皿。菌落平整、致密，正面白色，背面黄白色；菌丝浓密，气生菌丝较发达，分泌黑褐色素。子实体形成温度 5～25 ℃，适宜温度 10～25 ℃；空气相对湿度 70%～95%。在 22～26 ℃下 40～60 d 长满菌袋，后熟培养 25～30 d，催耳期 15～20 d，出耳期 40～50 d，不出二潮耳。接种到采收结束 130～160 d。硬杂木屑栽培生物学效率 100%～120%。

适合东北地区栽培。春耳接种时间为元旦到 3 月初，3 月 5 日前必须停止接种；秋耳接种时间为 5 月 20 日到 6 月末。

19. 吉杂 1 号（丰收 1 号）（国品认菌 2007027） 吉林省敦化市明星特产科技开发有限责任公司采用单孢杂交选育，亲本为长白 2 号、野生黑木耳。子实体丛生，朵大；耳片碗状，直径 5～15 cm，厚 0.5～1.5 mm，边缘光滑，无菌柄，耳基小，正面黑色，反面灰褐色，绒毛短、细。菌丝生长温度 5～36 ℃，适宜温度 26～28 ℃。在适宜的培养条件下，14 d 长满直径 90 mm 培养皿。菌丝洁白致密，气生菌丝多，无色素分泌。子实体形成温度 15～28 ℃，适宜温度 22～26 ℃。在常规木屑、麦麸培养基中 30～40 d 发满菌袋，划口后 8～15 d 形成原基，25～30 d 达到耳片生长盛期，30 d 左右第一次采收。接种到采收 65～70 d，属于早熟品种。常规木屑、麦麸培养基栽培生物学效率 120%。

春耳栽培，河南 10 月制袋，翌年 3 月下地出耳，5 月上旬开始采收；山东 11 月制袋，翌年 4 月下地出耳，5 月下旬开始采收；吉林、黑龙江等地 1～2 月制袋，4～5 月下地出耳，6 月中旬开始采收（大兴安岭等高寒山区 6 月下地出耳，7 月开始采收）。秋耳栽培，吉林、黑龙江 7 月中下旬至 8 月上旬下地出耳，9 月采收。

20. 丰收 2 号（国品认菌 2007028） 吉林省敦化市明星特产科技开发有限责任公司、吉林农业大学经单孢杂交选育而成，亲本为长白 7 号、野生黑木耳。子实体丛生，朵大；耳片碗状，直径 5～15 cm，厚 0.5～1.5 mm，边缘光滑，耳基小，背面灰褐色，耳脉多，耳脉延至耳片边缘，腹面黑色，绒毛短、细密。菌丝生长温度 15～36 ℃，适宜温度 26～28 ℃。菌丝洁白、浓密，气生菌丝发达，无色素分泌。子实体形成温度 15～28 ℃，适宜温度 22～25 ℃；菌丝生长的适宜含水量 60%～65%；子实体形成的适宜空气相对湿度 90%～95%。常规木屑、麦麸培养基栽培 30～40 d 菌丝发满菌袋，划口 8～15 d 形成原基，25～30 d 达到耳片生长盛期，30 d 左右采第一次耳。接种到采收 65～70 d，属于早熟品种。常规木屑、麦麸培养基栽培生物学效率 120% 左右。

春耳栽培和秋耳栽培同吉杂 1 号。

21. 延特 3 号（国品认菌 2008010） 吉林省延边朝鲜族自治州特产研究所利用野生种质驯化，系统选育而来，亲本采自长白山。子实体丛生，朵中等大小；耳片浅圆盘形、耳形或不规则，直径 8～15 cm，厚 0.8～1.0 mm，耳基小；腹面光滑、黑褐色，背面棕褐色，覆细密短绒毛。菌丝生长温度 6～36 ℃，适宜温度 22～30 ℃。在适宜的培养条件下，12 d 长满直径 90 mm 培养皿。菌丝洁白浓密、绒毛状，气生菌丝较发达，分泌黄褐色素。20～28 ℃ 发菌时，木屑栽培 40 d 左右完成发菌，70 d 左右出耳，30 d 内可采收。采收 3 潮，生产周期 150 d 左右，属晚熟品种。生物学效率 100%。

木耳主产区均可栽培。抗杂菌能力强。

22. 浙耳 1 号（国品认菌 2008012） 浙江省开化县农业科学研究所利用野生种质驯化，系统选育而来。子实体单生，片状；颜色初期呈棕黑色，干制后背面凸起，暗青灰色，耳片大且厚。菌丝生长温度 15～30 ℃；子实体生长适宜温度 20～26 ℃。一般 8～9 月接种，9～10 月养菌，11 月至翌年 5 月产耳。接种后于 28 ℃ 条件下培养，发菌结束后刺孔养菌，注意散堆，防止烧菌。代料栽培每千克干料产干耳 130 g 左右。

23. 薛萍 10 号（国品认菌 2008015）　华中农业大学利用野生种质驯化，系统选育而成，亲本采自湖北省南漳县。耳片黄褐色，丛生，少数单生；耳片皱缩明显，集生时菊花状，边缘平滑，通常不呈波状；耳片薄，腹面光滑，有细短绒毛，密度中等；背面凹缩成耳郭状；耳片宽 6~8 cm，厚 0.8~1.2 mm。接种适宜时期为 2 月下旬至 3 月下旬，较本地常规品种提前 10 d 左右为宜。在适宜栽培条件下，每根段木产干耳 120~150 g。不推荐南方使用代料栽培，易出现污染。

段木栽培适合在湖北、河南、四川、陕西等地春栽。

24. H10（国品认菌 2008016）　华中农业大学经单核杂交选育而成，亲本为 793、86（黑龙江漠河野生菌株）。子实体丛生或单生；耳片腹面深褐色或褐色，光照不足呈黄色，平滑，有白色细短绒毛，密度中等，靠近耳基部分有时具粗而少的脉状皱纹，使耳片略皱缩，背面灰褐色或黄褐色；边缘平滑，略呈波状；耳片直径通常 6~8 cm，厚 1~1.2 mm，干后耳郭状皱缩。适宜段木栽培，麻栎、栓皮栎、锥栗、板栗、油桐、乌桕、枫香等树均可，树龄 6~10 年，段木直径 8~10 cm 为好；冬季落叶后砍树、削枝、架晒，含水量 40%~45% 时打孔接种。菌丝定植和发菌期需适当遮阴，空气流通，干湿交替；适宜温度为 20~26 ℃；出耳适宜温度 16~25 ℃。在适宜栽培条件下每根段木产干耳 150 g 以上。

适合在湖北、河南、陕西、四川等地栽培。接种适宜时期为 2 月中旬到 3 月下旬，气温在 8~20 ℃时，较常规品种提前 7~10 d。

第六节　木耳种质资源研究和创新

一、木耳种质资源研究

目前我国木耳科研工作者已建立起木耳种质资源库和核心种质库，建立了生物学特性、农艺性状（郑武，2012）、酯酶同工酶和 DNA 分子标记的形质评价体系（陈影等，2009；孙露，2012）；明确了木耳栽培种质的生物学遗传多样性，构建了亲缘关系图；明确了我国木耳栽培种质农艺性状的遗传多样性；发现我国主栽木耳品种在生育期、形态特征、原基发生类型、产量和抗杂性等方面具有十分丰富的多样性；建立了以 ITS（王晓娥等，2013）、ISSR（刘华晶等，2012；王立枫，2010）、RAPD（温亚丽，2004）、SRAP（刘华晶等，2011；陶鹏飞，2011）、ITS - RFLP（曹鸿雁，2009）、SCAR（王立枫，2010）和 IGS（李黎，2011）等分子标记为基础的 DNA 指纹图谱，同时确定了 DNA 分子标记和酯酶同工酶在木耳种质资源的评价和菌株鉴定方面的有效性。

二、木耳种质资源创新方法

在种质创新方面，包括吉林农业大学、华中农业大学和黑龙江省科学院在内的木耳科研工作者，建立了以体细胞不亲和性（拮抗）＋酯酶同工酶＋RAPD 和 ISSR 为标记的品种鉴定和杂交子鉴定技术及分子标记辅助杂交育种技术体系，为种质创新和新品种选育提供了技术保证，降低了育种的盲目性，提高育种效率 70% 以上（张介驰等，2006；马庆芳等，2006）。

第七节 木耳栽培技术

远在 2 000 多年前的《周礼》中就有了木耳的记载（李玉，2001）。木耳人工栽培发展历史，可以分 4 个阶段：第一阶段，古代的自然接种生产，这种自然生产启发了人工栽培的开展。第二阶段，近代（至 20 世纪 60 年代）半人工半自然接种生产，人们将段木放置在木耳自然生长的地方，人为提供培养基质即腐朽的段木，由大自然播种。第三阶段，现代（20 世纪 70 年代开始）纯菌种接种生产，即人工培养木耳菌种，播撒在段木上，这个阶段形成了成熟的段木栽培技术。段木栽培是一种古老的栽培方式，在 20 世纪八九十年代得到迅速发展。但是随着国家"封山育林"政策的出台，段木栽培受到极大限制，也使我国木耳的产量到 20 世纪 90 年代中期降到最低水平。第四阶段，20 世纪 80 年代福建等地成功采用蔗渣等代用培养料栽培毛木耳，也成为木耳代料栽培的开始。

与其他食用菌相比，木耳进入现代代料栽培较晚。代料栽培之初，直接套用其他食用菌的棚室栽培模式及 V 形口出耳方式，未能发挥出其特有的种性优势，耳片簇生非"耳"形、颜色浅，改变了木耳传统产品的商品性状，备受市场诟病。

20 世纪末、21 世纪初，通过对木耳的温、光、水、气需求特点及出耳特性研究发现，富含胶质的木耳子实体，断水干燥再喷水后极易复水再生长，且耳片颜色随光照增强而加深，因此在东北开展了逐渐减少覆盖、增加光照及逐渐缩小出耳口大小、提高单片出耳率的系统研究，即传统的棚室覆盖栽培→露地小拱棚覆盖栽培→透明窗纱覆盖栽培→全日光间歇弥雾栽培（图 12-4），并由 V 形口、一字口等大口出耳缩小到圆形小孔出耳等（万佳宁，2009），集成创新出"小孔全日光间歇弥雾栽培模式"（崔学坤，2006），即在露地无覆盖的全光条件下栽培。

图 12-4 木耳代料栽培模式沿革
A. 棚室覆盖栽培 B. 草苫覆盖栽培 C. 遮阳网覆盖 D. 全日光间歇弥雾栽培

早晚喷雾增湿是保持水分平衡管理、促进生长的一种颠覆食用菌必须利用棚室遮光保湿的传统理念的技术，真正实现了轻简化栽培的产业化。该模式提供了适合木耳独特生物学特性却又恰到好处地抑制病虫害发生的高光强、大温差、见干见湿小气候条件，再配上小孔出耳技术，生产的产品耳片厚黑、质地致密、单片且耳形（图 12-5），符合市场要求，质量赶超野生木耳或段木栽培木耳，深受消费者欢迎（姚方杰等，2011；陈影等，2010），并真正实现了轻简化栽培，成为"北耳南扩"产业战略实施的可靠产业化技术载体（姚方杰等，2011）。使木耳由东北向"南"推广至华北、西北、华中、华南、西南等地。木耳产量由 2010 年的 120 万 t，上升到 2012 年的 400 万 t 以上，成为继平菇、香菇之后的第三大食用菌。木耳栽培面积遍布全国多个省份，形成了以东北为代表的"小孔短棒全光间歇弥雾栽培模式"，以浙江为代表的"小孔长棒全光间歇弥雾栽培模式"（姚方杰等，2011）（图 12 - 6）。

图 12 - 5　小孔出耳与传统 V 形口出耳的产品比较
A. V 形口出耳，菊花型　B. 小孔出耳，单片型

图 12 - 6　南方秋—冬长棒、北方春—秋短棒
A. 长棒栽培模式　B. 短棒栽培模式

　　浙江等南方稻作区利用冬闲稻田种植木耳，创新出"生态稻—耳轮作"（图 12 - 7）（黄淳淳等，2009），实现了食用菌不与农争时、不与农争地、不与农争工、不与农争肥，且木耳产品收获后的菌糠可以直接还田，为下季水稻或花卉提供优质有机肥（于昕等，2010）。

　　浙江等地在木耳产区，还利用发达桑蚕业每年产出的大量桑枝副产物作为培养基质，为桑枝再利用找到了新途径，为木耳栽培提供了新基质，并已经形成了营养保健的"桑枝木耳"品牌（袁卫东等，2011）。

图 12 - 7　南方冬闲稻田轮作木耳

　　"北耳南扩"生产体系最大限度发挥木耳独特生物学优势，从根本上改变了套用其他食用菌栽培模式的落后局面。

（姚方杰）

参考文献

曹鸿雁，2009. 木耳等9种食用菌的种质资源分子鉴定 [D]. 福州：福建农林大学.

陈影，2010. 黑木耳栽培种质资源多样性的研究与核心种质群的建立 [D]. 长春：吉林农业大学.

陈影，姚方杰，等，2010. 黑木耳代用料栽培的注意事项和建议 [J]. 中国食用菌，29（2）.

陈影，姚方杰，梁艳，等，2010. 木耳代用料栽培的注意事项和建议 [J]. 中国食用菌，29（2）：55-58.

陈影，姚方杰，张友民，等，2014. 黑木耳新品种选育研究 [J]. 北方园艺（8）：133-134.

崔学昆，2006. 不同喷水方法对黑木耳产量及品质影响的研究 [D]. 长春：吉林农业大学.

戴玉成，李玉，2011. 中国六种重要药用真菌名称的说明 [J]. 菌物学报，30（4）：515-518.

方明，姚方杰，王晓娥，等，2012. 木耳新品种选育研究 [J]. 菌物研究（10）：263-265.

方明，姚方杰，王晓娥，等，2013. 木耳新品种'吉黑2号' [J]. 园艺学报，40：1215-1216.

胡志强，王鑫，亢学平，等，2011. 黑木耳延特5号的主要特性及栽培技术 [J]. 食药用菌（6）：59-60.

李黎，2011. 中国木耳栽培种质资源的遗传多样性研究 [D]. 武汉：华中农业大学.

李玉，2001. 中国木耳 [M]. 长春：吉林科学技术出版社.

刘华晶，2011. 基于不同分子标记的黑龙江省野生木耳遗传多样性分析 [D]. 哈尔滨：东北林业大学.

刘华晶，许修宏，姜廷波，2011. 大兴安岭地区野生木耳菌株SRAP的遗传多样性分析 [J]. 中国农业科学（13）：2641-2649.

刘华晶，许修宏，李春艳，等，2012. ISSR和ITS分子标记在黑龙江省野生木耳遗传多样性上的应用 [J]. 东北农业大学学报（8）：94-100.

吕作舟，2006. 食用菌栽培学 [M]. 北京：高等教育出版社.

马庆芳，张介驰，张丕奇，等，2006 用ISSR分子标记鉴别黑木耳生产菌株的研究 [C]//首届全国食用菌中青年专家学术交流会论文. 中国湖北武汉，4.

孙露，2012. 木耳属遗传多样性及原生质体育种的研究 [D]. 长春：吉林农业大学.

陶朋飞，2011. 黑龙江省野生木耳菌种的遗传多样性分析 [D]. 哈尔滨：东北农业大学.

万佳宁，2009. 小孔出耳法对黑木耳品质影响效应及机制的研究 [D]. 长春：吉林农业大学.

王立枫，2010. 黑龙江省野生木耳菌种的ISSR指纹分析及SCAR标记 [D]. 哈尔滨：东北农业大学.

王晓娥，姚方杰，张友民，等，2013. 木耳属菌株ITS序列作为DNA条形码的可行性 [J]. 东北林业大学学报（7）：111-114.

王晓娥，张友民，陈影，等，2013. 木耳新品种'吉黑1号' [J]. 园艺学报：601-602.

温亚丽，2004. 木耳属种质资源的遗传鉴定与遗传多样性评价 [D]. 南京：南京农业大学.

姚方杰，2012. "北耳南扩"的喜与忧 [J]. 中国食用菌（5）：61-62.

姚方杰，边银丙，2011. 图说木耳栽培关键技术 [M]. 北京：中国农业出版社.

姚方杰，张友民，2010. 我国黑木耳产业发展形势 [J]. 北方园艺（18）．

姚方杰，张友民，2012. 木耳新品种'旗黑1号'[J]. 园艺学报：603－604.

于昕，姚方杰，等，2010a. 黑木耳菌糠复合基质对一串红成花质量影响研究 [J]. 林业实用技术（8）．

于昕，姚方杰，等，2010b. 黑木耳菌糠复合基质对一串红生长发育影响研究 [J]. 北方园艺（19）．

张介驰，马庆芳，张丕奇，等，2006. 用 RAPD 分子标记鉴别黑木耳菌种的研究 [J]. 菌物研究：
　54－56.

张鹏，2011. 木耳形态发育及木耳属次生菌丝和子实体的解剖学研究 [D]. 长春：吉林农业大学．

郑武，2012. 木耳属种质资源评价的研究 [D]. 长春：吉林农业大学．

毛 木 耳

第一节 概 述

毛木耳（*Auricularia cornea*）（李玉，2014），又名构耳、粗木耳、厚木耳、黄背木耳、白背木耳、黄背耳、白背耳、海蜇菌等，是一种天然的食药两用大型真菌，其外形与木耳较为接近，耳片厚实，质地脆滑，清新爽口，因其风味如海蜇皮，有"树上蜇皮"之美称。毛木耳营养丰富，子实体富含多糖、蛋白质、粗纤维、多种维生素和矿质元素，具有清肺益气、滋阴强阳、补血活血、止血镇痛、治疗痔疮、抗凝血、降血脂、抗血栓、抗氧化、提高免疫力及抗肿瘤等药理作用，是优良的食药用菌资源。

第二节 毛木耳的起源与分布

毛木耳原产于热带和亚热带地区，目前在全球温带、亚热带和热带地区均有分布，南美洲和北美洲也大量存在，我国绝大多数省份均有分布（袁明生和孙佩琼，1995），主要生长在各种阔叶树倒木和腐朽木上。野生毛木耳的生长寄主随环境和气候的不同而有很大区别。在我国，野生毛木耳主要生长于臭椿、梧桐、锥栗、栲、樟、柿、胡桃、乌桕、栎树、柳树、桑等树的腐朽木上（戴玉成和图力古尔，2007）（图 13-1）。在菲律宾吕宋岛上野生毛木耳主要在椰子、芒果、雨树和橡胶等树的腐木上，而西印度群岛上的野生毛木耳主要生长于桃花心木的腐朽木上（Musngi et al.，2005）。

图 13-1 野生毛木耳寄主及子实体

（李小林摄）

木耳驯化栽培始于 7 世纪左右（张树庭和林芳灿，1997），我国毛木耳的人工栽培始于 20 世纪 70 年代末 80 年代初（张丹和郑有良，2004），现全国已有多个地区进行大规模栽培，遍布吉林、黑龙江、河北、山西、河南、四川、安徽、福建等 20 多个省份。河北、河南、安徽、四川、福建是我国毛木耳产量最大的 5 个省份。迄今为止，我国人工栽培的毛木耳主要有两大类：一是黄背木耳，主要在四川、河南等地；二是白背木耳，主要在福建漳州等地。

第三节　毛木耳的分类地位与形态特征

一、分类地位

毛木耳（*Auricularia cornea*）属担子菌门（Basidiomycota）蘑菇纲（Agaricomycetes）木耳目（Auriculariales）木耳科（Auriculariaceae）木耳属（*Auricularia*）。

二、形态特征

子实体一年生，胶质，单生或丛生。初期为杯状，逐渐变为耳形、圆盘形或不规则，较软，黄色至紫灰色，耳盘初期一般直径 0.95～2.5 cm，厚度 0.3～1.2 mm，成熟期直径 10～35 cm，厚度 3～5 mm，干后强烈收缩，厚度 1～2 mm，无柄，但有明显的基部，基部有皱褶。表面有细小无色绒毛，初期为（104.35～155.49）μm×（6.95～7.36）μm，后期可达（500～600）μm×（4.5～6.5）μm。子实层面朝下，紫褐色至近黑色，平滑并稍有皱纹，成熟时上面有白色粉状物。担子具有 3 个横隔，4 个小梗，呈棒状。孢子印白色，孢子无色，光滑，弯曲，肾形，大小为（10.56～17.64）μm×（3.68～6.13）μm。

第四节　毛木耳的生物学特性

一、营养要求

（一）碳源

毛木耳原产于木材上，是一类木腐性真菌，菌丝能分泌各种酶来分解环境基质或腐木中的有机物大分子，使之成为可以直接吸收的水溶性物质，为本身代谢所用。这一特点决定了毛木耳高效的碳源利用效率。毛木耳碳源主要是以糖为主的碳水化合物，例如葡萄糖、蔗糖、麦芽糖、纤维素、半纤维素及木质素等，能利用的碳源来源广泛，以葡萄糖和麦芽糖为最优选择。在生产过程中，多采用木屑、棉籽壳、玉米芯等作为碳源。木屑不仅能作为毛木耳的碳源，还能在一定程度上改善培养料的透气性。笔者研究表明，在毛木耳常规配方栽培基质中，不同木屑颗粒度对菌丝生长速度和农艺性状无显著差异，但在一定程度上随着木屑颗粒的减小（6.5～9.0 mm，4.5～6.5 mm，2.0～4.5 mm，<2.0 mm），发菌期污染率和出耳期感病率随之降低，产量和转化率也随之增高。

（二）氮源

毛木耳可利用多种氮源，对氮源的要求不高，但是加入一定量的氮源便可使菌丝旺盛生长。氮源以有机氮为优，如蛋白胨、尿素等。在栽培时主要采用麦麸、玉米粉、大豆粉等作为氮源。麦麸的添加量以 8％为宜，玉米粉添加量以 4％或 12％为宜。结合毛木耳自身的特点，生产中可以用 3～4 种主料配制成低含氮量（＜1％）、高碳氮比（60∶1～100∶1）的培养料，能降低成本，显著提高品质与产量。

笔者研究表明，在以棉籽壳、木屑、玉米芯和米糠为主料的栽培配方中添加 4％～12％的麦麸均较好，菌丝生长较快（0.26～0.28 cm/d），出耳期感病率低（17.95％～27.11％），产量可达 0.191～0.196 kg/袋，生物学效率可达 21.8％～22.3％，栽培效益可达 1.97～2.00 元/袋。在配方中添加 8％的油菜籽饼最好，出耳期感病率低至 16.62％，产量可达 0.20 kg/袋，生物学效率可达 22.84％，同时栽培效益高（2.15 元/袋）。研究还表明，在配方中添加 20％的米糠效果较好，菌丝生长速度可达 0.28 cm/d，发菌期污染率降低至 0.85％，产量可达 0.193 kg/袋，栽培效益可达 2.03 元/袋（图 13-2）。

图 13-2 新栽培配方生产的毛木耳
（苗人云摄）

（三）矿质元素

毛木耳生长和发育需要量较大的是磷、镁、钾、硫等元素。这些矿质元素可以有效促进毛木耳对碳、氮的利用，提高生产效率。在生产过程中可加入适量的磷酸二氢钾、氯化钠、硫酸镁、硫酸亚铁、磷酸钙等作为无机营养，以促进菌丝生长和子实体生长。但也有研究表明，商业栽培过程中培养料可以完全不添加任何无机盐仍可获得理想产量（贺新生等，1998）。笔者研究表明，在毛木耳常规配方中添加硫酸镁对毛木耳菌丝生长速度和农艺性状无显著影响，而添加少量硫酸镁（0.5％）可在一定程度上降低发菌期污染，但添加过多的硫酸镁却会增加发菌期污染，同时添加硫酸镁会导致毛木耳产量降低。研究也表明，在毛木耳常规配方中添加磷酸二氢钾对毛木耳菌丝生长速度没有影响，但会增加发菌期污染和出耳期感染指数，对其农艺性状影响也不明显，同时添加磷酸二氢钾的产量也明显低于对照。

（四）维生素

通过添加适量维生素能显著提高毛木耳的生产效率，在毛木耳菌丝生长阶段尤其明显。维生素 B_1 是常见的食用菌维生素添加剂，对毛木耳同样有显著的作用。维生素 C 也能加速毛木耳菌丝生长。生产中常添加米糠、麸皮、玉米面等，在把握碳、氮的同时兼顾维生素等生长调节物质，能优化培养条件，提高产量。

二、环境要求

（一）温度

毛木耳是一种中温偏高型的腐生真菌。孢子在 $15\sim30\ ℃$ 均能萌发菌丝，其最适温度为 $25\sim35\ ℃$。菌丝生长温度 $10\sim31\ ℃$，最适温度 $20\sim31\ ℃$。毛木耳子实体生长温度 $15\sim33\ ℃$，最适温度 $22\sim28\ ℃$，如果低于 $18\ ℃$，子实体不易生长或是生长受到抑制，如果高于 $35\ ℃$，子实体停止生长（黄忠乾等，2011）。彭卫红等（2013）研究表明，适当降低菌袋培养温度和遮光培养有利于降低毛木耳油疤病的发生。笔者研究发现，发菌温度对毛木耳菌丝生长速度和木耳品质有显著影响，毛木耳发菌温度 $18\ ℃$ 最好，耳片厚度可达 $0.12\ cm$，耳片重量可达 $49.4\ g/$ 片，而且如果设施化发菌，还能降低增温成本。

（二）湿度

在人工栽培毛木耳时，培养料含水量一般为 $55\%\sim70\%$，段木含水量一般为 $35\%\sim40\%$，在出耳期间耳棚空气相对湿度应保持在 $85\%\sim95\%$（黄忠乾等，2013）。笔者研究表明，代料栽培基质含水量为 $62\%\sim71\%$ 时，菌丝能正常生长且能出耳，同时对发菌期污染率、出耳期感病率、耳片大小及单片重、产量和转化率均无显著差异，但随着栽培基质含水量的增加，菌丝生长速度总体有减缓趋势，其基质含水量最佳为 $62\%\sim65\%$。研究还表明，转潮时不同时间的喷水处理对毛木耳产量和转化率有显著影响，但对出耳期感病率无显著影响，采摘后当天喷水或第二天喷水不仅有利于毛木耳耳基形成，还有利于提高生物学效率和产量。同时笔者团队在四川省什邡市湔氐镇首次将微喷灌设施技术应用于毛木耳出耳水分管理，形成一套完整的毛木耳微喷灌出耳水分管理技术体系，使用工量减少 56.14%，总用水量减少 27.08%，总用电量减少 20.65%，提高了工作效率和水资源利用率，降低了劳动强度和能耗（谭伟等，2011）。

（三）pH

毛木耳菌丝同子实体生长的最佳 pH $6\sim7$。毛木耳在生长时由于常会向基质中分泌各种酸性代谢产物，从而使基质酸化进而对菌丝及耳片生长产生抑制作用。因此，在代料栽培中，常在培养料中添加 $1\%\sim4\%$ 碳酸钙或生石灰。笔者团队研究结果表明，4% 的石灰用量最佳，发菌期的污染率降至 0.87%，出耳期感病率降至 15.84%，耳片品质好，产量可达 $0.200\ kg/$ 袋，生物学效率可达 19.76%，经济效益好。

（四）光照和通风

毛木耳不同发育阶段对光照的要求不同。菌丝生长过程并不需要光照，但光照对于毛木耳菌丝转化为子实体是一个必需的关键因子，要使菌丝体发育形成子实体必须要有光照。一般在发菌过程中需要进行遮光处理，这样有利于培养料的充分利用和菌丝体正常生长。在子实体形成和生长阶段，光线强弱对毛木耳的质量有较大影响。光线过强，毛木耳质地较硬，毛长而粗；光线较弱，耳片色泽较淡，质地柔软，毛不明显。毛木耳属好气性食用真菌，菌丝生长和子实体的分化均需要一定的氧气，如果二氧化碳浓度过高，将不利于其生长发育。在栽培的各个环节均要保持空气清新，在高温季节和生长旺盛季节，可适当增加通风次数，延长通风时间（黄忠乾等，2011）。

笔者以遮阳网的遮光率及加盖层数来调节毛木耳出耳期的光照度，设计了5个光照催耳处理，在覆盖95%遮光率的棚内：不覆盖遮阳网，覆盖75%遮光率的遮阳网1层，覆盖75%遮光率的遮阳网2层，覆盖95%遮光率的遮阳网1层，覆盖95%遮光率的遮阳网2层，进行比较试验。结果表明，调整出耳光照度，对产量、生物学效率及第一潮子实体性状无显著影响，对耳基形成和出耳期感病率有显著影响，其中处理2（覆盖75%遮光度的遮阳网1层）耳基形成较早，整齐度高。

三、生活史

所谓生活史，是指生物一生所经历的生长发育和繁殖阶段的全部生活周期。毛木耳子实体生长成熟之后，在其腹面会产生成千上万的担孢子，担孢子从子实体弹射出来，如果条件适宜，担孢子得以萌发，然后生长发育成单核菌丝，不同性的具有亲和力的单核菌丝经过性结合形成双核菌丝（这一过程称作质配），双核菌丝不断生长发育，分化形成子实体，子实体成熟以后，又产生大量担孢子，这样一个完整的过程就是毛木耳的生活史。

如果担孢子弹射出来后，环境条件不佳，即在不适合担孢子正常生长的环境条件下，毛木耳的担孢子间接萌发。在该条件下，担孢子萌发出芽管，芽管通过进一步生长，分枝长出与担孢子同性的钩状分生担孢子，或者担孢子萌发长出鹿角状的短芽，在芽管分枝的顶端又各生一个钩状的分生孢子，分生孢子萌发以后，生长成为单核菌丝，不同性的具有亲和力的单核菌丝经过质配形成双核菌丝，双核菌丝通过锁状联合等一系列生长发育过程，分化形成子实体，待子实体生长成熟以后，产生担孢子，完成毛木耳的整个生活史（图13-3）。

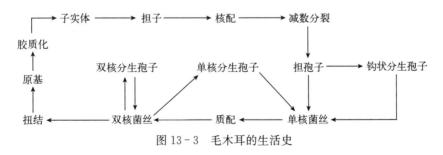

图13-3 毛木耳的生活史

毛木耳两条单核菌丝融合（质配）的时候，两个初生菌丝是来源于两个不同的异性担孢子，其性别由1对遗传因子Aa所决定，只有含A因子的单核菌丝才能和含a因子的单核菌丝结合配对。双核菌丝能产生双核分生孢子，双核分生孢子又形成双核菌丝；同时双核菌丝能够产生单核分生孢子，单核分生孢子形成单核菌丝。

四、毛木耳病虫害

在毛木耳的栽培过程中，常有病虫害的发生，造成生产上的巨大损失。四川省农业科学院卢代华研究发现四川省黄背木耳主要的病害有油疤病，杂菌有青霉、曲霉、木霉、发网菌、针箍菌等，其中，油疤病、青霉、木霉多见于油疤病末期坏掉的料包上，针箍菌主要发生在耳片上，油疤病危害最重，损失最大（图 13-4）。危害毛木耳的主要害虫共有15 种，属 4 纲、9 目、14 科，其中平菇厉眼蕈蚊、短毛迟眼蕈蚊、悬钩子鳞翅瘿蚊、粪蚊、长角跳虫、腐食酪螨为主要优势种。

在生产中，对于毛木耳病虫害可采用以黄板、杀虫灯等绿色防控技术为主，药剂防治为辅的防治措施。黄板防治，即在菌架高度或 1/2 菌架高度悬挂具有诱虫、粘虫效果的黄板，每 667 m² 悬挂 30 张为宜（图 13-5）。也可根据菇蚊、菇蝇的趋光特性，在夜间采用杀虫灯进行防虫。采用专业的食用菌杀虫灯可有效缓解毛木耳病虫害，一般一只 6 W 的灭蚊灯可供 150 m² 的菇棚使用。对毛木耳油疤病的防治可采用纹曲宁水剂（10 mL/L）、扑海因悬浮剂（1 mL/L），防效分别可达 93.04％和 93.89％（王剑等，2012）。

图 13-4　油疤病田间症状　　　　　图 13-5　黄板防虫效果
（郑林用摄）　　　　　　　　　　（郑林用摄）

第五节　毛木耳种质资源

一、概况

毛木耳种质资源丰富，分类众多，可根据外形、颜色、耳片厚度及直径、生长温度等进行分类。根据外形分类，有单生、丛生、聚生等，形状有片状、耳状、牡丹花状、鸡冠状或不规则等。根据颜色分类，不同种类的毛木耳色泽差异很大，有白色的毛木耳，亦有浅红褐色、粉红色、紫红褐色、紫红色、红褐色、黑褐色等颜色更深的毛木耳。耳片厚度及大小方面，不同品种毛木耳耳片的厚度差异明显，正常生长条件下，有的毛木耳品种厚度只有 0.12 cm，而有的品种厚度能够达到 0.21 cm。子实体直径方面，由于品种的差异，成熟毛木耳耳片的直径也有较大区别，有的毛木耳品种如苏毛 3 号（毛木耳 8903），其成熟耳片直径仅为 7～10 cm，漳耳 43-28 成熟耳片直径为 8～30 cm。生长温度方面，不同品种的毛木耳最适生长温度不同，菌丝和子实体能够耐受高低温的情况也有较大差异。

同时毛木耳的优异种质资源还可以从品种的推广范围和品种审定等级进行分类，可分为国家审定品种和地方审定品种。

二、优异种质资源

（一）国审品种

1. Au2（国品认菌 2008019） 广东省微生物研究所从封开县一株野生菌株出发选育而成。子实体单生或丛生，朵大，肉质厚，背部白色，绒毛短。鲜耳或干耳复水后质地柔软，口感接近木耳，不粗糙。菌株适应性广，温度 15～30 ℃。全生长期约 180 d，生产性状稳定，抗性强，产量高。

适于段木及代料栽培。段木栽培生物学效率 25％～31％，代料栽培生物学效率 70％～76％。培养料配方为木屑 78％，麸皮 20％，糖 1％，石膏 0.5％，过磷酸钙 0.5％；栽培季节为每年 10 月到第二年 5 月，温度为 20～28 ℃，相对湿度 80％～90％；栽培时空气相对湿度 70％～98％；菌丝生长期不需要光照，出耳期光照度可为 50～600 lx，出耳期要求空气中 CO_2 浓度为 300～500 mg/kg，pH 5.5～7.2。适合在广东、广西、江西、海南地区秋、冬、春 3 季栽培。

2. 毛木耳 AP4（国品认菌 2007030） 上海市农业科学院食用菌研究所通过国外的引进品种，常规定向选育而成。子实体呈盘状至耳状，幼时杯状，成熟时耳片直径 12～18 cm，腹面紫灰色至黑褐色。菌丝生长温度 5～35 ℃，在 25～28 ℃ 条件下，50 d 左右菌丝长满袋。新鲜子实体黑褐色，有弹性。抗杂菌能力较强。生物学效率 100％以上。

南方地区 2 月制种，4～5 月出菇；北方地区 3 月制种，5～6 月出菇。菌丝体长满袋后搬到出菇房进行消毒开洞，控温 22～30 ℃，控湿 85％以上，开洞后的菌袋倒置于床架上，1 周后开洞处出现小耳芽时，可直接向袋上喷水，如果条件合适，半个月可发育成熟。适合在安徽、湖南、湖北、河南、河北、江苏和浙江等地区栽培。

3. 川耳 10 号（国品认菌 2007031） 四川省农业科学院土壤肥料研究所以野生木耳和恒达 2 号为亲本，通过单核原生质体杂交育成。子实体单生或聚生，不规则或盘状，直径 10～15 cm，表面有少量棱脊，紫红褐色至深褐色。无柄，有明显基部，背面有短细绒毛。质地柔软，口感脆滑，无明显气味。菌丝 5～36 ℃ 均可生长，最适温度为 26～28 ℃。子实体形成不需温差刺激，形成最适温度为 22～32 ℃。代料栽培条件下，生物学效率可达 95％。

一般在春节前后生产菌袋，发菌初期温度 25～28 ℃，菌丝定植后保持室温 22 ℃ 左右，暗光培养。菌丝满袋后再培养 5～7 d，开始出现胶质状耳基时，菌袋即达到生理成熟，温度不能低于 20 ℃ 或超过 35 ℃，室内空气相对湿度保持在 90％ 左右。早晚适当通风，需要较强的散射光照。适合在四川及相似生态区栽培。

4. 川耳 7 号（国品认菌 2007032） 四川省农业科学院土壤肥料研究所以黄耳 10 号和毛木耳 781 为亲本，通过单孢杂交育成。子实体单生或聚生，鸡冠花状，耳片紫红色，直径为 15～20 cm，厚 0.18～0.20 cm，腹面有少量棱脊，背面绒毛中等长，口感滑嫩，无明显气味。发菌期约 40 d，栽培周期约 180 d。原基形成不需要温差刺激。菌丝耐受温度为 1～37 ℃；子实体可耐受最高温度 35 ℃，最低温度 10 ℃。耳潮明显，间隔期 20 d 左右。代料栽培条件下，生物学效率 95％。

南方地区 2～3 月接种，北方地区 3～4 月接种。发菌适宜温度 22～26 ℃，通风良好，弱光照或黑暗,无后熟期,菌丝长满袋后即可开口出耳。催耳条件为温度 20～30 ℃,空气相对湿度 80%～90%,通风良好,光照度 50～100 lx;出耳期要求温度 22～30 ℃,干湿交替,光线明亮或者弱光照,保持通风良好。采收一潮耳后,停水 5～7 d,待耳芽形成后,进入二潮耳管理。适合在四川及相似生态区栽培。

5. 川耳 1 号(国品认菌 2007033) 四川省农业科学院土壤肥料研究所以大光木耳和紫木耳为亲本,通过单孢杂交育成。子实体聚生,盘状,紫红褐色至深褐色,直径为15～18 cm。无柄,但有明显耳基,背面绒毛短、细且密;腹面下凹,子实体致密程度中等,柔软,无明显气味。菌丝生长温度 5～36 ℃,子实体形成温度 26～32 ℃。子实体形成不需变温刺激,耳潮间隔期 20 d 左右。代料栽培条件下,生物学效率 100%。

川耳 1 号的栽培管理同川耳 10 号。

6. 苏毛 3 号(毛木耳 8903)(国品认菌 2007034) 江苏省农业科学院蔬菜研究所通过野生菌种驯化选育而成。子实体聚生,呈牡丹花状,大小中等,耳片直径 7～10 cm,腹面红褐色,背面白色,有绒毛,绒毛长度、密度和直径中等。发菌最适温度20～25 ℃,发菌期 45～60 d,栽培周期 155～180 d;原基形成不需要温差刺激;菌丝体和子实体可耐受最高温度 35 ℃,最低温度 2 ℃;耳潮明显,间隔期 10 d 左右。出菇期需氧量大,氧气偏少时易畸形。以木屑为主要基质的代料栽培条件下,生物学效率可达 70%～100%。

采取 V 形开口法和切割袋口法控制原基数量。原基越多,朵越小,产量越低;原基数量少,则朵大,质地好,产量高。出耳期控制温度 15～25 ℃,低于 15 ℃需加温出耳,保证良好的通风,原基出现后开始进行水分管理,以保湿为主,每天要喷水 2～3 次。北方秋冬季接种,春夏季栽培;南方地区秋冬春季接种,春夏秋冬季出耳。以福建省为代表的南方地区,一年栽培 2 次,分别在 11 月至翌年 6 月和 4～11 月,10 月至翌年 4 月均可接种,可全年出耳。以北京为代表的北方地区,宜一年一季,2～3 月接种,4～9 月出耳。一般 50 d 左右长满袋,在 20～25 ℃条件下,后熟期 15～20 d。之后移到出耳场所内出耳。适合在我国毛木耳主产区栽培。

(二)地方品种

漳耳 43 - 28(闽认菌 2012003) 福建省漳州市农业科学研究所选育而成,品种来源为台湾引进的白背毛木耳 43 菌株经组织分离并多次纯化筛选。特征特性:耳基形成快,耳片大、厚,单朵耳片直径 8～30 cm,平均直径 24 cm,厚度 0.12～0.22 cm,胶质脆嫩,成熟耳片腹面紫褐色,背面白色,晒干后背面纤毛白,子实层面黑,黑白明显。干耳中蛋白质含量 8.8%,粗纤维 0.8%,粗脂肪 0.7%,维生素 C 2.8%。产量表现:平均每袋(干料重 600 g)干耳产量 73.08 g,比对照白背毛木耳 43 增产 22.27%。培养料配方:木屑 80%,麸皮 18%,石灰 1%,碳酸钙 1%,含水量 65%,pH 6.5。菌丝生长阶段适宜温度 25～28 ℃,空气相对湿度 70% 以下;耳片生长发育适宜温度 18～23 ℃,需要微弱的散射光,耳棚空气相对湿度 85%～95%。

(三)特色品种

1. 紫红色毛木耳品种——川毛木耳 8 号(川审菌 2008001) 四川省农业科学院土壤

肥料研究所 1984 年从日本引进的黄背木耳菌株大面积栽培中选择优良个体进行组织分离，

选取菌丝生长快而旺盛的分离株 31 个，经初
筛、复筛、品比等一系列系统选育工程育成。
子实体胶质，耳片形状呈浅杯形、耳形或不规
则，宽 9～21 cm，厚 0.14～0.2 cm，粉红色
至紫红色，背面绒毛白色。菌丝白色，粗壮，
浓密（图 13-6）。干品粗蛋白含量 11.2%，
粗脂肪 0.094%，氨基酸 8.791%，其中人体必
需氨基酸 3.275%。该品种适合生产鲜耳产
品和干耳产品，比出发菌株黄背木耳平均增
产 18.89%，比对照菌株 781 平均增产
27.38%，生物学效率 110%～150%。适合

图 13-6　紫红色毛木耳品种
（王波摄）

用棉籽壳、木屑、玉米芯、甘蔗渣等为主料，与辅料麸皮、米糠、玉米粉等原材料熟料袋
栽。适宜的培养料含水量 60%～65%，子实体生长的相对湿度为 85%～95%，避免阳光
直射。

2. 紫黑色毛木耳品种——川琥珀木耳 1 号（川审菌 2008002）　四川省农业科学院土
壤肥料研究所从福建引进的毛木耳琥珀木耳菌株中选择优良个体进行组织分离，筛选出菌
丝生长快而旺盛的分离菌株 25 个，经粗筛、复筛、品比等一系列系统选育工程育成。子

实体耳片形状呈耳形或不规则，胶质，宽
8～20 cm，厚 0.15～0.21 cm，浅褐红色至
琥珀褐色，背面绒毛呈污白色至淡黄褐色。
菌丝粗壮且浓密，初期呈白色，后期略变灰
褐色（图 13-7）。干品粗蛋白含量 10.40%，
粗脂肪 0.03%，氨基酸 7.84%，其中人体
必需氨基酸 2.741%。菌丝生长最适温度
22～30 ℃，子实体生长发育最适温度 22～
28 ℃。菌丝生长阶段不需要光照，出耳期间
需要散射光。适宜的培养料含水量 60%～
65%，子实体生长的相对湿度是 85%～

图 13-7　紫黑色毛木耳品种
（王波摄）

95%。菌丝生长的 pH 4～10，最适 pH 5～7。适合用棉籽壳、木屑、玉米芯、甘蔗渣等
为主料，与辅料麸皮、米糠、玉米粉等熟料袋栽。整个栽培期间应尽量营造毛木耳最适的
生长环境条件，培育出健壮菌丝，可有效降低病害发生。该品种比亲本菌株琥珀木耳平均
增产 17.44%，比对照菌株 781 平均增产 20.24%。2005—2007 年在什邡、金堂、大邑等
地区进行了大面积生产示范，累计栽培面积达到 4 300 万袋，生物学效率 100%～170%。

3. 紫褐色毛木耳品种——黄耳 10 号（川审菌 2010007）　四川省农业科学院土壤肥料
研究所以从日本引进的毛木耳菌株黄背木耳为出发菌株选育而成。耳片形状为片状或耳
状，红褐色至褐色，柔软，中等大，直径 14.5～26.0 cm，厚 0.15～0.26 cm，耳片表面
具有棱脊，腹面绒毛白色至褐色，密且长（图 13-8）。菌丝体生长温度 15～35 ℃，最适

生长温度 30 ℃；耳片生长温度 18～30 ℃，最适生长温度 22～28 ℃。产量表现：该品种平均产量为 0.73～0.84 kg/袋，生物学效率 91.6%～105.4%。栽培方式主要采用熟料袋栽。栽培主料为棉籽壳、阔叶树木屑和玉米芯，辅料为麸皮、玉米粉等。四川及相似生态区自然条件下适合在 4～10 月栽培出耳。出耳期间保持弱光或遮阴条件，温度控制在 18～30 ℃，空气相对湿度 85%～95%，光照度 10～300 lx，通风良好，保持空气新鲜。

图 13 - 8　紫褐色毛木耳品种
（王波摄）

4. 红褐色毛木耳品种——川耳 4 号（川审菌 2011001）　四川省农业科学院土壤肥料研究所于 2005 年从野生毛木耳菌株中系统选育而成。耳片为片状，红褐色，柔软，直径 15.2～22.3 cm，厚 0.17～0.18 cm，耳片表面具有少量棱脊，腹面有绒毛，褐色，密且长（图 13 - 9）。菌丝体生长温度 15～35 ℃，最适生长温度 30 ℃；耳片生长温度 18～30 ℃，最适生长温度 22～28 ℃。干耳中蛋白质含量 8.1%，粗脂肪 1.4%，氨基酸 6.9%。平均 0.95 kg/袋，生物学效率 95.0%，较 AU2（国家认定品种）和苏毛 3 号（国家认定品种）菌株分别增产 41.5% 和 27.9%。栽培主料为棉籽壳、阔叶树木屑和玉米芯，辅料为麸皮、玉米粉等。四川及相似生态区

图 13 - 9　红褐色毛木耳品种
（王波摄）

自然条件下适合在 4～9 月栽培出耳。出耳期间保持弱光或遮阴条件，温度控制在 18～30 ℃，空气相对湿度 85%～95%。

5. 光敏感型毛木耳品种——川耳 5 号（川审菌 2011002）　四川省农业科学院土壤肥料研究所以 AU2 和黄耳 10 号为亲本，通过单孢分离获得单核体配对杂交而成。耳片为片状或耳状，属光敏感型品种，颜色随光照度的不同而发生变化，强光环境为浅红褐色，弱光环境为白色，耳片较硬，直径 10.5～22.0 cm，厚 0.15～0.2 cm，耳片表面具有少量耳脉，腹面绒毛白色至褐色，密且长（图 13 - 10）。菌丝体生长温度 15～35 ℃，最适生长温度 30 ℃；耳片生长温度 18～30 ℃，最适生长温度 22～28 ℃。干耳中蛋白质含量 6.7%，粗脂肪 1.7%，氨基酸 6.3%。平均 0.93 kg/袋，生物学效率 93.1%，较 AU2（国家认定品种）和苏毛 3 号菌株（国家认定品种）分别增产 38.8% 和 23.8%。栽培主料为棉籽壳、阔叶树木屑和玉米芯，辅料为麸皮、玉米粉等。四川及相似生态区自然条件下适合在 4～9 月栽培出耳。出耳期间最适温度控制在 18～30 ℃，空气相对湿度 85%～95%，光照度小于 300 lx，保持通风良好。

图 13 - 10　光敏感型毛木耳品种

（王波摄）

6. 白色毛木耳品种——川耳 6 号（川审菌 2012004）　四川省农业科学院土壤肥料研究所从毛木耳琥珀木耳中获得自然变异白色耳片，通过组织分离获得菌种，经系统选育而

成。子实体形状为片状，白色，柔软，耳片直径 13.7～26.4 cm，厚 0.13～0.18 cm，表面有少量耳脉，腹面绒毛呈白色，密且短，耳片颜色不受光照影响（图 13 - 11）。菌丝体生长温度 15～35 ℃，最适生长温度 30 ℃；耳片生长温度 18～30 ℃，最适生长温度 22～28 ℃。干耳片样品中蛋白质含量 7.7%，粗脂肪 0.15%，粗纤维 31.0%，氨基酸 6.24%。生物学效率平均为 84.69%，较对照琥珀木耳增产 11.65%。栽培主料为棉籽壳、阔叶树木屑和玉米芯，辅料为麸

图 13 - 11　白色毛木耳品种

（王波摄）

皮、玉米粉等。四川及相似生态区自然条件下适合在 4～9 月栽培出耳。出耳期间温度控制在 18～30 ℃，空气相对湿度 85%～95%，光照度小于 300 lx，保持通风良好。

第六节　毛木耳种质资源研究和创新

过去对于毛木耳种质资源研究多采用野生驯化和品种引进等传统方法，在此过程中，我国大量研究人员付出了很多努力。张水旺等（1998）对采集到的野生毛木耳进行了驯化栽培研究，从抗逆性、生活力、生物学效率诸方面筛选到高产量的菌株。李志生等（1997）对从台湾引进的毛木耳栽培技术也进行了较为详细的研究。袁滨等（2012）通过引进毛木耳新菌株与漳州地区主栽品种进行比较出耳试验，经产量、形态特征和干物质等特性综合分析，引进品种中能找到比较适合当地生长的菌株且各项特性优于原主栽品种。王波等（2012）通过对不同地区栽培的黄背木耳菌株组织分离获得的菌株与保藏菌株进行菌丝生长速度和产量分析，发现组织分离菌株菌丝生长速度明显高于保藏菌株，产量也较

保藏菌株高，增产率 16.48%～90.85%。

　　原生质体技术在食用菌菌种改良中的应用是食用菌研究工作的一个重大进展，同时也为毛木耳的新种质资源创造提供了一条有效途径。罗信昌（1987）使用 Novozym234 酶从光木耳和毛木耳单核菌丝体中成功分离出高产量的原生质体，同时发现菌体的液体培养时间、缓冲液 pH 和一定浓度的酶液用量与原生质体的形成有着密切的关系。杨国良等（1990）通过毛木耳原生质体电融合及再生筛选，获得了野生型融合子。贺建超和贺榆霞（2003）以木耳和毛木耳为亲本菌株，通过灭活原生质体融合，筛选到一株新的稳定的木耳高产菌株。孙露等（2012）通过对毛木耳原生质体制备与再生条件的系统研究，确定了原生质体制备的最佳出发菌龄、融壁酶浓度、酶解温度及酶解时间、渗透压稳定剂种类、浓度及最佳再生培养基配方。彭卫红（2005）利用原生质体再生无性系技术从毛木耳再生菌株中筛选出 4 株生产性状优良且遗传特性明显不同于出发菌株的再生菌株。虽然原生质体技术在毛木耳种质资源的研究中已取得一定的进展，但相对于木耳的研究显得过少。

　　DNA 分子标记是继形态标记、细胞标记和生化标记之后发展起来的一类遗传标记。随着现代分子生物学的快速发展，目前已有几十种基于 DNA 多态性的分子标记问世，并广泛应用于食用菌的种质资源研究中。张丹等（2007）用 RAPD 技术对毛木耳 56 个菌株进行了分析，结果显示菌株的地理分布与遗传差异间并不存在必然的联系，同时揭示了毛木耳的遗传多样性，为毛木耳的遗传育种和菌种改良提供了基础资料。许晓燕等（2008）利用 AFLP、ISSR 及 SRAP 标记技术对多个毛木耳栽培菌株进行了遗传多样性研究，在揭示菌株间丰富遗传多样性时，也比较了 3 种分子标记，发现 SRAP 标记更适用于大量毛木耳的遗传多样性研究。Tang 等（2010）用 ISSR 和 SRAP 两种标记对我国 34 个栽培木耳菌株进行了遗传多样性研究，发现两种方法均能很好地鉴别菌株。杜萍（2011）通过 ISSR 和 SRAP 两种分子标记对分离自自然居群的 145 株野生毛木耳的遗传多样性进行了研究，发现菌株间表现出较高的遗传多样性，揭示了居群内菌株的地理分布关系。贾定洪等（2010，2011）以 22 个不同来源的毛木耳菌株为材料，采用 ISSR 分子标记技术对其进行分析，同时构建了其 ITS 序列特征指纹图谱，为团队的品种选育提供了参考依据。分子标记可检测菌株间 DNA 水平的差异，可用于种质资源的鉴定与保存。同时利用分子标记能够快速确定亲本间的亲缘关系和遗传差异，从而用于指导育种的亲本选择，为提高育种效率提供科学指导，为毛木耳种质资源的创新提供有效的途径。

　　目前，无论是原生质体技术还是分子水平的种质资源研究在食用菌方面的应用相对于动物和植物方面还处于起步阶段，而在毛木耳育种中的应用更是屈指可数，如何使这些有效的技术手段更好地为毛木耳的育种工作服务是食用菌研究人员值得思考的问题。

（郑林用　李小林）

参考文献

戴玉成，图力古尔，2007. 中国东北野生食药用真菌图志 [M]. 北京：科学出版社 .

杜萍，2011. 中国野生毛木耳遗传多样性研究 [D]. 北京：北京林业大学 .

贺建超，贺榆霞，2003. 木耳灭活原生质体融合育种研究 [J]. 中国食用菌，22（5）：16-17.

贺新生，侯大斌，王光礼，1998. 培养料 C/N 和含 N 量对毛木耳生长发育的影响 [J]. 食用菌学报，5（1）：33-38.

黄忠乾，谭伟，郑林用，等，2011. 四川毛木耳栽培关键技术 [J]. 中国食用菌，30（4）：63-65.

黄忠乾，谭伟，郑林用，等，2013. 四川金针菇与毛木耳双季高效栽培技术 [J]. 食用菌，35（2）：49-50.

贾定洪，王波，彭卫红，等，2011. 22 个毛木耳菌株 ITS 序列分析 [J]. 西南农业学报，24（1）：181-184.

贾定洪，郑林用，王波，等，2010. 22 个毛木耳菌株 ITS 序列分析 [J]. 西南农业学报，23（5）：1595-1598.

李玉，2013. 市场上常见食用菌学名异名探究 [J]. 食药用菌，21（5）：259-262.

李志生，郑束，王正荣，等，1997. 台湾毛木耳引种栽培技术研究 [J]. 食用菌，19（2）：10-11.

罗信昌，1987. 光木耳和毛木耳原生质体的形成和再生 [J]. 中国食用菌，7（1）：3-6.

彭卫红，2005. 黄背木耳 HD2 原生质体再生菌株子实体农艺性状分析与研究 [C]//庆祝中国土壤学会成立 60 周年专刊.

彭卫红，叶小金，王勇，等，2013. 毛木耳油疤病病原菌的生长条件研究 [J]. 四川大学学报（自然科学版），50（1）：161-164.

孙露，姚方杰，方明，2012. 毛木耳原生质体制备与再生条件的研究 [J]. 中国食用菌，31（3）：35-37.

谭伟，张建华，郭勇，等，2011. 毛木耳微喷灌出耳水分管理效果的研究 [J]. 西南农业学报，24（1）：185-190.

王波，李婧，鲜灵，等，2012. 毛木耳黄背木耳菌株组织分离物遗传差异与农艺性状分析 [J]. 西南农业学报，5（2）：601-604.

王剑，叶慧丽，陈晓娟，等，2012. 食用菌常见病虫害及无公害防治方法 [C]//中国植物保护学会成立 50 周年庆祝大会暨 2012 年学术年会论文集. 中国植物保护学会.

许晓燕，余梦瑶，罗霞，等，2008. 利用 AFLP 和 SRAP 标记分析 19 株毛木耳的遗传多样性 [J]. 西南农业学报，21（1）：121-124.

杨国良，杨秀琴，杨晓仙，等，1990. 毛木耳与黑木耳的原生质体融合育种 [J]. 中国食用菌，10（4）：14-16.

袁滨，张金文，柯丽娜，等，2012. 毛木耳新菌株比较试验初报 [J]. 食用菌（1）：19-20.

袁明生，孙佩琼，1995. 四川蕈菌 [M]. 成都：四川科学技术出版社.

张丹，郑有良，2004. 毛木耳（*Auricularia polytricha*）的研究进展 [J]. 西南农业学报，17（5）：668-673.

张丹，郑有良，王波，等，2007. 毛木耳种质资源的 RAPD 分析 [J]. 生物技术通报（1）：117-123.

张树庭，林芳灿，1997. 蕈菌遗传与育种 [M]. 北京：中国农业出版社.

张水旺，康源春，蒋宝贵，等，1998. 野生毛木耳 Aul19 的驯化栽培研究 [J]. 吉林农业大学学报（S1）：194.

Musngi R B, Abella E A, Lalap A L, et al., 2005. Four species of wild *Auricularia* in Central Luzon, Philippines as sources of cell lines for researchers and mushroom growers [J]. Journal of Agricultural Technology, 1 (2): 279-300.

Tang L, Xiao Y, Li L, et al., 2010. Analysis of genetic diversity among Chinese *Auricularia auricula* cultivars using combined ISSR and SRAP markers [J]. Curr Microbiol, 61 (2): 132-140.

金　针　菇

第一节　概　述

金针菇（*Flammulina filiformis*），又名朴菇、冬菇、毛柄金钱菇、构菌。金针菇含有丰富的营养，蛋白质中含有 8 种人体必需的氨基酸，其中精氨酸和赖氨酸含量丰富。子实体菌柄脆嫩，菌盖黏滑，营养丰富，美味可口，对儿童健康成长及智力发育有益，因此有"增智菇"的美称。还含有多糖体——朴菇素，具有抗癌作用。据《中国药用真菌》记载，金针菇"性寒、味稍咸，后微苦，能利肝脏、益肠胃、抗癌"。因而食用金针菇可以预防与治疗肝脏系统疾患及胃溃疡。同时，常食用金针菇有预防因吸烟、吃咸菜、熏肉、火腿等诱发癌病的作用。

第二节　金针菇的起源与分布

金针菇最早栽培于公元 800 年，始于中国，古人均用构树埋于土中浇淘米水使其出菇，故称"构菌"。而金针菇近代木屑栽培最早起始于日本。1925 年森本彦三郎开始利用木屑进行瓶栽试验。1945 年后，改进了栽培技术，提高了单瓶产量，其产品开始在市场销售。20 世纪 60 年代，日本开始利用空调设备、自动化装置，人工调控菇房环境条件，构成一套完整的栽培体系，实现金针菇周年栽培。

20 世纪 30 年代，我国学者裘维蕃等采用瓶栽法栽培金针菇成功。1979 年，福建省三明市真菌研究所开始金针菇的品种培育工作，1982 年选育出国内第一个定型的野生驯化优良菌株三明 1 号，并在全国大面积推广栽培成为当家品种。在 1990 年以前，我国栽培的金针菇品种主要是黄色品种。20 世纪 90 年代我国从日本引进了纯白色品种。90 年代末，上海浦东天厨菇业有限公司率先建成了日产 6 t 规模的金针菇工厂化生产菇房及机械化生产线。金针菇主产国主要是中国和日本，韩国、美国、加拿大等国也有栽培。野生金针菇在我国北起黑龙江，南至广东，东起福建，西至四川均有分布。

第三节　金针菇的分类地位与形态特征

一、分类地位

金针菇（*Flammulina filiformis*）属担子菌门（Basidiomycota）蘑菇纲（Agaricomycetes）蘑菇目（Agaricales）泡头菌科（Physalacriaceae）小火焰菌属（*Flammulina*）。

二、形态特征

子实体小型，丛生。菌盖直径 1～7 cm，幼时扁平球形，后渐平展，黄褐色、淡茶黄色至淡黄色，光滑，湿时稍具黏性，有皮囊体。菌肉白色或带淡黄色，柔软。菌褶弯生，白色或带淡黄色，稍疏至密集。菌柄（3.5～12）cm×（0.3～1.5）cm，等粗或上方稍细，上部色浅，下部色深并具同色绒毛，中心绵软，后变空。栽培品种在适宜环境条件下，商品菇菌盖直径多为 0.7～1.2 cm，菌柄长 10～16 cm。孢子印白色；孢子无色，圆柱状，平滑，大小为（7～11）μm×（3～4）μm。

第四节　金针菇的生物学特性

一、营养要求

（一）碳源

金针菇为木腐菌，可利用多种木本和草本植物材料中的单糖、纤维素、木质素作为营养来源。但不同于香菇、平菇，金针菇分解木质纤维素的能力较差，使用木屑做基质时，以自然堆积 3 个月以上的陈木屑为好。

在实际栽培中，富含纤维素的农副产品下脚料几乎均能用来栽培金针菇，但是以选用棉籽壳为主料配合辅助材料的配方产量高。

（二）氮源

金针菇可利用多种氮源，其中以有机氮为最好，如蛋白胨、尿素等。在栽培时主要采用麦麸、米糠、玉米粉、大豆粉等作为氮源。根据测定，金针菇培养料的碳氮比以 30：1 为适宜。碳氮比过高，菌丝生长快，出菇早，但菇较少，质量差；碳氮比过低，菌丝生长浓密，但出菇推迟，菇数少。

（三）矿质元素

矿质元素参与细胞结构物质的组成；作为酶的活性基团的组成成分，有的是酶的激活剂；调节培养基的渗透压和 pH 等。金针菇需要量较大的是磷、镁、钾、硫。在生产中常添加硫酸镁、磷酸二氢钾、磷酸钙等最为主要的无机营养，以促进菌丝生长。

（四）维生素

金针菇是维生素 B_1、维生素 B_2 的天然缺陷型，没有外源补给，菌丝不能正常生长，常添加米糠、麸皮、玉米面等进行补充。

二、环境要求

(一) 温度

金针菇属低温结实型菌类。孢子在 15～25 ℃时容易萌发成菌丝。菌丝生长最适温度 20～24 ℃，但在 3～34 ℃内均能生长。子实体生长的最适温度 5～12 ℃，5～9 ℃子实体 生长健壮，出菇整齐。

(二) 湿度

菌丝生长的适宜基质含水量 60%～65%，但在 65%左右为最好。子实体形成和生长 的适宜湿度 85%～95%，过高的湿度会对原基分化起到延迟作用。一般原则是温度高时， 湿度要低；温度低时，湿度要高。

(三) pH

菌丝生长适宜 pH 5.2～7.2，一般不用调节 pH。

(四) 光照和通风

菌丝和子实体生长都不需要光，但是光能刺激子实体形成，而太强的光又会使子实体 菌盖和菌柄变黄，影响商品质量。据报道，纯白金针菇在抑制阶段采用 200 lx 间隙光照 射，能抑制菌盖生长，得到商品形状较好的菇。金针菇属好气性菌类，子实体形成要有一 定的氧气，要注意通风。空气中较高浓度的二氧化碳有利于菌柄的发育，子实体生长期间 适宜的二氧化碳浓度为 0.114%～0.152%。超过 0.195%时，可能出现针头菇；小于 0.1%菌盖大，菌柄短、粗。

三、生活史

金针菇的生活史分为有性世代和无性世代。

有性世代产生担孢子，每个担子产生 4 个担孢子，担孢子萌发产生芽管，芽管不断长 出分枝，伸长形成一根根单核菌丝。性别不同的单核菌丝之间进行结合，发生质配，每一 个细胞中形成有两个细胞核的双核菌丝，双核菌丝比单核菌丝更具生命活力，经一段时间 营养生长后达生理成熟，产生原基，并发育成子实体。子实体成熟后，在菌褶上产生担 子，担子上又产生 4 个担孢子，周而复始 (图 14-1)。

据报道，金针菇的单核菌丝也可形成子实体，但子实体小，出菇晚，产量少，无商业 价值。Simchen (1964) 研究了单、双核菌丝生产率关系后认为，基因作用方式在单、双 核菌丝中有所不同，单核菌丝较双核菌丝少了一套基因，使两者在生理活性和形态特征等 方面产生一定差异，双核菌丝更具稳定性。

无性世代产生单核或双核的粉孢子，在适宜的条件下可以萌发为单核菌丝或双核菌 丝，最后形成子实体，进入有性世代。

金针菇还可以产生节孢子，但和粉孢子一样是菌丝断裂产生，无特别差异。

金针菇是单核菌丝阶段和双核菌丝阶段都有无性生活史的担子菌。粉孢子形成于菌丝上，在单核菌丝上形成单核粉孢子，在双核菌丝上形成单核或双核粉孢子。双核菌丝单核化就产生单核的粉孢子。

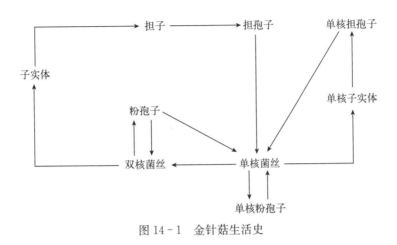

图 14-1　金针菇生活史

第五节　金针菇种质资源

一、概况

目前，全国金针菇栽培品系按子实体色泽主要分为黄色、浅黄色、白色三大品系。

黄色品系也称为金黄色品系，属于粗稀型，菌盖、菌柄均为黄色或金黄色，菌柄基部深黄色或茶褐色，被褐色绒毛，子实体颜色对光照敏感，光照栽培时颜色加深，出菇早，适宜温度范围宽，抗性强，产量高，产品脆嫩。

浅黄色品系也称为乳白色品系，多数属于细密型，菌盖、菌柄均为乳黄色，菌柄基部颜色稍深，褐色绒毛少，子实体颜色对光照较敏感，不光照时颜色较浅，光照时颜色加深，出菇的适宜温度范围窄，产品纤维少，口感好，品质优，抗性稍差。

白色品系多为细密型，子实体白色，菌柄基部有少量绒毛，子实体颜色对光照不敏感，出菇适宜温度较低，现蕾晚但集中，产量低，产品通体白色。

黄色品系多为国内原始野生金针菇驯化种，相较于优良的杂交菌株和国外引进的白色金针菇品种，在产量和适应消费市场需求上都有一定的差距，主要以鲜销为主，白色品系多以腌渍、制罐、出口为主。目前，国外市场以白色品系更受消费者欢迎。

二、优异种质资源

（一）黄色品系

1. 三明 1 号菌株　是我国金针菇品种开发前期主要的试验栽培品种，20 世纪 80 年代初就已在全国各地推广，至今仍是金针菇主要栽培品种之一。该菌株于 1984 年 1 月通过国内专家鉴定，是三明市真菌研究所驯化选育的优良菌株，也是我国第一个自选定型的金针菇优良菌株。该原始野生菌株来自三明市洋山大队枯枝上，子实体形态特征为每丛15～18朵，菌盖直径 1.5～3.4 cm，黄白色。菌柄长 2～4 cm，金黄色至黄褐色，有绒毛。经人工驯化选育后，子实体菇蕾数达 200 朵以上，菌盖早期呈近球形，直径 1～2.5 cm，淡黄色。菌柄长 10～15 cm，直径 0.3～0.4 cm，较粗壮，黄白色至浅褐色。绒毛较少，属细密型。

三明 1 号菌株菌丝生长快，对杂、病抵抗力强，栽培周期短，在斜面培养基上 7 d 左右可长满试管，22～28 d 可长满瓶或袋，接种至出菇一般 30～35 d。子实体形成温度广，为 4～23 ℃，但对光照和温度敏感，在温度超过 18 ℃，光照强时，易开伞，菌柄变褐色。所以最好在黑暗环境和低温下栽培，子实体能保持金黄色至黄白色。在木屑和甘蔗袋栽模式中生物学效率达 50%～70%，棉籽壳袋栽生物学效率为 80% 以上。

2. 昆研 F908 菌株　商业部食用菌研究所驯化选育，1992 年 4 月通过国家鉴定。具有抗逆性好，菇形整齐，质量好的特点。菇蕾数达 120 朵以上，菌盖近球形，成熟后菌盖反卷，淡黄色，直径 1.5～5 cm。菌柄长 5～20 cm，粗 0.4～1.5 cm，金黄色至褐色，有绒毛，后期菌柄中空。

该品种具有发菌快，出菇早，产量高，质量较好，抗逆性强的特点。8～15 d 长满试管，21～24 d 可满瓶，栽培周期 52 d 左右，生物学效率达 100%。

3. 杂交 19 号菌株（国品认菌 2008043）　福建省三明市真菌研究所以日本浓信 2 号和三明 1 号为亲本，进行多孢杂交，筛选出的高产、优质、稳定并兼具两亲本优点的杂交新菌株。于1988 年通过专家鉴定，已推广到全国，是各地金针菇栽培的主要品种。子实体丛生，菇蕾数 400～600 朵及以上，菌盖早期半球形，后渐平展，白色至淡黄色，直径 0.5～1.5 cm，开伞速度较慢。菌柄中空，直径 0.2～0.3 cm，菌柄长 15 cm 以下时，整体白色，长 15 cm 以上时，基部变淡黄色，几乎无绒毛。分枝多，极少扭曲，为细密型。适合制罐。

菌丝生长适温 16～28 ℃，最适温度 23 ℃左右，子实体形成温度 4～24 ℃，5～8 ℃时子实体生长缓慢，但商品性状和质量好，菇体洁白，菌盖不易开伞。子实体生长要求湿度 80%～95%，菌柄呈白色至乳白色。湿度过高，菌柄基部至子实体为褐色至淡黄色。黑暗条件下，菌丝生长正常，子实体白色，弱光条件下基部变黄，对光的反应较敏感。在原基形成和子实体生长阶段氧气需要量增加，二氧化碳超过 3% 易形成尖头菇。杂交 19 号菌株适应性广，南北方均可栽培，菌丝生长速度快，6～7 d 满管，谷粒菌种 15 d 满瓶，从接种至出菇 32 d，栽培周期 50 d 左右。产量高，在适宜栽培料上栽培，生物学效率可达 100% 以上。

4. SFV‑9 菌株　该菌株来源于引进的日本金针菇菌株。上海市农业科学院食用菌研究所对国内外引进的 17 种菌株筛选，SFV‑9 从中脱颖而出，1988 年 7 月通过鉴定。该菌株子实体呈乳白色，菌盖半球形，菌肉厚，不易开伞。菌柄长 15～17 cm，粗 0.3～0.4 cm，绒毛较少。

菌丝生长温度 20～30 ℃，最适温度 25 ℃左右，原基形成温度 4～18 ℃，子实体生长适温 8～14 ℃。pH 5～7 生长良好，培养基含水量 60%～65%，催蕾时湿度达 90% 左右，出菇湿度 85% 左右，在黑暗条件下栽培。接种至出菇 35 d 左右，50 d 金针菇可采收。生物学效率平均达 90% 以上。

5. FL8815、FL817 菌株 中国农业科学院植物保护研究所微生物室采用原生质体诱变技术选育的高产菌株。以三明 1 号作为原生质体辐射诱变的出发菌株，获得了 FL8815 和 FL817 这两个遗传性状稳定、产量高于亲株的突变菌株。

两突变菌株的形态外观基本相似，菌盖淡黄色，不易开伞，菇蕾整齐，子实体属密集型，分枝多，菌柄白色至淡黄色，基部黄褐色，绒毛较少。生物学特性与三明 1 号基本一样，出蕾与子实体生长温度 2~17 ℃，2~9 ℃ 内产出优质商品菇，属于中低温型菌株。FL8815 的生物学效率达 95% 以上，FL817 的生物学效率达 100%。

6. F7（国品认菌 2008039） 浙江省农业科学院园艺研究所采用多孢杂交选育而成，亲本为杂交 19 号菌株。子实体小型；菌盖半球形，幼时浅黄色，渐变为黄色，直径 10~16 cm，厚 2~5 mm；柄长 13~19 cm，粗 2~5 mm。产孢量少，孢子释放晚。子实体形成温度 5~16 ℃，适宜温度 12~15 ℃，为中低温型品种。

21~25 ℃ 下 40 d 左右完成发菌，60 d 左右采收第一潮菇。菇潮间隔 10 d 左右，采收 2~3 潮，生产周期 90 d。以棉籽壳为主料栽培生物学效率 110%~140%。

7. 川金 2 号（国品认菌 2008040） 四川省农业科学院土壤肥料研究所采用单孢杂交选育而成，亲本为金针菇 12 号、金丝。子实体小型，伞状；菌盖黄褐色至褐色，直径 5~12 mm，厚 2.5~3 mm；菌柄长 15~18 cm，直径 3.5~4.5 mm。子实体形成温度 5~20 ℃，适宜温度 10~15 ℃。

以棉籽壳为主料栽培，生物学效率 90% 左右。

8. 川金菇 3 号（国品认菌 2008041） 四川省农业科学院土壤肥料研究所采用单孢杂交选育而成，亲本为金丝（黄色）、Fv092（白色）。子实体中大型；菌盖黄褐色，直径 5~15 mm，厚 3~3.5 mm；菌柄长 15~18 cm，粗 3~5.4 mm；孢子印白色。子实体形成温度 5~20 ℃，适宜温度 10~15 ℃。出菇温度要严格控制在 15 ℃ 以下，高于 18 ℃ 口感变差。

以棉籽壳为主料栽培，生物学效率 90% 左右。

9. 明金 1 号（国品认菌 2008044） 福建省三明市真菌研究所利用野生种质资源驯化，系统选育而来。菌盖淡黄色，圆形，直径多数为 1~2 mm，厚 2~3 mm，表面光滑，中部突起，边缘内卷；菌柄淡黄色，长 10~15 cm，直径 3~4 mm，纤维质，少绒毛，无鳞片。发菌最适温度 23 ℃。子实体生长温度 5~22 ℃，适宜温度 8~16 ℃。

适宜温度下发菌 25~35 d 满袋，后熟 15~30 d。栽培周期 4 个月。生物学效率 90% 以上。

（二）白色品系

1. M - 50 菌株 日本学者北本风教授于 1985 年成功培育的纯白色金针菇品种，利用 J26 和 K15 两个不同金针菇菌株的单核菌丝经单单杂交选育方法培育而成。气温、光线的变化不会引起子实体色泽的改变。已在日本登记注册，并销售。

菌柄直径 0.3 cm，基部连合度高，有效根数 400~600 根。培养适温 14~16 ℃，发菌期 27～28 d，可在光下培养。货架期较长，达 3 周以上，并且遗传性状稳定，所有纯培养子代只形成白色子实体。

2. FL088 菌株 河北省农林科学院从日本引进的金针菇品种，已在北方地区推广栽培多年。子实体丛生，菇蕾数 200 朵以上，生长整齐。菌盖乳白色，早期球形，后期半球形，直径 0.5～1.5 cm。菌柄乳白色，纤维质，中空，长 15～20 cm，直径 0.2～0.4 cm，无绒毛或基部少有绒毛。

菌丝在 PDA 培养基上生长快且浓密，白色绒毛状，爬壁力弱，粉孢子少。5～25 ℃菌丝均能生长，最适温度 25 ℃左右；出菇温度 5～15 ℃，最适温度 10 ℃。pH 5～7，基质最适含水量 60%～65%，子实体生长湿度 80%～90%，一定量的光照可促进菌丝生长，出菇整齐。二氧化碳浓度 0.15% 左右可使菌盖小，菌柄长。子实体整株乳白色，质地脆嫩，生物学效率达 100%。

3. F21 菌株 浙江省江山市微生物研究所引进菌株。通过在江山市大面积栽培试验，该品种出菇整齐，每丛 200 株左右，菌柄长 15～23 cm，菌盖直径 1～2 cm，内卷，不易开伞。白色品系对光线不敏感，即使栽培环境有较强的散射光，子实体仍是通体洁白，有光泽，适合制罐或盐渍加工出口。

菌丝 3～33 ℃均可生长，23 ℃生长最快，母种 8～10 d 可长满试管，原种 18～22 d 可长满瓶。原基分化温度 5～20 ℃，子实体生长温度 10～15 ℃。出菇空气相对湿度 85% 左右为宜。生物学效率可达 120%。

4. FL8909 菌株 福建省从日本引进的一株粗柄型白色菌株。子实体丛生，分枝较多，有效根数 160～250 根；菌柄长 15～23 cm，直径 0.3～0.7 cm。菌盖内卷，不易开伞，直径 0.5～1.7 cm，整株子实体洁白有光泽。

菌丝在 5～29 ℃下均能生长，30 ℃以上停止生长。子实体发生温度 5～16 ℃，最适温度 12～13 ℃。在 20～30 ℃下 8～10 d 长满斜面培养基；在棉籽壳加木屑培养基上，原种约 40 d 满瓶，栽培种约 30 d 长满瓶。在 5～16 ℃下约 15 d 出菇。栽培袋从接种到出菇 45～50 d。菇潮间隔 7～8 d，整个栽培周期在收菇批数相同情况下比黄色菌株多 25～30 d。以 pH 6 为最适宜。子实体相对湿度要求 85%～90%。在小于 1 000 lx 的漫射光下，能保持子实体洁白不变色。平均生物学效率 68.7%。子实体经盐渍、制罐和冷冻储存试验，整株子实体洁白不变色，加工得率和商品价值比黄色菌株高 10% 以上，可达 98%，符合出口外销要求。

5. F21 - 2 菌株 该菌株以江山白菇 F21 为亲本材料，经过逐年的系统选育、定向选择育成。高产、优质、抗逆性强，为白色金针菇新品种，是浙江省金针菇常规栽培的当家品种。江山白菇 F21 - 2 属于中低温型品种，菇体洁白，菇盖肉厚不易开伞，菇柄粗细均匀、柔软不开裂、不倒伏，口感脆嫩、黏滑；耐高温性较好。

菌丝生长温度 3～33 ℃，最适温度 23～25 ℃；原基分化温度 4～24 ℃，子实体生长温度 5～20 ℃，最适温度 10～15 ℃；培养料适宜含水量 65%～70%；适应性广、抗逆性强，pH 4.5～9 菌丝都能正常生长；菇潮次数多，可以连续采收 3 潮。平均单产为 0.51 kg/袋，生物学效率高达 136%。与江山白菇 F21 相比表现出现蕾出菇更整齐，更密集，菇盖不易开伞，产量高，在较强散射光下仍保持白色。菌丝及子实体更耐高温，可耐受最高温度比同类品种高 2℃，栽培季节比原菌株提前 1.5 个月。

6. 江山白菇（国品认菌 2008045）　浙江省江山市农业科学院从国外引进品种。子实体纯白色，丛生；菌盖半球形，直径 10～20 mm，不易开伞；柄长 15～20 cm，粗 2～3 mm，成熟时菌柄软、中空、不倒伏，下部有绒毛，孢子释放晚。子实体形成温度 3～20℃，适宜温度 8～15℃，属于低温型品种。23～25℃下发菌，35 d 左右满袋，7～10 d 现蕾，20 d 左右采菇，接种 55 d 后采收第一潮菇。棉籽壳栽培生物学效率 100%～150%。

7. 金白 F4（国品认菌 2008048）　上海市农业科学院食用菌研究所从国外引进品种，系统选育获得。子实体白色；菌盖较小，直径 0.5～1.0 cm，不易开伞；菌柄较细，直径 0.2～0.3 cm，基部有密集绒毛；菌丝粗壮、整齐；对出菇环境和营养条件要求较高，菌丝生长最适温度为 20～24℃，培养料含水量以 63%～66% 为宜，子实体生长最适温度为 5～14℃。平均每袋可产鲜菇 250～300 g，生物学效率 50%～60%。

第六节　金针菇种质资源研究和创新

金针菇是双因子控制的异宗结合的食用蕈菌。Brodie（1936）和武丸恒雄（1954）都研究过金针菇菌丝的去核化，发现金针菇双核菌丝和单核菌丝都可以产生单核分生孢子。Singer（1986）指出，由于金针菇的担孢子是双核的，才把金针菇从 *Collybia* 属中分出，放入 *Flammulina* 属中。研究表明（许祖国，1992；邱贵根等，1994；谭金莲和刘长庚，1997），金针菇单孢子双核，双核率 80%～98.89%。白色类型品种孢子略大于黄色类型品种，并且金针菇担孢子具有后熟性。刘胜贵和刘卫今（1995）用 Giemsa 染色对金针菇染色体计数和担孢子形成过程中细胞核行为进行了研究，证明金针菇的染色体数为 12，金针菇减数分裂不同步，从菌褶分化完成到子实体完全成熟的过程中，不断有新的双核担子产生，发生核配直到释放担孢子。

单核子实体是金针菇研究的主要材料，张平和张志光（1998）对单核子实体进行了研究。结果表明，菌株间担孢子萌发相差很大，单核菌丝结实率也不同。潘保华和李彩萍（1994）报道，单孢结实可作为选配金针菇杂交组合的一个指标。江玉姬等（2001）对金针菇的原生质体单核化研究表明，两个亲本的不亲和性因子 A 和 B 都存在 3 个复等位基因。肖在勤等（1998）研究了金针菇与凤尾菇科间的原生质体融合条件，成功获得了融合子。彭卫红等（2001）对金针菇进行转核研究，利用原生质体融合技术，获得融合子。

Kong 等（2001）研究发现了白色菌株交配型是 $A_1A_2B_1B_2$，黄色菌株交配型是 $A_3A_4B_3B_4$，黄色对白色是不完全显性。采用分离群体分组分析法，找到了与黄色性状连锁的 RAPD 标记。研究表明 RAPD 技术可以用于菌株鉴定和指导金针菇的杂交育种工作。谢宝贵等（2004）以金针菇黄色菌株 F19 和白色菌株 F8801 为亲本，引用原生质体杂交技术与 RAPD‐BSA 分子技术筛选金针菇色泽基因，获得一个与白色紧密连锁的 RAPD 标记，稳定性好，可用于辅助育种。

王波等（2008）对 19 个白色金针菇菌株和 14 个黄色金针菇菌株以及黄色金针菇 F411 菌株的 6 个组织分离菌株进行了酯酶同工酶分析。结果表明，白色金针菇与黄色金针菇在谱带上存在差异，且一些酶谱带可作为区别黄色金针菇与白色金针菇的特征酶谱带。相异系数聚类分析表明，白色金针菇和黄色金针菇可各自聚为一类群，但其中黄色金针菇 F26 菌株与白色金针菇菌株聚在一类。在供试的 33 个菌株中，共有 21 个菌株在酯酶同工酶谱带上完全相同，表明其亲缘关系非常相近。

（李长田　郭　健）

参考文献

白保岛，黄年来，1990. 金针菇最新栽培技术 [J]. 食用菌（1）：25 - 26.

郭美英，2000. 中国金针菇生产 [M]. 北京：中国农业出版社.

江玉姬，谢宝贵，吴文礼，2001. 金针菇的原生质体单核化 [J]. 福建农业大学学报（1）：44 - 47.

金华，邹吉祥，宋春凤，等，2012. 基于 rDNA - ITS 序列对金针菇系统发育分析 [J]. 中国食用菌，31（4）：37 - 39, 50.

刘胜贵，刘卫今，1995. 金针菇染色体计数及担孢子形成过程中细胞核行为的初步研究 [J]. 怀化师专学报，14（2）：61 - 63.

罗信昌，陈士瑜，2010. 中国菇业大典 [M]. 北京：清华大学出版社.

潘保华，李彩萍，郭明慧，1994. 金针菇单孢结实性的研究及其应用 [J]. 中国食用菌，13（3）：21 - 22.

彭卫红，肖在勤，甘炳成，2001. 金针菇转核育种研究 [J]. 食用菌学报，8（3）：1 - 5.

谭金莲，刘长庚，1997. 金针菇担孢子特性研究 [J]. 湖南农业大学学报，23（6）：548 - 551.

王波，彭卫红，甘炳成，2008. 金针菇 33 个菌株遗传多样性与组织分离菌株鉴定的酯酶同工酶分析 [J]. 西南农业学报，21（2）：448 - 450.

肖在勤，谭伟，彭卫红，等，1998. 金针菇与凤尾菇科间原生质体融合研究 [J]. 食用菌学报，5（1）：6 - 12.

谢宝贵，江玉姬，吴文礼，2004. 金针菇子实体颜色的遗传规律研究 [J]. 菌物学报，23（1）：79 - 84.

张金霞，2011. 中国食用菌菌种学 [M]. 北京：中国农业出版社.

张金霞，黄晨阳，胡小军，2012. 中国食用菌品种 [M]. 北京：中国农业出版社.

张平，张志光，1998. 金针菇单核子实体研究 [J]. 食用菌（2）：17.

Yan Z F，Liu N X，Mao X X，et al.，2014. Activation effects of polysaccharides of *Flammulina velutipes* mycorrhizae on the T lymphocyte immune function [J]. Research Journal of Immunology（4）：285421.

第十五章

茯　苓

第一节　概　述

　　茯苓 (*Wolfiporia extensa*)，又名茯菟、松柏芋、松茯苓、玉灵、金翁、松薯等。根据产地的不同，又称为云苓、安苓、闽苓、川苓等。喜寄生于松科植物赤松或马尾松的树根下，人工栽培生长于松蔸的根部或窖式栽培的松木段及松枝上。日常生活中及医用所指的茯苓均为其菌核。

　　茯苓是列入我国药典的两个药用菌之一，为我国传统常用中药材。《神农本草经》将茯苓列为"上品"。晋代著名医家陶弘景称茯苓是"通神而致灵，和魂而炼魄的仙药"。茯苓以菌核入药，味甘、淡，性平，归心、肺、脾、肾经，具有益气宁心、健脾和胃、除湿热、行水止泻的功效。它常被用于治疗脾虚食少、水肿尿少、痰饮眩晕、便溏泄泻、心神不安、惊悸失眠等症。茯苓的主要成分有茯苓多糖、三萜类化合物，还含有少量的脂肪酸、无机盐及微量的其他成分等。现代药理学研究表明茯苓具有利尿、免疫调节、保肝、抗肿瘤、抗氧化、抗炎、抗病毒、抗过敏等多种药理作用。随着近代医药科学的发展，在茯苓有效成分、药理作用及机制方面的研究取得了重大进展，以茯苓为原料的成品药不断研发成功，茯苓得到了更加广泛的应用。茯苓不仅是多种中药方剂配伍的要药，更是众多中成药的重要原料。第三次全国中药资源普查资料统计，在常见的中医临床处方中，茯苓的配伍率达70％以上，有"十药九茯苓"之说。以茯苓为原料生产的中成药如六味地黄丸、茯苓白术散、桂枝茯苓丸、藿香正气片等多达300多种。同时在保健、营养、药膳、美容等领域茯苓的用量呈现日益增长的趋势，茯苓饼、茯苓糕、茯苓酒、茯苓粥、茯苓霜等久负盛名，呈现良好的应有前景。茯苓还是我国传统的药用菌出口商品，每年出口量达4 000～5 000 t，远销东南亚、日本、印度等世界许多国家，茯苓产业前景广阔。

第二节　茯苓的起源与分布

一、起源

　　我国是世界上最早发现和应用茯苓的国家。在西汉的《史记》中已有茯苓的记载，而其药用则始载于《神农本草经》，所以茯苓在我国已有2 000多年的历史。南北朝的《本草经集注》记载："茯苓今出郁州（今江苏省灌云县）……彼土人乃假斫松作之。形多小，虚赤不佳。"表明我国对茯苓人工栽培的探索起源于约 1 500 年前。在我国古代茯苓主要源于野生资源的采挖。宋代《本草图经》载："今东人采之法：山中古松久为人斩伐，其枯折搓篲，枝叶不复上升者，谓之茯苓拔。即于四面丈余地内，以铁头锥刺地。如有茯苓，则锥固不可拔，乃掘取之。其拔大者，茯苓亦大，皆自作块，不附着根。其抱根而轻虚者为茯神。"南宋周密《癸辛杂识》载有"近世村民乃择其小者，以大松根破而系于其中，而紧束之，使脂液渗入于内，然后择地之沃者，坎而瘗之，三年乃取，则成大苓矣"的人工栽培方法，表明人工栽培历经千年的探索，至南宋时我国的人工栽培技术已较成熟，主要产区分布在山东、河南、陕西一带。元代至明初茯苓产区南迁至鄂、豫、皖交界的大别山区，一直延续至 20 世纪 70 年代初大别山区仍是我国茯苓的主产区。70 年代末"茯苓纯菌丝菌种"的研制成功，开创了茯苓菌种栽培的时代，我国茯苓产业得到了快速发展，茯苓产区由原来单一的鄂豫皖大别山区，转变为浙闽、闽粤赣、粤桂、赣湘、湘桂黔等产区。2000 年后，为稳定茯苓药材质量，全国推行茯苓规范化种植及 GAP 基地建设。湖北攻关"茯苓药材规范化种植研究"研发出"诱引"栽培专利技术，传统茯苓产区焕发生机，在英山、罗田、麻城建设茯苓药材规范化种植原料生产基地，形成"九资河茯苓"基地，2007 年国家质量监督检验检疫总局批准对"九资河茯苓"实施地理标志产品保护。福建因地制宜重点研发茯苓松蔸栽培模式，开展茯苓松蔸栽培优良菌株的选育及标准化栽培技术的研究等，研发出有效利用松蔸低碳高产栽培茯苓的专利技术，实现经济发展与生态保护的和谐统一。由此我国茯苓产业进入规范化、规模化生产。2009 年我国茯苓产量达 29.33 万 t，2010 年后我国茯苓产量稳定在 6 万～7 万 t，2012 年我国茯苓产量居前的省份为湖南、广西、湖北、福建、浙江。

二、分布

茯苓适应性强，野生资源分布广泛，主要分布于中国、日本、印度等一些东南亚国家，美洲及大洋洲等国家和地区也有分布。早期我国茯苓资源丰富，分布较广，黄河以南大部分省份均有分布，主要分布在湖南、广西、湖北、福建、安徽、云南、四川、河南、广东、浙江、贵州、山西、陕西、江西、山东等省份，野生和人工栽培均有。目前以人工栽培为主，野生资源较匮乏。传统茯苓产品以云南的"云苓"、安徽的"安苓"、福建的"闽苓"最著名。目前人工栽培以湖北罗田、英山、麻城，安徽岳西、霍山、金寨，河南商城为主的大别山茯苓种植产区所产的"九资河茯苓"或"安徽茯苓"比较闻名。我国是茯苓主产国，茯苓产量约占世界总产量的 70%。

第三节　茯苓的分类地位与形态特征

茯苓虽是一种常用的药用菌，但由于其菌核生长于地下，人们长期对其生活史缺乏认识。至 19 世纪初由于未发现其有性生殖阶段，将茯苓确认为一种低等真菌。1822 年 Schweinitz 将其列为半知菌类无孢菌群小菌核菌属，定名为 *Scerotium cocos* Schw.。1922 年德国生物学家 Wolf 发现了茯苓的子实体，完成了茯苓有性世代研究，将其列为担子菌

纲多孔菌科卧孔菌属，定名为 *Poria cocos*（Schw.）Wolf。1984 年 J. Ginus 修订为
Wolfiporia extensa（Peck）Ginns。

一、分类地位

茯苓（*Wolfiporia extensa*）属担子菌门（Basidiomycota）蘑菇纲（Agaricomycetes）
多孔菌目（Polyporales）多孔菌科（Polyporaceae）茯苓属（*Wolfiporia*）。

二、形态特征

茯苓的生长发育主要分为菌丝生长阶段和菌核形成阶段，茯苓的形态在不同的生长发
育阶段呈现为菌丝体、菌核、子实体 3 种形态特征。

（一）菌丝体

菌丝体是茯苓的营养器官，幼嫩时呈白色绒毛状，气生菌丝较多且旺盛，衰老时为棕
褐色并伴有黄褐色的露滴状分泌物和色素分泌。用 PDA 平皿培养，初期菌落呈现同心
环、栅栏形特征（图 15-1），随着菌丝的蔓延该特征逐渐消失，气生菌丝越来越旺盛，
呈现较强的"爬壁"现象。光学显微镜下观察菌丝有两种类型：一类菌丝直径为 3~
6 μm，细胞壁较薄可见细胞质，具简单隔膜，少分枝；另一类菌丝直径为 5~8 μm，细胞
壁厚，较粗壮，纤维化程度高，细胞质不可见（图 15-2）。优良的茯苓母种（PDA）菌
丝色白、均匀、致密、粗壮，具茯苓特异浓郁香气，菌龄 7~10 d，菌丝体表面可见晶莹
的露滴状分泌物。

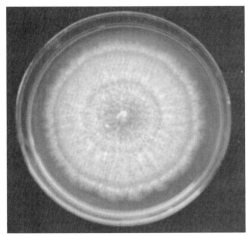
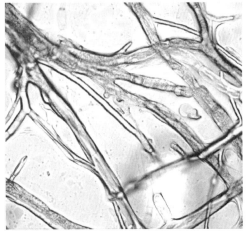

图 15-1　PDA 平皿培养茯苓菌丝形态　　图 15-2　光学显微镜下茯苓菌丝形态

（二）菌核

菌核系茯苓的储存器官和休眠器官，由无数茯苓菌丝及储藏物聚集而成。菌核呈不规
则块状（图 15-3），有球形、椭圆形、扁圆形或鸟兽龟鳖形等；菌核大小不等，直径

10～40 cm，重 2～5 kg，大的可达 10～50 kg，是真菌中最大的菌核。

图 15 - 3　茯苓菌核形态

　　菌核外皮薄而粗糙，有瘤状皱缩，幼时皮壳呈红褐色，质软、易裂开，菌核成熟后呈黑褐色，干后质坚硬，不易破开，剖开断面不平坦，呈颗粒状或粉状，内层多为白色，少数为淡棕色并可见棕色松根镶嵌其间。菌核电子扫描图见图 15 - 4、图 15 - 5。栽培中菌核表面沟痕多，并不断有乳状液汁渗出，表明茯苓生长旺盛、活力强，可继续生长。当菌核外皮颜色变深，不再出现白色裂痕即为成熟菌核。茯苓菌核以外皮呈褐色，体重坚实，鸟兽龟鳖形为佳。

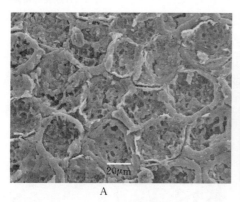
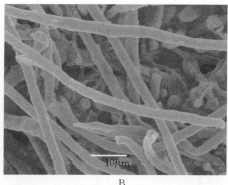

图 15 - 4　茯苓菌核表层电子扫描图
A. 15 kV（×700）　B. 15 kV（×2000）

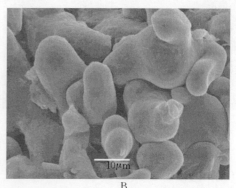

图 15 - 5　茯苓菌核内层电子扫描图
A. 15 kV（×200）　B. 15 kV（×2000）

（三）子实体

茯苓子实体通常多生于茯苓菌核表面，平伏无柄，大小不一，厚 3～8 mm，初呈白色，似海绵状，后渐变浅黄褐色，管孔多呈多角形或不规则，深 2～3 mm，直径 0.5～2 mm，孔壁薄，孔缘初呈迷宫状，后变成齿状，管孔周围产生许多棍棒状的担子发育组成子实层。每个担子上有小梗，上面各带一个长椭圆形、略弯曲的担孢子。成熟时担孢子弹射外扬，孢子印为灰白色。茯苓的孢子呈长方形或近圆形，壁表面平滑，透明无色，孢子大小为（6～11）$\mu m \times$（2.5～3.5）μm。

熊杰（2006）研究表明，在 28 ℃条件下，用 PDA 斜面或培养皿培养茯苓菌丝体 20 d 后开始形成子实体，常呈小迷宫状或小菊花状，单生或群生，出现 7～10 d 后变黄发褐而萎缩。

熊欢（2009）研究表明，在平皿中生长的茯苓子实体呈纯白色，形态大小不一，主要有花瓣状和蜂窝状两种。子实体从形成至萎缩凋亡大约 1 周时间，其间会一直弹射担孢子。培养基上长出子实体后，将平皿倒置，2～3 d 后便能在下层皿盖上观察到白色的孢子印。光镜下的担孢子呈透明的卵圆形。

日常人工栽培中较难采集到茯苓的子实体。新鲜的大菌核在适宜的条件下易形成子实体，干缩的小菌核不易形成子实体。在栽培过程中，当土壤中的菌核发育膨大增长而露土，气温在 20～25 ℃，空气相对湿度在 75%～85% 时，易形成蜂窝状子实体；刚采收的鲜苓盖上干稻草 7 d 左右，菌核表面也会大面积出现群生的子实体。

第四节　茯苓的生物学特性

一、营养要求

（一）碳源

茯苓为兼性寄生菌，喜寄生于松科松属植物的根部，马尾松、黄山松、赤松均可栽培，以生长于马尾松根部的茯苓品质最佳，一般多用马尾松、赤松、黑松和云南松，枫、柳、桑、栎等阔叶树也可以栽培但结苓少，且所结菌核的药效与松茯苓相比是否有差异有待研究。

茯苓菌丝体在不同碳源条件下的生长速度差异显著。以等量的葡萄糖、蔗糖、可溶性淀粉、麦芽糖、果糖、乳糖、D-木糖、甲基纤维为碳源的 CYM 培养基试验结果表明，茯苓可很好地利用蔗糖、葡萄糖、可溶性淀粉、麦芽糖，利用乳糖、果糖、木糖的能力一般，而分解甲基纤维的能力很差（图 15-6）。王伟霞等（2010）研究表明，茯苓菌丝体利用葡萄糖、果糖的效率较高，而以可溶性淀粉、玉米粉为碳源时菌丝扩展速度虽较快，但菌丝稀疏、纤弱，菌丝分解麦芽糖、山梨醇、微晶纤维素、苹果酸及乳糖的能力较弱。在茯苓菌丝的液体培养方面的研究，薛正莲等（2006）认为碳源以蔗糖为佳，其次为葡萄糖、玉米粉水解液和麦芽糖，而茯苓菌丝利用淀粉的能力最差；李羿（2005）、张艳等（2009）和胡国元等（2010）的研究一致认为液体培养茯苓菌丝碳源以葡萄糖为佳。

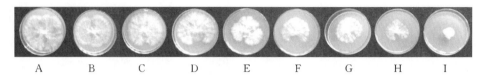

图 15-6 不同碳源对茯苓菌丝体生长的影响

A. 蔗糖 B. 可溶性淀粉 C. 葡萄糖 D. 麦芽糖 E. 果糖 F. 乳糖 G. CK H. D-木糖 I. 甲基纤维

（二）氮源

茯苓可利用多种氮源，但菌丝体在不同氮源条件下的长势差异显著。以等量蛋白胨、酵母膏、牛肉膏、硫酸铵、氯化铵、尿素为氮源的 CYM 培养基试验结果表明，适宜的氮源有利于茯苓菌丝的生长（图 15-7）。茯苓菌丝可很好地利用蛋白胨，菌丝长势快且强壮；牛肉膏、酵母膏为氮源时菌丝萌发良好，但走菌慢；以硫酸铵、氯化铵为氮源时走菌速度较好，但菌丝稀疏细弱；利用尿素的效果最差，既不萌发也不走菌；而缺乏氮源的对照萌发后基本不走菌，由此表明氮源对茯苓菌丝生长是不可缺少的。王伟霞等（2010）研究认为茯苓对铵态氮、硝态氮、有机氮和氨基酸均可利用，但在利用程度上存在较大差异，以玉米浆为氮源最好，且碳氮比为 25∶1～35∶1 时，菌丝生长速度较快，且密度较大。在茯苓菌丝的液体培养方面李羿（2005）和胡国元等（2010）的研究结果表明，氮源以酵母膏和蛋白胨为佳；薛正莲等（2006）报道以豆饼粉为液体发酵的最佳氮源；张艳等（2009）报道菌丝体的生长以混合氮中的蛋白胨加硝酸钾最好，蛋白胨加酵母粉稍差。

图 15-7 不同氮源对茯苓菌丝生长的影响

A. 蛋白胨 B. 氯化铵 C. 硫酸铵 D. 酵母膏 E. 牛肉膏 F. CK G. 尿素

（三）无机盐

不同的无机盐对茯苓菌丝生长的影响差异显著，磷酸二氢钾、硫酸镁、氯化钠、硫酸铜对茯苓菌丝生长有促进作用。王伟霞等（2010）研究结果表明，茯苓生长显著需要磷酸二氢钾，如缺乏磷酸二氢钾，菌丝生长速度变慢，且密度极小；氯化钠、硫酸铜可使菌丝生长速度加快，而硫酸铁、氯化锰、氯化锌对菌丝生长有抑制作用。生产中常使用适量的磷酸二氢钾、硫酸镁、石膏等无机盐以促进茯苓菌丝的生长。

（四）维生素及其他物质

王伟霞等（2010）研究表明，维生素 B₁ 对茯苓菌丝生长相当重要，培养基中如果缺

乏维生素 B_1，茯苓菌丝生长速度变慢，菌丝密度小；生物素、维生素 B_2、叶酸、维生素 B_6、维生素 C 等均可以促进菌丝生长；对氨基苯甲酸显著抑制茯苓菌丝生长。刘宇邈（2011）所做的茯苓液体发酵的动力学研究结果表明，在茯苓液体发酵中加入 4％橄榄油，能够促进菌丝的生长与多糖的合成。

二、环境要求

（一）温度

茯苓是中温型大型真菌。温度是影响茯苓生长及形成菌核的重要因素，对孢子、菌丝、菌核、子实体的影响显著。孢子在 22～28 ℃条件下易萌发成菌丝。茯苓菌丝在15～35 ℃条件下均能生长，以 25～28 ℃菌丝生长最快且浓密、强壮（图 15-8），30 ℃时菌丝走势虽较快，但到生长后期菌丝呈现弱化趋势，10 ℃以下生长缓慢，0～5 ℃处于休眠状态，35 ℃以上菌丝易老化。子实体在 24～28 ℃条件下分化发育迅速，20 ℃以下子实体生长受限制。

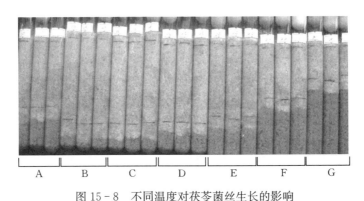

图 15-8 不同温度对茯苓菌丝生长的影响

A. 30 ℃ B. 28 ℃ C. 26 ℃ D. 25 ℃ E. 24 ℃ F. 22 ℃ G. 20 ℃

目前茯苓人工栽培的方法主要分为窖式段木覆土栽培法和松树蔸原生态栽培法，茯苓接种时均要求气温在 25 ℃以上，土温和覆土层的温度 23～25 ℃。窖式或排式段木栽培接种的时间一般选在每年的 5～6 月，松蔸原生态栽培的接种时间选在每年的 5～8 月。

（二）湿度

茯苓菌丝在含水量为 50％～75％的松木屑培养基内均能生长，其菌丝生长速度顺序为 60％＞55％＞50％＞65％＞70％＞75％，松木屑培养基含水量 55％～60％时，菌丝生长速度最快，且长势良好，含水量为 50％、65％～70％时生长速度也尚可，但培养后期菌丝较稀疏，而含水量达 75％时，菌丝走菌慢且长势弱（图 15-9）。

茯苓生长的段木或松蔸要求含水量 50％～60％，土壤湿度以维持 25％左右为好。茯苓菌丝怕湿，易溺水而亡，栽培管理要特别注重排水防淤水。但若遇到干旱天气，土壤湿度低于 15％，菌核龟裂时应加强培土，喷水保湿，保持土壤湿度 25％。在气温 25 ℃左右，空气湿度 75％～80％时菌核破土易形成子实体。

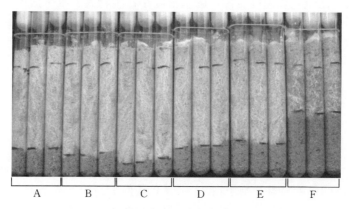

图 15-9 不同含水量对茯苓菌丝生长的影响
A. 50% B. 55% C. 60% D. 65% E. 70% F. 75%

(三) 空气

熊杰等 (2006) 报道分别在普通棉塞、脱脂棉塞、硅胶塞封口的 PDA 斜面中接入相同大小的茯苓菌丝块，测定其平均生长速度，结果表明透气性最好的普通棉塞封口的试管中茯苓菌丝生长最快且浓密，而透气性最差的硅胶塞封口的试管中菌丝生长最慢。薛正莲等 (2006) 的研究表明，在摇瓶转速为 150 r/min 时菌丝体的生物量最高。刘宇邈 (2011) 的研究表明，在 5 L 发酵罐的茯苓液体发酵中，通气量 2vvm 效果最佳，产胞外多糖最高达到 0.23 mg/mL，不同的通气量对分子质量的波动影响很大。

茯苓是好气性真菌，在其生长过程中要不断进行呼吸作用，所以人工栽培所选择的苓场应空气流通。栽培茯苓的土壤应为排水良好、不易板结的含沙砾 60%～70% 的沙壤土。同时在栽培管理中覆土层不应过厚，保持良好的透气性。出现土壤板结现象要及时松土。下雨天或苓场土壤湿度过大时不宜接种。接种后遇上大雨天，要加强管理确保排水畅通，防淤水，确保茯苓生长处于较好的通风透气生态环境中，满足茯苓菌丝、菌核生长发育的要求。

(四) pH

茯苓菌丝喜偏酸性的生态环境，栽培土壤以 pH 4～6 为宜。茯苓菌丝在 pH 2～7 均能生长 (图 15-10)，PDA 斜面初始 pH 2、3、4 时菌丝生长速度虽快，但菌丝稀疏细弱，而 pH 5 及对照 (pH 5.5) 走菌速度虽不是最快，但菌丝较强壮浓密，pH 6.0 菌丝

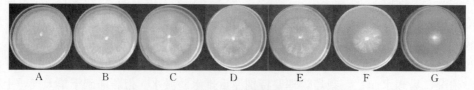

图 15-10 不同 pH 对茯苓菌丝生长的影响
A. pH 2 B. pH 3 C. pH 4 D. pH 5 E. CK (pH 5.5) F. pH 6 G. pH 7

生长明显受抑制，pH 7 时菌丝萌发后基本停止生长，所以茯苓固体培养基适宜 pH 5～5.5。李羿（2005）、王伟霞等（2010）和胡国元等（2010）研究认为茯苓液体发酵的最适初始 pH 5.5。

（五）光照

茯苓菌丝在完全黑暗的条件下可以正常生长，受强光照射易引起老化，所以在茯苓菌种生产的培养期无须光照。茯苓子实体的形成必须在有散射光的条件下才能完成。虽然茯苓菌核在地下形成不需要光照，但阳光充裕的苓场茯苓产量远高于没有阳光的苓场。在茯苓栽培过程中光照与温度密切相关，充足的阳光可很好地调节苓场土壤中的温湿度。构建一个良好的生态环境，有利于菌丝的生长发育和菌核的形成与增大。而无阳光的苓场，温度偏低，湿度过大，通风不良会造成菌丝生长缓慢，不利于菌核的形成。所以茯苓的栽培需要阳光普照。

（六）地势和土壤

茯苓适应性强，在海拔 500～2 800 m 均可生长，但以海拔 500～1 000 m 为宜。通常凡是能生长马尾松、黄山松、赤松、云南松的地方均能栽培。栽培茯苓场地应选择通风、向阳、排水良好的坡地，以东、南向为好，不宜北向，坡度以 10°～30°为宜。

土壤虽不是茯苓种植的营养源，但它是茯苓栽培的一个重要生态因子。无论是窖式栽培还是松蔸栽培，茯苓生长发育所需的温度、湿度、空气、光线等条件都要完全依靠土壤来调节控制，所以土壤的质量对茯苓的生长发育影响显著。生产中应选择 pH 4～6、含沙砾 60%～70% 的沙壤土。避免使用过黏、通透性差的土。土壤如出现板结现象应经常松土，才能满足菌丝正常生长对空气等的要求。但渗透力强的细沙土也不宜采用，因随着菌核的生长茯苓浆胀破皮膜层易形成沙苓。土壤的厚度宜适度，以保温、保湿，利于结苓和促进菌核的生长为佳。窖式栽培土壤的厚度应为 50～80 cm，不得小于 50 cm；松蔸栽培覆土的厚度为 5～10 cm。茯苓忌连作，栽培过茯苓的土壤 2～3 年不宜再种植茯苓。白蚁危害严重的土壤也不宜用于栽培茯苓。

王珍等（2011）报道茯苓产区最适生态范围：年平均气温 18.1～24.7 ℃；1 月平均气温 0.95～11.6 ℃，1 月最低气温 −19.1 ℃；7 月平均气温 20.91～26.39 ℃，7 月最高气温 32.9 ℃。年均降水量 1 025～1 544 mm；年均日照时数 1 400～2 296 h；年相对湿度 61.8%～78.4%；海拔 696～830 m；土壤为赤红壤、红壤、黄壤、黄棕壤、棕壤、紫色土、水稻土等。

第五节 茯苓种质资源

一、概况

早期我国茯苓资源十分丰富，分布较广，黄河以南大部分省份均有分布，野生和人工栽培的茯苓均有。但伴随着茯苓人工栽培技术的突破与发展，目前的茯苓产品主要源于人工栽培。由于对茯苓野生资源的保护重视不够，野生资源越来越稀少，导致目前我国茯苓的种质资源比较匮乏。除了茯苓产业较发达的湖南、湖北、广西、福建、安徽、贵州、云南、四川、广东、浙江、上海等省份地方食用菌研究单位保藏有一定数量的茯苓种质资源外,中国微生物菌种保藏管理委员会(CGMCC)、中国医学科学院药用植物研究所(CPCC)、中国林业微生物菌种保藏中心(CFCC)、华中农业大学微生物菌种资源保藏和利用中心(CCAM)等也建立了茯苓种质资源库。据不完全统计,目前我国的茯苓种质资源库所收集保藏的茯苓种质只有80多株,用于栽培的茯苓品种40多株。由于茯苓栽培生产受不同区域种植生态环境、栽培技术、繁殖菌种等因素影响,各地所引种的茯苓品种差异较大,同种异名现象较严重。目前在人工栽培中得到推广应用的优良茯苓菌株有中国科学院微生物研究所的 CGMCC5.528、CGMCC5.78,湖北的同仁堂1号,湖南的湘靖28,福建的闽苓 A5(CGMCC6660),安徽的岳西茯苓,广东的 GIM5.99 等。

闽苓 A5 由福建省农业科学院食用菌研究所选育的茯苓优良品种,原名川杰1号-A5。2013年4月通过福建省农作物品种审定委员会的新品种认定,定名为闽苓 A5。闽苓 A5 适合松蔸栽培,菌丝生长最适温度为 25～28 ℃,适合在海拔高度为300～1 500 m 的苓场生长。该菌株菌丝生长强壮有力,抗逆性强,松蔸接种后萌发性好,成活率达95%以上。因其独特的在松蔸1 m 直径范围内集中结苓的特性,可采用无须断根的松蔸栽培技术,与传统松蔸种苓栽培相比,工时为其 1/6～1/5。该菌株高产性状表现稳定,平均单蔸产量达 15.89 kg,直径 25 cm±5 cm,与其他茯苓品种相比增产效果显著。

二、种质资源的研究和创新

(一)基本遗传特性研究

目前国内外的茯苓研究主要聚焦在茯苓药理、药效的研发,而针对茯苓基本遗传特性的研究仍不够透彻。茯苓是异宗还是同宗的食用菌,目前仍存较大分歧。余元广等(1980)认为茯苓担孢子有正负性的表现,单孢菌株初生菌丝的细胞核不一定是单个,可能是多个,茯苓是异宗结合担子菌。单毅生和王鸣歧(1987)认为茯苓菌丝体为有锁状联合结构的双核菌丝,是一种二极性异宗结合真菌。杨新美等(1995)认为茯苓是具有锁状联合的异宗结合真菌。日本菌物学者富永保人(1991)通过试验观察,认为茯苓菌丝体为无隔膜无锁状联合结构的双核菌丝,担孢子为单核,是一种异宗结合真菌。宁平等(2006)通过对茯苓菌丝核相及染色技术的研究,认为茯苓菌丝是多核菌丝体,但仍无法辨别茯苓菌丝是否具有锁状联合。李霜等(2002)、熊杰等(2006)和王昭等(2012)的研究则一致认为茯苓菌丝体为具有明显隔膜无锁状联合的多核菌丝。李霜等(2002)的研究表明,担孢子中双核孢子占 75.3%,单核孢子占 2.4%,无核孢子占 22.3%,有约18%的单孢菌株具单孢结实现象,所以推断茯苓是同宗结合的真菌。熊杰(2006)对茯苓的性模式进行了系统研究,单孢配对试验结果表明,同一菌株及不同菌株的原生质体分离株间的配对均能和谐生长,同一菌株的担孢子间的配对均产生拮抗线,但其中有少数配对在交接区形成扇形区域,拮抗线随后消失,而不同菌株担孢子的配对全部形成稳定的栅栏形菌落,表明茯苓担孢子中的两个细胞核具有遗传互补性,能表达成独立个体的异双核,由此推断茯苓为次级同宗结合真菌。徐雷（2007）应用原生质体技术结合同工酶谱分析研究，推断茯苓担孢子中的 2 个核是异质的，在原生质体制备过程中能有效分离，而产生两种不同类型的单核或同核原生质体分离株，并且这 2 个核具有遗传互补性。在进行减数分裂发生遗传重组的过程中异质的核同时分配到一个担孢子中，而并非类似复制的有丝分裂的核行为，因而产生了自身可孕的担孢子。鉴于其单个担孢子可以完成生活史，也推断茯苓是一种次级同宗结合蕈菌。熊欢（2009）和王晓霞（2012）的研究也进一步排除了茯苓是异宗结合的可能。

（二）遗传育种研究

大多数食用菌可通过杂交育种的方法获得性状优良的菌株，但由于茯苓菌丝无明显的锁状联合特征，通过显微观察判断是否杂交成功不具有可行性，所以未见有杂交选育茯苓成功的报道。近年来为了选育出高产菌株，科研工作者进行了一系列的自然选育探索，其中人工栽培中应用年限最长的 CGMCC5.78 菌株是 20 世纪 70 年代初中国科学院微生物研究所科研人员从野生茯苓菌核组织中分离、纯化、定向选育的菌株。孙文瑚等（1988）对辽宁、河南、湖北、湖南、福建和安徽各地引进的 9 个茯苓菌株进行多次筛选，发现其中 2 个菌株生长快、质地好，但未对菌株结苓性能作出评价。朱泉娣等（1992）在大别山区对安徽茯苓进行调查及品比试验，通过对 7 个茯苓菌株菌丝生长特性、产量和质量的对比，优选出 1 株野生驯化菌株。胡廷松等（1996）对 13 个茯苓菌株进行性状和产量的比较试验，最终筛选出 3 个可供生产应用的菌株。苏玮等（2004）对湖北常用的 6 个菌株进行了品比试验，从菌丝生长情况、结苓率、平均产量及化学成分含量等指标综合分析，确认源于英山县原詹河乡的 Z1 菌株为优良栽培菌株，进一步优化后菌株定名为同仁堂 1 号。屈直等（2007）建立涵盖了优质高产菌株菌丝体和菌种外观、微生物学检验、生长速度及对有用成分含量、栽培性状、遗传稳定性等检测和检验的筛选模型，最终从 23 株供试菌株中筛选出 4 株适合贵州栽培的茯苓优良品种。贾定洪等（2009）通过对 8 株茯苓栽培菌株的菌丝生长速度及菌核产量分析，筛选出茯苓 5.528、GIM537、Pe-1 菌株为窖式段木栽培的优良菌株。

物理化学诱变和原生质体融合新技术较多地应用于茯苓优良菌种的选育。朱泉娣等（1995）采用原生质体融合技术，对茯苓进行了育种尝试，将取得的融合子经纯化稳定后制种，在安徽省霍山县境内进行野外栽培，研究表明该融合子平均每窖产鲜茯苓明显高于其中一株亲本。薛正莲等（2005）应用低能量 He-Ne 激光，对茯苓辐射所产生的诱变效应进行了初步研究，选育出的 1 株优质菌株经传代培养分析，该诱变株产量、性状及遗传性能稳定。梁清乐（2005）应用紫外线诱变和原生质体融合技术进行茯苓优良菌株的选育，研究表明茯苓紫外线诱变育种照射的时间以 2 s 最为适宜；通过原生质体融合获得一株融合子，通过拮抗反应试验，融合子与两亲本之间有明显的拮抗线，说明融合株有新的基因产生，证实融合子为新的菌株；经过对融合子与两亲本菌丝体生长速度的比较，结果表明两亲本的基因在融合子中发生重组，融合子表现出了优于两亲本的性状。付杰等（2007）采用原生质体紫外线诱变、有性孢子繁殖方法进行了茯苓良种繁育探索，结果表明茯苓菌丝原生质体经紫外线照射诱变后，均能产生菌核；从其平均单产分析看，A 系列中除 A7 外，其余均呈现正向诱变。W 系列处理中，正负变率各占 50％；有性繁殖育种试验则采用多孢随机杂交方法进行有性繁殖育种探索，结果表明两个人工采集的茯苓菌株的有性孢子均能萌发，培育成纯菌丝菌种，经大田栽培能产生菌核，完成其生活史。李羿等（2008）应用紫外线进行诱变育种，将茯苓孢子悬浮液经紫外线照射后，通过茯苓优良菌种筛选模型，筛得得到一株适合茯苓液体发酵的优良菌株 P6。熊欢（2009）采用原生质体融合技术进行菌株复壮与菌株间原生质体融合，获得了菌核产量高于出发菌株的复壮株与株间原生质体融合子。蔡丹凤等（2012）应用原生质体紫外线诱变技术选育，成功地选育出适合松蔸栽培的优良菌株川杰 1 号- A5。川杰 1 号- A5 2013 年获得了福建省农作物新品种认定，现名闽苓 A5。

　　茯苓的繁殖方式与其他食用菌相同，分为无性繁殖和有性繁殖。但由于对茯苓生活史研究不够透彻，茯苓有性生殖方面的报道并不多见。目前的茯苓菌种生产多采用无性繁殖，菌种衰退老化问题严重。针对无性繁殖存在的老化问题，研究人员对茯苓有性繁殖和无性繁殖做了大量的对比试验研究，结果表明茯苓菌种有性繁殖能有效克服无性繁殖易老化等一系列问题，且各方面性能均优于无性繁殖。诸发会（2008）以有性和无性方式结合，通过对茯苓菌核进行分离、纯化筛选及茯苓复壮技术的应用研究，建立行之有效的复壮技术体系，为解决茯苓菌种退化，种质资源缺乏等问题提供理论基础。其研究表明，通过诱导菌丝培养产生子实体，获得茯苓孢子，进行单孢分离和单孢株配对。在不同单孢株配对（有性过程）时，其生物学特性结果表明单孢分离株的生长速度和发酵生物量优于原菌株，达到一定的复壮效果，并表现出较好的遗传稳定性；通过不同菌株混杂（杂交）栽培，所得菌核有效成分含量相对原菌株有所提高，对不同组合的菌株，其多糖含量比原菌株都要高，且较稳定。

（三）种质资源多样性研究

　　茯苓种质资源多样性研究起步虽较晚，但近年同工酶及 DNA 分子标记新技术在茯苓研究上也得到了广泛应用。梁清乐（2005）通过对茯苓 5 个菌株的拮抗试验，同工酶谱分析和生长速度及多糖产量的分析，显示出了不同菌株之间酶带的差异，揭示出了菌株间的遗传差异；程水明等（2007）对来自不同地域的 12 个茯苓菌株进行了酯酶的酶谱多样性分析；谢贤安等（2008）利用 ISSR 分子标记对 8 个不同来源的茯苓菌株进行指纹图谱分析；李剑（2007）研究分析了茯苓主要产区 25 个栽培菌株和 2 个野生菌株菌丝体的酯酶同工酶图谱；屈直等（2008）采用 RAPD 技术研究了 23 个供试茯苓菌株的亲缘关系；蔡丹凤等（2010）应用 RAPD 分子标记技术对 14 个茯苓栽培菌株进行了遗传多样性分析；贾定洪等（2011）利用 ITS 序列分析技术研究了 19 个茯苓菌株的遗传亲缘关系；蔡志欣等（2013）对 32 个茯苓菌株进行了 SPAP 分析。综合分析上述研究，表明不同来源和不同地区的茯苓菌株呈现出茯苓种质资源的多样性，应用 DNA 分子标记新技术可以清晰揭示出茯苓菌株的系统发育关系；NTSYS 聚类分析表明有些来源同一省份的菌株划了在同一类中，还有一些菌株的谱带相似系数较高，它们的亲缘关系可能很近，推测有部分菌株可能存在着同种异名现象；总体遗传相似水平较高，反映出当前我国药用茯苓资源遗传背景相对较狭窄。

三、前景及展望

种质资源是研究遗传变异和进行遗传育种的重要材料,是影响茯苓产量及质量构成的关键因子,所以应加快开展茯苓野生种质资源的收集调查工作。由于我国茯苓种质资源的研究工作起步较晚,总体研究水平滞后,目前仍停滞在资源调查阶段,茯苓的野生种质资源缺乏保护。野生资源的日渐匮乏将不利于茯苓种质资源的合理开发利用,当务之急应当杜绝乱采滥挖野生茯苓,加快建立茯苓野生资源保护区,提高茯苓野生资源的储量,促进我国茯苓产业的可持续发展。同时还应加快建立更加完善的茯苓种质资源信息库,深入研究其生理、生化指标和细胞学、遗传学方面的核型分析及 DNA 分子标记分析等,有效解决目前国内的茯苓菌种管理混乱,同种异名、同名异种的问题。建立优质高产菌株筛选模型,将常规菌种选育手段与理化诱变、原生质体融合及分子生物学手段有机结合,加速茯苓菌种改良、选育的研究和开发,选育出优质高产、遗传稳定、适应性广的茯苓菌株。茯苓基本遗传特性研究工作也仍是目前的研究重点,由于对茯苓交配系统及生活史的研究结论差异颇大,且尚无定论,所以进一步深入开展遗传基础研究在茯苓的遗传和育种上有着重要的意义。总之,当前茯苓生产中存在的诸多问题不同程度地制约着茯苓产业的发展,只有加大科研力度,重视种质资源的研究和创新,才能促进茯苓产业的升级和可持续发展。

(蔡丹凤)

参考文献

蔡丹凤,2012. 茯苓新菌株"川杰 1 号- A5"选育与应用 [J]. 福建轻纺 (11):20 - 27.

蔡丹凤,2013. 茯苓松蔸栽培优良菌株的筛选研究 [J]. 中国食用菌,32 (1):14 - 16.

蔡丹凤,陈美元,郭仲杰,等,2009. 茯苓菌株生物学特性的研究 [J]. 中国食用菌,28 (1):23 - 26.

蔡丹凤,陈美元,郭仲杰,等,2010. 茯苓栽培菌株的 PAPD 分析 [J]. 中国农学通报,26 (20):57 - 60.

蔡志欣,蔡丹凤,陈美元,等,2013. 32 个茯苓菌株的 SPAP 分析 [J]. 食药用菌,21 (2):96 - 98.

陈春霞,赵大明,张秀军,等,2002. 羟甲基茯苓多糖的抗肿瘤实验 [J]. 福建中医药,28 (3):38 - 40.

程水明,桂元,沈思,等,2011. 茯苓皮三萜类物质抗氧化活性研究 [J]. 食品科学 (9):27 - 30.

程水明,陶海波,2007. 罗田茯苓种质资源的保护与利用 [J]. 安徽农业科学,35 (18):5542 - 5543,5564.

付杰,王克勤,苏玮,等,2007. 茯苓优良栽培菌株选育试验初报 [J]. 中国现代中医,9 (11):41 - 42.

国家药典委员会,2010. 中国药典:一部 [M]. 北京:中国医药科技出版社.

胡斌,杨益平,叶阳,2006. 茯苓化学成分研究 [J]. 中草药,37 (5):655 - 658.

胡国元,游慧珍,董兰兰,等,2010. 茯苓菌丝体液体培养条件研究 [J]. 武汉工程大学学报,32 (7):1 - 4.

胡廷松,等,1996. 茯苓品种比较试验 [J]. 广西农业科学 (2):67.

黄年来，等，2010. 中国食药用菌学 [M]. 上海：上海科技文献出版社.

贾定洪，王波，彭卫红，等，2009. 8 个茯苓菌株的菌丝生长速度及菌核产量分析 [J]. 食用菌 (6)：23 - 24.

贾定洪，王波，彭卫红，等，2011. 19 个药用茯苓菌株的 ITS 序列分析 [J]. 中国食用菌，30 (1)：42 - 44.

李剑，2007. 茯苓种质资源多样性与代料栽培技术初步研究 [D]. 武汉：华中农业大学.

李霜，2000. 茯苓的生物学特性及良种选育初步研究 [D]. 武汉：华中农业大学.

李霜，刘志斌，陈国广，等，2002. 茯苓交配型的初步研究 [J]. 南京工业大学学报，24 (6)：81 - 83.

李羿，2005. 茯苓优良菌种的选育、保藏和液体发酵 [D]. 成都：成都中医药大学.

李羿，万德光，2008. 茯苓紫外线诱变育种 [J]. 药物生物技术，15 (1)：44 - 47.

李羿，杨胜，杨万清，等，2012. 不同茯苓化学成分的研究 [J]. 化学研究与应用，24 (7)：1121 - 1124.

梁清乐，2005. 茯苓优良菌株选育 [D]. 北京：中国协和医科大学.

梁清乐，王秋颖，曾念开，等，2006a. 茯苓原生质体制备与再生条件初探 [J]. 中草药，37 (5)：773 - 775.

梁清乐，王秋颖，曾念开，等，2006b. 茯苓灭活原生质体融合育种研究 [J]. 中草药，37 (11)：1733 - 1735.

梁学清，李丹丹，黄忠威，2012. 茯苓药理作用研究进展 [J]. 河南科技大学学报，30 (2)：154 - 156.

刘茵华，1994. 茯苓的药用、食用及保健作用 [J]. 中国食用菌 (2)：37 - 38.

刘宇邈，2011. 茯苓原生质体融合育种及其发酵动力学研究 [D]. 郑州：河南大学.

刘忠义，曾虹燕，2002. 茯苓液体培养研究初探 [J]. 湘潭大学自然科学学报，24 (4)：49 - 51.

宁平，陈水明，2001. 茯苓菌菌丝的核相及染色技术研究 [J]. 安徽农业科学，14 (4)：13 - 17.

屈直，2007. 贵州优质高产茯苓菌株分离纯化筛选及应用研究 [D]. 贵阳：贵州大学.

屈直，刘永翔，朱国胜，等，2009. 贵州茯苓优良菌株的筛选 [J]. 菌物学报，28 (2)：226 - 235.

屈直，刘作易，朱国胜，等，2007. 茯苓菌种选育及生产技术研究进展 [J]. 西南农业学报，20 (3)：556 - 559.

屈直，陶刚，朱国胜，等，2008. 茯苓种质资源的 RAPD 分析 [J]. 菌物学报，6 (3)：170 - 174.

单毅生，王鸣岐，1987. 中药茯苓菌的研究 [J]. 中国食用菌，6 (5)：5 - 7.

沈玉萍，李军，贾晓斌，2012. 中药茯苓化学成分的研究进展 [J]. 南京中医药大学学报，28 (3)：297 - 299.

苏玮，王克勤，付杰，等，2004. 茯苓药材物种鉴定及繁殖材料研究 [C]//中药材规范化种植研究研讨会论文集.

孙文瑚，刘小刚，1989. 茯苓菌优良菌株筛选和酯酶同工酶分析 [J]. 安徽农学院学报 (1)：32 - 38.

王克勤，方红，苏玮，等，2002. 茯苓规范化种植及产业化发展对策 [J]. 世界科学技术 (3)：69 - 73，84.

王宁，2007. 茯苓的本草学研究 [J]. 中医文献杂志 (3)：23 - 25.

王伟霞，李福后，2006. 茯苓原生质体制备与再生条件的研究 [J]. 菌物研究，4 (4)：65 - 68.

王伟霞，王文锋，陈立国，2010. 茯苓菌丝体固体培养与分泌色素关系的研究 [J]. 江苏农业科学 (3)：311 - 313.

王晓霞，2012. 茯苓单孢菌株主要生物学特性的初步研究 [D]. 武汉：华中农业大学.

王昭，潘宏林，黄雅芳，2012. 茯苓菌丝的显微特征研究 [J]. 湖北中医药大学学报，14 (6)：45 - 46.

王珍，董梁，李家村，等，2011. 茯苓产地适宜性分析研究 [J]. 山东农业科学 (12)：14 - 18.

吴普，孙星衍，1963. 神农本草经 [M]. 北京：人民卫生出版社.

谢贤安，汪思迪，曾晓丽，等，2008. 茯苓菌属遗传多样性的 ISSR 分析 [J]. 湖北农业科学，47 (10)：1111 - 1113.

熊欢，2009. 原生质体技术在茯苓菌种复壮、育种和生活史研究中的应用［D］. 武汉：华中农业大学.

熊杰，2006. 茯苓性模式的研究［D］. 武汉：华中农业大学.

熊杰，林芳灿，王克勤，等，2006. 茯苓基本生物学特性研究［J］. 菌物学报，25（3）：446-453.

徐雷，2007. 茯苓交配系统的研究［D］. 武汉：华中农业大学.

薛正莲，欧阳明，王岚岚，2006. 茯苓菌液体培养条件的优化及其多糖的提取［J］. 工业微生物，36（2）：44-47.

颜新泰，1992. 茯苓有性繁殖研究初报［J］. 食用菌，14（1）：8.

杨新美，1995. 食用菌栽培学［M］. 北京：中国农业出版社.

杨勇，杨宏新，闫晓红，2005. 茯苓多糖抗小鼠白血病凋亡药理学研究［J］. 肿瘤研究与临床，17（2）：83-84.

於小波，昝俊峰，王金波，等，2011. 我国茯苓药材主要产区资源调查［J］. 时珍国医国药，22（3）：714-716.

余元广，胡廷松，梁小苏，等，1980. 茯苓单个担孢子培养和配对试验［J］. 微生物学通报（3）：97-99.

昝俊峰，2012. 抗肿瘤活性研究与茯苓药材质量分析［D］. 武汉：湖北中医药大学.

昝俊峰，徐斌，於小波，等，2010. 全国20个主要产地茯苓质量分析比较研究［J］. 中国中医药信息杂志，17（8）：34-36.

张敏，高晓红，孙晓萌，等，2008. 茯苓的药理作用及研究进展［J］. 北华大学学报，9（1）：63-67.

张艳，孔彦，2009. 茯苓真菌液体发酵产多糖培养条件优化的研究［J］. 中国酿造（7）：96-99.

赵继鼎，1998. 中国真菌志：多孔菌科［M］. 北京：科学出版社.

仲兆金，刘浚，2001. 茯苓有效成分三萜的研究进展［J］. 中成药，23（1）：60-64.

朱泉娣，唐荣华，1992. 安徽茯苓7个菌株品比试验［J］. 中草药，23（11）：597-598.

朱泉娣，唐荣华，程晓昱，等，1995. 茯苓原生质体融合种栽培试验初报［J］. 中草药，25（5）：261-262.

诸发会，2008. 茯苓高产优质菌株的复壮技术研究［D］. 贵阳：贵州大学.

富永保人，1991. 茯苓生活史研究［J］. 王波，译. 国外食用菌（29）：40-42.

第十六章

猴 头 菇

第一节　概　　述

猴头菇是一种兼有食用和药用价值的大型真菌，素有山珍美称。中医认为，猴头菇能健脾胃，可治疗胃病、十二指肠溃疡、神经衰弱、慢性胃炎、消化道肿瘤等。

关于猴头菇的药用成分已有很多报道，它的活性成分主要是多糖、核苷、甾醇类。此外，有报道猴头菇的提取物具有很强的抗氧化作用和抗诱变能力。

第二节　猴头菇的起源与分布

猴头菇的栽培起源于中国。猴头菇的人工驯化栽培由上海市农业科学院食用菌研究所于 1960 年首次取得成功。之后，科技工作者对猴头菇的生态特征、栽培技术及产品应用等进行了深入研究。20 世纪 70 年代后，猴头菇逐渐成为一种重要的人工栽培食用菌，产量集中于福建、浙江、江苏等省。90 年代以来，福建省的猴头菇产量占全国的主要地位。

野生猴头菇多生长于深山密林中的栎类及其他阔叶树的立木、倒木上，为白腐菌，分布于我国黑龙江、吉林的山区，云南、贵州、四川、浙江、河北等地亦有少量分布。

第三节　猴头菇的分类地位与形态特征

一、分类地位

猴头菇（*Hericium erinaceus*）属担子菌门（Basidiomycota）蘑菇纲（Agaricomycetes）红菇目（Russulales）猴头菌科（Hericiaceae）猴头菌属（*Hericium*）。

二、形态特征

在试管内菌丝白色，培养初期菌丝生长很慢，萌发后线绒状，向四周呈放射性延伸。菌丝粗壮，紧贴培养基表面匍匐蔓延，气生菌丝少，不爬壁，生长速度缓慢。在酸性培养基上培养，生长速度较快，而且长势旺盛，并易形成原基。

猴头菇子实体单生，呈圆形团块状，无柄，倒卵形，新鲜时白色，干燥时淡黄色或黄褐色，肉质（图 16-1）。成熟子实体直径为 5～20 cm，基部狭窄，上部膨大，表面密布长刺状的菌刺，刺长 1～5 cm，直径 1～2 mm，菌刺下垂，外周着生大量孢子，孢子无色，光滑，球形或近球形，有油滴，（6.2～7.0）μm×（5.4～6.2）μm。

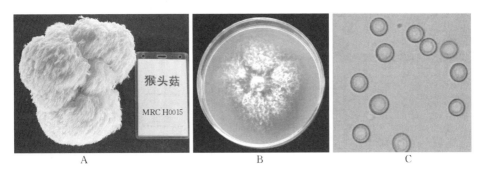

图 16-1　猴头菇
A. 猴头菇子实体　B. 菌丝体　C. 担孢子

第四节　猴头菇的生物学特性

一、营养要求

（一）碳源

猴头菇生长所需要的碳源主要是来自有机物，如纤维素、半纤维素、木质素、淀粉、果胶、蔗糖、有机酸和醇类等。凡含上述物质的材料如稻秆、麦秆、木材、锯末、棉籽壳、棉秆、甘蔗渣、酒渣等均可作为栽培原料。这些原料在猴头菇菌丝分泌的纤维素酶、半纤维素酶等的作用下分解成阿拉伯糖、葡萄糖、半乳糖和果糖后，才能被吸收。此外，猴头菇菌丝体淀粉酶活性较高，在配方中添加一些淀粉类物质，有利于提高产量。

（二）氮源

代料栽培中主料含氮量偏低，要添加含氮量较高的麸皮、米糠、玉米粉等辅料作为补充氮源。菌丝前端分泌蛋白酶将相应蛋白质水解成氨基酸等小分子物质后，吸收入菌体内。猴头菇生长所需碳源和氮源比例因其生长发育阶段不同而异。营养阶段碳氮比为20:1，子实体发育阶段为 30:1～40:1。

（三）矿质元素

猴头菇生长发育需要矿质营养，包括常量元素和微量元素，常量元素包括磷、钾、钙、镁等，微量元素包括锌、钼、铁、锰等。栽培生产时所用的原料一般都富含这些常量元素和微量元素，不需要额外添加，但如果配制合成培养基，则需要适当添加。由于猴头菇喜欢酸性培养料，因此配制培养料时一般添加过磷酸钙，一方面提供磷和钙元素，另一方面酸化培养料，有利于菌丝生长。

（四）维生素

猴头菇在合成培养基上能正常生长，能够合成生长发育所必需的维生素，配制培养料时无须添加。但是，如果使用陈化的麸皮或米糠，这样的辅料维生素含量少，菌丝生长会略慢。因此，生产上需要选择新鲜的麸皮、米糠、玉米粉等辅料。

二、环境要求

（一）温度

猴头菇属于中低温稳温结实型菌类，各生长发育阶段所需温度有所不同。菌丝体生长的温度为 10～35 ℃，25 ℃左右生长最好，超过 35 ℃时则完全停止生长（图 16 - 2）。

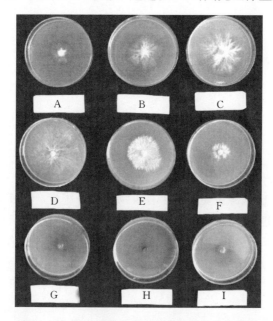

图 16 - 2　猴头菇菌丝在不同温度下的生长情况
A. 10 ℃　B. 15 ℃　C. 20 ℃　D. 25 ℃　E. 30 ℃　F. 35 ℃　G. 40 ℃　H. 45 ℃　I. 50 ℃

子实体生长的温度为 12～24 ℃，16～20 ℃最适宜。温度超过 25 ℃时，子实体生长受抑制；低于 16 ℃时，子实体呈微红色，生长缓慢；低于 6 ℃时，子实体完全停止生长。温度高，菌刺较长，子实体小；温度低，菌刺短，子实体大。

（二）湿度

猴头菇的一切生理活动都必须在有水的条件下进行。其生长发育所需要的水分主要来自培养料中的水分。菌丝体生长阶段要求培养料的含水量为 50%～75%，含水量 55%的培养料菌丝生长洁白健壮（图 16 - 3）。发菌阶段培养室的空气相对湿度以 60%～70%为宜，子实体发育阶段空气相对湿度保持在 80%～90%较适宜，但湿度长期高于 95%以上，猴头菇菌刺过长，同时由于空间湿度过大，影响通气，易发生畸形菇，并影响产量。

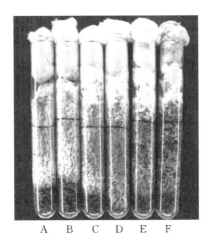

图 16 - 3　不同培养料含水量对菌丝生长的影响
A. 50%　B. 55%　C. 60%　D. 65%　E. 70%　F. 75%

(三) pH

在 PDA 培养基上，由于 pH<4.0 或 pH>10.0 培养基不会凝固，酸碱度试验只能设置 pH 4.0～10.0。在试验范围内 pH 4.0～9.0 猴头菇菌丝都能生长，菌丝生长最健壮的是 pH 4.0，随着 pH 的升高，菌丝生长速度减缓，而且菌丝变成粗线条形状，菌落不规则（图 16 - 4 左）。在棉籽壳培养料中添加石灰（碱性物质）或过磷酸钙（酸性物质），试验结果表明添加 3% 以上的石灰菌丝明显稀疏，而且生长速度慢，添加 1%～5% 过磷酸钙菌丝生长较为健壮（图 16 - 4 右）。

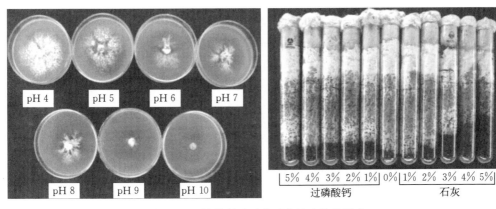

图 16 - 4　培养料酸碱度对菌丝生长的影响

(四) 光照和通风

光线与猴头菇菌丝生长并无太大关系，但对子实体形成影响很大。在完全黑暗条件下，不易形成子实体。子实体形成需要散射光。如果在菌丝生长阶段遇到低温，并且有散射光，接种后菌丝没有长满袋就会大量形成子实体原基。

猴头菇属好气性真菌，在其生长发育过程中，不断吸收氧气，呼出二氧化碳，特别是子实体发育阶段需氧量较大。当空气中的二氧化碳浓度超过 0.1％时，子实体将会产生珊瑚状畸形，同时霉菌感染较严重。保持栽培室内空气新鲜是获得优质猴头菇的保证。

三、生活史

猴头菇为四极性异宗结合真菌，担子着生于菌刺的表面，每个担子上有 4 个担子梗，梗的末端长 1 枚担孢子。担孢子单核，有 1 个大的油滴。担孢子在适宜的条件下萌发形成单核菌丝，单核菌丝的横隔膜上没有锁状联合，它在生活史的整个周期中存在时期较短。单核菌丝生长到一定的阶段，当两个可亲和的单核菌丝相遇时，结合成为具有两个细胞核的双核菌丝，又称二次菌丝，有锁状联合。

双核菌丝从基质中吸取营养不断扩展生长，发育到一定的生理阶段，当环境条件适宜时，便在基质的表面结成原基，继而发育成新生的猴头菇子实体。子实体成熟后又产生新一代的孢子，完成其生活史。

约有 10％的单核菌株能出菇形成子实体，但菌丝生长速度慢，出菇晚，子实体小，菌刺短。

第五节　猴头菇种质资源

一、概况

根据邓叔群的记载，猴头菌属（*Hericium*）下有 3 种，即猴头（*H. erinaceus*）、玉髯（*H. coralloides*）、假猴头（*H. laciniatum*）。卯晓岚在《中国蕈菌》中记载 2 个种，即猴头菌（*H. erinaceus*）和珊瑚状猴头菌（*H. coralloides*），他在《中国经济真菌》中记载 5 种，即猴头菌（*H. erinaceus*）、珊瑚状猴头菌（*H. coralloides*）、高山猴头菌（*H. alpestre*）、小刺猴头菌（*H. caput-medusae*）和假猴头菌（*H. laciniatum*）。

目前我国商品化栽培的猴头菌属有 *H. erinaceus* 和 *H. coralloides* 两个种，以 *H. erinaceus* 为主。

二、优异种质资源

1. 常山 99　该品种是浙江省常山县微生物总厂于 1979 年从上海市农业科学院引进猴头菇菌株作为出发菌株，采用紫外线诱变获得的优良品种。该品种菌丝体在适宜的培养基上洁白，粗壮，紧伏培养基成线条状，逐渐被较细密的气生菌丝覆盖，菌丝长速约为 0.55 cm/d。子实体肉质块状，组织较致密，个体较大，直径 10～20 cm。新鲜时为淡黄色，干燥后色深，子实体表面长有菌刺。菌刺圆筒形，下垂的刺直，末端尖，中空，表面着生担孢子，孢子印白色。担孢子球形，4～6 μm。属中温菌，菌丝生长温度 12～33 ℃，最适温度 23～25 ℃；子实体形成温度 12～24 ℃，最适温度 18～22 ℃。发菌阶段空气相对湿度 65％左右，子实体生长阶段空气相对湿度 85％～90％，并需要增加通气量，使空气中二氧化碳浓度不超过 0.1％。通风时，注意缓慢进行，要让风直吹子实体。菌丝生长阶段不需要光线，最好是暗培养，子实体阶段需较充足的散射光，以促使子实体洁白、健壮。培养料适宜 pH 5.5～6.0。该菌株抗病能力较强，出菇早、菇体大。生物学效率一般为 80%左右。适合培养料熟料栽培。

2. 猴杂 19（国品认菌 2007049） 该品种是江苏省农业科学院蔬菜研究所以老山猴头和常山 99 为亲本，采用单孢杂交育种技术选育的优良品种。该品种于 2007 年通过国家食用菌品种认定委员会认定。该品种子实体乳白色、头形、无柄，聚生或单生，直径 5～25 cm，一般 10～15 cm，菌刺长 1～3 cm。菌丝生长的温度为 8～33 ℃，适宜温度 22～26 ℃，可耐 50 ℃/2 h、1 ℃/20 d。菌种适合在 4～5 ℃下保藏。菌丝生长的酸碱度是 pH 3.6～8，最适为 pH 4～5。在适宜温度下培养，11 d 长满直径 9 cm 培养皿。菌落雪花状，气生菌丝较旺，致密，无色素分泌。在 10～32 ℃下均可形成子实体，以 18～23 ℃为适宜。培养料适宜含水量 60%～68%，子实体形成和发育时要求空气相对湿度 90%～95%。菌丝生长不需要光照，子实体形成微弱的散射光就可满足要求。该品种抗木霉和根霉的能力较强，轻度感染仍能出菇。采用 17 cm×35 cm 的塑料袋栽培，20～24 ℃条件下 30 d，菌丝可长满袋，播种后 40 d 左右出菇、50 d 左右可采收第一潮菇，菇潮间隔 15 d，可采收 2～3 潮，生产周期 3～4 个月。该品种丰产性好，生物学效率可达 100%以上。

第六节 猴头菇种质资源研究和创新

福建农林大学在全国范围内收集了 33 个"猴头菇"的菌株，ITS 和出菇试验均证实收集到的菌株是猴头菇，有 21 个菌株的 ITS 序列存在 *Bam* H Ⅰ酶切位点杂合体。应用 ISSR、SRAP 和 RAPD 等分析这些菌株的遗传多态性，有 26 个菌株具有显著的遗传差异，有 7 个菌株基本没有差异，它们可能是同物异名。上述试验结果表明，我国猴头菇菌株具有丰富多样性。

（谢宝贵）

参考文献

邓叔群，1963. 中国的真菌 [M]. 北京：科学出版社.

蒋俊，杨焱，乔彦茹，等，2014. 猴头菌多糖脱色前后理化性质及生物活性的研究 [J]. 菌物学报，33 (1)：78-86.

李洁莉，陆玲，陈坤，等，2002. 猴头菌及其药物制品腺苷等药效成分分析 [J]. 中国食用菌，21 (3)：32-34.

李洁莉，陆玲，戴传超，等，2001. 猴头菌醇提浸膏和水提浸膏甾醇类化合物的比较研究 [J]. 中国中药杂志，26 (12)：831-834.

卯晓岚，1998. 中国经济真菌 [M]. 北京：科学出版社.

卯晓岚，2009. 中国蕈菌 [M]. 北京：科学出版社.

潘继红，李刚，程宝勤，等，1995. 猴头多糖的提取与鉴定 [J]. 食用菌学报，2 (3)：29 - 32.

赵文华，1999. 猴头菇极性测定及其单核体 RAPD 分析 [D]. 武汉：华中农业大学.

Fui H Y，Shieh D E，Ho C T，2002. Antioxidant and free radical scavenging activities of edible mushrooms [J]. Journal of Food Lipids，9 (1)：35 - 46.

Mau J L，Lin H C，Song S F，2002. Antioxidant properties of several specialty mushrooms [J]. Food Research International，35 (6)：519 - 526.

Wang J C，Hu S H，Lee W L，et al. ，2001. Antimutagenicity of extracts of *Hericium erinaceus* [J]. J Med Sci，17 (5)：230 - 238.

第十七章

灰 树 花

第一节 概 述

灰树花的中文名由邓叔群在我国较早的权威专著《中国的真菌》中提出。灰树花又称贝叶多孔菌、莲花菌、栗蘑、千佛菌、云蕈等，在日本俗称舞茸。灰树花是近年来开发的珍稀食药兼用菌。灰树花具有独特芳香味，肉质脆嫩，滋味鲜美，无论是干品还是鲜品都被人们所喜爱，百吃不厌。灰树花营养丰富，享有"食用菌王子"和"华北人参"的美誉。

一、食用价值

据中国预防医学科学院营养与食品卫生研究所和农业农村部质检中心检测，每100 g干灰树花中含有蛋白质 25.2 g（人体所需氨基酸 18 种 18.68 g，其中必需氨基酸占 45.5%）、脂肪 3.2 g、膳食纤维 33.7 g、碳水化合物 21.4 g、灰分 5.1 g。富含多种有益的矿物质钾、磷、铁、锌、钙、铜、硒、铬等，维生素含量丰富，维生素 B_1 和维生素 E 含量比同类高 10～20 倍，维生素 C 含量是同类的 3～5 倍，蛋白质和氨基酸比香菇高出一倍，与鲜味有关的天门冬氨酸和谷氨酸含量也较高。《食物成分表》所记载的 1 358 种食物中，灰树花的维生素含量居第二位，仅次于胡麻油。

二、药用价值

灰树花具有极高的药用价值，美国乔治城大学 Harry Preuss 教授和纽约医科大学 Sknsuke Konno 教授在他们出版的 *Maitake Magic* 一书中，将灰树花的药用价值做了总结，主要表现在抗病毒、抗癌防癌、调节血糖血脂水平、增强免疫力等方面。

（一）抗病毒作用

美国国家癌症研究院早在 1992 年就已证实，灰树花的萃取物有抵抗艾滋病病毒的功效。1 年以后，日本国家健康研究所也发布了同样的结果。据日本药学会 113 次年会报告，灰树花多糖对 HIV 有抑制作用。其作用机制主要是灰树花有助于抑制 HIV 对辅助 T 细胞的破坏。研究表明，灰树花提取物不但能维持 T 淋巴细胞的数量，使得感染的数量不会增加，而且可以抑制 HIV 对辅助 T 淋巴细胞的破坏。在体外试验中，D 组分可以使 97％的辅助 T 细胞免受 HIV 的侵袭。

另外，将流行性感冒病毒或 I 型单纯疱疹病毒分别接种小鼠，观察灰树花多糖对小鼠的保护作用。结果显示，灰树花多糖抗流行性感冒病毒的保护效应十分明显，具有对抗流行性感冒病毒和 I 型单纯疱疹病毒的作用。

（二）抗癌防癌作用

灰树花因其极强的抗癌功效，被誉为"真菌之王，抗癌奇葩"。

日本神户药科大学教授难波宏彰在研究过程中发现，灰树花 D 组分具有极强的抗癌变和抗转移、抗复发作用，有效率达到 90％以上，其抗癌效果是灵芝的 16.5 倍（灰树花 D 组分抑瘤率为 86％～86.6％，灵芝为 5.2％）。而与常规化疗药物丝裂霉素（MMC）的对比试验表明，灰树花和丝裂霉素单独给药的抑瘤率分别为 80％和 45％，二者合并给药的抑瘤率竟能达到 98％。这个试验证明，灰树花 D 组分不但能直接杀灭癌细胞，还可以激活机体免疫系统，并在合用中可以消除因化疗而出现的免疫抑制等副作用，是目前最安全、最有效的口服真菌抗癌药物。另外的研究表明维生素 C 与灰树花 D 组分具有协同作用。

美国麦克保健食品公司是第一个系统研究灰树花的权威保健品公司，1998 年该公司生产的舞茸精滴剂（含量为 30％的专业级提取物）被美国 FDA（美国食品药品监督管理局）打破惯例，允许直接进入晚期乳腺癌和前列腺癌二期临床研究。2004 年 5 月，国际癌症研讨会在东京召开，舞茸地复仙成为"肿瘤替代疗法"的首选替代药物。2005 年 5 月，世界抗肿瘤领域的权威，医学界著名的美国纽约斯隆-凯特琳癌症中心正式将舞茸地复仙纳入该院新药名单，用于协助治疗晚期乳腺癌。

灰树花一方面直接抑制癌细胞的分裂繁殖，阻止肿瘤的生长，另一方面全面调动大量的免疫细胞，靶向攻击肿瘤细胞，让患者无痛苦地战胜癌症，这种疗法就是当今国际上最先进的"生物化疗"抗癌疗法。该方法在日本、美国、加拿大已经作为临床抗癌的首选方法，被称为"第四种癌症治疗法"。目前在世界上已有 3 000 多名肿瘤医生应用并验证了灰树花的临床疗效，灰树花也被欧美等西方国家作为肿瘤治疗的一线临床用药。

（三）调节血糖血脂水平

灰树花多糖具有调节血糖、血脂水平，改善脂肪代谢的作用。Kubo 等研究了灰树花子实体与其提取物对糖尿病的治疗作用，发现口服灰树花子实体可以使遗传型糖尿病小鼠的血糖降低，同时还能降低小鼠血浆中胰岛素和甘油三酯的水平。灰树花和传统的药物治疗相比，没有副作用，对健康人的血糖水平不会产生影响。另外，灰树花中的铬能协助胰岛素维持正常的糖耐量，对肝硬化、小便不利、糖尿病均有效果。

（四）增强免疫力

灰树花可以极大地激活细胞免疫功能，提高机体免疫力。研究表明，灰树花 D 组分激发免疫系统时，主要是诱发 Th1 细胞，Th1 主要参与细胞免疫，介导迟发型变态反应，并与器官特异性自身免疫性疾病的发病有关。

灰树花（GF-D）还可以激活骨髓细胞的增殖，进而提高免疫力。在 D 组分的帮助下，前列腺癌症患者的临床状况也有非常显著的改善。另外，灰树花多糖无论口服或注射均有很好的保肝护肝以及肝炎治疗作用。

三、经济价值

灰树花自从 1974 年在日本驯化栽培成功以后，产量逐年递增，1992 年达到 8 950 t，产值达 99 亿日元。美国的灰树花生产和消费增长也非常迅速，1999—2000 年仅 1 年时间就增长了 38%。我国灰树花主产区在浙江省庆元县和河北省迁西县，其中庆元县是全国最大的灰树花生产基地，该县灰树花 2019 年产量 1 800 万袋左右，鲜灰树花产量达 8 270 t，占全国生产总量的 70% 以上，产业总产值达 5 亿元以上，成为庆元县食用菌产业继香菇之后的又一特色品种。

另外，灰树花已被开发成多种保健品，在美国、日本及我国国内已有多家公司以灰树花为原材料制成口服剂、营养液、胶囊等上市销售。

四、灰树花的栽培历史

日本学者伊藤一雄（1940）和广江勇（1941）最早进行灰树花栽培研究，后被搁置，直到 1965 年利用木屑（菌床）栽培灰树花取得成功，1975 年正式投入商业性生产，当时年产量为 300 t 左右。20 世纪 80 年代日本利用空调设备，进行工厂化栽培，生产由此有了较大发展，群马、福冈等地是主要栽培产区，1987 年产量达 3 016 t，1992 年达 8 950 t，成为灰树花主要生产国。2007 年，日本灰树花的产量仅次于香菇、金针菇、平菇、猴头菇等大宗菇类。近年来日本鲜灰树花的年产量达 14 000 t，但年消费量约为 20 000 t，仅次于香菇和金针菇，居第三位，供不应求。

灰树花规模化栽培在我国始于浙江省庆元县和河北省迁西县。庆元县于 1982 年开始对灰树花进行驯化试验研究，至今已有 30 多年的历史，大致经历 3 个阶段，一是 1982—1984 年庆元县食用菌科研中心引进、驯化试验阶段；二是 1985—1995 年菌包式栽培阶段（发菌包长 18~20 cm）；三是 1996 年至今菌棒式栽培阶段（菌棒长 40~45 cm）。1985 年，吴克甸、周永昌发表了《灰树花栽培技术初报》，这是我国最早的灰树花大面积栽培成功的报道。其后，庆元县系统地进行了灰树花高产栽培关键技术的研究，摸清了灰树花的生理特性和生长规律，经历了从一季出菇到二季出菇，再到如今的三季出菇的突破；从无土一季栽培到覆土二季栽培，再到无土二季栽培的变革。1995 年庆元县灰树花栽培量跃至上年的 7~8 倍，成为庆元县仅次于香菇的第二大菌类产业。2000 年，灰树花覆土栽培获得成功，实现二季出菇，栽培效益增加。2007 年，由庆元县食用菌办公室起草的浙江省地方标准 DB 331126/T 18—2007《灰树花标准化生产技术规程》正式发布、实施，为灰树花标准化生产提供了技术支撑。2009 年，庆元县黄田镇由于灰树花栽培历史悠久、技术娴熟，被中国食用菌协会授予"中国灰树花之乡"的称号，2012 年，灰树花二次出菇无土栽培技术获得成功，彻底解决了灰树花二茬菇带土问题，灰树花品质有了进一步的保障。庆元县成为我国南方地区唯一灰树花规模生产基地，也是全国最大的灰树花生产基地。

河北省迁西县在1982年利用当地野生资源进行灰树花驯化栽培获得成功。1992年，赵国强在当地分离出灰树花菌株迁西2号，并研究出灰树花埋土地栽技术。1993年，灰树花仿野生栽培法研究有了突破性进展，生物学效率可达128%。1994年，该方法通过河北省省级技术鉴定，被国家科委列入"星火计划"，推广到全国各地。"迁西栗蘑"因其肉质鲜嫩、营养丰富、保健作用突出获得国际食品及加工技术博览会金奖、中国特色农博会金奖等多个奖项，2012年"迁西栗蘑"顺利通过农业部"农产品地理保护标志"审核。2013年，中国食用菌协会授予河北省迁西县"中国栗蘑之乡"的称号。

此外，北京、福建、山东、黑龙江、四川、云南、湖北等省份也有灰树花的规模化栽培，主要是塑料大棚内的床架式袋栽。

五、我国灰树花研究现状

（一）人工栽培规模化，工厂化栽培起步

灰树花在国外的大规模栽培主要集中在日本和北美，以日本尤甚。日本在森产业株式会社研究所取得人工栽培试验成功之后，灰树花的产量逐年增加。据统计，1981年日本灰树花产量仅为325 t，近年来剧增到14 000 t。日本主要利用空调设施进行工厂化栽培，从接种到采收周期为60~70 d，已实现周年生产，鲜品常年面市。

我国的灰树花规模化栽培主要集中在浙江庆元和河北迁西两地。近年来，浙江庆元成功研究出灰树花菌棒式栽培及覆土二次出菇技术模式，已一跃成为全国最大的灰树花生产基地。1990年，庆元出口盐渍灰树花50余t，1995年生产规模从1994年的200多万袋扩大到1 600多万袋，栽培农户从400多户增加到3 500多户，自此后开始大规模栽培。

虽然如此，灰树花在我国的产量远不及日本。近年来，各科研部门纷纷开展灰树花栽培技术及产品开发研究，大大提高了灰树花的产量和产品附加值，许多地区开始组织规模化生产。但是，我国灰树花栽培方式多为季节性常规栽培，这种栽培方式受自然环境条件的影响较大。内销的灰树花产品现在还全部以干品或盐渍品面世，鲜品市场空白。随着绿色食品概念的提出和绿色食品的迅速发展，以及市场常年对灰树花鲜品强烈的需求，人们已逐步感觉到采用工厂化设施和技术生产食用菌具有越来越明显的优越性。工厂化栽培比自然条件或辅助设施栽培更能够准确地控制温度、湿度、光照、二氧化碳浓度等环境条件，产量和品质都更加稳定。灰树花工厂化栽培是产业发展的必然趋势。

在工厂化生产过程中，为了降低制冷或制热能耗，节约成本，出菇车间不能大量通风，而灰树花属好氧性菇类，在缺氧的车间开片不正常，所以我国工厂化大规模生产的菇种一直局限于双孢蘑菇、金针菇、真姬菇、杏鲍菇等对耗氧量要求不高的食用菌。我国的灰树花工厂化栽培起步较晚，各研究单位及厂家积极致力于灰树花工厂化栽培关键技术的探索和应用。潘辉等（2011）对灰树花工厂化生产中的菌种选育、配方优化、装袋（瓶）

以及环境参数调控等进行了筛选优化，为工厂化生产灰树花提供了技术支撑；许占伍等（2012）研究了工厂化条件下袋栽灰树花的后熟期以及环境条件对原基形成的影响，确定了原基诱导最适条件；陈秀娟等（2012）总结了一套灰树花工厂化周年栽培技术，并讨论了原基状态与出菇的关系，开袋时机掌握，出菇阶段管理与产量的关系等；胡汝晓等（2013）研究了工厂化袋栽灰树花5种直接出菇方式的催蕾效果和出菇效果，发现割口覆瓦出菇方式最为适宜。我国的灰树花工厂化栽培处于起步并稳定进步阶段，还有几个关键技术需要突破，目前已有少量工厂化生产的鲜品上市。

（二）交配系统不明确，新品种少

目前市场上现有的灰树花品种多经野生种驯化而来或引自日本，适应本地环境的优良品种较少，多数存在着适应能力弱、抗杂能力弱等诸多限制产业发展的因素，因此培育优良菌种，改善菌种质量，已迫在眉睫。而由于灰树花的双核菌丝锁状联合在整个菌落中呈点状分布，显微镜观察难度增加，所以交配系统的研究进展较慢，具体极性尚不明确。目前品种选育多采用系统选育、诱变育种以及无须知晓交配系统的多孢自交和多孢杂交等方法。

目前通过认定（或审定）的灰树花品种有河北省燕山科学试验站从野生菌株经过人工驯化栽培育成的品种小黑汀，庆元县食用菌科研中心育成的庆灰151，青岛农业大学选育的灰树花GF-4，山东省泰安市农业科学研究院从野生种驯化的泰山灰树花等。相比其他食用菌来说，灰树花品种数量甚少，制约了产业发展的进程。

（三）药用价值高，产品附加值增加

灰树花是珍稀食药用菌，不但风味独特，美味可口，且药用价值极高，已被作为药品和保健品开发的原材料。

在美国市场上销售的舞茸类保健食品有舞茸茶、舞茸提取物胶囊剂及滴剂（即D-fraction）、复合舞茸胶囊（美国Premium食品研究所产品）和金舞茸404（成分为多种食用菌多糖）等。

日本的舞茸类保健产品主要有营养滋补剂（MAIEXT）等数十种。由于舞茸类保健品在美国销售势头增长迅猛，日本最大的舞茸生产商Yukiguni公司在美国纽约州投资建设了一个舞茸生产基地，建成后日产鲜舞茸约2.3 t（年产580 t），为美国市场提供各种鲜舞茸以及舞茸干粉和舞茸多糖等加工产品，并主要供应北美洲市场。

我国目前有十几家公司生产或销售灰树花类保健产品，其中大部分为灰树花多糖类产品，也有几种为灰树花复方产品。国产灰树花类保健品主要有深圳中科海外科技公司生产的茸通胶囊，济南澳利生物工程公司生产的黄金奥福瑞胶囊，杭州胡庆余堂生产的保力生灰树花胶囊，浙江方格药业有限公司生产的麦特消灰树花胶囊（肿瘤用药）和桑黄灰树花胶囊，上海康夫实业公司生产的灰树花胶囊，浙江庆元金源多糖制品有限公司生产的灰树花多糖以及维吉尔（青岛）生物制品有限公司生产的维吉尔胶囊等。灰树花类保健品是新型生物类抗癌保健产品，有广阔的发展前景。

第二节 灰树花的起源与分布

灰树花在我国民间有悠久的采食历史。公元2世纪的《太上灵宝芝草品》是传世最早的菌类典籍，属世界上最早的菌类图鉴之一，其中记载灰树花为白玉芝，称："白玉芝生于方丈山中，其味辛（新鲜灰树花具有浓郁清辛气味），白盖四重（灰树花子实体为层叠状），下一重上有二枚生（子实体分枝为树杈状），并有三枚生上重（分杈上又有分杈，呈珊瑚状），或生大石之上、黄沙之中、腐木之根、高树之下、名山之阴，得而食之，仙矣。白虎守之。"我国宋代科学家陈仁玉的《菌谱》全篇介绍11种菌的生长环境、形态、颜色、味道等，其中就包括灰树花。中医学认为灰树花有"扶正固本"之效，在《神农本草经》里有"调和脾胃，安定神志"的记载。

在日本的江户时代，据说每株灰树花可换取同等重量的银子，是献给幕府的珍贵贡品，因此山民一发现它，就高兴得手舞足蹈，故而被称为"舞茸"。日本最早记述灰树花的是《温故斋菌谱》，记述灰树花的汉字为舞太计，根据该书的绘图和描述，确认为灰树花无疑，日本著名菌类学家小林义雄在《日本中国菌类历史与民俗学》中也有详细记述。熊谷达也在《邂逅的森林》中描述：1603年，统一日本的一代枭雄德川家康征战中不幸患疾，众御医束手无策时，野生舞茸（灰树花）却让他起死回生。1709年，日本贝原益轩的《大和本草》中收载了灰树花；1834年，本坂浩然的《菌谱》，首次以学术的角度记载了舞蕈（灰树花），并指出它能够"润肺保肝，扶正固本""性甘、平，无毒，可益寿延年"，这是最早记载灰树花药理价值的资料；1858年，丹波修治的《菌谱》之后，日本开始重视灰树花，由野生观察记述转变为开始研究。1941年，日本Sakisaka（向坂正次）在我国东北采收标本，编著了有关野生食用菌植物的图说，灰树花被收入为食用真菌，是继1939年邓叔群之后的准确记载。

野生灰树花主要分布于中国、日本、朝鲜半岛、欧洲、北美等地，我国的黑龙江、吉林、河北、四川、云南、广西、福建、北京、山东等省份都有过野生灰树花的报道。

第三节 灰树花的分类地位与形态特征

一、分类地位

（一）按系统学分

灰树花（*Grifola frondosa*）属担子菌门（Basidiomycota）蘑菇纲（Agaricomycetes）多孔菌目（Polyporales）亚灰树花菌科（Meripilaceae）树花属（*Grifola*）。

（二）按子实体色泽分

灰树花按子实体色泽可分为灰褐色（或黑褐色）、灰白色、白色3种类型。大多数灰树花品种的子实体是灰褐色或黑褐色的，灰树花由此得名，但是子实体色泽深浅除与菌株有关外，也取决于光照度，光照越强颜色越深。灰白色品种的子实体色泽呈灰白色，同样的水分条件其子实体色泽没有灰褐色（或黑褐色）品种的深，如庆灰 152 等。白色灰树花品种系灰树花的白色变种，菇体为纯白色，菌盖较灰色品种厚实，较耐高温，无论光照度如何，白色灰树花从原基到子实体成熟均为白色，目前生产上运用较少。

（三）按子实体生长最适温度分

灰树花按子实体生长最适温度可分为中温型、中高温型两种。大部分灰树花菌株属于中温型，最佳出菇温度是 15～20 ℃，春栽在 4～5 月出菇，秋栽在 10～11 月出菇。两种温型的品种可一定程度进行互补，延长出菇期。

（四）按栽培模式分

灰树花按栽培方式可分为袋栽（菌棒式栽培）、瓶栽以及覆土栽培 3 种。大多灰树花品种都适合袋栽和覆土栽培，目前庆元模式第一茬袋栽（菌棒式栽培）后，第二茬进行覆土出菇，大大提高了生物学效率。工厂化栽培主要有袋栽和瓶栽两种栽培模式，目前的研究表明两种模式出菇管理方式不同，对菌种的要求不一。野生菌株或引进菌株并不是都能直接用于工厂化栽培，除了要求其适应工厂化条件外，还需要选育适应不同栽培模式的品种。

二、形态特征

灰树花子实体肉质，菌柄呈珊瑚状分枝，末端菌盖呈扇形或匙形，整体形似盛开的莲花。子实体丛高 10～17 cm，宽 12～20 cm，个别达 40～60 cm（野生或覆土栽培），菌盖宽 2～7 cm，边缘薄，呈波状，稍有内卷，颜色因品种而异，或白色，或灰色（灰褐色）；表面有细毛，渐变光滑，另有反射性条纹；菌褶白色，厚 2～5 mm，管孔延生，孔面白色至淡黄色，管孔多角形，平均每毫米 1～3 个。孢子无色，透明，卵圆形至椭圆形，（5～7.5）μm×（3～3.5）μm。菌丝树枝状，有横隔，有锁状联合但较少。

野生灰树花生长在栗树及其他阔叶树阴面，不良环境下形成菌核，菌核呈卵圆形或不规则长块状，直径 3～8 cm，长可至 30 cm 以上，棕褐色至黑褐色，外表凹凸不平，有瘤状突起，坚硬的外层厚 5～8 mm，木质化，中心为致密的灰白色菌丝体组织，菌核一般深埋于地下，野生子实体从菌核顶端长出，生长子实体的菌核色泽变淡，外层木质化变薄。

第四节　灰树花的生物学特性

一、营养要求

营养条件是保证灰树花整个生长发育过程的能量来源，灰树花是一种木腐菌，发育所需碳源、氮源、矿物质、维生素等与香菇等木腐菌相似。

（一）碳源

灰树花菌丝的最佳碳源是葡萄糖，而子实体发育所吸收利用的碳都来自基质中的含碳有机物，如纤维素、木质素、半纤维素、淀粉、蔗糖等，这些都需要被纤维素酶、淀粉酶、半纤维素酶和木质素酶等分解成葡萄糖、阿拉伯糖、木糖、半乳糖和果糖等单糖后才能被吸收利用。灰树花栽培基质中所用木屑一般认为栗树木屑最佳。

(二) 氮源

氮源主要用于合成各种关键的细胞组分，构成生物体的蛋白质、核酸及其他氮素化合物。灰树花能利用多种氮源，比如蛋白胨、牛肉膏、酵母膏、尿素等，有机氮优于无机氮，尿素较差。生产中常使用麸皮、玉米粉、大豆粉、豆饼粉、棉仁饼、畜粪等作为氮源，这些农副产品加工中的下脚料除含有丰富的蛋白质外，还含有多种生长刺激因子，不但效果好，成本也低。潘辉等（2011）的试验表明，随着氮源添加量的增加，灰树花生产周期延长，子实体性状相对提高，生物学效率增加，但是当氮源添加到一定程度（40%）时就会阻碍灰树花原基的形成及子实体发育。而且一定范围内增加配方含氮量，有利于提高子实体含氮量，使得子实体中蛋白质含量增加。

(三) 矿质元素

矿质元素分为大量元素和微量元素，灰树花培养料常规配方中均含有所需的大量元素，而微量元素也不需要额外添加。一般会在生产配方中添加少量的矿物质，主要有石膏、石灰等。

微量元素在培养基质中的存在浓度对灰树花生长发育的影响目前研究不多。李玲飞等（2012）研究了 4 种灰树花的富硒特征，液体深层发酵富硒培养结果表明，较低浓度的硒（$<10~\mu g/mL$）不仅可以促进菌丝的生长，还可以提高菌丝体中蛋白质和多糖的含量，而较高浓度的硒（$>100~\mu g/mL$）可抑制菌丝的生长。灰树花子实体中富集的硒含量与固体培养基中的硒添加量呈线性正相关，是良好的富硒产品。胡祥国等（2005）研究了微量元素锌、镧对灰树花液体培养菌丝产量的影响。数据显示，当锌含量大于 1 000 mg/kg 时，菌丝体的生长受到抑制；加入的硝酸镧 $[La(NO_3)_3]$ 的浓度对其产量也有较大影响，这说明稀土元素具有促进生物生长的生物学效应。由试验得知，最优的锌添加浓度是 100 mg/L，最优的硝酸镧添加浓度是 100 mg/L。

(四) 维生素

灰树花菌丝生长需要维生素 B_1。魏红福等（2007）和韩建涛等（2010）的液体发酵试验表明添加维生素 B_1 在促进灰树花子实体生长的同时增加胞外多糖的产量。

二、环境要求

(一) 温度

灰树花菌丝体生长温度 5～35 ℃，最适温度 22～27 ℃，耐高温能力较强，32 ℃可缓慢生长，42 ℃为致死温度。原基分化温度 18～24 ℃，子实体生长发育温度 16～25 ℃，最适温度 18～22 ℃。灰树花多数属于中温型，但也有少数中高温型品种，最适温度随品种略有差异。不同生长阶段培养温度均不能过高，否则易在袋内形成水珠，继而变黄变黏，沉积在料面和袋壁，形不成原基而不能出菇。子实体发生阶段如果温度过高则朵型小，菌盖大而薄，产量低。温度稍偏低时，子实体生长慢但菇体质量较佳，产量较高；温度过低则发育迟缓甚至僵化。

（二）水分

灰树花生长发育所需水分主要来自培养料中的含水量和空气湿度。代料栽培中培养料的含水量应为59%～63%，含水量太高，菌丝体易吐黄水，感染杂菌，影响子实体形成，含水量太低则出菇不整齐。菌丝培养阶段，空气相对湿度以65%～70%较为适宜，湿度太高袋口易染杂菌。原基形成阶段，空气相对湿度90%～98%均可，子实体生长阶段要求空气相对湿度为85%～95%，湿度过低子实体失水枯死，太高则通气不畅，子实体生长速度缓慢且易腐烂。各生长阶段都要求相对湿度恒定，时干时湿的环境对原基形成和子实体生长不利。

（三）空气

灰树花是高需氧量食用菌，菌丝培养阶段和原基形成阶段对氧气浓度要求不高，定期通风换气即可，但在原基开始分化到子实体形成阶段，随着子实体菌盖伸展，需氧量逐渐增大，要求时刻保持空气新鲜，二氧化碳浓度要控制在800 mg/kg以下。灰树花子实体菌盖一般宽2 cm以上，但环境中二氧化碳浓度偏高、通风不足的情况下，子实体生长迟缓、不分化，菌盖开片难，发育成畸形的珊瑚状，并易遭杂菌污染。

（四）光照

灰树花菌丝体培养阶段要求暗室避光，整个培养阶段除在料面铺满后检查杂菌或记录生长速度外，不能频繁开灯，过多的光线照射易使料面变黄，影响后期原基形成及发育。菌丝发满后刺激原基形成时可仍然暗室或给予少量弱光，暗室形成的原基发白色，但见光1 d即可变灰。原基开始分化到子实体形成阶段要给予少量散射光，光照度50 lx以上。光照太弱子实体表面颜色变浅且风味较淡，光照太强影响子实体发育，分化阶段阳光直射可导致枯萎死亡。

（五）pH

灰树花适合在微酸性环境中生长，培养料在pH 3～7时菌丝都能生长，以pH 5～6最适宜，子实体生长阶段以pH 4.0左右为宜。由于高温灭菌会使栽培料的pH下降，菌丝生长过程中所产生的有机酸也会使pH下降，培养料配制时调到pH 6.5左右为宜。

三、生活史

灰树花担孢子在适宜的条件下萌发，不断分枝生长形成初生单核菌丝；两个可亲和的单核菌丝经过质配，形成双核菌丝；双核菌丝在适宜的基质上生长，在光、温等环境条件刺激下形成原基；原基分化，经过脑状体期、蜂窝期、珊瑚期直至成熟期。此时灰树花叶片背面出现微细的小孔，称为菌孔，在菌孔内产生担孢子（图17-1）。

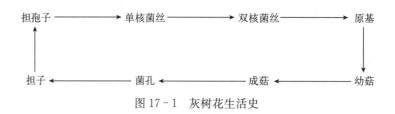

图 17-1 灰树花生活史

第五节 灰树花种质资源

一、灰树花野生资源

自然界中野生的灰树花在国外主要分布在日本、北美和欧洲的一些国家。在我国分布很广，北起黑龙江、吉林、河北，南至浙江、福建、广东，西至四川、广西、云南等省份都有发现其踪迹，但野生的灰树花数量都比较稀少。

野生灰树花自然发生在夏末秋初季节的阴雨高湿环境，多见于栗、栎、栲等阔叶树林内，主要生长在树干或伐桩周围土壤中，以树木木质素等为营养，环境中多数长有乌拉草、莠草、狗尾草及艾叶草等。周围土壤多为含有腐叶和腐烂根毛的沙质土或半沙土，沙粒细的如面粉，粗的为花生米至板栗大小的石块，腐殖质层厚的土壤中灰树花生长得肥大厚实，相反则产量低。土壤一般都为透气性、排水性好的酸性土，pH 6 左右。灰树花生长的林中一般有充足的散射光。

二、灰树花栽培资源

目前灰树花的人工栽培主要集中于东亚及欧美地区。中国、日本、美国是世界上灰树花的主要栽培国。但与香菇等食用菌相比，栽培面积及栽培菌株资源都要少。日本三大工厂化生产厂家均有各自与栽培模式配套的菌株，且近年来致力于灰树花新品种选育工作。我国的灰树花栽培种质有 30 多种，目前在使用的有 10 多个，下面列出了目前文献记录的灰树花栽培种质，其中包括国家和省市级认定的 4 个品种。

1. 庆灰 151 庆元县食用菌科研中心育成品种，中温型菌株，是目前灰树花主栽品种，有 30 多年栽培历史，于 2013 年通过浙江省品种审定，审定编号为浙（非）审菌2013004。其子实体丛生，菇型大或特大，多分枝，重叠成覆瓦片状，直径可至 40～60 cm，末端生扇形或匙形菌盖；菌盖直径 2～8 cm，盖面灰褐色，表面有细绒毛，干后硬，老后光滑，有放射状条纹，边缘薄呈波状，菌盖背面布满白色管孔，管口呈多角形无规则排列；菌柄白色，粗短充实，不正圆柱状，柄长 4～7 cm；菌肉白色，厚 2～5 mm。孢子无色，光滑，卵圆形至椭圆形。菌丝生长温度 5～32 ℃，最适温度 20～25 ℃；原基形成温度 18～22 ℃；子实体生长温度 12～28 ℃，最适温度 15～20 ℃；菌丝培养阶段的空气相对湿度以 60%～70% 为宜，原基形成与子实体发育生长阶段以 85%～95% 为宜。菌丝生长和子实体发生都需要充足的氧气。菌丝生长不需要光，原基发生需温射光的刺激，子实体阶段一定的光照有利于加深菌盖的色泽，减少畸形花的发生。适合在微酸性环境中生长，菌丝以 pH 4.8～5.5 为宜，子实体生长阶段以 pH 4.0 为宜。栽培周期较短，整个栽培周期 3 个月左右，因此一般地区均可进行春、秋两季栽培。适合菌包式、菌棒式、覆土栽培等不同栽培方式，庆元县春季栽培 2～3 月接种，5～6 月出菇；秋季栽培 7～8 月接种，10～11 月出菇。

2. 庆灰 152　庆元县食用菌科研中心育成品种，属中温型品种。子实体盖面灰白色，朵大肉厚柄短，多分枝、重叠成丛，原基分化快。菌丝体生长温度 5～32 ℃，最适温度 20～25 ℃；原基分化温度 18～22 ℃；子实体发育温度 12～27 ℃，最适温度 17～22 ℃。菌丝耐高温能力较强，在 32 ℃时也可缓慢生长。菌丝体生长阶段，培养料的含水量为 60%～63%，含水量过低出花不整齐，过高菌丝体分泌黄水过多，影响子实体发生。发菌期湿度控制在 60%～70%，子实体生育期需要充足的水分，菇房的空气湿度应保持在 90%左右。好氧性强，不论在菌丝生长阶段还是子实体发生阶段都需要充足的氧气。适合在微酸性环境中生长，菌丝生长以 pH 4.8～5.5 为宜，子实体生长阶段以 pH 4.0 为宜。适合菌包式、菌棒式、覆土栽培等不同栽培方式种植，栽培周期 3 个月左右，一般可春、秋两季栽培。庆元县春季栽培 2～3 月接种，5～6 月出菇；秋季栽培 6～7 月接种，9～10 月出菇。

3. 白色灰树花　日本引进品种。菇色纯白，较耐高温，目前生产上运用较少。无论光照度如何，白色灰树花从原基到子实体成熟均为白色，子实体肉质，有柄，多分枝，末端菌盖呈扇形或匙形，覆瓦状重叠成簇，一簇直径可至 10～20 cm，菌盖宽 2～7 cm，厚度 1～4 cm，边缘较薄，成熟后反卷。管孔白色，呈多角形无规则排列，着生于菌盖背面，也有少数子实体背面、正面边缘及菌柄都有管孔，管孔深 0.5～4 mm。孢子印白色，在显微镜下圆形到椭圆形。菌丝生长温度 8～34 ℃，最适温度 24～26 ℃；子实体生长发育温度 12～24 ℃，最适温度 15～20 ℃。pH、氧气等条件与普通灰树花相同。

4. 小黑汀　河北省燕山科学试验站从野生菌株经过人工驯化栽培育成品种。子实体群生，重叠成覆瓦片状；菇型小，菇片适中；菌盖灰黑色，直径 5～6 cm，厚 2～7 mm，有放射状条纹；菌柄白色，长 4～10 cm，直径 1.2 cm，多分枝，侧生；成熟时，菌孔延生到菌柄；发菌广温型，菌丝生长适宜温度 15～25 ℃，出菇适宜温度 18～25 ℃，适合反季节栽培；风味浓，品质好，糖肽含量高。适于多种原料栽培，也适合采用仿野生出菇管理覆土栽培。

5. 灰树花 GF－4　青岛农业大学选育品种。菌丝体较浓密、白。子实体肉质，呈珊瑚状分枝；菌盖直径 4～7 cm，匙状，灰褐色，表面有细毛，老后光滑，有反射性条纹，边缘薄，内卷；菌肉白，厚 4～7 mm。菌管长 1～4 mm，管孔延生，孔面白色，管孔多角形，平均每毫米 1～3 个。子实体氨基酸含量达 14.5%，水溶性多糖含量达 8%以上。适合春、秋两季常规熟料栽培，采用袋栽覆土栽培。菌丝在 5～32 ℃均能生长，最适温度 25～27 ℃，发菌期环境相对湿度控制在 60%～65%，发菌期不需要光照，黑暗培养。原基形成最适温度 18～22 ℃，子实体生长发育最适温度 15～20 ℃，最适相对湿度85%～95%。子实体生长发育阶段要求较强的散射光和稀疏的直射光，光照不足，色泽浅，风味淡，品质较差。灰树花菌丝生长和子实体发育都需要新鲜空气，特别是子实体生长期更需要通风换气。

6. 泰山灰树花（TH－1）　山东省泰安市农业科学研究院从泰山野生种经野生驯化与

常规人工选择育成。子实体覆瓦状叠生；菌柄多分枝，末端生重叠成丛状菌盖；菌盖扇形，直径 2～7 cm，朵形匀称，肉质致密，口感脆、浓香，表面灰褐色，有细毛，老后光滑，有放射状条纹，边缘内卷；菌肉厚 1～3 mm，白色，肉质；管孔延生，孔面白色，管孔多角形。菌丝最适生长温度 18～25 ℃，耐受最高温度 32 ℃，最低温度 4 ℃；子实体原基形成温度 16～24 ℃，生长温度 16～28 ℃，子实体耐受最高温度 30 ℃，最低温度 12 ℃。子实体生长湿度 85%～95%。子实体生长需散射光。鲜品 0～4 ℃储存，干品室温下避光储存。以春、秋两季栽培出菇为主。春季栽培：12 月至翌年 2 月接种，3～6 月出菇；秋季栽培 6～8 月接种，9～10 月出菇。常规熟料栽培，原料以棉籽壳加木屑为主，并添加适量麸皮等辅料；室内发菌，发菌温度控制在 18～25 ℃，发菌期保持空气相对湿度 65% 以下，注意通风、避光；菌丝发满后，将菌袋移入菇棚，子实体原基形成需 6～8 ℃ 的昼夜温差刺激，湿度 85%～95%；子实体采收后，需清理料面，保湿通风，进入下潮出菇管理。栽培过程中，子实体分化需氧量较大，通气不够易形成畸形，需加强通风换气；子实体生长需散射光；加强病虫害的防治，栽培场所加防虫网防止害虫进入。

7. 迁西 1 号 适合仿野生（脱袋覆土）栽培，菇型大，单叶展开可至 10～18 cm，最大单株重 49.3 kg，因此也称大株灰树花。菇色因光照强弱和温度变化而变化，常规条件下为浅灰色，适于内销。出菇产量高，生物学效率 110% 以上，出菇适宜温度 20～30 ℃，抗逆性强。菌丝特征：有较长（1～1.5 cm）先端弱菌丝。目前推广 15 年之久，至今生产上还作为保留品种。

8. 飘香 60 浓香型品种。菇体颜色黑褐色，适宜发菌温度 18～27 ℃，菌丝粗壮，菇型紧凑，适合低温出菇，出菇适宜温度 20～25 ℃。菇片小，3～5 cm，单株重 2～3 kg，生物学效率 90%。适合出口日本。

第六节　灰树花种质资源研究和创新

一、灰树花种质资源遗传多样性研究

由于灰树花是近年来兴起的珍稀食用菌类，其种质资源遗传多样性的研究起步相对较晚。主要集中在利用分子标记对不同来源的菌株进行聚类分析和种质评价，也对育种提供理论依据。

Qing 等（2002）以 51 个灰树花菌株为材料，对其 ITS 序列和 β - tubulin 基因进行分析，发现可以明确区分北美和亚洲菌株。

李辉平（2007）用 12 个 ISSR 引物对 13 个灰树花菌株扩增出 178 个位点。

傅安涛等（2007）对栽培灰树花子实体不同时期和不同组织部位的酯酶同工酶和过氧化物酶同工酶进行了研究，15 个灰树花菌株的酯酶同工酶将群体分为 3 个类群，证明酶谱指标可用于灰树花分类、遗传多样性分析以及优良品种鉴定，并用 ISSR 引物将 68 个菌株划分为 11 个类群。

张美彦等（2009）以 25 个可正常出菇的灰树花菌株的子实体为材料，对 ITS 扩增产物的酶切图谱和 47 对 SRAP 引物的扩增条带进行了分析，两种方法均将所有菌株分为 3

类，SRAP 分析结果显示，有 10 个菌株可以被有效区分，说明 ITS-RFLP 和 SRAP 标记可以应用于区分菌株，进行种质评价。

王守现等（2010）对 6 个灰树花菌株进行了酯酶同工酶、RAPD 和 ISSR 等分析。结果表明，经酯酶同工酶聚类分析，可将 6 个灰树花菌株分为三大类，经特异性较好的 RAPD 和 ISSR 引物验证，其结果与酯酶同工酶分析的一致。

温志强等（2011）利用 RAPD、ISSR、SRAP 3 种 DNA 分子标记分别对来源不同的 30 个灰树花菌株进行鉴别，3 种分子标记共产生 77 条多态性条带。将 30 个灰树花菌株分为 10 个类群，其中包括 6 个单一类别和 4 个复合类群。同时成功转化并验证了 8 个灰树花的 SCAR 标记，也将 30 个灰树花菌株分为 10 类。

尹永刚等（2013）采用 SRAP 技术对 6 个灰树花栽培品种进行了亲缘关系与多态性分析。14 对 SRAP 引物组合共扩增出多态性片段 132 条，将 6 个菌株分为三大类，为今后灰树花品种的遗传多样性研究及遗传育种亲本的选配提供了理论依据。

二、灰树花种质资源创新

种质资源是极其珍贵的自然资源和农业遗产，是研究物种的遗传变异和进行种质创新的重要材料。目前我国的灰树花育种目标集中在栽培性状的改善和药理作用的发掘，现存的灰树花栽培菌株主要是利用野生种质资源，采用传统的驯化、筛选而来，或引进国外优良种质资源后进行驯化和系统选育。

目前应用在灰树花上的育种方法主要有选择育种、诱变育种以及杂交育种。

（一）选择育种

选择育种主要是野外采集、国外引进或大面积生产中遇到农艺性状优良的菌株，进行驯化栽培或通过组织分离将其优良性状基因保留下来，通过特异性、一致性、稳定性测试，最终获得适合本地特色的优良菌株。目前应用的灰树花菌株多数是野生资源驯化筛选或国外引进驯化而来。例如比较突出的是由浙江庆元选育的庆灰 151、庆灰 152。

曾宪森等（1998）将从国内外收集的 17 个灰树花品系，通过室内外栽培试验，筛选出有代表性的优质菌株 4 个，还发现不同品系之间各氨基酸含量存在差异。蔡令仪（2001）经过 3 次栽培试验，从 29 个菌株中筛选出了 1 个优质高产菌株，其原基形成率 100%，出菇率 98%，产量高，生产周期短（53 d）。谢福泉（2005）对 7 个灰树花菌株进行多次栽培对比试验，选出了 4 个高产优质菌株，并把其区分为不同的温型和颜色。马凤等（2006）筛选出两个适合东北地区栽培的灰树花菌株，并摸索出两个高产栽培的培养料配方。张美彦等（2010）在工厂化条件下对 36 个灰树花菌株进行多轮品比试验，筛选出两个产量高、抗逆性强的菌株作为工厂化生产的适用菌株。

（二）诱变育种

诱变育种是指采用物理、化学等因素诱使菌株发生基因水平上的可遗传变异，从中选择农艺性状优良的菌株，最终培育成新品种的育种方法。目前在灰树花上应用最多的诱变方法是紫外线照射，通常选择的材料是脱壁后对紫外线较为敏感的原生质体。

　　薛平海等（2004）对灰树花原生质体制备及再生条件进行了研究，确定了原生质体制备率为 6.6×10^6 个/mL 所需的制备条件。陈石良等（2000）采用紫外线连续诱变、分离纯化、驯化等方法，以斜面生长速度和液体摇瓶产发酵多糖总量为参考指标，筛选出一株遗传稳定的适合液体培养的灰树花菌株。徐志祥等（2004）对灰树花原生质体进行紫外线诱变，从 50 株诱变株中选出两株多糖含量和产量明显优于原始菌株的突变株。经过摇瓶试验和发酵试验，两株诱变菌株菌丝得率和多糖含量都很稳定。张建等（2010）通过灰树花紫外线诱变获得在米糠、麸皮为主的发酵培养基上能快速生长、高产多糖的菌株 UVW-1，以及能快速利用纤维素的菌株 UVW-5，并探索出优势菌株的配套发酵工艺，形成了新的工艺体系，为规模化利用廉价农副产品生产保健品奠定了基础。郭春梅等（2011）经微波诱变、紫外线诱变、原生质体激光诱变和原生质体微波—紫外线复合诱变筛选出了能在米糠、麸皮培养基上快速生长和高产多糖的优良菌株，并探索其较优发酵培养基的组成及活性多糖的提取方法，也研究了灰树花出发菌株富集硒的能力。

（三）杂交育种

　　灰树花交配系统至今尚不明确，有四极性异宗结合和二极性异宗结合两种说法。灰树花双核体菌丝的锁状联合在整个菌落中呈现点状分布，需在显微镜下对平板上菌落的不同位置进行搜索，且锁状联合出现的数量有时单一，有时三五个一起，与香菇类四极性异宗结合的食用菌相比较为难找，因此鉴定单核体时难度增加。而在单核体之间相互交配形成双核体时，杂交后代的锁状联合仅在两个单核体菌落交界处出现且数目锐减，所以灰树花交配系统的研究举步维艰，而基于此的杂交育种工作一直进展缓慢，新品种鲜见。

　　目前应用较多的是无须交配系统背景的多孢杂交和多孢自交。多孢杂交是指来自不同菌株之间的多个孢子之间的杂交，多孢自交则是指来自同一个菌株的多个孢子之间的杂交，这两种技术除了出发菌株不同外后续的操作方法大致相同。刘振伟等（2005）应用多孢杂交技术成功培育出两个灰树花优良菌株，在产量、抗杂能力上比亲本有显著优势。上海市农业科学院食用菌研究所采用多孢自交技术获得一株原基发生率 100%、整齐度高、抗性强且适合工厂化生产的灰树花菌株。值得一提的是，目前的结果表明，由于多孢杂交和多孢自交后代的遗传背景较为复杂，且后代菌株较易出现退化，除了杂交后菌丝需要多次纯化外，栽培后表现优良的子实体需要及时进行组织分离并再次纯化保存。

（尚晓冬）

参考文献

蔡令仪，2001. 灰树花培养料配方筛选与菌株品比试验初报［J］. 食用菌学报（4）：43-46.

陈石良，谷文英，陶文沂，2000. 深层发酵灰树花菌株的诱变筛选［J］. 食用菌（2）：7-8.

陈秀娟，2012. 灰树花工厂化周年栽培技术［J］. 中国园艺文摘（6）：141-142.

傅安涛，2007.15 个灰树花菌株的酯酶同工酶分析 [J]. 中国食用菌 (1)：40 - 42.

韩建涛，2010. 液态发酵条件对灰树花产胞外多糖产量的影响 [J]. 无锡轻工大学学报 (3)：273 - 276.

胡汝晓，2013. 工厂化生产中灰树花最适出菇方式研究 [J]. 湖南农业科学 (4)：29 - 30.

李辉平，2007. ISSR 在食用菌遗传多样性研究中的应用 [D]. 北京：中国农业科学院.

李玲飞，2012. 四种食用菌的富硒特性研究 [D]. 浙江：浙江大学.

刘振伟，史秀娟，2005. 灰树花杂交良种的选育 [J]. 山东农业科学 (1)：27 - 32.

马凤，鲁明洲，张跃新，等，2006. 东北地区灰树花优良菌株及高产配方筛选试验的研究 [J]. 中国林副特产 (6)：28 - 30.

潘辉，李正鹏，王瑞娟，等，2010. 灰树花子实体发育过程研究 [J]. 食用菌 (5)：9 - 11.

潘辉，王瑞娟，李正鹏，等，2011. 工厂化栽培灰树花菌株的筛选研究 [J]. 北方园艺 (1)：188 - 191.

王守现，刘宇，张英春，等，2010. 六个灰树花菌株遗传多样性分析 [J]. 北方园艺 (1)：201 - 204.

魏红福，王志江，2007. 灰树花菌丝体深层发酵条件研究 [J]. 湖南农机 (5)：161 - 162.

温志强，熊芳，陈吉娜，等，2011. 分子标记鉴别灰树花种质资源的研究 [J]. 热带作物学报 (7)：1330 - 1336.

谢福泉，2005. 灰树花引种栽培比较试验初报 [J]. 食用菌 (3)：14 - 15.

许占伍，张引芳，金力，等，2012. 灰树花工厂化袋栽原基形成条件研究 [J]. 食用菌 (2)：7 - 9.

薛平海，宫正，谢鲲鹏，等，2004. 灰树花原生质体制备与再生条件的研究 [J]. 食用菌 (1)：13 - 15.

尹永刚，胡汝晓，李新菊，等，2013. 应用 SRAP 标记对六个灰树花的多态性分析 [J]. 食品工业科技 (19)：84 - 92.

曾宪森，李开本，何锦星，1998. 灰树花品系的初步研究 [J]. 福建农业学报 (3)：50 - 54.

张建，刘伟民，张建，2010. 灰树花液态发酵转化米糠制备多糖的研究 [J]. 粮油加工 (5)：107 - 110.

张美彦，尚晓冬，郭倩，等，2010. 人工控制条件下的灰树花菌株筛选 [J]. 食用菌学报 (3)：25 - 28.

张美彦，尚晓冬，李玉，等，2009.ITS - RFLP 及 SRAP 标记在灰树花种质评价中的应用 [J]. 食用菌学报 (3)：5 - 10.

Qing S，David M G，Daniel J R，2002. Molecular phylogenetic analysis of *Grifola frondosa*（maitake）reveals a species partition separating eastern North American and Asian isolates [J]. Mycologia，94（3）：472 - 482.

第十八章

灵　芝

第一节　概　述

灵芝泛指多孔菌目灵芝科灵芝属的大型真菌。目前，《中华人民共和国药典（一部）》2010版，收录赤芝（*Ganoderma lucidum*）和紫芝（*Ganoderma sinense*）2种。我国栽培的灵芝绝大多数均为赤芝（尽管近年来有学者认为我国栽培的灵芝与 *Ganoderma lucidum* 有较大差异，但考虑到药典和相关法规仍未进行修订，本书仍以药典规定为准），故本章节中如未特别注明，所述灵芝均指 *Ganoderma lucidum*。2012年，我国学者陈士林（Chen，2012）在 *Nature* 上发表研究论文指出，灵芝单核菌丝的基因组大小约43.3Mb，由13条染色体组成，编码16 113个预测基因。

灵芝在我国已有2 000多年的药用历史，广泛收录于《神农本草经》《名医别录》《本草经集注》《本草纲目》等历代典籍之中，具有补中益气、安神益智、止咳平喘等功效，临床用于治疗心神不宁、失眠心悸、肺虚咳喘、虚劳短气、不思饮食等。现代研究表明，灵芝含有氨基酸、多肽、蛋白质、甾醇、生物碱、有机酸、三萜、多糖等多种化学成分，同时含有硒、锗等微量元素。药理研究表明，灵芝具有免疫调节、抗肿瘤、抗氧化、促进睡眠、改善记忆、降血压、降血脂等多种药理活性，且多与多糖和三萜类成分有关。

第二节　灵芝的起源与分布

一、起源

我国是最先使用灵芝的国家，也是最先开始人工栽培的国家。晋代道家代表人物葛洪在《抱朴子·内篇》中记有种芝术："夫菌芝者，自然而生，'以五石木'种芝，芝生，取而服之，亦与自然芝无异俱令人长生。"《本草纲目》中记述："方士以木积湿处，用药敷之，即生五色芝。"清代陈淏子在《花镜》中具体记述了"道家种芝法，每以糯米饭捣烂，加雄黄、鹿头血，包干冬笋，俟冬至日，堆于土中自出，或灌入老树腐烂处，来年雷雨后，即可得各色灵芝矣"。这些种芝术在当时不能不说是古人创造的栽培灵芝的可行方法，具有一定的科学原理，为今天人工培育灵芝积累了经验。

二、分布

据报道，野生灵芝在东亚、非洲、南美、北美、欧洲均有分布。据张小青（2010）调查，我国有灵芝科真菌野生分布记录的省份有 29 个，而灵芝作为一种温带类型灵芝，在我国长江流域和黄河流域为常见种，其在海南、云南、福建、广西、广东、贵州、四川、台湾、河北、浙江、湖北、江西、湖南、江西、北京、河南、山东、山西、陕西等 19 个省份均有分布。除此之外，在我国的西藏等地区，也有野生灵芝的分布（耿向永，2009）。

我国栽培灵芝子实体年产量 10 万 t 左右，孢子粉 5 000 t 左右。灵芝栽培遍布于我国南北各省份，主要集中在长江流域、闽浙、两广、山东、东北等地，形成了以浙江龙泉、安徽金寨、山东冠县、福建武夷山、吉林长白山等为代表的灵芝特色产区。如浙江龙泉年产灵芝子实体 1 100 余 t，孢子粉近 500 t，安徽金寨年产量 500 t 左右，山东冠县灵芝年产量 3 800 余 t，福建灵芝年产量达到 2 700 t。目前，我国灵芝栽培模式主要为段木栽培和代料栽培两种，多数地区以段木栽培为主，山东地区以代料栽培为主。

第三节 灵芝的分类地位与形态特征

一、分类地位

赤芝（*Ganoderma lucidum*）和紫芝（*Ganoderma sinense*）均属担子菌门（Basidiomycota）蘑菇纲（Agaricomycetes）多孔菌目（Polyporales）多孔菌科（Polyporaceae）灵芝属（*Ganoderma*）大型真菌。

但是，针对灵芝的分类地位，学术界尚有争议。首先，在对灵芝的科间分类上存在较大分歧：虽然从 20 世纪 90 年代开始，因灵芝属的形态特征与多孔菌科相似，许多学者将其归为多孔菌科，然而，早在 1948 年 Donk 就以灵芝属为基础建立了灵芝科，英国 IMI 出版的《真菌字典》第十版以及赵继鼎教授的《中国真菌志》中也已把灵芝科作为多孔菌目下的一个科单独分出来，并分 4 属，分别为灵芝属、假芝属（*Amauroderma*）、鸡冠孢芝属（*Haddowia*）和网孢芝属（*Humphreya*）。其次，对灵芝的属间分类也有争议。1881 年，芬兰植物学家 P. Karsten 将菌盖表皮光亮的灵芝类真菌归为一类，建立了灵芝属，并确定了模式种的拉丁学名 *Ganoderma lucidum*。20 世纪 70 年代以来赵继鼎教授将灵芝属分成 3 亚属：灵芝亚属（包括灵芝组和紫芝组）、树舌亚属和粗皮灵亚属。这一分类目前为大多数国内外学者所认可。第三，在对灵芝的种间分类上，中国学者近年来的工作对灵芝的传统分类地位提出了挑战。吴声华、戴芳澜、赵继鼎等多位学者研究表明，中国的"*G. lucidum*"与产自英国的 *G. lucidum* 并非同一物种，而是灵芝的一个新物种。Cao 等（2012）建议将其改名为灵芝（*G. lingzhi*）。Wang 等（2012）则建议将中国广泛种植的灵芝种更名为四川灵芝（*G. sichuanense*）。

二、形态特征

（一）菌丝

菌丝无色透明，有分隔、分枝，直径 1～3 μm（图 18 - 1）。菌丝体呈白色绒毛状。

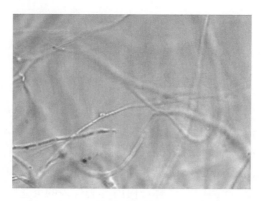

图 18-1　灵芝菌丝显微照片（400×）

（郑林用摄）

（二）子实体

担子果 1 年生，具柄，新鲜时木质较软，无臭，味苦，干燥后木质变硬。菌盖半圆形、贝壳样、肾形至圆形，偶有裂片，软木质，直径 10～22 cm，厚 1～4 cm。幼时菌盖表面浅黄色至土黄色，略有漆样光泽，成熟后橙棕色至红棕色，漆样光泽明显，一般可见同心圆样生长带。菌盖边缘锐利或略钝，有时略呈波浪形，幼时呈浅黄色至黄棕色，成熟后呈橙棕色至红棕色。菌柄扁平或近圆柱状，可背外侧侧生或水平侧生，幼时橙黄色至黄棕色，成熟后红棕色至紫棕色，可至 22 cm 长，3.5 cm 粗。腹面幼时白色，成熟时呈浅黄色，干燥后呈浅暗黄色，密布圆形或多角形小孔，每毫米间隔一个，直径 80～140 μm，管口壁厚 80～120 μm。菌肉上层浅黄色，下层土黄色，软木质，不具同心圆样生长带，厚 0.5 cm。孢子管不分层，土黄色，木质，可长至 2.2 cm。菌丝系统三体型，生殖菌丝透明，薄壁；骨架菌丝黄褐色，厚壁，近乎实心；缠绕菌丝无色，厚壁弯曲，均分枝（图 18-2）。

图 18-2　不同时期的灵芝子实体

（余梦瑶摄）

（三）孢子

担孢子椭圆形，顶端平截，棕黄色，双层壁结构，外壁透明、光滑，内壁淡褐色，可见小刺，甚至可见高 1.2 μm 的小脊，担孢子长 8～12 μm、宽 5～8 μm（图 18-3）。

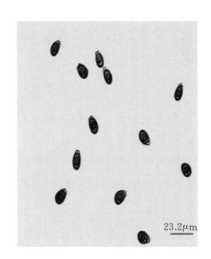

23.2μm

图 18 - 3　灵芝孢子显微照片（200×）

（郑林用摄）

第四节　灵芝的生物学特性

一、营养要求

（一）碳源

灵芝的栽培主要分为段木栽培和代料栽培。早期人工栽培灵芝以段木为主，近年来，随着土地成本上涨和对森林资源保护的日益重视，灵芝段木栽培发展逐渐受到限制，而以农副产物为主要原料，且能够实现土地高效利用的代料栽培模式发展较快。

段木栽培以壳斗科、桦木科等阔叶树段木为栽培基质，其碳源来源于段木中的木质纤维素，组成相对单一。但不同树种基质对灵芝生长有一定差异，如吕明亮等（2008）研究表明，不同树种基质对灵芝子实体外观色泽和生物学效率均有影响，适合灵芝栽培的树种排序依次为：枫香、青冈、漆树、杨梅、拟赤杨、白栎、甜槠。代料栽培多采用农副产物，如棉籽壳、玉米芯、杂木屑等为灵芝提供碳素营养。碳源材料间的差异远高于单一的段木基质，其不同配比对灵芝产量和质量有显著影响。如郑林用以杂木屑、棉籽壳、玉米芯为主要原料进行灵芝栽培，发现不同原料配比对灵芝产量和多糖、三萜含量具有显著影响，并分别获得了高产、高多糖、高三萜的灵芝栽培基质配方。此外，一些地方特色农副资源，如茶枝屑、甘蔗渣、板栗苞壳、中药副产物也作为碳源用于灵芝栽培。郭耀辉等（2011）研究发现，丹参、菊花、桔梗的非药用部位不但能够应用于灵芝栽培，而且其在适宜范围内能够增加灵芝生物学效率，提高多糖、三萜等活性成分含量。

灵芝对木质纤维素的利用主要依靠在菌丝生长过程中向胞外分泌漆酶、锰过氧化物酶、羧甲基纤维素酶、半纤维素酶和滤纸酶等水解酶，将基质中的木质纤维素降解为小分子的还原糖类物质，从而为其生长发育提供能量并构建自身碳骨架。李文涛等（2014）对这一生理过程跟踪研究发现，这些水解酶在灵芝的不同生长时期呈现不同的活力，漆酶和锰过氧化物酶在灵芝的菌丝生长期保持较高的活力，而羧甲基纤维素酶、半纤维素酶和滤纸酶活力较低；当灵芝进入生殖生长期之后，漆酶和锰过氧化物酶活力迅速下降，羧甲基纤维素酶、半纤维素酶和滤纸酶活力迅速升高。

(二) 氮源

灵芝可以利用多种氮源，包括无机氮源和有机氮源。段木栽培一般不额外添加氮源，菌丝氮源主要来源于段木基质。代料栽培主要以麸皮、玉米粉、豆粕等作为氮源。氮源的添加比例对灵芝的发生时间和产量有较强的影响。一般研究认为，菌丝生长阶段培养基质最适碳氮比为 20∶1，子实体生长阶段培养基质最适碳氮比以 30∶1～40∶1 为宜。碳源物质过多，氮源物质过少，灵芝菌丝生命力弱，结子实体提早，子实体小，产量低，衰老提早。若氮源物质过多，碳源物质过少，灵芝菌丝会徒长，结子实体时间推迟。郑林用以木屑为基础培养基质，比较了麸皮或玉米粉作为氮源的添加比例，发现添加 5% 的麸皮就能够满足灵芝高产的需要。

李文涛等（2014）跟踪灵芝生长过程中胞外蛋白酶的活性发现，在灵芝的生长周期内，灵芝胞外蛋白酶活力呈一直升高的趋势，尤其是在灵芝的生殖生长期，酶活力迅速升高，从而为灵芝子实体的发育提供氮源类物质。

(三) 矿质元素

灵芝所需的矿质元素有锌、铁、镁、磷、钾、钠、钙、铜、锰、钼、铬等。这些矿质元素中，只有磷是灵芝细胞核的一种主要构成成分，其他矿质元素大多是作为辅酶物质起提高酶活性的作用。灵芝对矿质元素的需要量甚微，在日常生产中往往不需要额外添加就能满足其生长需要。此外，有研究利用灵芝对硒、锗等元素的富集作用，通过在培养基质中添加无机硒、锗而制备具有药用活性的有机硒和有机锗。

(四) 维生素

灵芝生长还需要一定量的维生素类物质。这些物质的来源，一部分靠培养料供应（其中 B 族维生素灵芝不能合成，必须在培养基中添加少量，以促进灵芝的生长），另一部分由灵芝自身合成。灵芝对维生素的需要量极少，只需百万分之几即可，所以配制培养料时一般不需要额外添加维生素成分。

二、环境要求

(一) 温度

灵芝是一种恒温结实型真菌，其子实体分化不需要温度的变化刺激。灵芝也是一种高温型真菌，其菌丝生长的温度为 3～40 ℃，最适温度 25～28 ℃，10 ℃ 以下或 36 ℃ 以上菌丝生长极为缓慢，30 ℃ 以上菌丝细弱，抗逆性降低。子实体在 20～32 ℃ 均能分化，其中以 26～28 ℃ 最适。郑林用团队比较了代料栽培在不同出芝温度条件下的灵芝产量，结果表明在 25～35 ℃ 虽然灵芝原基分化和子实体成熟速度随温度增加而加快，但其产量在相对较低的 25～28 ℃时最高。

(二) 湿度

湿度是灵芝生长的重要条件。影响灵芝生长的湿度因素包括两个方面，即基质含水量和空气湿度。

段木栽培条件下，基质含水量一般在 40％左右。代料栽培条件下，基质含水量一般控制在 60％～65％，但最适含水量与基质材料的持水量有关，不同基质配方可能影响灵芝生长的最适含水量。如笔者团队以杂木屑 15％、棉籽壳 60％、玉米芯 15％、麦麸 8％、石膏 1％、石灰 1％为配方进行最适含水量研究发现，其含水量在 70％左右时灵芝产量和灵芝多糖、三萜含量均较高。

在子实体发育阶段，要求空气相对湿度 80％～95％。空气相对湿度低于 80％，对子实体生长发育不利，可能造成灵芝失水干缩，提前弹射孢子，但长期处于高湿状态，灵芝芝片生长速度加快，芝片密度小、薄，并且容易感染杂菌。笔者团队研究发现，出芝时湿度控制在 90％时，灵芝产量、灵芝三萜含量较湿度 70％和 80％时更优。

(三) pH

灵芝菌丝适合生长在偏酸性环境中，pH 4～7 时均能生长，最适 pH 5.5～6.5。当 pH<5.5 时，菌丝细弱，密度稀，生长速度也会减慢。过碱，灵芝菌丝会停止生长，不能形成子实体。因此，在配制培养基时，要添加一定量石灰、石膏、碳酸钙等，从而防止培养料到后期变得过酸。同时，pH 对灵芝次生代谢也有较大影响。笔者团队研究发现在基质中添加 4％生石灰，灵芝菌丝生长速度最快，长势最好，产量最高，但添加 1％生石灰时，灵芝多糖和三萜含量较高，因此可以根据实际需要选择生石灰的添加量。

(四) 光照

灵芝菌丝生长阶段不需要光照，黑暗环境有利于菌丝生长。但当形成子实体和子实体开片时，就必须有足够的光照。光照能使菌丝分化形成菌蕾和使子实体开片，光照度小于 100 lx 时，只能形成类似菌柄的凸起物而不分化出菌盖；在 300～1 000 lx 时，菌柄细长、菌盖瘦小，光照度达到 3 000～15 000 lx 时，菌柄和菌盖生长正常。灵芝子实体具有很强的向光性，因此在栽培过程中，一旦原基分化后就不能随便改变光源方向或者任意挪动位置，否则容易形成畸形芝。

(五) 通风

灵芝属于好气性真菌，需要空气中有足够的氧气供应才能正常发育。在菌丝生长阶段，菌丝对二氧化碳有一定的耐受能力，但良好的通气条件可加速菌丝的旺盛生长。子实体生长阶段不同，对二氧化碳的需求不同。菌蕾形成阶段，空气中二氧化碳浓度高于 0.1％时，菌蕾形成迟缓，开片慢；二氧化碳浓度高于 0.3％不能形成菌蕾；子实体开片时，空气中二氧化碳浓度为 0.03％～0.1％，当其浓度超过 0.1％时子实体就不能很好开片，柄长；当浓度高于 0.3％时子实体会呈鹿角状，灵芝孢子粉不能形成。

三、生活史

灵芝生活史可大体分为 6 个阶段的循环：①分布在灵芝菌管壁上的担子将成熟担孢子弹射出去；②担孢子萌发产生芽管 1 条至多条，每条芽管内含有多个细胞核；后来产生横隔，每个细胞内只保留 1 个核，形成初级菌丝；③两条异质的初级菌丝融合，完成质配，形成次级菌丝；④次级菌丝在基质内生长，形成菌丝体；⑤菌丝体出现分化，形成子实体原基，由原基发育成子实体；⑥子实体子实层上的担子进行核配、减数分裂，最后产生 4 个担孢子（图 18-4）。

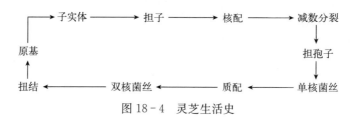

图 18-4　灵芝生活史

四、灵芝病虫害

灵芝病虫害发生较为普遍，我国各地均有发生，严重制约了我国灵芝生产的发展。我国各地主要灵芝病虫害种类基本类似。汪义平（2009）调查安徽省旌德县灵芝病虫害，发现病害 5 种，害虫 9 种，其中病害主要病原为木霉、疣孢霉、链孢霉、曲霉、黏菌，害虫种类为球蕈甲、灵芝造桥虫（学名待定）、灵芝谷蛾、灵芝夜蛾、黑腹果蝇、跳虫、螨类、白蚁、蛞蝓等。班新河等（2010）指出灵芝病害常见病原有细菌、酵母、木霉、青霉、毛霉、根霉、链孢霉、曲霉、截头炭团菌等，害虫主要为灵芝谷蛾、灵芝夜蛾、球蕈甲、毛蕈甲等。四川省农业科学院植物保护研究所卢代华调查了灵芝谷蛾在成都地区的发病规律：以幼虫（估计）越冬，在翌年 4 月活动，6～7 月出现第二代成虫，8～9 月是第二代幼虫危害高峰期，10 月仍有幼虫持续危害；并筛选了防治灵芝害虫的生物药剂，推荐使用 1.8% 阿维菌素（图 18-5）。

图 18-5　灵芝谷蛾及其综合防控措施
（卢代华摄）

第五节 灵芝种质资源

一、概况

灵芝传统以子实体入药，现代多利用其子实体和孢子粉。灵芝收录于《中华人民共和国药典》、《可用于保健食品的真菌菌种名单》和《已批准使用的化妆品原料名称目录》中，因此灵芝可作为合法原料用于药品、保健食品和化妆品的开发。

作为一种重要的药用菌资源，我国对灵芝种质资源的研究十分重视。目前国家认定和省份审定的灵芝新品种超过 15 个，同时研究人员采用新的研究思路和研究方法，在灵芝种质资源的整理、鉴定、挖掘和选育等方面开展了大量的工作，为我国灵芝产业的发展提供了有力的技术支撑。

二、优质种质资源

针对灵芝的高产（子实体、孢子粉）、高抗（抗逆、抗杂菌）、商品性状等农艺指标，目前在生产中有较为丰富的优质灵芝种质资源得到广泛应用，如耐高温品种灵芝泰山-4、灵芝昆嵛山-6；抗杂菌的芝 102、芝 120；商品性状好的金地灵芝、灵芝泰山-4 等。目前，通过农业农村部认定的新品种主要有 4 个：金地灵芝、川灵芝 6 号、灵芝 G26 及泰山赤灵芝 1 号。一些较早应用于生产的菌株如圆芝 6 号、川引、韩芝等种质资源，虽未进一步审定、认定，但因其生产性能较好，配套栽培技术成熟，目前仍然有较为广泛的推广应用。部分审定、认定灵芝新品种特性简要总结如下。

1. 沪农灵芝 1 号［沪农品认食用菌（2009）第 003 号］ 上海市食用菌研究所选育。子实体形态佳，质地坚硬；朵大，直径 13～21 cm；有明显环沟，边缘圆钝；底色好，菌肉颜色由木材色至浅褐色；菌盖厚，约 1 cm。菌柄侧生，长 9.6～10.6 cm。子实体产孢子能力强，平均 50 kg 段木孢子粉产量 1.1 kg，孢子大小为（8.0～11.3）μm×（5.3～6.5）μm，孢子壁双层，内有小刺。具有良好的抗病性。

2. 金地灵芝（国品认菌 2007044） 四川省农业科学院土壤肥料研究所选育，2007 年经国家认定品种。由 1998 年在成都狮子山林间发现的灵芝子实体经组织分离纯化后利用原生质体再生方式获得。段木栽培和代料栽培均可。单生，菌盖直径 8～25 cm，厚 1.0～1.2 cm，黄色至红褐色，肾形或半圆形，质地致密；菌柄侧生，长 6～10 cm，直径 1～3 cm。原基分化早，菌盖分化时间短，原基形成不需要温差刺激。可连续 1～2 年出芝。产量比圆芝 6 号高 10.0%～16.4%，比川引高 10.3%～20.2%。芝形优美，具有观赏性。

3. 川灵芝 6 号（国品认菌 2007045） 四川省农业科学院土壤肥料研究所选育，2007 年国家认定品种。四川省德昌县野生种经人工驯化获得。子实体单生，直径可至 7～12 cm，厚 1.0～1.2 cm，芝体致密，菌盖褐色，菌盖厚；菌柄长，袋栽条件下长 2～4 cm，段木栽培条件下可长至 8～12 cm，质地坚硬；袋栽发菌期 25～30 d，无后熟期，栽培周期 100 d；短段木熟料栽培周期为 150 d。出芝不需温差刺激，子实体对二氧化碳耐受性较差。潮次明显，间隔期 25 d。川灵芝 6 号分别与 GL5、韩芝、慧芝和 GL8031 品种对比可增产 29.16%、6.05%、41.87% 和 33.72%。

4. 灵芝 G26（国品认菌 2007046） 四川省农业科学院土壤肥料研究所选育，2007 年国家认定品种。经韩芝与红芝原生质体融合获得。菌丝粗壮白色，斜面培养基上偶有转色现象，菌丝生长最适温度 24～26 ℃，湿度 65%，好气性，pH 6～7；子实体生长最适温度 28～33 ℃，菌盖分化最适光照度 3 000～5 000 lx，空气相对湿度 85%～90%，通气良好。原基分化时间 15 d 左右，原基分化到子实体成熟约 50 d。适合四川省生产灵芝的地区栽培。

5. 荣保灵芝 1 号（川审菌 2010009） 成都荣保生物科技开发有限公司选育。四川省苍溪县野生灵芝菌株。多为熟料袋栽，生物学效率为 11% 左右（以灵芝子实体干品计）。子实体菌盖大小（8.9～13.2）cm×（14.9～21.1）cm，表面为褐红色，有棱纹，菌孔面为浅米黄色；菌柄 2.3～5.2 cm。菌丝体生长温度 15～35 ℃；出芝温度 24～34 ℃，子实体发育需 3 200～5 000 lx 散射光。温差 5～10 ℃利于子实体菌盖分化，无须变温结实。正常自然条件下 73～76 d 出芝，出芝转潮期为 10～12 d。四川灵芝种植地区均可栽培。

6. 南韩灵芝（鲁种审字第 0349 号） 山东省引进品种。子实体为木栓质，芝形整齐，菌盖呈扇形，红褐色，质地紧密，菌盖厚，直径 3～12 cm，有明显环状棱纹及辐射状皱纹，边缘平截；菌柄短，分枝多。菌丝体细密洁白，菌丝生长较快，25 ℃下生长速度为 1 cm/d左右，菌丝生长温度 8～35 ℃，pH 5～6，菌丝培养期间需散射光。子实体生长温度 24～35 ℃，子实体生长发育不需要变温；对二氧化碳敏感，需较充足的散射光且有趋光性，子实体易分化成小芝，抗污能力强。

7. 灵芝泰山-4（鲁农审 2009091 号） 山东省泰安市农业科学研究院和山东省农业科学院植物保护研究所联合选育。高温品种。菌丝体洁白、粗壮、浓密，生长整齐，无气生菌丝。子实体长 20～50 cm，粗 1.2～2.0 cm，呈鹿角状分枝；幼时淡黄色，成熟后为棕褐色，有光泽。产孢子量较少，多糖含量较泰山赤灵芝高。

8. 灵芝昆嵛山-6（鲁农审 2009092 号） 山东省临朐县食用菌技术推广管理服务站和鲁东大学联合选育。高温型品种。由昆嵛山 01-6 菌株和 01-23 灵芝菌株原生质体融合而成。菌丝体浓密、洁白、粗壮。菌盖平展，直径 10～40 cm，厚 0.8～3 cm，表面褐色，中央色浓，有同心环纹；菌肉呈均匀褐色，背面褐色至锈褐色；菌柄长 3～6 cm，粗 2～5 cm，褐色，圆柱状，纤维质；担孢子卵圆形，褐色，产孢率高，三萜和多糖含量均较高。

9. 泰山赤灵芝 1 号（国品认菌 2007047） 山东省泰安市农业科学研究院选育，2007 年国家认定品种。中高温品种。由泰山野生种驯化育成。PDA 培养基上菌落白色，后期为浅硫黄色。担孢子卵圆形，顶端平截，浅褐色至浅黄褐色，双层壁，外壁无色透明，内壁浅黄褐色，纹饰明显。子实体单生或丛生，菌盖厚 1.0～1.5 cm，直径 5～20 cm，具明显的同心环棱，红褐色至土褐色，腹面黄色；菌柄深红色，柱状，一般长 1～2 cm，光滑且亮，特殊培养可至 10 cm 以上。菌丝生长最适温度 25～28 ℃，子实体生长最适温度 25～30 ℃；代料栽培发菌需要 45 d 左右，无后熟期，从原基形成到子实体成熟需要 55 d 左右。

10. 芝102（原名：金山102）（闽认菌2011003） 福建农林大学菌物研究中心和福建仙芝楼生物科技有限公司联合选育。由南韩灵芝与G8-2原生质体单核化菌株杂交选育而成。子实体多为单生，质地紧密，赤红色，朵形美观；菌盖心形，直径9.3～22.3 cm，中心厚度1.65～2.34 cm，表面具有明显同心环纹；菌柄侧生，长10.0～13.0 cm。灵芝多糖含量0.69%，总三萜含量2.4%。杂菌感染率2.3%。

11. 芝120（原名：金山120）（闽认菌2011004） 福建农林大学菌物研究中心和福建仙芝楼生物科技有限公司联合选育。由南韩灵芝与韩国灵芝原生质体单核化菌株杂交选育而成。子实体多为单生，质地紧密，赤红色，朵形美观；菌盖心形，表面具有明显同心环纹，直径8.0～19.5 cm，中心厚度1.53～1.73 cm；菌柄侧生，长度为11.0～27.0 cm。灵芝多糖含量0.62%，总三萜含量2.6%。杂菌感染率1.2%。

12. 辽引灵芝1号（辽备菌〔2006〕3号） 辽宁省农业科学院食用菌研究所从韩国引进。菌丝无色透明，呈线形分枝，有许多隔。菌丝分枝多，常纵横交错，集结一起形成菌索，表面常有一层白色结晶体。子实体菌盖半圆形或正肾形，长可至12～20 cm，厚2 cm左右，表面有漆状带光泽，有环状棱纹与辐射状皱纹，边缘稍薄，稍内卷；菌柄侧生柱状。菌丝生长温度为6～30 ℃，培养料含水量为60%～65%，空气相对湿度为70%～80%；子实体生长温度为10～30 ℃，相对湿度为85%左右。生产周期为180 d。

三、特殊种质资源

2000年以来，灵芝作为一种药材被《中华人民共和国药典》收录。因此，作为一种可广泛用于保健品、化妆品、药品及临床使用、开发的药材资源，其内在品质及药用活性越来越被重视。以内在品质（水分、总灰分、酸不溶性灰分、浸出物、多糖含量）作为灵芝品种筛选的标准之一，是灵芝种质资源开发区别于只注重其农艺性状的传统研究的新内容。例如，2009年浙江省审定的品种仙芝1号，专门提到了灵芝的活性成分含量。四川省在2009年和2011年以中药材分类分别审定了两个药用灵芝品种，以区别于传统的食用菌审定，将灵芝作为药材来对待。

1. 药灵芝1号（川审药2009005） 德阳市食用菌专家大院经筛选获得的优良菌种。生育期约125 d。子实体呈扇形，菌盖厚度1.0～2.0 cm，半径5.1～9.3 cm，菌柄直径1.0～1.9 cm，长度5.7～9.5 cm，性状表现稳定一致（图18-6）。经四川省食品药品检验所测定，内在品质（水分、总灰分、酸不溶性灰分、浸出物、多糖含量）符合《中华人民共和国药典》（2005版，一部）的规定。段木栽培产量可达26.63 g/kg，比对照灵芝G26增产10%以上。适合在四川种植。

2. 药灵芝2号（川审药2011003） 德阳市食用菌专家大院经系统选育而成。生产周期约124 d。子实体大而美观（图18-7），菌盖、菌柄颜色较深，气微香，味苦涩。段木栽培产量可达到28.38 g/kg，比对照药灵芝1号增产12%以上。经法定机构检测，水分含量12.3%，总灰分含量1.0%，酸不溶性灰分含量0.01%，浸出物含量5.9%，灵芝多糖含量0.52%，符合《中华人民共和国药典》（2005版，一部）标准。适合在四川灵芝大棚种植区域种植。

图 18-6　药灵芝 1 号

（余梦瑶摄）

图 18-7　药灵芝 2 号

（余梦瑶摄）

3. 仙芝 1 号［浙（非）审菌 2009003］　金华寿仙谷药业有限公司（浙江寿仙谷生物科技有限公司）选育。木栓质，有柄，1 年生子实体，菌丝生长快，子实体耐高温。菌盖厚实，菌肉致密。菌盖大小（5～20）cm×（8～28）cm，厚 1～2 cm，有纵皱纹、同心环带和环沟，盖缘钝或锐，有时内卷。菌肉淡白色、淡褐色至浅褐色，近菌管处呈淡褐色或近褐色，木栓质，厚约 10 cm；菌柄直径 1.5～3 cm，长 5～15 cm，侧生或偏生，幼时呈中生，呈紫褐色，具漆样光泽。代料栽培，平均折干率为 31.49%，灵芝多糖、三萜平均含量分别为 2.13%、0.61%；段木栽培平均折干率为 41.64%，灵芝多糖、三萜平均含量分别为 2.47%、0.83%。适合浙江省栽培应用。

四、近缘种质资源

从药用历史来看，传统应用的灵芝除赤芝外，还包括了具有药用价值的其他灵芝属的真菌，其中包括进入《中华人民共和国药典》的紫芝以及民间常与赤芝混淆的松杉灵芝、树舌灵芝等。

1. 紫芝　紫芝最早是在 20 世纪 50 年代由中国科学院微生物研究所驯化栽培成功，但是关于紫芝种质资源研究很少，栽培的种质资源主要来源于野外驯化品种。

陈体强等（2006）对野生紫芝人工驯化得到的菌株闽紫 96 进行了详细的报道。闽紫 96 子实体中型，菌盖大小（7.0～9.0）cm×（10.0～17.3）cm，其担孢子形态饱满，大小（6.84～7.37）μm×（10.26～11.05）μm，较灵芝担孢子大；采用阔叶树枝树丫材栽培，平均年产量为 12.70 kg/m³（干品/菌材）。化学成分分析结果表明，闽紫 96 每 100 g 超细粉的水分、粗蛋白、粗脂肪、粗纤维、总糖、灰分及多糖含量分别为 4.2 g、10.84 g、3.71 g、36.5 g、30.2 g、1.7 g 和 1.3 g，100 g 超细粉所含 17 种氨基酸总量为 9.30 mg，其中必需氨基酸占 65.7%；其脂肪酸构成以油酸（45.5%）、亚油酸（27.7%）及棕榈酸（18.8%）为主。

龙紫 2 号（武芝 2 号）（闽认菌 2012002）是我国唯一一个经品种认定的紫芝品种，

2012 年由武平县食用菌技术推广服务站、福建仙芝楼生物科技有限公司、武平盛达农业发展有限公司、福建省农业科学院食用菌研究所在福建武平选育成功。该品种是从梁野山自然保护区采集的野生紫芝，通过组织分离和栽培获得。子实体多单生；菌盖近圆形，直径 8～30 cm，中心厚 1.25～2.35 cm，中央略下凹，紫褐色至紫黑色，表面具同心环纹和放射状纵皱或皱褶，有似漆样光泽；菌肉棕褐色，质地坚硬；菌柄多数中生，长度为 5～15.9 cm。经福建省分析测试中心检测，每 100 g 灵芝（干样）含粗蛋白 13.3 g，灵芝多糖 0.24 g（以葡萄糖计）、粗脂肪 1.5 g，品质优于对照紫芝 X5。经龙岩市植保站田间调查，菌丝培养期间杂菌感染率 1.20%，低于当地主栽品种紫芝 X5，田间出芝阶段未发现病虫害。

2. 松杉灵芝（*Ganoderma tsugae*） 主要分布于我国黑龙江、吉林、内蒙古、甘肃等地，生长于针叶树基部，民间多当灵芝入药，具有扶正固体、滋补强壮的功效，用于预防多种疾病。菌盖半圆形、扁形、肾形，木栓质，直径 6.5～2.0 cm，厚 0.8～2.0 cm，表面红色，皮壳亮，漆样光泽，无环纹带，有的有不十分明显的环带和不规则的皱褶，边缘有棱纹。菌肉白色，厚 0.5～1.5 cm，管孔面白色，后变肉桂色，浅褐色柄短而粗，侧生或偏生，有与菌盖相同的漆壳，长 3～6 cm，粗 3～4 cm。主要的生物活性成分有灵芝酸 B、灵芝酸 B 甲酯、赤芝酸 C 甲酯、赤芝酸 A、赤芝酸 A 甲酯、灵芝酮二醇、灵芝醇 A、灵芝酮三醇、灵芝三醇、灵芝酸 C、灵芝酸 A、赤芝酮 A、赤芝酸 C、赤芝酸 LM1 等。

3. 树舌灵芝（*Ganoderma applanatum*） 树舌灵芝是灵芝属中子实体最大的一种，在民间也有入药的记载，易与灵芝混淆。树舌灵芝菌盖半圆形、新月形、肾形或缓山丘样形成半圆盘形。无柄，长径 10～40 cm，短径 8～30 cm，大者可达 80 cm×30 cm，厚 15 cm；边缘钝，圆滑或呈云朵状；上表面呈灰棕色、褐色或灰色，无漆样光泽，有同心环状棱纹，高低不平或具有大小不等的瘤突，皮壳脆，角质，厚 1～2 mm。菌肉浅栗色，近皮壳处有时显白色，软木栓质，厚 0.5～1.5 cm。菌管显著，多层，浅褐色，有的上部菌管呈白色，层间易脱离，每层厚约 1 cm，有的层间夹栗色薄层菌肉。管口孔面近白色至淡黄色或暗褐色，口径极为微小，每毫米有菌管 5～6 个。质硬而韧，气微，味微苦。主要的生物活性物质有扁芝酸、树舌酸、灵芝酸、aplanoxidic acid 等。

4. 其他 吴兴亮（2013）统计了我国具有药用价值的灵芝：厦门假芝（*Amauroderma amoiense*）、皱盖假芝（*Amauroderma rude*）、假芝（*Amauroderma rugosum*）、黑灵芝（*Ganoderma atrum*）、南方灵芝（*Ganoderma australe*）、布朗灵芝（*Ganoderma brownii*）、喜热灵芝（*Ganoderma calidophilum*）、薄盖灵芝（*Ganoderma capense*）、弱光泽灵芝（*Ganoderma curtisii*）、拱状灵芝（*Ganoderma fornicatum*）、有柄灵芝（*Ganoderma gibbosum*）、桂南灵芝（*Ganoderma guinanense*）、海南灵芝（*Ganoderma hainanense*）、迭层灵芝（*Ganoderma lobatum*）、黄边灵芝（*Ganoderma luteomarginatum*）、新日本灵芝（*Ganoderma neojaponicum*）、狭长孢灵芝（*Ganoderma orbiforme*）、无柄灵芝（*Ganoderma resinaceum*）、弗氏灵芝（*Ganoderma pfeifferi*）、茶病灵芝（*Ganoderma theaecola*）、热带灵芝（*Ganoderma tropicum*）、长柄鸡冠孢芝（*Haddowia longipes*）。这些灵芝种质资源报道较少。

第六节 灵芝种质资源研究和创新

一、灵芝种质资源在蛋白质水平上的研究

笔者团队对 38 个灵芝菌株的酯酶同工酶进行了分析，结果发现同是名为灵芝但来源不同的菌株，在以酯酶同工酶为基础的聚类结果上却仅有 69.1% 的遗传相似度，存在同名异种的现象；另外，商品名不同、来源也不同的灵芝之间的酯酶同工酶酶谱相同，聚类相似度为 100%，说明它们可能是同种异名（贾定洪，2006）。秦俊哲（2013）对 9 个灵芝菌株进行了酯酶同工酶分析，结果发现在相异系数为 0.62 时，所有供试菌株归为 1 个群，在相异系数为 0.81 时，9 个菌株分为 5 个群。方白玉（2013）对粤北 5 株野生灵芝与 9 株栽培灵芝进行酯酶和过氧化物酶同工酶及可溶性蛋白比较与分析，结果发现酯酶和过氧化物酶同工酶酶谱在酶带数量和酶活性方面都表现出一定的差异，但可溶性蛋白差别不大，聚类分析发现，野生灵芝菌株与栽培菌株之间差异较大。

二、灵芝种质资源在基因水平上的研究

灵芝的交配系统由不连锁的 A、B 两个座位控制，它们分别含有大量等位基因，形成丰富的交配型。徐江（2013）利用生物信息学分析定位并分析灵芝交配型位点 A 和 B，结果发现灵芝交配型座位 A 位于 Scaffold1，跨度 90 kb，编码 31 个基因，包括两个同源异型结构编码基因 *HD1* 和 *HD2*，交配型座位 B 位于 scaffold14，跨度为 100 kb，包含 6 个费洛蒙编码基因和 7 个 STE3 - like 费洛蒙受体基因。陈裕新等（2012）对灵芝群体交配基因型进行了研究，结果鉴定出七大类交配基因型，并发现 A 因子含有 4 个等位基因，B 因子含有 4 个等位基因，以及 1 个特殊的 A 混合基因，4 类交配型出现了一定程度的偏分离。吴小平等（2009）在对灵芝进行杂交育种时也发现，获得的同一交配型的单核菌株表现出不同的形态特征及生长速度，且两种交配型非等比例分配。

苏春丽（2006）利用 ITS 序列分析技术对中国 45 个栽培灵芝菌株进行了亲缘关系分析，通过聚类分析将我国主要栽培灵芝分成了三大类群：树舌亚属、紫芝组和灵芝组，其中 85.1% 灵芝组菌株均聚于灵芝组，表明这些栽培灵芝总体上亲缘关系比较近，遗传多样性并不丰富。陈凌华（2007）采用 SCAR 分子标记对 90 个灵芝菌株进行了聚类分析，结果表明在 0.38 距离值下将 90 个菌株分为 10 类，其中部分菌株遗传相似系数均为 1，存在同种异名的情况。唐传红（2004）利用 RAPD 和 ERIC - PCR 分析，结果均发现我国灵芝在较高的相似性（0.800）水平上聚成 25 类，结合形态学研究发现我国灵芝大量存在同株异名的现象，栽培品种商品名赤芝、圆芝 6 号、大仙 823、韩芝、泰山仙芝、红灵芝实为一个菌株，另外还发现被命名为灵芝组的黑芝的菌株实际为紫芝，存在同名异种现象。

三、种质资源的创新

（一）原生质体杂交育种在灵芝种质资源创新中的应用

彭卫红等（2006）采用韩芝和红芝为亲本，进行原生质体融合，获得 125 株再生

菌株，并对其进行了栽培研究，结果发现各菌株间的农艺性状具有显著差异，其中 HH55、HH58 和 HH87 具有突出的农艺性状。吴小平等（2009）选择遗传距离较远和农艺性状互补的灵芝菌株作为亲本菌株进行了原生质体单核化杂交，从中获得了 24 株杂交菌株，并对其生物学特性、农艺性状以及菌丝多糖、发酵液多糖、子实体多糖含量等进行了测定，从中筛选出了栽培农艺性状好和液体发酵多糖产量高的灵芝菌株各 1 株。

（二）诱变育种在灵芝种质资源创新中的应用

目前灵芝种质资源创新采用的诱变技术主要有紫外线诱变、化学诱变和太空诱变。董玉玮等（2009）采用紫外线诱变赤灵芝原生质体，筛选出 9 株突变株，相对于出发菌株有机锗含量均有所提高，其中 4、2、1 号菌株较出发菌株有机锗含量分别提高了 113.58%、105.87%、103.86%。孙金旭等（2009）采用紫外线诱变灵芝原生质体的方法，获得 30 株诱变菌株，并从中筛选出突变株 Hs - 261，菌体产率和多糖产量明显优于原始菌株，液体发酵菌体产量与出发菌株相比提高 38.71%，多糖产量相对提高 79.16%。李颖颖等（2011）采用低能 N^+ 注入对灵芝孢子进行诱变，筛选到了 1 株灵芝高产菌株 GL1026，其子实体产量、多糖含量、三萜含量分别较对照菌株提高了 15.94%、9.68%、17.60%。董玉玮等（2012）研究了氯化锂、甲基磺酸乙酯、亚硝酸诱变灵芝原生质体，结果发现氯化锂诱变株 L31 遗传性状最稳定，第三、五、七、九代胞外多糖产量较原发菌株分别提高了 738.58%、671.07%、683.25%、673.10%。祁建军等（2002）对 1999 年利用神舟号宇宙飞船搭载的 4 个灵芝菌株开展了酯酶同工酶和生理特性的研究，结果发现其中有 2 个菌株的酯酶同工酶酶谱发生了变化，有 2 个菌株的菌丝生长速度发生了变化。邓春海等（1999）研究了经"961020"返地式卫星搭载后太空诱变筛选出的新菌株卫星灵芝 1 号、卫星灵芝 2 号和卫星灵芝 3 号，结果发现诱变后的 3 个灵芝菌株菌丝活力明显增强、纤维素酶活力增加，卫星灵芝 2 号的产量和氨基酸含量显著增加，抑瘤作用明显增强。

（三）具有突出药效品质的种质资源挖掘

根据我国现有法规，灵芝产品的开发仍以保健食品、药品、化妆品以及饮片为主，并且对灵芝品质的要求日益提升。如 2010 年颁布的《中华人民共和国药典（一部）》中对灵芝成分的含量检测要求多糖不得少于 0.5%，而 2013 年发布的药典增补版中，不仅增加了三萜和甾醇的含量测定，并要求不得少于 0.5%，而且对其多糖含量要求提升至不得少于 0.9%。因此，挖掘品质更为优良的种质资源，是灵芝种质资源创新的重大内容，众多学者在这方面积累了许多优秀的研究成果。笔者（2007）比较了 18 个灵芝属菌株的多糖和三萜含量，发现这些菌株子实体多糖含量为 0.879%～2.348%，三萜含量为 0.371%～5.788%，其中赤芝中多糖、三萜含量最高分别达到 2.038% 和 5.788%，获得了具有高产高多糖和高三萜潜力的优势资源。陈凌华（2007）对 66 株灵芝属菌株进行了多糖含量分析，筛选得到多个高多糖含量的菌株，为后续的品种选育提供了丰富的种质资源。付立忠等（2009）等比较了 12 个灵芝品种的子实体多糖和三萜含量，发现二者不具有显著的相关性，提出需要选择有效成分含量互补的菌株作为亲本进行新品种培育，从而获得多糖和三萜均高的加工专用品种。

同时，在种质资源评价方法上，近年来研究也逐渐深入。如史先敏（2008）应用灰色关联度分析方法得出了灵芝三萜的指纹特征与其肿瘤抑制率之间的关联系数和关联度，建立了三萜指纹图谱特征与药效关系的模型，为种质资源的评价提供了新的思路。笔者（2007）按照中药生物质量评价的思路，利用细胞和动物模型，比较了不同灵芝菌株在免疫调节、抗疲劳、促进睡眠、耐缺氧、促进 PC12 细胞分化等方面的药效差异，更为直接地获得了具有优质药效的种质资源。四川省中医药科学院罗霞团队在灵芝种质资源的生物质量评价方面开展了大量工作，并进一步应用于相关产品的开发：该团队利用淋巴细胞增殖、巨噬细胞生成 NO、血清溶血素生成、碳粒廓清等方法，筛选获得 1 株在细胞水平和整体动物水平上均有显著免疫增强活性的灵芝种质资源，并对其进行了品种选育，育成我国首个通过中药材新品种审定的灵芝新品种药灵芝 1 号，并利用其为原料，开发了灵芝胶囊、灵芝孢子粉胶囊等保健品；采用跳台实验和 Morris 水迷宫实验系统地对 8 份灵芝种质资源进行了改善学习记忆功能的评价（曾瑾，2008），从中筛选获得了 1 株优质菌株，并进一步对其进行了系统的药效评价和机制研究，在此基础上经系统选育，育成我国第二个通过中药材新品种审定的灵芝新品种药灵芝 2 号，获得了具有治疗阿尔茨海默病的优质材料，并作为主要药材应用于中药复方新药的研发中；采用体外抗氧化、B_{16} 细胞酪氨酸酶抑制、B_{16} 细胞黑色素生成等试验，从 11 份灵芝种质资源中筛选获得 1 株具有化妆品开发潜力的菌株，并以此为原料开发了"香木林""凯莲娜"灵芝系列化妆品；采用体外肿瘤细胞增殖抑制方法，评价了 38 株灵芝的抗肿瘤活性，表明其抗肿瘤活性与三萜含量间无相关性，并筛选获得 2 个具有开发抗肿瘤相关产品潜力的优质菌株；采用过氧化氢致 PC12 细胞损伤模型，从我国 10 个主栽灵芝品种中筛选获得 1 个具有神经细胞氧化损伤保护的优良材料。

（四）菌株特异性分子标记的研究

我国的灵芝生产用菌种非常混乱，存在同种异名、同名异种的现象。但目前缺乏相应的监管技术手段，不利于从源头上对灵芝产品进行管控，严重制约了灵芝产业的发展。同时，一些具有优良性状的新品种、新菌株被不正当手段获取，而拥有者难以举证、执法者难以查实，知识产权难以得到有效保护。基于此，一些学者利用分子生物学技术，开展了灵芝菌株特异性分子标记的研究，以期实现灵芝菌株快速、简便、准确的特异性鉴别。许美燕（2008）基于 SRAP 和 ISSR 分子标记，利用 DNA 池技术，筛选获得 4 个 SCAR 标记，可分别针对 4 个菌株进行特异性鉴别。张肖雅等（2013）采用 SSR 分子标记技术，利用 5 对 SSR 引物，完成了 11 株灵芝菌株的分子 ID 构建，用以进行一一区别。Su 等（2008）从 ISSR 标记中筛选并进一步得到一个 SCAR 标记，能够准确地从 21 株灵芝菌株中鉴定出唯一的目标菌株。

（郑林用）

参考文献

班新河，魏银初，李九英，2010. 无公害短段木熟料灵芝高效栽培技术 [J]. 中国农村小康科技（10）：65-67.

陈凌华，2007. 高多糖灵芝种质资源研究与 SCAR 标记分析 [D]. 福州：福建农林大学.

陈体强，吴锦忠，李晔，等，2006. 福建野生紫芝资源开发利用Ⅱ. "闽紫96"（中国灵芝）[J]. 菌物研究，4（4）：27-32.

陈裕新，夏志兰，刘东波，等，2012. 灵芝群体交配基因型分析 [J]. 中国农学通报，28（10）：213-218.

邓春海，黄廷钰，冀宝嬴，等，1999. 太空诱变对灵芝菌株特性的影响 [J]. 食用菌（5）：9-10.

董玉玮，苗敬芝，曹泽虹，等，2009. 紫外诱变赤灵芝原生质体选育高产有机锗菌株的研究 [J]. 食品科学，30（15）：188-192.

董玉玮，苗敬芝，曹泽虹，等，2012. 灵芝原生质体化学诱变育种 [J]. 食品研究与开发，33（6）：166-170.

方白玉，2013. 粤北野生灵芝与栽培灵芝同工酶及可溶性蛋白的研究 [J]. 食用菌（1）：9-11.

付立忠，吴学谦，李明焱，等，2009. 灵芝品种子实体多糖和三萜含量分析与评价 [J]. 中国食用菌，28（4）：38-40.

耿向永，2009. 西藏野生灵芝（Ganoderma lucidum）群落分析及其品质研究 [D]. 拉萨：西藏大学.

郭耀辉，罗霞，郑林用，等，2011. 中药非药用部位栽培灵芝的活性成分及药效变化 [J]. 微生物学报，51（6）：764-768.

贾定洪，郑林用，张小平，等，2006. 灵芝属 38 个菌株的酯酶同工酶研究 [J]. 西南农业学报，19（3）：502-505.

李文涛，余梦瑶，罗霞，等，2014. 栽培灵芝生长周期内基质中物质含量的变化规律及其机理研究 [J]. 中草药（4）：552-557.

李颖颖，谢瑀婷，全卫丰，等，2011. 低能 N⁺ 离子注入诱变选育灵芝高产菌株的研究 [J]. 药物生物技术，18（1）：32-37.

吕明亮，应国华，斯金平，等，2008. 基质对段木灵芝栽培外观与产量的影响 [J]. 中国食用菌，27（5）：22-24.

彭卫红，郑林用，甘炳成，等，2006. 灵芝原生质体融合 HH 系列菌株的选育研究 [J]. 西南农业学报，19（3）：498-501.

祁建军，陈向东，兰进，2002. 神舟号飞船搭载灵芝的酯酶同工酶研究及生长速度测定 [J]. 核农学报，16（5）：289-292.

史先敏，2008. 中国栽培灵芝三萜成分的高效液相指纹图谱研究 [D]. 南京：南京农业大学.

苏春丽，2006. 中国栽培灵芝菌株的遗传多样性研究及分子鉴定 [D]. 南京：南京农业大学.

孙金旭，朱会霞，2009. 灵芝紫外诱变育种研究 [J]. 中国酿造（8）：63-65.

唐传红，2004. 中国栽培灵芝资源的遗传多样性评价 [D]. 南京：南京农业大学.

汪义平，2009. 灵芝病虫害种类调查 [J]. 安徽农学通报，15（1）：136-137

吴小平，刘方，谢玉荣，等，2009. 灵芝原生质体单核化杂交育种 [J]. 中国农学通报，25（23）：64-69.

吴兴亮，宋斌，赵友兴，等，2013. 中国药用灵芝及其名称使用商榷 [J]. 贵州科学，31（1）：1-17.

徐江，2013. 基于全基因组的灵芝药用模式真菌创建研究 [D]. 北京：北京协和医院.

许美燕，2008. 灵芝属菌株特异性分子标记的研究 [D]. 南京：南京农业大学.

曾瑾，2008. 灵芝菌株改善学习记忆作用及其机制研究 [D]. 成都：成都中医药大学 .

张肖雅，许修宏，刘华晶，2013. 11 个灵芝菌株的分子 ID 构建 [J]. 微生物学通报（3）：249 - 255.

张小青，2010. 中国灵芝的生态分布与资源 [C]//全国第六届食用菌学术研讨会论文 .

郑林用，2007. 不同灵芝的遗传特异性和药效差异的比较研究 [D]. 成都：四川大学 .

Cao Y，Wu S H，Dai Y C，2012. Species clarification of the prize medicinal *Ganoderma* mushroom "Ling-zhi" [J]. Fungal Diversity，56（1）：49 - 62.

Chen S L，Xu J，Liu C，et al. ，2012. Genome sequence of the model medicinal mushroom *Ganoderma lucidum* [J]. Nature Communications（3）：913.

Su H Y，Wang L，Ge Y H，et al. ，2008. Development of strain - specific SCAR markers for authertication of *Ganoderma lucidum* [J]. World J Microbiol Biotechnol，24：1223 - 1226.

Wang X C，Xi R J，Li Y，et al. ，2012. The Species identity of the widely cultivated *Ganoderma*，'*G. lucidum*'（Ling - zhi），in China [J]. PLOS One，7（7）：e40857.

菌类作物卷

第十九章

滑　菇

第一节　概　述

滑菇（*Pholiota microspora*）又名光帽鳞伞、滑子蘑、珍珠菇、小孢鳞伞等。滑菇肉质细腻，鲜美爽口，营养丰富，是高蛋白、低脂肪的保健食品。据分析，每 100 g 干菇中含粗蛋白 337.6 g、纯蛋白 15.3 g、脂肪 4.25 g、总糖 38.89 g、碳水化合物 64.8 g、纤维素 14.23 g。子实体含有丰富的氨基酸等多种营养物质，对人体有多种药效作用，如提高机体免疫力、抗氧化、抑制肿瘤、抗血栓形成等。近几年，随着栽培技术的不断普及与提高及深加工能力的扩大，滑菇产品主要以罐头和盐渍品出口到日本并销往东南亚、欧洲等一些国家，国内外消费量增长迅速。滑菇已成为人们餐桌上的常见菌类，发展前景非常广阔。

第二节　滑菇的起源与分布

滑菇人工栽培始于日本。最初为野生采集，鲜品直接用于家庭消费。1921 年日本开始用山毛榉段木栽培，随着现代工业的发展，出现了滑菇罐头加工厂，但因当时滑菇原料供给不足且数量严重不足，难以维持工厂正常运转。1932 年日本研究选育自主产权滑菇纯菌种。20 世纪 60 年代初，日本人采用木屑箱式栽培，产量得到迅速提高，进而形成商业化栽培，生产迅速发展。1973 年滑菇产量突破 1 万 t，1990 年滑菇产量达 21 105 t，占食用菌产量的 6.4%，成为世界唯一大面积栽培滑菇的国家。1998 年达到 27 193 t，之后日本滑菇产量开始下滑，2004 年下跌到 25 815 t。我国滑菇栽培始于 1976 年，由辽宁省土畜产公司从日本引进奥羽 2 号、奥羽 3 号菌种进行试验栽培，栽培方式从熟料箱栽演变成半熟料盘栽，随后扩展到黑龙江、吉林，近几年河北、河南、江苏、四川等地也有少量栽培，但主要以东北三省及河北省栽培为主。据有关部门统计，2011 年中国滑菇总产量达 60 万 t。其中辽宁为 37 万 t，占全国总量的 60%，岫岩、庄河总产量为 30 万 t，占辽宁省总产量的 81%，成为中国滑菇生产主产区，产品畅销于国内外。近年来，东北地区及河北（平泉）等省份栽培面积逐渐扩大，滑菇的产量和质量不断提高，已形成产业化，产量跃居世界首位。

滑菇属于低温型木腐菌类，在夏秋季生长于阔叶树根部、树干或腐朽木段上，多丛生。野生滑菇主要分布于北方大部分地区，在我国辽宁、吉林、黑龙江、河北、山西、河南、广西、四川、浙江、贵州、甘肃、青海、山东、西藏等地区均能采集到。

第三节　滑菇的分类地位与形态特征

一、分类地位

滑菇（*Pholiota microspora*）属担子菌门（Basidiomycota）蘑菇纲（Agaricomycetes）蘑菇目（Agaricales）球盖菇科（Strophariaceae）鳞伞属（*Pholiota*）。

二、形态特征

滑菇子实体丛生，菇体小。菌盖表面有一层极黏滑的黏胶质（主要成分为氨基酸），表面金黄色至黄褐色，中部红褐色，无鳞片，菌盖初期为扁半球形，随着生长，逐渐展平，中央凹陷，边缘波浪形，直径 2.5～8.5 cm。表面光滑有黏液，其黏度随湿度的增加而加大。菌盖的薄厚及开伞程度因不同品种及环境条件的变化而有差异。新鲜时，菌盖覆有黏液，干燥时略有光泽。菌肉浅黄色，厚 2～14 mm，菌褶密集、不等长，初期白色或黄色，成熟变锈褐色或赭石色。菌褶宽，成熟时连接菌柄部分很宽，延生或弯生，菌褶边缘常呈波浪状，近边缘处较密。菌柄中生，圆柱状，有时基部稍膨大，黄色，内部松软，长 5～7 cm，粗 5～10 mm。菌环为膜质，黄色，着生于菌柄上部，菌环自溶消失或部分残留于柄上。以菌环为界，其上部菌柄淡黄色，下部菌柄淡黄褐色，菌柄有黏液。孢子印肉桂色，成堆时呈深褐色。孢子椭圆形或近卵形，光滑，浅黄，大小（5.6～6.4）$\mu m \times$（2.8～4）μm。孢子壁有两层，表面光滑，外层有黏液。

第四节　滑菇的生物学特性

一、营养要求

营养是滑菇整个生命过程的能源，也是菌丝体、子实体生长发育的物质基础。主要依靠菌丝分泌各种酶，分解木质纤维素，吸收糖类和含氮化合物以及少量无机盐、维生素等，丰富而全面的营养是滑菇优质高产的根本保证。

滑菇属于木腐菌，最早用段木栽培，常用榉树、栗树、槭树。经人工驯化培育的滑菇菌株，也可采用经过粉碎后的杂木屑、玉米芯、玉米秸秆等农副产品下脚料制成的培养基质进行代料栽培，产量高，品质好。代料栽培的滑菇出菇整齐，口味鲜美。

（一）碳源

碳源是形成滑菇菌丝体细胞及生命活动的能量来源，主要是纤维素、半纤维素、木质素和淀粉等有机碳化合物，不能被菌丝直接吸收利用，但经过菌丝生长发育中产生的淀粉酶、麦芽糖酶、木质素酶、纤维素酶和半纤维素酶等降解，分解成可溶性的单糖溶于水中，靠菌丝细胞高渗透压将养分吸收到细胞内，供细胞生命活动需要。为辅助滑菇菌丝利用木屑中的纤维素类，在培养基中添加少量容易利用的碳源是必要的。而葡萄糖和果糖等可被菌丝直接吸收。麦芽糖是滑菇子实体形成的优良碳源，蔗糖是滑菇菌丝生长的良好碳源。

（二）氮源

氮源是滑菇合成蛋白质和核酸的重要原料，是原生质及细胞结构的主要成分，滑菇所需氮素营养有蛋白质、蛋白胨、氨基酸、硝酸盐和铵盐等。蛋白质必须经过蛋白酶的作用水解成氨基酸后才能被菌丝吸收利用，而蛋白胨、氨基酸等小分子有机氮可被菌丝直接吸收利用。在滑菇生产中常用麦麸、米糠等作为有机氮的来源，在培养基中如果氮素浓度过低则造成菌丝细弱、生长缓慢，同时培养基中其他成分也不能被充分利用；如果培养基中氮素浓度过高，碳比例少，不仅会出现营养生长旺盛、菌丝徒长、子实体难以形成，还易引起杂菌感染及病虫害发生，因此碳素与氮素比例在滑菇生产中很重要，并且在营养生长与生殖生长阶段所要求的比例不同，营养生长阶段碳氮比为 20：1，生殖生长阶段碳氮比为 35：1～40：1。

（三）矿质元素

滑菇生长发育需要量较大的是镁、硫、磷、钾，铁、锌、锰的存在能促进滑菇菌丝的生长，并有相辅相成的效果。在新陈代谢过程中，镁是酶的组成成分，能促进对磷酸盐的吸收，钙能调节培养料中的酸碱度，而一些微量元素主要参与酶的活动。在生产中常添加硫酸镁、磷酸二氢钾、磷酸钙等为主要无机营养，获取必需元素，参与细胞结构物质的组成。

（四）维生素

滑菇菌丝的生长需要维生素。维生素构成一部分酶的辅酶成分。适合滑菇菌丝生长的维生素 B_1 浓度大约是每升培养基 100 μg。维生素类在马铃薯、麦芽浸膏、酵母膏、米糠、麸皮、玉米中有较多的含量。因此，使用这些原料配制培养基时，可不必再添加维生素。

二、环境要求

（一）温度

滑菇属低温变温结实型菌类。菌丝体生长温度 5～32 ℃，最适生长温度 20～23 ℃，在 32 ℃以上菌丝生长速度迅速下降，低于 5 ℃、超过 36 ℃，菌丝停止生长，高温延续时间长会造成菌丝死亡。实体体生长所需温度 5～20 ℃，最适温度因菌株而异。低于 5 ℃、超过 20 ℃，出菇缓慢，菇少，菌盖小、薄，菌柄细，易开伞，商品性能降低。严重时，菌盖表面黏液变少变干，色泽变暗，菇质变软，甚至死亡。5～10 ℃，滑菇生长健壮，但产菇量少。在生殖生长阶段，若昼夜形成8～10℃的温差，有利于原基形成与生长。

（二）湿度

滑菇属于喜湿性菌类，要求培养基质的水分比其他菇类稍高，培养料含水量的高低与菌丝的生长及出菇量有直接的必然的关系。菌丝生长阶段，培养料的含水量为55％～60％，空气相对湿度以60％～70％为宜；子实体生长阶段，培养料的含水量为63％～73％，空气相对湿度以85％～95％为宜。培养料含水量对滑菇生长发育影响很大，含水量低，菌丝体生长缓慢，子实体萎缩；含水量高，通气性差，菌丝表面细胞向外蒸腾水分能力降低，菌丝生长缓慢，易感染杂菌。

（三）pH

滑菇是典型的木腐菌，喜在弱酸性环境下生长发育，生长的pH 3.5～6.5，最适pH 5.0～6.5。在配制培养料时，酸碱度调整到pH 6～7，因培养料经灭菌及菌丝生长后期有机酸积累，pH自然下降。

（四）光照和通风

滑菇菌丝的生长需要暗光培养，光线过强会抑制菌丝生长。子实体形成阶段需要有散射光，散射光对子实体的形成有促进作用。光线不足时，子实体发生量少，色淡，菌柄细长，菇盖薄，菇体小，品质差，但切忌阳光直接照射菇体，光照度以700～800 lx为宜。滑菇属于好气性菌类，喜通风良好的环境。通风不良会造成菌丝老化，甚至发生菌丝自溶现象，菌块解体。出菇期间若通风不良，菌丝体呼吸受到抑制，菇体生长缓慢，菌柄长而细，菇盖小，易开伞。

三、生活史

滑菇是由单因子控制、异宗结合的二极性食用菌。由一对等位基因A控制着单核菌丝间的亲和性，两个不同性的单核菌丝结合，形成有锁状联合的双核菌丝后正常发育生成子实体。子实体菌褶层处形成担子，并在每个担子中进行核配与减数分裂，产生4个担孢子，进而完成生活循环，即担孢子→菌丝→子实体→担孢子的发育过程，成为滑菇的有性生活史。据日本有田郁夫和武凡报道，他们分析了50个滑菇菌株的栽培反应，发现A因子具有复等位基因的性质，样品菌株中90％的A因子是不相同的。滑菇的生活史比较特殊，除有性生活史之外，还有5个无性繁殖的方式或称5个无性小循环。无性繁殖是不经过两性细胞的结合，由母体直接产生后代，可保存种群原有的遗传性状。人工扩繁菌种或组织分离等都是无性繁殖。滑菇的无性生活史：

① 单核菌丝形成分生孢子，分生孢子萌发后形成单核菌丝。

② 单核菌丝不经双核化形成单核子实体，这种子实体的担子为单核，子实体比较瘦小、质硬，它可产生1个或2～4个单核的单孢子，发育后又成为初生菌丝。

③ 双核菌丝直接生成单核菌丝，单核菌丝结合后又发育成双核菌丝。

④ 双核菌丝形成双核分生孢子，双核分生孢子萌发后，又形成双核菌丝。

⑤ 双核菌丝单核化或断离后形成单核的分生孢子，发芽后，又形成单核菌丝。

滑菇的生活史比较复杂。滑菇单核菌丝、双核菌丝都可形成分生孢子，单核菌丝也可能形成子实体，单核子实体也能产生担孢子（单性的），双核菌丝又可能脱双核化形成单核菌丝（图 19-1）。了解其生活史特征，对选育优良菌种、培养菌种都是十分重要的。在滑菇马铃薯培养基上进行菌丝培养时，常会发现在浓密的双核菌丝边缘生长出稀疏的单核菌丝体，这种单核菌丝体也可形成子实体，但菇小，品质差。因此，在分离、选育、制种时，要选取菌丝生长最壮的部位进行转接与扩繁，观察菌丝生长的变化，勿将细弱的单核菌丝培养应用于栽培，避免生产造成损失。

滑菇的发育特征如下：

（1）担孢子的形成 双核菌丝形成的子实体，担子和担孢子的形成按照正常方式进行。日本有田郁夫报道，核配后在担子中进行减数分裂及有丝分裂，然而有时发现在孢子中而不是在担子中进行第二次减数分裂及有丝分裂，最终形成的单核担孢子和双核担孢子的比例是 1∶2。

（2）分生细胞的形成 滑菇的双核菌丝体和单核菌丝体均能形成节分生孢子和粉分生孢子（Arita，1968）。节分生孢子是由一定长度的不分枝或分枝的分生孢子梗以分节的方式产生的，呈椭圆形。粉分生孢子是由产孢组织的末端或菌丝分枝末端弹射出来的，单细胞或两个细胞相连，呈圆柱状。

（3）菌丝生长 滑菇的菌丝生长主要是细胞伸长和细胞数增加。细胞生长是在菌丝先端的细胞伸长到一定长度时，经锁状联合后又产生新的先端细胞，如此反复不断地增加细胞数。

（4）子实体的形成 由双核菌丝经扭结而形成近球形的原基，在环境因子合适条件下，生长至 0.3～0.5 mm 时，生成黏液菌环的深黄色外层；当原基生长至直径 1～1.2 mm 时，分化出菌盖、菌柄和菌环；逐渐生长到直径 2.8～3 mm 时，幼小菌盖里的担子进行减数分裂而子实体生长迅速，当菌环断裂、菌盖逐渐平展并中央凹陷时，子实体成熟而散发出孢子。

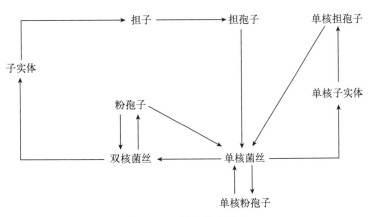

图 19-1 滑菇的生活史

第五节 滑菇种质资源

一、概况

滑菇按菌盖色泽分为红褐色和橘黄色两大品系。

红褐色品系：菌盖呈红褐色，中间颜色较深，表面黏质多。菌褶为咖啡色，菌柄较粗，质地脆嫩，菇香味浓，鲜菇口感好，具有抗杂能力强、转潮快、后劲足等特点，但颜色欠佳，货架期稍长，变褐色。

橘黄色品系：菌盖中间呈橘黄色，表面黏质稍少，鲜菇质地脆嫩，色泽艳丽。菌褶为乳色，至浅咖啡色，菌柄相对较细。原基形成能力强。

滑菇按各品系间子实体出菇温度差异分为 4 种类型，极早生品种、早生品种、中生品种、晚生品种。

极早生品种：子实体形成温度为 7～20 ℃，出菇早，密度大，转潮快，产菇集中，产菇期 50～60 d，菌丝培养温度为 23～28 ℃，发菌期为 50～60 d。

早生品种：子实体形成温度为 5～18 ℃，出菇早，密度大，转潮很快，产菇集聚，产菇期 50～60 d，菌丝培养温度为 20～25 ℃，发菌期为 55～60 d。

中生品种：子实体形成温度为 5～15 ℃，菇体肥厚，出菇均衡，不易开伞，转潮慢，产菇期长，菌丝培养温度为 18～24 ℃，发菌期为 80～90 d。

晚生品种：子实体形成温度为 5～12 ℃，菇体肥厚，品质好，黏液多，不易开伞，转潮期较长，产菇期 50～60 d，菌丝培养温度为 18～24 ℃，发菌期为 100～110 d。

一般情况下，极早生、早生品种菌盖呈橘黄色；中、晚生品种呈红褐色。极早生品种、早生品种菌柄比中生、晚生品种细而长，菌盖薄、易开伞，肉质柔软，易腐，特别在高温季节，采收后应尽早加工处理；晚生品种菌盖上的黏液比极早生、早生品种多；极早生品种、早生品种出菇早、产量高，蜡层较薄；中、晚生品种，蜡层厚，出菇晚、产量低。

二、优异种质资源

（一）选择优良菌种

1. 品种选择 栽培者可根据销售目的、气候特点、栽培季节及栽培方式来选用优良品种。

第一，按照销售目的选择品种。目前，市场销售的方式有鲜销、速冻品、盐渍品和罐头。如以鲜销和速冻为目的，应选择早生、中生及晚生品种进行搭配栽培；如以加工罐头为主，应选择菌盖橘黄色、黏液较多、质地致密的极早生、早生品种；如以出售盐渍品为主，应选择菌盖红褐色、黏液多的中晚生品种。

第二，根据本地区气候特点选择品种。由于各地气候条件不同，即使同一省份各栽培地区域气候条件也存在较大差异。在 10 月中下旬最低气温降到 5 ℃ 的地区，以中生品种为宜；结冻期晚的地区，以中晚生品种为宜。

第三，根据栽培季节选择品种。春季出菇，应选早生或中早生品种；秋季出菇，应选中生或晚生品种。

第四，根据栽培方式选择品种。采用塑料袋栽培时应选极早生或早生品种为好；采用块式、盘式、箱式栽培时应选中生或晚生品种。

滑菇对气象条件很敏感，不同年份、不同品种反应不一，要想获得高产稳产应注意品种搭配。为充分利用自然条件，避免集中出菇影响产品销售，生产者要根据当地气候条件及品种特性，选择确定主栽品种。我国北方地区属大陆性气候，夏、秋季的温度变化大，主要靠自然温度进行栽培，因此选择早生品种和中生品种较好。东北地区在菌丝生长期间，室内温度超过 30 ℃的时间短，出菇温度在 10～15 ℃的时间也短，属于低温冷凉地区，宜选用极早生或早生品种为主栽品种，用中生品种作为搭配品种。北方地区早、中、晚生品种安排比例为 2∶5∶3；中原地区为 3∶6∶1。不同品种合理搭配可以避免播种、出菇过分集中，播种、管理、收获、加工等各个时期所需人力、物力可适当错开，均衡投入。

2. 菌种选择　选用滑菇菌种时要求不退化，不混杂，从外观看菌丝洁白、绒毛状，生长致密、均匀、健壮；要求菌龄 50～60 d，不老化，不萎缩，无积水现象。

（二）橘黄色品系

1. 丹滑 8 号　丹东市林业科学研究所驯化选育的优良菌株，2003 年开始在全国各地推广，2004 年通过辽宁省食用菌专家鉴定，填补了我国早生滑菇新品种的空白。该菌株至今仍是辽宁地区滑菇主栽品种之一。菌盖早期呈半球形，直径 2.5～4 cm，橘黄色；菌柄长 2～4 cm，黄色至黄褐色，直径 0.5～1.0 cm。

该品种菌丝生长快，抗杂力强，栽培周期短，在斜面培养基上 12 d 左右可长满试管，菌丝生长适温 15～26 ℃，最适培养温度 20～24 ℃，盘或袋长满菌丝需 55～60 d。子实体形成温度 5～18 ℃，对光照和温度敏感，在温度超过 18 ℃，光照强时，易开伞，菌柄变黄褐色。最好在散射光及低温下出菇，子实体能保持橘黄色。子实体生长要求湿度 80％～95％，丛生，出菇早，密度大，转潮快，黏液较多，菇形美观，产菇集中，不易开伞，产菇期 50～60 d，在木屑和玉米芯盘式栽培中生物学效率达 85％～100％。产品适合鲜销。适合辽宁、黑龙江及吉林东北部地区栽培。

2. 丹滑 15　丹东市林业科学研究所选育的滑菇单孢杂交新菌株，是东北地区滑菇栽培的主要品种，2006 年通过省级鉴定。属于高温、早生品种。子实体生长阶段，菌盖初期半球形，成熟后平展，橘黄色，直径 2.5～4 cm；菌柄长 3.5～4 cm，直径 0.4～1.0 cm，金黄色，上下等粗，内部充实，有片状鳞片。菌丝吃料快，抗逆性强。

该品种 8～10 d 长满试管，木屑菌种 35～40 d 满瓶，从接种至出菇 60～70 d。培养料菌丝培养温度 18～20 ℃，发菌期 50～60 d。原基形成温度 7～18 ℃，出菇温度 6～22 ℃，出菇早，密度大，产菇集中。生物学效率达 90％～95％。具有出菇早，菇体丛生，盘面蜡层薄，积温少，转潮块，产量高，品质好，适应范围广的特点，适合在华北、东北地区栽培。

3. 早丰 2 号　河北省平泉市食用菌研究会选育的优良菌株，于 2010 年通过国内专家鉴定，已推广到全国，是各地滑菇栽培的主要品种。子实体丛生，偶有单生；菌盖黄白色，直径 2～6 cm，厚度 0.8～1.5 cm，菇形圆整，表面附有透明黏液；菌柄白色，圆柱状，长 4～8 cm，直径 0.5～1.4 cm，有片状鳞片；色泽黄白，菇潮明显，子实体致密，储存温度 0～4 ℃，货架寿命 15 d，抗高温能力差。

菌丝生长适温 15～28 ℃，最适温度 22～24 ℃，子实体形成温度 5～18 ℃，5～15 ℃时子实体生长缓慢，但商品性状和品质好，菇体肥厚，菌盖不易开伞。子实体生长要求湿度 80%～95%，湿度过高，菌盖橘黄色至橘红色。出菇时光照度以 700～800 lx 为好。对光的反应较敏感。光线弱时，菇体色淡，子实体小，开伞早，柄细长，产量低；光线过强，菌盖大，色深，肉薄，柄粗短，产量低。在原基形成和子实体生长阶段氧气需要量增加，温差 10 ℃以上对出菇十分有利。菌丝生长速度快，10～12 d 满管，木屑菌种 35～40 d 满瓶，从接种至出菇 60～70 d。产量高，在适宜栽培料上栽培，生物学效率可达 85%～95%。适于鲜销和干制。适合在华北、东北地区的滑菇产区栽培。

4. 明治 1 号 20 世纪 90 年代从日本引进的滑菇品种，已在北方地区推广栽培多年。中生品种。子实体丛生，子实体个大。菌盖浅黄色，早期球形，后期半球形，直径 2.5～4.5 cm，柄粗。品质好，3 潮菇产量均衡，适合与中、晚生品种搭配种植，采菇和剪菇比奥羽品种省时省工。

菌丝在 PDA 培养基上生长快且浓密，白色绒毛状，单核菌丝少，5～25 ℃菌丝均能生长，最适温度 23～25 ℃，子实体出菇温度 7～18 ℃，最适温度 10～15 ℃。pH 5.5～6.5，基质最适含水量 63%～70%，子实体生长湿度 85%～95%，少量的光照可促进菌丝生长，出菇整齐。子实体质地脆嫩，生物学效率达 100%，适合在东北地区的滑菇产区栽培。

5. 奥羽 3 - 2 号 该菌株通过奥羽 2 号和奥羽 3 号两菌株的单核菌丝杂交选育而成，种性介于二者之间，为中生种，发育积温为 890 ℃。

菌丝生长温度 5～32 ℃，最适温度 22～25 ℃。子实体生长温度 7～18 ℃；高于 20 ℃，子实体菌盖薄，菌柄细，开伞早；低于 5 ℃，生长缓慢，基本不生长。出菇时须有足够的散射光诱导。光线过暗，菌盖色淡，菌柄细长，品质差，影响产量。菌丝生长培养料含水量以 63%～65% 为宜，子实体形成阶段培养料含水量以 75%～80% 为最好，空气相对湿度要求 85%～95%。要注意菇房通风和料包内外换气，在栽培环境中如二氧化碳浓度超过 1%，子实体菌盖小、菌柄细、早开伞。丛生密集，盖圆整，幼时深红色，逐渐变成浅黄色，产量高，菇形好，品质优，不易黑根，适合东北三省栽培。

（三）红褐色品系

1. C3 - 1 20 世纪 90 年代从日本引进的滑菇菌株，国内主栽品种。菇体表面橘黄色至黄褐色，中部红褐色，无鳞片，菌盖初期为扁半球形，随着生长，逐渐展平，边缘波浪形，直径 2.5～8.5 cm。表面光滑有黏液，其黏度随湿度的增加而加大。菌盖的薄厚及开伞程度因不同品种及环境条件的变化而有差异。新鲜时，菌盖覆有黏液，干燥时略有光泽。菌肉浅黄色，厚 2～14 mm，菌褶密集、不等长，初期白色或黄色，成熟变锈褐色或赭石色。菌褶宽，成熟时连接菌柄部分很宽，延生或弯生，菌褶边缘常呈波浪状，近边缘处较密；柄中生，圆柱状，有时基部稍膨大，黄色，内部松软，长 5～7 cm，粗 5～10 mm。菌环为膜质，黄色，着生于菌柄上部，菌环自溶消失或部分残留于柄上。以菌环为界，其上部菌柄淡黄色，下部菌柄淡黄褐色，菌柄有黏液。

菌丝生长适温 16～25 ℃，最适温度 20～22 ℃。子实体形成温度 5～20 ℃，高于 20 ℃时子实体生长缓慢或不能分化，形成的菇体发蔫，菇盖色淡，伞小，开伞早，黏液少；低于 5 ℃时，子实体易畸形，菌盖色深，黏液厚多，表面有褶皱，无光泽，柄短而粗，特别是根部相连不分化，明显肥大。培养基含水量 60%～65%，催蕾时湿度达 90% 左右，出菇湿度 85%～95%，pH 5～6 生长良好。在散射光条件下栽培，接种至出菇 60～70 d，生物学效率平均达 90%～95%。菇体均等，丛生，菇形美观，菌丝生长速度快，抗逆性强，产量高，品质好，产品适合鲜销和干制。适合在华北、东北地区的滑菇产区栽培。

2. 早丰 112 该菌株来源于日本，经黑龙江省牡丹江市林业科学研究所对国内外引进的 17 个滑菇菌株进行筛选后获得。菌盖半球形，菌肉厚，不易开伞。菌柄长 15～17 cm，粗 0.3～0.4 cm，绒毛较少。菌丝生长适温 15～26 ℃，最适温度 22～24 ℃，子实体形成温度 7～18 ℃，商品性状和品质好。子实体生长要求湿度 85%～95%，菌盖橘黄色至橘红色。出菇时光照度以 650～850 lx 为好。对光的反应不太敏感。

3. 奥羽 2 号 辽宁省土畜产公司 1976 年从日本引进的栽培品种，中温品种。单生或丛生，菇形好，产量高，品质好，晚采易黑根，适合辽宁省北部及吉林省、黑龙江省栽培。菇体表面橘黄色至黄褐色，中部红褐色，无鳞片，菌盖初期为半球形，逐渐展平，中央凹陷，菌盖红褐色，直径 2.5～5.5 cm，厚 0.9 cm。新鲜时菌盖覆有黏液，干燥时略有光泽。菌肉浅黄色，厚 2～14 mm，菌褶密集、不等长，成熟时连接菌柄部分很宽，柄中生，圆柱状，浅黄色，内部中实，长 2.5～3 cm，粗 6～11 mm。

菌丝生长温度 10～28 ℃，最适温度 20～24 ℃，子实体形成温度 7～20 ℃，子实体生长温度 7～15 ℃。母种 10～12 d 长满试管，菌丝浓密，原种 35～40 d 长满，接种至出菇 65～75 d，满盘需 30～35 d。现蕾需 15 d，蜡层较厚，转潮时间 12 d。出菇空气相对湿度 85%～95%。菇体均等，菌丝生长速度快，抗逆性强。生物学效率平均达 90%～95%，产品适合鲜销和制罐头。

4. 奥羽 3 号 辽宁省土畜产公司 1976 年与奥羽 2 号同一时期从日本引进的栽培品种，已在北方地区推广栽培 30 多年，中温品种。单生或丛生，菇体表面橘黄色，中部红褐色，菌盖初期为扁半球形，逐渐展平，中央凹陷，菌盖红褐色，直径 2.7～6 cm，厚 0.85 cm。菌盖黏液多，菌褶密、不等长，柄中生，圆柱状，浅黄色至黄色，长 3～4.5 cm，粗 5.5～10.5 mm。

菌丝生长温度 15～26 ℃，最适温度 22～24 ℃，子实体形成温度 7～18 ℃，子实体生长温度 5～15 ℃。母种 11～14 d 长满试管，菌丝浓密，原种 35～40 d 长满，满盘需 35～40 d。蜡层较厚，转潮时间 12 d。出菇空气相对湿度 85%～95%。生物学效率平均达 85%～95%。菇体均等，菇形好，菌丝生长速度快，抗逆性强，产量高，品质好，产品适合鲜销和制罐头。适合在东北地区的滑菇产区栽培。

第六节　滑菇种质资源研究和创新

一、概况

滑菇是我国北方地区特有的菇菌食品，营养丰富、口味鲜美，适口性优于许多菇类，深受国内外消费者喜爱，产品市场前景十分广阔，潜力很大，因此迫切需要提高食用菌育种和栽培技术。高产、优质、抗逆性强、适应性广的菌株的制备是滑菇成功栽培的先决条件。科技人员在了解食用菌遗传背景的基础上采取选择育种、诱变育种及杂交育种的传统方法，以及在细胞工程、基因工程基础上逐渐发展起来的原生质体融合和转基因育种新技术进行食用菌种质资源的优化。

据文献记载，孢子杂交育种是日本滑菇菌种改良的主要方法，为生产提供了温型不同的优良菌株。我国享有自主知识产权的滑菇品种极少，生产中应用的大部分品种来源于日本，由于种源使用时间较长，不同程度地出现退化现象，导致滑菇减产或品质下降，严重影响了滑菇产业的持续发展。因此，选育优良菌种的研究与创新工作十分重要。

在我国育种研究中，孢子杂交育种一直是滑菇菌种生产和品种改良的主要方法。滑菇是单因子控制、二极性异宗结合的担子菌（Arita and Takemaru，1962）。滑菇的交配型由一对不亲和性因子 A 所控制，每朵滑菇子实体所产生的单孢子分成两种不同的交配型。只有经过不同交配型的单核菌丝 A_1 与 A_2 之间的交配才能完成有性生活史。孢子单核菌株是减数分裂的产物，经过亲本 DNA 的交换和重组，菌株之间会产生较明显的遗传差异，杂交后代有可能会产生一些母本菌株所不具备的新的遗传性状以及优于母本的很多生产性状来适应不同区域的气候特点和商品上的需要，因此通过杂交育种技术培育出适合北方地区栽培的优良菌种是我国滑菇产业持续发展之必需。

二、种质资源创新

我国滑菇育种的研究相对香菇、平菇、金针菇等起步较晚，发展较慢。双核菌丝的单核化、单核菌丝出菇影响滑菇产量等问题，给育种工作实践增加了困难。以子实体产量和农艺性状为主要目标的滑菇育种，现阶段主要依靠人工选择、杂交等传统育种方法。现有的育种规模和水平还远远不能满足中国滑菇生产形势发展的需要。我国滑菇产业已形成规模化、产业化，需要越来越多的各具特色的杂交新品种问世。如何持续利用现有菌种资源，进行驯化选育或者改良已有品种，需要当今育种科学家从不同层面、不同研究水平上进行系统研究创新。

第一，滑菇种质资源的多样性是育种的基础。无论杂交育种、突变体选育、细胞融合还是基因工程育种都依赖于其资源，因此应进行滑菇资源调查和品种资源库的建设。

第二，滑菇的形态特征易受环境的影响而变化，这是新品种选育的难点。但滑菇的遗传物质却有相对极高的稳定性，需要采用基因的分子标记技术而进一步发展。随着基因工程技术的发展，可导入优良基因来有效改良现有的可规模化、产业化生产的菌种。因此，优良基因的克隆以及导入表达手段必将成为当前及以后滑菇育种的热点。

（刘俊杰）

参考文献

曹玉谦，2001. 滑菇反季节栽培品种筛选试验 [J]. 食用菌 (5)：17－19.

曹玉谦，2006. 滑菇杂交育种的研究通过专家鉴定 [J]. 食用菌 (4)：54.

曹玉谦，黄淑艳，1998. 滑菇高产栽培技术 [M]. 沈阳：辽宁科学技术出版社.

曹玉谦，张善才，迟峰，等，2000. 滑菇高产栽培技术综述 [J]. 中国食用菌 (1)：26－27.

曹玉谦，张善才，迟峰，等，2005. 滑菇优良品种筛选试验初报 [J]. 中国食用菌 (5)：8，10.

陈恒雷，曾宪贤，2005. 食用菌育种方法的研究进展 [J]. 食用菌 (3)：5－7.

邓叔群，1963. 中国的真菌 [M]. 北京：科学出版社.

付立忠，吴学谦，魏海龙，等，2005. 我国食用菌育种技术应用研究现状与展望 [J]. 食用菌学报，12 (3)：63－68.

郜玉刚，刘俊杰，等，2014. 长白山林下经济 [M]. 北京：中国农业出版社.

桂明英，王刚，郭永红，等，2006. 食用菌育种技术的研究进展 [J]. 中国食用菌，25 (5)：3－5.

黄年来，1998. 中国大型真菌原色图鉴 [M]. 北京：中国农业出版社.

黄毅，2008. 食用菌栽培 [M]. 北京：高等教育出版社.

李茹光，1991. 吉林省真菌志：第一卷担子菌亚门 [M]. 长春：东北师范大学出版社.

刘波，1984. 中国药用真菌 [M].3 版. 太原：山西人民出版社.

刘晓龙，齐义杰，2010. 滑菇 [M]. 长春：吉林出版集团有限责任公司.

罗信昌，陈士瑜，2012. 中国菌业大典 [M]. 北京：清华大学出版社.

马三梅，王永飞，亦如瀚，2004. 食用菌育种的研究进展 [J]. 西北农林科技大学学报（自然科学版），32 (4)：108－112.

宋立军，2001. 几种野生食用菌类的营养成分分析 [J]. 承德民族师专学报 (2)：65－66.

田敬华，2004. 新编食用菌栽培 1200 问 [M]. 香港：中国科学文化出版社.

仝金山，2008. 滑菇杂交新品种选育、菌种质量评价及亲缘关系研究 [D]. 保定：河北农业大学.

王立安，陈惠，2009. 滑菇与黄伞生产全书 [M]. 北京：中国农业出版社.

王丕武，于彦春，李玉，2002. 滑菇原生质体分离条件的研究 [J]. 中国食用菌，21 (2)：34－36

吴学谦，李海波，魏海龙，等，2004.DNA 分子标记技术在食用菌研究中的应用及进展 [J]. 浙江林业科技，24 (2)：75－80.

徐锦堂，1997. 中国药用真菌学 [M]. 北京：北京医科大学出版社.

杨淑云，付瑞洲，谢福泉，2004. 滑菇的生物特性及其栽培技术 [J]. 福建农业科技 (2)：30.

杨新美，1998. 食用菌研究法 [M]. 北京：中国农业出版社.

詹才新，朱兰宝，杨新美，1995.RAPD 技术在金针菇杂交种中的应用 [J]. 食用菌学报，2 (1)：7－11.

张建溪，1996. 滑菇菌株驯化筛选与栽培技术研究 [J]. 中国食用菌（5）：16-17.

张金霞，2003. 食用菌安全优质生产技术 [M]. 北京：中国农业出版社.

张敏，2006. 滑菇杂交育种研究 [D]. 沈阳：沈阳农业大学.

张印，李长靳，张巍，等，2005. 滑菇栽培常见问题及对策 [J]. 食用菌（4）：30-38.

Lian G Y, Guo L D, Ma K P, 2005. Population genetic structure of an ectomycorrhizal fungus *Amanita manginiana* in a subtropical forest over two years [J]. Mycorrhiza, 15（2）：137-142.

Qin Y X, Fu C X, Kong H H, 2002. Inter-simple sequence repeat（ISSR）analysis of different cultivars in *Myrica rubra* [J]. J Agric Biotech, 10（4）：343-346.

Vos P, Hogers R, Bleeker M, et al., 1995. AFLP: A new technique for DNA fingerprinting [J]. Nuclear Acids Research, 23（1）：4407-4414.

菌类作物卷

第二十章

多 脂 鳞 伞

第一节 概 述

多脂鳞伞（*Pholiota adiposa*）又名黄伞、黄柳菇、刺儿蘑（吉林）、黄蘑、黄丝菌等，因其常发生于柳树上，又称为柳蘑（山西、山东）、柳钉（鲁西南）、柳树菇（云南），是一种新近开发的珍稀食药用菌品种。

多脂鳞伞色泽鲜艳，肉质脆嫩，口感鲜美，风味独特，子实体中含有较高的蛋白质。据测定，干品中蛋白质含量为 21.64%，比水果、蔬菜和粮食作物高出许多，是肉类的理想替代品，而且氨基酸种类齐全（18 种），总含量高于大多数食药用菌，尤其是谷氨酸、天门冬氨酸、异亮氨酸含量较高。子实体中维生素及矿质元素含量也很丰富，其中人体容易缺乏的微量元素铁、锌、锰含量较高，是一般食用菌的 2 倍左右（惠丰立等，2003），多脂鳞伞子实体中脂肪含量低，膳食纤维含量较高，这对于人体保持身体健康、预防疾病有着积极的作用。

多脂鳞伞不仅食用价值高，还具有很好的药用价值。当生长环境湿度较大时，菌盖表面可产生许多黏液，经生化分析，该黏液是核酸和多糖的混合物质，对恢复人体精力和脑力具有特殊的功效。此外，多脂鳞伞子实体中还含有多种生物活性物质，如多糖、麦角甾醇、总黄酮类化合物等（惠丰立等，2003）。通过温水、碱溶液或有机溶液提取获得的黄伞多糖对肿瘤细胞的生长具有显著的抑制作用，可以预防金黄色葡萄球菌、大肠杆菌、结核杆菌的感染，其发酵液菌丝体提取的多糖还可明显延缓离体骨骼肌疲劳的发生，具有一定的抗疲劳作用。因此，多脂鳞伞是一种"可荤可素，药膳同功"的食用菌珍品。

多脂鳞伞栽培历史悠久，栽培模式多种多样，生物学效率及鲜菇品质也各有不同。多脂鳞伞最早采用段木进行栽培，由于林木资源的限制，现在已很少采用。目前已逐渐研发出生料栽培法、瓶式栽培法、袋式栽培法、室内层架式袋栽法、室外菇棚覆土栽培法等多种代料栽培模式。

日本多脂鳞伞栽培较早，是其主要生产国。多脂鳞伞在日本也非常受欢迎，有段木栽培和塑料瓶栽培，栽培方式也从自然栽培向周年规模化栽培转变。20 世纪末，日本逐渐加大对多脂鳞伞的研究与开发力度，并于 1996 年正式将多脂鳞伞列入品种登记目录。近年来，由于自产不足，日本开始从我国进口多脂鳞伞产品。

我国（福建）1996年从国外引进多脂鳞伞进行人工栽培试种。近些年来，全国各地的多脂鳞伞栽培已比较普遍。在北方气温较低的地区多采用生料栽培，时间一般安排在10月至翌年1月。熟料栽培法在南方比较普遍，由于菌林矛盾日益突出，松树、杉树、桉树等南方林区的主要树种也逐渐用于多脂鳞伞栽培，使用前只需将松、杉木屑晒干，经自然堆积发酵2～3个月后即可。目前，多脂鳞伞以袋栽为主，此外还可采用瓶栽、箱栽、覆土栽培。

多脂鳞伞在我国山东、河北、宁夏、福建等地已形成一定生产规模，进入商业性生产阶段。

第二节　多脂鳞伞的起源与分布

一、起源

多脂鳞伞栽培历史悠久。据法国1973年出版的文献 *Atlas des Champignons* 记载，多脂鳞伞是欧洲人最早试图进行人工栽培试验的食用菌品种。早在公元1世纪，希腊医师Dioscoride就曾介绍过多脂鳞伞的栽培方法，将自然感染该菌的白杨树段木覆土或埋入森林地的堆肥中，或将感染带菌的杨树木屑散布到肥沃的腐殖质中进行培养出菇。1550年，意大利人Andrea C esalpino用多脂鳞伞新鲜菌褶与杨树段木摩擦后进行播种，段木覆土后略微喷水管理，约10个月后能长出第一批子实体。直到1840年，法国仍有用上述方法进行多脂鳞伞栽培的记载。1966年，比利时Gent大学将分离的多脂鳞伞纯菌种接种在无菌的木屑、燕麦片、碳酸钙培养基上进行培养，在温度16～20℃、相对湿度85%、光照度250 lx的条件下，成功获得了多脂鳞伞子实体。此后，这种方法在法国等欧洲国家被广泛采用。

日本也对多脂鳞伞开展了大量的研究工作。1977年、1979年，桥冈良夫和有田郁夫先后对多脂鳞伞的生物学特性进行了研究，并尝试在稻草中添加5%～15%的鸡粪来栽培多脂鳞伞。1980年，有田郁夫以山毛榉科木屑作为基质，采用瓶式栽培，并获得了成功。此后，增野和彦等（1997）对多脂鳞伞的驯化栽培技术、生长发育条件、生理生化等方面进行了系统研究，其方法与栽培滑菇大致相似，采用800 mL的广口瓶，高压灭菌后接种（2.5%），20℃培养15 d菌丝长满，将温度降至15℃，进行出菇管理，每瓶采鲜菇130 g左右。除瓶栽外，也可采用段木进行栽培，适合栽培的树种为栎树、扁柏、赤松。将直径10 cm的树干截成1 m的木段，3月下旬接种。每段打接种孔25个，横放于树荫下发菌。近年来，日本开始重视多脂鳞伞的开发与应用，并将多脂鳞伞作为食用菌重要品种进行生产推广。

我国关于多脂鳞伞的研究始于20世纪70年代。1978年，福建省三明市真菌研究所黄年来等采集到野生多脂鳞伞，并在《福建菌类图谱》中记载了当地人工栽培多脂鳞伞的事实。此后，又有一些多脂鳞伞人工栽培的研究报道（苗长海，1985，1986；赵占国和杨秀兰，1985；陈士瑜等，2003）。进入90年代，国内学者对多脂鳞伞的研究逐渐升温。1996年，上官舟建从澳大利亚引进日本菌株进行试验摸索，对多脂鳞伞的生物学特性、组织结构、分子标记、交配型、栽培技术等方面进行了系统研究（上官舟建等，2003）。目前，我国对多脂鳞伞的研究已取得了一定的成就。

二、分布

多脂鳞伞在亚洲、欧洲、北美洲等一些地区均有分布，尤以中国、日本、俄罗斯等国分布较多（潘崇环等，2003）。我国黑龙江、吉林、河北、山西、浙江、福建、广西、河南、四川、青海、甘肃、新疆等地的林区均有分布，北方各地较为常见，黄河三角洲区域的黄河两岸大坝及成片的柳树林区最多，越是黄河入海口处，分布数量越多（李绍木和张循浩，1997）。

多脂鳞伞属中低温变温结实型木腐菌，一般在气温较低时发生。野生多脂鳞伞主要发生在春秋季，自然状态下多生于杨树、柳树、榆树、桦树等阔叶树的倒木、树桩和伐根上，常引起树干基部腐朽，严重时使木材形成空洞，还可以导致木材杂斑状褐色腐朽。偶尔也见于冷杉、云杉等针叶树木的枯木上，以海拔 1 500 m 以下的山林中居多（黄年来等，2010）。

多脂鳞伞子实体发生季节多为温差较大的 8～10 月。在自然界，雨后长出的原基一般5～7 d 后即可采收（刘前进，1994）。

第三节　多脂鳞伞的分类地位与形态特征

一、分类地位

多脂鳞伞（*Pholiota adiposa*）属担子菌门（Basidiomycota）蘑菇纲（Agaricomycetes）蘑菇目（Agaricales）球盖菇科（Strophariaceae）鳞伞属（*Pholiota*）。

根据现有的记载，目前我国鳞伞属已知的种类有 71 种（田恩静，2004）。

二、形态特征

多脂鳞伞属木腐型真菌，主要以木材中的木质素作为生长发育的营养物质基础，整个生长发育过程可分为两个时期：一是菌丝体时期，又称营养生长阶段；二是子实体时期，又称生殖生长阶段。两个时期在形态结构上均有明显的差异。

（一）菌丝体

菌丝体白色、绒毛状，菌丝生长初期较纤细，白色至淡黄色，随着菌龄增加，菌丝粗壮均匀，呈棉絮状，且菌丝与培养基颜色逐渐加深，呈浅黄色至浅褐色，菌丝越成熟，颜色越深。气生菌丝不发达，具有明显的横隔和锁状联合。菌丝成熟后易倒伏，可断裂产生分生孢子（刘靖宇等，2006a），并分泌水溶性黄褐色分泌物，菌丝颜色由白色转变成深黄色。

黄年来等（2010）报道多脂鳞伞菌丝表面粗糙、多折皱，菌丝粗细不均匀。菌丝成熟后形成囊状体，棒状，大小为（21～39）μm×（7～10）μm。用荧光染色法观察，正常的多脂鳞伞菌丝的细胞核为双核。

（二）子实体

子实体黄色，中等大小，单生或群生，由菌盖、菌褶、菌柄、菌环等部分组成，为典型的伞形结构。

1. 菌盖 菌盖位于子实体上部，直径 3~12 cm。菌盖幼时分化不明显，中部稍凸，呈弹头形，边缘常内卷，土黄色至浅褐色，外覆鳞片状纤毛。成熟后菌盖逐渐平展至半球形，呈金黄色至浅黄褐色，中部稍凸起，表面黏滑，生有黄褐色近平伏状鳞片，鳞片分布规则，中间较密，四周渐稀，菌盖表面附有纤毛。环境湿度大时，菌盖表面会分泌出一层由核酸和黏多糖组成的黏液。菌肉肥厚，白色或淡黄色，边缘较薄。

2. 菌褶 菌褶是孕育孢子的地方，贴生于菌盖下方，直生近弯生，不等长，薄而密集，初期淡黄色，后变成黄褐色至锈褐色。担孢子椭圆形或肾形，粉锈色，大小 4.6 μm×(3~3.7) μm。孢子表面多光滑，个别部位具黑斑、蚀刻纹或颗粒状突起等。孢子两端各有脐孔和圆形缺口一个，呈层叠状排列。孢子印深褐色。

3. 菌环 菌环着生于菌柄基部，白色，后变淡黄色，膜质，毛状，易脱落，易脱溶。

4. 菌柄 菌柄生于菌盖下方，幼时分化不明显，成熟后菌柄粗壮，呈圆柱状，下部弯曲，土黄色至浅褐色，长 5~15 cm，直径 0.5~3 cm，内实（有的菌株成熟后变中空），纤维质，表面有褐色的反卷鳞片和纤毛，覆有黏液。

第四节 多脂鳞伞的生物学特性

一、营养要求

多脂鳞伞属异养型生物，菌丝体内不含叶绿素，不能通过光合作用来制造养分，只能依靠菌丝前端分泌的胞外酶来分解环境中的营养物质，转化为可溶性的小分子有机物质后再摄入利用。其菌丝分解能力较强，在自然界中多生于阔叶树的朽木上，可利用其中的木质素、纤维素、半纤维素等物质作为营养物质。人工栽培中，各种农业废弃物及农作物下脚料，如杂木屑、棉籽壳、刨花、稻草、麦麸、玉米芯等均可作为其栽培基质。木屑中以栎属树种木屑和柳树木屑为好（胡清秀，2005）。

（一）碳源

碳源不仅能为合成碳水化合物和氨基酸提供原料，也是重要的能量来源物质。

多脂鳞伞菌丝可利用多种碳源作为营养物质，包括单糖（葡萄糖、果糖）、双糖（麦芽糖）、多糖类（玉米粉）等。在固体培养基中，以玉米粉为碳源时，多脂鳞伞菌丝生长速度最快、长势最好，也有一些菌株对果糖的利用较好。多脂鳞伞菌丝对麦芽糖、淀粉的利用优于葡萄糖；以蔗糖为碳源时，菌丝生长速度缓慢、长势较弱，出现同心圆现象（侯军等，2006；刘靖宇等，2006b）。培养基中碳源的添加量为 2%~3%。

（二）氮源

多脂鳞伞对有机氮源的利用优于无机氮源。有机氮源中，以酵母膏为氮源时，菌丝生长速度最快且长势最强，其次为蛋白胨，而牛肉膏不宜作为其菌丝生长的有机氮源（刘靖宇等，2006b）。以尿素为氮源时，多脂鳞伞菌丝不能生长。在无机氮源中，硫酸铵为氮源时菌丝生长速度最快且长势较强，但部分菌株对硫酸铵的利用效果较差。

多脂鳞伞蛋白酶活性较强，人工栽培时，基质中添加适当的氮源可加快菌丝生长速度及提高产量，常用的氮源有麦麸、玉米粉、大豆粉、豆粕、米糠等。栽培基质中添加玉米粉效果较为理想，添加量以 5% 较合适，子实体发生早且较为集中，产量明显提高，其次是麸皮（胡清秀，2005；黄年来等，2010）。大豆粉也有一定的效果，但成本高，易污染（张金霞和黄晨阳，2008）。

（三）碳氮比

平板培养基上，多脂鳞伞菌丝在碳氮比 10∶1～60∶1 时均可生长，但以 30∶1～60∶1 生长最为适宜，在此之间菌丝生长没有明显差异。碳氮比 10∶1～20∶1，菌丝生长缓慢（王守现等，2013）。

人工栽培多脂鳞伞时，合理的碳氮比对生产至关重要。在菌丝生长阶段，适宜的碳氮比为 20∶1～30∶1；在子实体生长阶段，适宜的碳氮比为 30∶1～40∶1。

（四）无机盐

无机盐是食用菌生长发育不可缺少的营养物质，是构成细胞的重要成分，调节细胞的渗透压，作为酶的重要组分来维持细胞中的酶活性。通过在固体培养基中添加不同浓度的硝酸钠（$NaNO_3$）、磷酸氢二钠（Na_2HPO_4）、硫酸亚铁（$FeSO_4$）、硫酸镁（$MgSO_4$）、硫酸锌（$ZnSO_4$）可促进多脂鳞伞菌丝的生长（黄清荣等，2008）。硫酸铜（$CuSO_4$）对菌丝生长无影响；添加硫酸钾（K_2SO_4）的培养基中，多脂鳞伞菌丝生长速度慢于对照；硫酸亚铁（$FeSO_4$）对菌丝生长有明显的抑制作用（刘靖宇等，2006b）。

（五）维生素

多脂鳞伞是维生素 B_1 的天然缺陷型（胡清秀，2005），培养基中加入少量的维生素 B_1 可加快菌丝生长速度。除维生素 B_1 外，添加其他维生素（维生素 B_2、维生素 B_6、维生素 C、肌醇）对多脂鳞伞菌丝生长影响不明显，菌丝生长速度、长势、菌落大小及色泽与对照无差别。

二、环境要求

多脂鳞伞的生长需一定的环境条件（温度、湿度、空气、光照及酸碱度），不同品种的多脂鳞伞在不同发育阶段对环境条件的要求各不相同。

（一）温度

多脂鳞伞为中低温变温结实型真菌，适宜温度范围较广。但不同品种的耐温范围略有不同。

多脂鳞伞担孢子的最适萌发温度为 20～25 ℃。正常情况下，菌丝在 5～35 ℃均能生长，适宜温度为 20～25 ℃，表现生长旺盛，最适温度为 26 ℃±1 ℃（侯军等，2006；刘靖宇等，2006b；赫丹等，2009），此时菌丝生长速度快，菌丝洁白、浓密、健壮，活力强。当培养温度高于 27 ℃时，菌丝生长逐渐受到抑制，且菌丝逐渐发黄，由乳白色变为乳黄色。培养温度超过 35 ℃时，菌丝生长缓慢、稀疏，持续升温至 37 ℃时菌丝停止生长、老化变色（侯军等，2006）。

多脂鳞伞原基形成的温度因品种不同而稍有差异。在 3～36 ℃均可形成原基，其中以 18～20 ℃原基形成数量最多（侯军等，2006），而有些品种原基发生的最适温度为 15～18 ℃（上官舟建等，2003），但已有的研究结果均表明，变温刺激有利于原基分化。

多脂鳞伞子实体发育的温度为 12～28 ℃，以 15～18 ℃最适宜，15 ℃原基分化较快，低于 8 ℃子实体结实粗壮，生长缓慢，且幼小菇蕾易冻伤致死或变褐，超过 23 ℃，子实体生长过快，菇体易开伞，菌盖表面干枯且色泽较淡，产品品质下降，易感染杂菌。部分品种当温度高于 21 ℃时，难以形成子实体。

（二）水分

1. 基质含水量　菌丝生长阶段，基质含水量为 55％～75％时多脂鳞伞菌丝可正常生长，当基质含水量 60％～65％时，菌丝生长快、浓密。以棉籽壳作为栽培主料，料水比 1∶1.3 时，菌丝生长速度快、洁白健壮，有利于后期子实体生长发育。随着含水量的继续增加，菌丝逐渐呈束状，且生长变慢。料水比 1∶0.5 时，菌种不萌发。在生产中，若培养料含水量过低，菌丝生长速度变慢且不利于后期出菇；若含水量过大，菌袋底部容易积水，菌丝生长受抑制（侯军等，2006）。

2. 空气相对湿度　多脂鳞伞在菌丝生长阶段对培养室的空气相对湿度要求不高，以 60％～70％为宜，过高容易被杂菌污染。湿度 50％～90％，原基均可形成，适宜的环境湿度为 80％～85％。子实体生长发育的适宜湿度为 90％～95％，在此条件下菌盖湿润黏滑、颜色淡黄、外形美观，商品价值高。湿度较低时，子实体生长缓慢，菌盖表面黏液降低，易失水甚至龟裂，无光泽，子实体重量轻，严重时易造成子实体提前衰老，释放孢子；湿度较高时，子实体表面色泽加深，由橘黄色变成橘红色或暗橘红色，菌盖发育不良，表面黏液增多，既影响子实体美观，也不利于采收和加工。

（三）通风

多脂鳞伞是好气性真菌，无论是菌丝生长阶段还是子实体发育阶段，培养室都必须及时通风换气，以利于菌丝健康生长，提高抗杂菌能力，为菌丝充分分解栽培基质、提高产量打下基础。在多脂鳞伞生长发育过程中，需根据不同的生长阶段来调节培养室的通风量。

菌丝培养初期，由于菌丝呼吸较弱，对培养室的通风要求不明显，随着呼吸作用增强，当室内二氧化碳浓度高于 0.2％时需及时通风换气，否则会抑制菌丝生长。菌丝培养后期可通过对菌袋上部刺孔来进行增氧，促进菌丝生长，以免菌丝在未长满袋时发生原基而影响产量。菌丝成熟后，相对高浓度的二氧化碳有利于多脂鳞伞原基的形成。

在子实体发育阶段，0.2％～0.3％的二氧化碳可刺激原基形成，并且有利于菌柄的伸长。子实体成熟后，需要加大通风量。新鲜空气供给不足，菇蕾发育缓慢，易产生畸形菇、钉头菇或无盖菇，菌柄细长弯曲，粗细不均匀，色泽暗黄呈腐朽状。但通风量也不可过大，否则会引起子实体过早开伞而影响产品商业价值。

(四) 光照

多脂鳞伞在菌丝生长阶段不需要光照，避免强光直射，防止原基过早出现。全黑暗培养时，菌丝色泽洁白、浓密粗壮、长势旺盛，并且可延缓菌丝衰老。在全光照培养时，菌丝也可生长，但会使菌丝颜色变深，生长后期菌丝易断裂形成粉孢子进而吐黄水，促进菌丝由营养生长转向生殖生长。不同光照度对多脂鳞伞菌丝生长影响的研究结果表明，在1 000 lx光照下培养时，菌丝生长速度明显降低；1 500 lx光照条件下，菌丝呈浅黄色，并形成粉孢子（马凤等，2009）。

多脂鳞伞原基形成需要适量的光线刺激，因此生长后期给予一定量的散射光有利于原基的形成。子实体生长发育需要一定的散射光，光线影响子实体的色泽和质地。黑暗条件下，菌盖分化迟缓、小而薄，菌柄常扭曲，子实体白化现象明显，品质与抗病能力均下降；光照条件较弱时，原基发育受阻，菌盖薄而平，菌柄细长，子实体色泽变浅；光照过强，菌盖表皮易失水萎缩，子实体品质受影响。因此，要根据子实体生长情况调节光照度。通常情况，在子实体生长发育阶段，适宜的光照度为300～1 500 lx（上官舟建等，2003）。

(五) pH

多脂鳞伞菌丝在pH 4～11时均可生长，以pH 5菌丝生长最好，在PDA平板培养基中日均生长量达4.3 mm，菌丝洁白浓密、粗壮有力（侯军等，2006），但也有报道适宜pH 6.5～7.0（潘保华等，2003）或7.0～8.0（刘靖宇等，2006b），当pH低于或高于最适值时，菌丝生长速度减缓、长势较弱。目前国内外关于此方面的研究结果有所差异，主要是由试验技术及菌株的不同所引起的。

第五节　多脂鳞伞种质资源

一、野生多脂鳞伞种质资源情况

多脂鳞伞在我国分布广泛，以北方各地较为常见，如黑龙江、吉林、青海、甘肃等省，另外西南的云南、四川、贵州等省及南方的浙江、福建、广西等省（自治区）也都有分布。东北地区9月下旬可采到野生菌株（张剑斌等，2000），南方最迟到10月还可发现野生多脂鳞伞。但目前对多脂鳞伞野生种质资源的研究和利用还不够深入，虽然在野生菌株的驯化、人工栽培等方面取得了一定的进展，但是关于多脂鳞伞种质资源的收集、保存、评价，优良特性的发掘及其种质创新的研究还远远不够。总体而言，目前国内关于多脂鳞伞的研究还未充分揭示其种质资源的优良特性和利用潜力，在一定程度上影响和制约着我国野生多脂鳞伞种质资源的有效利用及其育种的进一步发展。

二、人工驯化多脂鳞伞种质资源情况

近年来，已选育出一些产量高、品质好的多脂鳞伞菌株，在多脂鳞伞种质资源的开发利用及保护方面也取得了一定的进展。如丹东龙升食用菌有限公司选育的黄伞龙升8号、

四川省农业科学院土壤肥料研究所从西藏野生黄伞中人工驯化培育而成的川黄伞1号等均通过省级认定；中国农业科学院农业资源与农业区划研究所选育的黄伞 caas - 11、北京市农林科学院选育的黄伞 HS 都已申请专利。除此之外，国内其他一些研究单位也选育出了许多优良黄伞菌株，如黄伞 WP、黄伞 WT（潘保华等，2003）、黄伞 Ph - 1（崔颂英等，2003）、黄伞 Dh - 3（黄志强等，2006）、昆野 04 - 1、鲁大 06 - 1、株 JZB2116005（王守现等，2013）、黄伞2号（万伍华和况丹，2012）等，并且对黄伞的诱变育种也进行了初步研究。以上这些对进一步研究、利用各地多脂鳞伞资源起到了推动和促进作用，为今后我国多脂鳞伞全面系统的研究奠定了基础，但也有许多不足。目前国内对已有的多脂鳞伞种质资源未进行系统研究，绝大多数只有农艺性状的描述，对育成品种间亲缘关系的深入研究及优良品质性状的发掘还较少。因此，需进一步加快我国多脂鳞伞种质资源的收集、评价、保护和利用，尽快选育出更多具有自主知识产权的优良多脂鳞伞品种。

第六节 多脂鳞伞种质资源研究和创新

多脂鳞伞种质资源丰富，对其种质资源的研究与创新主要集中在以下几个方面：

一、交配型

交配型的研究是异宗结合担子菌生活史的核心内容，涉及交配不亲和因子、极性、杂交亲和性及其机制等。通过采用三轮杂交系统对多脂鳞伞交配型进行研究，可得到 4 种交配型，确定多脂鳞伞为四极性异宗结合的担子菌，同时还发现多脂鳞伞单核体不同类型在群体中的比例显示出明显的偏向性分布（季哲等，2004）。

对多脂鳞伞担孢子萌发的菌丝及交配特征进行研究后发现，在 PDA 培养基上担孢子先在其一端萌发出菌丝，接着产生分枝，并呈散射状向四周延伸。表明单核菌丝体上可产生类似原基的凸状体，但不具结实性，2 个单核菌丝交配后出现锁状联合是形成双核菌丝的典型特征，并具有结实性（潘保华等，2004b）。通过研究多脂鳞伞分生孢子的产生及萌发力对菌丝生长和子实体产量的影响后发现：试管母种、原种及出菇菌袋菌丝生长中有分生孢子产生。进一步试验表明，该菌株产生的分生孢子萌发菌丝可促进转管母种菌丝的复壮，栽培后期产生大量不萌发的分生孢子会堆积在菌丝扭结处，对子实体产生有抑制作用（潘保华等，2004a）。

对多脂鳞伞结实性与非结实性菌丝进行 Giemsa 染色后，比较二者的形态特征，发现多脂鳞伞能结实菌株的菌丝是双核菌丝，具锁状联合，接种后菌丝生长快，粗壮紧密，成熟时产生色素，菌丝由白色或浅黄色转成深黄色或黄褐色；非结实菌株菌丝较细，生长缓慢，成熟时不产生色素，菌丝颜色为白色或浅黄色，且部分菌丝断裂产生分生孢子（陈少珍等，2005）。

二、分子标记

食用菌品种种类繁多，即使同一品种的各个菌株之间也存在着一定的性状差异，如子实体大小、形状、质地、颜色、产量等，由于受环境条件的影响，各个性状具有一定的不确定性。作为一种现代生物技术，分子标记能够反映生物个体间由于遗传变异所引发的核苷酸序列差异，在食用菌分类、遗传多样性分析、种质资源鉴定、遗传图谱建立、基因定位等方面得到了很好的应用。

采用 RAPD、SRAP、ISSR 3 种分子标记技术对多脂鳞伞菌株 DNA 片段的多态性进行比较分析后发现，RAPD 扩增条带较多，但筛选出的引物适用率较低，需经过设计大量的引物才能获得少量可用的引物，且该方法重复性不高，只能用于多脂鳞伞菌株的聚类分析；SRAP 分析方法的特性高于 RAPD，引物筛出率也高，但扩增条带不多；ISSR 分辨率最高，但扩增条带不高，可用于多脂鳞伞菌株的鉴别（表 20-1）（黄年来等，2010）。

表 20-1　遗传相似率统计

方法	引物数	条带总数	特异性条带数	平均遗传相似率（%）
RAPD	6	68	8	88.24
SRAP	14	91	13	85.71
ISSR	4	28	10	64.29

酯酶同工酶同样可用于多脂鳞伞种质资源的分类鉴定。采用垂直板聚丙烯酰胺凝胶电泳对 12 个鳞伞属菌株（包括 4 个野生多脂鳞伞菌株、7 个引入多脂鳞伞菌株、1 个滑菇菌株）进行酯酶同工酶比较和分析，并对各菌株间的遗传差异性进行分析，共检出 22 条酶带，11 种酶谱类型。发现多脂鳞伞菌株具有共同的特征谱带，且遗传多样性丰富（訾惠君等，2009，2011）。

将分子标记与同工酶技术综合应用于多脂鳞伞菌株的鉴定鉴别，为多脂鳞伞种质鉴定、资源保护及优良新品种选育提供技术基础。

三、子实体发育相关基因

3-磷酸甘油醛脱氢酶（GPD）的氨基酸序列及 3-磷酸甘油醛脱氢酶基因的核苷酸序列在不同生物种类中具有较高的保守性。3-磷酸甘油醛脱氢酶基因又称为管家基因，常被用作检测基因表达差异的内标基因。以多脂鳞伞菌丝 cDNA 为模板设计简并引物，经 PCR 扩增、回收、重扩增、克隆与鉴定分析，发现扩增出的 SL1 序列在 GenBank 中与 3-磷酸甘油醛脱氢酶基因的同源性达到 85%，经 PCR 反应验证，发现该片段在多脂鳞伞菌丝体、原基、菇蕾、子实体菌柄、子实体菌盖的各个发育阶段表达量相同（季哲等，2005）。采用 mRNA 差异显示技术对多脂鳞伞菌丝体、原基、菇蕾、子实体菌柄和子实体菌盖 mRNA 转录水平的变化进行研究后发现，cDNA 片段 $T_{11}G$ B0322 的序列在 GenBank 中与氧类固醇结合蛋白（oxysterol-binding protein）基因的序列同源性达到 41%，经半定量 PCR 验证，表明 $T_{11}G$ B0322 基因片段是生殖生长阶段差异表达的基因片段（季哲等，2007）。通过对多脂鳞伞子实体发育过程中的基因表达水平进行研究，可为培育优良菌株提供理论依据。

四、菌株选育

近年来，为了满足国内外消费者对多脂鳞伞的需求，国内许多单位也纷纷选育出了适合当地气候条件、品质优良的多脂鳞伞菌株，部分优良菌株已通过省级审定或申请专利。

1. 黄伞龙升 8 号　丹东龙升食用菌有限公司选育的黄伞新品种，2005 年通过辽宁省鉴定。该品种具有菌丝生长快、抗杂性强、产量高、色泽鲜艳等特点，生物学效率 83%。

2. 川黄伞 1 号　四川省农业科学院土壤肥料研究所从西藏野生多脂鳞伞中人工驯化培育而成的新品种，2005 年通过四川省审定（审定编号：川审菌 2005002）。该品种子实体群生，菌盖金黄色，表面着生褐色鳞片，黏滑，直径 3～4 cm；菌柄粗 0.5～3 cm，长 5～10 cm，圆柱状，中生，稍弯曲，内实纤维质，与菌盖同色，并附有褐色鳞片。担子上着生 4 个担孢子，担孢子锈色椭圆形或长椭圆形，平滑，大小为（7.5～9.5）μm×（5.1～6.4）μm。菌丝体黄色，菌丝具锁状联合，属四极性异宗结合。菌丝体最适生长温度为 22～24 ℃；子实体最适生长温度为 15～18 ℃。菌丝体生长不需要光照；子实体生长需弱光条件。菌丝体生长的适宜培养基含水量为 60%～70%；子实体生长的空气相对湿度为 85%～95%。菌丝体生长和子实体生长均需要充足氧气，适宜 pH 6.5～7.0。

该品种在自然温度条件下，四川的出菇季节为 10 月至翌年 5 月（温度 15～22 ℃），适合熟料袋栽，去掉颈圈出菇。适合栽培的原料为棉籽壳、阔叶树木屑、玉米芯、麸皮、玉米粉、米糠等。子实体菌盖半球形、未破膜时为采收适期，生物学效率 80% 左右。

3. 黄伞 caas - 11　中国农业科学院农业资源与农业区划研究所选育的多脂鳞伞新菌株（保藏号：CGMCC No. 1840），并已申请专利（2010）。该专利可将多脂鳞伞菌株或其提取物作为原料制成各种保健食品或饮料。

4. 黄伞 HS5　北京市农林科学院选育（保藏号：CGMCC No. 6063），并申请了专利（2012）。该菌株出菇早，适合工厂化栽培。

5. 诱变育种　除了采用常规育种方法，国内也有部分学者开展了诱变育种的探索，如原生质体诱变、紫外线诱变等。对多脂鳞伞原生质体制备与再生条件进行研究后发现，最佳条件为：菌龄 7 d，2% 溶壁酶处理 2.5 h，酶解温度 25 ℃，制备时渗透剂为 0.6 mol/L KCl，再生时渗透剂为 0.6 mol/L 甘露醇，此时原生质体产率为 $2.16×10^7$ 个/mL，再生率为 0.52%（韩华丽和郭成金，2008）。

采用紫外线诱变方法对多脂鳞伞菌丝体进行紫外线照射处理，照射 10 min 后，获得了比原菌丝体生长能力旺盛的菌种（全艳玲等，2008）。有学者利用紫外线对多脂鳞伞孢子悬浮液进行诱变处理，获得了一株正突变菌株 UV - 65，经 6 代的连续传代培养，诱变菌株遗传性状较稳定，菌丝生长比出发菌株旺盛，菌丝产量提高 20%（解生权等，2012）。

（林衍铨）

参考文献

陈少珍，黄思良，闭志强，2005. 黄伞结实与非结实菌丝的形态特征比较 [J]. 食用菌学报，12（1）：22-26.

陈士瑜，陈惠，园艺，2003. 菇菌栽培手册 [M]. 北京：科学技术文献出版社.

崔颂英，杨玉娜，曲波，2003. 野生黄伞 Ph-1 的生物学特性及栽培技术 [J]. 食用菌，25（1）：13-14.

韩华丽，郭成金，2008. 黄伞原生质体制备与再生条件研究 [J]. 天津师范大学学报（自然科学版），28（4）：9-12.

赫丹，夏雪梅，付爱刚，2009. 黄伞菇品系耐温性高产性对比试验分析报告 [J]. 辽东学院学报，16（1）：19-22.

侯军，杜爱玲，石立三，2006. 黄伞园艺一号生物学特性研究 [J]. 食用菌（2），15-16.

胡清秀，2005. 优质食（药）用菌生产实用技术手册 [M]. 北京：中国农业科学技术出版社.

黄年来，林志彬，陈国良，等，2010. 中国食药用菌学 [M]. 上海：上海科学技术文献出版社.

黄清荣，张恒基，张丽，等，2008. 矿质元素对黄伞生长及其胞外多糖产量的影响 [J]. 食品科学，29（10）：408-413.

黄志强，张军，郑坤，等，2006. 丹东黄伞 Dh-3 生物学特性及高产栽培技术 [J]. 中国林副特产（2）：39-40.

惠丰立，魏明卉，刘征，2003. 黄伞子实体营养成分分析 [J]. 食用菌学报，10（4）：20-23.

季哲，李玉祥，薛淑玉，2004. 黄伞的交配型性状研究 [J]. 菌物学报，23（1）：38-42.

季哲，李玉祥，赵明文，等，2005. 黄伞菌株中 3-磷酸甘油醛脱氢酶基因片段的分离鉴定与保守性验证 [J]. 中国食用菌，24（5）：53-55.

季哲，李玉祥，赵明文，等，2007. 运用 mRNA 差异显示技术研究黄伞发育相关基因 [J]. 菌物学报，26（2）：243-248.

解生权，苏利，陈伟，等，2012. 多脂鳞伞紫外线诱变育种 [J]. 中国酿造，31（3）：66-68.

李绍木，张循浩，1997. 柳蘑人工袋栽研究 [J]. 食用菌，19（1）：15-16.

刘靖宇，孟俊龙，常明昌，2006a. 黄伞菌丝的形态特征研究 [J]. 山西农业大学学报（自然科学版），26（2）：174-175.

刘靖宇，孟俊龙，常明昌，2006b. 黄伞菌丝生物学特性的研究 [J]. 中国食用菌，25（2）：24-27.

刘前进，1994. 黄伞的特性及人工驯化栽培 [J]. 食用菌，16（6）：9-10.

马凤，鲁明洲，孟昭林，等，2009. 黄伞 Ad-2 菌丝培养特性的研究 [J]. 中国林副特产（2）：23-24.

苗长海，1985. 黄伞及其人工驯化 [J]. 食用菌（1）：12.

苗长海，1986. 多脂鳞伞人工栽培研究初报 [J]. 中国食用菌（6）.

潘保华，李彩萍，闫玄梅，等，2004a. 黄伞分生孢子对菌丝生长及子实体产量的影响 [J]. 食用菌学报，11（1）：17-21.

潘保华，李彩萍，元新娣，等，2004b. 黄伞单孢杂交育种的初步研究 [J]. 菌物学报，23（4）：520-523.

潘保华，李彩萍，朱生伟，2003. 黄伞 WT 菌株的特性及其栽培技术的研究 [J]. 中国食用菌，22（3）：28-29.

潘崇环，孙萍，龚翔，2003. 珍稀食用菌栽培与名贵野生菌的开发利用 [M]. 北京：中国农业出版社.

全艳玲，解生权，施政杨，等，2008. 黄伞的菌种选育 [J]. 中国酿造（12）：43 - 45.

上官舟建，林汝楷，孔秋生，等，2003. 黄柳菇及其栽培技术的研究 [J]. 中国食用菌，22（4）：23 - 25.

田恩静，2004. 中国鳞伞属（广义）已知种类及其分布 [J]. 菌物研究，2（1）：25 - 34.

万伍华，况丹，2012. 黄柳菇四个菌株的栽培试验 [J]. 食用菌（1）：25 - 26.

王守现，刘宇，许峰，等，2013. 野生黄伞 JZB2116005 菌株的鉴定及生物学特性研究 [J]. 江西农业大学学报，35（3）：603 - 608.

增野和彦，1997. 多脂鳞伞驯化栽培试验 [J]. 中国食用菌，16（5）：21 - 22.

张剑斌，徐连峰，董希文，等，2000. 黄伞的生物学特性及人工驯化栽培技术 [J]. 防护林科技（4）：67 - 68.

张金霞，黄晨阳，2008. 无公害食用菌安全生产手册 [M]. 北京：中国农业出版社.

赵占国，杨秀兰，1985. 多脂鳞伞的人工栽培 [J]. 食用菌（3）.

訾惠君，刘连强，王文治，等，2009. 12 个黄伞菌株的酯酶同工酶分析 [J]. 安徽农业科学，37（23）：1089.

訾惠君，刘连强，周永斌，等，2011. 天津野生黄伞菌株的酯酶同工酶分析 [J]. 安徽农业科学，39（23）：13940 - 13941.

第二十一章

银　耳

第一节　概　述

银耳又称白木耳，是我国久负盛名的滋补品，具有较高的药用价值。历代医药家都认为银耳有"滋阴补肾、润肺止咳、和胃润肠、益气和血、补脑提神、壮体强筋、嫩肤美容、延年益寿"之功能。现代医学研究结果表明，银耳含有酸性异多糖、中性异多糖、有机磷、有机铁等化合物，能提高人体免疫能力，起扶正固本作用，对老年慢性支气管炎、肺源性心脏病有显著疗效，还能提高肝脏的解毒功能，起护肝作用。

第二节　银耳的起源与分布

据四川通江银耳博物馆资料，清道光十六年（1836）陈河腹地九弯十八包的山民尝试银耳人工栽培，逐步形成一套由砍山、剔桠、铡棒、搬运、选堂、芟堂、发汗、排堂、采耳、洗耳、串签、烘晒等工艺构成的人工栽培技术，清同治四年（1865）通江县诺水流域开始大规模人工生产银耳；清光绪十五至十六年（1889—1890）通江县银耳种植法在陈家坝、河坝场、涪阳坝、新场坝和草池坝等地普遍推广。这套古法栽培工艺属于"靠天收"，依靠天然银耳孢子传播接种，产量低，收成无保障，价格昂贵，作为中药配伍，只有少数人能享用。

杨新美（1941）在贵州湄潭，采用银耳子实体进行担孢子弹射分离，获得银耳纯菌种。其后，他又利用这种纯菌种做成孢子悬浮液，在较大量的壳斗科段木上进行了 3 年（1942—1944）的田间人工纯种接种对比试验，最高可增产 20 倍，取得了显著的效果，但是仍不能达到稳产的效果。他在调研过程中常听到耳农反映，有一种经常与银耳相伴生长的菌，其外表很像"香灰"（人们称为"香灰菌"），它与银耳的产量有关。随后他对香灰菌与银耳的关系作了调查与研究，发表了《中国的银耳》论文，文中叙述：有一种灰绿色的淡色线菌及一种球壳菌（未作鉴定）经常与白木耳伴随生长，耳农称前者为"新香灰"，后者为"老香灰"，认为是银耳的变态，并认为与银耳产量有极其重要的关系。根据初步考察，二者确与银耳相伴，前者约占产耳段木总数的 77.4%，后者约占 74.5%，而且在湿润的气候下，"新香灰"经常发生在"老香灰"的黑色子座上，在培养中尚未断定其间的关系。它们可能在营养上与银耳有着密切的关系，但它们并非银耳的一个世代是可以肯定的（在它们的培养上并未发现其相互转化的迹象）。杨新美的研究结果，确定了银耳与香灰菌的关系，为银耳混种的研究奠定了基础，提供了理论依据。

1949年以后，陈梅朋、杨新美等真菌学工作者深入四川、云南、贵州、湖北、福建等银耳产区，总结各地的栽培经验，研究银耳的生态学和生物学特性。20世纪50年代末至60年代初，华中农学院、福建省三明市真菌研究所先后用银耳纯种——孢子悬浮液栽培银耳。1959年陈梅朋首次分离到银耳和香灰菌的混合菌种，并认为即是银耳纯菌种，以此进行段木人工接种试验，亦长出银耳子实体。1962年以后，上海市农业科学院、福建省三明市真菌研究所证明银耳纯种在灭菌的人工培养基上能够完成它的生活史。华中农业大学、上海市农业科学院、福建省三明市真菌研究所等单位科研人员进行深入研究，探明了银耳生长的理论，即银耳生长过程必须和分解能力较强的香灰菌（羽毛状菌丝、耳友菌丝）混合，才能大大提高出耳率。福建省三明市真菌研究所分离出银耳和香灰菌的纯菌种，采用混合制种并进行人工接种栽培试验，出耳率达到100%。1974年福建古田姚淑先改进了银耳瓶栽方法。其后，该县的戴维浩在段木栽培银耳和瓶栽银耳工艺的基础上，首创木屑、棉籽壳塑料棒式栽培法，降低了生产成本，大幅度提高了产量。目前，该工艺在全国各地得到大面积推广。

我国是银耳的主产区，产量占全世界的95%以上。银耳主要分布在我国福建、四川、山东等地。福建采用代料栽培，年产干银耳约3万t；四川通江主要采用段木栽培，年产干银耳约100 t。

第三节　银耳的分类地位与形态特征

一、分类地位

银耳（*Tremella fuciformis*）属担子菌门（Basidiomycota）银耳纲（Tremellomycetes）银耳目（Tremellales）银耳科（Tremellaceae）银耳属（*Tremella*）。

二、形态特征

银耳菌丝白色，有锁状联合，多分枝，直径1.5～3 μm。在斜面培养基上，菌丝生长极为缓慢，属于有限生长型，气生菌丝粗短，菌落呈绣球形；有的品种，菌落中央气生菌丝多，边缘为贴生型菌丝。银耳菌丝体易扭结、胶质化，形成原基。银耳菌丝也易产生酵母状细胞，尤其是在转管接种时受到机械刺激后，菌丝生长转向以酵母状细胞为主的无性繁殖世代，以芽殖或裂殖进行无性繁殖。酵母状细胞在干燥的斜面培养基上，经过较长时间的培养，可以萌发产生菌丝。

银耳菌丝在天然木质纤维素培养料上不能生长，需要另一种真菌伴生才能进行营养生长和形成子实体，这种伴生菌俗称香灰菌或耳友菌。香灰菌菌丝生长迅速，初期白色，后渐变灰白色，能分泌黑色素到培养基中使培养基变为黑褐色。

新鲜的银耳子实体白色、半透明，由多片呈波浪曲折的耳片丛生在一起，呈菊花形或鸡冠形，大小不一，最大可达到30 cm以上。子实体晒干后呈白色或米黄色。子实层着生于耳片表面，担子椭圆形或近球形，被纵隔膜分割成四个细胞，每个细胞长出一个担子梗，在担子梗上着生一枚担孢子。孢子印白色，在显微镜下担孢子无色透明，大小为（5～7.5）$\mu m \times$（4～6）μm。担孢子萌发时直接长菌丝或以芽殖方式产生酵母状细胞。

第四节　银耳的生物学特性

一、营养要求

（一）碳源

银耳菌丝能吸收利用葡萄糖、蔗糖、麦芽糖等小分子碳水化合物，在 PDA 培养基上它能形成子实体，完成其有性生活史。但对于纤维素、半纤维素、木质素等大分子天然化合物银耳菌丝不能利用，需要与香灰菌伴生才能利用。目前银耳人工栽培时所用的菌种都是银耳与香灰菌的混合菌种，栽培材料都是选择富含木质纤维素的天然材料（如棉籽壳、木屑、蔗渣、秸秆等）作为碳源。

（二）氮源

银耳可以利用氨基酸、铵态氮作为氮源，不能利用大分子有机态氮、尿素和硝态氮。由于采用混合菌种，在香灰菌的伴生下，人工栽培银耳可选用麸皮、米糠、玉米粉等作为氮源。

（三）矿质元素

银耳和香灰菌的生长都需要矿质元素，如钾、镁、铁、硫、磷和钙。在培养料配制时，一般添加适量的石膏，既可提供钙质营养，又可改善培养料的理化性质。

（四）维生素

银耳和香灰菌的生长不依赖维生素，但含有维生素的培养料能使菌丝生长更健壮。培养料如果灭菌时间太长或温度太高，维生素降解，菌丝的生长速度会明显变慢。

二、环境要求

（一）温度

银耳菌丝生长的适宜温度为 20～25 ℃，低于 12 ℃菌丝生长极慢，高于 30 ℃菌丝生长不良。子实体分化和发育最适温度为 20～23 ℃，不能超过 26 ℃。银耳是中温恒温结实型菌类，栽培环境保持稳定的温度有利于子实体的形成与发育。

（二）湿度

银耳培养基的适宜含水量为 53%～58%，低于 52%菌丝生长不良，高于 60%时，培养料中孔隙度小，通气不良，菌丝生长慢甚至不长。

纯银耳菌丝很耐旱，把长有银耳菌丝的木屑菌种块置于硅胶干燥器中2～3个月，香灰菌丝会死亡，而银耳菌丝仍然存活。利用这一特性，可从混合菌种的基质中分离提纯银耳菌丝。

在子实体生长阶段，空气相对湿度对产量和质量影响很大，湿度低影响原基形成，湿度高易发生"流耳"，适合的空气相对湿度为85%～95%。

（三）pH

pH 5.2～7.2银耳菌丝都能生长，以pH 5.2～5.8为好。人工栽培时，采用一般的配方，培养基pH 6.0～6.5，亦适合银耳生长。在银耳菌丝（包括香灰菌菌丝）生长过程中，会分泌一些酸性物质使培养料酸化，但在出耳时培养料一般pH 5.2～5.5，仍然在最适的范围内。人工代料栽培时，如果拌料后没有及时装袋和灭菌，培养料中由于微生物的大量繁殖会变酸，将使其pH降至适合范围之外，影响银耳生长。

（四）光照和通风

银耳菌丝生长不需要光线。子实体分化发育需要有少量的散射光，黑暗的耳房很难形成子实体。

银耳栽培在接种后，香灰菌生长迅速，需要经常通风，补充氧气。通风也可降低培养室的空气相对湿度，从而降低污染率。

在出耳阶段，二氧化碳浓度要控制在1 000 mg/kg以下，如果通风不良，二氧化碳浓度太高，会影响耳片展开，容易形成"拳耳"，降低商品价值。

三、生活史

在食用菌中，银耳的生活史最为特殊，体现在两个方面：具有酵母状细胞的无性型世代，需要香灰菌伴生。

银耳子实体成熟时，耳片表面产生许多担孢子，担孢子在适宜的条件下芽殖形成酵母状细胞，再由其萌发形成单核菌丝，两个可亲和的单核菌丝通过质配形成双核菌丝，双核菌丝有锁状联合，菌落像绣球状或绒毛团状，若培养条件不适（受热、浸水）或菌丝受伤，双核菌丝可形成酵母状细胞。酵母状细胞椭圆形、单核，以芽殖方式进行无性繁殖，在适宜条件下可萌发形成双核菌丝（单核酵母状分生孢子如何产生双核菌丝，其过程尚不清楚）。银耳降解木质纤维素的能力很弱，需要香灰菌的伴生，香灰菌作为"开路先锋"，协助银耳降解利用基质。银耳菌丝大量生长后，积累营养达到生理成熟，在基质表面形成"白毛团"并胶质化形成子实体原基，逐渐发育分化出耳片，在耳片的外表面形成子实层，产生担孢子（图21-1）。

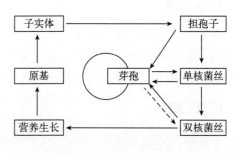

图21-1 银耳的生活史

第五节　银耳种质资源

一、概况

根据邓叔群的记载，银耳属有 7 种，分别是银耳（*T. fuciformis*）、茶耳（*T. foliacea*）、黄耳（*T. frondosa*）、橙耳（*T. cinnabarina*）、亚橙耳（*T. lutescens*）、橙黄银耳（*T. mesenterica*）和紫耳（*T. moriformis*）。卯晓岚记载了上述 7 种银耳之外，还有血红银耳（*T. samguinea*）、垫状银耳（*T. pulvinalis*）、珊瑚银耳（*T. fuciformis* f. *corniculata*）、褐血耳（*T. fimbriata*）、头状金耳（*T. encephala*）、金耳（*T. aurantialba*）。

目前广泛人工栽培的种是银耳（*T. fuciformis*），这个种在福建、浙江、江苏、江西、安徽、湖南、湖北、广东、广西、四川、云南、贵州、陕西、甘肃、内蒙古、西藏、海南、香港、台湾等地均有野生种质材料。

二、优异种质资源

早期各地栽培银耳的品种多数来源于福建省三明市真菌研究所、上海市农业科学院食用菌研究所。21 世纪初，古田县科学技术局、古田县兴科食用菌研究所、古田县兴华真菌研究所从全国各地征集了大量的栽培品种和野生资源，经过分离、品比试验，筛选出数个生产性状较好的品种。目前广泛栽培的品种见表 21-1。

表 21-1　银耳优异种质资源

品种	适温（℃）	生产周期（d）	耳片颜色对光的敏感性	朵型	耳片		耳蒂	
					大小	色泽	大小	色泽
Tr96	20~29	38~43	敏感	小	中	白	中	白
Tr01	20~30	33~38	不敏感	中	中	白	中	白
Tr21	19~30	35~40	敏感	大	大	淡黄	小	淡黄
Tr63	20~29	35~40	敏感	中	中	淡黄	中	黄

第六节　银耳种质资源研究和创新

银耳虽然在我国大部分地区有分布，但人工栽培主要集中在福建古田和四川通江，野生种质资源的系统研究还很少，主要是因为银耳与香灰菌伴生，野生种质材料分离出纯的银耳菌种难度大、耗时长。

虽然香灰菌的分类地位已经明确，生产上使用的香灰菌都是阴环炭团菌（*Annulohypoxylon stygium*）这个种，但存在不同的香灰菌菌株。根据菇农的生产经验，银耳与香灰菌具有配合性的问题，一个银耳菌株需要与特定的香灰菌配合才能获得高产，更增加了种质资源研究的难度。

　　在今后的银耳种质资源研究时，不仅需要收集银耳的种质材料，也需要收集与之伴生的香灰菌。

（谢宝贵）

参考文献

邓叔群，1963. 中国的真菌［M］. 北京：科学出版社.

邓优锦，王庆福，刘福阳，等，2012. 不同香灰菌与银耳的配对研究［J］. 食药用菌，20（1）：25 - 27.

黄年来，1982. 银耳的生物学特性及其栽培［J］. 真菌试验：1 - 14.

黄年来，1985. 银耳生活史的研究［J］. 食用菌（1）：3 - 4.

卯晓岚，1998. 中国经济真菌［M］. 北京：科学出版社.

温文婷，贾定洪，郭勇，等，2010. 中国主栽银耳配对香灰菌的系统发育和遗传多样性［J］. 中国农业
　科学，43（3）：552 - 558.

徐碧茹，1980. 银耳生活史的研究［J］. 生物学通报，7（6）：241 - 242.

徐碧茹，1984. 银耳分解木材能力的测定［J］. 微生物学通报，11（6）：257 - 258.

杨新美，1954. 中国的银耳［J］. 生物学通报（12）：15 - 17.

猪　苓

第一节　概　　述

猪苓（*Polyporus umbellatus*）又名猪屎苓、猪茯苓、猪粪菌等，是我国的传统药用真菌，其菌核入药在我国已有 2 000 多年的历史，最早记载于《神农本草经》，它的子实体俗称猪苓花或千层蘑菇，可食，味道鲜美。猪苓菌核具有利水渗湿之功效，为我国历次药典所收录。在 20 世纪 70 年代，日本学者首先从猪苓菌核中分离出了猪苓多糖，并证明它对动物移植性肿瘤有抑制作用。以后的许多试验表明，猪苓多糖具有免疫刺激作用，可提高人体免疫力，对肺癌、宫颈癌、肝癌等多种癌症都有一定疗效，其抗癌效果已受到国内外医药界的普遍重视；同时，猪苓多糖在治疗慢性传染性肝炎和抗放射等方面也有良好的效果，猪苓多糖能显著降低肝脏中氧化脂质的含量，有清除自由基损伤的作用，对于延缓组织细胞老化、保护机体、抗老防衰十分有益。

第二节　猪苓的起源与分布

猪苓主要分布在亚洲、欧洲和北美洲；亚洲主要分布在中国和日本。中国大部分省份都有猪苓分布，如黑龙江、吉林、辽宁、内蒙古、四川、云南、青海、陕西、甘肃、河南、河北、贵州、山西等。但野生资源蕴藏量以陕西、山西、云南居多。

我国不同省份因海拔、土壤、气候等自然条件的不同，形成了多样化的生态环境，在野生生态调查时发现猪苓多生长在海拔 1 000～2 000 m，坡度 20°～50°的向阳山坡；植被多为阔叶次生林、混交林、竹林，林下具有散射阳光、肥沃湿润、富含腐殖质、微生物活动频繁、排水良好的荫坡熟地分布较多（田飞，2011）。

第三节　猪苓的分类地位与形态特征

一、分类地位

猪苓（*Polyporus umbellatus*）属担子菌门（Basidiomycota）蘑菇纲（Agaricomycetes）多孔菌目（Polyporales）多孔菌科（Polyporaceae）多孔菌属（*Polyporus*）。

虽然当前认为猪苓属于多孔菌属真菌，然而其在多孔菌属中的分类地位还不明确。因为猪苓的担子果独特，与其他多孔菌属的担子果完全不同，猪苓的担子果从菌核直接生出、合生且具中央柄。Sotome 等（2008）将多孔菌属划分为 6 个主要的类群，而猪苓却并不包含在这 6 个主要类群中。由此可见猪苓在多孔菌属中的分类地位还有待进一步探讨。

二、形态特征

（一）菌丝

由猪苓菌核或子实体新分离的菌丝往往生长较慢，转接到平皿或试管后一般需要10～15 d才能生长成直径 1～2 cm 的菌落；但经过驯化后的猪苓菌丝生长速度有所加快。另外，在由猪苓菌核分离出菌丝的早期，培养时菌丝常产生褐色分泌物至周围的培养基中，这对菌丝的继续生长是不利的。平皿培养过程中，如果培养时间延长，在基部菌丝中可观察到猪苓菌丝的变态，如念珠状或厚壁菌丝等类型。

（二）菌核

猪苓菌核是由菌丝聚集而形成的休眠体，多年生，埋生于地下，长块状或不规则块状，表面有褶皱或突起，菌核表皮由几层菌丝紧密排列而成，细胞壁加厚，细胞趋于木质化，主要起保持水分和防止有害微生物侵染的作用。菌核直径 3～15 cm，能储存大量养分，环境不适时可长期休眠，而当条件适宜时，可直接由菌核上分化形成子实体。猪苓菌核是传统中药，有利水渗湿之功效。依据菌核的不同生长阶段，可将菌核分为白苓、灰苓和黑苓（徐锦堂和郭顺星，1991）。白苓为新长出的菌核，随着进一步生长发育其色泽逐渐转灰即为灰苓，最后变为黑苓。白苓色白皮薄、无弹性、质地软，含水分较多，内含物很少，用手捏易烂，烘干后呈米黄色。灰苓表皮灰黄色，有的可看到一些黄色斑块，光泽暗，质地松，有一定韧性和弹性，断面菌丝白色。黑苓表皮黑褐色，有光泽，质地密，有韧性和弹性，断面菌丝白色或淡黄色。猪苓菌核以个大、皮黑而光泽较好、肉白、体稍重者为佳。猪苓依照其外形特点可分为猪屎苓（因其形如猪粪）和鸡屎苓（因其形如鸡粪）（图 22-1）。猪屎苓分枝少、菌核体粗壮，表面较光滑，质量较好；鸡屎苓分枝多，菌核表面凹陷较多，菌核体较薄，质量较次。

图 22-1　猪苓的外形特点

A. 猪屎苓　B. 鸡屎苓

（三）子实体

猪苓子实体的柄着生在接近土表的菌核上，因其基部相连成丛或小柄大量分枝，菌盖密集重叠可多达数百个菌盖。子实体多发生于 7～9 月，大小不等，大的菌丛直径可至30 cm，高近 40 cm，小的菌丛直径仅 1～2 cm，高 2～3 cm。在夏秋季条件适宜时子实体从接近地表或微凸出地表的菌核顶端生出，菌柄多次分枝而形成一丛，每枝顶端有一个菌盖。菌盖肉质柔软，圆形，直径 1～4 cm，近白色至浅褐色，中部脐状，有淡黄色的纤维状鳞片，呈放射状，无环纹，有软毛样的触摸感觉，边缘薄而锐、内卷。菌管长约 2 cm，管口圆形至多角形，管口面白色至浅黄色。柄基部较粗，向上渐细并多次分枝，白色至灰白色（郭顺星等，1998）。

猪苓子实体由生殖菌丝、骨架菌丝、联络菌丝组成。生殖菌丝具有丰富的细胞内含物，细胞质浓，含有内质网、线粒体等细胞器，并有大小不等的小液泡，与生殖菌丝分化能力相适应，锁状联合突起结构明显，顶端有膨大，在子实体各部位（如菌柄、菌盖和菌管间组织）均有分布，具有繁殖和分化骨架菌丝、联络菌丝的功能。骨架菌丝是一种厚壁菌丝，细胞腔狭窄，在菌盖中分布较多，不分枝，厚壁由 3 层组成，一般不含细胞器，主要作用是支撑子实体保持其形态。联络菌丝在子实体中广泛存在，是由生殖菌丝产生的多分枝菌丝，多液泡化，联络菌丝常相互交错或穿插于生殖菌丝和骨架菌丝之间。

（四）担子及担孢子

猪苓担子短棒形，光滑，透明无色，顶生 4 个孢子；孢子圆筒形，光滑无色，一端圆形，一端歪尖，（7～10）μm×（3～4）μm。猪苓担子是由生殖菌丝所产生。新形成的担子细胞质稠密，无明显的液泡出现。之后担子迅速膨大，同时进行核配和减数分裂。在核分裂过程中，常在其周围伴有线粒体，并且胞质中线粒体也较多。液泡开始出现时，不断有小液泡向其顶部运动，中心则形成一个或数个较大液泡，细胞质受其影响被迫进入担子的顶端。在担子的顶端可看到一个清晰的帽状物，小梗就在这个部位形成。液泡形成的连续过程迫使细胞质及细胞核流入小梗，最后到达顶端。孢子在小梗顶端形成的同时，小梗基部担子的内壁内折形成横隔膜，以致担孢子成熟弹落时横隔膜也发育完成。脱离小梗的担孢子椭圆形，脐部扁平，并且基部仍有部分小梗的胞壁附着。弹射孢子后的小梗顶端变得钝尖或凸圆。

（五）分生孢子

猪苓菌丝可产生的分生孢子主要为节孢子和厚垣孢子。猪苓的节孢子多在气生菌丝上产生，在培养基营养贫乏、环境条件发生变化或生长的后期均可产生节孢子（Xing and Guo，2008）。猪苓的厚垣孢子是由猪苓菌丝细胞壁增厚而变成，呈菌丝形或圆球形，间生或串生，成熟后常脱离母体菌丝。在猪苓菌丝培养中，菌株、培养基、培养时间、培养条件等不同时（即使在相同的情况下），发现节孢子和厚垣孢子在不同培养阶段都可发生，但有时也同时发生。

第四节　猪苓的生物学特性

一、环境要求

（一）猪苓生长的生态条件

野生猪苓多生于山林地下的树根周围，深度一般在 0～40 cm 处，阳坡、阴坡均有分布。一般以坡度为 20°～25°的缓坡地为主要分布区。原始森林砍伐后经几年或十余年重新生长出的次生林分布猪苓较多，而原始森林中很少生长。以阔叶树为主的次生林中猪苓的分布为多。除松、柏林外，阔叶林、混交林、次生林、竹林均有野生猪苓分布，但以次生林中分布较多，常见树种为柞树、槭树、榆树、杨树、柳树等。森林土壤中各种树根、毛细须根交织生长。从多分布在树林中及树根旁的环境条件来看，猪苓与这些植物的微环境密切相关，即这些生长着的或腐烂了的树根多已被蜜环菌侵染，实际上它们是猪苓菌核生长发育的间接营养来源。

（二）猪苓菌核的发育条件

猪苓菌核是一种休眠组织。冬季过后一般当地温升至 10 ℃左右，土壤含水量在 30%～50% 时，猪苓菌核便开始萌动。在灰苓、黑苓的表面，菌丝突破菌核表皮，萌生出几束洁白色绒毛状的菌丝，开始数量很少，逐渐繁殖增多成菌丝团，渐变成米粒大小的菌球，在菌球表面菌丝排列致密成一层白色膜，对菌丝起保护作用，即成白苓。此期用手稍动，白苓极易从母苓上脱落，而且在母苓上菌丝萌发点目测不到任何痕迹。有的母苓菌核上可萌生出数十个萌发点，但除个别萌发点可长成白苓外，大量的萌发点菌丝团只长到米粒大小，皮色变黄停止生长而干枯，在猪苓菌核表面留下星星斑点。到 7～8 月随气温不断升高，白苓生长速度加快，并产生许多新分枝。新分枝的顶端为白色生长点，后端颜色逐渐加深，形状类似姜块状，俗称鸡屎苓，有的新生苓分枝很少，形状类如瘤状，俗称猪屎苓。秋季以后随地温逐渐降低，菌核生长速度渐慢，新生苓的白色生长点或秋季新萌生的白苓，颜色渐由白变灰，越冬后成灰苓。翌年春季，当生长条件适宜时，又可从原母苓和灰苓上萌发出新苓，经过夏、秋季，原灰苓颜色逐渐变为褐色至黑褐色，再经过一个冬季完全变成黑色。这是在一般正常情况下，由白苓至灰苓到黑苓的生长动态。因此，白苓、灰苓和黑苓，大体为生长当年、翌年、第三年不同生长年限的猪苓菌核（徐锦堂和郭顺星，1991）。

二、生活史

猪苓的生活史主要包括菌丝体、菌核、子实体、担孢子 4 个阶段；另外其菌丝阶段亦会产生分生孢子，为节孢子和厚垣孢子。

由猪苓担孢子萌发形成的单核菌丝经质配形成双核菌丝。猪苓的单核菌丝或双核菌丝均能以断裂方式形成无性孢子，主要包括节孢子和厚垣孢子。这些孢子在条件适宜时，可直接发芽形成菌丝体和菌落。

猪苓菌丝在特定环境条件下形成菌核，即白苓、灰苓和黑苓。在蜜环菌侵染菌核和提供营养的情况下，只要条件适宜，在春、夏和秋季，母体猪苓菌核上随时都可萌发出新生的菌核，称为新苓。

猪苓子实体常发生于每年的7～9月，多在每年伏天连绵阴雨后出现，子实体的柄着生在接近土表或微突出地表的菌核上。猪苓子实体的原基一般呈颗粒状或针头状分布在菌核的表面。原基的数目在菌核表面一般较多，同新菌核的形成类似，只有那些处于生长优势的原基才能最终发育为成熟的子实体。

猪苓子实体由菌盖、菌管、子实层、菌柄所组成，担子和担孢子分布于管孔内壁的周缘；担孢子卵圆形，担孢子成熟弹射后，遇到适宜条件和营养即可萌发重复上述过程，从而完成其生活史。

猪苓的生活史示意见图22-2。

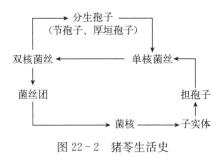

图22-2　猪苓生活史

三、猪苓与蜜环菌的关系

蜜环菌（*Armillaria mellea*）为担子菌门（Basidiomycota）蘑菇纲（Agaricomycetes）蘑菇目（Agaricales）泡头菌科（Physalacriaceae）蜜环菌属（*Armillaria*）真菌。在野生猪苓调查时，常会观察到菌核上附有蜜环菌菌索。蜜环菌腐生在朽木、半朽木或寄生在活树根上，延生出的菌索与猪苓菌核接触，侵入猪苓菌核；如上所述这些生长着的或腐烂了的树根是蜜环菌生长发育的直接营养来源，是猪苓菌核的间接营养来源。已有试验证明，在人工栽培猪苓时，不加带蜜环菌菌索的菌棒，猪苓就不能生长、繁殖。此后我国山西、陕西、甘肃、四川、云南等省都先后开展了野生变家栽的研究，发现蜜环菌是猪苓菌核生长发育的直接营养来源。韩汝诚等（1980）认为蜜环菌菌索侵入猪苓菌核后被消化吸收从而成为菌核的营养源，猪苓和蜜环菌是一种共生关系。从20世纪90年代开始，我国学者徐锦堂、郭顺星、王秋颖等对猪苓与蜜环菌的关系进行了深入的研究，发现蜜环菌侵入猪苓菌核后，猪苓本身的防卫反应形成隔离腔将蜜环菌限制在一定范围内，同时猪苓菌丝还可反侵蜜环菌菌索皮层细胞及从侵染带边缘细胞中吸取营养，蜜环菌的代谢产物及蜜环菌侵染后期的菌丝体都成为猪苓的营养，两者之间是一种寄生与反寄生的营养关系（徐锦堂和郭顺星，1992；郭顺星和徐锦堂，1992，1993a，1993b），蜜环菌代谢产物是通过菌核中的隔离腔供给猪苓菌丝生长发育的（王秋颖等，2000）。经过30余年的研究，从蜜环菌对猪苓菌核的侵染到双方的营养互作过程已渐被人们所了解。然而，在研究猪苓与蜜环菌的关系过程中，却忽略了与猪苓共生的蜜环菌的种性研究，我国众多猪苓研究的文献及专著中所提的蜜环菌均为*A. mellea*。近来，日本学者（Kikuchi and Yamaji，2010）对中国的3个猪苓样本以及日本本土的3个猪苓样本进行了共生蜜环菌的分离及鉴定，其研究结果认为与猪苓共生的蜜环菌与以下5种蜜环菌有非常高的聚类支持度及序列相似性，该5种分别为*A. sinapina*，*A. calvescens*，*A. gallica*，*A. cepistipes*和*A. nabsnona*，而和*A. mellea*却完全位于不同的聚类分支，这点完全有悖于传统认为的猪苓菌核共生蜜环菌为*A. mellea*这个种。由于该研究样本量的限制，现在还无法确证该结论是否具有代表性，但该研究提示了能与猪苓菌核发生互作关系的蜜环菌类群还需进一步研究。

第五节 猪苓种质资源

现在我国供给国内、国际市场上的猪苓菌核主要是野生猪苓，而人工栽培的猪苓仅占10%左右。进入21世纪后，猪苓新的药效及保健功能不断被报道，其市场需求逐年增加，价格大幅上涨，强大的市场需求致使野生猪苓被毁灭性采挖；由于乱采滥挖及缺乏有效的保护，目前我国猪苓资源日趋枯竭，产量逐年锐减，减幅持续加大。据近年来对云南、四川、山西、陕西、贵州等省的野生猪苓资源实地调查，发现猪苓资源已日渐枯竭、产量逐年降低（田飞，2011）。

一直以来，对于猪苓菌核的分类仅局限于其外观形态，即分为猪屎苓和鸡屎苓，人工栽培中种苓的选择亦是基于此形态标准加以区分。陈永刚等（2007）在此基础上还报道了第三种形态的猪苓菌核，菌核近似球形或扁块状，基本无分枝，质地较硬，称为铁蛋苓（也称铁蛋猪屎苓）。李艳茹等（2011）调查了长白山区的猪苓，发现长白山区生长的野生猪苓都是鸡屎苓（鸡爪苓），没有猪屎苓，认为鸡屎苓是长白山区特异的猪苓种质资源；还应用同工酶电泳技术对鸡屎苓和猪屎苓的酯酶同工酶进行比较，发现两者酶带图谱差异较大，鸡屎苓与猪屎苓在种内亲缘关系上存在明显差异（许广波等，2006）。目前还不能对猪屎苓和鸡屎苓的品质优劣做出评价，但是许广波等（2012）认为鸡屎苓与猪屎苓不仅存在地理分布差异，用鸡屎苓菌核和猪屎苓菌核分离得到纯培养菌种的种性也有明显不同。鸡屎苓纯菌种菌丝生长快，能够形成"纯培养菌核"（类似于白苓）；猪屎苓纯菌种菌丝生长慢，易老化，不能形成纯培养菌核。陈永刚等（2007）也认为由猪屎苓分离得到的营养菌丝老化时间要快于鸡屎苓的营养菌丝。

目前人们对不同形态的猪苓菌核遗传背景还知之甚少，人工栽培中也仅依据菌核的不同形态选择种苓，因不了解不同形态菌核的分子遗传背景，因而栽培生产的猪苓种质资源十分混乱。刘开辉等（2009）对秦巴山区猪屎苓、铁蛋猪屎苓和鸡屎苓等不同形态猪苓菌核的 rDNA（18SrDNA，ITS1 - 5.8SrDNA - ITS2）和 β - tub1 进行扩增测序，序列分析表明，所得 rDNA 和 β - tub1 序列完全相同，通过分析基于 ITS 序列的 NJ 树发现，供试菌株同 GenBank 中收录猪苓类聚于同一分支且序列完全相同，从而认为不同形态菌核的猪苓之间亲缘关系较近。以上研究对同一产地不同形态的猪苓菌核进行了分子序列差异比对，猪苓在我国大部分省份均有分布，不同产地的猪苓以及不同产地同种形态的猪苓是否具有遗传背景的差异还不清楚，基于此，Xing 等（2013）对我国 12 个省份的 42 份猪苓种质进行了遗传多样性研究，通过研究 ITS 序列和大亚基序列将我国的猪苓划分为 4 个大的类群；不同产地猪苓种内存在着显著的遗传分化，猪苓种群间显著的核苷酸变化显示不同的猪苓种群间可能存在着遗传重组；在此研究中，来自东北三省和陕西汉阴的猪苓样本为鸡屎苓，其余所有样本均为猪屎苓，同为鸡屎苓的东北三省样本和陕西汉阴样本处于完全不同的聚类分支，同样，同为猪屎苓的青海样本和其他省份样本亦为不同的类群，说明形态相似的猪苓菌核可能有着完全不同的遗传背景。

目前，针对不同产地猪苓菌核品质评价的报道尚不多见，还不清楚不同产地的猪苓在增殖效率和有效成分含量方面的差异，今后应加强此方面的研究，选育出具有生态适应性广泛、遗传背景稳定、有效成分含量高的种苓进行猪苓的栽培生产。

除上述基于栽培菌核为目的的猪苓选育外，大部分有关猪苓优良种质的选育多局限于菌丝的生物学特性比较方面，如周元等（2008）对陕西省、河南省、黑龙江省、湖北省的5个猪苓菌种进行了生物学特性的比较，发现平板培养中以黑龙江源菌种的菌丝生长速度最快，且该菌株最易产生菌核和厚垣孢子，说明其大田繁殖能力和抗逆境能力最强，最适于人工大田栽培生产。另外，5个菌株在菌丝体形态、多糖结晶数量、厚垣孢子数量等方面存在着明显的差异，然而这些菌株在菌丝体特征、草酸钙结晶形态、厚垣孢子形态等培养特征上较为一致，5个菌株之间不存在明显的种间差异。樊莎（2010）对来源于陕西（太白山）、湖北（神农架）、河南（伏牛山）、吉林（长白山区）、四川（大巴山）、云南（鸡足山）、河北（白石山）的7个猪苓菌株进行了生物学特性和多糖含量的比较，发现在同一环境及营养条件下，河北、四川菌株的生长性能较佳，陕西、吉林菌株的生产能力相对较高，陕西、湖北菌株的发酵生产性能最佳，其胞内和胞外多糖含量较高，药用价值高，从而认为来源于陕西的猪苓菌株质量优于其他6省菌株。柳玲玲等（2010）以来源于不同区域的17个猪苓菌株为研究对象，基于菌丝干重、生长速度、多糖含量、菌丝细胞核数目以及菌丝颜色等5个筛选指标，对各个菌株进行聚类分析，结果表明，GU-02、GU-04、GU-06、GU-07-2、GU-15菌株的菌丝体纯白色，培养14 d后未见老化现象，双核菌丝较多，菌丝体多糖含量明显高于其他菌株，为优良菌株。

第六节　猪苓种质资源研究和创新

一、猪苓菌丝培养菌核的研究

目前猪苓的人工栽培，主要应用野生的猪苓小菌核作为种苓，辅以蜜环菌菌材伴栽。而野生猪苓资源日益锐减，种苓的来源及质量很难得到保障。虽然我国在培养猪苓菌丝形成菌核方面进行了一些研究工作，然而目前该方面的研究并未获得实质性的突破。不能由具有稳定遗传特性的优良猪苓菌株培养出菌核作为种苓进行栽培，已成为制约猪苓产业发展的瓶颈，在此方面仍需进一步研究。

二、猪苓遗传背景的研究

我国地域辽阔，大部分省份都有猪苓分布，不同省份因海拔、土壤、气候等自然条件的不同，形成了多样化的生态环境。广泛分布于我国的猪苓在外观上存在一定差异（如猪屎苓、鸡屎苓等），那么是否存在生物学特性及遗传背景的差异，是否可以依照其遗传背景的不同将猪苓划分为不同的株系，现有地理分布格局的形成与分子系统间是否具有相关性，猪苓种群在系统发育上是否具有连续性，分布于不同地域的猪苓种群是否存在基因流的中断等，这些问题目前尚不清楚。虽然 Xing 等（2013）对我国的猪苓进行了遗传背景分析，发现我国的猪苓可以划分为4个大的类群，但由于我国有着多样化的猪苓种质资源，而研究分析的样本量也只能代表其中很小一部分，因此今后还应不断补充新的样本信息，逐步明确我国猪苓的遗传背景。

三、优质种苓选育的研究

猪苓菌核有白苓、灰苓、黑苓之分。白苓栽后易腐烂，不能做种苓，所以生产上多用生命力较强的灰苓及黑苓做种苓。优质种苓首选灰苓，其断面菌丝白色，含水量大，萌发新苓多，是最佳的种苓；若以黑苓做种苓，则应选择外观有光泽、菌核体饱满且富有弹性、断面菌丝为白色或微黄色、无蜜环菌或仅有少量蜜环菌侵染的无霉变的新鲜苓块。但当前对猪苓的优良种质资源还缺乏了解，栽培中的种苓为采挖野生猪苓菌核或从一些猪苓种植场直接购买，因而种苓质量混杂，常导致猪苓栽培中生产效率不同、产量不稳定。国内对于优良猪苓种质的选育进行了一些研究，如李开元和李峻志（2003）所进行的野生猪苓的选育和栽培研究，据报道，其所筛选出的秦苓1号菌株周期短，产量高，在木屑培养基培养一个多月就很直观地出现菌核，且菌核较大，另外在柞木棒上出现菌核也较早。

（邢晓科　郭顺星）

参考文献

陈永刚，邓百万，陈文强，等，2007. 不同猪苓菌核分离营养菌丝的研究 [J]. 安徽农业科学，35 (28)：8840 - 8841.

樊莎，2010. 猪苓种质资源的评价及菌核形成初探 [D]. 杨凌：西北农林科技大学.

郭顺星，王秋颖，张集慧，等，2001. 猪苓菌丝形成菌核栽培方法的研究 [J]. 中国药学杂志，36：658.

郭顺星，徐锦堂，1992. 猪苓菌核的营养来源及其与蜜环菌的关系 [J]. 植物学报，34 (8)：576 - 580.

郭顺星，徐锦堂，1993a. 蜜环菌侵染后猪苓菌核防御结构的发生及功能 [J]. 真菌学报，12 (4)：283 - 288.

郭顺星，徐锦堂，1993b. 蜜环菌侵染猪苓菌核的细胞学研究 [J]. 植物学报，35 (1)：44 - 50.

郭顺星，徐锦堂，肖培根，1998. 猪苓子实体发育的形态学研究 [J]. 中国医学科学院学报，20 (1)：60 - 64.

韩汝诚，张维经，张正民，1980. 猪苓与蜜环菌的初步研究 [J]. 中药材科技 (2)：6 - 8.

李开元，李峻志，2003. 猪苓"秦苓1号"的选育 [J]. 食用菌（增刊）：9 - 10.

李艳茹，王健，于海茹，等，2011. 不同氮源对长白山鸡爪苓菌丝体生长及几种胞外酶活性的影响 [J]. 延边大学农学学报，33 (1)：1 - 5.

柳玲玲，朱国胜，刘永翔，等，2010. 优良猪苓菌株的初步筛选 [J]. 湖北农业科学，49 (1)：91 - 94.

田飞，2011. 猪苓资源调查研究 [D]. 西安：陕西师范大学.

王秋颖，徐锦堂，2000. 猪苓与蜜环菌营养关系的初步探讨 [J]. 中国中药杂志，25 (8)：472 - 473.

徐锦堂，郭顺星，1991. 猪苓菌核生长发育规律观察 [J]. 中国药学杂志，26 (12)：714 - 716.

徐锦堂，郭顺星，1992. 猪苓与蜜环菌的关系 [J]. 真菌学报，11 (2)：42 - 145.

许广波，李太元，李艳茹，2012. 药用真菌猪苓研究热点的进展 [J]. 延边大学农学学报，34 (3)：262 - 272.

许广波，李艳茹，李太元，等，2006. 两个猪苓菌株生长速度及酯酶同工酶比较研究 [J]. 微生物学通报，33（3）：57－59.

周元，梁宗锁，段琦梅，2008. 不同来源的猪苓菌株菌丝生物学特性比较 [J]. 微生物学杂志，28（6）：14－18.

Kikuchi G，Yamaji H，2010. Identification of *Armillaria* species associated with *Polyporus umbellatus* using ITS sequences of nuclear ribosomal DNA [J]. Mycoscience，51：366－372.

Sotome K，Hattori T，Ota Y，et al.，2008. Phylogenetic relationships of *Polyporus* and morphologically allied genera [J]. Mycologia，100：603－615.

Xing X K，Guo S X，2008. Electron microscopic study of conidia produced by the mycelium of *Grifola umbellata* [J]. Mycosystema，27（4）：554－558.

Xing X K，Ma X T，Hart M M，et al.，2013. Genetic diversity and evolution of Chinese traditional medicinal fungus *Polyporus umbellatus* (Polyporales，Basidiomycota) [J]. PLoS One，8（3）：e58807.

茶 树 菇

第一节　概　述

茶树菇（*Agrocybe cylindracea*）常用中文名为柱状田头菇，别名和俗名有茶薪菇、柳菇、茶菇、柳环菌、朴菇、柳松菇、柳松茸、柱状环锈伞等。因最早驯化栽培的野生资源来源于高山密林地区的茶树蔸部，所以以茶树菇名称使用最为广泛。茶树菇味美可口，集高蛋白、低脂肪、低糖分、保健食疗于一身，是目前重要的栽培食用菌之一。目前栽培的茶树菇主要分为两大类，白色和褐色。经过优化改良的茶树菇，盖嫩柄脆、味纯清香、口感极佳，属中高档食用菌类。

第二节　茶树菇的起源与分布

茶树菇分布极广，欧洲、亚洲、美洲均有分布，春秋季节分布于茶树、柳树、杨树、枫香等阔叶树的腐木上或活木树的枯枝上，是山区民众采食的美味野生菌之一。该菌是木腐菌，早期的希腊人和罗马人一直以来采用仿生或半人工的方法种植及销售。20 世纪 50 年代法国开始用白杨等对茶树菇进行段木栽培（Zadrazil，1989），70 年代法国学者报道了有关栽培过程中子实体的形成与发育条件方面的研究（Varia，1974）。日本研究者从 70 年代后期开始相继报道了有关茶树菇栽培及生物学特性方面的研究，认为该菇是典型的四极性杂交系，其单核初生菌丝无锁状联合（善如寺厚，1987；木内信竹，1990；泽章三，1989）。

20 世纪 60 年代我国福建、江西开始研究茶树菇，到 80 年代已形成稳定的栽培技术，并逐步在全国适合种植地区进行种植推广。茶树菇有高温或中温类型，目前有食用菌栽培的区域都有茶树菇种植，江西广昌、黎川和福建古田为干菇主产区，鲜菇全国各地均有生产，昆明、成都、北京等地为较大鲜菇产区。野生茶树菇主要分布在我国南方地区各省份，而滇西、滇西北和川西主要分布低温类型。

第三节　茶树菇的分类地位与形态特征

一、分类地位

茶树菇（*Agrocybe cylindracea*）属担子菌门（Basidiomycota）蘑菇纲（Agaricomycetes）蘑菇目（Agaricales）粪锈伞科（Bolbitiaceae）田头菇属（Agrocybe）。茶树菇应是复合种群，目前除茶树菇外已确定的独立种为杨柳田头菇（A. salicacola），可能成立的新种是茶薪菇（A. chaxingu）。

二、形态特征

子实体小型到中型，单生、双生或丛生。菌盖直径 1～15 cm，幼嫩时扁半球形，后渐平展，象牙色至米黄色、暗红色、黄褐色、淡茶黄色至淡黄色，平滑，有浅皱纹。菌肉白色，柔软。菌褶直生或延生，白色或带淡黄色，稍疏至密集。菌柄（3.5～12）cm×（0.3～2.0）cm，等粗或基部下方稍细，颜色均匀，无绒毛，中实，成熟时脆。菌环膜质，残留在菌柄上，附于菌盖边缘或自动脱落。孢子印咖啡色到暗褐色；孢子淡褐色，呈椭圆形，平滑，大小（7～11）μm×（5.5～7）μm。

第四节　茶树菇的生物学特性

一、营养要求

（一）碳源

茶树菇为木腐菌，可利用多种木本和草本植物材料中的单糖、纤维素、木质素作为营养来源。茶树菇纤维素酶、蛋白酶活性较高，利用纤维素和半纤维素能力较强，但弱于香菇利用木质素的能力，木质疏松的阔叶杂木、甘蔗渣、稻草、棉籽壳等可作为栽培碳源基质。

（二）氮源

茶树菇可利用多种氮源，其中以有机氮为最好，如蛋白胨、半胱氨酸、尿素等。在栽培时主要采用麸皮、米糠、玉米粉、大豆粉、茶籽饼、油菜籽饼等作为氮源。根据测定，茶树菇培养料的综合碳氮比以 30：1 为适宜。碳氮比过高，菌丝生长快，出菇早，但菇较少，质量差。碳氮比过低，菌丝生长浓密，但出菇推迟，菇数少，一般要求菌丝生长阶段碳氮比为 20：1，出菇阶段碳氮比为 30：1～40：1。

（三）矿质元素

矿质元素参与细胞结构物质的组成；作为酶的活性基团的组成成分，有的是酶的激活剂；调节培养基的渗透压和 pH 等。铁、锌、锰、磷、镁、钾、硫等元素对茶树菇菌丝生长和子实体形成有促进作用。在生产中常添加硫酸镁、磷酸二氢钾、磷酸钙等作为主要无机营养，以促进菌丝生长和发育。

（四）维生素

茶树菇和多数的栽培食用菌一样生长和发育阶段需要维生素 B_1 和维生素 B_2，但是通常培养食用菌所利用的米糠、麸皮、玉米粉等基本能补充，不用单独添加。

二、环境要求

(一) 温度

茶树菇属中温结实型菌类。孢子在 15～25 ℃时容易萌发成菌丝。但不同的菌株温度适宜性不一样，主要类型：①菌丝生长温度 5～35 ℃，最适温度 25 ℃；子实体生长温度 13～26 ℃，最适温度 22 ℃。②菌丝生长温度 5～35 ℃，最适温度 25～28 ℃；子实体生长温度 15～34 ℃，最适温度 20～22 ℃。③菌丝生长温度 5～32 ℃，最适温度 20～25 ℃；子实体生长温度 15～30 ℃，最适温度 20～28 ℃。在最适温度下子实体生长整齐，菌盖厚，开伞慢。

(二) 湿度

茶树菇菌丝生长的适宜基质含水量为 60%～70%，但 65%最好。子实体形成和发育的适宜空气相对湿度为 85%～90%。过高的湿度会延迟原基分化，湿度低子实体发育的整齐度低。

(三) pH

茶树菇在 pH 4.0～12.0 的基质上均能正常生长，菌丝生长适宜 pH 5.5～6.5，由于灭菌会引起 pH 下降，制作培养料时可用石灰调至 pH 6.5～7.5。

(四) 光照和通风

茶树菇属喜光型食用菌，光照对菌丝生长和子实体发育都有一定的影响，但是为了提高产量和原基发育的整齐度，菌丝生长阶段不需要光照，菌丝长满袋或瓶后，用 100～300 lx 散射光刺激原基分化和子实体形成。幼菇开始形成后用 300～500 lx 的光照促进子实体分化和生长，光影响子实体菌盖和菌柄变黄，对于白色种类（如杨柳田头菇和茶薪菇），子实体分化和发育的光照可保持在 100～300 lx。茶树菇属好气性菌类，良好的通风条件是菌丝生长和子实体发育所必需的，在菌丝生长和子实体发育阶段均应注意通风，若商品茶树菇需要菌柄长则空气中要保持相对高浓度的二氧化碳，制作丛生的干菇时二氧化碳浓度要相对低一些。

三、生活史

茶树菇的生活史（图 23 - 1）分为有性世代和无性世代。在交配型方面，多数研究者认为茶树菇是典型的多等位基因四极性交配型（Meinhardt et al.，1980；Meinhardt and Leslie，1982；善如寺厚，1987；Labarère and Noël，1992；郑元忠，2007），丁文奇（1984）认为茶树菇属于具锁状联合的次级同宗交配型。张引芳等（1995）发现我国栽培的茶树菇既不同于典型的异宗结合，也有异于典型的次级同宗结合。鲍大鹏等（2000）用荧光染色法对 4 株来自欧洲希腊和我国四川、台湾和贵州的茶树菇担子和担孢子进行了观察，发现前三者的有性繁殖结构特征是四孢双核，而后者是双孢四核，这种四核现象首次在蕈菌中发现，并推测我国贵州的 Ag9 菌株可能具有介于次级同宗结合和异宗结合的生活史类型。国外研究者对茶树菇的交配型研究中还发现 3 个独特的遗传现象：①A、B 因子的功能等效（Meinhardt et al.，1980）；②A、B 因子在自然界中的总数偏低（Noël et al.，1991）；③同核体的后代能自发转换为新的交配型（Labarère and Noël，1992）。一方面，该菌 A、B 因子

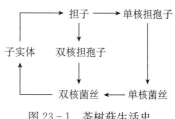

图 23-1　茶树菇生活史

是位于不同染色体上两段功能相同的基因，其交配型基因的结构模式是单位点结构，这种结构导致它的交配型位点的变异性较低，从而交配型位点数目偏低。另一方面，该菌的 A、B 因子存在 3 个位点，其中仅有一个处于表达状态，其余两个处于沉默状态，如果沉默位点的交配型基因转座于表达位点，则同核体的交配型便会发生转化。

　　单核体结实是一个重要的遗传学特性，目前已在 30 多种担子菌中发现此现象（Srahl and Esser，1976）。其同核菌丝体能形成 3 种子实体类型（Noël et al.，1991）：流产同核体结实、真同核体结实、假同核体结实。茶树菇的遗传学分析表明（Esser and Meinhardt，1997），其单核子实体形成至少依次依赖抑制基因、原基基因、结实基因。而双核菌丝体培养过程中，结实基因（fi+ 和 fb+）会从质与量上影响结实时间和产量，当双核体的两个核都携带 fi+ 和 fb+ 位点时，头潮菇发生时间最短，产量最高；反之，缺失的越多，延迟时间越长，产量也越低（Meinhardt and Esser，1981）。

　　茶树菇两个可亲和的单倍体核 AxBx 和 AyBy 发生核配后形成双倍体 AxAyBxBy，按照孟德尔独立分配或自由组合定律，该双倍体经减数分裂后，理论上应形成数目相等的 4 种担孢子 AxBx、AyBy、AxBy 和 AyBx。研究表明，4 种交配型的担孢子的数量并非总是相等的，甚至会发生某一极性丢失现象。张小雷等（2012）以 9 个茶树菇菌株为材料用统计学方法分析了担孢子单核体的各类交配型比例。结果表明，不同菌株都存在一定的偏分离现象，但程度不同，12.5% 的菌株担孢子交配型不呈预期的比例，单孢挑取时间过短会导致一些菌株极性丢失，多数菌株其亲本型孢子多于重组型孢子，若将生长速度极慢单孢菌株排除在统计之外，发生偏分离的菌株占供试菌株的 25%，在各菌株 4 种交配型中，除菌株 Y2 外，菌株 Y1 也发生严重的偏分离现象，菌株 Y1 亲本型出现了处理前没有的偏分离现象，整个群体亲本型和重组型的担孢子分布偏分离程度加重，而 Y1 自交后代因挑取的单孢数量相对少并未发生偏分离现象。因此，挑取时间作为一个人为因素会导致生长速度极慢的菌株丢失，而表现出虚假的偏分离现象，所以担子菌的交配型偏分离应该是孢子萌发力或生长速度导致的结果，而不是孢子比例差别的结果。偏分离有两种表现形式，一种是没有规律性，随机偏向任何亲本或杂合体；另一种是多数偏离方向一致，可能偏向单亲或双亲，甚至杂合体。通过对杨柳田头菇交配型的分析发现，一个常常被人们忽略的重要因素是人为因素，而人为因素是由于孢子的萌发力或单孢菌株的生长速度明显与交配因子相关。在实验技术和构建群体的材料选择上也可导致出现"人为偏分离"或"假偏分离"。挑取单孢时间一直延续到没有孢子萌发为止，发生偏分离的概率极小，涂布的

培养皿的多少也直接影响了各菌株交配型比例，因此在实际挑取单孢时因挑取的时间太短，往往使一些生长极慢的单孢被漏掉，最后导致试验误差。各种人为因素举不胜举，如还有群体基因型分析时，统计错误会导致系统性偏分离。同时，不同的菌株差别也较大，YAASM0969 和 CS45 菌株只有 2 种交配型，比例分别为 38∶35 和 51∶55，且出现这种情况时，50%左右的单孢为异核体（周会明，2011）。

第五节　茶树菇种质资源

一、概况

目前，全国茶树菇栽培品系按子实体菌盖颜色可分为褐色和白色两大类，按着生方式主要分为单生型和丛生型。单生型菌柄粗长，菌盖小，脆，适合做鲜菇销售；丛生型菌柄细短，菌盖大，韧性好，适合做干菇销售。

二、优异种质资源

1. 古茶 1 号（国品认菌 2008033）　福建省古田县食用菌办公室利用亲本茶薪菇 988 系统筛选而来。子实体多丛生，少量单生；菌盖半圆形，初期中央凸出，呈浅黄褐色，直径 2～3 cm，菌柄长 5～20 cm，粗 0.5～2 cm；接种后 60 d 出菇，75 d 为旺盛期，平均 13 d 出一潮菇，属广温型早熟品种。菌丝生长温度 5～38 ℃，最适温度 20～27 ℃；子实体形成温度 14～35 ℃，最适温度 18～25 ℃。培养料 pH 5.5～7.5 时，菌丝体都能正常生长，最适 pH 6～7.5。菌丝生长阶段不需要光线，子实体生长具有趋光性，最适光照度 300～500 lx。

产量表现：生物学效率 100%左右。

栽培技术要点：培养料配方为棉籽壳 85%，麸皮 12%，石灰 3%，料水比 1∶1.2～1∶1.3；菌袋规格为 15 cm×30 cm×0.05 mm 的聚乙烯塑料薄膜袋；采用灭菌锅常压灭菌，火势掌握攻头保尾控中间的原则，温度上 100 ℃后保持 36 h 以上；接种时按无菌操作，菌龄掌握在 35 d 左右；菌丝在阴暗的培养室中进行培养，并保持培养室空气新鲜；菌丝体生长阶段，空气相对湿度控制在 70%以下；适时上架开袋，菌丝培养 55 d，大部分菌丝长满袋时即可开袋出菇，出菇温度控制在 20～25 ℃，空气相对湿度 85%～93%；适时采收。适合在南方地区根据当地气候和品种特性选择适宜季节栽培。

2. 明杨 3 号（国品认菌 2008034）　福建省三明市真菌研究所利用野生资源驯化选育而成。子实体单生、双生或丛生；菌盖直径 3～8 cm，表面较平滑，初暗红褐色，后变为褐色或浅土黄褐色，边缘淡褐色，有浅皱纹；菌柄长 3～8 cm，直径 0.5～1.2 cm，中实，近白色，有浅褐色纵条纹；菌环膜质，生于菌柄上部。菌丝生长温度 4～35 ℃，最适温度 25～28 ℃；子实体生长温度 12～30 ℃，最适温度 16～25 ℃。培养基含水量 60%～68%，子实体生长期间空气相对湿度 85%～95%。光线抑制菌丝生长，低于 300 lx 光线有助于子实体生长。

产量表现：生物学效率 80% 左右。

栽培技术要点：栽培季节因气候条件而定，如华南地区可于当年秋季至翌年春季栽培，华东地区可于 3～6 月及 9～11 月栽培，云南可于春季至秋季栽培；培养料适宜 pH 4～6.5，麸皮添加量应占干料的 25%～30%，如用木屑栽培宜选用材质较松的树种，用甘蔗渣、菌草、棉籽壳等栽培效果更好；开袋时搔菌或采收一潮菇后搔菌；要求菇房卫生、通风良好、湿度合适，做好病虫害防治工作。

3. 古茶 988（国品认菌 2008035） 福建省古田县食用菌办公室利用野生种人工驯化育成。子实体丛生或单生，菇型粗大；菌盖深褐色，不易开伞。菌丝生长温度 5～38 ℃，最适温度 23～28 ℃；子实体形成温度 18～35 ℃，最适生长温度 20～25 ℃。pH 6.5～7.5。生长周期长，65 d 左右出菇；冬季出菇量少，春夏季出菇旺盛，平均 15 d 出一潮菇。子实体生长期间易遭蚊蝇危害，抗逆性强，适合鲜销。

产量表现：生物学效率 100% 以上。

栽培技术要点：培养料配方为棉籽壳 85%，麸皮 12%，石灰 3%，料水比 1：1.2～1：1.3；菌袋规格为 15 cm×30 cm×0.05 mm 的聚乙烯塑料薄膜袋；采用灭菌锅常压灭菌，火势掌握攻头保尾控中间的原则，温度上 100 ℃后保持 36 h 以上；接种时按无菌操作，菌龄掌握在 35 d 左右；菌丝生长温度控制在 23～28 ℃，在阴暗的培养室中进行培养，保持培养室空气新鲜；适时上架开袋，菌丝培养 55 d，大部分菌丝走满袋时即可开袋出菇，出菇温度控制在 20～25 ℃，空气相对湿度控制在 85%～93%；适时采收，接种到第一潮菇原基形成需 70～75 d，一个月可采两潮菇。适合在南方地区栽培。

4. 赣茶 AS‑1（国品认菌 2008036） 江西省农业科学院农业应用微生物研究所利用野生菌株人工选育而成。子实体丛生，少单生；菌盖直径 3～8 cm，黑褐色，菌柄中实，柄长 8～15 cm，柄表面有细条纹，幼时有菌膜，菌环上位；菌丝最适生长温度 24～28 ℃，适宜 pH 5.5～6.5；菌丝生长好氧，菌丝浓白，生长速度快，抗杂性好，抗逆性强；菇蕾分化初期需要一定浓度的二氧化碳刺激，原基和子实体形成要求 500～1 000 lx 光照；最适出菇温度 16～28 ℃，出菇时间长，潮次明显。

产量表现：生物学效率 80% 以上。

栽培技术要点：以棉籽壳、木屑为主要栽培料，适量添加玉米粉可提高产量；南方地区菌袋生产一般安排在 9～11 月，低温季节生产菌袋成功率高，出菇最佳季节安排在翌年 3～6 月，越夏后秋季仍可出菇；北方地区春、夏、秋季均可栽培出菇；适于鲜菇生产，也可用于干制。适合在全国茶薪菇产区栽培。

5. 古茶 2 号（国品认菌 2008037） 福建省古田县食用菌办公室利用野生菌株人工驯化育成。子实体丛生；菌柄长度 18～22 cm，菌盖棕色，适合鲜销。中温偏低型早熟品种，菌丝生长温度 5～38 ℃，最适温度 23～26 ℃；子实体形成温度 15～35 ℃，最适生长温度 18～22 ℃。pH 6.5～7.5。接种后 55 d 左右出菇；光线强时，菌袋局部会出现变褐现象；冬季出菇量多，夏季出菇量少，出菇转潮快，平均 13 d 出一潮菇。

产量表现：生物学效率 100% 以上。

栽培技术要点：培养料配方为棉籽壳 85%，麸皮 12%，石灰 3%，料水比 1：1.2～

1∶1.3；菌袋规格为 15 cm×30 cm×0.05 mm 的聚乙烯塑料薄膜袋；采用灭菌锅常压灭菌，火势掌握攻头保尾控中间的原则，温度上 100 ℃后保持 36 h 以上；接种时按无菌操作，菌龄掌握在 35 d 左右；菌丝适宜生长温度 23～26 ℃，置于阴暗的培养室中进行培养，保持培养室空气新鲜；适时上架开袋，菌丝培养 50 d，大部分菌丝走满袋时即可开袋出菇，出菇温度控制在 18～22 ℃，出菇前期喷水，空气相对湿度 90％～93％；适时采收，原基到采收需 7 d 左右，可长 3～5 潮菇，每潮菇间隔 8～10 d；生长周期较长，注意防蚊蝇危害。适合在南方地区秋季栽培。

第六节　茶树菇种质资源研究和创新

一、种质资源多样性

长期以来，有关田头菇属的系统分析报道较少，造成命名上的混乱。在分子特征研究过程中，通过对 *Agrocybe* 属线粒体小亚基（mtSSU）核糖体基因变异区分析，发现其二级结构中，*A. aegerita*、*A. chaxingu* 和 *A. erebia* 的 V4 区插入了 2 个螺旋，而 V9 区缺失了 1 个螺旋，因而把这 3 种归为了一类（Gonzalez and Labarère，1998），按照同样的方法分析 *A. aegerita* 的地域差异，可以分为欧洲、阿根廷和亚美 3 个分支，并推测可能为 3 个不同的种，其中的亚美分支包括 *A. aegerita* 和 *A. chaxingu*（Uhart et al.，2007）。通过交配不亲和性测定，阿根廷的种为一新种 *A. wrightii*（Uhart and Albertó，2009）。根据形态特征的不同，研究者把一云南发现的 *A. cylindracea* 相似种定名为杨柳田头菇（*A. salicacola*）（杨祝良等，1993）。

利用 ITS 序列对云南采集的资源进行系统分析，以 *Galerina marginata* 和 *Hebeloma crustuliniforme* 为外群构建了邻接树，进化树分为Ⅰ和Ⅱ分支（图 23-2），根据聚类图，又分为ⅠA、ⅠB、ⅠC、ⅡA 和ⅡB，且各分支有较高的支持率。在云南所采集供试菌株聚在ⅠC、ⅡA 和ⅡB 分支内，其中ⅠC 分支分别来自剑川、中甸和丽江，没有 GenBank 登记菌株与其聚为一类。Cs45、YAASM1024 和 XW01 菌株序列聚到ⅡA 分支，YAASM0566、YAASM0567、YAASM0594 和 YAASM0625 位于ⅡB 分支。另外，不同来源的 *A. cylindracea* 和 *A. chaxingu* 分别居于ⅠB 和ⅡA 分支，说明 ITS 聚类分析很好地支持了形态分类结果。

利用简并引物从茶树菇符合种群的 16 个野生菌株中扩增获得 51 条信息素受体基因片段。从各菌株中分别得到 1～6 条数量不等的片段，所有序列可分为两大类群（图 23-3），少部分菌株的信息素受体基因序列聚在一起，大部分序列呈交错分布，显示出较远的亲缘关系和丰富的多态性。经翻译获得的氨基酸序列显示出更高的保守性，在最小进化树中，这些蛋白质氨基酸序列可分为三大类群，茶树菇各菌株的氨基酸序列更明显地聚在一起，而且来自相近区域的菌株相似性最明显。基因邻接树和蛋白质最小进化树分析都表明，真菌信息素受体基因的起源可能有两个，这些结果为真菌交配型基因研究提供了重要信息。

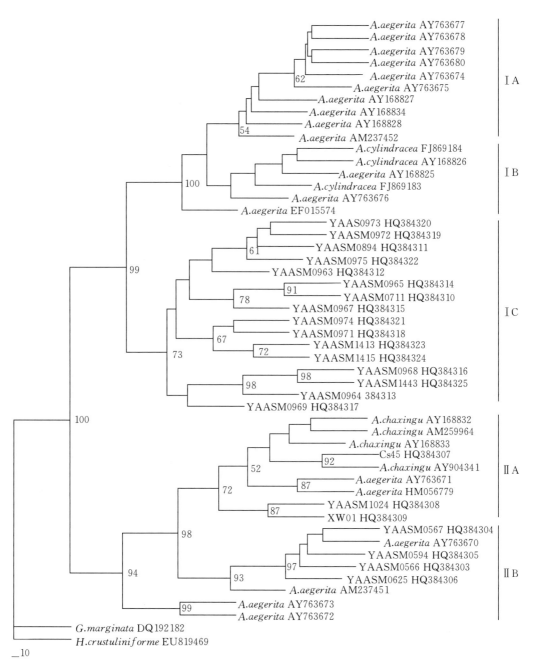

图 23-2 基于 ITS 序列分析构建的邻接树

（分支处数字代表 1 000 次重复的支持率，大于 50% 者在图中显示）

（周会明，2011）

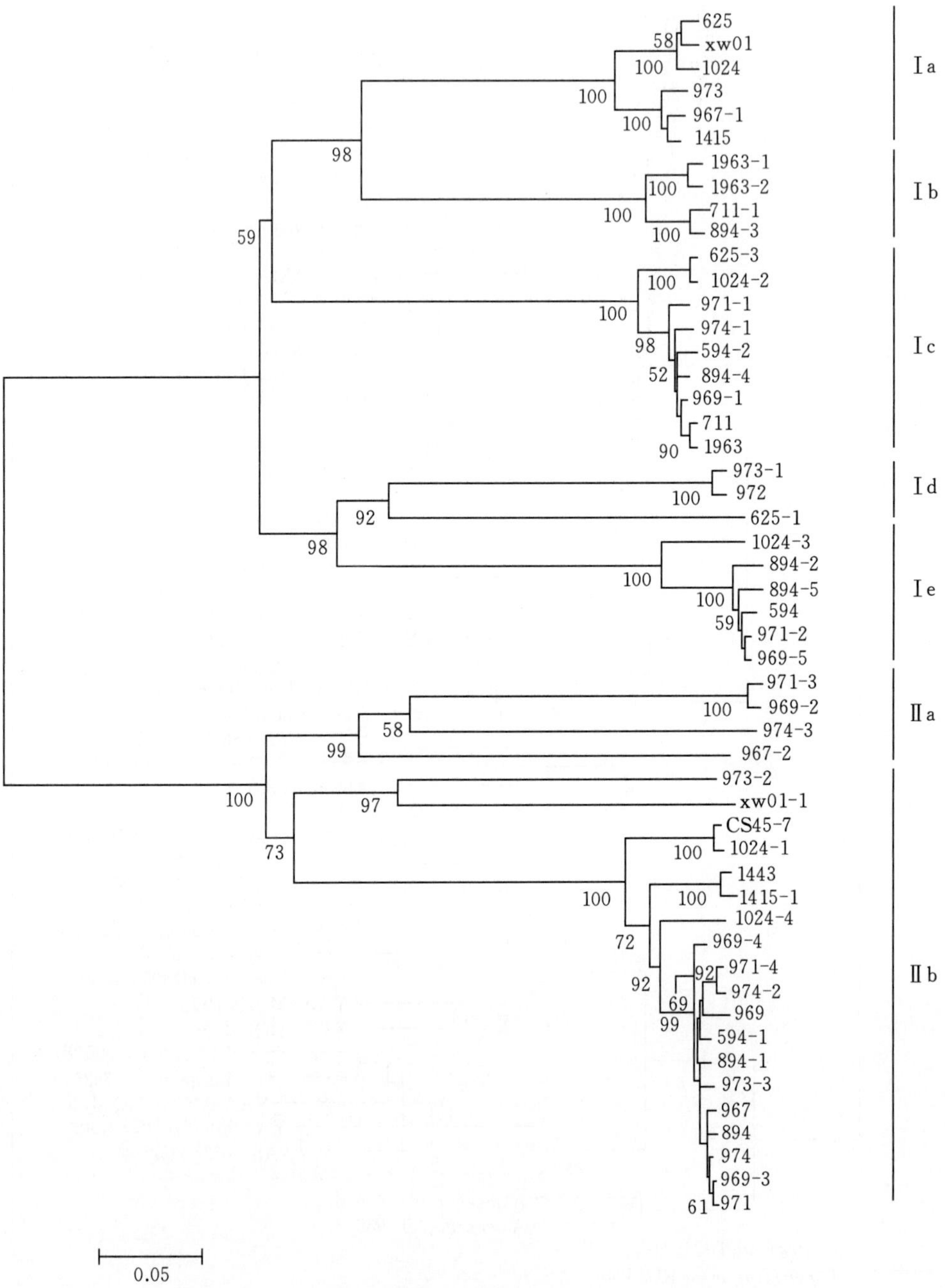

图 23-3 基于信息素受体核酸序列分析构建的邻接树
（分支处数字代表 1 000 次重复的支持率，大于 50% 者在图中显示）
（何莹莹等，2013）

二、利用食用菌中存在与子实体发育缺陷型相关的隐性基因进行种质创新

在研究中发现（柴红梅等，2012），杨柳田头菇 YAASM0711 在有丝分裂过程中发生交配因子重组，并且交配因子与生长速度相关，利用自交培养出菇，探索重组对食用菌发育的影响，这对食用菌育种亲本的选育具有重要的意义，一方面可以发掘一批存在发育缺陷的菌株用于筛选发育缺陷基因，发展为育种亲本的筛选标记，另一方面也可以筛选到具有重要应用价值的缺陷型菌株（如无孢或少孢菌株）。杂交优势种选育关键在于其亲本的选择利用，以及种质资源的创新及改良，其作为传统的育种方法最大的缺点是将更多的异核体带入 F_1 和 F_2 代，这种育种方式使常规育种工作难度加大。在食用菌育种中，自交衰退严重的材料常常携带较多的不利或有害隐性基因，通过自交育种试验预先的测试，可排除不良基因或致死基因的表达，从自交群体中筛选表现优良的菌株，经栽培选育且优良性状稳定一致的菌株可定向获取优良纯化的亲本材料。单孢自交所获的双合体遗传性状稳定，无异核体的介入。在研究杨柳田头菇菌株 YAASM0711 交配型与单孢生长速度时发现，4 种极性菌株的分布极不均匀，生长速度极慢的单核菌株几乎集中在 1 种交配型 Ay-By 中，同时有一些例外，说明存在 1 个与交配因子连锁的生长相关基因，这在其他菌类中也得到了证实。这些生长速度例外的菌株是交配相关基因重组的产物，这些重组对食用菌的生长发育是否有影响以及影响发育的什么阶段不是很清楚，以这些特殊材料为试验对象研究大型真菌的发育，可为食用菌育种亲本材料的选育做理论探索。该研究试图选用单孢自交的方法，以单孢生长速度为选择自交亲本的指标，依据 AxBx×AyBy 与 AxBy×AyBx 两种组合可形成具有锁状联合三生菌丝的遗传原理，选单孢生长速度正常快（F）与正常快（F）、正常快（F）与正常慢（S）为亲本对照，对各极性中出现的极少数重组快（F）或重组慢（S）的单孢进行组合，共形成 6 种亲本组合，然后对其形成的自交 F_1 代的若干农艺性状与交配型进行深入的研究与探讨。

从图 23-4 可以看出，在 YAASM0711 中导致发育畸形的基因是隐性的。通过分析同一子实体单孢分离物群体菌丝体生长速度与交配型之间的分布关系，可以以速度为标志

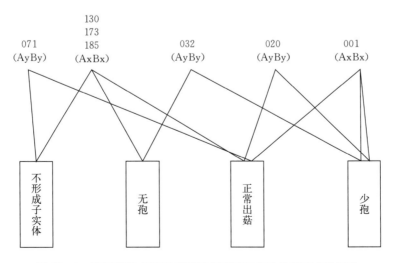

图 23-4　不同菌株交配可得到具有不同子实体发育形态的菌株

从分离物中筛选出交配因子发生重组的分离物，交配因子发生重组的分离物进行自交时，食用菌发育缺陷型基因会得到充分的表达，发育缺陷型占50％以上，而且交配试验证明这些缺陷型基因是隐性的。通过筛选交配因子重组的分离物进行自交，一方面可以预测这些缺陷型作为育种材料可能出现的发育缺陷，另一方面从发育缺陷型（无孢或少孢）菌株中可选育出特定的栽培品种。

YAASM0711 自交 F_1 代出菇及担子形态见图 23-5。

图 23-5　YAASM0711 自交 F_1 代出菇及担子形态

（柴红梅等，2012）

（赵永昌）

参考文献

鲍大鹏，王南，谭琦，等，2000. 用荧光染色法对柱状田头菇（*Agrocybe aegerita*）子实体担子和担孢子的观察 [J]. 南京农业大学学报，23（3）：57-60.

丁文奇，1984. 柳环菌及人工栽培 [J]. 食用菌（3）：4-5.

何莹莹，陈卫民，赵永昌，等，2013. 田头菇属真菌信息素受体基因保守区克隆及多态性分析 [J]. 应用与环境生物学报，19（5）：794-799.

木内信竹，1990. 柱状田头菇的栽培及存在问题 [J]. 国外食用菌（2）：4.

善如寺厚，1987. 柱状田头菇的生理生态特征 [J]. 国外食用菌（1）：7-8.

杨祝良，减穆，刘学系，1993. 杨柳田头菇——无孔组的一个滇产新种 [J]. 云南植物研究，15（1）：18-20.

泽章三，1989. 柱状田头菇的栽培 [J]. 国外食用菌（2）：6-7.

张金霞，黄晨阳，胡小军，2012. 中国食用菌品种 [M]. 北京：中国农业出版社.

张小雷，周会明，柴红梅，等，2012. 杨柳田头菇担孢子交配型偏分离成因研究 [J]. 西南农业学报，25（2）：609-613.

张引芳，王镭，1995. 柳松菇的遗传生活史及品种选育 [J]. 食用菌学报：2（2）：13-17.

郑元忠，蔡衍山，傅俊生，等，2007. 茶薪菇性遗传模式和育种工艺研究 [J]. 安徽农学通报，13（4）：32-34.

周会明，2011. 杨柳田头菇生活史及分类地位研究 [D]. 昆明：昆明理工大学生命科学学院.

Chai H M，Zhou H M，Zhao J，et al.，2012. Searching development-deficient genes in edible mushroom by self-crossing [J]. Agricultural Science & Technology，13（10）：2037-2043.

Esser K，Meinhardt F，1977. A common genetic control of dikaryotic and monokaryotic fruiting on the basidiomycete *Agrocybe aegerita* [J]. Mol Gen Genet，155（9）：113-115.

Gonzalez P，Labarère J，1998. Sequence and secondary structure of the mitochondrial smallsubunit rRNA V4，V6，and V9 domains reveal highly species-specific variations within the genus *Agrocybe* [J]. Appl Environ Microbiol，64（11）：4149-4160.

Labarère J，Noël T，1992. Mating types switching in the tetrapolar basidiomycete *Agrocybe aegerita* [J]. Genetics，131（2）：307-319.

Meinhardt F，Esser K，1981. Genetic studies of the basisdiomycete *Agrocybe aegerita*：Part 2：Genetic control of fruit body formation and its practical implications [J]. Theor Appl Genet，60（5）：265-268.

Meinhardt F，Leslie J F，1982. Mating types of *Agrocybe aegerita* [J]. Current Genetics，5（1）：65-68.

Meinhardt F，Epp B D，Esser K，1980. Equivalence of the A and B mating types factors in the tetrapolar basidiomycete *Agrocybe aegerita* [J]. Curr Genet，1（3）：199-202.

Noël T，Huynh T D，Labarère J，1991. Genetic variability of the wild incompatibility alleles of the tetrapolar basidiomycete *Agrocybe aegerita* [J]. Theor Appl Genet，81（6）：745-751.

Noël T，Rochelle P，Labarère J，1991. Genetic studies on the differentiation of fruitbody from bomokaryotic strains in the basidiomycete *Agrocybe aegerita* [J]. Mushroom Science ⅩⅢ（Part Ⅰ）：79-84.

Srahl U，Esser K，1976. Genetic of fruitbody production in higher basidiomycete [J]. Mol Gen Genet，148（2）：183-193.

Uhart M，Albertó E，2009. Mating tests in *Agrocybe cylindracea* sensu lato. Recognition of *Agrocybe wrightii* as a novel species [J]. Mycol Progress，8 (4)：337 - 349.

Uhart M，Sirand - Pugnet P，Labarère J，2007. Evolution of mitochondrial SSU - rDNA variable domain sequences and rRNA secondary structures，and phylogeny of the *Agrocybe aegerita* multispecies complex [J]. Res Microbiol，158 (3)：203 - 212.

Varia T，1974. Fruitingbody production of *A. aegerita* （Brig. ）Sing. on culture media of various nitrogen sources [J]. Acta Agronomiae Scientiarum Hungaricae，23：423 - 444.

Zadrazil F，1989. Cultivation of *A. aegerita* （Brig. ）Sing. On lingo - cellulose containing wastes [J]. Mushroom Science ⅩⅡ （Part Ⅱ）：357 - 383.

第二十四章

绣 球 菌

第一节 概 述

绣球菌（*Sparassis crispa*）又名绣球蕈、绣球菇、绣球蘑、花椰菜菌、地花蘑、白地花、白绣球花，因其子实体瓣片曲折、形似巨大绣球而得名，在日本被誉为梦幻神奇的菇，是一种新近开发的食（药）用菌品种，其名贵程度可比肩冬虫夏草、羊肚菌、块菌等珍品。

绣球菌菌肉胶质或肉质，口感鲜美、清脆，香气浓郁。据测定，绣球菌干品中粗蛋白含量为 12.9%，粗纤维 13.7%；子实体中氨基酸种类较为齐全，且氨基酸总量高于普通食用菌，如香菇（6.93%）、双孢蘑菇（7.78%）（黄建成等，2007a），其中必需氨基酸总量为 3.77%，非必需氨基酸总量为 6.16%。子实体中含有大量的矿质元素，人体较易缺乏的铁（48.1 mg/kg）、锌（38.5 mg/kg）、锰（30.6 mg/kg）含量都较高，尤其是锌、锰的含量是香菇、木耳、多脂鳞伞、小美牛肝菌的 4～20 倍。绣球菌干品中维生素含量也很丰富，如维生素 C、维生素 D、维生素 E 等，其中维生素 E 含量位居《中国食物成分表》中菌藻类食物前列。

绣球菌不仅味道鲜美、营养价值高，还具有很好的医疗、保健功效。据日本食品研究中心的分析结果，绣球菌子实体中多糖含量丰富，每 100 g 含有 β-葡聚糖 43.6 g（Harada et al.，2002a，2003），比灵芝和姬松茸高出 3～4 倍。绣球菌中的 β-葡聚糖能提高人体免疫力（Ohno et al.，2003）及机体造血功能（Ohno et al.，2000），具有抗癌（Ohno et al.，2000；Kurosumi et al.，2006）、防癌（Ohno et al.，2002；Hasegawa et al.，2004）的特殊功效，可预防及改善由于血酸、过敏及生活习惯产生的高血压、高血糖等诸多疾病，对某些肿瘤也有一定的预防和抑制作用。绣球菌和灰树花的混合提取物可治疗癌症和艾滋病，通过深层培养，绣球菌可产生对某种真菌具有拮抗作用的绣球菌醇（Woodward et al.，1993）。因此，绣球菌是一种食药同源的健康和保健食品。

绣球菌人工栽培难度大，目前只有少数国家掌握了绣球菌人工栽培技术。日本于1993 年在世界上首次实现绣球菌人工栽培，1996 年瓶栽成功，目前已有少数企业开始了规模化生产。韩国 2004 年成为第二个掌握绣球菌栽培技术的国家。但日本、韩国均对绣球菌相关栽培技术申请了专利保护。我国 2005 年人工栽培绣球菌获得成功，并于 2010 年实现绣球菌工厂化栽培。目前，绣球菌主要采用工厂化栽培模式进行生产，栽培方式主要有瓶式栽培和袋式栽培，瓶栽由于自动化程度高、投资成本大，主要是日本、韩国采用，我国以袋栽为主。

近年来，福建、四川、山东、吉林、浙江等地先后进行了绣球菌栽培试验，并取得突破性进展。目前，福建绣球菌栽培已形成一定规模，并进入工厂化、商业化生产阶段。

第二节　绣球菌的起源与分布

一、起源

绣球菌具有很好的医疗与保健功效，国内外许多学者都先后对其展开了广泛的研究。

日本最早于 20 世纪 80 年代进行野生绣球菌的菌株分离、驯化工作，1990 年开始进行人工栽培研究，包括培养基选择、栽培各阶段环境因子调控等，直至 1993 年人工栽培出全世界第一朵绣球菌，1995 年绣球菌原木栽培技术得到完善，1996 年瓶栽成功，2000 年以后人工栽培绣球菌进入小面积生产并推向市场。目前在日本，已有一些企业开始进行绣球菌工厂化栽培，如 UNITIKA（Yao et al.，2008；Kwon et al.，2009；Yamamoto et al.，2009；Yamamoto and Kimura，2010，2013；Yoshikawa et al.，2010；Ohno et al.，2000；Harada et al.，2002a，2002b）。韩国对绣球菌的研究也较早，2004 年人工栽培绣球菌获得成功，成为世界上第二个实现绣球菌人工栽培的国家，目前 Kkotsongi（Kim et al.，2008）、Hanabiotech Ltd.（Goyang，Korea）（Bae et al.，2012）等单位均保藏有绣球菌菌株。

我国是继日本、韩国之后，第三个掌握绣球菌栽培技术的国家。国内关于绣球菌的研究最早始于 20 世纪 80 年代，主要对其形态特征、地理分布及生态环境进行了调查，并对分离到的菌种进行了驯化研究（孙朴等，1985；刘正南，1986），但由于人工栽培难度大，直到近些年关于其栽培的研究才逐渐火热起来。

2004 年，福建省农业科学院食用菌研究所在国内率先开始对绣球菌的营养生理、生物学特性、基质配方及工厂化栽培技术等进行系统研究。2005 年，林衍铨等在"首届海峡两岸食用菌学术研讨会"上对绣球菌菌丝生长的营养生理特性进行了报道，发现绣球菌适宜的母种培养基为 PDPA，南方的芒果、马尾松可作为绣球菌的栽培基质，米糠、麸皮、玉米粉可作为其栽培辅料（林衍铨等，2005）。2006 年，游雄等对紫外线诱变出的绣球菌菌株进行深层发酵工艺的研究，筛选出了最佳的发酵培养基配方。2007 年，黄建成等分析了绣球菌子实体的营养成分，并采用国际通用的营养评价方法，对绣球菌子实体蛋白质进行营养价值评价。其他学者也对绣球菌生物学特性（王伟科等，2007，2010；林衍铨等，2011；马璐等，2011）、营养功效（刘成荣等，2008；禹国龙等，2013）、深层发酵（刘成荣，2008；刘成荣和冯旭平，2008）及人工栽培技术（林衍铨等，2012）进行了研究。此外，国内还有其他单位对绣球菌的人工栽培技术进行了研究，如四川省绵阳市食用菌研究所、杭州市农业科学院蔬菜研究所、吉林农业大学等。经过国内食用菌工作者的共同努力，我国绣球菌栽培技术取得了很大的进步，为绣球菌产业的发展奠定了基础。

二、分布

绣球菌野生资源分布较广。日本、俄罗斯、英国、韩国、美国、加拿大、澳大利亚等国均有发现；我国主要分布于黑龙江省的带岭、伊春、五营等地林区，以及云南丽江林区，此外，吉林、西藏、河北、陕西、福建、广东等地也有发现。虽然绣球菌分布很广，但自然蕴藏量较少。

绣球菌生长地多为林区，土壤呈酸性，pH 4.2～5.2，为壤质土，土壤中有机质含量 3.79%～14.32%，阳离子交换量（CEC）为 16.1～27.2 cmol（＋）/kg，两者均略高于正常森林土壤中的含量，说明绣球菌发生地的土壤较正常森林肥沃。绣球菌发生地的树高 15.3～38.0 m，胸径大于 20 cm，树龄均为 30 年以上，多生长在日本落叶松和红松树干周围的土壤中，在树干或砍后的树桩上也有发生（图 24 - 1），说明绣球菌的营养摄取方式多样，可在不同生态条件下生长（Oh et al.，2009）。

图 24 - 1　野生绣球菌自然发生地
A. 落叶松树干上　B. 落叶松附近土壤　C. 落叶松枯干上　D. 落叶松枯树桩上　E. 红松树干上
(Oh et al.，2009)

在我国，无论是东北或云南产区，绣球菌多生长在海拔相对较高的山地林内，向阳坡地（坡度 8°～26°），腐殖质层较厚（6～14 cm），空气和土壤比较湿润。分布地区属山地寒温带，生长季（7～9 月）平均温度 12.7～14.6 ℃，平均降水量 148.3～228.9 mm。绣球菌发生的松林地平均郁闭度 0.4～0.6，平均疏密度 0.5，在密林区（大于 0.6）或透光疏林地上（小于 0.2）无绣球菌生长（刘正南，1986）。

我国东北小兴安岭和长白山林区，绣球菌多分布于海拔 2 460～2 680 m 处，最高海拔 3 326 m，生于兴安落叶松、长白落叶松纯林和落叶松为优势树种的桦树、水曲柳混交林内，平均树高 18.5～26.0 m，子实体多着生于落叶松树干基部或林地上，菌柄与腐朽的主根或二级根相连，有时也生长在腐朽的树根上。云南省西北部，绣球菌多分布在海拔 3 000 m 左右，最高海拔 5 596 m（玉龙雪山），生于云南松纯林、云南松和黄毛青冈冷杉混交林地内，平均树高 13.5～18.8 m，菌柄与腐朽的主侧根木质部相连，有时也生长在大径级的云南松、冷杉伐根地际部腐朽树根上（刘正南，1986）。

绣球菌常于夏末秋初生于树径较大的针叶林内，主要着生在靠近树干基部的裸露根上，能分解木材组织中的木质素、纤维素和半纤维素，引起树根腐朽。绣球菌对寄生树种要求不严，一般针叶林中均可生长，如云南松、马尾松、红松、落叶松及冷杉等。

第三节 绣球菌的分类地位与形态特征

一、分类地位

绣球菌（*Sparassis crispa*）属担子菌门（Basidiomycota）蘑菇纲（Agaricomycetes）多孔菌目（Polyporales）绣球菌科（Sparassidaceae）绣球菌属（*Sparassis*）。

绣球菌自然分布较广，形态多样，亚洲、澳大利亚、北美洲、欧洲均有发现。受气候、温度和湿度等自然环境的影响，不同地域的绣球菌外观形态表现出很大差异，如东亚、澳大利亚种与北美洲、欧洲种在形态特征与分子特征方面有很大的不同。Martin 等（1976，1978）认为 *S. radicata* 是两极性异宗结合交配系统，并根据担子果的形态，认为来自欧洲和日本的 *S. crispa* 是同一个种，和 *S. radicata* 为同种异名，且美国东南部的 *S. crispa* 与日本、欧洲的为不同种。Burdsall 等（1988）将北美发现的 *Sparassis* 分为两个种：*S. crispa* 和 *S. spathulata*。Wang 等（2004）利用细胞核与线粒体 rDNA 序列以及编码 RNA 聚合酶亚基Ⅱ（RPB2）的基因序列，对来自东亚、北美洲、澳大利亚以及欧洲的 32 株绣球菌进行分类学研究，确定其亲缘关系，发现绣球菌属至少有 7 个谱系，分别为 *S. spathulata*、*S. brevipes*、*S. crispa*、*S. radicata* 以及 3 个未描述过的分类群，可根据子实体结构、菌丝有无锁状联合、是否具有囊状体以及孢子大小进行区分。2012 年，中国科学院昆明植物研究所对东亚的绣球菌属进行研究后，根据其形态学证据和多基因 DNA 序列分析发现：该属物种地理分化明显，没有洲间的广布种；东亚有亚高山绣球菌（*S. subalpina*）、耳状绣球菌（*S. cystidiosa* f. *flabelliformis*）和广叶绣球菌（*S. latifolia*）3 种，其中亚高山绣球菌和耳状绣球菌主要分布于我国西南亚高山地区，广叶绣球菌见于中国、日本和俄罗斯远东地区（Zhao et al.，2013）。Rhim 等（2013）通过对韩国绣球菌属 rDNA 内转录间隔区（ITS rDNA）的分子序列进行分析，认为亚洲的 *S. crispa* 与欧洲和北美洲的不一样，应重新定名为 *Sparassis latifolia*。Blanco-Dios 等（2006）基于形态学及分子数据库，将采自西班牙加利西亚的一个新种定名为 *Sparassis miniensis*（图 24-2）。

A   B   C   D

图 24-2 不同地理分布的绣球菌

A. *Sparassis miniensis*（Blanco-Dios et al.，2006） B. *Sparassis cystidiosa* f. *flabelliformis*（Zhao et al.，2013） C. *Sparassis subalpina*（Zhao et al.，2013） D. *Sparassis latifolia*（Zhao et al.，2013）

福建省农业科学院食用菌研究所在绣球菌的人工栽培过程中发现，由于生长环境的温度、湿度不同，同一菌株形态有很大的差别。因此，关于绣球菌的分类还需进一步研究。

绣球菌整个生长发育过程中可分为两个过程：一是菌丝体时期，又称营养生长阶段；二是子实体时期，又称生殖生长阶段。

二、形态特征

(一) 菌丝体

菌丝体白色绒毛状、较浓密，稍有爬壁现象，气生菌丝长势较旺盛，不分泌色素，有锁状联合。

(二) 子实体

自然状态下，绣球菌子实体一年生，单生，肉质或胶质，白色或乳白色，部分品种灰白色，较大且脆。底部有柄，从柄上分化出许多不规则的小枝梗，枝梗末端形成许多有褶的扁平瓣片，瓣片相互交错似波浪状或银杏叶状，较薄，不规则，边缘弯曲不平，相互交错且密集成丛，形如绣球。子实层生于瓣片下侧，菌肉洁白，肉质或胶质，柔软有弹性。

人工栽培子实体直径 10～15 cm，白色或乳白色，单朵重 150～200 g。鲜菇耐储性较好，烘干后收缩成角质，质硬而脆，黄色或金黄色。孢子无色，光滑，卵圆形至球形，大小（4～5）μm×（4～4.6）μm。

第四节　绣球菌的生物学特性

一、营养要求

(一) 碳源

绣球菌菌丝分解能力较强，可利用多种碳源作为营养物质，包括单糖、双糖、多糖类等。采用固体培养基时，以单糖中的葡萄糖为碳源，菌丝生长速度快，菌丝浓密、健壮，其次为果糖、半乳糖、木糖；在双糖中，绣球菌对麦芽糖的利用优于蔗糖，以麦芽糖为碳源时，菌丝尖端生长较整齐，有疏密相间条纹，气生菌丝呈绒毛状翘起；另外，适合绣球菌菌丝生长的碳源还有玉米淀粉、糯米淀粉等（王伟科等，2010；林衍铨等，2011），在以淀粉为碳源的培养基中，菌丝尖端生长整齐，有典型的疏密相间条纹（王伟科等，2007）。

摇瓶培养发酵生产菌丝体的适宜碳源有可溶性淀粉（刘成荣和冯旭平，2008）、玉米淀粉（刘成荣，2008）等，采用啤酒酵母、蜂蜜粉培养基时，绣球菌液体培养效果也较好（贾培培等，2010）。另外研究表明，在供试碳源中，当液体培养结束后，除红糖外，其余各碳源液体培养基的 pH 均出现下降；以红糖、乳糖、果糖为碳源时，绣球菌菌丝生物量最大，而以葡萄糖为碳源的培养基中菌球直径最小。在供试的各种淀粉类物质中，液体培养结束后，培养基 pH 也都出现下降，但下降幅度不大；糯米淀粉培养基中菌丝生物量最大，且菌球直径最小；玉米淀粉培养基中，菌球密度最大。

绣球菌属木腐型真菌，能利用木材中的纤维素作为营养物质，属褐腐类型。人工栽培时，各种农业废弃物及农作物下脚料均可作为其栽培基质，如针叶林木屑、作物秸秆（玉米秆、棉花秆、大豆秆等）、甘蔗渣、玉米芯、棉籽壳、麦麸、花生壳等。栽培料中添加淀粉可促进绣球菌的生长，新鲜去皮马铃薯块比马铃薯淀粉效果好，大米淀粉、小麦淀粉效果与马铃薯块接近，甘薯淀粉与马铃薯淀粉效果接近（林衍铨等，2007）。在南方进行绣球菌生产时，可选用马尾松代替落叶松、云南松等作为栽培原料。

（二）氮源

不同种类氮源对绣球菌菌丝生长的影响差异很大，有机氮源的利用明显优于无机氮源。有机氮源中，蛋白胨、牛肉膏适合菌丝生长，菌丝生长洁白、浓密，添加量以 0.3% 较为合适（林衍铨等，2007，2011；王伟科等，2007，2010），不能利用尿素；无机氮源中的硫酸铵适合菌丝生长，不能利用硝酸铵、复合肥等（林衍铨等，2007）。

绣球菌液体培养时，适合产菌丝及产胞外多糖的氮源为蛋白胨，添加浓度分别为 0.15%、0.25%（刘成荣和冯旭平，2008）。采用鱼粉蛋白胨、牛肉蛋白胨、牛肉膏为氮源时，绣球菌菌丝生物量最大，且菌球直径较小。人工栽培时，可利用的氮源类物质主要有麦麸、玉米粉、米糠等。

（三）碳氮比

绣球菌在生长发育过程中对碳源的浓度有一定的要求。因此，基质中碳、氮浓度必须考虑营养生长和生殖生长选择最合适的碳氮比，以保证生长发育中不同阶段营养合成、分配、输送的平衡。平板培养基上，菌丝在碳氮比为 10:1～60:1 时均可生长，但以 40:1～60:1 生长最适宜，在此之间菌丝生长没有明显差异。碳氮比 10:1～20:1，菌丝生长缓慢。人工栽培时，菌丝生长阶段适宜碳氮比为 30:1～40:1，子实体生长阶段适宜碳氮比为 60:1～90:1。绣球菌是属于高碳、低氮营养生理的食用菌。

（四）无机盐

在固体培养基中，添加不同无机盐可在一定浓度范围内促进绣球菌菌丝的生长。当硫酸镁、磷酸二氢钾和氯化钠质量浓度为 1.0 g/L 时，菌丝生长速率达到最大；在一定浓度范围内，硫酸钠和氯化钙对菌丝生长有一定的促进作用，但效果不明显。

（五）维生素

维生素 B_1 和维生素 B_6 的质量浓度<4 mg/L 时，对绣球菌菌丝生长速率的影响不显著，当质量浓度为 6 mg/L 时，可促进绣球菌菌丝的生长。随着维生素 B_4 质量浓度的增加，菌丝生长速率逐渐增大，当添加量达 8 mg/L 时，菌丝生长速率最大。在供试质量浓度范围内，维生素 B_2 和维生素 B_{12} 可促进绣球菌菌丝的生长，但效果不明显。

（六）植物生长调节剂

在浓度 0～10 mg/L 时，IAA、NAA 对绣球菌菌丝生长有抑制作用，6‑BA、6‑KT 对绣球菌菌丝生长有促进作用。其中 6‑BA 对绣球菌菌丝生长的促进作用较强；6‑KT 浓度低时对绣球菌菌丝生长的促进作用较小，高浓度（＞8 mg/L）时对菌丝生长的促进作用呈上升趋势，但最适添加量有待进一步研究。

二、环境要求

（一）温度

绣球菌菌丝生长温度 10～30 ℃，适宜温度 20～24 ℃，最适温度 22～24 ℃，此时菌丝生长速度快，菌丝浓密、健壮，长势好。在 10 ℃ 以下和 30 ℃ 以上菌丝生长停止，菌丝生长的限制温度为 30 ℃，致死温度为 40 ℃。绣球菌菌丝生长缓慢（较其他食用菌而言），培养室保持适宜的温度，对加速菌丝生长至关重要。原基形成最适温度 20～22 ℃。子实体发育温度 15～20 ℃，最适温度 17～19 ℃。

（二）水分

1. 基质含水量　绣球菌菌丝在基质含水量 45％～65％ 时，随着含水量的增加，菌丝生长速度逐渐加快，长势增强，含水量超过 65％ 以后，菌丝生长速度变慢，长势减弱。绣球菌生长周期较长，栽培后期培养基适宜的含水量是保证绣球菌高产的前提。基质内含水量的调节与基质密度有关，密度高的基质含水量稍低，密度低的基质含水量稍高。

2. 空气相对湿度　绣球菌接种后，移入培养间进行菌丝培养，保持空气相对湿度 60％～65％ 为宜。菌丝培养结束后进入原基诱导阶段，此时空气相对湿度 85％～90％，随后原基发育逐渐增大，表面出现突起并分化出小叶片，完成原基分化。在子实体发育阶段，空气相对湿度保持在 90％～95％。

（三）空气

绣球菌属好气性真菌，菌丝生长、原基诱导及子实体生长发育阶段都需要充足的氧气，因此，在绣球菌生长发育过程中，必须根据不同的生长阶段对培养室进行通风换气。

绣球菌菌丝生长阶段需要新鲜空气，培养室二氧化碳浓度保持在 0.3％ 以下即可。原基形成与分化阶段对空气中的二氧化碳浓度极其敏感，既怕氧又需氧，具有独特的原基发育生理现象，称为兼性嫌氧微生态或兼性需氧发育生理现象。

（四）光照

绣球菌生长速度缓慢，成熟期较长。据报道，绣球菌生长过程中喜阳光，是目前所知的需要光照最多的一种食用菌，有阳光蘑菇之称。

绣球菌菌丝生长阶段不需要光照，应避免光照直射，防止原基过早出现。原基诱导阶段需要适量的光线刺激，生长后期给予一定量的散射光有利于绣球菌原基的形成。子实体生长发育需要光照刺激。试验表明，光照度调控在 500～800 lx，能维持绣球菌子实体正常生长发育；有时空间光照度达到 1 000 lx 左右，子实体生长发育也未受阻。

（五）pH

绣球菌是一种适合偏酸性条件下生长的食药用菌，菌丝在 pH 3.5～7 均可正常生长，最适 pH 4～5，pH<3 时菌丝难以生长，pH>7.5 时菌丝生长受阻。

第五节　绣球菌种质资源

一、野生绣球菌种质资源情况

绣球菌野生资源分布广泛，日本、韩国、英国、加拿大等国均有分布，我国主要分布于东北及西南各省份。近些年随着绣球菌人工栽培的成功，国内外众多学者纷纷对绣球菌医疗、保健功效进行了研究，许多研究机构也开始了绣球菌种质资源的收集、保藏及驯化工作。但目前对绣球菌野生种质资源的研究和利用还不够深入，虽然在野生菌株的驯化、人工栽培等方面取得了一定的进展，但是关于绣球菌种质资源的收集、保存、评价，优良特性的发掘及种质创新的研究还远远不够。总体而言，目前国内关于绣球菌的研究还未充分揭示其种质资源的优良特性和利用潜力，在一定程度上影响和制约着我国野生绣球菌种质资源的有效利用及其育种的进一步发展。

二、人工驯化绣球菌种质资源情况

近年来，随着对绣球菌药理作用研究的逐步深入，特别是子实体中 β-葡聚糖含量高的特点已逐渐引起广大学者关注，许多研究单位也加快了其人工栽培技术的研究。

日本关于绣球菌的研究较早，在种质资源的收集、保藏方面也领先于其他国家。目前为止，日本的许多机构都保藏有绣球菌菌株，如日本微生物资源学会（JSCC），该学会网站已注册有绣球菌菌株 7 株。韩国也是绣球菌的主要分布国家之一，许多研究机构也保藏有绣球菌菌株，如韩国林业研究所（KFRI）（Cheong et al.，2008；Park et al.，2009；Ryu et al.，2009）、韩国生命工学研究院（KRIBB）、韩国仁川大学（Kim et al.，2013）、东国大学等。

我国虽然于 20 世纪 80 年代就开展了绣球菌的人工驯化研究，但在种质资源的收集、保藏方面却起步较晚。目前为止，国内仅有几家单位保藏有绣球菌菌株，如中国林业微生物菌种保藏管理中心（CFCC）、福建省农业科学院食用菌研究所、四川省绵阳市食用菌研究所、杭州市农业科学院蔬菜研究所、吉林农业大学、青岛农业大学等。福建省农业科学院食用菌研究所选育的绣球菌品种闽绣 1 号（图 24-3）于 2013 年 4 月 26 日通过了福建省农作物品种审定委员会的认定，该菌株是目前为止国内唯一一个通过省级认定的菌株，具有完全的自主知识产权，适合工厂化栽培。

图 24-3　闽绣 1 号绣球菌

总的来说，国内关于绣球菌人工驯化的研究较多，但选育出适合规模化栽培的品种仍然较少，对品种优良性状的发掘更是鲜有报道。因此，需进一步加快我国绣球菌种质资源的收集、评价、保护和利用，选育出更多的具有自主知识产权的优良绣球菌品种。

第六节　绣球菌种质资源研究和创新

一、分子标记

采用 RAPD、SRAP 两种标记方法分别对 6 个绣球菌菌株进行亲缘关系分析后表明，两种分析方法结果一致，供试的 6 个菌株间均有遗传上的差异。RAPD、SRAP 方法为绣球菌菌种的鉴定提供了依据（陈瑞鹏等，2010）。

二、品种选育

目前为止，国内关于绣球菌栽培技术的研究较多，但选育出的具有自主知识产权的品种却较少。

闽绣 1 号为福建省农业科学院食用菌研究所从日本购买的野生绣球菌子实体中经组织分离、纯化选育而成，2013 年 4 月通过认定（认定编号：闽认菌 2013005）。该品种菌丝体白色，较浓密，稍有爬壁现象，气生菌丝长势较旺盛，不分泌色素，有锁状联合。子实体单生，白色或乳白色，菌肉洁白、肉质、柔软，有弹性。底部有柄，从柄上分化出许多小枝梗，枝梗末端形成许多有褶的瓣片。子实体瓣片相互交错似波浪状，较薄，不规则，边缘弯曲不平，形似绣球。

该品种适合工厂化栽培，栽培原料有针叶林木屑、作物秸秆等，辅料有麦麸、米糠、玉米粉、石膏等。单朵重 150～200 g，栽培周期 120 d 左右。鲜菇耐储性较好，烘干后收缩成角质，质硬而脆，黄色或金黄色，外观品质良好。

三、诱变育种

除对采集的野生菌株进行人工驯化外，国内也有学者开展了绣球菌诱变育种的研究，包括紫外线诱变及其与硫酸二乙酯的复合诱变，并探讨了绣球菌突变菌株的深层培养条件及其发酵工艺（游雄等，2006；刘成荣，2008）。

（林衍铨）

参考文献

陈瑞鹏，贾小宁，郭立忠，2010. RAPD 和 SRAP 分子标记在绣球菌菌种鉴定中的应用［J］. 中国食用菌，29（2）：34-36.

黄建成，李开本，林应椿，等，2007a. 绣球菌子实体营养成分分析［J］. 营养学报，29（5）：514-515.

黄建成，李开本，应正河，等，2007b. 绣球菌蛋白质的营养评价［J］. 菌物研究，5（1）：51-54.

贾培培，卢伟东，郭立忠，等，2010. 绣球菌驯化栽培［J］. 食用菌学报，17（3）：33-36.

林衍铨，李开本，余应瑞，等，2005. 绣球菌菌丝生长营养生理研究［C］//首届海峡两岸食（药）用菌学术研讨会论文集，24：170-173.

林衍铨，林兴生，余应瑞，等，2007. 绣球菌生物学特性若干问题的研究［J］. 菌物研究，5（4）：237-239.

林衍铨，马璐，江晓凌，等，2012. 绣球菌栽培条件优化［J］. 食用菌学报，19（4）：35-37.

林衍铨，马璐，应正河，等，2011. 碳源和氮源对绣球菌菌丝生长的影响［J］. 食用菌学报，18（3）：22-26.

刘成荣，2008. 绣球菌突变菌株液体发酵条件的研究［J］. 江西农业大学学报，30（5）：898-902.

刘成荣，陈振平，张之文，2008. 嗜水气单胞菌脂多糖及绣球菌多糖对泥鳅免疫功能及消化功能的影响［J］. 海洋科学，32（12）：1-9.

刘成荣，冯旭平，2008. 绣球菌深层发酵工艺条件的研究［J］. 莆田学院学报，15（5）：50-53.

刘正南，1986. 一种珍贵的食用菌——绣球菌［J］. 食用菌（5）：6-7.

马璐，林衍铨，江晓凌，等，2011. 无机盐、维生素与植物生长调节剂对绣球菌菌丝生长的影响［J］. 菌物研究（3）：172-175.

孙朴，汪欣，刘平，1985. 绣球菌引种驯化研究初报［J］. 中国食用菌（3）：7-8.

王伟科，袁卫东，周祖法，2007. 不同碳、氮源对绣球菌菌丝生长的影响研究［J］. 浙江农业科学（1）：47-49.

王伟科，周祖法，袁卫东，等，2010. 绣球菌生物学特性与栽培技术［J］. 杭州农业与科技（5）：44-45.

游雄，钱秀萍，吴丽燕，等，2006. 绣球菌的诱变育种和深层发酵工艺的初步研究［J］. 中国食用菌，25（3）：41-45.

禹国龙，叶琳，苑世婷，等，2013. 绣球菌多糖的提取与抗氧化活性研究［J］. 天津农业科学，19（4）：11-14.

Bae I Y，Kim K J，Lee S，et al.，2012. Response surface optimization of β-glucan extraction from cauliflower mushrooms（*Sparassis crispa*）［J］. Food Science and Biotechnology，21（4）：1031-1035.

Blanco-Dios J B，Wang Z，Binder M，et al.，2006. A new *Sparassis* species from Spain described using morphological and molecular data［J］. Mycological Research，110（10）：1227-1231.

Burdsall H H, Miller O, 1988. Type studies and nomenclatural considerations in the genus *Sparassis* [J]. Mycotaxon, 31 (1): 199 – 206.

Cheong J C, Park J S, Hong I P, et al. , 2008. Cultural characteristics of cauliflower mushroom, *Sparassis crispa* [J]. The Korean Journal of Mycology, 36 (1): 16 – 21.

Harada T, Miura N N, Adachi Y, et al. , 2002a. Effect of SCG, 1,3 – β – D – glucan from *Sparassis crispa* on the hematopoietic response in cyclophosphamide induced leukopenic mice [J]. Biological & Pharmaceutical Bulletin, 25 (7): 931 – 939.

Harada T, Miura N N, Adachi Y, et al. , 2002b. IFN – γ induction by SCG, 1,3 – β – D – glucan from *Sparassis crispa*, in DBA/2 mice in vitro [J]. Journal of Interferon & Cytokine Research, 22 (12): 1227 – 1239.

Harada T, Miura N N, Adachi Y, et al. , 2003. Antibody to soluble 1, 3/1, 6 – β – D – glucan, SCG in sera of naive DBA/2 mice [J]. Biological & Pharmaceutical Bulletin, 26 (8): 1225 – 1228.

Hasegawa A, Yamada M, Dombo M, et al. , 2004. *Sparassis crispa* as biological response modifier [J]. Gan To Kagaku Ryoho, 31 (11): 1761 – 1763.

Kim M Y, Seguin P, Ahn J K, et al. , 2008. Phenolic compound concentration and antioxidant activities of edible and medicinal mushrooms from Korea [J]. Journal of Agricultural and Food Chemistry, 56 (16): 7265 – 7270.

Kim S R, Kang H W, Ro H S, 2013. Generation and evaluation of high β – glucan producing mutant strains of *Sparassis crispa* [J]. Mycobiology, 41 (3): 159 – 163.

Kurosumi A, Kobayasi F, Mtui G, et al. , 2006. Development of optimal culture method of *Sparassis crispa* mycelia and a new extraction method of antineoplastic constituent [J]. Biochemical Engineering Journal, 30 (1): 109 – 113.

Kwon A H, Qiu Z, Hashimoto M, et al. , 2009. Effects of medicinal mushroom (*Sparassis crispa*) on wound healing in streptozotocin – induced diabetic rats [J]. The American Journal of Surgery, 197 (4): 503 – 509.

Martin K J, Gilbertson R L, 1976. Cultural and other morphological studies of *Sparassis radicata* and related species [J]. Mycologia, 68 (3): 622 – 639.

Martin K J, Gilbertson R L, 1978. Decay of Douglas – fir by *Sparassis radicata* in Arizona [J]. Phytopathology, 68: 149 – 154.

Oh D S, Park J M, Park H, et al. , 2009. Site Characteristics and vegetation structure of the habitat of cauliflower mushroom (*Sparassis crispa*) [J]. The Korean Journal of Mycology, 37 (1): 33 – 40.

Ohno N, Harada T, Masuzawa S, et al. , 2002. Antitumor activity and hematopoietic response of a β – glucan extracted from an edible and medicinal mushroom *Sparassis crispa* Wulf. : Fr. (Aphyllophoromycetideae) [J]. International Journal of Medicinal Mushrooms, 4 (1): 13 – 26.

Ohno N, Miura N N, Nakajima M, et al. , 2000. Antitumor 1,3 – β – glucan from cultured fruit body of *Sparassis crispa* [J]. Biological & Pharmaceutical Bulletin, 23 (7): 866 – 872.

Ohno N, Nameda S, Harada T, et al. , 2003. Immunomodulating activity of a β – glucan preparation, SCG, extracted from a culinary – medicinal mushroom, *Sparassis crispa* Wulf. : Fr. (Aphyllophoromycetidae), and application to cancer patients [J]. International Journal of Medicinal Mushrooms, 5 (4): 359 – 68.

Park H G, Shim Y Y, Choi S O, et al. , 2009. New method development for nanoparticle extraction of water – soluble β – (1→3) – D – glucan from edible mushrooms, *Sparassis crispa* and *Phellinus linteus*

[J]. Journal of Agricultural and Food Chemistry, 57 (6): 2147 – 2154.

Ryoo R, Sou H D, Ka K H, et al., 2013. Phylogenetic relationships of Korean *Sparassis latifolia* based on morphological and ITS rDNA characteristics [J]. Journal of Microbiology, 51 (1): 43 – 48.

Ryu S R, Ka K H, Park H, et al., 2009. Cultivation characteristics of *Sparassis crispa* strains using sawdust medium of *Larix kaempferi* [J]. The Korean Journal of Mycology, 37 (1): 49 – 54.

Wang Z, Binder M, Dai Y C, et al., 2004. Phylogenetic relationships of *Sparassis* inferred from nuclear and mitochondrial ribosomal DNA and RNA polymerase sequences [J]. Mycologia, 96 (5): 1015 – 1029.

Woodward S, Sultan H Y, Barrett D K, et al., 1993. Two new antifungal metabolites produced by *Sparassis crispa* in culture and in decayed trees [J]. Microbiology, 139 (1): 153 – 159.

Yamamoto K, Kimura T, 2010. Dietary *Sparassis crispa* (Hanabiratake) ameliorates plasma levels of adiponectin and glucose in type 2 diabetic mice [J]. Journal of Health Science, 56 (5): 541 – 546.

Yamamoto K, Kimura T, 2013. Orally and topically administered *Sparassis crispa* (Hanabiratake) improved healing of skin wounds in mice with streptozotocin – induced diabetes [J]. Bioscience, Biotechnology, and Biochemistry, 77 (6): 1303 – 1305.

Yamamoto K, Kimura T, Sugitachi A, et al., 2009. Anti – angiogenic and anti – metastatic effects of β – 1,3 – D – glucan purified from Hanabiratake, *Sparassis crispa* [J]. Biological & Pharmaceutical Bulletin, 32 (2): 259 – 263.

Yao M, Yamamoto K, Kimura T, et al., 2008. Effects of Hanabiratake (*Sparassis crispa*) on allergic rhinitis in OVA – sensitized mice [J]. Food Science and Technology Research, 14 (6): 589 – 594.

Yoshikawa K, Kokudo N, Hashimoto T, et al., 2010. Novel phthalide compounds from *Sparassis crispa* (Hanabiratake), Hanabiratakelide A – C, exhibiting anti – cancer related activity [J]. Biological & Pharmaceutical Bulletin, 33 (8): 1355 – 1359.

Zhao Q, Feng B, Yang Z L, et al., 2013. New species and distinctive geographical divergences of the genus *Sparassis* (Basidiomycota): evidence from morphological and molecular data [J]. Mycological Progress, 12 (2): 445 – 454.

第二十五章

榆　耳

第一节　概　述

榆耳（*Gloeostereum incarnatum*），中文学名肉红胶韧革菌，由我国率先驯化栽培成功，是东北地区珍贵的大型食药兼用真菌，在民间俗称榆蘑、肉蘑、沙耳。中医记载：榆耳味甘性平，具和中化湿功效，多用于治疗痢疾、腹泻等肠道疾病。而且子实体味道鲜美，肉质肥厚，口感嫩滑，含有丰富的蛋白质和多糖、黄酮苷、三萜皂苷、生物碱、脂肪酸以及多种维生素和钙、铁、磷、锌等中微量元素（李典忠，2002），享有森林之王的美誉。

第二节　榆耳的起源与分布

榆耳的研究始于 1933 年。日本学者 S. Ito 和 Imai 在 1993 年的 *Tras Sapporo Nat Hist Soc* 13 期上发表了一篇关于新种胶韧革菌的报道。我国最早的榆耳标本出现在 1963 年，由朱友昌等在辽宁本溪采集获得，但当时未能进行鉴定，直到 1988 年王云对其鉴定，才确认这个榆耳标本就是发表于 1933 年的新种胶韧革菌（*Gloeostereum incarnatum*），榆耳的学名和分类地位得以确定。由此开启了我国科研工作者对榆耳生物学特性、人工驯化栽培及活性成分的大量研究。

榆耳多生长在空气充足、环境阴湿的山区林间，主要腐生在榆树枯干或树洞上，每年 8～9 月是榆耳子实体大量发生的季节。日本学者 S. Ito 和 Imai 发现在槭属植物树干上榆耳也能正常生长，图力古尔在糖槭树上也发现榆耳。野生榆耳主要分布在我国东北地区和内蒙古大青沟自然保护区，以及日本的北海道区，在我国新疆和俄罗斯西伯利亚地区也报道有一定的分布。自 20 世纪 80 年代我国首次将榆耳驯化栽培成功，吉林四平、桦甸等地，辽宁清原、新宾、抚顺等地及黑龙江省东部成为榆耳的主产区。其中在四平市的叶赫镇形成了规模超过 100 万袋的榆耳生产基地，栽培经济效益十分显著。

第三节　榆耳的分类地位与形态特征

一、分类地位

榆耳（*Gloeostereum incarnatum*）属担子菌门（Basidiomycota）蘑菇纲（Agaricomycetes）蘑菇目（Agaricales）裂褶菌科（Schizophyllaceae）胶韧草菌属（*Gloeostereum*）。

二、形态特征

榆耳菌丝洁白浓密，呈线形绒毛状，具有分枝，气生菌丝短而旺盛，含有大量锁状联合及横隔。原基期呈平伏或不规则脑状。子实体胶质，肉质肥厚，富有弹性，菌盖呈肾形、扇形、花形及耳片形（宋宏，2008）。子实体呈乳白色或粉红色，无菌柄，单生或覆瓦状叠生，边缘内卷呈波浪状。上表面着生排列较密的橘黄色至粉红色的绒毛，菌盖边缘的绒毛颜色较浅，排布稀疏。下表面凹凸不平，有放射状排列的粉红色疣状突起，直径1～3 mm。子实体层由担子和囊状体组成，担子呈棍棒状，表面有稀疏凸起的网状纹饰，囊状体长圆柱状或圆锥状，表面有致密不规则的网状纹饰。担子梗上的担孢子椭圆形或腊肠形，担孢子印为白色。榆耳子实体晾干后收缩，坚硬，受温度影响呈红褐色或呈浅咖色，经水浸泡后复原肉质。晒干的野生榆耳子实体浸水后，浸出液呈红褐色，再次晾干体积变化不大，而经人工栽培榆耳的体积则膨大2～3倍，浸出液颜色变浅（张金霞，1988）。

第四节　榆耳的生物学特性

一、营养要求

榆耳是一种木腐菌，碳源、氮源、无机盐以及维生素是榆耳生长发育所需的主要营养。不同培养基因成分不同，所栽培的榆耳品质和产量也有所不同。因此，在生产中要选择适宜的培养基来满足榆耳不同生长阶段对营养物质的需求。

（一）碳源

碳源不仅为榆耳的营养生长和生殖生长提供能量，同时也是构成菌丝细胞的碳素骨架，是榆耳生长发育最重要的营养源。榆耳菌丝生长阶段可利用的碳源包括很多种类，其中可溶性淀粉、甘油、甘露醇、糊精和糖蜜的效果最好，其次是葡萄糖、麦芽糖、蔗糖、果糖，而乳糖、半乳糖较差（刘书文，1992）。不同栽培基质所提供的碳源对榆耳菌丝生长和出耳影响不同，在棉籽壳基质上榆耳菌丝生长最好；在玉米芯、豆秸和花生壳等栽培料中也可生长，但产量不高；在硬杂木屑中生长最差；在稻草中菌丝不生长。榆耳在生长发育过程中不能直接吸收栽培基质的纤维素、半纤维素和木质素等高分子物质，需要分泌能降解这些高分子物质的胞外酶，将其分解成可溶于水易被细胞吸收的小分子物质，并吸收转化为满足自身生长所需的营养物质。木质素的利用主要是在菌丝生长阶段，利用率较低；半纤维素的利用主要是在生殖生长阶段；而对纤维素的利用贯穿于整个生长阶段，是榆耳在栽培基质中生长发育的最主要碳源。

（二）氮源

榆耳可利用多种氮源，其中以有机氮为最好。豆饼粉和玉米浆为最佳氮源，其次是蛋白胨、酵母膏、甘氨酸和丙氨酸，以谷氨酸和硝酸钠较差，不能利用尿素和硫酸铵。在栽培时主要采用麦麸、米糠、玉米粉、大豆粉等作为氮源（张叔贤，1989）。榆耳栽培基质的适宜碳氮比为 24：1～30：1。如果碳氮比过高，菌丝虽生长快，生育期短，但产量低，质量差。而碳氮比过低，不仅生育期长，产量也低。

（三）无机盐

无机盐可以调节细胞的渗透压和 pH，参与细胞结构物质的组成；作为酶的活性基团的组成成分，有的是酶的激活剂。虽然对无机盐的需要量较少，但无机盐也是榆耳生长发育必不可少的营养物质。榆耳需要的无机元素主要是磷、镁、钾、硫、锌、铁、锰、铜等。一般在栽培生产中常添加硫酸镁、磷酸二氢钾、磷酸钙，作为酶的激活剂和培养基缓冲剂，增强酶的活性，调剂培养基的酸碱度，以促进菌丝生长。铁、锰、铜等在常用培养基中的含量足以满足榆耳生长发育的要求，无须另外添加，如果添加过量会抑制菌丝的生长。

（四）维生素

榆耳是维生素 B_1 的天然缺陷型，不能自身合成，需外源补给，若麸皮、玉米粉、酵母膏等含维生素 B_1 较多的营养物质作为辅料，维生素 B_1 不需另外添加。维生素 B_1 对榆耳的生长发育具有重要作用，当严重缺乏时，菌丝不能正常生长。有研究表明适当添加维生素 H 也有利于榆耳菌丝的生长。

二、环境要求

（一）温度

榆耳的生长发育必须在一定的温度范围内进行。不同的生长阶段对温度的要求不同。榆耳属低温结实型菌类。在 5～35 ℃菌丝可以生长，适温 22～27 ℃，以 25 ℃最为适宜，接种 2 d 后，菌丝即可萌发，菌丝粗壮浓密，生长速度快。30 ℃以上的高温，菌丝生长速度快，但稀疏纤细；35 ℃以上停止生长甚至死亡，榆耳菌丝的致死温度低于大多数食用菌；在 15 ℃以下菌丝生长速度缓慢；10 ℃以下，一般需经 12 d 菌丝才开始萌动。子实体原基形成的温度要比菌丝生长阶段的低，为 5～26 ℃，以 10～22 ℃为原基形成的适宜温度，温差 10 ℃有利于原基的分化。营养生长期间的温度也会影响原基的分化，如果菌丝生长时的温度高于 30 ℃，很难形成原基。菌丝只有在适宜温度下生长，才有利于原基的形成。榆耳子实体生长发育温度 10～23 ℃，最适温度 18～22 ℃。在适宜的温度范围内，子实体生长发育的速度随温度升高而加快。

（二）湿度

榆耳在营养生长过程中需要的水分主要来自培养料，在生殖生长过程中所需的水分主要来自空气。培养基的含水量 40%～75%，榆耳菌丝均可生长，最适含水量为 60%～65%。若培养基的含水量低于 55%，菌丝虽可生长，但不易形成原基；高于 70% 时，影响菌丝的呼吸作用，使菌丝生长缓慢甚至停止。因此，菌丝生长和原基形成期间培养室内的空气相对湿度不宜超过 60%，否则出现杂菌污染现象。在原基分化和子实体生长期间，空气相对湿度要求达到 85%～95%。若低于 70% 时，原基不分化或已分化的原基干枯死亡；低于 80% 时，原基和子实体生长缓慢。与恒湿条件相比，干、湿交替环境对榆耳子实体生长发育更为有利，同时也可有效抑制杂菌及病虫害的侵染。

（三）pH

榆耳菌丝在 pH 4～9 的培养基上均能生长。最适 pH 5.5～6，培养基 pH<3 时菌丝不萌发，pH>8 时，菌丝纤细，生长速度缓慢。在不同 pH 条件下，菌丝生长情况不同。子实体生长阶段，适宜 pH 6 左右，因此，榆耳属于喜微酸性环境的真菌。高温灭菌后会使培养料的酸性增加，在榆耳的实际生产中，在拌料时加入一定量的石膏或生石灰可以起到调节酸碱度的作用。

（四）光照和通风

榆耳菌丝生长阶段要求无光培养，此时不需要光照。在黑暗条件下，榆耳的菌丝浓多粗壮，并且生长速度快。光照度越大对菌丝生长的抑制作用越强，榆耳菌丝在强光照射下萌发受到抑制，菌丝生长前端分枝减少，稀疏纤细，气生菌丝消失。因此，菌丝生长阶段需要在黑暗条件下进行。在生殖生长阶段，要有一定的散射光诱导子实体原基形成，黑暗和强光条件均会抑制子实体原基的形成。榆耳菌丝对光照极为敏感，长满培养基的菌丝，每天给予 6～8 h 的弱光照，就可刺激原基的形成和子实体的生长。光照和子实体的成色相关，暗光下子实体的颜色较浅，散射光和强光下子实体的颜色深。

榆耳属好气性菌类，在其生长发育的各个阶段都需要充足的氧气供给。因此，在菌丝生长阶段要保持发菌室内氧气充足，一般早晚各通 1 次风，可以保证室内空气新鲜，氧气充足，若二氧化碳浓度过高，可能导致菌丝变黄甚至停止生长。在原基形成和子实体生长期，对氧气的需要量更大，如果此时二氧化碳浓度过高，会使原基不能正常分化，子实体出现畸形，严重影响榆耳的品质。

三、生活史

研究榆耳生活史，可以加深对其遗传特性的了解，也可以根据有性阶段的特点，从系统的角度更准确地确定其分类地位。

榆耳属于异宗结合担子菌，靠有性世代完成生活史。大多数担孢子含有一个细胞核，但也有少数担孢子含有两个细胞核。担孢子的萌发意味着生活史的开始，担孢子一般是一端萌发，极少数出现两端萌发的现象。担孢子萌发后产生芽管，芽管经过不断分枝伸长，形成一根单核菌丝即初生菌丝，表明开始发育，但并不能产生子实体。遗传特性不同的两个单核菌丝之间进行结合，实现细胞质的融合，形成具有锁状联合结构的双核菌丝即次生菌丝。在初生菌丝和次生菌丝上均可产生间生或顶生的椭圆形的厚垣孢子，而且厚垣孢子的适宜温度比菌丝正常生长温度要低。双核菌丝体经过组织分化形成原基，并发育成子实体。子实体成熟后，在腹面上产生担子，幼担子经过核配进入粗线期、双线期、终变期、中期、二分体期、四分体期，产生 4 个单倍体核，每个单倍体核分别移到担子小梗的顶端形成一个担孢子，每个担子上产生 4 个单核的担孢子，榆耳的生活史如此反复循环（颜耀祖等，1994）。

榆耳的生活史见图 25-1。

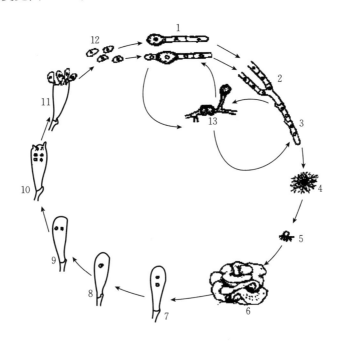

图 25-1　榆耳生活史

1. 担孢子萌发（单核体）　2. 菌丝融合　3. 双核体　4. 菌丝体（菌落）　5. 子实体原基　6. 子实体　7. 担子
8. 核配合　9. 减数分裂（第一次分裂）　10. 减数分裂（第二次分裂）　11. 担子上长出 4 个孢子　12. 担孢子　13. 厚垣孢子

第五节　榆耳种质资源

一、概况

种质是由亲代传递给子代的稳定的遗传物质，种质资源是遗传研究的物质基础，同时也是培育新品种的原始材料。根据整个生育期所需要的时间不同，榆耳有早熟、中熟和晚熟品种。按照菌丝生长期对不同温度的适应情况，榆耳分为耐高温类型、中温类型和耐低温类型。不同榆耳品种在子实体大小、颜色、朵形和产量等方面差异较大，遗传性状比较丰富。目前，已有两个榆耳新品种通过吉林省农作物品种审定委员会审定。

二、优异种质资源

1. 旗肉 1 号　以吉林省白山市林业局三道沟国营林场野生榆耳（肉蘑）为出发菌株，于 2006—2011 年经过系统选育而来。2006 年在白山市等林业局所属林场采集野生菌株 7 株，组织分离获得菌种后进行拮抗、同工酶和分子生物学试验鉴定菌株的遗传特异性，并通过菌丝生长特性、发菌特性、出菇特性的初选获得中熟优良菌株 1 个。于 2009—2011

年在吉林省开展区域试验和生产试验，所有试验点均表现增产，比对照品种高 5.6% 以上，具有良好的丰产性和稳定性，达到新品种审定要求。2012 年 3 月通过吉林省农作物品种审定委员会审定并命名。菌丝洁白，粗壮浓密。子实体粉红色，朵形如花，单朵直径 7.2～11.5 cm、重量 110～200 g，品质佳、商品性好。属中熟品种，从接种到采收需要 90～105 d。每 100 kg 干料产鲜菇 55.2 kg，对绿色木霉等杂菌抗性较强。

2. 旗肉 2 号　于 2004—2012 年由地方品种与吉林省磐石林业局三道沟国营林场野生榆耳（肉蘑）菌株经单核菌丝间的杂交再经过系统选育而成。2004 年在吉林省磐石林业局三道沟国营林场采集野生榆耳（肉蘑）野生菌株，组织分离获得菌种，通过菌丝生长特性和出菇特性的研究，发现该菌株具有明显的早熟特点。2006 年将该菌株与丰产性好、中晚熟的地方品种进行单核菌丝间杂交，通过拮抗、同工酶鉴定出真实的杂交菌株 58 个，再从 58 个杂交菌株初选出菌丝生长特性、发菌特性、出菇特性较好的杂交菌株 5 个。再对这 5 个菌株开展多年栽培、系选，获得了中早熟、产量高、商品性好的优良杂交菌株 1 个。于 2009—2010 年开展区域试验，生育期在各试验点均比对照品种短 5.8 d，产量提高 7%。并于 2011—2012 年开展生产试验，产量比对照增加 5.7%。2013 年 1 月通过吉林省农作物品种审定委员会审定并命名。菌丝洁白，粗壮浓密。子实体粉红色，朵形如花，平均单朵直径 9.2 cm、平均鲜重 115 g，品质佳、商品性好。属中熟品种，从接种到采收需要 85～100 d。每 100 袋产鲜菇 21.1 kg，对绿色木霉等杂菌抗性较强。

第六节　榆耳种质资源研究和创新

榆耳由我国驯化栽培成功，主要采用木屑、棉籽壳培养基进行瓶栽或袋栽。目前已在东北地区形成一定的栽培规模，但生产中使用的品种多由野生菌株简单驯化而来，存在着产量和品质均不稳定的问题。因此，种质资源的研究和创新对榆耳产业的可持续发展意义重大。

宋宏（2008）对通过系选法选育出来的、产量品质均表现出超亲遗传的 C-1、C-2、C-3 等 3 个优良菌株进行了进一步筛选，选育出玉米芯培养料专用型榆耳新品种 C-1。玉米芯可代替棉籽壳和木屑栽培榆耳，不但生长的榆耳生物学性状和商品性状良好，而且可降低生产成本。于娅（2013）在对榆耳种质资源评价的基础上，筛选出 2 个优良亲本配制杂交组合。采用细胞学鉴定、生理特性鉴定和生化特性鉴定相结合的方法获得真实的杂交组合，按照科学育种程序最终选育出产量高、生育期短的优良杂交菌株 CG102。

目前，对榆耳的研究主要集中在栽培技术和发酵液成分的研究，而关于种质资源的研究和创新甚少。因此，需加强此方面的研究，为榆耳的育种工作奠定基础。

（姚方杰）

参考文献

李典忠，2002. 榆耳子实体及发酵液化学成分和药理活性研究 ［D］. 长春：吉林农业大学.

刘书文，赵经周，于文喜，等，1992. 榆耳生物学特性的研究 ［J］. 林业科技，17 (5)：28 - 29.

宋宏，2008. 榆耳新品种选育及营养特性研究 ［D］. 长春：吉林农业大学.

宋宏，姚方杰，唐峻，等，2008. 榆耳研究概况 ［J］. 中国食用菌 (1)：1 - 3.

颜耀祖，李秀玉，王玉玲，1994. 榆耳有性结构及生活史的研究 ［J］. 真菌学报，13 (4)：290 - 294.

于娅，2013. 榆耳种质资源评价及优良品种选育的研究 ［D］. 长春：吉林农业大学.

张金霞，崔俊杰，1988. 榆蘑的营养成分 ［J］. 中国食用菌，13 (6)：25 - 25.

张淑贤，谢支锡，王云，等，1989. 榆耳的生物学特性初步研究 ［J］. 中国食用菌 (1)：5 - 8.

菌类作物卷

第二十六章

金　耳

第一节　概　述

金耳（*Tremella aurantialba*）又名黄白银耳、黄木耳、黄金木耳、金木耳、茂若色布尔（藏名）、脑耳、金银耳、五木耳、脑形银耳、金黄银耳、黄金银耳、黄耳等。金耳是我国著名的食用菌和药用菌，具有很高的营养价值和药用价值。金耳胶质细腻，润滑可口，同时具有特殊的色、香、味，是宴席上的名贵佳肴之一，也是益补身心、延年益寿的著名滋补珍品。据报道，金耳被认为是"中国最新发现，最有价值之大补品"，其滋补价值优于银耳和木耳等菌类，在国际市场上声誉卓著。金耳中含有丰富的脂肪、碳水化合物、氨基酸和丰富的矿质元素及维生素等营养成分。金耳中的多糖、单糖和有机酸等都是良好的功能成分。其蛋白质含量不高，每 100 g 金耳干品含粗蛋白 8.12～9.46 g，但氨基酸组成对人体较理想，18 种氨基酸含量丰富齐全，比例较接近人体需要。富含中微量元素，有钙、镁、钠、钾、锌、铁、硒等，对平衡人体代谢十分有益。还含有多种维生素，B 族维生素有硫胺素、核黄素、烟酸等，可强化人体代谢。

据《中国药用真菌》记述，金耳性温中带寒，味甘，能化痰、止咳、定喘、调气、平肝阳，主治肺热、痰多、感冒、咳嗽、气喘、高血压、神经衰弱等疾病，还有清心补脑的保健作用。民间对金耳的认识和药用有着非常悠久的历史。在北宋时期，著名文学家苏东坡《与参寥师行园中得黄耳覃》一诗就记述了他与友人发现金耳事。明代李时珍所著《本草纲目》桑耳条下曾有"其金色者（当指金耳）治癖饮积聚，腹痛金疮"的记载；另外《中国中成药大典》《云南食用菌》对金耳的药用价值均有详细介绍。现代科学研究已经证明，金耳具有免疫调节、降血糖、降血脂、抗损伤、改善脑血流动力学、延长血液凝固时间和凝血酶原作用时间等作用，临床用于治疗肝炎、肝腹水、胸腹积液、肾性水肿、贫血等均有一定疗效，有助于轻度脑血栓、脑缺氧、一氧化碳中毒引起的偏瘫、手脚麻木的肌力恢复，开发潜力巨大。金耳的白色脑耳因胶质细腻、洁白润滑、气味清香，可研制成各种护肤美容化妆品，具有滑润皮肤、美化皮肤、改善皮肤的功效。近年来对金耳的研究表明其能产生多种生物活性物质，含有金耳多糖、金耳素、生物碱、黄酮、苷类等，有提高免疫力和抗血栓的生物学活性。金耳菌丝体多糖由鼠李糖、甘露糖、葡萄糖、半乳糖、岩藻糖组成；子实体多糖由葡萄糖、葡萄糖醛酸、甘露糖、木糖、鼠李糖组成，表明金耳多糖是一种杂多糖。金耳纯多糖为灰白色粉末状，较难溶于冷水，易溶于热水或稀酸、碱溶液，浓度高时呈透明胶状，易被醇、酮等有机溶剂析出。对于金耳多糖提取，采用蒸馏水做提取剂较易操作，且多糖得率明显高于酸、碱提取。据报道，金耳子实体的外层用酸水解后，糖的部分进行硅胶薄层分离，显示出 7 种单糖。内层的多糖经过水解后，硅胶薄层分离只显示有 2 种单糖。内外层多糖的组成成分中单糖种类的不同，反映了结构上的差异。从多糖的化学结构来看，金耳子实体是异质的。据民间和中西医临床观察，常食金耳对气管炎、乙型肝炎、睡眠不好、消化不良、体虚贫血、糖尿病、大便不通、口腔溃疡、口腔炎以及老年常见疾病都有较明显的治疗和缓解作用。

概括起来，金耳具有以下主要药用功能：

（1）免疫功能的促进作用　对小鼠非特异性免疫功能、ANAE 阳性淋巴细胞百分比、Ea 玫瑰花环形成率以及巨噬细胞吞噬百分比和吞噬指数均有不同程度的增进作用。

（2）对造血功能的促进作用　金耳多糖能提高小鼠血红蛋白和血浆蛋白的含量，表明对骨髓造血功能有保护和恢复作用，因此能调节机体代谢机能，改善机体营养状况，提高机体血红蛋白和血浆的含量。

（3）抗衰老作用　降低小鼠血清脂质过氧化物、血清胆固醇含量的绝对比值，提高GTP 活性和血清巯基含量，增强体内抗氧化能力，防止细胞损害和延缓细胞衰老，提高机体抗衰老、抗缺氧能力，降血脂、降胆固醇。这一作用可能与金耳含有较多硒有关。

（4）保肝作用　促进肝脏脂代谢，防止脂肪在肝脏积累，提高肝脏解毒功能。降低肝总脂、肝胆固醇含量，提高谷胱甘肽过氧化物酶活性，促进急性和慢性肝损伤恢复。

（5）抗炎作用　对机体溃疡及炎症有明显的抑制作用。

（6）抗放射作用　有明显地提高机体^{60}Co 照射后恢复能力的趋势。

（7）调节血糖作用　瞿伟菁等（1998）研究发现，用金耳子实体浸液连续灌胃四氧嘧啶致高血糖大鼠 21 d，可以显著降低大鼠血糖水平。朱欣华等（1999）报道一次性腹腔注射金耳菌丝体多糖可显著降低正常大鼠及四氧嘧啶致高血糖大鼠的血糖水平。小鼠连续口服金耳酸性多糖 TAP 及其降解产物 TAP－H 10 周，可以抑制血糖的增加。张雯等（2004）研究发现，金耳菌丝体多糖腹腔注射正常小鼠 12 d 可以降低其血糖水平；用金耳菌丝体多糖灌胃四氧嘧啶致高血糖大鼠 7 d 和 23 d，可降低其血糖水平。

（8）抗血栓作用　刘春卉等（2003）研究发现，金耳菌丝发酵物能够显著对抗小鼠体内血栓形成，抑制脑组织缺血时过氧化脂质分解产物丙二醛含量增加，明显抑制二磷酸腺苷诱导的血小板凝集，延长动物凝血酶原的作用时间，给药 5 min 后能明显增加动物脑膜的血流量。

（9）抗癌作用　苑小林等（1996）研究发现，金耳子实体多糖对移植性人肺腺癌（AX－83）有显著抑制作用。

（10）镇咳作用　瞿伟菁等（1998）研究发现，金耳子实体浸液对化学刺激引起的咳嗽具有镇咳作用，预防性地连续给药可以缓解实验小鼠咳嗽发生，对受试豚鼠致痉的离体气管平滑肌在一定程度上具有松弛作用。

（11）改善记忆　孟丽君等（2000）研究发现，金耳能使大鼠海马区神经元电活动产生兴奋性效应，提示金耳可能有促智功能。经过临床初步验证，对消除衰老症状、治疗某些老年病有较满意的疗效。

（12）改善胃肠道功能 刘春卉等（1996）研究发现，连续腹腔注射金耳菌丝体多糖和子实体多糖（日剂量均为 500 mg/kg）7 d，能明显抑制无水乙醇所致的大鼠胃溃疡，菌丝体多糖的抑制率较子实体多糖高。

第二节 金耳的起源与分布

早在 1815—1822 年，世界著名的菌物学家爱丽斯·佛雷斯（Eles Fries）首先研究了金耳的特异性，发现金耳与很多单一体菌类都不相同，强调指出：由于金耳子实体是由外层的金耳与内层的革菌（*Stereum*）联合组成的异质复合体，因此金耳的引种驯化十分困难。1963—1965 年，日本著名的菌物学家小林义雄等，对金耳的驯化培养进行研究，未能获得金耳子实体。1976—1983 年，国内外的一些真菌学家，沿用爱丽斯·佛雷斯（Eles Fries）的论点，强调金耳的制种必须在子实体内外交界的有限部位，挑取小块组织，才能获得金耳和粗毛硬革菌混合菌丝的出耳菌种，虽然分离获得了金耳的母种和原种，但因为成功率和出耳率低而且不稳定，至 20 世纪 80 年代末，很少见到中、小批量栽培金耳成功的报道。

1982—1996 年，刘正南、郑淑芳等在认真总结前人工作的基础上，多途径多方法探索，在金耳的引种驯化工作上取得了重大进展。于 1983 年年初首次驯化栽培金耳成功，段木人工栽培金耳于 1984 年 8 月首次通过云南省成果鉴定，鉴定结果认为该成果技术工艺成熟，人工栽培金耳出耳率达到 98.6%，可以向省内外大面积推广。自 1985 年起，段木人工栽培金耳技术，在云南省内大面积推广。至 1990 年 10 月，完成了金耳段木和代料人工栽培技术研究以及大面积推广，使野生稀有的珍贵金耳资源成为能够规模化、商业化生产的新产品，取得了显著的经济效益和社会效益。

1989—1996 年，金耳的大面积生产因为受到产销以及资源利用脱节的严重影响，未能广泛深入的发展。但在有些地区由于解决了产销以及资源利用的问题，栽培生产得到长足发展。存在的主要问题是，当时片面推广段木栽培，大面积砍伐森林资源，山林受到严重破坏，有的甚至造成水土流失。而将段木和代料栽培金耳合理搭配，有计划地进行规模化生产，可以使生态平衡得到保护。存在的另一个问题是，一些菌种生产单位和个人，单纯追求经济利益，不注重菌种质量，造成菌种出耳率低、不稳定，甚至大面积不出耳。

金耳的段木栽培，造成适生栎木大面积砍伐，使森林资源遭受到严重破坏，制约了金耳的规模化生产及可持续发展的产业化进程。现在，以棉籽壳和适生阔叶树木屑作为代料栽培金耳的研究已取得明显进展。应该说目前的金耳人工栽培已经完全成功，可以普及推广。田果廷等（2012）研究了不同制种方式的菌种在代料栽培中的优化组合，结果表明，使用二步法制作的金耳菌种栽培时，菌种萌发快、吃料快，污染率低，转色快，生长周期短，可以较大程度避免金耳栽培中常出现的生长大量的毛韧革菌子实体的情况。另外其他很多农林药业副产品材料可以用于金耳代料栽培。研究中发现某些中药渣是金耳栽培的良好基质，用中药渣代替段木、杂木树木屑和棉籽壳进行金耳规模化栽培能获得很好的栽培效果和收益，同时还可以兼顾到生态环境保护和生产持续发展。

目前金耳的栽培主要集中在云南、浙江、山西等地，其中云南省金耳已成为人工食用菌领域的代表产品，栽培一般以段木为主，代料栽培刚刚起步，培养基质较少，规模化栽培鲜有报道。突出的问题是金耳品种很少、制种和栽培技术不规范、生产不稳定、产品档次较低。

由于金耳子实体是由金耳和粗毛硬革菌（毛韧革菌）组成的异质复合体，其优良菌种必须是由粗毛硬革菌菌丝体和金耳菌丝体按一定比例组成的混合型菌种（金耳有效优良菌种）。金耳有效优良菌种的获得，技术性很强。在实际的生产当中，由于金耳菌种质量不好，成为伪劣的无效菌种而在栽培后不能正常出菇的情况经常发生。田果廷等（2010）研究了金耳菌种的接种方法、金耳母种的培养基配方和金耳原种（栽培种）的配方与金耳出耳的相关性，选出最适宜的接种方法和培养基配方，获得适宜的菌种制备相关参数，使金耳有效优良菌种的制备技术规范化，对促进金耳栽培的产业化发展具有重要意义。

据文献记载，野生金耳属世界性分布，广泛分布于亚洲、欧洲、南美洲、北美洲和大洋洲，但种源稀少。在我国，已知产于四川、云南、西藏以及贵州、湖北、江西、福建、陕西、山西、吉林等省和自治区，分布区由北向南，年降水量、平均相对湿度和平均温度都有上升趋势，阔叶林逐渐占优势。金耳在云南的自然分布主要在横断山脉地区及金沙江、澜沧江流域的中甸、丽江、维西、德钦、永胜、大理、景东等。我国能形成少量金耳商品生产的地区只有云南省靠近金沙江和澜沧江流域的河谷林地，主要在针阔混交林内。西藏自然蕴藏量也较高，但由于交通问题开发利用极少。金耳虽然产地分布广，但自然蕴藏量较少，这主要是受到金耳特殊的生物因素——伴生的韧革菌如粗毛硬革菌（*Stereum hirsutum*）、细绒韧革菌（*S. pubescens*）和扁韧革菌（*S. fasciatum*）等的相互制约所致。另外金耳发生的树种不多，有高山栎或高山刺栎等树种，树种范围比银耳更狭窄。上述因素也直接影响着金耳的人工驯化栽培。

第三节　金耳的分类地位与形态特征

一、分类地位

金耳（*Tremella aurantialba*）属担子菌门（Basidiomycota）银耳纲（Tremellomycetes）银耳目（Tremellales）银耳科（Tremellaceae）银耳属（*Tremella*）。

二、形态特征

金耳生长在枯死的树木上，由生长于树木内的菌丝体和树木表面的子实体两部分组成。金耳子实体新鲜时胶质柔软，干后显著收缩，近胶质或肉质，坚硬；表面橙黄色或呈鲜艳的金黄色，平滑；内部黄白色至白色，多由不规则的瓣团组成，呈脑状或不规则地缩成大肠状；子实体大型，直径 3～12 cm，大的可至 16 cm 以上，厚 2～5 cm，大者厚 8 cm；人工栽培的子实体个体较大，直径 20～25 cm，高可至 11 cm。基部狭窄，浅黄色至白色，从树皮的裂缝中长出；菌肉层的菌丝粗 2～2.5 μm，有锁状联合，有吸器枝；子实体的上下表面都是可孕的，成熟时在其表面特别是脑沟处覆盖上一层白霜状物（即担孢子）；初期在分枝的分生孢子梗上有卵形或球形的分生孢子，乳白色至淡褐色，大小（3～5）μm×（2～3）μm，后期在同一区域产生担子；原担子卵形，后为近球形或球形，大小（14～20）μm×（12～18）μm；后来形成上担子，具有"十"字形隔膜，弯曲，近透明，直径2～3μm，长125μm，与担子着生在一起的是无隔或有隔、厚壁的、数目繁多的膨胀细胞；担孢子卵形至球形，透明，无色至淡黄色，大小（8～15）μm×（8～10）μm。孢子印金黄色。在名称上，金耳易与褐黄色木耳（又称为琥珀木耳）相混淆，有的地方也把褐黄色木耳称为金耳。在色泽上，金耳又易与黄花耳（胶脑菌）相混淆，但二者也有显著的区别。黄花耳是异形组织，由一胶质外层（半透明胶质菌丝）和一肉质中心所组成（粗毛硬革菌的白色或黄色菌丝不规则地缠绕而成）；金耳为同形组织，里里外外的组织全为胶质。

第四节　金耳的生物学特性

一、营养要求

（一）碳源

金耳是一种较为特殊的木腐菌，对碳源的需要量最多，自然发生在壳斗科高山栎或高山刺栎等树种上。碳源是金耳合成碳水化合物和氨基酸的原料。研究证明金耳可利用多种木本和草本植物材料中的单糖、纤维素、木质素、碳水化合物等作为碳营养来源，但金耳不同于香菇、平菇等木腐菌，其分解木质纤维素类的能力极弱，只能利用单糖或较简单糖类作为碳源，菌丝只能分解小分子物质，如葡萄糖、蔗糖、麦芽糖、乳糖等，而对纤维素、木质素、可溶性淀粉的利用则依靠伴生的韧革菌如粗毛硬革菌、细绒韧革菌和扁韧革菌菌丝的分解。因此，金耳子实体需要它的伴生菌才能生长发育。壳斗科的树种、桐、楮、栲都是金耳栽培的良好树种，代料栽培金耳在阔叶树木屑中加入一定量的富含碳水化合物的麦麸和玉米粉等，可获得较高的产量。

（二）氮源

金耳吸收氮源的量比碳源少。氮源是金耳合成蛋白质和核酸必不可少的原料。金耳可利用多种氮源，但一般只能吸收有机状态的氮源，如蛋白胨、酵母膏等。自然生长和段木栽培的金耳吸收的氮源，主要在树木的形成层和树皮中，树木的心材部分含氮量极少。在金耳的生长发育过程中，适当的碳氮比对菌丝的生长和子实体的发育尤为重要，过高的氮源浓度会使菌丝营养生长过盛，而影响子实体的生长。代料栽培金耳时主要采用麦麸、米糠、玉米粉、大豆粉等作为氮源。

（三）无机盐

金耳的生长发育需要一定的无机盐类物质，无机盐是金耳生命活动不可缺少的营养物质。无机盐的主要功能是构成金耳子实体的成分，参与细胞结构物质的组成，作为辅酶或酶的组成成分或者是维持酶的活性，有的是酶的激活剂；无机盐还具有调节渗透压、氢离子浓度、氧化还原电位等作用。金耳需要量较大的是钙、磷、镁、钾、硫等，在生产中常添加磷酸二氢钾、磷酸氢二钾、硫酸镁、硫酸钙等作为主要无机盐养分，以促进菌丝生长。

(四) 维生素

金耳的生长发育需要维生素参与，如硫胺素（维生素 B_1）、核黄素（维生素 B_2）、叶酸、生物素等。金耳对维生素的需要量很低，但不可缺少，否则会影响金耳正常的生长发育。维生素的作用如硫胺素（维生素 B_1）主要以辅酶的形式促使金耳菌丝体中储存的养分顺利地转移到子实体中，促进金耳子实体的生长。麦麸、米糠、马铃薯、麦芽和酵母中都含有丰富的维生素，用这些原材料配制金耳培养料时，不需要另外添加维生素。因此，在制作金耳培养基时，常添加酵母粉、米糠、麸皮、玉米粉等补充维生素。

二、环境要求

(一) 温度

金耳属中温型菌类，对温度的适应范围比较广。金耳菌丝在 2～35 ℃ 均能生长，以 18～30 ℃ 较为适宜，25 ℃ 最适。当温度低于 8 ℃ 时，菌丝活动受抑制，生长缓慢，菌丝体细弱，呈灰白色；随着温度的升高，菌丝体生长发育良好。当温度超过 27 ℃ 时，虽然菌丝生长迅速，但比较细弱，高于 32 ℃ 时菌丝生长致密，大量分泌出黄水珠，长势缓慢，40 ℃ 时出现菌丝死亡。金耳子实体需要在比菌丝生长稍低的温度下生长，子实体在 5～30 ℃ 均能生长，5～18 ℃ 时生长速度较慢，18～25 ℃ 为最适生长温度，高于 32 ℃ 时则停止生长。温度变化对子实体的发育有刺激作用，可以使子实体原基分化比较快。

(二) 湿度

水分和湿度是金耳生长发育的重要因素。金耳对水分的需求具有阶段性。一般来说，菌丝生长阶段需要的水分不多，子实体生长阶段需要较高的基质含水量和环境相对湿度。

金耳菌丝发育阶段培养料的含水量一般为 60%～65%。基质的料水比为 1∶1～1∶1.5，以 1∶1.2～1∶1.3 最适。含水量过低，菌丝生长稀疏，菌丝发满后不易分化形成子实体。而培养基含水量超过 85%，会引起透气不良、菌丝缺氧，生长发育受抑制，甚至完全不"吃料"。金耳段木栽培的适宜含水量以 50% 左右为宜，代料栽培的基质含水量以 55%～65% 为宜。

金耳子实体形成期，不仅需要培养料有足够的水分，栽培环境也需要有足够的相对湿度。空气相对湿度与子实体的生长发育有着非常密切的关系。子实体生长发育时期，应该尽量保持空气相对湿度在 85% 以上，以空气相对湿度 85%～90% 最佳。低于 70% 子实体停止生长并萎缩，湿度过高则易造成烂耳。金耳子实体的抗旱能力较强，栽培时给予干干湿湿的湿差，可使子实体生长健壮，出耳率高。

（三）空气

金耳是一种好气性腐生真菌，整个生长过程需不断吸收氧气。金耳制种阶段（包括菌丝体的生长发育和白耳型子实体的形成和生长）对小环境的缺氧有较高的耐受力，在缺氧的环境中菌丝生长较慢，菌苔生长较致密，但是缺氧条件下菌种的培养性状与有氧条件并无明显差别，只是在氧气充足条件下菌丝体生长速度较快。但金耳子实体分化和发育阶段，需要充足的氧气才能保证金耳子实体正常生长发育，如果此时缺氧，子实体较难形成或形状不正，自始至终呈白色耳状，不开瓣不转色，形成畸形耳或者烂耳。通风不良还造成子实体色泽暗淡，充足的氧气才能使金耳形成自然的橙黄色和橙红色。

（四）光照

金耳菌丝生长阶段不需要光照，在黑暗条件下不仅有利于菌丝生长，耳块也能正常生长发育，因此在培养菌丝阶段要求避光，忌强光直射。子实体形成必须有光的刺激和诱导，子实体生长期也需要光照，光线不仅对子实体的生长发育有很大影响，还对子实体的颜色深浅影响很大，如果光照度弱，子实体色泽浅。子实体生长初期以 80～120 lx 的散射光较好，中后期要求 200～1 200 lx 的散射光有利于子实体转为金黄色，过阴湿或光照度过大对长耳都不利。直射强光不仅不能促进子实体生长发育，反而会杀死菌丝体和孢子，对金耳生长造成危害。人工栽培金耳过程中，在子实体生长发育阶段，无论是野外栽培还是室内栽培，既要让栽培的金耳接受充足的光照，促进子实体的发育和转色，又不能让耳木或栽培袋直接置于强烈阳光下照射。室外栽培要搭遮阳棚，让棚内有一定的光照，室内栽培要选择有窗户的房间，使室内明亮，保证子实体的良好生长。

（五）pH

金耳菌丝一般在中性偏酸环境中生长最好，pH 4～8 金耳菌丝均能生长，最适 pH 5～6.5。在实际栽培生产中，经过拌料或者高温灭菌，酸碱度会有所下降，因此在拌料时应适当提高至 pH 6～7。磷酸二氢钾和磷酸氢二钾均可作为配料时的缓冲剂，以调节基质的酸碱度。

（六）生物因子

野生金耳的腐木上常伴有粗毛硬革菌。金耳的自然生长和发生都离不开粗毛硬革菌，粗毛硬革菌也是一种木腐菌，其分解木质纤维素等的能力极强，能够供给金耳生长发育过程中所需的营养。粗毛硬革菌不但一直伴随着金耳菌丝的生长，而且与金耳的菌丝共同组织化发育为金耳子实体。没有粗毛硬革菌，金耳就不能正常生长和发育。因此，通过子实体组织分离得到的菌种也不是金耳一种菌丝，而是金耳和粗毛硬革菌两种菌丝体的混合体。当粗毛硬革菌或者其他木腐菌的子实体或菌丝体占绝对优势时，这些伴生菌类对金耳的生长发育是有害的，基物上生长的金耳子实体很小，甚至完全不能生长金耳；相反，当粗毛硬革菌或者其他木腐菌的子实体或菌丝体很少很小，在基物内占劣势时，伴生菌对金耳的生长发育是有益的，它能将金耳难于利用的大分子物质分解转换为金耳能够吸收利用的营养物质。只有当金耳子实体产生的担孢子或者酵母状分生孢子与粗毛硬革菌混合在一起时，才能长出金耳子实体。

三、生活史

金耳的生活史分为有性世代和无性世代（图 26-1）。

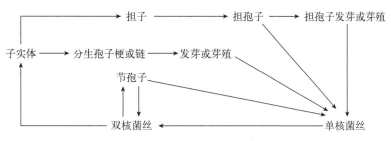

图 26-1　金耳的生活史

金耳的生活史是比较复杂的，不但包括担孢子、分生孢子和粉孢子纯菌系的一个有性世代大循环和几个无性世代的小循环，而且由于密切相关、混杂共生的粗毛硬革菌的直接参与和影响，金耳的生活史变得比银耳更加复杂和难于完全人为控制。从金耳和银耳的共同特点来看，金耳也是典型的四极性菌类。金耳是双因子控制的异宗结合的食用菌。它的性亲和性是由位于不同染色体上独立分离的两对因子 Aa、Bb 所控制，在同一个金耳的担子上，能产生 4 种不同类型的担孢子，即 AB、Ab、aB、ab。

金耳各类型不同性别的担孢子成熟后，在适宜的环境条件下开始萌发，产生发芽管，发芽管继续伸长，形成初生的一次菌丝，初期是多核的，很快产生隔膜形成单核菌丝，两条在性别上不同而有亲和性的初生菌丝相遇相互结合后，发生质配，单核菌丝变成有锁状联合的双核菌丝，称次生菌丝。双核菌丝比单核菌丝更具生命活力，在比较长的时间内，都以这种次生菌丝的形态继续生长发育。当次生菌丝达到生理成熟时，开始进入生殖生长阶段，胶质化的双核菌丝体开始分化形成金耳原基。原基再发育，就形成幼耳。幼耳在适宜的环境条件下能较快地生长，形成成熟的金耳子实体。这种能形成子实体的双核菌丝称为生殖菌丝，也称为三次（三生）菌丝。

在正常条件下，生长发育的金耳子实体接近成熟时，在生殖菌丝的顶端开始膨大，形成幼小担子。幼担子继续发育，每个担子形成 4 个室，每个室为一个细胞，各含有一个单倍体的细胞核，每个细胞的顶端隆起伸长成趾状的上担子，上担子的末端变细，形成细而短的担子小梗。这时每个单倍体的细胞核各进入一个担子梗，再进入顶生的担孢子中。4 个具有单核的担孢子达到成熟时，在适宜的温度、湿度以及伴生菌等条件下，发芽或者芽殖，以发芽管侵入基物内而定植，再继续生长发育和繁殖，就这样周而复始地延续金耳子实体的后代，完成金耳的有性世代大循环。

需要强调的是，金耳从担孢子到子实体再到担孢子的大循环过程，由于担孢子发芽形成的单一菌丝体对基物中营养物质的分解能力很弱，自身几乎完全没有独立生长发育的能力，单一性的金耳菌丝体在基质内的生长是十分细弱而缓慢的，必须借助有亲和性的伴生菌（粗毛硬革菌）菌丝体的友好帮助，才能正常地生长发育起来，顺利完成金耳的生活史。

　　金耳的生长发育过程，在伴随着有性生殖方式大循环的同时，也会出现几种形式的小循环过程。在某些特殊情况下，由于菌丝的断裂，或者由于生殖菌丝体的分化，形成双核化的节孢子（粉孢子）和孢子链，以及担孢子在特殊条件下，以芽殖方式产生大量芽孢（分生孢子或酵母状分生孢子），芽孢再芽殖，继续产生大量的芽孢。或者有时出现位于子实层部位的生殖菌丝，在特定条件下，分化形成具有分枝或不分枝的分生孢子梗或分生孢子链，在适宜的生理、生态和生物因素（耳友伴生菌）的直接影响和配合下，也能以无性繁殖的方式，各自完成自己的小循环。但这种情况一般比较少见。

第五节　金耳种质资源

　　金耳源于野生，属于世界性分布。我国金耳的主要分布地为云南。主产于丽江玉龙的巨甸、鲁甸、金庄、塔城，永胜的仁和、城关、东山、六德、松坪、团街、东风、大安；迪庆维西的巴迪、塔城、白济汛；大理巍山的五印、马安山，云龙的表村、旧州，剑川的羊岭、弥沙、沙溪、甸南、东塔等林区，也产于云南贡山、昭通昭阳、彝良、巧家一带。西藏自然蕴藏量也较高，主要分布在墨脱、波密、通麦、米林、察隅等地区，但由于交通问题，开发利用极少。多年来，由于森林遭受砍伐、毁林开荒和山林火灾时有发生，野生金耳日趋减少。金耳的主要适生树种黄毛青冈、麻栎、柞栎、黄刺栎等被大量砍伐，使金耳资源的自然生长量明显下降，野生金耳的资源量越来越少。

　　商业部昆明食用菌研究所的刘正南、郑淑芳等于 1982—1996 年完成了金耳野生资源考察和引种驯化，在认真总结前人工作的基础上，首次人工栽培金耳获得成功，在此基础上，确定了金耳有效优良菌种的制作、鉴定、分级标准，使规模生产的菌种的有效率达到96.8%～100%。

　　山西省生物研究所的科技人员 1982 年在山西中条山海拔 1 600～3 300 m 的阔叶林带发现并分离到野生金耳，经中国科学院微生物研究所卯晓岚与山西大学刘波分别按系统分类鉴定确认其为金耳，又名金黄银耳。该菌于 1987 年成功实现了人工驯化、菌种制作和深层发酵中试，20 世纪 90 年代完成了人工代料或段木栽培技术研究，并实现批量栽培生产，该菌株取名金耳 8254。金耳 8254 人工栽培的子实体色泽金黄，形似脑状，胶质细腻，食味鲜美独特。

第六节　金耳种质资源研究和创新

　　金耳的颜色和外形与几个近似种极为相似且易混淆，金耳种名一直被误定为 *Tremella mesenterica*，原产中国的金耳主流资源直至 20 世纪 90 年代才得以确认并正式定名为 *Tremella aurantialba*。鉴于同属的近似品种较多，依据单纯形态学方法和化学成分难以鉴别，为防止品种源头混乱，保护种质资源，解析其他近似种的种质差异及可替代性，对金耳基源及其遗传基础进行准确界定，有助于规范资源的生产和保存，也可丰富资源库和数据库的基础信息。刘春卉等（2007）选择国内两个地域较远的金耳品种的 rDNA ITS（核糖体内转录间隔区）碱基全序列作为分子标记进行测定，并结合 GenBank 收载的近似品的 ITS 序列进行分析，为金耳的种质鉴定提供分子依据。通过检索 GenBank 和 EMBL 数据库，发现近似种金黄银耳（*Tremella aurantia*）、脑状银耳（*Tremella encephala*）、橙黄银耳（*Tremella mesenterica*）的 rDNA ITS 序列均已注册，而金耳（*Tremella aurantialba*）的 ITS 序列尚无录载。

国内外对金耳的研究，包括种质资源的研究很少。云南省的金耳驯化与人工栽培处于国内领先地位，但是在金耳人工栽培品种的引种驯化选育方面却没有形成具有影响力的栽培品种，这是云南省包括全国范围内金耳研究中的一大薄弱环节和存在的主要问题。在金耳的栽培生产中，栽培所用菌株往往都是利用自然条件下采集到的样品进行简单分离而获得的母种制成，因此，在菌种质量上也较常出现问题，这是我国金耳种质资源利用研究和创新中亟待解决的问题。

选育金耳的优良品种，研发标准化的菌种制作和优质高产栽培技术，是确保金耳栽培生产可持续发展的关键和根本措施。现在国内外对金耳的研究主要集中在深层发酵及代谢产物的研究上。金耳种质资源及其创新的研究开展不多，相关的研究主要是针对金耳菌种制备理论和技术、栽培基质和优质高产技术，并且在这些方面取得了不少进展和突破。

由于早期建立并论述的耳包革属概念的影响，国内外学者对金耳的应用基础理论意见不一，影响了金耳的驯化和批量栽培。目前已有了明确研究结果，凡属于有效优良的母种、原种和栽培种，普遍是金耳型菌丝体占优势，或者是生长发育前期以金耳型菌丝体占优势。只要革菌型菌丝体不占绝对优势，对金耳出耳和分化及子实体的正常生长是有利的。如果是无效菌种则普遍是革菌型菌丝体占优势，生长前期基料菌丝体浓密旺盛，金耳型菌丝体受抑制甚至完全不能生长发育，基质表面的金耳子实体长期不能长大成形，或形成畸形耳和烂耳。这一成果经实践证明能够较容易地使金耳驯化和大面积栽培成为现实。

金耳的优良菌种，除了在各种琼脂培养基斜面、平板以及代用料的基质表面能形成两种不同形态、不同温型、不同生活力的二型菌丝体外，还能形成有重要实用价值的中、大型异质复合体（白色脑状或团块状的金耳子实体），这样的菌种在当前的金耳菌种生产中是独一无二的有效菌种。

当今在动植物及细菌、病毒等方面的遗传工程育种研究工作开展得比较完善，但在食用菌育种中还处于初始研究阶段，开展金耳遗传工程育种工作的报道更是极少见。对金耳遗传工程育种这方面的研究需要有针对性地开展工作，同时还有待于进一步加强和提高。

（田果廷）

参考文献

暴增海，马桂珍，张昌兆，1996. 我国金耳资源及其开发利用研究 [J]. 自然资源（4）：34 - 37.

陈虞辉，刘瑞璧，1995. 金耳多因子栽培试验 [J]. 食用菌（6）：31 - 32.

陈芝兰，何建清，张涪平，2005. 金耳分离驯化试验简报 [J]. 食用菌（6）：14 - 15.

丁湖广, 2006. 金耳特性及高产优质栽培技术 [J]. 北京农业 (10): 20-21.

高观世, 侯波, 吴素蕊, 2007. 金耳多糖化学与生物活性研究进展及对研究的思考 [J]. 中国食用菌, 26 (4): 8-10.

桂明英, 浦春翔, 杨红, 2000. 金耳人工段木栽培中的关键技术 [J]. 中国食用菌, 19 (5): 25-27.

黄年来, 林志彬, 陈国良, 2010. 中国食药用菌学 (中篇) [M]. 上海: 上海科学技术文献出版社.

黄云坚, 1993. 金耳代料菌棒式栽培中的几个技术问题 [J]. 丽水师范专科学校学报, 15 (5): 51-53.

李绍木, 丁爱云, 1997. 黄金银耳不同基质栽培试验 [J]. 微生物学杂志, 17 (2): 35-36.

刘春卉, 瞿伟菁, 张雯, 等, 2007. 药用真菌金耳的 rDNA ITS 序列分析与鉴别 [J]. 天然产物的研究与开发, 19 (4): 216-220.

刘春卉, 荣福雄, 陆桂莲, 1996. 金耳多糖的研究初报 [J]. 食用菌 (3): 4-5.

刘春卉, 谢红, 刘芰华, 1998. 金耳子实体和发酵菌丝体多糖的分离纯化与结构的比较研究 [J]. 菌物系统, 17 (3): 246-250.

刘春卉, 谢红, 苏槟楠, 等, 2003. 金耳菌丝发酵产物抗血栓的生物活性研究 [J]. 天然产物的研究与开发, 15 (4): 289-292.

刘平, 汪欣, 1999. 金耳人工栽培技术 [M]. 北京: 中国农业出版社.

刘正南, 郑淑芳, 1994. 金耳子实体结构特性的初步订正 [J]. 食用菌 (5): 12-13.

刘正南, 郑淑芳, 1995a. 金耳的生理特性及有效优良菌种的制备原理 [J]. 中国食用菌, 14 (5): 10-11.

刘正南, 郑淑芳, 1995b. 金耳的生理特性及有效优良菌种的制备原理 (续) [J]. 中国食用菌, 14 (6): 9-11.

刘正南, 郑淑芳, 1996. 金耳的经济价值和开发利用状况 [J]. 中国食用菌, 15 (1): 23-24.

刘正南, 郑淑芳, 2002. 金耳人工栽培技术 [M]. 北京: 金盾出版社.

孟丽君, 赵玉明, 刘芰华, 等, 2000. 金耳糖肽胶囊的基础药理学研究 [J]. 食用菌学报, 7 (3): 31-36.

瞿伟菁, 黄福麟, 吴制生, 1997. 无腺体棉籽壳代料栽培金耳的研究 [J]. 上海农业学报, 13 (4): 56-60.

田果廷, 陈卫民, 苏开美, 2012. 金耳代料栽培技术研究 [J]. 食用菌学报, 19 (1): 43-46.

田果廷, 赵丹丹, 赵永昌, 2010. 金耳有效菌种的制备技术研究 [J]. 西南农业学报, 23 (5): 1620-1624.

汪虹, 2005. 金耳药理活性及其多糖结构研究进展 [J]. 食用菌学报, 12 (4): 53-56.

谢红, 刘春卉, 苏槟楠, 2000. 金耳 8254 的营养价值和药理研究 [J]. 中国食用菌, 19 (6): 39-41.

徐锦堂, 1997. 中国药用真菌学 [M]. 北京: 北京医科大学, 中国协和医科大学联合出版社.

张光亚, 1984. 云南食用菌 [M]. 昆明: 云南人民出版社.

张光亚, 1999. 中国常见食用菌图鉴 [M]. 昆明: 云南科技出版社.

张光亚, 2007. 云南作物种质资源: 食用菌篇 [M]. 昆明: 云南科技出版社.

郑淑芳, 刘正南, 1987. 金耳的生物学性状研究 [J]. 食用菌 (2): 25-26.

周丕炉, 吴锡鹏, 1989. 金耳研究初探 [J]. 中国食用菌 (1): 11.

Bandoni R J, Zang M, 1990. On an undescribed *Tremella* from China [J]. Mycologia, 82 (2): 270-273.

Kirk P M, Cannon P F, Minter D W, et al., 2008. Dictionary of the fungi [M]. 10th ed. Wallingford, UK: CABI.

第二十七章

大 侧 耳

第一节 概 述

大侧耳（*Pleurotus giganteus*）是国内近年来新开发的一种珍稀高温型食用菌，其口感风味独特，有猪肚般的滑腻，因此而得商品名"猪肚菇"。菌柄需要去掉表皮后食用且有似竹笋般的清脆，市场上将去皮的菌柄称为"笋菇"。大侧耳的学名问题一直以来存在争议，栽培上曾用的大杯伞、大杯蕈、大漏斗菌、大杯香菇、大斗菇等都是这个物种。邓旺秋等采用形态分类学方法对其学名进行了考证，认为学名应为巨大革耳，后通过 ITS 系统发育学分析订正为 *Pleurotus giganteus*。大侧耳营养丰富，其生长条件粗放，适用原料广泛，且在夏季出菇，对于解决食用菌生产淡季和调节市场供应很有意义，具有广阔的开发应用前景。

第二节 大侧耳的起源与分布

大侧耳在亚洲（最可能是在印度）首先栽培成功。目前在中国、马来西亚、泰国、斯里兰卡等国家有少量栽培。国内目前生产量还不大，主要产地是在福建漳州一带，主要销售市场还仅限国内几个大城市，这种菇保鲜时间长，常温下可储存 3～5 d。

野生大侧耳主要分布在中国的广东、福建、湖南、海南和浙江等省以及东南亚和大洋洲等热带及亚热带地区。国外对大侧耳的研究报道甚少。大侧耳在国内最早是由福建省三明市真菌研究所从野生菌中分离驯化出来的，经过 20 多年驯化栽培研究，目前在其生物学特性、营养价值、液体培养和栽培技术等方面取得一些进展。

第三节 大侧耳的分类地位与形态特征

一、分类地位

大侧耳（*Pleurotus giganteus*）属担子菌门（Basidiomycota）蘑菇纲（Agaricomycetes）蘑菇目（Agaricales）侧耳科（Pleurotaceae）侧耳属（*Pleurotus*）。

二、形态特征

菌盖直径 4～20 cm，稍中凹或漏斗状，偶尔钟状；表面暗褐色或淡黄色但中央暗，干，分裂为不明显的鳞片，上附有灰白或灰黑色菌幕残留物；边缘强烈内卷然后延伸，薄，稍有槽状条纹。菌褶延生，稍交织，在菌柄顶端连接，白色至淡黄色，宽 6～8 mm，稍密至密，具 3 种或 4 种长度的小菌褶；褶缘平滑。菌柄（4～18）cm×（0.8～3）cm，倒圆锥形，近地面处略粗，向下渐尖长至 18 cm，实心；表面与菌盖同色，顶部较苍白，被绒毛。菌幕薄，絮状，苍白色至灰黑色，不形成菌环。菌肉近菌柄处厚 5～15 mm，菌盖边缘近膜质，白色，菌肉海绵质（图 27-1）。

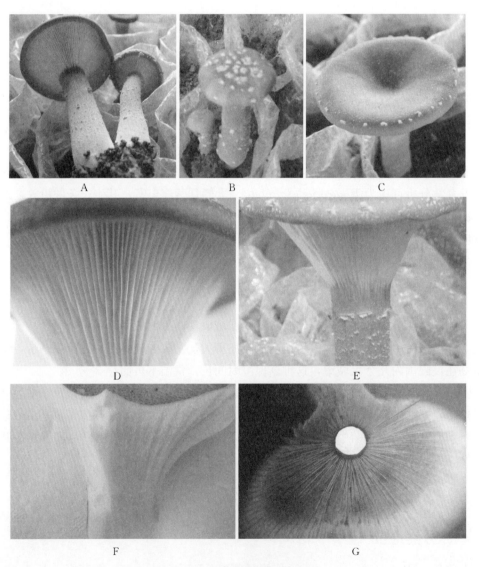

图 27-1　大侧耳子实体外观形态

A. 子实体　B. 幼菌盖　C. 成熟菌盖　D. 菌褶　E. 菌幕残片　F. 菌肉　G. 孢子印

第四节　大侧耳的生物学特性

一、生态习性

野生大侧耳在夏初秋末的炎热季节单生、丛生于林地或腐枝落叶层上，一般误认为是土生菌。经研究发现其属木腐菌，以枯枝腐木等为营养来源。由于自然环境长期作用的结果，形成了与土生菌相似的生态习性。在自然状态下，野生大侧耳的菌丝蔓延于土层深处（木片、枯枝、树桩、树根），条件适宜时菌丝穿过土层在光、水、气的作用下发育形成子实体。大侧耳和已栽培的香菇、平菇等都属木生的白腐菌，人工栽培时，采用木生菌的培养方法培养菌丝体，后期如蘑菇那样覆土栽培。

二、营养要求

野生大侧耳的营养来源于地下枯枝。人工栽培时，在木屑、蔗渣、棉籽壳、稻草等培养基上均能很好生长。大侧耳能利用葡萄糖、蔗糖、淀粉，不能利用乳糖；能利用蛋白胨和铵态氮，不能利用硝态氮。在葡萄糖蛋白胨培养基上菌丝生长迅速，但不浓密，未长满斜面即形成子实体。在蔗糖蛋白胨培养基上菌丝生长稍慢，较浓密，菌丝长满培养基后才形成子实体。在以甘油为碳源的培养基和以尿素为氮源的培养基上菌丝短密，生长极慢，表现异常。

三、环境要求

（一）温度

大侧耳菌丝生长温度 15～35 ℃，适温 26～28 ℃。子实体发育温度 23～32 ℃。担孢子萌发温度 25 ℃以上。菌丝的生长速度以 28 ℃最快，高于此温度，菌丝生长速度急速下降，35 ℃基本停止生长，41 ℃时死亡。由此可见，大侧耳菌丝生长阶段偏向中温型，而子实体发育阶段却属高温型。这与多数食用菌对环境温度的要求是由高到低有所不同。

（二）湿度

大侧耳的担孢子在 25 ℃时可以在无任何营养的水中萌发成初级菌丝，但在干燥条件下很容易失活。大侧耳菌丝体生长适宜的基质含水量为 60%～65%。子实体发育阶段对于空气湿度的要求比一般食用菌低。原基形成期由于有覆土层保护，对空气湿度要求较不严格。原基分化时，空气相对湿度低于 75%，原基顶端龟裂。原基分化发育后，呼吸作用和蒸腾作用增强，对水分的需求也逐步增加，此时应适当提高覆土层的含水量，并保持空气相对湿度 80%～95%。

（三）光照

大侧耳的菌丝生长无须光照，但子实体生长阶段与光的关系密切。表现在：①在完全黑暗的条件下子实体原基不能形成，也没有短密的粉状菌丝或产孢菌丝团出现。②原基分化比原基形成需要更大的光量。在微弱的光线下原基长成细长棒状，不长菌盖，只有增加到一定光量时，原基上部才会分化发育长出菌盖。③子实体的发育在一定限度内与光量呈正相关关系。适当增加光量可促进原基分化，有利于提高子实体的质量。但直射光和过强的光照会抑制子实体形成，有降低产量的趋势。同时，由于水分蒸发过快，易造成菌盖龟裂和畸形。

（四）空气

大侧耳在子实体发生阶段对于空气的要求与一般木生菌不同。据观察，培养好的栽培袋若不打开袋口，原基可以大量发生，一旦打开袋口，即使空气相对湿度保持在85%以上也不容易形成原基。可见一定量的二氧化碳积累对于原基的形成是有益的。因此，人工栽培时在培养料上覆盖一层土或沙等覆盖物是十分关键的措施。大侧耳原基的分化和发育需要充足的氧气，所有栽培袋内的原基都必须露出袋口才能分化，长出菌盖。在栽培实践中应保持上面空气新鲜以促使原基分化和菌盖发育。

（五）pH

大侧耳生长发育要求偏酸性环境。据试验，pH<3.2，菌丝不生长；pH 5.1~6.4，菌丝生长迅速、洁白，并很快形成子实体。因此，大侧耳菌丝生长的pH下限值是3.2左右，适宜pH 5.1~6.4。

四、生活史

曾金凤等（1996）采用担孢子单孢分离、单孢杂交和子实体栽培等技术在人工培养基上完成了大侧耳的整个生活周期，并阐述了大杯伞生活史中的三个有性大循环和一个无性小循环，由于其所得单核体数量少，所以未进行极性试验，但通过不同性别的单核体交配知其属异宗结合型。

大侧耳的生活史分为有性世代和无性世代。

有性世代产生担孢子，每个担子产生4个担孢子，担孢子萌发产生芽管，芽管不断分枝，伸长形成一根根单核菌丝。性别不同的单核菌丝之间进行结合，发生质配，每一个细胞中形成有两个细胞核的双核菌丝，双核菌丝比单核菌丝更具生命活力，经一段时间营养生长后达生理成熟，产生原基，并发育成子实体。子实体成熟后，在菌褶上产生担子，担子上又产生4个担孢子，周而复始。

据报道，大侧耳的单核菌丝也可形成子实体，但子实体小，出菇晚，产量少，无商业价值。Simchen（1964）研究了单、双核菌丝生产率关系后认为，基因作用方式在单、双核菌丝中有所不同，单核菌丝较双核菌丝少了一套基因，使两者在生理活性和形态特征等方面产生一定差异，双核菌丝更具稳定性。

无性世代产生单核或双核的粉孢子，在适宜的条件下可以萌发为单核菌丝或双核菌丝，最后形成子实体，进入有性世代。

大侧耳的生活史见图 27-2。

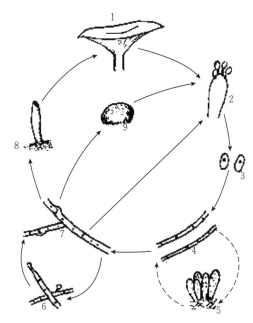

图 27-2　大侧耳生活史

1. 子实体　2. 担子　3. 担孢子　4. 单核菌丝　5. 棒形有刺细胞
6. 分生孢子（或厚垣孢子）　7. 双核菌丝　8. 柄原基　9. 产孢菌丝团

注：虚线部分尚待证实。

（曾金凤，1996）

第五节　大侧耳种质资源研究和创新

彭智华等（2000）对野生大侧耳原生质体的分离再生及再生菌株的构建进行研究，表明原生质体再生成活率仅 5% 左右，所得 9 个原生质体再生克隆菌株中多数菌株生长慢于对照，只有 P04 菌株的子实体，其单菇重、菌盖重、菌盖直径、菌盖厚及盖柄比等指标均优于对照。原生质体再生无性系的建立可以作为提高变异的手段，因此该研究为今后在种质资源改良和新品种选育上提供了依据。江枝和等（2009）采用主成分分析法对 ^{60}Co γ射线辐射大侧耳的诱变效应进行了分析。表明试验的第一主成分农艺性状与酶学效应因子较全面反映了辐射育种目标，为期望诱变效应，是大杯伞诱变育种的主要参考性状组合。1.25 kGy 处理第一主成分最大，是较适宜的大侧耳辐射剂量，为生产上改良大侧耳种质提供了科学依据。但大侧耳 ^{60}Co γ射线辐射诱变工作还处于开始阶段，要获得高产、品质好、适应性广的新品种，还有很多研究工作有待进一步深入开展。

大侧耳是双因子控制的异宗结合的食用菌。

为确定大侧耳种质资源间的亲缘关系，江玉姬等应用 ISSR 分子标记技术，对来源于不同地区的野生或栽培的 9 个大侧耳菌株进行遗传多样性分析。从 20 个引物筛选获得 4 个 ISSR 多态性引物对大侧耳菌株进行扩增，获得 23 条多态性条带，多态性百分比为

85.19％。对扩增结果进行聚类分析，当遗传距离为20％时，9个菌株聚为两类：Ⅰ类包括 C.m0002 菌株，Ⅱ类包括其他的8个菌株。其中 C.m0002 菌株与其他8个菌株的遗传距离很远。经栽培出菇试验，结果表明，C.m0002 菌株的子实体似多脂鳞伞（黄伞），是同名异种；其他8个菌株，5号（C.m0005）、6号（C.m0006）、7号（C.m0007）、9号（C.m0009）的遗传距离为零，结合子实体的形态特征可认定它们为同种内的菌株。C.m0003、C.m0004、C.m0005、C.m0006、C.m0007、C.m0008、C.m0009 七个栽培菌株分别来自武汉、咸宁嘉鱼、福州、三明4个不同的地方，其中 C.m0008 与其他6个菌株有一定的遗传距离，说明有一定的遗传多态性，但不丰富（图27-3）。

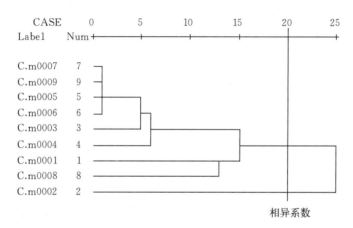

图27-3　9个大侧耳菌株的 ISSR 聚类分析

（引自江玉姬）

第六节　大侧耳的栽培技术研究

大侧耳是为数不多的发生于炎热夏季的高温型食用菌，其栽培原料来源广，管理也比较粗放，一般采用袋内覆土出菇，生物学效率达80％～100％。近年来关于大侧耳栽培技术有一系列的文献报道，在此将文献总结一下对其栽培技术要点做一综合介绍。

一、菌种制作

1. 母种　一般用 PDA 作为母种培养基。牛长满等（2007）对母种培养基的营养配方做了研究，表明蔗糖是最佳的碳源，尿素是最佳的氮源，$ZnSO_4$ 是最佳的无机盐，复合维生素 B 是最佳的维生素，2,4-D 是最佳的植物生长调节剂。于清伟等通过正交试验确定大侧耳菌丝生长的最佳培养基配方：果糖2％、蛋白胨1％、KH_2PO_4 0.1％、$MgSO_4$ 0.05％。

2. 原种和栽培种　大侧耳栽培原料来源广，棉籽壳、杂木屑、玉米芯、麦麸、稻草等都可以用于栽培，栽培者可以因地取材制作合适的配方，其具体配方不作介绍。

二、栽培管理

1. 栽培季节　长江流域以南地区一般可安排在3月上旬至4月下旬接种，5月下旬至

9月下旬出菇，其他地方可根据当地自然气候条件适当提前或推迟。

2. 栽培袋制作 各地可选用适宜的培养料配方制作栽培袋，接种后的菌袋置于温度25～28 ℃，空气相对湿度70％～75％的培养室培养。正常情况下，40～50 d菌丝可长满菌袋。

3. 栽培场地 采用室外阳畦出菇或可在室内进行出菇，室内应搭出菇床架。

4. 出菇管理 菌丝长满栽培袋10 d后，便可开袋在培养料面覆土，厚度为3～4 cm。将覆土后的菌袋上部往下折，使袋口边缘高出土面2～3 cm，并将处理好的菌袋均匀竖直排列在室外畦面或室内出菇床架上。注意保持覆土湿润，刺激原基早日分化。一般覆土后7～10 d原基可露出土面，原基出土后，应注意将场地空气相对湿度控制在80％～95％，整个出菇阶段温度应控制在23～32 ℃。

5. 采收包装 子实体达八九分成熟、呈漏斗状、边缘内卷、孢子尚未弹射时应及时采收。采收时只要用剪刀在土面洁净的菇柄处将菇体剪下即可，采收时可采大留小。上市销售的子实体仅留1 cm的菌柄，采收后先将子实体多余的菌柄剪去，按菌盖大小分级包装。

三、其他栽培研究

福建省农业科学院的科研人员采用国际上通用的非生物学评价方法，研究了在培养料中添加外源锗、锌、硒对大侧耳子实体蛋白质营养价值的影响，为大侧耳栽培技术的改善和完善提供了科学依据。结果表明在分别以锗40 mg/kg、锌30 mg/kg和亚硒酸钠30 mg/kg处理的培养料进行试验时，栽培的大侧耳试验子实体的蛋白质营养价值分别最高。另外他们还研究了添加外源硒对大侧耳子实体保护酶系及膜脂过氧化的影响，表明在相同培养料条件下硒30 mg/kg处理大侧耳子实体内可溶性蛋白含量平均比对照提高了4.75％；SOD、POD、CAT和PPO活性也分别比对照显著提高，表明硒浓度为30 mg/kg处理的培养料栽培大侧耳子实体能提高风味品质。同时研究了添加外源锌对子实体保护酶活性的影响，表明高浓度锌能使大侧耳子实体中的MDA含量上升，SOD、POD、CAT活性均下降，对保护酶系统有破坏作用，促进自由基的积累，从而导致膜脂过氧化作用的加剧；适宜浓度的锌能提高保护酶的活性，从而抑制大侧耳子实体中细胞膜脂过氧化水平，减轻膜伤害，为进一步开发富锌子实体产品提供了理论依据。

雷锦桂等（2008）采用国际上通用的营养价值评价方法，选择不同碳氮比羽叶决明复合牧草栽培料来栽培大侧耳，全面评价了不同碳氮比羽叶决明代木栽培料栽培的大侧耳子实体的蛋白质营养价值。表明不同栽培料碳氮比对大侧耳生长具有一定的影响。实际生产中，栽培大侧耳的羽叶决明代木栽培料的碳氮比应控制在35：1～40：1为宜。碳氮比不仅影响大侧耳子实体的品质，还影响其对栽培料中各种营养成分的分解和吸收。

（李长田）

参考文献

邓旺秋，李泰辉，陈枝南，等，2006. 栽培食用菌猪肚菇的学名考证［J］. 食用菌学报，13（3）：71-74.

董洪新，蔡德华，李玉，2010. 猪肚菇的研究现状及展望［J］. 中国食用菌，29（3）：3-6.

江枝和，翁伯琦，雷锦桂，等，2009. ^{60}Co γ 射线辐射大杯香菇诱变效应的主成分分析［J］. 激光生物学报，18（3）：309-314.

雷锦桂，江枝和，唐翔虬，等，2008. 培养料碳氮比与猪肚菇蛋白质营养水平的关系［J］. 食用菌学报，15（4）：73-76.

牛长满，杨晓菊，崔颂英，等，2007. 大杯伞母种培养基营养配方的研究［J］. 食用菌（3）：25-26.

彭志华，曾广文，寿诚学，2000. 大杯蕈菌原生质体菌株筛选的研究［J］. 园艺学报，27（3）：193-197.

王波，2006. 几种食用菌品种名称订正［J］. 中国食用菌，25（5）：27-29.

于清伟，许庆国，薛会丽，等，2009. 大杯蕈培养基配方的筛选试验［J］. 中国食用菌，28（6）：65-67.

曾金凤，1996. 大杯伞生物学特性研究［J］. 食用菌学报，3（1）：13-20.

第二十八章

蛹 虫 草

第一节　概　　述

蛹虫草（*Cordyceps militaris*）又名北冬虫夏草、北虫草、蛹草等，为虫草属的模式种。

蛹虫草是一种名贵的能同时平衡、调节阴阳的中药和高级滋补品。性味甘平，入肺、肾二经，既能补肺阴，又能补肾阳，主治肾虚、阳痿遗精、久咳虚喘、劳嗽咳血、腰膝酸痛、病后虚弱、自汗盗汗等。现代药理学研究表明，虫草多糖具有抗肿瘤、降糖、抗肝纤维化及提高免疫力的功能，虫草素具有抗菌、消炎、抗氧化、调节人体内分泌和增强人体免疫功能等作用。

第二节　蛹虫草的起源和分布

关于蛹虫草在我国分布的最早记载始于徐家忠（1959），当时暂用"北冬虫夏草"之名。梁宗琦等（贵州农学院植保系微生物学教研组，1977）将其称为"蛹草"。而"蛹虫草"之名是谷恒生和梁漫逸（1987）最先使用的。关于其药性，尚不能从古代医学典籍中发现准确的文字记载，因此最早的文献应为当代的《新华本草纲要》（中国医学科学院药物研究所，1988），使用的是"北虫草"之名。由此可见，"蛹虫草"名称的使用是演变的，目前以此名使用最多。

相比之下，以欧洲的记载为早。1723 年，Vaillant 在其 *Botanicon Parisiense*（《巴黎植物学》）一书中提到了蛹虫草和大团囊虫草，但均认作是珊瑚菌；1753 年，林奈正式将其作为珊瑚菌命名为 *Clavaria militaris*；后来 Gmelin（1792）又将其组合进球壳孢属：*Sphaeria militaris*；1818 年 Fries 以其为模式种建立了虫草属。

蛹虫草是一种世界性广布种，不但在我国及东亚各国，而且在欧洲、北美洲、南美洲和大洋洲的森林中都有记载，分布从温带到亚热带，海拔高度可达 2 500 m 以上。在我国，从吉林、陕西到云南、广东以及东南沿海各省份的落叶或常绿阔叶林都有分布。在森林中一般散生，但有时也能见到大面积发生的现象。

第三节 蛹虫草的分类地位与形态特征

一、分类地位

根据 Hibbett 等（2007）的最新真菌分类系统和 Sung 等（2007）最新的虫草和麦角菌分类系统，蛹虫草（*Cordyceps militaris*）属子囊菌门（Ascomycota）盘菌亚门（Pezizomycotina）粪壳菌纲（Sordariomycetes）肉座菌目（Hypocreales）麦角菌科（Clavicipitaceae）虫草属（*Cordyceps*）。

其无性型同时具有头状和链状的产孢结构，故蛹虫草先后被不合格或合格地命名为 *Cephalosporium militaris*，*Verticillium militaris* 和 *Paecilomyces militaris*，但均未获得学术界支持，主流的意见还是主张不对无性型另行命名；在“一菌一名”的最新法规下，更没必要提及无性型的学名。

寄主：主要为鳞翅目蛹和幼虫，偶见于鞘翅目、膜翅目和双翅目昆虫（Threstha et al.，2005）。

二、形态特征

蛹体（菌核）外表紫红色至紫色，长 1.5～2 cm。子座单生或 2～3（12）个成丛地从寄主鳞翅目蛹前段或近中部长出，橘黄色或橘红色，棒状，极少分枝，扁状或圆柱状，往往具有纵沟，高 38.9～54.2 mm；其端部略膨大成棒状的可孕部分，宽 2.4～9.9 mm（图 28-1）。具有由上部产囊组织形成的中轴，产囊组织由纵的平行或略交织的无色菌丝组成。子囊壳卵形，垂直半埋生，大小（690～750）μm×（290～460）μm。子囊细圆柱状，大小（405～500）μm×（3.6～4.7）μm。子囊孢子线形，具多隔，弹射后可断裂成柱状次生子囊孢子，大小（2.8～5.4）μm×（1.0～1.3）μm（李春如等，2006）。

在查氏培养基上 25 ℃培养 14 d，菌落直径 45.1～50.0 mm，白色至浅黄色，絮状隆起，高约 2.6 mm；背面金黄色，边缘色泽稍浅。产孢细胞（瓶梗）单生或轮生于营养菌丝或分生孢子梗上，产孢结构表现为两种形态：叠瓦状链的拟青霉型的结构和聚成头状的轮枝

图 28-1 蛹虫草

孢型的结构。瓶梗多数基部柱形或膨大，向上变细呈长管状，大小（7.2～21.0）μm×（0.9～1.4）μm；少数锥形，长 12～21.6 μm。分生孢子两型（图 28-2），在孢子链顶端的孢子柱状，一端稍细，大小（2.3～4.0）μm×（1.1～1.6）μm，其他孢子近球形，直径 1.5～2.0 μm，或拟卵形，大小（1.1～4.0）μm×（1.1～2.2）μm（李春如等，2006）。

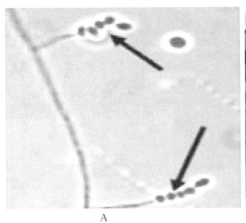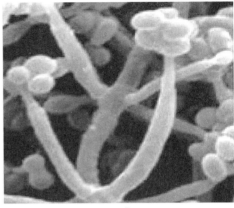

图 28-2　蛹虫草的分生孢子
A. 分生孢子链　B. 分生孢子头

第四节　蛹虫草的生物学特性

一、营养要求

蛹虫草是兼性腐生菌。野生蛹虫草以舟蛾科、天蛾科、大蚕蛾科、蚕蛾科、尺蛾科、枯叶蛾科和螟蛾科等鳞翅目昆虫蛹和幼虫为营养。人工栽培时能利用各种人工基质而生长和发育，例如大米、高粱、小米、麦粒、马铃薯等植物性基质以及蚕蛹和柞蚕蛹等动物性基质都可以培育出子座。

（一）碳源

蛹虫草形成子实体对碳水化合物的需求水平较高（高新华等，2000），适合培养的碳源有甘油、葡萄糖、果糖、半乳糖、甘露糖、麦芽糖、蔗糖、纤维二糖及可溶性淀粉等，而阿拉伯糖、木糖、乳糖等相对较差。李春斌等（2004）认为最适碳源为可溶性淀粉，而生产上一般喜欢用葡萄糖或马铃薯汁（可溶性淀粉）作为碳源。在葡萄糖含量 0%～5% 时菌丝生长量随葡萄糖的含量增加而增加，常规采用 2% 的含量。

（二）氮源

有机氮源一般比无机氮源更有利于蛹虫草子实体形成。有机氮源包括丙氨酸、酪蛋白、酵母膏、蛋白胨等，无机氮源包括硝酸钠等硝态氮以及氯化铵、酒石酸铵和柠檬酸三铵等铵态氮。在有机氮源中，虽然蛹虫草能利用植物蛋白，但仍以动物蛋白为佳（刘荻等，2004）。通过试验李春斌等（2004）认为最适氮源为蛋白胨。高新华等（2000）通过试验研究发现相对于碳源，蛹虫草对氮源的需求水平较低，过量的氮源反而对子实体原基的分化不利。

（三）无机盐

无机离子 K^+、Mg^{2+} 和 Ca^{2+} 对蛹虫草子实体的生长有促进作用。

（四）维生素

李用芳（2000）发现维生素 B_1 和柠檬酸以及 ADP、AMP 和 ATP 等核苷酸可促进子实体的生长。吴云鹤等（1996）还发现维生素 B_2 也能促进子实体的生长，但梁宗琦等（2013）认为维生素 B_1 和酵母膏虽然能刺激菌丝旺盛生长，但对子实体形成未见有促进作用。此外，李春斌等（2004）研究表明，培养基中添加少量的奶粉和鸡蛋也有利于子实体的生长。这类相关研究很多。

二、环境要求

（一）温度

菌丝适宜生长温度 5～30 ℃，最适温度 17～25 ℃。子座生长温度 10～25 ℃，最适温度 20～22 ℃。孢子弹射温度 28～32 ℃。菌丝生长阶段可保持恒温，子实体原基分化时需要较大温差刺激。

（二）湿度

菌丝生长阶段培养基含水量要求为 60％～70％，子实体发生和生长阶段要求空气相对湿度达 85％～90％，特别是子实体生长阶段，注意培养基补水或补充营养液，湿度应提高到 90％～95％。在采收第一批子实体后，含水量降到 45％～50％，应在转潮期补足水分。通常用营养液进行补水，可同时补充营养。

（三）pH

菌丝生长的适宜 pH 5.4～6.8，但在配制培养基时通常调至 pH 7.0，因在菌丝生长过程中酸碱度会逐渐降到 pH<6.8。

（四）光照和通气

菌丝生长时不需要光，光照会使培养基颜色加深，易形成气生菌丝，并使菌丝提早形成菌被。因此，接种后 20 d 左右的发菌期内，培养室要进行避光处理。但是原基分化期需要明亮均匀的散射光，光不均匀会使子实体产生扭曲或倒向一边。光照度需 100～200 lx 及以上。白天可利用自然散射光，夜间用日光灯做光源，每天光照时间不少于 10 h，以利于菌丝体转色和刺激原基分化；但是连续光照阻碍分化进程。

此外，Dong（2012）等研究证实，红色光（620～630 nm）照射利于蛹虫草子实体内腺苷的积累，品红色光 [（1/3，450～460 nm）＋（2/3，620～630 nm）] 有助于蛹虫草子实体中类胡萝卜素和虫草素的形成和累积，并能提高子实体的产量。金华燕等（2012）研究证明，蓝光照射对蛹虫草分生孢子的产生有较大影响，可提高产孢量。

菌丝生长和子实体生长发育均需要良好的通气条件，子座发生期应增加通气量。空气中二氧化碳超过 10％，子座就不能正常分化或形成纤细子座。

（五）机械刺激

培养基表面用松针覆盖，对子实体形成有良好的影响，未做覆盖处理的孢梗束及子实体形成皆少，甚至不产生；而重新覆盖松针则可促进子实体再发生。用土壤覆盖，当厚度为 2 cm 时有利于形成子实体。

三、生活史

蛹虫草和虫草属的其他种一样，是一类具有复型生活史的真菌，自然界中能以两种完全独立的方法生活：具有性器官（产子囊壳的子座）的阶段称为有性型，只产生分生孢子的阶段称为无性型。蛹虫草是一种较高等的子囊菌，初生菌丝单核，菌核和子座柄部是由初生菌丝构成。菌丝结合只是在子座头部子囊壳发育过程中靠近子囊壳的基部相邻菌丝之间进行的。高新华（2008）的研究证明，蛹虫草具有典型的二极性异宗结合习性，即只有通过一对不亲和性因子的两个不同交配型的子囊孢子萌发生成的初生菌丝之间进行交配才能完成有性生活史；不同交配型菌株在发生亲和性反应形成双核菌丝后具有良好的可育性，产生子实体并形成丰富的子囊壳。在营养的诱导下，不同交配型的菌丝扭结成子实体的原基，两个不同交配型的菌丝进行体细胞的结合，形成双核化的产囊丝；初生菌丝和双核菌丝混合在一起，形成蛹虫草的子实体。这表明，蛹虫草的有性子囊孢子经培养可以长出无性分生孢子，而接种分生孢子只在特定条件下才能培育出有性型（李春如等，2006）。

利用在有性过程中可能发生基因重组的子囊孢子材料进行单核菌株交配，可以进行蛹虫草菌种的改良，以筛选高产优质菌株或保持菌株优良性状的遗传稳定性。

（一）无性型的传播

蛹虫草是专化性不强的虫生真菌，具有较广的寄主范围，容易通过寄主转移而在自然界中保存下来；而且还具有一定的腐生能力，因此在自然界中生存能力强，可随着空气、雨水和昆虫等的运动被广泛传播。

（二）对鳞翅目昆虫的侵染

蛹虫草能以不同的途径侵染不同发育阶段的寄主昆虫，经体壁、气孔、口器等途径均可侵入昆虫体内。侵染过程大致可以分为 3 个基本阶段：侵入、寄生（昆虫死亡之前的真菌发育）和腐生（寄主死亡之后真菌的生长）。

（三）蛹虫草及其生活史的形成

附着在寄主昆虫体表的蛹虫草的分生孢子发芽侵入昆虫体内后，以其组织为营养，形成较短的菌丝段在体腔内蔓延，与昆虫争夺营养，穿透和破坏昆虫的液体和固体组织，并最终将寄主的组织分解殆尽，产生大量菌丝充满整个虫体。同时还分泌毒素毒害昆虫。昆虫停止取食，并出现麻痹现象，行动迟缓，幼虫蜕皮和变态受阻。在昆虫的成虫阶段，脂肪体被破坏的同时，还明显地抑制性细胞的形成。虫体最终僵硬死亡，菌丝密集形成坚硬的内菌核，但寄主的外骨骼不分解而保存完整；良好的外骨骼以及菌丝产生的抗生素一起帮助虫草抵抗不良环境而不被细菌或食腐昆虫分解。待环境条件适宜时，菌核会分化形成子座芽从虫体开孔或柔软的部分穿出至体表，发育成棒状的子实体。

成熟的蛹虫草子座可孕部分的子囊壳半埋生，其中生有大量子囊，每个子囊中形成8个纤细的子囊孢子。成熟后的子囊孢子从其横隔处断裂成次生子囊孢子。新生的子囊孢子散落在适宜的环境条件下常萌发形成无性的分生孢子，当遇到合适的寄主后，即可侵入其体内，开始新一轮侵染循环（图28-3）。

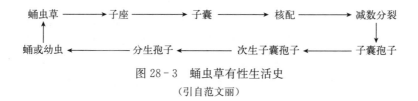

图28-3　蛹虫草有性生活史
（引自范文丽）

第五节　蛹虫草种质资源

一、概况

蛹虫草种质资源是以蛹虫草菌丝、孢梗束和分生孢子等为载体而蕴藏的遗传物质的统称，是改良蛹虫草的基因来源，也是其生物遗传研究的重要物质基础。蛹虫草种质资源的保存和利用，对选育高产、优质、抗逆、抗病的蛹虫草新品种具有重要意义，也直接关系到蛹虫草的可持续开发和利用。

二、优异种质资源

（一）高产虫草素菌株的选育

虫草素是蛹虫草中重要生物活性成分之一，有抗肿瘤、治疗白血病、调节免疫力、抑菌和抗炎等功能，具有很高的药用价值。但由于化学合成难度大，成本高，主要依靠从蛹虫草培养物中分离提取，导致价格昂贵。

从自然界分离得到的野生型蛹虫草菌株一般虫草素产量并不高，需要通过进一步的选育才能获得高产菌株。提高蛹虫草虫草素产量方法很多，概括主要有以下两个方面：一是蛹虫草菌种本身，通过广泛收集菌种资源和筛选高产菌株，或通过物理、化学诱变选育高产菌株；二是通过优化培养基配方及培养条件提高虫草素产量。在菌种选育方面，主要是通过紫外线、^{60}Co γ 射线、低能离子束导入等方法进行物理诱变，以及通过吖啶橙等进行化学诱变。突变菌株提高产量的幅度各不相同。在优化培养基方面，主要是对碳源、氮源和无机盐的种类和用量进行优选。总结起来众多研究所筛选到的最佳碳源均为葡萄糖或蔗糖，氮源均为蛋白胨和酵母提取物，无机盐多为磷酸二氢钾和硫酸镁；添加的前体物质主要有腺苷、腺嘌呤、氨基酸和 α-萘乙酸等；在培养方式上，先进行液体摇瓶培养再静置培养最有利于虫草素产量的提高。

1. CM8 菌株　文庭池（2006）发现，蛹虫草 CM8 菌株在 PDA 斜面培养基上 26 ℃、

8 d，活化 2 次；接入含蛋白胨 2%、蔗糖 2%、MgSO₄·7H₂O 0.05% 以及 KH₂PO₄ 0.1% 的液体种子培养基中，在 130 r/min、26 ℃的条件下培养 84 h 作为液体母种。将此母种以 4% 的接种量接入含蔗糖 4%、蛋白胨 1.5%、MgSO₄·7H₂O 0.05%、KH₂PO₄ 0.05% 以及 NAA 4.0 mg/L 的液体培养基中，在 190 r/min、26 ℃和初始 pH 5.0 的条件下，摇瓶培养 17 d，所得胞外虫草素产量达 961.21 mg/L，胞内虫草素含量达 12.87 mg/g。

2. BCC2819 菌株　Hung 等（2009）研究了温度对蛹虫草 BCC2819 菌株产虫草素的影响。用 250 mL 三角瓶装 45 mL 液体培养基静置在 15 ℃、20 ℃、25 ℃、30 ℃下培养 15 d，在 25 ℃下得到的虫草素产量最高，为 587.68 mg/L；30 ℃下培养虫草素产量仅为 8.65 mg/L，说明培养温度增加到 25 ℃以上会抑制虫草素的合成。

3. CCRC32219 菌株　Shih 等（2007）研究了起始 pH、各种氮源、植物油以及培养方式等对蛹虫草菌株 CCRC32219 菌丝体、胞外多糖、腺苷和虫草素的影响，确定酵母浸出物为产虫草素的最适氮源；相对较低的碳氮比有利于虫草素的产生，过低虫草素产量降低；植物油对腺苷和虫草素产量没有影响。通过 Box-Behnken 试验设计优化培养条件，得到虫草素最佳培养条件：在 pH 6.0，酵母浸出物浓度 45 g/L 的条件下，经过 8 d 的摇瓶培养和 16 d 的静置培养，虫草素的含量可达到 2.21 g/L。

4. NBRC9787 菌株　Masuda 等（2006，2007）优化了蛹虫草 NBRC9787 菌株的液体培养条件，得到最佳氮源为蛋白胨和酵母提取物；如以葡萄糖为碳源，在最佳碳氮比为 2∶1 时虫草素产量最高，为 640 mg/L；在添加与嘌呤合成相关的化合物、辅酶和表面活性剂等物质后，发现甘氨酸、L-天门冬氨酸、L-谷氨酰胺、腺嘌呤、腺苷等能促进虫草素的产生；在添加 1 g/L 腺苷、16 g/L 甘氨酸时，虫草素产量最高，达 2.50 g/L，且 97%～98% 的虫草素分布在发酵液中。

5. G81-3 菌株　Das 等（2008，2010）采用高能质子束对蛹虫草 NBRC9787 菌株进行诱变，筛选得到突变菌株 G81-3，并采用表面液体培养法培养 21 d，虫草素产量为 3.1 g/L；通过响应面法优化 G81-3 菌株液体培养基组分，确定最佳培养条件：葡萄糖 86.2 g/L，酵母提取物 93.8 g/L，柠檬酸钠 0.28 g/L，磷酸二氢钾 0.5 g/L，硝酸铵 0.5 g/L，硫酸镁 0.02 g/L，氯化钙 0.01 g/L，使发酵液中虫草素含量高达 6.84 g/L。Das 等（2009）在培养基中添加 6 g/L 的腺苷，使虫草素的产量提高到 8.57 g/L；如在培养基中以甘氨酸替代部分酵母提取物，虫草素产量进一步提高 12.40%。与甘氨酸相比，腺苷对虫草素产量影响更大。但是在高浓度时，二者均对虫草素的产生具有抑制作用。

（二）高产多糖菌株的选育

虫草多糖是虫草中含量最高、最重要的药理活性物质，是理想的生物反应调节剂（BRM）。

1. CM1 菌株　李信等（1998）研究得出影响蛹虫草胞外多糖产量的试验因子显著性大小的排列顺序为甜菜糖＞酵母浸出粉＞KNO₃＞MgSO₄·7H₂O＞FeSO₄＞K₂HPO₄。胞外多糖最佳发酵工艺参数：初始 pH 7，500 mL 三角瓶中培养基装液量 100 mL，接种量 6%，发酵温度 28 ℃，该发酵工艺胞外多糖产量提高了 68.75%，发酵周期缩短到 96 h。

2. 新蛹 1 号菌株　车振明等（2004）以蛹虫草 2000 号菌株为原始菌株通过原生质体

紫外线诱变选育蛹虫草新品种，获得 100 个诱变菌株，并从中选择 10 株进行罐头瓶栽培试验，接种量相同。以菌丝发育周期、转色周期、子实体数量、单位罐头瓶子实体产量和虫草多糖含量为指标，筛选得到最佳的菌株并命名为新蛹 1 号，其多糖含量达 7.3%。

（三）高产纤溶酶菌株的选育

近年研究发现蛹虫草液体发酵物中含有较强的纤溶活性物质，具有开发成溶栓药物的潜力。陈慧鑫（2011）应用原生质体诱变技术对蛹虫草进行了紫外线诱变和选育，以 C. LSG - 1 作为诱变出发菌株进行原生质体诱变，紫外线照射的最佳照射时间为 45 s。在 400 株突变株中，筛选出 4 株遗传稳定性良好的正变株，其纤溶酶产量较出发菌株均提高 15% 以上。并研究了蛹虫草产生溶纤酶的发酵条件：合适的液体菌种接菌量为 0.5%（V/V），合适的液体菌种菌龄为深层培养 3~5 d；10 L 发酵罐在搅拌转速 100 r/min、通风量 600 L/h 的条件下纤溶酶的溶圈面积可达 214.28 mm²，相当于尿激酶 286.21 U/mL，较摇瓶条件下的酶活力提高了 3.2 倍，纤溶酶对菌丝生物量的得率较摇瓶条件下提高了 5.5 倍；100 L 发酵罐在搅拌转速 250 r/min、通风量 1 m³/h 的条件下纤溶酶的溶圈面积可达 154.30 mm²，相当于尿激酶 87.65 U/mL，与摇床产量相当，纤溶酶对菌丝生物量的得率较摇瓶条件下提高了 1.32 倍。

（四）栽培菌株选育

1. 沈草 1 号　沈阳市农业科学院选育，2012 年通过辽宁省种子管理局品种备案。广温型品种，其亲本分别为沈阳辉山野生虫草分离纯化菌株和引进菌株 C_s - 3。菌丝体浓密、粗壮，初期洁白，呈平铺状整齐生长，24 ℃ 15 d 长满斜面试管，气生菌丝少，抗杂菌能力强，见光转色速度快，见光 24 h 呈淡黄色。子实体为大孢子头棒状子座，子座头部膨大有绒毛刺，色泽金黄娇嫩，头部平均直径 6.1 mm、长 2.7 cm，柄部平均长度 11.7 cm、直径 3.6 mm，出草整齐紧密。菌丝生长适宜温度 22~24 ℃，子实体生长温度 10~26 ℃，最适温度 20~22 ℃，14~16 ℃ 可抑制子座生长，促进头部子囊果形成。干草平均产量 6.4 g/瓶，生物学效率 100% 左右。

2. 海州 1 号　河南科技大学选育，2009 年河南省科学技术厅科学技术鉴定成果。中温型品种，由陕西野生蛹虫草菌株子座组织分离选育而成的高虫草素含量的蛹虫草品种。该品种虫草素含量达到 24.98 mg/g（以干重计），含量高于曾报道的 10.07~20.29 mg/g（以干重计）。菌丝体初期白色，转色后为橘黄色，细绒状，浓密，以紧贴培养基匍匐生长为主，气生菌丝较少。子座圆柱状，少分枝，顶端尖细，橙黄色。750 mL 瓶栽条件下子座直径 2~5 mm、长度 12~15 cm。菌丝生长适宜温度 16~20 ℃，子座形成与发育适宜温度 18~22 ℃，适宜光照度 500 lx。鲜草质地致密，韧性大，口感好，蒸煮烹调后不易褪色。鲜食干制皆宜。生物学效率 90% 左右。

3. 蛹虫草泰山- 2　泰安市农业科学研究院选育。中温型品种，采自泰山的野生蛹虫草经人工驯化选育而成。该菌株菌丝体洁白、浓密，气生菌丝少。子实体单生或群生，长 8~11 cm，粗 3~3.5 mm，棒状，橘红色。该品种香气浓，虫草素含量是冬虫夏草的 2 倍。生物学效率平均为 77% 左右（科技致富向导，2010）。

三、菌种退化机制及预防措施

蛹虫草菌种退化在生产实践中是经常出现的问题，主要表现为：退化菌株子实体原基减少，甚至成片不产生子实体；产孢能力大幅度下降，培养周期变长。正常菌株在见光之后会逐渐变为橘黄色，但退化了的菌丝体见光之后不变色而呈现白化现象。

目前研究了解到导致蛹虫草菌种退化的原因主要是在人工培养的逆境下导致核型或质型改变、核基因或线粒体基因突变、菌株无性繁殖体感染真菌病毒和胞内有害物质积累。为防止菌种的退化，首先要尽量减少菌种传代的次数，其次还要针对引起菌种退化的环境因素，采取合适的菌种管理措施（何晓红等，2012）。

1. 尽量减少传代次数，选择适宜的保藏方式 蛹虫草菌种传代次数越多，变异越大，因此必须保存大量母种而减少传代次数，短期保藏以及扩繁制种一般不超过 3 代。采用冻干超低温（−80 ℃）保藏或液氮保藏的方式可保存 5 年以上；采用沙土管、液体石蜡甚至蒸馏水等方式，可造成干燥、缺氧的环境，使细胞代谢速度显著降低，但也可保存 2～5 年。

2. 选择适宜的培养条件 培养基成分、含水量，培养环境的温度、湿度和光照诱发退化变异的速度和程度不一。对于液体培养来说，较好的碳源有麦芽糖、葡萄糖、玉米糁汁、红糖、甘油、蔗糖等，浓度以 2%～5% 为宜；较好的氮源有蛋白胨、大豆粉、硝酸铵、蚕蛹、奶粉、酵母提取物，浓度以 0.11%～0.15% 为宜；常用的无机盐有 KH_2PO_4、$MgSO_4 \cdot 7H_2O$、KH_2PO_4、$ZnCl_2$，浓度 0.05%～0.1%；加入维生素 B_1 和 2,4 - D 及橄榄油均对菌丝生长有促进作用。最适培养温度 22～28 ℃，最适 pH 5.0～7.0，接种量 5%～10%，转速 120～150 r/min。对于固体培养来说，较好的碳源有小麦、大米、小米和高粱米混合物；适宜的氮源有蛋白胨、大豆粉；维生素 B_1、2,4 - D、K^+、Mg^{2+}、Ca^{2+} 及植物生长调节剂对子实体生长有促进作用，可作为生长因子；培养基最佳 pH 5～7。菌丝体的培养温度以 15～18 ℃ 为宜，湿度控制在 65%～70%。子实体的分化和发育需要适当的散射光照，培养温度 17～25 ℃，不超过 25 ℃；培养室空气湿度应保持在 80%～90%（何洋等，2011）。

3. 及时纯化，必要时进行菌种复壮 由于退化菌株与正常菌株在外部形态和生理生化特征上存在明显差异，因此，可以及时区分正常菌株和退化菌种。对于已经退化的菌种，要及时分离纯化，必要时进行菌种复壮。目前常用的复壮方法有组织分离法、分生孢子分离法、子囊孢子分离法、虫体回接法、菌丝体纯化与尖端菌丝体分离法、抗生素菌株复壮法等。

第六节 蛹虫草种质资源研究和创新

蛹虫草种质资源在食用及药用上具有广阔的利用前景。蛹虫草中的虫草素具有抑菌、抗肿瘤、抗炎等非常广谱的生物活性，目前已经成为一个研究热点。

一、建立蛹虫草菌种种质资源鉴定和评价体系

当前蛹虫草质量评价通常采用常规鉴别、生物学鉴别、有效成分含量测定等一系列方

法，测定菌丝生长速度及长势、子实体形态与色泽及子实体产量等生物学指标，以及多种活性成分的产量，如虫草多糖、虫草素、虫草酸、腺苷及麦角甾醇等。但到目前为止，国内尚未建立关于蛹虫草及蛹虫草制品的统一的质量标准和规范的质量控制办法，导致不同的研究结论之间缺乏较好的可比性。因此，要想获得优质的蛹虫草种质资源，就需要在现有的研究基础上不断完善评价方法，建立标准的质量评价体系，提高评价结果的可靠性和稳定性。

二、加强蛹虫草核心种质资源库的构建

遗传资源是新菌种选育的基础与前提，然而种质资源数量过于庞大则不利于优良种质的保存和利用。核心种质的研究对种质资源的高效管理和促进遗传多样性的利用至关重要。蛹虫草是一类复型真菌，其生活史包括有性型和无性型；无性型又存在多型现象而且寄主多样，遗传多样性十分丰富。目前蛹虫草种质资源库中未进行评价的种质资源还有很多，因此今后的研究中应加强种质资源的系统筛选与评价，不断对具有潜力的种质资源进行发掘，筛选出具有异质性、多样性及代表性特征的资源作为核心种质资源，为深入研究蛹虫草提供特异的种质资源，并构建蛹虫草种质资源信息数据库。

（张胜利　于士军　董建飞　徐延平　樊美珍　李增智）

参考文献

车振明，王燕，周黎黎，等，2004. 原生质体紫外诱变选育蛹虫草新菌种的研究 [J]. 食品与发酵工业，30（8）：35-38.

陈慧鑫，2011. 蛹虫草纤溶酶高产菌株选育及深层培养工艺研究 [D]. 齐齐哈尔：齐齐哈尔大学.

高新华，2008. 蛹虫草（*Cordyceps militaris*）的交配型研究 [J]. 食用菌学报，15（1）：145.

高新华，吴畏，钱国深，等，2000. 北冬虫夏草（*Cordyceps militaris*）单孢菌株配对后对子实体形成的影响与无性型产孢结构关系 [J]. 上海农业学报，16（增刊）：85-92.

谷恒生，梁漫逸，1987. 人工培育蛹虫草研究 [J]. 药学情报通讯，5（3）：51.

贵州农学院植保系微生物学教研组，湄潭茶叶科学研究所植保组，1977. 茶树害虫病原微生物的调查研究初报 [J]. 微生物学通报，4（4）：1-4.

何晓红，赵欢欢，刘飞，等，2012. 蛹虫草菌种退化机理及预防措施研究进展 [J]. 食用菌，2012（6）：1-3.

何洋，刘林德，赵彦宏，等，2011. 蛹虫草优化培养研究进展 [J]. 鲁东大学学报（自然科学版），27（1）：64-70.

金华燕，沈俊良，付鸣佳，等，2013. 蓝光诱导蛹虫草虫草素含量和分生孢子数的变化 [J]. 安徽农业科学，41（1）：409-410.

李春斌，佟晓冬，白静，等，2004. 蛹虫草子实体的人工培养研究 [J]. 大连民族学院学报，6（5）：29-31.

李信，许雷，1998. 蛹虫草菌胞外多糖发酵工艺优化 [J]. 化工冶金，19（3）：254-259.

李用芳，2000. 影响虫草子实体生长的因素探讨 [J]. 微生物学杂志，20（4）：51-54.

梁宗琦，韩燕峰，梁建东，等，2013. 虫草的人工培养 [M]. 贵阳：贵州科技出版社.

刘荻，安学超，2004. 氮源对北虫草生长的影响 [J]. 吉林蔬菜（3）：41.

刘刚，1994. 国内蛹虫草的研究现状 [J]. 中国中医药杂志，1（1）：23-24.

刘作易，1999. 虫草及其无性型关系研究 [D]. 武汉：华中农业大学.

吕作舟，2006. 食用菌栽培 [M]. 北京：高等教育出版社.

文庭池，2006. 蛹虫草高产虫草素的深层培养工艺研究 [D]. 贵阳：贵州大学.

吴云鹤，朱世瑛，丁彦怀，等，1996. 北冬虫夏草的人工栽培条件及其子实体成分分析 [J]. 食用菌学报，3（2）：59-61.

徐家忠，1959. 我国东北产的冬虫夏草 [J]. 生物学通报（10）：460-461.

Das S K，Masuda M，Hatashita M，et al.，2008. A new approach for improving cordycepin productivity in surface liquid culture of *Cordyceps militaris* using high-energy ion beam irradiation [J]. Letters in Applied Microbiology，47：534-538.

Das S K，Masuda M，Sakurai A，et al.，2009. Effects of additives on cordycepin production using a *Cordyceps militaris* mutant induced by ion beam irradiation [J]. African Journal of Biology，8（13）：3041-3047.

Hibbett D S，Binder M，Bischoff J F，et al.，2007. A higher-level phylogenetic classification of the fungi [J]. Mycological Research，111：509-547.

Hung L T，Keawsompong S，Hanh V T，et al.，2009. Effect of temperature on cordycepin production in *Cordyceps militaris* [J]. Thai Journal of Agricultural Science，42（4）：219-225.

Masuda M，Urabe E，Honda H，et al.，2007. Enhanced production of cordycepin by surface culture using the medicinal mushroom *Cordyceps militaris* [J]. Enzyme and Microbial Technology，40：1199-1205.

Masuda M，Urabe E，Sakurai A，et al.，2006. Production of cordycepin by surface culture using the medicinal mushroom *Cordyceps militaris* [J]. Enzyme and Microbial Technology，39：641-646.

Shih I L，Tsai K L，Hsieh C Y，2007. Effects of culture conditions on the mycelial growth and bioactive metabolite production in submerged culture of *Cordyceps militaris* [J]. Biochemical Engineering Journal，33：193-201.

Shrestha B，Han S K，Lee W H，et al.，2004. Distribution and in vitro fruiting of *Cordyceps militaris* in Korea [J]. Mycobiology，33：178-181.

Sung G H，Hywel-Jones N L，Sung J M，et al.，2007. Phylogenetic classification of *Cordyceps* and the clavicipitaceous fungi [J]. Stud in Mycology，57：5-59.

菌类作物卷

第二十九章

蝉　花

第一节　概　述

蝉花（*Isaria cicadae*）俗称金蝉花，又名蝉棒束孢，旧称蝉拟青霉；在不同场合也曾被称为蝉草、蝉茸、虫花、胡蝉等，为我国传统名贵中药材，其性寒、味甘、无毒，能疏散风热、定惊镇痉、明目透疹、滋补强壮。主治小儿天吊、惊痫、瘰疬、夜啼、心悸等。此外，在一些地区民间有食用习惯。

近年来的研究表明，无论天然蝉花还是人工培养的蝉花均富含蛋白质、氨基酸（包括8种人体必需氨基酸）、纤维素、脂肪酸、多种维生素、微量元素及糖类等营养物质。人工培养的蝉花，包括菌丝体、子实体和菌质（菌糠）与天然蝉花存在相同的营养成分，而且芳香适口，对天然蝉花具有很好的替代性。以蛋白质为例，天然蝉花中粗蛋白含量高达39.79%，人工培养的蝉花子实体中粗蛋白含量为31.18%，虽稍逊于牛肉，但高于一些常用食用菌如猴头菇、金针菇，比猪肉、面粉和籼米等高出2倍多。因此，蝉花是一种营养丰富的新型食用菌，已开发出众多蝉花药膳滋补食谱，适合不同体质、病症的人以及健康人群对症或健身选用。

蝉花含有多种在医疗保健上有重要作用的生理活性物质，包括核苷类、环肽类、多糖类、醇类、甾醇类、有机酸类等，具有免疫调节、改善肾功能、脂类代谢调节、抗肿瘤、促进造血、提升机体的营养状况、解热镇痛、镇静催眠、抗疲劳、抗衰老、抗氧化、降压、降血糖等广泛的药理作用，以及通过降低血肌酐、尿素氮水平，提高内生肌酐清除率，提高血浆白蛋白、血红蛋白，减少尿蛋白等途径改善肾功能的明显功效，在保护肾功能、延缓慢性肾功能衰竭方面具有独特的临床疗效。

第二节　蝉花的起源与分布

考古学家从西周至秦的文物中发现，贵族死者随葬品内有口含的用青玉雕刻的蝉体状装饰物，即考古学所称的玉琀蝉。由此推测古人3 000多年前已认识蝉蜕和蝉花。关于蝉花的药用历史，早在南北朝雷敩的《雷公炮炙论》就有加工蝉花的记载："凡使，要白花全者，收得后于屋下东南角悬干，去土后，用浆水煮一日至夜，焙干碾细用之。"不少医学典籍均有记载。

蝉花分布广泛，不仅遍及我国秦岭—淮河以南各省份，还遍及东、西半球许多国家。蝉花味道鲜美，营养丰富，在云南、广东、四川、福建和浙江、江苏一带民间有长期食用习惯。在东南亚、日本、韩国和美国，蝉花作为食品补充剂或一般食品食用。

第三节 蝉花的分类地位与形态特征

一、分类地位

蝉花（*Isaria cicadae*）属子囊菌门（Ascomycota）盘菌亚门（Pezizomycotina）粪壳菌纲（Sordariomycetes）肉座菌目（Hypocreales）虫草科（Cordycipitaceae）棒束孢属（*Isaria*）。

其异名包括蝉拟青霉（*Paecilomyces cicadae*）和辛克莱棒束孢（*Isaria sinclairii*）等。

有性型未定。Massee（1835）发表的 *Cordyceps cicadae* 系不合格发表的裸名，幸兴球（1977）发表的大蝉草（*Cordyceps cicadae*）以及梁宗琦发表的浙江虫草（*Cordyceps zhejiangensis*）所使用的模式标本均为其他虫草，与蝉花无关。

二、形态特征

新鲜的蝉花蝉体（菌核）表面部分或完全包被着白色或灰白色的绒毛状菌丝体，逐渐变为浅黄色和黄褐色；折断后可见其内部充满白色或浅黄色致密的菌丝体，气微香。孢梗束从蝉体前端（尤其是头部）密集长出，由许多直立或微弯的可育性菌丝和分生孢子梗紧密集结成束而成；出土前为柱状，顶部尖削；出土后延伸到一定长度时，上部开始分枝；孢梗束长 30～80 mm，粗 2～6 mm，圆柱状或扁圆形，直立，单生或丛生，基部连合或分离。成丛的尚见 6～25 根集生在一起，但基部连合（图 29 - 1A）。柄部新鲜时淡黄色，干燥后深褐色；向上反复分枝形成鸡冠花状或青花菜状的头，新鲜时淡黄白色，干燥后淡黄褐色，长 9～38 mm，粗 2～3.5 mm，布满枯草黄色的分生孢子。

在马铃薯蔗糖琼脂培养基（PSA）上蝉花菌落生长较快，24 ℃ 14 d 直径达 60～72 mm，莲子白到浅黄色，绒毛状，表面有明显轮纹或放射线；背面无色；渗出液水珠状，无色；培养后期因产生大量分生孢子，致使菌落外貌显粉状。在查氏培养基上菌落生长稍受局限而缓慢，14 d 后直径 49～55 mm，平展，灰白色，绒毛状，致密。后期粉状；背面无色；未见渗出液产生。在蛋白胨蔗糖琼脂培养基上，14 d 直径 54～70 mm，表面绳索状，有隆起环线，局部凸起或陷落，边缘有放射状钩纹；肉色，背面深褐色，未见渗出液（陈祝安，1991）。在老的平板或斜面培养物上厚垣孢子成堆地聚在一起，形成针尖大小的黑色斑点；在摇瓶培养的挂壁培养物的上缘（远离培养液），厚垣孢子往往形成由黑色小颗粒组成的环状物。这些黑色的厚垣孢子堆易被误认为污染物。

培养基上的气生菌丝管状，分隔，壁光滑，无色透明，粗 2.0～3.0 μm，缠绕聚集成小型；丛生（但基部连合）或单生的孢梗束，浅黄色，圆柱状，顶部尖且发白，多直立（图 29 - 1B），老化后倒伏，产生大量呈粉状的分生孢子，灰白色或白色。分生孢子梗不规则稠密分枝，粗 2.0～3.5 μm，其上由 2～5 个瓶梗成轮排列。瓶梗基部多为球形或椭圆形膨大，偶锥状膨大；向上突然变细，形成宽 0.5 μm 的颈部，大小 [4.2～7（～13.5）] $\mu m \times$ [2.3～3.5（～5.2）] μm。瓶梗向基式产生分生孢子链；分生孢子长椭圆形或圆柱状，单胞，壁光滑，无色，透明，多对称，少数弯曲，大小（3.5～10.5）$\mu m \times$（1.5～4.5）μm，常见 1～3 个油滴（图 29 - 1C）。

图 29 - 1 蝉 花
A. 野生蝉花　B. 人工栽培的蝉花　C. 蝉花无性型显微形态

第四节　蝉花的生物学特性

一、营养要求

蝉花能利用葡萄糖、果糖、麦芽糖、甘露糖、甘油等碳源，但不能利用菊糖、山梨糖、鼠李糖、乳糖。以葡萄糖作为碳源，分生孢子产量显著高于其他几种碳源；用果糖作为碳源，菌丝体产量高于其他碳源。在硝态氮、亚硝态氮和铵态氮等 9 类无机氮源中，对硝态氮利用比铵态氮好，其中以 KNO_3 最好；不能利用 $NaNO_2$ 和硫脲（陈祝安，1991）。对碳源要求量相当敏感。例如，将碳源维持在 2% 的正常生长发育水平上，提高氮源或降低氮源对孢梗束生长和产孢量影响不大；但将氮源固定在正常生长水平上，将碳源从 2% 降低到 0.5%，就会不产生孢梗束，或极少有孢梗束产生。反之，将碳源提高 10 倍，则孢梗束生长多且不易老化，但分生孢子产生较晚（陈祝安等，1993）。李忠等（2007）研究蝉花菌丝对不同碳氮利用的结果表明，所试 9 种碳源中，对蝉花菌丝生长最适的碳源是可溶性淀粉，最适的氮源是蛋白胨，最适碳氮比是 40∶1。人工蝉花大量栽培常采用小麦等粮食作物作为原料进行。

二、环境要求

（一）温度

蝉花为中温型真菌。生长起点温度 6 ℃，菌丝最佳生长温度 24～26 ℃，但孢梗束分化所需温度偏低，一般为 20～22 ℃，24 ℃以上即不能形成孢梗束。李忠等（2008）研究发现，24～26 ℃有利于固态培养基产孢，而 20 ℃或 30 ℃培养条件下菌丝生长缓慢，产孢量显著较低。培养物经过 40 ℃处理 30 h 或 50 ℃处理 2.5 h 后失活。

（二）湿度

在饱和湿度下，24 h 分生孢子萌发率为 86％，96 h 达 99％；湿度为 90％时，24 h 萌发率为 0％，96 h 为 78.3％；湿度为 76％时，72 h 萌发率为 0％，96 h 为 18％（陈祝安，1991）。蝉花培养固体培养基的含水量约为 70％。人工栽培时，蝉花常置于密闭容器中，室内相对湿度以 70％～80％为宜。

（三）pH

蝉花在 pH 4～12 时均能正常生长，但 pH 5～6 菌丝体产量高，斜面培养菌落不易老化。大量生产所用培养基一般不需要调节 pH（陈祝安，1991）。

（四）光照和通风

蝉花具有强烈的趋光性，孢梗束生长朝光源方向倾斜。暗培养有利于营养菌丝的生长，而光照培养有利于蝉花孢梗束的发育，灯光和自然光均能刺激孢梗束的生长发育和分生孢子的形成。孢梗束生长的光照度一般为 100～200 lx，过强或过弱的光照均不利于孢梗束生长。菌丝生长，特别是孢梗束生长需要一定的氧气。氧气不足或二氧化碳浓度较高不利于子实体（孢梗束）分化。因此，蝉花培养过程中要注意通风，特别是子实体生长阶段耗氧量较大。

三、生活史

同其他虫草一样，蝉花也应是复型真菌，其生活史中应该包括无性型和有性型两个阶段，但有性型迄今尚未确定。

当温湿度条件适宜时，蝉若虫接触到土壤中的蝉花分生孢子就可能被感染。附着在蝉体表面的分生孢子萌发形成芽管侵入蝉体后，利用血腔中的营养大量繁殖菌丝，并最终耗尽蝉体的营养和水分，充塞和堵塞血腔，致使蝉死亡。菌丝在蝉体内形成坚实、致密的菌核以度过严冬漫长的不良环境。翌年，当温湿度再次适合蝉花生长和繁殖时，菌核内的菌丝开始生长并分化形成孢梗束从虫体前端密集长出土表，形成孢梗束的柄部。其顶部反复分枝，形成分生孢子梗，梗上形成轮生的瓶梗（产孢细胞），瓶梗颈部反复产生大量分生孢子。分生孢子随气流或水流而扩散，最后多落入土表，进入下一轮侵染循环。

在人工培养条件下，分生孢子或由分生孢子液体发酵形成的菌丝和芽生孢子，在固体培养基上大量繁殖营养菌丝后，在光照等因子刺激下分化形成孢梗束进行繁殖；随着老化，孢梗束从其顶部开始通体大量产生分生孢子后逐渐枯萎。

第五节　蝉花种质资源

一、概况

目前，蝉花的人工栽培还处于起始阶段。人工栽培使用菌种主要是野生蝉花驯化种。

从无性繁殖方式来看，蝉花菌株大致可分为产孢梗束菌株和直接产孢的菌株。产孢梗束菌株无性繁殖时通常先产生孢梗束，然后产生分生孢子。而直接产孢的菌株不经过孢梗束生长便直接由营养菌丝产生分生孢子。从是否产生色素来看，蝉花菌株可分为产红色素菌株和非产红色素菌株。

从野外采集分离获得的野生菌株，往往良莠混杂，差异较大。在相同的培养条件下，菌落生长快慢不一，长势好的菌丝体茂密，长势差的菌苔单薄成轮；有的能产生大量分生孢子，有的产孢稀少甚至不产孢。不同菌株孢梗束的得率差异也很大，产量最高的得率可达 25%～27%，而最低的仅 5%～7%。另外，不同菌株产生多糖、腺苷、虫草酸等活性成分的量也不尽相同。因此，从野生菌株出发，以生物量和目标活性物质产量作为依据，可以筛选出生产所需的菌株。菌株筛选方法可以分为初筛和复筛两步。初筛是通过平板继代培养法对蝉花菌落形态、生长速率和产孢量等基本生物学特性进行比较，筛选出遗传稳定的菌种。复筛是以孢梗束得率及目标活性物质产量等生产性能指标为依据从初筛菌种中获得生产菌种。

二、菌种退化及预防

在一定条件下培养数代后，蝉花生产菌株会出现白色絮状气生菌丝徒长以及产孢梗束能力下降等生产性状退化的现象（图 29 - 2A，B）。这种退化是一个从量变到质变的数量遗传过程，因此是受多基因调控的。退化原因涉及细胞核内和核外（线粒体）的遗传物质变化而引起的生理和生化变化。异核现象、异质现象以及基因突变都会引起遗传物质的变化，而人工培养的逆境（不适宜的培养基、温湿度、光照甚至真菌和病毒的侵入等）是诱发这些遗传变异机制不自觉地选择出退化突变型的最重要的环境因素。因此，控制传代次数、选用适宜的培养基和调控合适的培养条件是控制退化的根本措施，在菌种管理中要注意以下方面：

1. 菌株来源及其操作要求 不仅要尽量减少菌株传代（一般控制 3～5 代内），还要注意品种的隔离，避免菌株间的基因交流，在使用单孢株时尤为重要。此外，也要注意防止真菌和病毒的污染，一旦发现培养物上有成片无菌苔的现象，要采用高温杀灭销毁。

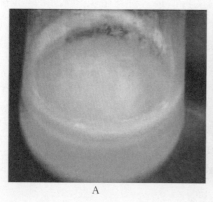

A   B

图 29 - 2 蝉花菌种退化表现

A. 蝉花在液体培养基中的正常形态   B. 蝉花在液体培养基中的退化性状

2. 培养基及培养条件控制 培养基和培养条件均可影响真菌菌丝体中不同类型的细胞核和线粒体的比例，故对菌株的稳定性影响较大，而培养基的影响更是大于培养条件的影响。例如，加富的培养基在控制蝉花菌种退化方面要优于贫瘠的察氏培养基。因此，在筛选适合生产菌株的培养基时必须考察其稳定性。李春如（2006）提出以下配方用于蝉花菌种的培养：葡萄糖 40 g/L，蛋白胨 10 g/L，蚕蛹粉 5 g/L，酵母浸出粉 5 g/L，氯化钾 1 g/L，氯化钙 0.05 g/L，硫酸锌 250 μg/L，复合维生素 4 片/L。

3. 菌株保藏条件控制 保藏温度是影响菌株稳定性的重要因子。基因突变率随着温度的下降而减低，故液氮保藏或冻干超低温（−80 ℃）保藏有利于菌株的稳定，而室温或低温（−4 ℃）保藏不仅保藏时间短，还容易退化。

需保藏的菌种需要先在斜面或平板培养基上生长丰满，但培养时间不宜过长，待孢子成熟后即可进行保藏。长期保藏的菌种在活化时，最好接种在与保藏前所用的相同培养基上。

4. 退化菌株的复壮 生产中菌株出现退化后，应立即停止使用，调出备用菌株进行生产。退化菌株如进行复壮，应重新纳入筛选系统。因为退化的菌种中仍有一定比例的具有优良性能的细胞，因此相对于普筛的菌株来说，应具有优先性。

菌种复壮可以采用以下方法。

交替使用有性繁殖和无性繁殖技术是菌种复壮理想的手段，其具有丰富的遗传特性。但是蝉花有性阶段在野外很难发现，故可模仿蝉花野生状况，采取侵染替代寄主昆虫（如柞蚕蛹）的方法进行复壮。待长出孢梗束后，采用单孢子分离与产能试验及质控指标检测的方法优选出新的生产用菌株。

另外，还可将退化菌株中产生的少量孢梗束应用组织分离的方法重新分离，但要注意防止污染。重新分离的菌株要参与下一步筛选。

经常性的菌种选育工作是保证菌种少退化的主要措施，应在生产过程中经常选择那些生长良好、出草（长出孢梗束）早、性状好的孢梗束，进行分离培养，以保证其优良特性得以发挥。

三、优异种质资源

1. BAIC006A 菌株 是我国蝉花人工栽培的首个生产菌株，浙江泛亚生命科学研究院选育获得，目前是浙江泛亚生物医药股份有限公司的主要栽培品种之一。该原始野生菌株分离自云南怒江流域采集的野生蝉花标本，于 2009 年 9 月通过中国科学院微生物研究所菌种鉴定并委托保藏，是典型的产红色素菌株。该菌株生产性能稳定，中试生产孢梗束得率平均可达固体培养基干重的 11%。以小麦等谷物做培养基，按 3%～5% 接种量进行固体接种，3～5 d 可见灰白色绒毛状菌丝体覆盖基质表面，25 d 左右长成与寄主体上相似的孢梗束。孢梗束淡黄色，直立，柱状或掌状分枝，大小 [20～30（～80）] mm×（3～5）mm，通常 30 d 后产生大量分生孢子。产孢后孢梗束逐渐枯萎倒伏。

该菌株液体发酵生长速率快，生长周期短，发酵 2～3 d 即可用作液体种子扩大接种固体。

2. APC‐20 菌株 浙江省农业科学院以分离自浙江温州的 022009 号菌株为出发菌株

选育得到的单孢株，经中国科学院微生物研究所复核鉴定为蝉拟青霉，并通过卫计委菌株安全性毒理试验，为无毒安全菌株。

该菌株生活力强，活性物质产量高。与对照株（亲株 022009）相比，孢梗束白或浅黄，长势旺，平均长度 7.8 cm，培养 7 d 即始发孢梗束，比对照亲株早 8 d；液体深层发酵培养 10 d，菌丝体干重达 13.8 g/L，接近对照株的 2 倍。菌株抗逆性强，在含水量 40％的无菌土中保存 544 d 未见失活。

3. A80 - 6 菌株 浙江泛亚生命科学研究院以 BAIC006A 为出发菌株选育获得。该菌株的特点是不产生孢梗束而由气生菌丝直接产生分生孢子梗和分生孢子，孢子粉得率高达 5％以上。另外，固体发酵产孢周期短，仅需 15 d。

第六节　蝉花种质资源研究和创新

我国蝉花种质资源丰富，陕西、河南、安徽和江苏以南等均有分布，而且遗传多样性十分丰富。刘爱英等（2007）调查了来自不同地域或不同生态环境的蝉花，在子实体形态、菌落特征和产孢结构上具有十分丰富的多样性。赵杰宏等（2006）研究了云南、贵州两地的 32 株蝉花的营养亲和性，发现存在较大的差异。周娜（2009）利用 ISSR 分子标记技术对发生在安徽祁门牯牛降引起蝉若虫流行病的蝉花种群的遗传多样性进行了研究，发现夏季采集的菌株遗传多样性比春秋和冬季的遗传多样性要大。但栾丰刚（2011）对分离自安徽和浙江不同地区及湖南怀化、福建三明的 10 个蝉花种群的 53 个引起蝉流行病的蝉花菌株的研究发现，蝉花的种群遗传异质性虽较高，但遗传分化不及球孢白僵菌等种类。张胜利（2012）对在安徽敬亭山、石台和福建明溪引起蝉若虫地方病的蝉花种群的遗传结构研究结果表明，不同的地方病种群的菌株遗传谱系与地理来源无关，而且表现出明显的时间异质性。这些研究均表明，我国蝉花种质资源丰富，种质资源发掘潜力巨大。

今后蝉花的种质资源研究创新应该从以下几个方面着手：①深入种质资源调查研究，建立蝉花种质资源库。我国蝉花种质资源丰富，且其生境多以竹林为主。这就为大范围大量收集种质资源提供了可能。种质资源库的建立一方面有利于蝉花种质资源的保护，另一方面为从种群群体角度深入研究蝉花种质资源提供了基础。浙江泛亚生命科学研究院在这方面已经有了一个很好的开端，其建立的蝉花菌株库已保存 1 000 余株菌株。②深入蝉花遗传特征研究，并建立表型联系。生物的表型通常主要受基因型决定，而受环境因素影响。通过研究蝉花的遗传特征并建立表型的联系，可以使人们从遗传特征的角度深入理解蝉花的种质资源，更能极大地提高遗传育种和品种选育的效率。例如，有研究表明蝉花的不同菌株分别含有交配型位点 MAT1 - 1 和 MAT1 - 2，含不同交配型基因的菌株是否在抗逆性、代谢产物、产孢能力、产孢梗束能力等方面存在差异；不同地理来源的蝉花菌株在遗传特征上是否存在差异，而这种差异是否在表型上有所体现。利用更精确的分子标记技术如 SSR、线粒体基因，也许能很好地揭示这一问题。这些都很值得研究用来为育种工作提供指导。更值得注意的是，蝉花菌种退化的遗传本质是什么依然值得深入研究，因为它可以为人们防止菌种退化提供理论依据和指导。③利用多种途径进行菌种选育。目前蝉花的菌种选育主要还是以自然选育为主，利用诱变育种等多种途径进行菌种选育显然可以提高获得优良生产菌种的概率。

（张胜利 于士军 董建飞 徐延平 樊美珍 李增智）

参考文献

陈祝安，1991. 虫生真菌蝉拟青霉的研究 [J]. 真菌学报，10（4）：280-287.

陈祝安，刘广玉，胡菽英，1993. 蝉花的人工培养及其药理作用研究 [J]. 真菌学报，12（2）：138-144.

李忠，金道超，邹晓，等，2007. 蝉拟青霉菌丝对不同碳氮源利用的研究 [J]. 安徽农业科学，35（18）：5517-5518.

李忠，曾桂萍，金道超，等，2008. 蝉拟青霉固态培养条件筛选及优化 [J]. 植物保护学报，35（3）：287-288.

刘爱英，邹晓，赵杰宏，等，2007. 蝉拟青霉生物多样性，Ⅰ. 蝉花和蝉拟青霉的形态多样性 [J]. 贵州农业科学，35（2）：9-11.

栾丰刚，2011. 引起昆虫自然流行病的昆虫病原真菌种群遗传结构研究 [D]. 合肥：安徽农业大学.

张胜利，2012. 引起昆虫地方病的一些昆虫病原真菌种群遗传结构的研究 [D]. 合肥：安徽农业大学.

赵杰宏，刘爱英，梁宗琦，2006. 蝉拟青霉菌株间营养亲和性的初步研究 [J]. 山地农业生物学报，25（1）：39-43.

周娜，2009. 引起森林蜘蛛和蝉自然流行病的三种虫生真菌的种群异质性 [D]. 合肥：安徽农业大学.

菌类作物卷

第三十章

冬 虫 夏 草

第一节 概 述

冬虫夏草，又称为中国虫草、中华虫草，藏语称为"牙什托根布"（Yarshagumba），是最负盛名的一种虫草。中国传统的中医药学和我国绝大部分学者及人们所指的冬虫夏草，是特指仅分布于我国青藏高原及边缘地区高寒草甸中的 *Ophiocordyceps sinensis*，它只寄生于蝙蝠蛾属（*Hepialus*，鳞翅目蝙蝠蛾科）及少数其他属的蝙蝠蛾幼虫。在使用汉字的日本和韩国，也有人把所有的虫草菌都统称为"冬虫夏草"，但在我国广义地使用"冬虫夏草"之名多与不负责任的商业宣传有关，而在科学上则是禁忌的。该菌的无性型公认为中国被毛孢（*Hirsutella sinensis*），蝙蝠蛾被毛孢是其异名。在传统医学中，冬虫夏草为平补阴阳之品，其性平味甘，具有养肺阴、补肾阳、止咳化痰、抗癌防老、养精气之功效。据临床研究报道，冬虫夏草具有多种功能：①祛痰平喘；②抗疲劳；③免疫调节；④滋肾；⑤抗癌；⑥抗炎；⑦提高肾上腺皮质醇含量；⑧抗心律失常；⑨镇静催眠；⑩抗菌。冬虫夏草是我国传统的名贵药膳滋补品，价格贵比黄金。冬虫夏草天然资源破坏严重，人工培养困难。

冬虫夏草生活在雪线附近的高山草甸高寒地带，这里环境严酷，生态脆弱，由于过度采挖，生态破坏极其严重。由于相当比例的藏民以挖掘出售冬虫夏草为生，故地方政府已加强草甸的严格管理，采取轮流封山、计划采集等恢复资源的措施，在一定程度上缓和了群众生计与资源及环境保护的尖锐矛盾。

第二节 冬虫夏草的起源与分布

冬虫夏草最早的记载见于藏医文献《月王药诊》，有冬虫夏草可治肺部疾病的记载；接着，《藏本草》也记载了其"润肺补肾，虚劳咯血，阳痿遗精"功能。而汉文最早见于1615年成书的明代龚廷贤的《寿世保元》药性歌四百味，有"冬虫夏草，味甘性温，虚劳咯血，阳痿遗精"之记载。当代的《中华人民共和国药典》中，更是在详尽记载其药性的同时，也开列出其适应证：病毒性疾病（习惯性感冒、心肌炎、乙型肝炎、艾滋病），肝硬化和寄生虫引起的腹水（蛊胀），免疫亢进性不孕症，神经性胃痛，呕吐，反胃（膈症），食欲不振，肿瘤及肿瘤放化疗，肌肉劳损，筋骨疼痛，脏噪症，产后虚损及女性功能恢复。

冬虫夏草产于我国青海、西藏、四川、云南、甘肃五省份以及尼泊尔、不丹、印度等国，生境为海拔 3 000～5 000 m（雪线附近）的高山草甸。寄主涉及多种蝙蝠蛾（Hepialus spp.），因此不同地区产出的不同寄主上的冬虫夏草子实体和菌核大小不一，质量有所差异。

自 20 世纪 70 年代以来国内有不少单位一直试图通过人工饲养和感染蝙蝠蛾来获取与野生形态相同的冬虫夏草，但成功的极少，产业化很困难。主要原因在于：①蝙蝠蛾幼虫人工大量饲养困难。幼虫习惯于高山草甸的低温气候，食性不广，还有自相残杀的习性。②人工饲养的蝙蝠蛾易受到其他昆虫病原物的袭扰，如一些低温型的棒束孢菌；如果饲养温度偏高，易受到昆虫、线虫的袭扰；由于对冬虫夏草病理生物学特征了解不足，人工感染率较低。迄今这方面的研究较缺乏。例如，到底分生孢子还是子囊孢子是侵染单元也不甚清楚。因此，国内外的冬虫夏草产品主要还是野生的菌核和子实体及经加工的含片。

冬虫夏草的人工培养同样难度很大。该菌的无性型为中国被毛孢，其生长适温低，生长缓慢，不经低温刺激很难产生子实体，且子实体成熟者更为罕见，因此一般只能获得菌丝体。

第三节　冬虫夏草的分类地位与形态特征

一、分类地位

根据 Sung 等（2007）最新的虫草和麦角菌分类系统，冬虫夏草属于与蛹虫草和蝉花不同的线虫草科（Ophiocordycipitaceae）线虫草属（Ophiocordyceps）。

1843 年，Berkeley 将其命名为中国球壳孢（Sphaeria sinensis），后被 Saccardo（1878）移入 Fries 1818 年建立的 Cordyceps 属。其无性型为刘锡琎等 1989 年命名的中国被毛孢（Hirsutella sinensis）。中国球壳孢（Sphaeria sinensis）和印象初等 1990 年命名的中华束丝孢（Synnematium sinense）等均为其异名。

二、形态特征

1. 有性型　子座单生，单个，偶尔有 2～3 个从寄主前端发出，长 4～11 cm，基部粗 1.5～4 mm。可孕部分近圆柱状，褐色，大小（10～45）mm×（2.5～6）mm，具有不孕尖端，长 1.5～5.5 mm（图 30-1A）。子囊壳近表生，基部稍陷于子座内，椭圆形至卵形，大小（380～550）mm×（140～240）mm。子囊细长，大小（240～485）μm×（12～16）μm。

2. 无性型　在加有 1‰蛋白胨的 PDA 平板上菌落生长缓慢，20 ℃下 2 个月直径仅 6～8 mm，3 个月后直径 1.5 cm；坚硬，圆形，黑色，其色素可渗入培养基中。菌落中心黄褐色，边缘黑色，光滑，有稀疏纤维状菌丝体，后期中心部分可见少量白色菌丝，有分生孢子。菌丝粗 2.2～4.3（～5.4）μm。产孢细胞无色，针形或锥形，具有微小疣，大小（17.3～47.6）μm×（3.2～5.4）μm。分生孢子无色，肾形或长椭圆形，大小（5.4～

14）μm×［3.2～4.3（～5.4）］μm。通常 2～4（～6）个孢子被一黏液层包被，形成柠檬形的孢子头，大小（6.5～19.5）μm×（4.3～16.2）μm（图 30-1B）。

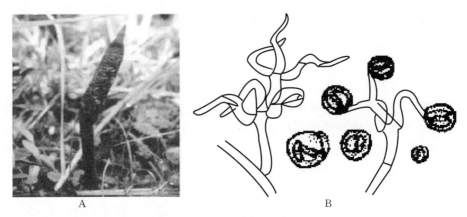

图 30-1　冬虫夏草
A. 野生冬虫夏草　B. 冬虫夏草无性型显微形态

第四节　冬虫夏草的生物学特性

一、营养要求

冬虫夏草可利用多种碳源，但以葡萄糖和麦芽糖合用时生长最快，单用葡萄糖时也能良好生长，其次是马铃薯、蔗糖等（杨冠煌，1998）。

能较好利用有机氮源，以蛋白胨与酵母膏组合为佳；其次是二者单独使用及牛肉膏等。对无机氮利用较差。对矿质营养有一定的需求，在有微量的硫酸镁和磷酸氢二钾的培养基中生长旺盛，其次是磷酸二氢钾，另外也可利用钠、钙、铁、铜等矿质元素。

二、环境要求

（一）温度

冬虫夏草喜偏低温度。在 0～4 ℃时能缓慢生长；5～8 ℃时生长速度加快；10～20 ℃适合生长发育，最佳生长温度为 15～19 ℃。超过 20 ℃菌丝徒长，菌落由白色变为灰黑色或棕黄色，开始出现变异，所以不宜高温培养。一般在 -40 ℃下冻不死，但高于 40 ℃就会死亡，在后期子座 4 ℃左右的低温刺激下有利于子实体的分化，而后 20 ℃左右会加快生长发育。在 6～12 ℃和 12～16 ℃均能侵染蝙蝠蛾幼虫，刚蜕皮的幼虫在 6～12 ℃下的感染率明显高于 12～16 ℃，但对于正生长的幼虫侵染率为零（王忠等，2001）。

（二）湿度

在野外条件下，降水量大有利于冬虫夏草孢子渗入土壤，而土壤湿度高利于孢子萌发。蝙蝠蛾幼虫的感染率与湿度的关系密切；在室内环境下，湿度在 65%～80%、

80%～90%和90%以上时，幼虫的感染率分别为3.5%以下、6.0%～9.0%和8.0%～15.0%，湿度65%时不感染（王忠等，2001）。

（三）pH

冬虫夏草菌是一种偏酸性真菌，最适pH 5.0～6.0，当pH<4.5和pH>6时，随着降低或增高，其生长变缓甚至不生长。pH对冬虫夏草活性成分产生也有影响。余晓斌等（2003）研究了在深层发酵过程中自然pH及控制pH分别为5.0、5.5和6.0时冬虫夏草菌丝体及胞外多糖的产量。结果表明，在控制pH 5.5时有利于菌丝体及胞外多糖的产生；同自然pH处理相比，菌丝体及胞外多糖产量分别达到361.35 g/L和101.38 g/L，分别提高19.1倍和31.1倍；菌丝体与胞外多糖的产生具有一定的正相关性。

（四）光照和氧气

在子囊孢子萌发和菌丝生长初期，宜给予弱光和短光照；后期宜给予较强光照。在人工培养中，菌丝、分生孢子和子座等均具有明显的趋光性，向阳面生长多而密，背光面生长稀疏，全黑环境下培养的菌丝和子座纤弱、细长、稀疏。适量光照也是冬虫夏草子实体发育的必要条件之一，同仁、兴海、果洛等地海拔相对低，只有350～400 m，子座一般多细长；玉树等地海拔4 200 m以上，子座多粗壮，可能与光照差异有关。

在固体培养过程中，氧气浓度对冬虫夏草产生活性物质有很大影响。接种在同样的培养基中于20～22 ℃下培养，先给予散射光和常压（空气含氧量正常）培养29～30 d，随后移至含氧量减少50%（充入氮气、一氧化碳和二氧化碳）、温度3 ℃和黑暗的条件下培养15～20周，原先形成的大量腺苷即转化成虫草素、2-脱氧腺苷和羟乙基腺苷及其他一些独特的腺苷（Holliday et al.，2004）。

三、生活史

冬虫夏草有性型子实体的人工培养一直是研究热点和难题，了解其有性生殖机制对于人工培养有性型具有重要意义。交配型位点可以看作是真菌中存在的一种有性染色体的微型版。基因组测序分析表明，冬虫夏草同时含有两种相容的交配型位点MAT1-1和MAT1-2。PCR验证也证实，48个单子囊孢子菌株同时含有*MAT1-1*和*MAT1-2-1*基因。因此，冬虫夏草的有性生殖方式是同宗结合，单个菌株就能完成有性生活史（Hu et al.，2013）。

冬虫夏草的生活史分为有性世代和无性世代。

野外观察试验其有性型生活史：成熟子囊孢子从子实体弹出后随雨水渗入土壤中，此时如能附着于适龄寄主昆虫体表，即膨大成圆形并伸出芽管侵入寄主；芽管在寄主血腔内形成单核菌丝，并断裂成圆筒形的菌丝段（虫菌体）而大量增殖，随寄主血淋巴在体内循环，充满整个血腔；菌丝段吸收虫体的营养，破坏寄主的固体组织，并分泌毒素使寄主最终死亡；2～3周后菌丝体充满寄主血腔，在虫体内形成僵硬的菌核并以此形态越冬；翌年土壤解冻后菌丝萌发并分化形成子座，于夏初钻出土壤；子座成熟后形成子实体。

子囊孢子也可萌发形成单核菌丝体，然后产生无性型产孢结构形成分生孢子；分生孢子孢子亦能萌发成单核菌丝，进入有性世代（图 30-2）。

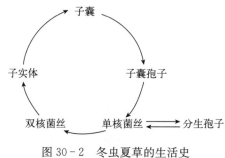

图 30-2　冬虫夏草的生活史

第五节　冬虫夏草种质资源

一、概况

由于冬虫夏草的巨大经济价值，冬虫夏草菌种鉴定一直是研究热点，其无性型长期以来也是争论的焦点。先后共有 13 属丝孢菌从冬虫夏草子座或菌核中分离出来，使用过 22 个学名（蒋毅和姚一建，2003）；其中有不少分离物已通过深层发酵和固体发酵生产菌丝体作为冬虫夏草的代用品，部分厂家已获药物、保健食品或食品批号实现产业化生产和商业销售，如至灵胶囊、金水宝胶囊、宁心宝胶囊、心肝宝、冬虫夏草鸡精、冬虫夏草酒、冬虫夏草人参补酒等 20 多种产品，年产值均达数亿元。然而，发酵菌丝的生产菌种多半不是冬虫夏草菌，而是其伴生菌。

分子生物学手段为冬虫夏草无性型的确定提供了有力的证据和手段。赵锦等（1999）、陈月琴等（1999）、刘作易（1999）及李增智等（2000）先后用不同方法证明中国被毛孢是冬虫夏草的无性型。2005 年 10 月 29 日中国菌物学会在北京召开的"冬虫夏草无性型名称研讨会"上，学术界最终确认冬虫夏草的无性型为中国被毛孢（*Hirsutella sinensis*）。迄今国内的发酵产品中，生产菌种是中国被毛孢的寥寥无几，其中只有杭州中美华东制药有限公司研发的百令胶囊于 1991 年获药品生产批号，用于治疗肾移植后的免疫排异、移植性肾病、糖尿病肾病等肾病的治疗，2012 年销售额达 8 亿元左右。2011 年，智得冬虫夏草真菌开发有限公司利用冬虫夏草无性型生产的智得牌蝙蝠蛾被毛孢菌丝粉胶囊获保健食品生产批号。

尽管关于冬虫夏草无性型已达成共识，但关于其有性型的研究表明，我国的冬虫夏草种群存在较大的遗传分化，甚至有人认为可能存在着隐含种（Stensrud et al.，2007）。陈永久等（1997）对采集自青藏高原 3 个区域的 13 个冬虫夏草样本进行了 RAPD 分析，发现不同区域样本间存在较大遗传差异。梁洪卉等（2005）用最小显著差数法分析表明，青海省 11 县的样品间形态性状差异显著；ISSR 分析的结果表明，北部 4 县和南部 7 县样品明显聚成两类，且与西藏林芝县和米林县样品明显分开。郝剑瑾等（2009）根据 ITS 序列的碱基变异将我国主要产地冬虫夏草分成 4 支，分支与纬度有关。张永杰等（2009）根据核糖体 DNA ITS 区段和交配型基因 *MAT1-2-1* 序列评估了青藏高原不同地区的冬虫夏草种群分布，证明南部分离株间遗传趋异性大于北部，据此提出虫草进化路线，即地形、气候和昆虫寄主多样性复杂的林芝地区是青藏高原南部冬虫夏草的发源中心，由此扩散到南部其他地区，接着再向青藏高原北部扩散。

二、冬虫夏草菌种分离

分离获得正确的菌种是人工开发冬虫夏草资源的首要条件。

(一) 分离材料

获得纯的菌种对材料要求比较严格（杨冠煌，1998）。如用冬虫夏草的组织块分离，最佳的分离材料是每年的 10 月底至 11 月青藏高原高寒草甸土壤刚开始冻结时期采的材料，这个时期越冬蝙蝠蛾幼虫刚感染冬虫夏草菌而僵死不久，嫩小的子座芽刚长出虫头部 0.2～0.5 cm，虫体内菌丝生长最为健壮，易分离成功。如果是翌年 5～6 月采的材料，僵虫体和子座上都有许多伴生菌或腐生菌，难以获得纯菌种。若用子囊孢子进行分离，最好在每年的 7 月中下旬刚有部分子囊孢子成熟时采集僵虫分离。

(二) 分离方法

1. 菌核分离 分离前，用水刷洗干净虫体表面，再用无菌水清洗 2～3 次后，投入 0.1％～0.2％的升汞溶液，表面消毒 3～5 min，再用无菌水冲洗。在超净工作台中选取带有胸足的前段部分，用解剖刀无菌地切去表皮，避开消化道将菌核切成芝麻粒大小的小块，压入平板培养基中，每皿 1～2 粒。置于 15～19 ℃中培养，待菌落长出，直径 0.2～0.5 cm 时，挑选少量菌丝在平板培养基上划线，这样纯化 2～4 次，确定无其他杂菌后，移入斜面培养基培养和保存。

2. 子座分离 从僵虫头顶切下洗净的子座，置入 0.1％升汞液中消毒 2～3 min 后用无菌水洗净，切取中间部位组织块压入培养基中；培养条件同菌核分离。

3. 子囊孢子分离 用无菌透明纸袋套住近成熟的子座，让子囊孢子弹射粘贴在纸袋上，然后，将 25％葡萄糖液注入含子囊孢子的纸袋洗下孢子，移入无菌培养皿置 15～19 ℃下培养，在倒置显微镜下每天镜检孢子萌发情况。用微吸管吸单个萌发孢子滴于平板培养基培养；培养条件同菌核分离。也可把发育近成熟的冬虫夏草带回室内，用无菌湿脱脂棉裹住僵虫和子座基部，仅留出可孕部分，横放于无菌培养皿或其他密闭容器中保湿；子座可孕部分下置一载玻片接收弹出的子囊孢子。逐日镜检观察，当发现载玻片上接收有子囊孢子时，用微吸管吸取并转移到平板培养基上培养。培养条件同菌核分离。

(三) 分离培养基

1. 萨氏葡萄糖—酵母浸出物培养基（SDAY） 虫生真菌的通用培养基。

2. 马铃薯葡萄糖琼脂培养基（PDA） 真菌培养常用的培养基，适用于分离。培养初期也可使用，但菌种生长不旺，且易老化、退化。

3. 加富培养基（Ⅰ） 多价蛋白胨 10 g，葡萄糖 50 g，磷酸氢二钾 1 g，硫酸镁 0.5 g，活蚕蛹 30 g，生长素 0.5 mg，琼脂 20 g，加水 1 000 mL，pH 5.0。

4. 加富培养基（Ⅱ） 蛋白胨 40 g，葡萄糖 40 g，去皮鲜马铃薯 100 g，磷酸氢二钾 1 g，硫酸镁 0.5 g，牛肉膏 10 g，生长素 0.5 mg，蝙蝠蛾活幼虫（磨碎）30 g，琼脂 20 g，高寒草甸土浸出液 1 000 mL，pH 5.0。

菌落在加富培养基上比在 PDA 培养基上生长旺盛和迅速；加富Ⅱ号又优于Ⅰ号。

三、优异种质资源

由于冬虫夏草菌生长缓慢，分离培养难度大，人工分离选育的优良菌株（特别是能够稳定产生有性型子实体的菌株）很少；有关冬虫夏草菌株选育的报道更为少见。因此，冬虫夏草种质资源的研究较滞后。Holliday 等（2004）曾用纯的菱形斑响尾蛇毒液作为诱变剂对冬虫夏草进行体细胞融合杂交，获得了一株高生物活性物质的菌株，作为其 Aloha 制药公司（Aloha Medicinals Inc.）的生产菌株。朱芸兰等（2009）对冬虫夏草菌丝体进行过原生质体紫外线诱变，辐照时间 30 s，获得一株遗传性状稳定的优良突变株，液体培养时生物量和虫草素产量分别比出发菌株提高 55.13% 和 113.99%。

（张胜利 于士军 董建飞 徐延平 樊美珍 李增智）

参考文献

陈永久，王文，杨跃雄，等，1997. 冬虫夏草（*Cordyceps sinensis*）的随机扩增多态 DNA 及其遗传分化 [J]. 遗传学报，24（5）：410-416.

高新华，吴畏，钱国深，等，2000. 北冬虫夏草（*Cordyceps militaris*）单孢菌株配对后对子实体形成的影响与无性型产孢结构关系 [J]. 上海农业学报，16（增刊）：85-92.

郝剑瑾，程舟，梁洪卉，等，2009. 基于 rDNA ITS 序列探讨我国冬虫夏草的遗传分化及分布格局 [J]. 中草药，40（1）：112-116.

蒋毅，姚一建，2003. 冬虫夏草无性型的研究 [J]. 菌物系统，22（1）：161-176.

李增智，黄勃，李春如，等，2000. 确证冬虫夏草无性型的分子生物学证据Ⅰ. 中国被毛孢与冬虫夏草之间的关系 [J]. 菌物系统，19（1）：60-64.

梁洪卉，程舟，杨晓伶，等，2005. 青海省冬虫夏草的遗传变异及亲缘关系的形态性状和 ISSR 分析 [J]. 中草药，36（12）：1859-1864.

刘作易，1999. 虫草及其无性型关系研究 [D]. 武汉：华中农业大学.

王忠，马启龙，乔正强，等，2001. 冬虫夏草全人工培养感染试验结果 [J]. 甘肃农业科技（7）：40-41.

杨冠煌，1998. 中国昆虫资源利用和产业化 [M]. 北京：中国农业出版社.

印象初，沈南英，1990. 冬虫夏草菌 *Cordyceps sinensis*（Berk.）Sacc. 的无性世代——中华束丝孢 *Synnematium sinensis* Yin, Shen sp. nov. [J]. 高原生物学集刊，第 9 集：1-5.

余晓斌，罗长才，缪静，2003. pH 值对冬虫夏草深层发酵的影响 [J]. 食品与发酵工业，29（3）：98-100.

赵锦，王宁，陈月琴，等，1999. 冬虫夏草无性型的分子鉴别 [J]. 中山大学学报（自然科学版），38（1）：121-123.

朱芸兰，陈安徽，高淑云，等，2009. 冬虫夏草无性型菌丝体的原生质体诱变选育育种的研究 [J]. 食品科技，35（3）：5-18.

Holliday J C，Cleaver P，Loomis - Powers M，et al.，2004. Analysis of quality and techniques for hybridization of medicinal fungus *Cordyceps sinensis*（Berk.）Sacc.（Ascomycetes）[J]. International Journal of Medicinal Mushroom，6：151-154.

Hu X，Zhang Y J，Xiao G H，et al.，2013. Genome survey uncovers the secrets of sex and lifestyle in caterpillar fungus [J]. Chinese Science Bulletin，58（23）：2846-2854.

Stensrud Ø，Schumacher T，Shalchian - Tabrizi K，et al.，2007. Accelerated nrDNA evolution and profound AT bias in the medicinal fungus *Cordyceps sinensis* [J]. Mycological Research，111：409-415.

Sung G H，Hywel - Jones N L，Sung J M，et al.，2007. Phylogenetic classification of *Cordyceps* and the clavicipitaceous fungi [J]. Stud in Mycology，57：5-59.

Zhang Y J，Xu L L，Zhang S，et al.，2009. Genetic diversity of *Ophiocordyceps sinensis*，a medicinal fungus endemic to the Tibetan plateau：Implications for its evolution and conservation [J]. BMC Evolutionary Biology，9：290.

第三十一章

印 度 块 菌

第一节 概 述

印度块菌（*Tuber indicum*）是一种极为珍贵的美味食用菌，是埋生在森林中土壤里的大型真菌，俗名松露、猪拱菌、无娘果、公块菌（假下陷块菌 *T. pseudoexcauatum*，俗名母块菌）。印度块菌主产于我国西南地区的云南、四川及西藏，也是我国产量较高的块菌种类，其外观通常为不规则的球状，有的小如豌豆，有的大如马铃薯，切开来看，切面是犹如迷宫般的大理石纹路。印度块菌有特殊的香味，闻起来像泥土的气味，也有些像洋葱的气味或黑糖的气味，但又不像，难以形容清楚。

印度块菌富含多种氨基酸、维生素，以及雄性酮、甾醇、脂肪酸、蛋白质等 50 余种生理活性成分，具有益胃、清神、止血、抗癌等药用价值，还可以激发脑细胞活力。研究证明，印度块菌子囊果含有雄性酮前体类物质，使新鲜块菌所散发的独特香气中，含有某种性激素，因此备受人们喜爱。印度块菌不仅是美食，还是理想的绿色保健食品，印度块菌还含有多种矿质元素，如钙、磷、铁、硒等，具有增强免疫力、抗衰老的功能。所以印度块菌在人们的心目中是神秘之物。在欧洲，食用块菌已有几千年的历史，人人爱吃，逢节必吃，是欧洲人最喜爱的高档食品。欧洲市场上，印度块菌成为所有菌类中最负盛名的，最为珍贵、奇特而稀有的富贵菌。与鱼子酱、鹅肝并称世界最贵的 3 种美食，被欧洲人称为"桌上珍品""林中黑钻石""地下黄金""上帝的食物"。目前，中国印度块菌已经出口到欧洲及其他一些地方，市场供不应求。印度块菌 2013 年在法国的市场价为每千克 200 欧元。在中国的市场价为每千克 400～1 000 元人民币。印度块菌早已成为中国西南块菌产地群众经济收入的重要来源。

第二节 印度块菌的起源与分布

印度块菌由 Cooke 和 Massee 于 1829 年根据 Duthie 1829 年 1 月在印度喜马拉雅山脉西南山坡小镇 Mussoorie 附近山地（海拔 2 000 m）采到的样品命名的。印度块菌除在亚洲的印度和中国有分布外，目前在欧洲、北美等各国还未见报道。但它主要分布在中国西南地区的云南、四川、西藏；云南主要分布在昆明、曲靖、楚雄、大理、丽江、迪庆、玉溪、保山、怒江等地区；四川主要分布在攀枝花、凉山；西藏有少量分布在林芝地区。印度块菌居群的源头可能来自青藏高原，一部分沿着怒江、澜沧江河谷向东、向南扩张，另一部分沿长江向东、向北扩张，并进入支流逐步扩散而形成现在的分布格局（乔鹏，2013）。

印度块菌在我国西南地区已经成为主要的野生菌贸易种类，也是国产块菌中最为常见、分布最广、产量最大的种类。但是其开发利用基本上处于"自然生长、自由采摘、自发交易"的状态，多年来的商业利益驱动，无管制、无计划掠夺式的采收使得印度块菌产区的生态环境造成了毁灭性的破坏，菌塘遭到过度干扰及破坏，而且采集幼体又十分普遍，导致自然产量明显下降，商业化采集区已明显减产，大部分采集区几乎采不到块菌，濒临灭绝。因此一方面要开展野生块菌资源的保护，做到科学采集，可持续开发利用；另一方面在适宜地区开展印度块菌的人工栽培具有重要意义。

在块菌栽培方面，1966 年法国人率先利用菌根技术开展黑孢块菌栽培研究，1978 年法国 Agro-Truffe 公司人工田间栽培黑孢块菌成功，并开始投入商业生产。在我国，台湾于 1998 年宣布印度块菌培育成功；2008 年 12 月台商独资的贵州九辰行绿产有限公司栽培印度块菌也获得成功。

第三节　印度块菌的分类地位与形态特征

一、分类地位

印度块菌（*Tuber indicum*）是一种珍贵的地下真菌，属子囊菌门（Ascomycota）盘菌纲（Pezizomycetes）盘菌目（Pezizales）块菌科（Tuberaceae）块菌属（*Tuber*）。

二、形态特征

印度块菌子囊果生地下，球形或者椭圆形，偶见不规则，直径 1.5～9 cm，幼时紫红褐色，成熟后逐渐变成紫褐色、黑褐色或黑色；表面具有明显的多角形瘤突，瘤突基部宽 0.1～0.5 cm，由 3～6 个角锥构成，顶端多平钝，少数瘤突顶端尖。包被厚 250～950 μm（包括瘤突），两层，外层厚 100～550 μm，由近球形、椭圆形，或少部分长柱状细胞组成的拟薄壁组织构成，细胞大小（7～28）μm×（6～20）μm，壁厚 1～3 μm，最外两层细胞黑红褐色或者红褐色，向内逐渐变成黄褐色；内层厚 100～500 μm，由淡黄褐色至无色薄壁的交织菌丝组成，菌丝直径 3～6 μm，少数淡黄褐色膨大的菌丝混于近产孢组织处的包被内层，菌丝直径 8～12 μm，壁厚 1～2 μm。产孢组织幼时白色或者灰白色，随成熟度的不同而逐渐变为黄褐色、褐色、黑褐色或者黑色，由无色薄壁的交织菌丝组成，具有白色、分枝、迷路状分布的细菌脉。子囊大小（55～90）μm×（45～70）μm，球形、椭圆形（图31-1A）或者不规则，无色，无柄或者幼时偶见有柄，薄壁或稍厚，内含 1～4 个孢子（图31-1B），偶有 5～6 个孢子。子囊孢子多椭圆形，少数宽椭圆形；幼时无色，随成熟度逐渐变成黄褐色、红褐色、黑褐色或者黑色；大小随子囊内孢子数目不同而有差异，子囊孢子大小（28.0～48.0）μm×（14.0～22.0）μm，孢子表面以离散的刺为主，部分孢子表面刺基部加宽而使得基部连合形成很低的脊，从而形成完整或者不完整的网纹，但刺的顶端是游离的，刺通常高3～7 μm，基部宽1～3 μm，刺顶端钝或稍尖，部分刺顶端有弯钩。此外，刺的疏密在子囊果个体间存在差异（陈娟，2007）。

图 31 - 1　印度块菌子实体及子囊孢子
A. 产自云南永仁县的印度块菌子实体表面与具白色菌脉的产孢组织　B. 印度块菌子囊孢子

第四节　印度块菌的生物学特性

一、共生树种及菌根形态

印度块菌是一种共生性菌根菌，滇中地区印度块菌主要在云南松、华山松、锥连栎、滇油杉林为主的乔木林中发生。调查发现云南松、华山松、滇油杉、锥连栎等壳斗科植物都是印度块菌的共生树种。印度块菌的菌根为典型的外生菌根，有明显的菌套和哈氏网结构。菌根金黄褐色、褐色、暗褐色。与云南松和华山松形成的菌根呈二叉状、珊瑚状；与滇油杉形成的菌根呈羽状、棒状，与其他壳斗科植物形成的菌根呈塔状、羽状、棒状。菌根有外延菌丝，外延菌丝是透明的，为棉絮状，菌根表面呈"马赛克"镶嵌结构。

二、印度块菌的生活史

印度块菌整个生命周期为200～290 d。每年的4月，印度块菌与宿主树根之间形成共生关系产生杂合器官即菌根，进而生长出菌丝体。菌丝不断繁殖，产生原基。原基再向子囊果演变呈子囊盘状，不久即脱离菌丝体独立生长。此时块菌开始成型，呈半圆形盘状，结构上是两侧分开。然后菌体自身又重新闭合，但中间空隙保持与外界相通。盘的上部变厚，形成子囊盘深色菌丝外层。从子囊盘生成阶段起细胞组织（子囊盘的深色菌丝外层）向中心卷曲，边端缝合生长成球状。子囊是在当年7月从孢子体器生成的。这时候的子囊果重量已达到0.2～1 g。在8～10月，块菌重量猛增的同时，子囊果也在生长发育，使得将要成熟的块菌变化成为一种真正的孢子袋。一旦块菌重量停止增加，菌体逐渐变成黑色，同时也具备了美味的特性（Francesco Paolocci，2006）（图 31 - 2）。

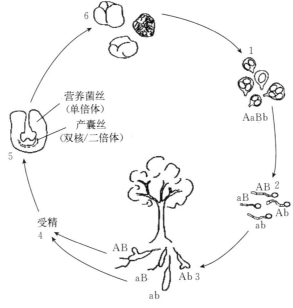

图 31 - 2　印度块菌生活史

1. 子囊孢子　2. 芽管　3. 菌根　4. 营养体　5. 子囊盘　6. 子囊果

（引自 Francesco Paolocci et al.，2006）

三、印度块菌的生长环境

（一）野生印度块菌生长林地的植被类型

印度块菌虽然是中国主要的野生菌贸易种类，但是分布区域非常狭窄。其生长发育需要适宜的生态环境，包括适宜的土壤、光、热、水、空气等非生物因素和动物、植物、微生物等生物因素。据调查印度块菌在西南地区一般的垂直分布为 800～2 600 m。野生印度块菌主要发生在松科与壳斗科植物组成的针叶林、阔叶林和针阔混交林中，在攀枝花地区生于针叶林中出现的频度为 4.7%，生于阔叶林的频度为 7.0%，而生于针阔混交林中的频度高达 88.3%（唐平等，2005）。在楚雄生长块菌的林地一般有以下几种植被类型：①云南松林。树种 80% 以上都是云南松，有少量马桑、南烛，树林从 10 年到 40 年都有块菌发生，郁闭度 60%～70%，林下地被物稀少。②滇油杉林。林分中乔木树种以滇油杉为主，其他有少量锥连栎、毛叶青冈、余甘子和香薷。③华山松林。树种 90% 以上都是华山松，有少量的小叶枸子。④栎类阔叶林。林分以小乔木和灌木为主，郁闭度 60% 左右。树种有锥连栎、黄毛青冈、毛叶青冈和少量滇油杉。灌木主要是车桑子、余甘子和马桑。地被物主要是少量的毛草和地石榴。⑤针阔混交林。是由壳斗科的植物锥连栎、黄毛青冈、高山栲、麻栎、白栎与松科植物的滇油杉、云南松形成的混交林。灌木主要是马桑和南烛。这样的林分是楚雄地区块菌生长的主要类型（苏开美，2005）。

（二）野生印度块菌生长林地的坡位、坡度

印度块菌多分布在西北坡，因为生长在荫蔽的西北向的坡地上可以防止干燥南风的影响。坡度5°～35°都有块菌生长。特别适合生长在坡度20°～30°的坡地上，坡位上、中、下都有印度块菌分布（苏开美和赵永昌，2007）。

（三）野生印度块菌生长林地的土壤情况

土壤对印度块菌的分布影响很大。因为其影响寄主植物的生长，同时土壤的类型特别是酸碱度都与印度块菌的生长发育密切相关。印度块菌立地环境的土壤为石灰岩土、石灰质紫色土、红色石灰土，主要是石灰岩上发育的土壤类型。土壤中不仅含有丰富的钙质，还含有镁、磷、钠等多种矿质元素。沙石、风化石碎片较多，土壤疏松、干燥，透气性好，腐殖质层和枯枝落叶层较厚，有机质含量通常较高。印度块菌菌塘上的土壤呈1～2 mm直径大小的黑色颗粒状。腐殖质较厚的菌塘，块菌的品质较好。印度块菌生长林地上层乔灌郁闭度50%～70%（刘洪玉和陈惠群，1997）。印度块菌生长林地pH范围较宽，中性至微碱性，土壤pH 5.26～8.17都有印度块菌生长（张介平，2012）。但是不同土壤环境中生长的印度块菌，香味有些差别，生长在云南贡山的印度块菌林地土壤的pH 7.6，贡山产的印度块菌品质较好，香气较浓。

（四）野生印度块菌主产区气候条件

川滇交界的金沙江河谷是野生块菌生长的主要地区之一，属于横断山系高山峡谷的一部分，在大气环流和地理环境的双重作用下，形成了从南亚热带至北温带的山地立地气候，具有四季不分明而干、湿季分明（旱季11月至翌年5月，雨季6～10月）的气候特征，本区域属亚热带季风气候区，冬半年晴朗少云，光照强，降水少，夏季温热湿润，具有小气候复杂多样和光热资源丰富的特点。

云南永仁印度块菌产地中和乡的年平均气温20℃，年降水量950 mm，地下10 cm处的年平均温度是20℃。印度块菌产地攀枝花地区的年日照时数为1 900～2 700 h，年降水量700～1 700 mm；最热月（7月）日均温为16.5～25℃，最冷月（1月）日均温3.5～11.4℃。在法国及意大利适合生产黑孢块菌的气候条件是：年降水量600～1 500 mm，夏季平均日温17.5～22.5℃，冬季平均日温1～8℃，年日照时数900～2 800 h，夏季日照时数1 200～1 800 h，生长季日均温≥10℃的积温900～1 900℃（3～10月）（陈应龙，2001）。从上述气候资料可以看出，生长印度块菌的气候与法国及意大利黑孢块菌生长的气候非常类似。有关研究表明，块菌生长不同阶段对温度有一定要求：块菌菌丝生长适宜温度15～28℃，最适温度23～25℃；4～5月块菌生长初期，土温10～12℃适宜；夏季为块菌生长旺盛期，土温宜为25～30℃；秋季为保障块菌成熟，需要凉爽天气；冬季土温不能低于0℃，但若保持5℃有利于块菌完全成熟。块菌在不同生长阶段对水分也有一定的要求：块菌对4月、7月、8月的降水量很敏感。春季降水量对当年块菌子囊果的形成和产量有显著影响。如果春季干旱少雨，子囊果就不能形成或发育迟缓，当年子囊果的形成量就会减少。干旱后菌丝体的正常生长至少需要较长时间才能恢复。夏季降水量少或

雨季推迟，当年子囊果长势差，产量减少，商品质量也差。春雨及 6 月的雨水能使菌根开始活动并促进菌丝生长，7 月雷雨驱使块菌子实体生长，秋天要潮湿但又不能过分潮湿，才有利于块菌快速生长和成熟。

第五节　印度块菌的半人工栽培

欧洲已经商业化栽培黑孢块菌。栽培块菌是一个漫长的过程，从种植园的建立到有块菌子囊果的收获，一般需要 6～7 年的时间，种植园这时才开始进入收获期，以后每年都可以收获到块菌。在法国，少数经营较好的块菌种植园最早生长块菌的时间为 4 年。通常在 10 年后产量逐步提高，并可持续收获 30～40 年，年平均产量为 20～60 kg/hm² （陈应龙，2002）。经营较好的种植园经济效益较好。经过有关分析研究，印度块菌的一些有效成分比法国黑孢块菌还高（刘洪玉等，1997），只是因为采收、保鲜不当造成印度块菌品质差、香气不足，导致印度块菌目前价格远低于法国黑孢块菌。只要改进采收、保鲜环节，印度块菌也非常美味，市场价格将会不断攀升，因此栽培印度块菌前景广阔。

一、半无菌苗的培育

（一）采种

块菌的生长条件虽然较特殊，但宿主范围相对广泛，在自然或人工接种条件下，块菌通常可以与栎属、榛属、鹅耳枥属、椴属、杨属、柳属、桤木属、榉属、栗属、松属、雪松属、冷杉属、胡桃属、半日花属等属的树木根系形成菌根。我国西南地区分布的印度块菌通常生长在云南松、华山松、栎树、桤木、川滇高山栎等林下，并与这些树种有共生关系。培育印度块菌苗木，首先要采摘与其共生的植物种子，对于壳斗科植物的种子一般在 10 月采收，种子采回后必须及时保湿储藏；针叶树种子一般在 11～12 月采收，针叶树云南松、华山松种子采回后自然风干可在下一年使用。只有采收到成熟饱满的种子才能培育出健壮的苗木。

（二）种子消毒杀虫

壳斗科植物的种子采后用 0.1％高锰酸钾浸泡 30 min，用无菌水冲洗干净；再用敌敌畏原液（50％乳剂）1 份加水 500 份浸泡 30 min，用无菌水冲洗干净待用。

（三）河沙灭菌

河沙在高温（121 ℃）、高压（0.15 MPa）下灭菌 2 h 待用。

（四）种子储藏

盆钵用 0.1％高锰酸钾浸泡 30 min，用无菌水冲洗干净。壳斗科植物的种子采回后及时消毒杀虫，及时储藏。方法：在盆钵中撒一层沙，撒一层种子，装满后用沙将种子盖严，沙的含水量为 50％，常温储存 3 个月。老鼠喜欢吃壳斗科植物的种子，在储藏过程中要用铁纱覆盖防鼠。针叶树的种子风干常温保存。

(五) 育苗基质的处理

蛭石与草炭 1∶1 (V/V)，含水量 60%，充分混匀后调 pH，于高温 (121 ℃)、高压 (0.15 MPa) 下灭菌 2 h 待用。

(六) 育苗

在高 10 cm 的盆钵中装 7 cm 厚的彻底灭菌的基质。翌年 2 月种子发芽后播在基质里，在种子上面再盖上 1.5 cm 左右厚的基质。育苗盆钵放在温室中培养，培养期间用无菌水浇润基质，待长出枝叶、须根即可供移植用。在高温高湿的环境云南松苗容易发生猝倒病，一般春节过后要及时播种育苗，待雨水多、湿度大时苗木已经木质化就不容易发生猝倒病。

二、接种用苗的培养

将以上方法培养的苗用干净透明的塑料胶片包裹后移植到内径 5 cm、高 10 cm 的盆钵中，放入日温 20~25 ℃、夜温 18~20 ℃ 的自然光照塑料大棚内培养，培养期间用无菌水浇润基质使维持在田间持水量。经培养约 2 个月后，苗木根系已大部分长至基质外围时，即进行接种。

三、菌根接种

(一) 孢子悬浮液配制

在干净的匀浆器内加入清洗干净的印度块菌及蒸馏水，每 100 g 印度块菌的子囊果加 1 000 mL 蒸馏水，用匀浆器搅拌成孢子悬浮液后待用。

(二) 接种

在每株苗 (接种用苗) 根系周围用滴管或注射针筒加 10 mL 印度块菌的子实体所制成的孢子悬浮液 (孢子悬浮液每毫升约含 12 000 个孢子)。

(三) 苗木培育

接种后的苗木，放入日温 20~25 ℃、夜温 18~20 ℃ 的自然光照塑料大棚内培养，培养期间用无菌水浇润基质使维持在田间持水量。

四、菌根苗形态检测

自接种后开始每隔 10 d 取出苗木检查 1 次，将典型的外生菌根用无菌的小镊子取下，在体视镜下用毛刷刷掉泥土，用蒸馏水清洗干净，将根系直接放在 0.7~11.5 倍的立体显微镜下观察菌根形态，在 20~40 倍显微镜下观察外延菌丝。印度块菌接种壳斗科树苗 3 个月时，形成金黄褐色单轴状、羽状或不规则的菌根 (图 31 - 3)。接种云南松、华山松 3

个月时形成二叉状、珊瑚状外生菌根。自菌套延伸出外延菌丝，其外延菌丝呈棉絮状，是透明的。在接种 6 个月后可见暗褐色及萎缩的老化菌根。

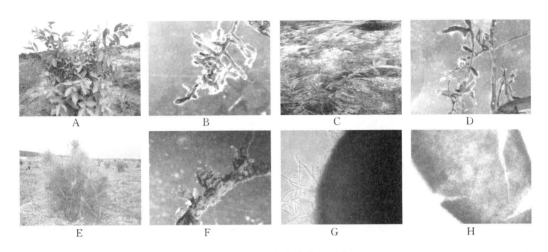

图 31-3　印度块菌菌根形态

A. 印度块菌的寄主植物锥连栎　B. 印度块菌与锥连栎形成的菌根形态　C. 印度块菌的寄主植物板栗　D. 印度块菌与板栗形成的菌根形态　E. 印度块菌的寄主植物云南松　F. 印度块菌与云南松形成的菌根形态　G. 印度块菌外延菌丝　H. 印度块菌菌根表面结构

五、炼苗

（一）育苗基质的处理

蛭石与草炭 1∶1（V/V），含水量 60%，充分混匀后调 pH，于高温（121 ℃）、高压（0.15 MPa）下灭菌 2 h 待用。

（二）换盆（袋）

印度块菌与锥连栎合成的菌根化苗生长 6 个月左右时，将其移栽到大小为 20 cm×25 cm 的盆钵中，并装满灭菌的基质。

（三）苗木培育

换盆（袋）的苗木放入日温 20～25 ℃、夜温 18～20 ℃ 的自然光照塑料大棚内培养，培养期间用无菌水浇润基质使维持在田间持水量。

（四）出栽

苗木炼苗 1～2 年后，生长到 30 cm 左右高，菌根感染强度达到 50% 时就可以栽种到条件适合的地中。出栽前不仅要检测菌根的感染强度，还要检测苗木的污染情况。这个非常重要，如果污染的菌根栽到地中会污染其他的苗木，造成严重的后果。

六、印度块菌园建设

（一）选地的气候条件

在西南地区选择上述四季如春、与野生印度块菌生长发育相对应的气候条件。需要无极端的夏天酷热与无极端的冬天寒冷气候。

（二）块菌园的土壤选择及改良

在自然条件下，印度块菌生长的土壤类型是钙质丰富的石灰质土、紫色石灰土、红色石灰岩土。土壤 pH 6.0～7.6，呈弱酸弱碱性。人工接种及栽培试验进一步表明，土壤 pH 7.9 时较有利于块菌菌根的生长和发育。而且富含金属离子的红色石灰岩土有利于块菌的生长，因此这种土壤条件下的块菌自然产量最高。南方各省份的土壤多数 pH>6.5，很少有能达到 pH 8.0 的。pH<7.5 的土壤用来栽培印度块菌时，要用石灰及石灰石进行改良，石灰混入土壤的深度为 30 cm，这样根系可以在 30 cm 的范围内生长，有利于块菌的生长发育。当然，最好能选择土壤 pH>7.0 而且四周无竞争性外来菌根菌的地块营造块菌林。但是 pH 太高会影响栎树等宿主植物对金属离子等营养元素的吸收导致枯黄病，一般改良在 pH 7.9 左右较好。

（三）土壤 pH 的检测

栽培块菌的土壤对钙质要求较高，一般可用 10% 的盐酸对土壤进行检测，如果 10% 盐酸滴到土壤中有大量的泡泡，一般这样的土壤酸碱度都会 pH>7.0，pH 7.0～7.9 的土壤可以用来栽培块菌，要知道准确的土壤 pH，需要用标准的 pH 测量仪进行测量。

（四）造林地坡度的选择

选地时最好有 10°～30° 的坡度，不容易积水，有利于菌根的生长发育。

（五）栽植密度

印度块菌栽植株行距可以选择 5 m×5 m（400 株/hm²）或 4 m×5 m（500 株/hm²）（胡弘道，2010），可采用针阔混交林的方式栽植，有利于减少病虫害的发生。

（六）灌溉

西南地区属于季风气候，5 月有少量的雨水，6 月栽苗后逐渐有雨水浇灌。一般昆明地区栽块菌苗选择在 6 月栽种，如果遇到下雨就省了很多劳动力。如果没有雨水一定要进行浇灌，幼苗既不能干旱，也不能水涝；干旱菌根会消失，水涝菌根也会消失；一定要保持土壤湿润才有利于块菌菌根的生长发育。

（七）虫害的防治

块菌苗栽在地中以后，会有土蚕吃菌根，也会有一些其他昆虫危害苗木。土蚕一般可以用气味较浓烈的昆虫驱避剂放在树苗的基部而使其离开。叶面害虫可参考使用蔬菜杀虫剂杀灭。

(八) 块菌林地的除草

块菌林地中会有很多杂草生长，杂草会与苗木竞争土壤中的水分、养分及阳光。太多杂草会抑制树木根系的生长，而且过多的杂草会造成苗木的死亡。不仅要清除苗木周围的杂草，其他空地上的杂草也要彻底清除。树苗周围有根系生长的位置，可用钉耙松土的同时拔除杂草，其他地方可以用刀割除，或者用锄头铲除，但是不能挖到树根。为了抑制杂草生长，可以在林中空地上种苕子。苕子是一种绿肥，也是一种豆科作物，有固氮的作用。种苕子既能抑制杂草生长，还可增加土壤的肥力。

野生块菌林下植被一般较丰富，周边杂草生长良好，唯独子囊果周边的草本植物会枯死，如同火烧迹地一般，这是块菌特有的"Pianelli"现象，即块菌对杂草的克生性。树苗长到 5 年以后，杂草就会逐渐减少。草本植物的消失，能促进土壤中氧气的流通，减少其他土壤微生物的竞争，从而有利于块菌子囊果的形成。

(九) 块菌林地的松土

块菌林地土壤一定要疏松，才有利于菌根的生长发育。一般一年要松土 1～2 次，昆明地区一般在 2～3 月松土较好。栽后 1～3 年松土的深度一般在 15 cm。栽后第一年离树苗 15 cm 半径范围内松土，第二年离树苗 30 cm 半径范围内松土，第三年 50～70 cm，第四年 70～100 cm。当出现烧焦区（块菌对杂草的克生性）时，松土 6～8 cm 深。对土壤表层进行松土，有利于根系在地表层的生长发育（胡弘道，2010）。

(十) 土壤 pH 的管理

栽培地的土壤保持在 pH 7.5～7.9 较适合印度块菌菌根苗的生长，但是 pH 7.9 是最适宜的。如果 pH<7.5，应加石灰提高土壤 pH。因为土壤 pH 低，其他自然生长 pH 较低的菌类就会感染块菌林木的菌根，造成污染。最佳途径是在栽植苗木前改良土壤，使土壤 pH 7.9，以使适合生长在较低 pH 环境的菌根菌失去竞争能力。

第六节 印度块菌的采收

一、如何寻找印度块菌

随着人们对块菌生态学研究的不断深入和块菌认识的加深，块菌的驯化和栽培研究已取得突破性进展。目前，通过人工接种技术生产菌根化苗，再将其移栽到适宜条件下的林地中进行栽种，一般 4～7 年便可以收获到块菌子囊果。这种半人工模拟栽培技术不但在块菌原产地的法国、意大利、西班牙等欧洲国家得到应用和推广，而且南半球的新西兰和澳大利亚对黑孢块菌的栽培试验也取得了成功。我国有关研究单位也在积极开展块菌的栽培研究；苏开美已经完成了印度块菌与云南松、华山松、板栗、锥连栎、高山栲、圆叶杨、化香树等树木的菌根合成，并已栽培约 2.7 hm^2。

野生印度块菌产量极低，人工种植困难很大，生产周期很长。印度块菌菌根苗栽后6～7年，条件适合，管理正确才会长出块菌子囊果。由于印度块菌深藏于树木根部，只有猪和经过专门训练的狗凭灵敏的嗅觉可以发现。因此找块菌不是一件容易的事情，但是块菌成熟后会散发出一种特殊的香气。用成熟的块菌训练狗或者母猪，就能帮助找到块菌。

二、如何培训块菌狗

块菌狗如何培训？狗天生贪玩，可以用多种玩具跟狗玩，选出其最喜欢的玩具，然后经常用狗喜欢的玩具跟狗玩，它熟悉玩具以后就把玩具埋在土里10 cm左右深的地方，让它去找，找到后把玩具抛出，跟狗玩一会儿表示奖励，再让它找，找到后再跟它玩，等狗会找玩具后，把块菌和玩具埋在一起，让狗去找。通过多次训练，形成条件反射后，狗就有寻找块菌的能力了。通过训练后狗会找到块菌的准确位置，只需用耙子轻轻扒出即可。在国家食用菌产业技术体系经费的资助下，苏开美已训练出两只能熟练寻找块菌的块菌狗，一只是史宾格狗（图31-4），一只是马犬。对史宾格狗和马犬寻找块菌的能力做了一个比较，史宾格狗个子小，嗅觉灵敏，搜索意识强，非常适合用于寻找块菌。马犬个子大，在树林里消耗体能大，对寻找块菌的欲望没有史宾格狗持久。在国外也训练拉布拉多犬找块菌，在中国建议把史宾格狗作为块菌狗的主要狗种来推广应用。

图31-4 印度块菌子实体及块菌狗

A. 史宾格狗　B. 印度块菌子实体

第七节　印度块菌的保鲜储藏

印度块菌采收后，应该立即用软毛刷刷掉泥沙，进行真空包装后在0～5 ℃冷藏，这样新鲜块菌可以保存15 d左右。其他方法加工、保鲜应该首先降低块菌表面的水分及湿度，以降低发病概率。在储藏各个工序中，均应及时剔除腐烂块菌，并集中处理，以减少病原菌传播。而且在块菌储运中尽量不用塑料袋包装，可使用通风的布袋或编织袋，虽然会损失部分重量，但可大大降低储运过程中的病害发生。只要在各个环节预防重视，块菌病害可以得到控制。

（苏开美）

参考文献

陈娟，2007. 中国块菌属的分类与系统学 [D]. 昆明：中国科学院昆明植物研究所.

陈应龙，2002. 欧洲块菌人工栽培技术研究 [J]. 中国食用菌 (1)：7-11.

胡弘道，2010. 块菌（松露）培育与食谱 [M]. 台北：华香园出版社.

刘洪玉，陈惠群，1997. 块菌的营养价值及其开发利用 [J]. 资源开发与市场 (12)：61-65.

乔鹏，2013. 中国西南地区印度块菌复合群谱系地理学与遗传学研究 [D]. 昆明：中国科学院昆明植物研究所.

苏开美，2005. 云南省永仁县万马乡块菌生态环境调查研究 [J]. 中国食用菌 (4)：12-13.

苏开美，赵永昌，2007. 楚雄地区大型真菌及保育促繁技术 [M]. 昆明：云南科技出版社.

唐平，兰海，雷彻虹，2005. 攀枝花块菌资源及适宜生境初探 [J]. 四川林业科技 (2).

张介平，2012. 中华夏块菌的分类、群体遗传学及菌根合成研究 [D]. 昆明：中国科学院昆明植物研究所.

Paolocci F，Rubini A，Riccioni C，et al.，2006. Reevaluation of the life cycle of *Tuber magnatum* [J]. Appl Environ Miocrobiol (4)：72.

褐环黏盖牛肝菌

第一节　概　　述

　　褐环黏盖牛肝菌（*Suillus luteus*），又名褐环乳牛肝菌、土色牛肝菌，因其菌盖表皮容易整块剥下，在浙南山区被采集的农民称为剥皮菇，因菌盖表面黏而在东北称为黏团子。褐环黏盖牛肝菌是一种广布性的优良菌根食用菌，在浙南山区、东北、云南等均被当地百姓采食。褐环黏盖牛肝菌营养丰富，味道鲜美，具有特色；新鲜子实体菌盖富含胶质，烹饪后口感软、滑，汤色鲜黄，极易引起消费者食欲；干后子实体炒、煲汤，质感软硬适中，口感优于美味牛肝菌等。该菌含有胆碱及腐胺等生物碱，试验抗癌，对小鼠肉瘤180 和艾氏癌的抑制率分别为 90％和 80％。

第二节　褐环黏盖牛肝菌人工栽培的起源与分布

　　褐环黏盖牛肝菌人工栽培成功于 2006 年，由丽水市林业科学研究院应国华等依据菌根技术，即采用人工接种培育的菌根苗，按一定的密度要求种植在经过消毒的苗圃地上，经过管理，采用人工催菇等措施，成功栽培出褐环黏盖牛肝菌子实体，最高的局部每平方米产子实体 90 多朵。2008 年又成功在山地上采用相同的技术，培育出褐环黏盖牛肝菌子实体，174 m² 的山地 2008 年冬季至 2009 年春季的产量 14.5 kg。目前正在就菌根苗的集约化生产技术开展研究，为实现产业化具备的经济性要求提供技术支撑。

　　褐环黏盖牛肝菌分布于我国浙江、黑龙江、吉林、辽宁、内蒙古、河北、山东、江苏、安徽、福建、江西、湖南、广西、广东、云南、山西、贵州、四川、陕西、西藏，以及日本、俄罗斯（远东地区）、其他欧洲国家、北美等地。与马尾松、台湾松、落叶松、云杉和冷杉等树木形成外生菌根。

第三节　褐环黏盖牛肝菌的分类地位与形态特征

一、分类地位

褐环黏盖牛肝菌（*Suillus luteus*）属担子菌门（Basidiomycota）蘑菇纲（Agaricomycetes）

蘑菇菌目（Boletales）黏盖牛肝菌科（Suillaceae）黏盖牛肝菌属（*Suillus*）。

二、形态特征

菌盖淡黄色或黄褐色、红褐色或肉桂色，老后色变暗，肉质，幼时半球形，后发育成扁半球形，老熟时近扁平，直径 3~12 cm，有光泽，湿时黏滑，黏液干后变为线条。菌肉淡黄色，柔软，受伤后不变色。菌管黄色或芥黄色，鲜亮，老后变暗，管口三角形，直生或延生，不易分离。菌柄近柱状，基部稍膨大，淡黄褐色，全柄略等粗或下部稍粗，长1.5~7 cm，直径 0.9~2.4 cm，实心，菌柄上部常具小腺点，菌环在菌柄上部，易脱落。孢子平滑，带黄色，近纺锤形或长椭圆形，大小（7.5~9）μm×（3~3.5）μm；孢子印锈褐色。囊状体丛生，棒状，无色至淡褐色，大小（22~41）μm×（5~8）μm。

第四节 褐环黏盖牛肝菌的生物学特性

一、营养要求

（一）碳源

碳源是褐环黏盖牛肝菌菌丝生长的重要营养源。褐环黏盖牛肝菌属于菌根菌，不同于木腐菌，无法通过酶分解纤维素、木质素作为营养来源，只能利用单糖、多糖、淀粉作为碳源。根据几种碳源对菌丝生长状况的影响研究，葡萄糖、麦芽糖、果糖是褐环黏盖牛肝菌适宜的碳源，菌丝洁白，气生菌丝生长旺盛，生长速度较快，菌丝与培养基结合紧密；以蔗糖为碳源的培养基上，菌丝的蔓延虽然很快，但接种块恢复缓慢，菌丝细弱、稀少、量少，以甘油为碳源的培养基上，菌丝生长细弱，菌丝与培养基的亲和力不强，菌丝生命力不旺。

（二）氮源

氮源是褐环黏盖牛肝菌菌丝生长的另一重要营养源。根据多种氮源对菌丝萌发、生长状况的影响研究，褐环黏盖牛肝菌菌丝对铵态氮利用较好，在磷酸二氢铵、氯化铵培养基中不但菌丝生长较快，而且菌丝白，发菌有力，生长旺盛，培养基颜色改变小，说明菌丝色素分泌少，对培养基适应较好；有机氮中，对牛肉膏利用较好，发菌速度快，菌丝长势好，酵母膏次之，在豆胨、蛋白胨培养基上菌丝生长较差，在培养基中添加麦麸，能够促进菌丝生长或提高菌丝球产量。

（三）矿质元素

褐环黏盖牛肝菌需要磷、镁、钾、硫、铁。在固体斜面培养基和液体培养基中添加硫酸镁、磷酸二氢钾、氯化铁，能够促进菌丝生长。

二、环境要求

（一）子实体发生季节

在不同地区褐环黏盖牛肝菌子实体发生的季节是不一样的，多数地区发生在夏秋季节，而在浙南山区，低海拔多在秋冬、早春发生，高海拔在春夏发生，如在丽水市林业科学研究院百果园的马尾松林褐环黏盖牛肝菌的自然发生期多在 11 月初到翌年 4 月上中旬，呈散生或群生状；在庆元海拔高于 1 100 m 的大洋林区，发生季节在 4 月至 5 月下旬，具体的发生高峰期与该时期内具体的天气状况有关。

（二）子实体发生发育过程

在一般季节，土中菌丝也稀少，而进入出菇季节，土层及土表石块或落叶下菌丝增多，逐渐密集、趋浓变白，在温湿度、土壤水分等适宜条件下，聚集的菌丝分化产生原基，原基初始的形状是白色长形小棒状，长约 0.5 cm，直径 2 mm，以后从顶端分化出菌盖，先为白色，后变为淡褐色，此阶段若除去落叶、触动菇蕾或天气持续过干，菇蕾就会死亡。随着菌柄变粗、增长，菌盖变大，菌盖由幼时半球形趋于平展，菌膜开始破裂，并在菌柄上留下菌环，颜色变为褐色。当菌盖趋于平展时，孢子开始大量散发，菌管也由黄色变为污黄色，以后子实体从菌管开始腐烂，并能在其上发现许多取食子实体的幼虫。褐环黏盖牛肝菌从原基到成熟到老（过）熟整个过程 8～12 d，发育与温度的关系见表 32 - 1。

表 32 - 1　褐环黏盖牛肝菌的菌盖生长速度与温度的关系

日期	1 月 25 日	1 月 26 日	1 月 27 日	1 月 28 日	1 月 29 日	1 月 30 日	1 月 31 日	2 月 1 日	2 月 2～5 日	2 月 7 日
直径（cm）		1.8	2.3	2.6	3.0	3.3	3.8	4.7	9.9	11.2
生长量（cm/d）			0.5	0.3	0.4	0.3	0.5	0.9	1.05	0.65
气温（℃）	6.6	7.5	8.5	7.9	8.0	8.6	7.3	5.3	7.8～8.1	13.8

（三）褐环黏盖牛肝菌发生的森林生态条件

褐环黏盖牛肝菌发生的森林生态条件包括立地、土壤、林分结构以及气象因子。研究表明，影响褐环黏盖牛肝菌子实体能否发生和发生量多少的根本因素是共生树种、林分结构、立地、土壤；降水量、温度等气象因子是决定每年子实体发生的时间和当年产量高低的关键。

1. 子实体发生林的树种组成　丽水发生的褐环黏盖牛肝菌生长在以马尾松为优势树种的纯林、针阔混交林或马尾松林缘的竹林内，除马尾松外，还有香樟、赤楠、米槠、白栎、栀子、微毛柃、冬青、菝葜、杜鹃、雷竹、草本芒萁、蕨等。在丽水市郊百果园马尾松纯林边缘雷竹林内，林下植被种类和数量均少，地表覆有枯落的竹叶，厚度在 2 cm 以下，一个发生季节能发生 3～4 批子实体，经人工干预措施，能够发生 6 批子实体。

2. 子实体发生林的共生树树龄　在自然条件下，发生褐环黏盖牛肝菌子实体的马尾松树龄多为 12～28 年生，而根据在圃地和山地人工栽培的实践，采用优质的菌根苗，适宜的密度，3～4 年即可发生子实体，因此自然中应该有比 12 年更低树龄的松林发生褐环黏盖牛肝菌子实体。

3. 子实体发生林的郁闭度　林内郁闭度不同对褐环黏盖牛肝菌的发生有明显影响。调查发现（表 32 - 2），郁闭度为 0.7～0.85 的林内地上易发生，在郁闭度超过 0.85 的马尾松林中，没有发现褐环黏盖牛肝菌；在人工栽培褐环黏盖牛肝菌的菌根林中，随着树龄的增长，郁闭度的提高，产量呈现下降的趋势。

表 32 - 2 不同立地植被的产量统计结果

项　目	立地植被类型			
	松林	小竹林	雷竹林	山岙松林
面积（m²）	50	50	56	30
树种组成	马尾松、樟树	10年生四季竹，离马尾松 3～8 m	10年生雷竹，少量香樟	小竹、香樟、马尾松
共生树种树龄	马尾松树龄 20～22 年	马尾松树龄 20～22 年	马尾松树龄 20～22 年	马尾松 12 年生
植被	杜鹃、檵木、芒萁等，地被芒萁密布，枯枝落叶层以松针为主	小香樟、栀子、赤楠、檵木、菝葜、鸭趾草、茅草、蕨，地被物为竹叶、杂草落叶，厚 0～3 cm	小香樟，赤楠、白栎、栀子、微毛柃、菝葜，每种 1～2 株，地被物为雷竹叶和松针，厚 0～2 cm	芒萁、蕨、杜鹃，地被物以竹叶为主，厚 0～3 cm
坡位	中上坡	中上坡	中上坡	中下坡
坡向	西坡偏南	西北坡	西偏南	西
坡度（°）	25	20～25	20～25	15
郁闭度	0.6	部分 0.5，部分 0.9 以上	0.7	0.5
2002—2003 年出菇量［个（g）］	无	5（112.5）	108（2 293）	2（58.3）
2003—2004 年出菇量［（个，g）］	无	3（66.7）	72（1 607.9）	2（56.7）
说明	位于小竹林、雷竹林的上面	位于松林的西北下面	位于松林的西偏南下面	

4. 子实体发生林的立地　经调查，浙南山区褐环黏盖牛肝菌的发生地海拔 120 m 左右，坡度 20°左右，中上坡位，顶部坡度平缓，光照充足，坡向有西坡、东南坡、西南偏西坡。海拔 1 100 m 的庆元林场大洋林区的黄山松林地边上的乱石堆中有自然发生。

5. 子实体发生林的土壤　丽水低海拔子实体发生林的土壤基岩为凝灰岩，土壤类型为红壤，土壤质地为中壤土，pH 4～4.5，土壤瘠薄，土层厚度一般在 30 cm 以内，有的基岩裸露，土壤有机质含量低，为 0.75%～1.84%，土壤的石砾含量较高，达到33.04%～36.59%（表 32 - 3）。高海拔发生林的土壤为黄壤，pH 4～5，土壤的石砾含量较高，达到 50.91%～69.72%。

表 32 - 3　褐环黏盖牛肝菌百果园试验地土壤主要理化性质

土　层	石砾含量（%）	pH	质地	水解性氮（mg/kg）	有效磷（mg/kg）	速效钾（mg/kg）	有机质含量（%）
第一层	33.04	4	中壤	84.84	1.2	11	1.84
第二层	36.59	4.5	中壤	15.55	0.4	13.5	0.75

6. 子实体发生的温度　根据 2002—2003 年出菇季四潮菇的气温参数实测，发现每潮菇的采摘日期前推 10 d 的原基发生期，气温都为 10～16 ℃，如第一潮菇的 2002 年 10 月 27 日至 11 月 1 日，第二潮菇的 11 月 9～13 日，第三潮菇的 2003 年 2 月 16 日左右，第四潮菇的 2003 年 2 月 22～25 日。即使是温度适合原基发生，而两潮菇之间也至少有 7 d 以上的间隔期，原基发生后，以日平均温度不超过 18 ℃较适合子实体的生长（图 32 - 1 至图 32 - 4）。

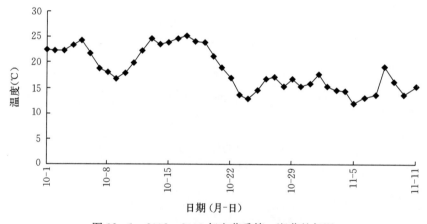

图 32 - 1　2002—2003 年出菇季第一潮菇的气温

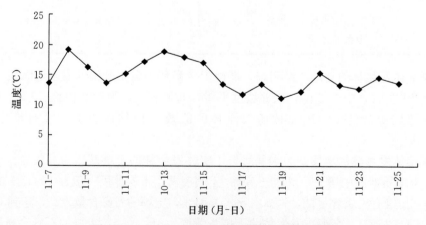

图 32 - 2　2002—2003 年出菇季第二潮菇的气温

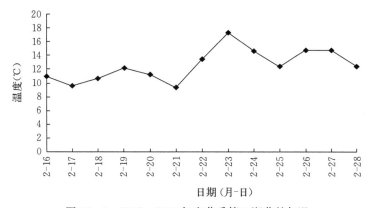

图 32 - 3　2002—2003 年出菇季第三潮菇的气温

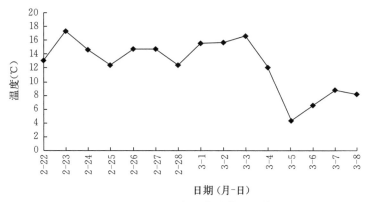

图 32 - 4　2002—2003 年出菇季第四潮菇的气温

7. 子实体发生的降水量　降水量是影响当年褐环黏盖牛肝菌子实体发生时间的主要因子，根据每潮菇发生前的降水量记录，在每潮菇发生前都有降水，每潮菇发生前的4～23 d 的降水量合计均超过 35 mm（图 32 - 5 至图 32 - 8）。

对土壤含水量进行测定显示，在原基发生期，土壤含水量要达到 15% 以上。

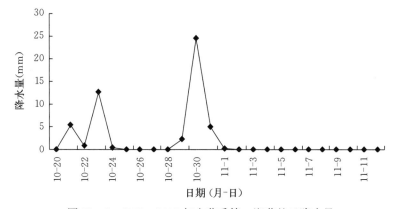

图 32 - 5　2002—2003 年出菇季第一潮菇的日降水量

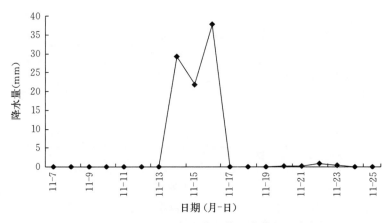

图 32 - 6　2002—2003 年出菇季第二潮菇的日降水量

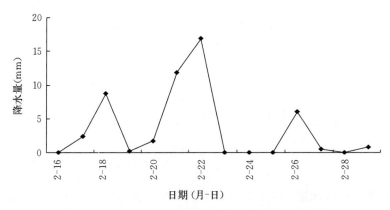

图 32 - 7　2002—2003 年出菇季第三潮菇的日降水量

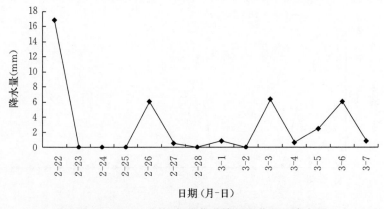

图 32 - 8　2002—2003 年出菇季第四潮菇的日降水量

8. 子实体发生的空气湿度 子实体发生的场所是枯枝落叶下或石砾缝下，能够保持较高、稳定的相对湿度。空气相对湿度对子实体发生的影响不如降水、温度影响大。但空气相对湿度对子实体的生长影响很大，较高的空气相对湿度非常有利于子实体的生长。根据记录（图 32-9 至图 32-12）在褐环黏盖牛肝菌子实体的整个发生生长期，空气相对湿度多数为 80% 以上。若相对湿度低于 80%，幼小的菇蕾容易干枯死亡。

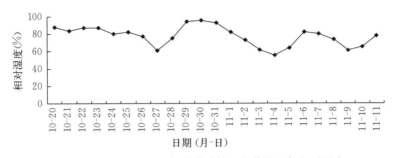

图 32-9　2002—2003 年出菇季第一潮菇的空气相对湿度

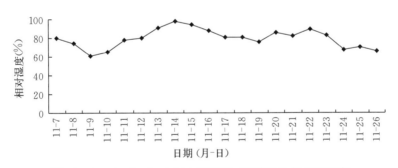

图 32-10　2002—2003 年出菇季第二潮菇的空气相对湿度

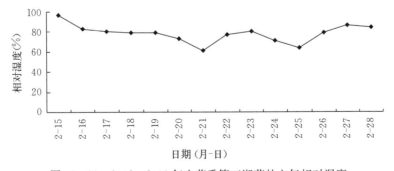

图 32-11　2002—2003 年出菇季第三潮菇的空气相对湿度

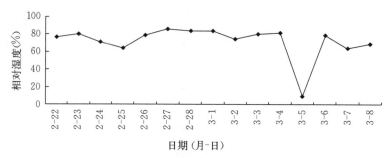

图 32 - 12　2002—2003 年出菇季第四潮菇的空气相对湿度

三、生活史

褐环黏盖牛肝菌的担子及担孢子着生于菌盖背面的菌管内，担孢子成熟后弹射飞散落入地面，在水等外力作用下渗入表土并受松树根分泌物刺激萌发成菌丝，部分菌丝进入松树根系皮层细胞间隙形成相互联结的哈蒂氏网，形成菌根，每年秋季土壤中的菌丝生长发育加快形成菌丝团和菌索，菌丝团和菌索进一步发育形成子实体原基，继续发育长成成熟的子实体，成熟的子实体产生新的成熟孢子，完成一个周期的生活史。

第五节　褐环黏盖牛肝菌的菌种培养与菌根苗培育

一、菌种分离

（一）培养基配方

褐环黏盖牛肝菌分离相对比较容易，适宜的配方较多，只要有单双糖碳源、铵态氮氮源和矿质元素，都可以满足其组织块恢复生长的需要。

PDA 改良培养基：马铃薯 100 g，磷酸二氢钾 1.5 g，硫酸镁 1 g，酒石酸铵 1 g，柠檬酸铁 0.5 mg，硫酸锌 2.5 mg，葡萄糖 20 g，维生素 B_1 10 mg，琼脂 20 g，水 1 000 mL，自然 pH。该培养基是经过多年筛选的适合褐环黏盖牛肝菌生长的培养基，表现为菌丝生长快，气生菌丝发达，健壮。

MMN 培养基：氯化钙（$CaCl_2 \cdot 2H_2O$）0.05 g，氯化钠 0.025 g，磷酸二氢钾 0.5 g，磷酸氢二铵 0.25 g，硫酸镁（$MgSO_4 \cdot 7H_2O$）0.15 g，氯化铁 0.012 g，麦芽粉 3 g，葡萄糖 10 g，牛肉汁 15 g，维生素 B_1 10 mg，琼脂 20 g，蒸馏水 1 000 mL，自然 pH。

（二）培养基配制

以 PDA 改良培养基为例，先将琼脂剪成短段，用清水浸泡软化。马铃薯称取 100 g，洗净，去皮，切成薄片，放入装有 1 000 mL 清水的锅中，煮沸 15～20 min，用纱布过滤取汁，将浸泡软化的琼脂加至马铃薯汁中，加热溶化，最后加入磷酸二氢钾、硫酸镁、酒石酸铵、柠檬酸铁、硫酸锌、葡萄糖、维生素 B_1，补水定容至 1 000 mL，分装试管，塞好棉花塞，包好防水纸后放入灭菌锅中；在 0.1～0.14 MPa 压力下（121 ℃）消毒

30 min。待压力降为 0 Pa，从锅中取出后摆成斜面，冷凝后即可使用。

（三）分离子实体选择与处理

选择出菇较为密集、菌盖圆整较大、肉厚、未开伞的子实体作为分离子实体，用信封、报纸或吸水纸包好带回室内。去除子实体表面杂物，切除菇柄基部，用 75％酒精药棉擦拭子实体表面。

（四）组织分离

将处理好的供分离子实体与分离所需的工具、培养基一起放入接种箱，气雾消毒剂 4 g/m³ 消毒 30 min，放置超净工作台上，双手用 75％酒精药棉擦消，将菌柄从基部开始向上一分为二撕开，用小刀在菌肉与菌管交界处切割成 0.5 cm×0.5 cm 的组织块，用接种针或镊子移至斜面培养基中间部位。

（五）菌种培养

将分离的试管置于 26 ℃恒温箱中培养，约 48 h 后，组织块表面开始恢复，周围长出白色菌丝，当菌丝在培养基上生长到 1～2 cm 时，选择菌丝发育良好的试管，切取尖端菌丝转接到新的斜面培养基上，经培养成为扩繁用母种。

二、菌种扩繁

菌种扩繁的目的是获取大量的菌丝体，用于接种无菌苗培育成菌根苗。褐环黏盖牛肝菌的菌种扩繁有固体培养和液体培养两种方式。

（一）母种扩繁

菌丝体扩繁，首先是母种扩繁。由于褐环黏盖牛肝菌属于菌根菌，用常规 PDA 配方，进行母种扩繁效果不好，主要表现菌丝生长慢，容易分泌色素，很难长满斜面。必须选择适宜的培养基配方。根据试验表明，MMN 配方比较适合褐环黏盖牛肝菌的菌丝扩繁。母种扩繁可以采用斜面，斜面制作同上。也可以选用培养皿作为母种扩繁容器。

平板培养基配制：1 000 mL 的三角瓶中装入配制的液体培养基 600 mL，瓶口塞好硅胶塞，包好牛皮纸后与培养皿一起放到灭菌锅中灭菌，按程序要求操作，高压灭菌 45 min，灭菌结束后，快速取出后放到超净工作台上，无菌操作将营养液均匀倒入培养皿，让净风吹至培养基凝固，盖好平皿盖，用封口膜封口。

母种转接：在接种箱或超净工作台上，按无菌操作要求，用接种刀和铲从扩繁用母种试管挑取 0.5 cm×0.5 cm 的菌丝块，放置到试管斜面培养基或平板培养基上，每支试管放 1～2 块，每个平板放 3 块，塞好棉塞或用封口膜封口，放入 26 ℃恒温箱培养，20 d 左右即可使用。

（二）液体菌丝体扩繁

液体培养是目前菌根菌菌种扩繁的最主要手段，也是效率最高和最经济的方法，它使菌丝体在液体营养和高通气的条件下达到快速繁殖，生产大量高活性的菌丝体。

母种选择：将扩繁的母种及时用于液体菌丝体扩繁。母种要选择菌龄短、菌丝白色、生长快、气生菌丝较浓、培养基部分为亮黄色的斜面母种或平板母种，这样的母种菌丝活力强，接入液体培养后，断裂的菌丝多，增殖快，菌丝体产量高。满管或平板后较长时间的不选用，菌丝成灰褐色的不选用，培养基转成深褐色的不选用。

液体培养基配方：马铃薯 50 g，葡萄糖 10 g，红糖 10 g，磷酸二氢钾 0.5 g，硫酸镁（$MgSO_4 \cdot 7H_2O$）0.25 g，氯化铁 0.012 g，水 1 000 mL，自然 pH。

配制与接种：按常规配制方法配好培养基，马铃薯煮液时间要短，过滤要干净。1 000 mL 三角瓶中装入 600 mL 液体培养基，500 mL 三角瓶中装入 300 mL 液体培养基，这样比例的装液量，既可以保证通气条件的满足，又可以培养尽可能多的菌丝体。常规高压灭菌后，在接种箱或超级工作台上，将扩繁母种的菌丝体划成 2 cm×2 cm 的小块，用接种铲铲取菌丝块时带培养基尽量要少，以确保接入后浮在液体表面，一般 1 000 mL 三角瓶接种 2 块菌丝块，500 mL 三角瓶接种 1 块菌丝块。

培养：接种了菌丝块的三角瓶，首先要保持菌丝块尽可能浮在液面上，然后放在 25 ℃条件下静置培养 2 d，待菌丝块切口恢复长出新菌丝后，放到 25 ℃振荡培养。水平圆周回转的振幅 30 mm 时，摇床转速为 150 r/min；水平圆周回转的振幅 50 mm 时，摇床转速为 130 r/min。振荡培养 14～17 d 即可，低于 14 d，菌丝产量达不到最大值，超过 17 d，增殖的菌丝球活性下降，培养时间再长，大量菌丝球会失去活性。

（三）固体菌种培养

配方一：蛭石、膨胀珍珠岩、泥炭，体积比为 1：1：1。

配方二：松木屑（锯板屑）79%，麦麸 20%，石膏 1%。然后用 MMN 液体培养基调节含水量，至手握成团、落地能散即可。装入盐水瓶或菌种瓶，装料高以 8 cm 较合适，压平料面，中间打孔，塞好棉塞，也可以用 14 cm×27 cm 菌种袋装料，灭菌冷却后接入褐环黏盖牛肝菌菌种，最好采用液体培养的适龄菌丝球，与斜面菌种相比，能够显著加快菌种恢复、吃料和发菌速度。接种后置 25 ℃恒温条件下培养，菌丝发满培养料即可用于无菌苗接种。

三、菌剂制作

菌剂是指将菌丝体加工成便于无菌苗接种的剂型。菌剂可以保持菌丝体的活性，提高菌丝体与松树根系的附着力，进而提高菌根合成率，同时便于携带，接种效率高。菌剂包括固体菌剂和液体菌剂。

（一）液体菌剂制作

将培养好的液体菌种用纱网过滤，获得菌球。将 300 mL/L 菌丝球加过滤后的培养液至 1 L，加悬浮剂 4 g/L，用小型粉碎机打碎拌匀制成一瓶菌剂，菌剂最好随配随用，每 500 mL 的菌剂可接菌根苗约 450 株，该方法技术要求不高，成本低，易于实现批量化生产。也可将野生采集的子实体加营养液和悬浮剂打碎配制成子实体菌剂，也能取得良好效果，但无法实现规模化生产。

（二）固体菌剂制作

用固体培养基培养制成的菌种，接种时直接掰成块状使用。还有一种固体菌剂就是菌根土，在子实体生长季节，找到子实体生长的地方，直接挖取子实体四周菌塘范围内的含有菌丝体的土壤，作为无菌苗接种的菌剂，经试验效果不错。

四、菌种保藏

褐环黏盖牛肝菌的菌种保藏采用斜面低温保藏和液体低温保藏两种。

五、无菌苗的培育

用于培育菌根苗的无菌苗是指将种子催芽培育到接种前的苗木，根部未受其他共生真菌类微生物侵染，为褐环黏盖牛肝菌接种侵染创造尽可能无竞争的环境。

（一）共生树种的选择

自然界中，褐环黏盖牛肝菌共生树种是多种松树，不同区域的松树种类不一。在浙南山区褐环黏盖牛肝菌天然的共生树种主要有马尾松、黄山松，而经过试验表明，湿地松也能成为褐环黏盖牛肝菌良好的共生树种，尤其是湿地松根系发达，生长速度快，其栽培效果显著优于马尾松和黄山松。

（二）无菌苗基质配制与消毒

无菌苗的基质涉及一是配方，二是消毒方法。无菌苗的基质不仅要为无菌苗提供营养，还要考虑保水、透气性，同时还要为接种菌剂后的菌丝体侵染和生长提供适宜的条件，因此无菌苗的基质也是菌根苗培养基质，既要考虑营养成分，还要考虑保水性、透气性等因素。适合湿地松、马尾松无菌苗生长的主要基质有草炭、蛭石、珍珠岩、土、沙。经研究表明，配方为草炭、蛭石、珍珠岩、土的，比例以 1：1：1：1 为最佳，既考虑到养分，又考虑到基质的透气性和保水性。也可以采用草炭、珍珠岩、土、沙的比例为 1：1：1：1 的配方。

基质消毒是确保基质没有其他共生菌竞争的关键，也是减少苗木猝倒病发生的重要措施。基质消毒宜采用高温消毒方法。将配制好的基质，装入塑料筐或蛇皮袋中，放入高压灭菌锅或常压灭菌锅中进行湿热杀菌，灭菌方法参照食用菌培养料灭菌方法。由于只需要杀灭培养基质中共生菌的孢子，因此灭菌时间可以比食用菌培养料的灭菌时间短。

（三）育苗容器的选择

育苗容器直接影响基质的保水性和透气性，也能影响基质的保温性，对育苗有重要影响。经过研究首创南方培育无菌苗以泡沫箱作为育苗容器，取得比较理想效果。泡沫箱具有良好的保温、保水、保肥、隔热功能，同时成本低，来源广。使用泡沫箱做育苗容器，根系与外界相对隔离，可以防止杂菌侵入土壤，同时泡沫箱属于大容器，可容纳上百棵苗木生长，由于根系相互接触机会较大，利于根系之间共生菌的相互感染。

（四）种子的消毒与播种

播种季节的选择：无菌苗生长，一般从播种到长出侧根达到接种要求至少需 2 个月。而接种的最佳月份是 3 月和 10 月，根据接种期的推算，无菌苗的播种月份应安排在 12 月至翌年 1 月和 8 月。

种子处理与消毒：首先将湿地松种子用清水冲洗，去除上浮的种子空壳和部分不饱满的种子，然后用 40 ℃温水浸泡 12～14 h，将种子捞出后放到 0.1％升汞溶液中浸泡 1～2 min或 0.5％高锰酸钾溶液中浸泡 1 h，清水冲净，然后与湿沙拌匀，放到 18～25 ℃催芽，到种子有少数开始露白即可进行播种。

播种可以采用在泡沫箱中撒播或条播的形式。先去除 3 cm 厚的培养料，然后均匀撒上种子，盖回先前取出的培养料，最上面撒上一层薄沙。

六、菌根苗的培育

（一）接种时期

确定接种的适宜时期应考虑苗木根系与季节两个方面。无菌苗根系要求一年生湿地松实生苗，侧根生长 6～10 根，苗高一般控制在 6～10 cm，为褐环黏盖牛肝菌菌丝体侵染创造最适宜的根系条件。同时还要考虑接种的季节，即接种后要有一段时间基质的温度处于8～20 ℃，以保证接入的菌丝体与无菌苗的根系均处于生长状态，有较长时间的感染，从而提高菌丝体侵入苗木的感染率，增加菌根合成率。因此接种期安排在 3 月和 10 月，接种效果好。

（二）无菌苗接种方式

液体菌剂的接种方式分为蘸根和注射两种，固体菌剂的接种方式分为泥浆蘸根和打孔填充。此处只对液体菌剂接种进行介绍。

液体菌剂蘸根接种法：将配制好的菌剂放到一个敞开的容器，可以根据苗木的根系情况，适当调整菌剂的浓度。根系发达，菌剂的浓度适当稀点。接种时只需将无菌苗从基质中小心拔出，除去根系上的基质，然后放到菌剂中翻动，如果根系生长过了，根系数量多，可以先剪去部分根系，再放到菌剂中翻动，待根系沾上菌剂后，移栽到泡沫箱的基质上。蘸根接种法能使苗木根系与菌剂有较充分的接触，接种效果较好，但工作量较大。

液体菌剂注射接种法：将适合接种的无菌苗，用打孔器在基质中按梅花形打孔，孔深6～10 cm，直径 2～3 cm，深达无菌苗的根系部位，孔可以斜打，然后将配制好的菌剂，用漏斗灌入接种孔内，然后埋好接种孔。该方法接种过程简单，易于操作，虽然菌剂与根系接触不如蘸根方式充分，但如使用泡沫箱育苗，苗木根系相互"纠缠"，一部分苗木感染就会"传染"给其他苗木，因而用泡沫箱培育的无菌苗可以使用注射接种的方式，既方便简单，有较好的接种效果，又有利于菌根苗的规模化生产。

（三）菌根苗培育管理

接种后的无菌苗，经过一段时间培养，褐环黏盖牛肝菌的菌丝就会侵染到苗木根系形成菌根，形成菌根的苗木就是菌根苗。侵染形成菌根过程的管理非常重要，是菌根苗培育生产过程中的一个重要环节。

1. 设施条件 接种后的松树苗要放到能够避雨、通风、遮光等的设施棚内，同时需要配备清洁水源的喷滴灌系统。选用深层地下水，采用滴灌方式保持基质的水分。这样可以减少因降雨大量杂菌的侵入，又可以给苗木生长创造良好的通气条件，还可以在高温时通过遮阳降低温度，有利于苗木生长。

2. 菌根苗管理 菌根苗管理包括温度、湿度、水分、光照以及病虫害管理。它们不是独立的，而是相互联系的一个整体，因此，管理措施是综合的。基质含水量和温度是影响菌根合成率的关键因子，接种后的一个月尤为关键。根据试验，在3月或10月接种，温度非常适合褐环黏盖牛肝菌的菌丝体侵染松树根系，只需要基质含水量保持在30%～40%即可，该季节气温不高，基质水分蒸发量较少，只需视基质表面干湿情况，适量空间喷水即可。

经过2个月以上的培育，菌丝体侵染松树根系的过程已经完成，进入菌根苗生长阶段。

进入夏季高温阶段，要十分注意管理。一是温度和光照。尽管马尾松和湿地松是阳性树种，但由于处于幼苗阶段，加上根部的褐环黏盖牛肝菌菌丝，因此盛夏季节必须加盖遮阳网，以降低光照和基质中的温度，并保持在比较适宜的范围，晴天将薄膜卷到棚顶，呈全通气状态，雨天放回至屋顶状。二是水分的控制。温度提高和光照度增强会增加基质的水分蒸发，靠表面喷水不容易补充基质下部的水分，而且容易引发猝倒病的发生，因此需要采用滴灌的办法，将水分直接补充到基质内的根系部分，确保菌根苗生长所需要的水分。

过了盛夏季节，要撤去遮阳网，增加光照，同时可以将薄膜撤去，提高苗木的木质化程度，增强苗木的抗逆性，一般到8～9月二叉状菌根就会出现，到了12月及翌年2～3月，发育良好的菌根苗根系会长满白色菌丝，表面优质的菌根苗培育完成。

3. 菌根化苗木检测 菌根化苗木检测是判别菌根苗是否成功培育的重要手段，是菌根苗培育必不可少的重要环节。通常有菌根形态观察判别法和分子技术检测法。

菌根形态观察判别法：是通过对菌根的形态、色泽等观察，判断是否为接种的目的菌根。初期菌根颜色与共生菌的菌丝颜色一致。褐环黏盖牛肝菌菌丝为白色，但随着菌丝的衰老，颜色逐渐为褐色、棕色。褐环黏盖牛肝菌与湿地松根系形成的菌根颜色初期为白色菌丝缠绕的棒状和二叉状菌根，以后白色菌根变为褐色、棕色。菌根形态观察判别法简单、快捷、实用，适用于经验丰富的专业人士对菌根生长初期的判别，对于褐色、棕色阶段的准确判断难度较大。

分子技术检测法：是应用分子生物学方法，将待检测的菌根序列与原接种的褐环黏盖牛肝菌菌株的序列进行比对来鉴定菌根是否为原接种的褐环黏盖牛肝菌的方法。分子技术检测法鉴定菌根可靠性更高，是菌根苗检测的重要手段，具有良好的应用价值和前景。

第六节 褐环黏盖牛肝菌子实体培育技术

褐环黏盖牛肝菌子实体培育是通过将培育的菌根苗在适宜的造林地进行造林，经过 1～2 年的培养，林地上长出褐环黏盖牛肝菌子实体的过程。

一、菌根苗选择

首先是选择经过检验确定为感染褐环黏盖牛肝菌的菌根苗，这是褐环黏盖牛肝菌子实体培育的根本和基础，因此最好是选择菌根表面有许多白色菌丝缠绕、菌根先端呈现白色的菌根苗。其次是苗木根系发达，粗壮，生长良好。

二、造林地选择

褐环黏盖牛肝菌子实体培育的林地可以是山地，也可以是旱地和苗圃地。最根本的要求是，要避免原来是松林地。如果原来是松林地，意味着林地内有许多与褐环黏盖牛肝菌竞争的其他外生菌根菌，造林后部分褐环黏盖牛肝菌因竞争力不够而退出，导致褐环黏盖牛肝菌形不成优势，产量低，严重的甚至失败。另外，要选择坡度比较平缓、近水源的山地或旱地。适合褐环黏盖牛肝菌菌根林生长的立地条件：坡度要平缓，最好是山垄旱地，土壤疏松，有一定的土层厚度，保水性能较好。

三、菌根林营造

1. 造林季节 褐环黏盖牛肝菌菌根林的造林季节选择在 2 月下旬与 3 月初比较合适，此时，菌根苗的根系开始萌动，是造林的最佳时期。

2. 苗木准备与运输 菌根苗最好连同泡沫箱一起运到造林地，防止运输过程中菌根苗根系失水及受到机械损伤，影响造林成活率和造林后的生长。菌根苗运到造林地后，边分株，边栽种，可以显著保持菌根的完好，提高造林成活率。

3. 造林 对于山地造林的，要选择比较平缓的山坡，开成水平带状，或挖穴。对于旱地、圃地，可以冬季翻耕，大块土破碎整理成畦，用土壤消毒剂进行杀菌预处理，减少土壤中其他外生菌根菌的基数，然后挖穴。

造林采用 3～5 株团状造林法，造林密度 0.7 m×0.7 m 或 1.2 m×1.2 m，出菇效果较好。造林过程中要做到随挖穴随种苗，并按造林要求，使根系展开，回土要压实，有条件要浇定植水，如果是山地，最好对苗木进行盖草或遮阳网遮阳，防止苗木水分过度蒸发，影响菌根苗成活和生长。

4. 造林后管理 造林后的菌根林，主要是注意前期的天气情况，防干旱失水，有条件的可以在连续干旱的天气适当浇水，减短菌根苗造林后的缓苗期，确保菌根的成活。只要菌根苗成活好，生长良好，即使春季林地有草也不需要清理，以减少地表水分蒸发，有利于疏松土壤，帮助菌根苗顺利度过夏季，到了秋季，如果茅草等生长茂盛时，进行一次劈山抚育，但不能连根挖，防止损伤根系和菌塘。

5. 催菇增产 造林 2 年后发育良好的菌根林，具备产生褐环黏盖牛肝菌子实体的条件，为了多产子实体，可以采取适当的催菇措施，重点是在 11 月进入产菇季节，引附近的水源对林地进行灌水，灌水一天放掉，能够促使大量菇蕾发生，效果十分明显，同时可以增加营养液喷雾，提高产量。

6. 采收与烘干　褐环黏盖牛肝菌子实体从菇蕾到成熟采摘需 7～10 d，但选择在菌幕将要开时采收最合适，这种成熟度的子实体最适合鲜食，味道鲜美，质感滑爽，口感更好。对于烘干食用的子实体，可以适当采收老熟一点，即菌幕已破，菌盖开始平展，放到50～60 ℃条件下烘干，然后置干燥低温储存。

（应国华）

参考文献

弓明钦，仲崇禄，陈羽，等，2007. 菌根型食用菌及其半人工栽培［M］. 广州：广东科技出版社.

薛振文，应国华，吕明亮，等，2010a. 褐环黏盖牛肝菌液体发酵过程中菌丝活力研究［J］. 食用菌（4）：12 - 13.

薛振文，应国华，吕明亮，等，2010b. 褐环黏盖牛肝菌液体发酵研究［J］. 浙江食用菌（3）：25 - 27.

应国华，吕明亮，陈益良，等，2005. 褐环黏盖牛肝菌生态学特性研究［J］. 林业科学研究（3）：267 - 273.

应国华，吕明亮，冯福娟，等，2006. 褐环黏盖牛肝菌菌塘复壮及增产技术研究［J］. 中国食用菌（4）：18 - 19.

应国华，吕明亮，李伶俐，等，2009. 褐环黏盖牛肝菌人工栽培技术研究［J］. 中国食用菌（5）：14 - 15.

应国华，薛振文，吕明亮，等，2012. 菌根食用菌栽培研究与实践［M］. 杭州：浙江科学技术出版社.

应国华，叶荣华，吕明亮，等，2007. 褐环黏盖牛肝菌菌丝营养特性研究［J］. 浙江食用菌（1）：22 - 23.

松　乳　菇

第一节　概　述

松乳菇（*Lactarius deliciosus*），又名美味松乳菇、九月黄、谷熟菌、雁鹅菌、松杉菌、茶花菌、松树蘑、松菌、铜绿菌、南瓜花、冬瓜花、重阳菌等，是乳菇属中最常见的大型蘑菇之一，其肉质细嫩，味道鲜美，营养丰富，可食用也可药用，被视为山中珍品（图 33-1）。松乳菇是一种外生菌根食用菌，它的生长发育离不开与其共生的植物，与之能形成共生菌根的植物主要是松科植物，如云南松、马尾松、辐射松、海岸松等。松乳菇是一种北半球广布种，其出菇期与其他大多数野生食用菌相比相对较晚，一般在 7 月下旬至 9 月下旬。松乳菇与植物之间的共生特性决定了其不能被人工栽培，但可以通过半人工栽培来实现商业化种植，促进松乳菇的保护和可持续发展（图 33-2）。目前已实现半人工栽培的有法国、西班牙、新西兰等国家。

图 33-1　松乳菇子实体　　　　　　　　　图 33-2　松乳菇种植园

第二节　松乳菇的起源与分布

一、起源

针对松乳菇的分类和栽培研究欧洲要早于其他地区和国家。基于分子生物学对松乳菇的系统学研究，发现欧洲的松乳菇样品和东亚松乳菇样品在遗传距离和种内变异上都很小，所以可能说明欧洲和亚洲都是松乳菇的起源和演化中心。

二、分布

松乳菇是一种地上大型真菌，成熟的孢子主要以风为媒介进行传播。另外，松乳菇常与植物共生，随着植物的移植也能将松乳菇的菌种移植到新的区域。动物或昆虫也有可能是松乳菇菌种传播的媒介，动物通过采食松乳菇后，孢子或组织经动物的消化系统后随粪便一起排泄到新的领地，形成新的菌塘。

松乳菇在北半球分布很广，凡有针叶林（特别是松树）生长的地方，几乎都有松乳菇的分布，南半球仅见于澳大利亚的辐射松林下。松乳菇在我国长江中下游以及沿海地区分布广泛，湖南、云南是主要产地，其中滇中更是其分布的主要区域。其他地区也有松乳菇分布的报道，如陕西、河南、河北、贵州、山西、辽宁、四川、重庆、新疆、西藏、安徽等。

第三节　松乳菇的分类地位与形态特征

一、分类地位

松乳菇（*Lactarius deliciosus*）属担子菌门（Basidiomycota）蘑菇纲（Agaricomycetes）红菇目（Russulales）红菇科（Russulaceae）乳菇属（*Lactarius*）。

林奈在《植物属志》第二部中描写松乳菇，1753 年给它的学名是 *Agaricus deliciosus*，种加词 *deliciosus* 的意思是美味。据说林奈只是闻到它的香气，猜想它应该是和地中海地区出产的乳菇一样美味。1801 年，荷兰菌类学家 Christian Hendrik Persoon 加名 *lactifluus*。1821 年，英国菌类学家 Samuel Frederick Gray 在 *The Natural Arrangement of British Plants* 书中把它移到现在的乳菇属（*Lactarius*）。

二、形态特征

子实体中等大小，通常单生或群生，肉质，具蕈香味，干后易碎。菌盖幼时半球形，中间下凹，成熟时近平展，直径 3～10 cm；菌盖表面光滑，新鲜时橙黄色或胡萝卜色，具明显或不甚明显的环纹，湿时稍黏，伤变绿色，干后颜色变淡，浅黄褐色，粗糙，边缘内卷。菌褶表面新鲜时与菌盖表面同色，伤变绿色，干变黄褐色；菌褶密，不等长，直生，或短延生。菌肉新鲜时白色或胡萝卜黄色。乳汁量少，味柔和，橙色至胡萝卜色，放置后不变色。菌柄向基部渐细，表面有橙色窝斑，与菌盖同色，伤变绿色，长 2～5 cm，粗 0.5～2.0 cm。担孢子大小（8.0～9.5）$\mu m \times$（6.0～7.0）μm，表面具条脊连成的不完整网纹和离散短条脊及疣突；侧生囊状体少，皮针形。

第四节　松乳菇的生物学特性

一、营养要求

（一）碳源

松乳菇菌丝在含蔗糖的培养基上生长最快。

（二）氮源

松乳菇除了不能利用尿素和亚硝酸钠外，其余氮肥源均有不同程度的利用。在无机氮中，对铵态氮利用最好，菌丝生长速度最快。在有机氮中，对单一有机氮利用情况比复合有机氮好。

（三）培养基

适合松乳菇营养生长的培养基有 PDA、松针 PDA、松针查氏、MMN、松针 MNN 和松针酵母葡萄糖酸钙培养基，其中松针酵母葡萄糖酸钙培养基是最佳培养基。在加了松针煮出汁的培养基上松乳菇菌丝生长比不加松针煮出汁的培养基上旺盛，生长速度也明显加快。松针煮出汁在松乳菇培养中具有促进菌丝生长的作用。

二、环境要求

（一）共生树种

松乳菇主要与松科植物共生，在欧洲与之共生的常见树种是辐射松、海岸松，在亚洲与之共生的常见树种是云南松、马尾松。

（二）土壤

松乳菇喜欢生长在偏酸性的土壤中，适合生长的 pH 5～7，最适 pH 6。土壤类型多样，红壤、黄红壤、山地黄棕壤及紫色土均能发生。

（三）温度

松乳菇在 7～30 ℃均能进行营养生长，但在自然条件下的最佳出菇温度为 15～18 ℃，适宜的温差可刺激子实体的分化。不同地区发生时间不尽相同，但在春末夏初、秋末冬初雨水过后会大量出现，一般一年发生 1～2 次。

（四）光照

松乳菇喜欢散射光，林分郁闭度与松乳菇的发生有一定的关系，林中植被密度过大或林木太稀疏均不利于松乳菇的生长。在地形上松乳菇多发生在向阳坡，山顶、山脊、山上腰、排水良好地发生量较多，平地发生量较少，北坡地发生量少或不发生。

第五节　松乳菇半人工栽培或菌根苗栽培

松乳菇具有美味、绿色和营养保健之功效，一直是消费者偏爱的野生珍稀美味食用菌。但生态环境的变化和人为的过度采集利用，野生资源逐渐减少。为了实现松乳菇资源的可持续利用，1984 年法国科学家 Poitou 等利用松乳菇与海岸松在人为可控条件下合成菌根苗后移栽到野外种植园中实现了松乳菇的半人工栽培。随后新西兰、西班牙、中国、日本等国家相继开展了松乳菇的半人工栽培研究，目前较为成功的是新西兰植物与食品研究所的王云研究团队，该研究团队创造了 18 个月出菇的世界纪录。半人工栽培松乳菇的方法是种植人工合成的菌根苗，基本步骤：在控制条件下合成菌根苗，然后将菌根苗移栽，1.5～2 年后收获松乳菇子实体。

一、半无菌苗的培育

1. 采种 8～11 月采收成熟饱满云南松种子常温风干保存备用。

2. 种子处理 将干燥、饱满、无霉变的种子用蒸馏水浸泡 12 h，之后用 0.1％高锰酸钾浸泡 30 min，用无菌水冲洗干净待用。

3. 育苗基质的处理 用珍珠岩、蛭石、草炭、松树皮（体积比为 4：2：1：1）做基质，含水量 60％，拌匀后高温、高压（121 ℃，1.5 kg/cm²）灭菌 2 h 后待用。

4. 播种 在高 10 cm 的盆钵中装 7 cm 深的彻底灭菌的基质，基质表面撒播种子，在种子上面再盖上厚度 1 cm 左右的基质。育苗盆钵放在温室中培养，培养期间用无菌水浇润基质，待种子发芽，长出枝叶、须根即可供移植用。

二、接种用苗的培养

将以上方法培养的苗用干净透明的塑料胶片包裹后移植到内径 5 cm、高 10 cm 的盆钵中，放入日温 20～25 ℃、夜温 18～20 ℃ 的自然光照塑料大棚内培养，培养期间用无菌水浇润基质使其含水量维持在 60％～70％。经培养约 2 个月后，苗木根系已大部分长至基质外围时，即进行接种。

三、菌根接种

1. 松乳菇菌剂悬浮液配制 在紫外灯照射过的干净匀浆器内加入清洗干净的松乳菇子实体及蒸馏水，每克松乳菇子实体加 10 mL 蒸馏水用匀浆器搅拌成松乳菇菌剂悬浮液待用。

2. 注射菌剂悬浮液 在每株苗（接种用苗）根系周围用滴管或注射针筒加 10 mL 松乳菇子实体所制成的菌剂悬浮液。

3. 苗木培育 接种后的苗木，放入日温 20～25 ℃、夜温 18～20 ℃ 的自然光照塑料大棚内培养，培养期间用无菌水浇润基质使其含水量维持在 60％～70％。

四、菌根苗形态检测

自接种后开始每隔 10 d 取出苗木，将典型的外生菌根用无菌的小镊子取下，在体视镜下用毛刷刷掉泥土，用蒸馏水清洗干净，将根系直接放在 0.7～11.5 倍的立体显微镜下观察菌根形态，在 20～40 倍显微镜下观察外延菌丝。

五、出栽

松乳菇苗在大盆内培养 1 年后，菌根感染强度达到 30％时可出栽。选择土壤富含有机质、pH 5～7 的地区种植松乳菇菌根苗较为理想。种植密度以 4 m×4 m 较好。移栽后要注意除草和水分管理。

（李树红）

参考文献

陈玉华，2013. 松乳菇系统发育与群体遗传多样性分析 [D]. 长沙：中南林业科技大学.

周国英，2002. 松乳菇菌丝纯培养及其分离物的 DNA 指纹研究 [D]. 长沙：中南林学院.

Kirk P M，Cannon P F，Minter D W，et al.，2008. Dictionary of the Fungi [M]. 10 th ed. Wallingford，UK：CABI.

Poitou N，Mamoun M，Ducamp M，et al.，1984. Après le bolet granuleux，le lactaire délicieux obtenu en fructification au champ à partir de plants mycorhizés. [After the granulated bolete，the saffron milk cap fruited in the field from mycorrhizal seedlings] [J]. PHM Rev Hortic，244：65 - 68.

第三十四章

泡 囊 侧 耳

第一节 概 述

泡囊侧耳（*Pleurotus cystidiosus*），又名囊盖菇、鲍鱼菇、亚栎侧耳、亚栎平菇、台湾平菇、高温平菇、黑鲍茸（戴玉成等，2010；李传华等，2013）。泡囊侧耳的菇体形态优美，色泽诱人，肉质肥厚，脆嫩可口，是一种高温季节生产的珍稀食用菌。它富含维生素、氨基酸、矿物质及许多对人体健康有益的微量元素，对治疗肥胖症、脚气病、维生素 C 缺乏病及贫血都有一定的疗效（张建和等，2004；Ezeonyejiaku et al.，2012）。还具有免疫活性（刘艳如等，2005）、抗细菌作用（杨波等，2009；Menikpurage et al.，2009；Menikpurage，2010）、抗氧化活性（Menikpurage，2010）、抗肿瘤活性（Menikpurage，2010）、抗高血压（Menikpurage，2010；Lau et al.，2012）、降血糖（陈容容等，2009；Jayasuriya et al.，2012）、镇痛（Kudahewa et al.，2008）等功能。

第二节 泡囊侧耳的起源与分布

泡囊侧耳生长在热带和亚热带地区，分布于亚洲、欧洲、北美洲和南非（Kaufert，1936；Routien，1942；Miller，1969；Zervakis et al.，1992）。在我国主要分布于海南、福建、台湾、广东、广西和云南等省份（芮世华，2001）。台湾自 20 世纪 70 年代开始商业化人工栽培（Han et al.，1977）。福建省三明市真菌研究所等科研单位自 1972 年先后在福建、浙江等地采集和分离野生菌株进行驯化栽培试验，并在国内部分地区进行栽培示范推广（黄年来，1997）。

第三节 泡囊侧耳的分类地位与形态特征

一、分类地位

泡囊侧耳（*Pleurotus cystidiosus*）属担子菌门（Basidiomycota）蘑菇纲（Agarico-mycetes）蘑菇目（Agaricales）侧耳科（Pleurotaceae）侧耳属（*Pleurotus*）。

二、形态特征

子实体较大或大型，叠生或近丛生。菌盖直径 6～12 cm，扇形至平展，初期肝褐色、灰橙褐色，表面有灰黑褐色小鳞片，且中部密集呈现烟褐色。菌肉厚而繁密，白色。菌褶污白带黄，稀，延生，在柄上有交织。菌柄侧生，向下渐细呈假根状，靠基部短粗，长 1～4.5 cm，粗 1～4 cm，上部白色，靠下部带灰色，且往往有粗糙黄褐色毛。有分生孢子，其顶部有黑色水滴，在菌盖和试管培养基上有直径 5～10 cm 的厚垣孢子。孢子近圆柱状至长椭圆形，大小（9～15.5）μm×（3～5.5）μm。褶缘囊体近棒状或圆柱状，壁厚，顶端钝（卯晓岚，1998）。

第四节　泡囊侧耳的生物学特性

一、营养要求

泡囊侧耳分解半纤维素和木质素的能力较强，分解纤维素的能力较弱（Yutaka et al.，2000；陈军等，2006）。培养料来源广泛，主要有棉籽壳、阔叶林杂木屑（王德源等，2007）、松和杉木屑（肖胜刚等，2007）、酒糟（万鲁长等，2005）、秸秆（万鲁长等，2005；陆彪，2013a，2013b）、玉米芯（韩丽荣等，2008）、花生壳（夏子贤，2002）、废菌料（钟小玲等，2007）及药渣（陈今朝等，2012）等。不同培养基对菌丝的生长速度有影响（陈丽新等，2004；徐瑞雅等，2007；白永莉等，2011），不同培养料和栽培方式对泡囊侧耳的产量、品质也产生影响（叶敬用和曾日秋，2004；韩丽荣和何莉莉，2005；徐彦军，2010；李慧等，2011）。培养料添加适量的碳酸二氢钾、碳酸钙等无机盐和钙、磷、镁、钾、铁等矿质元素，以及维生素 B_1 和维生素 B_2，能够使菌丝生长加快（杨大林，2001；邰连春，2008）。

二、环境要求

（一）温度

泡囊侧耳菌丝生长温度 20～33 ℃，最适温度 22～28 ℃（吴政声和翁组英，2005）。原基分化温度 25～30 ℃，适宜的昼夜温差为 5～10 ℃；虽然泡囊侧耳子实体在 18～33 ℃ 都可正常生长，但在 22～28 ℃ 子实体形态、颜色均较佳，产量及生物学效率较高（何莉莉等，2005）。泡囊侧耳有低温型品种的报道（李勇和田力嘉，2001；肖波等，2004）。

（二）湿度

泡囊侧耳为喜湿性真菌，抗干旱能力较弱。培养基适宜含水量 60％～80％（韩丽荣等，2004）。出菇期空气相对湿度保持在 90％左右（万鲁长等，2005；王德源等，2007）。

（三）pH

泡囊侧耳菌丝生长 pH 5.0～8.0，最适 pH 6.0～6.5（吴政声和翁组英，2005）。

(四) 光照和通风

泡囊侧耳菌丝生长阶段不需要光，在子实体生长发育阶段，100 lx 散射光可促进原基分化，使原基形态粗壮，数量多（何莉莉等，2005）。

泡囊侧耳菌丝生长阶段对空气的要求不严格，高浓度二氧化碳能刺激菌丝生长。子实体生长阶段需要大量的氧气（王德源等，2007）。

三、生活史

泡囊侧耳的生活史包括有性生活史和无性生活史（Guzmán et al.，1991），其中有性生活史类型属于四极性异宗结合（Moore，1985）。

泡囊侧耳成熟担孢子萌发形成单核菌丝，可亲和的两条不同交配型的单核菌丝质配后，形成双核菌丝。双核菌丝发育成熟后，扭结分化形成原基，原基逐渐分化生长，经菇蕾期、幼菇期、展盖期后形成成熟的子实体。其中在菌褶表面子实层的双核菌丝顶端产生担子，然后经核配和减数分裂在担子细胞内形成 4 个担孢子。孢子成熟后，从菌褶上弹射出来，完成一个生活史（郭成金，2005）。

泡囊侧耳的生活史中存在一个无性孢子小循环，由单核或双核菌丝而来，萌发形成单核或双核菌丝，最后形成子实体。

泡囊侧耳的生活史见图 34-1。

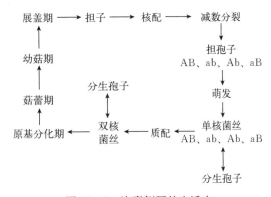

图 34-1　泡囊侧耳的生活史

第五节　泡囊侧耳种质资源

一、概况

目前生产中栽培的泡囊侧耳品种主要为国内驯化获得的和从台湾地区引进的品种（刘新锐等，2007）。

二、优异种质资源

1. 鲍鱼菇 8120　福建省三明市真菌研究所以野生的鲍鱼菇驯化选育而成，适合在福建、广东、浙江等南方地区栽培。子实体丛生，菌盖灰褐色或黑褐色，与菌柄相连的部位稍凹陷，色较浅，表面光滑而干燥，宽 5～18 cm。菌褶延生，横脉多，褶片宽，乳白色，与菌柄连接处呈灰褐色。菌柄偏生，中实，质地致密，灰白色，长 5～8 cm，直径 2～3 cm。菌丝生长温度 17～32 ℃，最适温度 22～25 ℃，培养基含水量 62%～68%，光线抑制菌丝生长。子实体生长温度 20～32 ℃，最适温度 25～28 ℃，需要的空气相对湿度为 90%～95%，40 lx 以上光线有助于子实体生长。生物学效率 70% 左右。

2. 台湾鲍鱼菇　来自台湾，属中高温型菌类。子实体浅灰色，柄短盖大，肉厚实，口感脆嫩，适合夏季栽培。菌丝生长温度 20～32 ℃，最适温度 25～28 ℃。子实体生长发育温度 25～30 ℃，最适温度 26～28 ℃。生物学效率可达 100%～120%。

3. 黑鲍鱼菇　四川农业大学微生物系采用细胞工程技术选育出的低温型品种。子实体单生、群生或丛生。菌盖直径 8～25 cm，表面干燥，弱光下黑至深黑色，强光下深灰色。菌褶宽，灰色。菌柄偏生，中生，直径 1～3 cm，长 2～4 cm。孢子较少，近白色。菌丝生长温度 3～30 ℃，最适温度 24 ℃，培养料含水量为 65%。原基分化温度 0～24 ℃，最适温度 10～15 ℃，需要的空气相对湿度为 90%～95%。子实体生长温度 3～25 ℃，最适温度 12～18 ℃，需要的空气相对湿度为 85%～90%。生物学效率 80%～150%（李勇和田力嘉，2001；肖波等，2004）。

第六节　泡囊侧耳种质资源研究和创新

泡囊侧耳的产量不高，生物学效率较低，研究人员希望通过物理诱变和原生质体融合技术来培育高产新品种。

鲍鱼菇 8120 和台湾菌株 TB1、TB2 的无性孢子在紫外线的诱变下，可以获得增产幅度达 25% 以上的变异，有助于新品种的选育（陈忠纯和上官舟建，1996）。泡囊侧耳与佛罗里达侧耳（*Pleurotus florida*）原生质体融合后，可以长出有黑色分生孢子和无分生孢子的两类菌株（陆佩洪等，1990），并有可能获得高产菌株（Djajanegara and Masduki，2010）。

在原生质体融合技术改良上，以佛罗里达侧耳、泡囊侧耳和淡红侧耳（*Pleurotus djamor*）为材料进行研究，发现电融合方法能明显改善亲本的酶学特性，从而提高菌种对基质的利用率，达到菌种改良的目的（赵永昌等，1995）。

（鲍大鹏　宋晓霞）

参考文献

白永莉，李军，董晓娜，等，2011. 牛舌菌等珍稀食用菌母种培养基的筛选 [J]. 热带林业，39（3）：16-17.

陈今朝，谭永忠，王新惠，等，2012. 补肾益寿胶囊药渣栽培鲍鱼菇及营养成分分析 [J]. 西南农业学报，25（2）：740-742.

陈军，王雨净，夏志华，2006. 几种珍稀食用菌菌种纤维素酶系组分活性的比较 [J]. 上海师范大学学报（自然科学版），35（6）：76-80.

陈丽新，韦仕岩，吴圣进，等，2004. 鲍鱼菇母种培养基筛选试验 [J]. 食用菌，26（6）：17.

陈容容，王常荣，江筠，等，2009. 玫瑰花和鲍鱼菇中抗氧化成分的降血糖作用研究 [J]. 南开大学生命科学学院（2）：87-91.

陈忠纯，上官舟建，1996. 鲍鱼菇诱变育种试验 [J]. 浙江食用菌（5）：16-17.

戴玉成，周丽伟，杨祝良，等，2010. 中国食用菌名录 [J]. 菌物学报，29（1）：1-21.

郭成金，2005. 蕈菌生物学 [M]. 天津：天津科学技术出版社.

韩丽荣，何莉莉，2005. 不同培养料配方栽培鲍鱼菇试验 [J]. 食用菌，27（2）：19.

韩丽荣，何莉莉，杨延杰，等，2004. 不同培养条件对鲍鱼菇菌丝生长的影响 [J]. 中国食用菌，23（2）：29-30.

韩丽荣，孙宏伟，何莉莉，2008. 玉米芯栽培鲍鱼菇试验 [J]. 北方园艺（10）：179-180.

何莉莉，韩丽荣，杨延杰，2005. 温度和光照对鲍鱼菇子实体生长发育的影响 [J]. 中国蔬菜（12）：24-26.

黄年来，1997. 18种珍稀美味食用菌栽培 [M]. 北京：中国农业出版社.

李传华，曲明清，曹晖，等，2013. 中国食用菌普通名名录 [J]. 食用菌学报，20（3）：50-72.

李慧，王琪，李斌斌，等，2011. 培养料对鲍鱼菇多糖含量和抗氧化性的影响 [J]. 中国食用菌，30（1）：45-47.

李勇，田力嘉，2001. 黑鲍鱼菇优质高产栽培技术 [J]. 北方园艺（5）：39-40.

刘新锐，邓优锦，谢宝贵，等，2007. 鲍鱼菇的 ITS-RFLP 分析 [J]. 菌物学报，26（增刊）：185-191.

刘艳如，余萍，郑怡，等，2005. 3种食用菌凝集素的纯化和部分生物学活性的比较 [J]. 福建师范大学学报（自然科学版），21（4）：92-96.

陆彪，2013a. 秸秆栽培鲍鱼菇（上）[J]. 农业知识（瓜果菜）（3）：38-39.

陆彪，2013b. 秸秆栽培鲍鱼菇（下）[J]. 农业知识（瓜果菜）（5）：54-55.

陆佩洪，何强泰，余多慰，1990. 佛罗里达侧耳、鲍鱼菇和香菇原生质体融合菌丝体的酶谱分析 [J]. 南京师大学报（自然科学版）（4）：71-74.

卯晓岚，1998. 中国经济真菌 [M]. 北京：科学出版社.

芮世华，2001. 介绍几种珍稀食用菌 [J]. 中国食用菌，20（6）：27.

邰连春，2008. 鲍鱼菇生物学特性及优质高产栽培 [J]. 特征经动植物，11（1）：41-42.

万鲁长，单洪涛，李萍，等，2005. 酒糟及秸秆栽培鲍鱼菇优质高产栽培技术 [J]. 山东农业科学（6）：40-41.

王德源，刘可春，党立，等，2007. 利用果树枝条木屑栽培鲍鱼菇技术 [J]. 陕西农业科学（3）：174-175.

吴政声，翁组英，2005. 温度和 pH 对侧耳属两菌株菌丝生长的影响 [J]. 泉州师范学院学报（自然科学），23（2）：86-90.

夏子贤，2002. 花生壳栽培鲍鱼菇技术要点 [J]. 四川农业科技（8）：21-22.

肖波，韦会平，胡开治，等，2004. 黑鲍鱼菇生物学特性及覆土栽培技术 [J]. 中国食用菌，23（1）：34-35.

肖胜刚，刘叶高，翁垂芳，等，2007. 松、杉木屑栽培鲍鱼菇试验 [J]. 食用菌，29（2）：28.

徐瑞雅，齐志广，贾耐兵，等，2007. 食用菌最佳母种培养基的筛选 [J]. 河北农业科学，11（1）：23-24，45.

徐彦军，2010. 不同栽培方式对鲍鱼菇生长及营养成分的影响 [J]. 中国食用菌，29（6）：32-34.

杨波，刘志刚，刘丹丹，等，2009. 鲍鱼菇菌丝体挥发油化学成分及抗菌活性分析 [J]. 中国食用菌，28（3）：40-42.

杨大林，2001. 鲍鱼菇的生物学特性及栽培技术 [J]. 脱贫与致富（7）：26-27.

叶敬用，曾日秋，2004. 不同培养料对鲍鱼菇产量及品质的影响 [J]. 食用菌，26（4）：23.

张建和，李尚德，符伟玉，等，2004. 鲍鱼菇微量元素含量的分析 [J]. 广东微量元素科学，11（1）：51-53.

赵永昌，刘祖同，张树庭，1995. 食用菌原生质体融合及融合子的特性 [J]. 西南农业学报（2）：1-51.

钟小玲，吴应淼，周知群，2007. 灰树花废菌料栽培鲍鱼菇技术 [J]. 食用菌，29（1）：24-25.

Djajanegara I, Masduki A, 2010. Protoplast fusion between white and brown oyster mushrooms [J]. Indonesian Journal of Agricultural Science, 11 (1): 16-23.

Ezeonyejiaku C D, Ebenebe C I, Okeke J J, et al. , 2012. Substitution of lysine with mushroom (*Pleurotus cystidiosus*) in broiler chick's diet [J]. Online Journal of Animal and Feed Research, 2 (3): 240-243.

Guzmán G, Bandala V M, Montoya L, 1991. A comparative study of teleomorphs and anamorphs of *Pleurotus cystidiosus* and *Pleurotus smithii* [J]. Mycological Research, 95 (11): 1264-1269.

Han Y H, Chen K M, Cheng S, 1977. Characteristics and cultivation of new *Pleurotus* in Taiwan [J]. Mushroom Sci, 9 (2): 167-173.

Jayasuriya W J A B N, Suresh T S, Abeytunga D T U, et al. , 2012. Effects of *Pleurotus ostreatus* and *P. cystidiosus* mushrooms on glycosylated hemoglobin (HbA1c) levels on normal and diabetic male Wistar rats [J]. Planta Medica, 78 (18): 123. Doi: 10.1055/s-003201307631.

Kaufert F, 1936. The biology of *Pleurotus corticatus* fries [J]. University of Minnesota Agricultural Experiment Station Bulletin, 114: 1-35.

Kudahewa D D, Abeytunga D T U, Ratnasooriya W D, 2008. Antiociceptive activity of *Pleurotus cystidiosus*, an edible mushroom in rats [J]. Pharmacognosy Magazine, 4 (13): 37-41.

Lau C C, Abdullah N, Shuib A S, et al. , 2012. Proteomic analysis of antihypertensive proteins in edible mushrooms [J]. J Agric Food Chem, 60 (50): 12341-12348.

Menikpurage I P, 2010. Bioassay guided fractionation of *Pleurotus cystidiosus* to investigate the antimicrobial activity, anti-hypercholesterolemic effects, antioxidant and cytotoxic properties [D]. Colombo, Sri Lanka: University of Colombo.

Menikpurage I P, Abeytunga D T, Jacobsen N E, et al. , 2009. An oxidized ergosterol from *Pleurotus cystidiosus* active against anthracnose causing colletotrichum gloeosporioides [J]. Mycopathologia, 167 (3): 155-162.

Miller O K, 1969. A new species of *Pleurotus* with a coremioid imperfect stage [J]. Mycologia, 61: 887-893.

Moore R T, 1985. Mating type factors in *Pleurotus cystidiosus* [J]. Trans Brit Mycol Soc, 85: 354-358.

Routien J B, 1942. Notes on fungi previously unreported from Missouri [J]. Mycologia, 34: 579-583.

Yutaka Y, Masakazu G, Shuichi K, et al. , 2000. Effect of Basidiomycetes (*Pleurotus salmoneostramineus*, *Pleurotus cystidiosus*, *Auricularia polytricha*) on chemical structure and rumen degradability of baggase [J]. Grassi Sci, 46 (2): 158-166.

Zervakis G, Dimou D, Balis C, 1992. First record of the natural occurrence in Europe of the basidiomycete *Pleurotus cystidiosus* on new host [J]. Mycol Res, 96 (10): 874-876.

第三十五章

淡 红 侧 耳

第一节 概 述

淡红侧耳（*Pleurotus djamor*），又名桃红平菇、桃红侧耳、红侧耳、红平菇、萨门红侧耳、鲑黄侧耳、草红平菇等（李明等，1995；贺新生等，2007；戴玉成等，2010；李传华等，2013），是一种兼食用和观赏的珍稀食用菌（杨淑云等，2007）。子实体色泽鲜艳，形态优美，营养丰富，具蟹味，含有氨基酸、维生素、脂肪、还原糖、膳食纤维、矿物质等成分（张其昌等，1995；Guo et al.，2005；Leal et al.，2010；罗茂春等，2011；林标声等，2012；Mallikarjuna et al.，2013），具有抗肿瘤（De Barba et al.，2011）、提高机体免疫力（Nanjian et al.，2011）、抗细菌（de Toro et al.，2008）、抗氧化（Guzmán et al.，2009；Saha et al.，2012；Arbaayah and Umi，2013）等功能。

第二节 淡红侧耳的起源与分布

淡红侧耳是热带和亚热带地区的一种木腐菌，夏秋季多生于阔叶树的枯干上，主要分布在泰国、柬埔寨、越南、新加坡、斯里兰卡、新几内亚、马来西亚、日本、巴西、墨西哥、中国（福建、江西、广西、四川等）（Nicholl，1996；黄年来，1997）。淡红侧耳于20世纪60年代在印度人工栽培成功，我国20世纪80年代开始采集野外菌株进行人工驯化栽培。江西宜春地区食用菌研究所和福建省三明市真菌研究所都获得了相应的野生菌株（樊泉源，1988）。另外，从20世纪90年代开始，国内也分别从泰国、印度等地引进了新品种（李中岳，1994；李明等，1995）。目前国内在河北、浙江、湖南、广西、黑龙江等地都有淡红侧耳栽培（池玉杰等，2005）。

第三节 淡红侧耳的分类地位与形态特征

一、分类地位

淡红侧耳（*Pleurotus djamor*）属担子菌门（Basidiomycota）蘑菇纲（Agaricomycetes）蘑菇目（Agaricales）侧耳科（Pleurotaceae）侧耳属（*Pleurotus*）。

二、形态特征

子实体单生、丛生或叠生，中等大，颜色随其生长发育期间光线强弱而呈现水红色、粉红色、奶油色；菌盖直径 3～14 cm，幼时勺形或扇形，边缘内卷，成熟后开展呈扇形，边缘外卷，波状，表面有细小绒毛至近光滑；菌肉较薄，白色至淡红色；菌褶延生，辐射状排列，无横隔，密集，不等长，幼时特别红，后逐渐褪色为水红色、奶油色至浅褐色；菌柄侧生或偏生，短或近无柄，长 1～2 cm，有细绒毛；担孢子椭圆形，光滑，大小（6～10）μm×（4～5）μm，与菌褶同色（Lechner et al.，2004；池玉杰等，2006；熊芳等，2011）。

第四节　淡红侧耳的生物学特性

一、营养要求

淡红侧耳对纤维素、半纤维素有较强的分解能力。棉籽壳、废棉、稻草、麦秆、秸秆、玉米芯、玉米秸、木屑、甘蔗渣、花生秧、废纸、豆壳等都可以作为栽培淡红侧耳的培养料原料（周伟峰，2000；池玉杰等，2006），但是不同培养料生长出来的淡红侧耳子实体营养成分不同（池玉杰等，2007；Khan et al.，2013）。常用平菇栽培配方（木屑78％，米糠20％，石膏1％，蔗糖1％，含水量60％～70％）很适合淡红侧耳的生长（池玉杰等，2006；林标声等，2012）。

二、环境要求

（一）温度

淡红侧耳属于高温型食用菌，菌丝从 10 ℃ 开始随着温度的升高生长速度加快，在 30 ℃ 左右生长最快，到 40 ℃ 停止生长（熊芳等，2011）；子实体生长适宜温度为 20～30 ℃，最适温度为 26～28 ℃（池玉杰等，2006）。在一定范围内，温差刺激有利于淡红侧耳子实体的发生和生长（林标声等，2012）。

（二）湿度

淡红侧耳为耐湿性食用菌，基质含水量 50％～75％ 菌丝均能生长，适宜含水量 60％～75％，不同品种之间有所差异（熊芳等，2011）；子实体生长的最适空气相对湿度 85％～95％（池玉杰等，2006），不同的品种之间会有差异（唐煜昌，1991）。

（三）pH

淡红侧耳为喜酸性真菌，菌丝在 pH 4～9 时均能生长，最适 pH 6～7（池玉杰等，2007；林标声等，2012）。

（四）光照和通风

淡红侧耳菌丝可于黑暗环境中培养，子实体发育需要 800～1 500 lx 较强光照（熊芳等，2011）。自然光照对子实体生长发育较好，最优光照条件为 40 W 散射白光、每天光照 8 h，光照度 1 020 lx（罗茂春等，2012；林标声等，2013）。

淡红侧耳属于好气性真菌，新鲜空气是其子实体生长发育的一个重要环境条件，菇房每天应通风 2～3 次，以保持菇房内空气清新（池玉杰等，2006；熊芳等，2011）。

三、生活史

淡红侧耳的生活史与平菇一样，属四极性异宗结合担子菌。

淡红侧耳的成熟担孢子经萌发形成单核菌丝，两条可亲和的单核菌丝融合，交配形成双核菌丝，经过一段时间的生长发育达到生理成熟，遇到适宜的温度、湿度、光照、通风等条件，菌丝扭结成团分化出子实体原基。继续生长发育后，原基形成米粒状的菇蕾堆，如桑葚状。然后米粒状菇蕾进一步伸长至短秆状幼菇（顶端为扁球形菌盖，下部为圆柱状菌柄），形似珊瑚。之后菌柄生长速度逐渐停止，菌盖不断展开，成熟子实体形成。其中在菌褶子实层形成过程中，双核菌丝顶端产生担子，担子细胞核经核配和减数分裂后形成 4 个担孢子。担孢子成熟后，从菌褶上弹射出来，完成一个生活周期（郭成金，2005；池玉杰等，2006；黄年来等，2010）。有关其无性生活史暂无报道，还需进一步研究。

淡红侧耳的生活史见图 35 - 1。

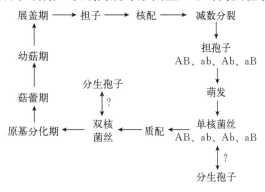

图 35 - 1 淡红侧耳的生活史

第五节　淡红侧耳种质资源

一、概况

淡红侧耳菌种可以在多种农业废弃物为主要原料的培养基上生长，而且栽培技术简单，生产周期短，耐干旱，抗病虫，生物学效率较高。目前国内所用的菌种主要包括国内驯化栽培品种和国外引进品种两大类，其中常用的菌种主要为福建淡红侧耳和江西淡红侧耳（范盛华和龚翔，2006；龚龙振和龚翔，2006）。

二、优异种质资源

（一）国内驯化品种

1. 福建淡红侧耳　是福建省三明市真菌研究所驯化选育的优良菌株。子实体水红色，单生或叠生，菌盖呈扇形至波状，菌柄侧生，柄细，基部大。该品种适时采收，味道鲜嫩，老时纤维化。易栽培，产量高。出菇适宜温度 25～30 ℃。菌丝在 PDA 培养基上生长速度快，旺盛，可在 1～2 周内覆盖整个平板或斜面。菌丝在 15～34 ℃都能生长，在 25～28 ℃生长最好，最适 pH 6～7（池玉杰等，2007）。

2. 江西淡红侧耳　由江西省宜春地区食用菌研究所驯化而来，属中温偏高型菌株，产量高。菌丝在 7～32 ℃均能生长，以 25～28 ℃最适宜，适宜 pH 6～7。子实体以 18～28 ℃出菇最盛，适合夏栽。培养基含水量以 55%～65%为宜，子实体发生时的空气相对湿度以 80%～90%为宜。用稻草、棉籽壳、蔗渣、豆秆、芝麻秆、苎麻秆、花生秆、麦秆、玉米芯、油菜秆、大茅草等均可栽培，吃料快，适合生、熟料栽培。生育期 50～60 d，生物学效率为 80%～100%（樊泉源，1988，1989）。

3. 浙江淡红侧耳　由浙江桐乡真菌研究所经驯化而来，未进行编号。菌盖直径 5～8 cm，表面呈粉红色，菌褶延生粉红色，柄短，前期生长呈凤尾状，成熟后期呈鸡冠状。菌丝生长温度 22～40 ℃，最适温度 25～38 ℃。子实体生长温度 23～40 ℃，最适温度 28～40 ℃，属恒温结实型，无须温差刺激，35 ℃生长速度最快。子实体生长最适湿度 85%～95%（唐煜昌，1991）。

（二）国外引进品种

1. YH03 菌株　从印度引进品种经孢子自交纯化亲本分离选育获得，是一种适合夏秋高温时节栽培的广谱、粗放、多抗型新品种。子实体粉红或鲜桃红色，丛生叠起，形态优美，极具观赏性，生长温度 20～39 ℃，25 ℃以上为最适；菌丝洁白浓密，旺盛粗壮，原基密，出菇整齐。播种后 13 d 即现蕾出菇，可采 4～5 潮菇。培养料为稻麦草秸秆、棉籽壳、玉米芯、木屑、蔗渣等（胡文华，1993）。

2. YPH9 红平菇　从印度引进后栽培出菇筛选而成。子实体粉红至艳桃红色，适合观赏。子实体生长温度 15～40 ℃，20 ℃以上为最佳。稻草、麦草、玉米秸秆、棉籽壳、玉米芯、木屑、蔗渣、废棉等都可以作为其主料栽培。菌丝洁白粗壮，爬壁力极强，出菇整齐，可采 4～5 潮菇，高抗杂菌，抗二氧化碳。菌丝生长适宜温度 5～38 ℃，最适温度 20～28 ℃。播种后 13～16 d 即可出菇（胡文华，1994，1997）。

3. T-红平菇　从泰国曼谷农业大学引进，属于高温型菌株。菌丝洁白、浓密，最适生长温度 26～28 ℃，最适 pH 6～7。子实体适宜生长温度 24～28 ℃。可用棉籽壳生料栽培，菌丝生长快，出菇早，是高温季节栽培比较好的品种之一（李明等，1995）。

4. C903 菌株　从印度引进的优良菌株经孢子杂交后培育而成。子实体粉红鲜艳，丛生叠起，菇形优美，香气浓郁，口感好。出菇早，产量高，栽培料来源广，如稻草、麦秆、玉米芯、豆秆、棉籽壳、花生壳等；抗杂菌能力强，适应性广。菌丝生长的最佳温度 20～39 ℃，播种后 15 d 出菇（李中岳，1994；柳会珍，1996a，1996b）。

第六节　淡红侧耳种质资源研究和创新

原生质体技术是近年来迅速发展起来的细胞工程育种新技术，已逐渐在食用菌品种改良和选育上发挥一定的作用（王海英等，2000）。利用紫外线处理淡红侧耳的原生质体可以获得营养缺陷型突变体，这为利用细胞融合技术培育新品种提供了条件（杨崇林和张鉴铭，1992）。淡红侧耳通过原生质体的再生，可以分离出大量生长快、长势强的再生菌株，

其 F_3 代菌株的生物学效率显著高于出发菌株，增产率可达 14.9%～21.7%（王谦等，2006）。淡红侧耳原生质体再生菌株在固体基质和液体基质中的纤维素酶活性能够得到显著提高，可以分离出高纤维素酶活性的再生菌株（王谦和刘玉霞，2006）。利用化学诱变技术能够获得许多淡红侧耳新菌株，它们的子实体颜色、大小、形状和纤维素含量都有差异，菌丝生长速度也不同（竹文坤和贺新生，2008）。单孢杂交技术也可以选育出许多子实体形状差异明显的淡红侧耳新菌株（竹文坤等，2011）。通过新型温光调控孢子自交亲本纯化分离选育法可以有效地从印度来源的菌株中筛选出适合国内环境的优良菌种（胡文华，1993，1994）。通过对淡红侧耳的白色突变菌株的遗传特征研究，发现这种现象由单隐性基因控制（Murakami and Takemaru，1990）。

（鲍大鹏　宋晓霞）

参考文献

池玉杰，刘智会，何建国，2005. 在哈尔滨地区使用菌种栽培红平菇技术初探 [J]. 菌物研究，3（1）：22-26.

池玉杰，孙树航，刘智会，等，2006. 红平菇在东北地区的栽培技术 [J]. 中国林副特产（2）：32-34.

池玉杰，伊洪伟，刘智会，2007. 红平菇菌株 H1 的培养特性与营养成分分析 [J]. 东北林业大学学报，35（1）：53-57.

戴玉成，周丽伟，杨祝良，等，2010. 中国食用菌名录 [J]. 菌物学报，29（1）：1-21.

樊泉源，1988. 桃红平菇驯化栽培试验 [J]. 中国食用菌（1）：13-14.

樊泉源，1989. 桃红平菇的驯化栽培 [J]. 食用菌（5）：15-16.

范盛华，龚翔，2006. 林地废松杉木屑高效栽培桃红平菇技术初报 [J]. 上海农业科技（5）：143-144.

龚龙振，龚翔，2006. 林地废松、杉木屑栽培桃红平菇 [J]. 食用菌（4）：28.

郭成金，2005. 蕈菌生物学 [M]. 天津：天津科学技术出版社.

贺新生，侯大斌，何培新，2007. 野生蕈菌生物学特性与栽培技术 [M]. 北京：中国轻工业出版社.

胡文华，1993. 适宜夏栽的红平菇品种——YH03 [J]. 现代农业（8）：20.

胡文华，1994. YPH9 红平菇及其制种栽培技术 [J]. 安徽农业（4）：22-23.

胡文华，1997. 夏秋适宜栽培 YPH9 红平菇 [J]. 农村实用科技信息（9）：9.

黄年来，1997. 18 种珍稀美味食用菌栽培 [M]. 北京：中国农业出版社.

黄年来，林志彬，陈国良，等，2010. 中国食药用菌：下篇 [M]. 上海：上海科学技术文献出版社.

李传华，曲明清，曹晖，等，2013. 中国食用菌普通名名录 [J]. 食用菌学报，20（3）：50-72.

李明，哈保茹，刘殿林，1995. T-红平菇生物学特性的研究 [J]. 食用菌（3）：18-19.

李中岳，1994. 红平菇的栽培技术 [J]. 安徽农业（8）：23-24.

林标声，江彬，陈志涛，等，2012. 红平菇的生长特性及其子实体营养成分分析 [J]. 河南大学学报（自然科学版），42（2）：192-197.

柳会珍，1996a. C903 红平菇家庭式菌种制作技术 [J]. 今日科技（10）：9-10.

柳会珍，1996b. 真菌新秀-C903 红平菇的栽培 [J]. 今日科技（6）：12.

罗茂春，林标声，林跃鑫，2012. 光质对红平菇菌丝体和子实体生长发育的影响 [J]. 食品工业科技（8）：188-190.

罗茂春，周孝琼，林标声，等，2011. 红平菇子实体水不溶性膳食纤维提取工艺的研究 [J]. 龙岩学院学报，29（2）：76-79.

唐煜昌，1991. 桃红平菇生物学特性及通气法袋栽技术 [J]. 食用菌（2）：15-16.

王海英，华秀英，钮旭光，等，2000. 原生质体技术在食用菌育种上的应用 [J]. 沈阳农业大学学报，31（3）：300-303.

王谦，刘玉霞，2006. 桃红侧耳原生质体再生菌株菌丝长速与酶活关系初报 [J]. 食用菌（5）：6-7.

王谦，刘玉霞，张渊，等，2006. 原生质体技术选育桃红侧耳优良菌株 [J]. 菌物学报，25（1）：83-87.

熊芳，朱坚，邓优锦，等，2011. 红平菇（*Pleurotus djamor*）培育条件和栽培技术研究 [J]. 江西农业大学学报，33（5）：1006-1011.

杨崇林，张鉴铭，1992. 桃红平菇原生质体诱变营养缺陷型突变体 [J]. 中国食用菌（2）：20-21.

杨淑云，羿红，谢福泉，等，2007. 红平菇菌丝生物学特性研究 [J]. 菌物学报，26（增刊）：81-85.

张其昌，黄谚谚，赖万年，等，1995. 红平菇 RQ-1 营养成分分析 [J]. 食用菌（4）：12.

周伟峰，2000. 红平菇的人工栽培 [J]. 中国食用菌，12（6）：24-25.

竹文坤，贺新生，2008. 红平菇化学诱变育种研究 [J]. 食用菌（4）：17-19.

竹文坤，贺新生，周建，等，2011. 红平菇单孢杂交新菌株的选育 [J]. 农业科技与信息（22）：56-59.

Arbaayah H H, Umi K Y, 2013. Antioxidant properties in the oyster mushrooms（*Pleurotus* spp.）and split gill mushroom（*Schizophyllum commune*）ethanolic extracts [J]. Mycosphere, 4（4）：119-123.

De Barba F F M, Silveira M L L, Piloni B U, et al., 2011. Influence of *Pleurotus djamor* bioactive substances on the survival time of mice inoculated with sarcoma 180 [J]. International Journal of Pharmacology, 7（4）：478.

De Toro G V, Aguilar M E G, Jamies M A T, et al., 2008. Actividad antibacteriana de extractos hexánicos de cepas de *Pleurotus djamor* [J]. Revista Mexicana de Micologia, 28：119-123.

Guo L Q, Lin J Y, Lin J F, 2007. Non-volatile components of several novel species of edible fungi in China [J]. Food Chemistry, 100（2）：643-649.

Guzmán M, Zúñiga N, Santafé G G, et al., 2009. Actividad antioxidante y studio químico del hongo *Pleurotus djamor* recolectado en córdoba [J]. Facultad de Ciencias Agropecuarias, 7（2）：63-69.

Khan N A, Ajmal M, Nicklin J, et al., 2013. Nutritional value of *Pleurotus*（*Flabellatus*）*djamor*（R-22）cultivated on sawdusts of different woods [J]. Pak J Bot, 45（3）：1105-1108.

Leal C M C, Méndez L A, Castro C A S, et al., 2010. Chemical composition and amino acid profile of *Pleurotus djamor* and *Pleurotus ostreatus* cultivated in Mexico [J]. Acta Alimentaria, 39（3）：249-255.

Lechner B E, Wright J E, Albertó E, 2004. The genus *Pleurotus* in Argentina [J]. Mycologia, 96（4）：845-858.

Mallikarjuna S E, Ranjini A, Haware D J, et al., 2013. Mineral composition of four edible mushrooms [J]. Journal of Chemistry. http://dx. doi. org/10. 1155/2013/805284.

Murakami S, Takemaru T, 1990. Genetci studies of *Pleurotus salmoneostramineus* forming albino basidiocarps [J]. Rep Tottoyi Mycol Inst, 28: 199 - 204.

Nanjian R, Raman J, Lakshmanan H, et al. , 2011. Effect of *Pleurotus djamor* var. *roseus*, an edible mushroom on neutrophil functions [J]. Food and Agricultural Immunology, 22 (3): 229 - 234.

Nicholl B D G, 1996. Relationships within the *Pleurotus djamor* species complex [D]. Knoxville, USA: University of Tenessee.

Saha A K, Acharya S, Roy A, 2012. Antioxidant level of wild edible mushroom: *Pleurotus djamor* (Fr.) Boedijn [J]. Journal of Agricultural Technology, 8 (4): 1343 - 1351.

菌类作物卷

第三十六章

阿 魏 侧 耳

第一节 概　述

阿魏侧耳（*Pleurotus eryngii* var. *ferulae*），又名阿魏菇、阿魏蘑，是一种食药兼用菌，因寄生或腐生在药用植物阿魏上而得名（黄年来，1997）。国内专业杂志上所报道的白灵菇、白阿魏蘑、白灵侧耳、白灵蘑（林春等，2004），随着菌物学者对其分类地位、形态特征、营养价值、药理活性和分子特征的研究，证实它们是与阿魏侧耳不同的物种（蒲训和齐进军，2001；Urbanelli et al.，2003；Rosa et al.，2004；郑和斌等，2005；盛伟和潘传奇，2007；黄晨阳等，2011）。

阿魏侧耳色白个大，肉质细嫩，享有"食用菌皇后"的美誉，不仅含有人体必需氨基酸、脂肪、微量元素等常规营养成分外，还含有萜类、甾醇类、多糖类成分（丛媛媛等，2013），具有免疫活性（甘勇和吕作舟，2001；邓春生和吕作舟，2002；王金辉等，2011）、抗肿瘤活性（董洪新和吕作舟，2003；Song et al.，2003；巩平等，2011）、抗氧化活性（李维瑶等，2008；李永泉等，2003），以及抑菌抗炎（Akyuz and Kirbag，2009；丛媛媛等，2013）、抗衰老（田金强和朱克瑞，2006；裴凌鹏和崔箭，2009）、抗辐射（纪卫政，2006；Fernandes et al.，2012）、降血脂血压（Alam et al.，2011）等功能。

第二节　阿魏侧耳的起源与分布

阿魏侧耳分布在我国新疆的伊犁、塔城、阿勒泰和木垒等地区，在国外主要分布在法国、西班牙、土耳其、捷克、匈牙利、摩洛哥、中非、哈萨克斯坦、吉尔吉斯斯坦、乌兹别克斯坦、印度等国家（陈忠纯，1991，1996）。阿魏侧耳的人工驯化工作始于国外，1970年印度学者在段木上驯化栽培成功，1974年法国学者在由废麻、麦草和燕麦粒配制的培养基上栽培成功（陈忠纯，1991）。我国的人工栽培驯化工作始于1983年，中国科学院新疆生物土壤沙漠研究所率先在棉籽壳、云杉木屑、麸皮等原料配制的基质上栽培成功，并于1990年选育得到一株适于商业化生产的菌株KH2，并随后进行了广泛推广（陈忠纯，1996；贾身茂和秦淼，2006）。新疆大学率先对阿魏侧耳的工厂化栽培工艺进行了系统研究（徐辉等，2007，2008）。

第三节　阿魏侧耳的分类地位与形态特征

一、分类地位

阿魏侧耳（*Pleurotus eryngii* var. *ferulae*）属担子菌门（Basidiomycota）蘑菇纲（Agaricomycetes）蘑菇目（Agaricales）侧耳科（Pleurotaceae）侧耳属（*Pleurotus*）。

二、形态特征

子实体中等至稍大，菌盖直径 5～15 cm，扁半球形，后渐平展，最后下凹，光滑，初期褐色后渐呈白色，并有龟裂斑纹，幼时边缘内卷。菌肉白色，厚。菌褶延生，稍密，白色，后呈淡黄色。菌柄偏生，内实，白色，长 2～6 cm，粗 1～2 cm，向下渐细。孢子无色，光滑，长方椭圆形至椭圆形，大小（12～14）$\mu m \times$（5～6）μm，有内含物（卯晓岚，1998）。

第四节　阿魏侧耳的生物学特性

一、营养要求

不同培养方式下，阿魏侧耳菌丝对碳、氮营养的需求有所不同。在固体培养基中，阿魏侧耳菌丝生长适宜的碳源为蔗糖、淀粉、麦芽糖等，适宜的氮源为蛋白胨、酵母膏，最适碳氮比为 40∶1（刘志宏等，2009；宫志远等，2002a，2002b）。在液体培养基中，阿魏侧耳菌丝生长的适宜碳源为蔗糖，适宜氮源为酵母膏、大豆、大豆芽、蛋白胨等，最适碳氮比为 20∶1（闫训友等，2006，2007；林辰壹等，2012）。

不同培养基配方和栽培料配方也对菌丝的生长产生影响。大豆芽培养基和胡萝卜培养基可以促进菌丝生长，而玉米粉培养基对菌丝生长没有促进作用（林辰壹等，2003）。研究表明以棉籽壳为主要原料，栽培阿魏侧耳最适培养料配方为棉籽壳 86%，麦麸 10%，玉米粉 3%，石膏 1%，pH 7.5（于迎春等，2003），其中适当增加杂木屑含量能够加快菌丝的生长速度（郭楚燕和胡建伟，2006）。阿魏侧耳腐生或寄生的阿魏也可以作为栽培基质，并对其子实体生长发育（张莉等，2012）和营养成分（白羽嘉等，2013）产生影响。

二、环境要求

（一）温度

阿魏侧耳菌丝生长最适温度 25 ℃左右（宫志远等，2002b；刘志宏等，2009），子实体原基形成和分化温度 10～20 ℃（徐辉等，2008）。

（二）湿度

阿魏侧耳菌丝生长阶段的培养基适宜含水量 60%～80%（刘志宏等，2009），子实体生长发育阶段适宜空气相对湿度 70%～90%（徐辉等，2008）。

（三）pH

阿魏侧耳菌丝生长适宜 pH 5.4～6.8（宫志远等，2002b），不同品种最适 pH 有所差异（宫志远等，2002b；刘志宏等，2009）。

（四）光照和通风

阿魏侧耳菌丝生长阶段不需要光照（刘志宏等，2009），菇蕾形成和分化阶段需要散射光，光照度以 500～900 lx 为宜（徐辉等，2008）。

阿魏侧耳菌丝生长对氧气的要求不是很高，但缺氧会导致菌丝生长速度显著减慢（刘志宏等，2009），子实体发育阶段氧气需求量较多（徐辉等，2008），栽培时需要适量通风换气。

三、生活史

阿魏侧耳属于四极性异宗结合担子菌。成熟担孢子萌发形成单核菌丝，具有可亲和交配型的单核菌丝质配后形成双核菌丝。双核菌丝发育成熟后，扭结形成原基，原基逐渐分化生长，经菇蕾期、幼菇期、展盖期后形成成熟的子实体。在菌褶表面的双核菌丝顶端产生担子，担子中的细胞核经核配和减数分裂形成 4 个担孢子。担孢子成熟后，从菌褶上弹射出来，完成一个生活史（郭成金，2005）。有关其无性生活史暂无报道，还需进一步研究。

阿魏侧耳的生活史见图 36-1。

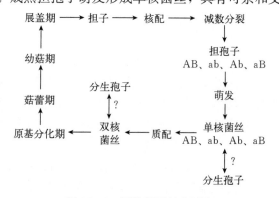

图 36-1　阿魏侧耳的生活史

第五节　阿魏侧耳种质资源

一、概况

阿魏侧耳主要分布在我国的新疆地区，目前阿魏侧耳种质资源基本上都是来源于新疆地区采集到的野生菌株（陈忠纯和吴政声，1994；陈忠纯，1994；李敏等，2003a，2003b；杨荣成等，2003；蒲旭升，2005）。

二、优异种质资源

1. KH2 菌株　来自中国科学院新疆生物土壤沙漠研究所获得的野生阿魏侧耳 K002 菌株，由福建省三明市真菌研究所经单孢杂交驯化选育而成。适宜出菇温度 10～20 ℃。子实体洁白，呈耳状。菌盖直径 6～12 cm，菌柄长 4～8 cm，粗 2～5 cm。单朵鲜重达 50～130 g，最大可达 360 g。菌丝在 PDA 斜面生长慢，菌苔厚，洁白，易形成原基。担孢子无色透明，含有油滴状内含物，呈椭圆形。孢子大小（11.2～13.6）μm×（5.3～6.8）μm。可用棉籽壳、云杉木屑、杂木屑、松木屑、蔗渣和稻草等做原料培养，培养料适宜含水量60%～70%。菌丝生长温度5～32℃，以24～26℃最适，菌丝在pH 5～9时均可生长，以pH 6.5为佳。子实体生长温度8～25℃，较适宜温度15～20℃，空气相对湿度85%～95%。在原基分化和子实体生长发育阶段需要散射光，一般要求光照度200～1 500 lx。生育期60 d左右。生物学效率50%～80%（陈忠纯和吴政声，1994；陈忠纯，1994）。

2. 阿魏菇 K888　喀什地区农技中心从新疆农业科学院引进栽培成功。子实体单生或丛生，菌盖初凸起，后渐平展，中间逐渐下陷呈歪漏斗状，形似手掌，白色菌盖直径12～14 cm，菌柄长3～5 cm，菌柄直径2～3 cm，单朵重200 g左右。菌丝在5～30℃均能生长，最适温度20～25℃，培养基含水量要求60%～65%，适宜pH 6～7。菇蕾在0～13℃下可发育，需500 lx散射光。子实体生长适宜温度14～18℃，适宜光照度800～1 500 lx，适宜pH 5～6。培养基中的碳氮比要求为30：1，磷、钾含量以0.2%～0.3%为宜（李敏等，2003a，2003b；杨荣成等，2003）。

3. 宽叶阿魏菇克 1 号　新疆乌恰野生菌株分离培育的品种。菌丝体浓密、洁白，菌苔厚且较韧，菌丝粗壮、致密，抗杂力强。子实体丛生或单生，菇体洁白，菌盖直径8～13 cm，中部厚2～6 cm，形似手掌，菇体不易碎，耐远距离运输。单朵鲜重达100～250 g，最大达500 g。菌丝最适温度24～28℃，出菇适宜温度8～25℃，子实体在10～18℃生长最快（蒲旭升，2005）。

第六节　阿魏侧耳种质资源研究和创新

国内主要通过单孢杂交、原生质体分离和再生、离子束诱变技术来进行阿魏侧耳种质资源创新。两个形态特征和农艺性状具明显差异的阿魏侧耳菌株进行单孢配对杂交，通过杂交子拮抗试验、菌丝生长特性、子实体形态和产量性状进行筛选，其中杂交子4545的子实体产量高于所有其他供试菌株（肖美丽等，2005）。分别采用能量5～30 keV、剂量1.5×10^{15}～1.5×10^{16} cm^{-2}的N^{+}束注入野生阿魏侧耳ACK的分生孢子和菌丝单细胞中，结果表明离子束注入对阿魏侧耳分生孢子及菌丝单细胞刻蚀作用明显，细胞存活率的能量、剂量效应显著（陈恒雷等，2008）。原生质体分离和再生条件研究也为在细胞水平上开展阿魏侧耳种质资源创新探索了一条新途径（周继阳等，2012）。

（鲍大鹏　宋晓霞）

参考文献

· ·

白羽嘉，陶永霞，张莉，等，2013. 阿魏对阿魏菇氨基酸及挥发性成分的影响 [J]. 食品科学，34（14）：198-204.

陈恒雷，武宝山，吕杰，等，2008. 离子束注入阿魏菇生物效应及诱变育种方法 [J]. 生物技术，18 （4）：38-40.

陈忠纯，1991. 阿魏侧耳的研究 [J]. 干旱区研究 （2）：94-95.

陈忠纯，1994. 阿魏侧耳的栽培技术 [J]. 干旱区研究 （2）：65-68.

陈忠纯，1996. 我国阿魏侧耳的驯化与栽培 [J]. 食用菌学报，3 （4）：11-14.

陈忠纯，吴政声，1994. 阿魏侧耳优良菌株 KH2 的选育 [J]. 干旱区研究 （11）：76-78.

丛媛媛，帕丽达·阿不力孜，米仁沙·牙库甫，等，2013. 阿魏菇多糖的急性毒性及抗炎实验研究 [J]. 亚太传统医药，9 （2）：7-8.

邓春生，吕作舟，2002. 阿魏侧耳水溶性多糖免疫活性的研究 [J]. 华中农业大学学报，21 （5）：447-449.

董洪新，吕作舟，2003. 阿魏侧耳多糖的分离纯化与抗肿瘤活性的研究 [J]. 微生物学通报，30 （2）：16-19.

甘勇，吕作舟，2001. 阿魏蘑多糖理化性质及免疫活性研究 [J]. 菌物系统，20 （2）：228-232.

宫志远，于淑芳，曲玲，2002a 阿魏侧耳菌丝生长对碳、氮营养需求的研究 [J]. 山东农业大学学报（自然科学版），33 （4）：418-421.

宫志远，于淑芳，曲玲，2002b. 阿魏蘑菌丝生长的营养需求及环境条件研究 [J]. 中国食用菌，21 （5）：38-41.

巩平，王冬慧，杨琳，等，2011. 阿魏菇多糖联合顺铂对小鼠宫颈癌 U14 细胞的凋亡诱导作用 [J]. 现代肿瘤医学，19 （6）：1052-1055.

郭成金，2005. 覃菌生物学 [M]. 天津：天津科学技术出版社.

郭楚燕，胡建伟，2006. 不同培养料配方对阿魏菇菌丝生长的影响 [J]. 食用菌（增刊）：47.

黄晨阳，陈强，邓旺秋，等，2011. 中国栽培白灵菇学名的订正 [J]. 植物遗传资源学报，12 （5）：825-827.

黄年来，1997.18 种珍稀美味食用菌栽培 [M]. 北京：中国农业出版社.

纪卫政，2006. 阿魏菇粗提取物抗辐射实验研究 [D]. 乌鲁木齐：新疆医科大学.

贾身茂，秦淼，2006. 我国白阿魏蘑的驯化与栽培 [J]. 中国食用菌，25 （3）：3-7.

李敏，杨荣成，蔡香英，等，2003a. 阿魏菇 K888 特性及栽培技术要点 [J]. 食用菌，25 （5）：16.

李敏，杨荣成，蔡香英，等，2003b. 阿魏菇 K888 栽培技术 [J]. 北京农业 （12）：10.

李维瑶，杨炎，唐庆九，等，2008. 阿魏蘑提取物清除羟自由基和体外抗肿瘤活性的研究 [J]. 食用菌学报，15 （1）：51-54.

李永泉，吴炬，华立明，等，2003. 白阿魏菇菌丝体多糖 （PNMP） 体外抗氧化活性 [J]. 兰州大学学报，39 （6）：70-73.

林辰壹，马娟，杨婷婷，等，2012. 优化氮源种类及碳氮比对阿魏菇液体种生长的效应 [J]. 新疆农业科学，49 （11）：2042-2047.

林辰壹，吴新疆，赵琴，等，2003. 不同培养基配方对阿魏菇母种菌丝生长的影响 [J]. 新疆农业大学学报，26 （2）：40-42.

林春，陈保生，李荣春，2004. 白灵菇研究进展 [J]. 微生物学杂志，24 （3）：46-49.

刘志宏，朱妍梅，王海波，2009. 阿魏菇菌丝体生长特性 [J]. 食用菌学报，16 （2）：36-40.

卯晓岚，1998. 中国经济真菌 [M]. 北京：科学出版社.

裴凌鹏，崔箭，2009. 维药阿魏菇对痴呆性大鼠学习记忆及 Na^+ - K^+ - ATP、AchE 酶活性的影响 [J]. 中国民族医药杂志 （3）：49-51.

蒲旭升，2005. 野生宽叶阿魏菇菌株特性及人工栽培技术 [J]. 新疆农业科技 （4）：41.

蒲训，齐进军，2001. 白灵菇分类学特性诠释 [J]. 甘肃科学学报，13 （4）：48-50.

盛伟，潘传奇，2007. 白阿魏侧耳及其近缘种的线粒体 SSU rDNA 5′端序列分析 [J]. 安徽农业科学，

35（33）：10617-10618.

田金强，朱克瑞，2006. 阿魏菇多糖的抗氧化功能及对果蝇寿命的影响 [J]. 营养与食品卫生，27（4）：223-225.

王金辉，魏秀岩，李国玉，等，2011. 阿魏菇多糖对整体荷瘤小鼠肿瘤和免疫作用的实验研究 [J]. 中国现代中药，13（3）：40-42.

肖美丽，王卓仁，刘洲军，等，2005. 阿魏侧耳单孢菌株杂交子特性研究 [C]//首届海峡两岸食（药）用菌学术研讨会论文集.

徐辉，陈恒雷，曾宪贤，等，2008. 阿魏菇工厂化生产参数优化研究 [J]. 种子，27（2）：66-69.

徐辉，曾宪贤，鹿桂花，等，2007. 阿魏菇工厂化栽培及常遇问题解决办法 [J]. 中国食用菌，26（1）：37-39.

闫训友，史振霞，唐建国，等，2006. 不同氮源对阿魏菇菌丝生长量及多糖含量的影响 [J]. 安徽农业科学，34（20）：5206-5207.

闫训友，祖桂芳，史振霞，等，2007. 不同碳源对阿魏菇菌丝生长量及多糖含量的影响 [J]. 食品科技，32（2）：38-40.

杨荣成，李敏，蔡香英，等，2003. 阿魏菇 K888 栽培技术 [J]. 园艺特产（3）：31.

于迎春，黄春燕，郭惠东，等，2003. 不同栽培料配方及出菇模式对阿魏菇产量的影响 [J]. 山东农业科学（4）：28-29.

张莉，白羽嘉，魏帅，等，2012. 准噶尔阿魏、新疆阿魏对阿魏侧耳子实体生长发育的影响 [J]. 食用菌（3）：10-12，16.

郑和斌，李晓宇，吕作舟，等，2005. 阿魏蘑、白灵菇及杏鲍菇亲缘关系的研究 [J]. 食用菌学报，12（4）：1-4.

周继阳，王勇，祝长青，2012. 阿魏菇原生质体制备及再生条件的建立 [J]. 食品研究与开发，33（3）：152-155.

Akyuz M，Kirbag S，2009. Antimicrobial activity of *Pleurotus eryngii* var. *ferulae* grown on various agrowastes [J]. EurAsian Journal of BioSciences（3）：58-63.

Alam N，Yoon K N，Lee T S，2011. Antihyperlipidemic activities of *Pleurotus ferulae* on biochemical and histological function in hypercholesterolemic rats [J]. J Res Med Sci，16（6）：776-786.

Fernandes Ã，Antonio A L，Oliveira M B，et al.，2012. Effect of gamma and electron beam irradiation on the physic-chemical and nutritional properties of mushrooms：A review [J]. Food Chem，135（2）：641-650.

Rosa V D，Cappuccio I，Fanelli C，2004. Isolation and characterization of microsatellite markers in two basidiomycete species：*Pleurotus eryngii* and *P. ferulae* [J]. Molecular Ecology Notes，4（2）：271-273.

Song X H，Zhang Y M，Wang H，et al.，2003. Regulation of p53 and fas gene expressions with *Pleurotus sapidus* in different types of tumor cells [J]. Chin J Dis Control Prev，7（4）：297-300.

Urbanelli S，Rosa V D，2003. Genetic diversity and population structure of the Italian fungi belonging to the taxa *Pleurotus eryngii*（DC.：Fr.）Quèl and *P. ferulae*（DC.：Fr.）Quèl [J]. Heredity（Edinb），90（3）：253-259.

第三十七章

大 肥 蘑 菇

第一节　概　　述

大肥蘑菇（*Agaricus bitorquis*），又名双环蘑菇、大肥菇、美味蘑菇、高温蘑菇。大肥蘑菇富含蛋白质，含有多种氨基酸、核苷酸和维生素等。子实体洁白，组织致密坚实，抗机械伤，受伤后变色慢，较耐储藏，货架期较长。

第二节　大肥蘑菇的起源与分布

大肥蘑菇最早于 1965 年由 Cailleux 分离获得野生种质，在中非的 La Maboké 试验站进行人工驯化栽培，首个商业化菌株为 Somycel 公司于 1973 年引进生产的 S2017，随后选育和应用的商业化菌株有 Le Lion 的 *Psalliota edulis*、Le Miz 的 *Psalliota rodmanni* （444）以及荷兰蒙斯特试验站选育的 B30、K26 和 K32 等，栽培适宜温度均为 25 ℃。大肥蘑菇具有抗已知所有蘑菇病毒病的能力，20 世纪 70 年代初欧洲蘑菇病毒病暴发蔓延，许多菇场在栽培双孢蘑菇后通过短期栽培大肥蘑菇来消除病毒病，进而使大肥蘑菇商业化栽培达到顶峰。但与双孢蘑菇相比，上述大肥蘑菇菌株存在栽培周期长、风味不佳等内在缺点，加上 20 世纪 70 年代后期以来，对蘑菇病毒控制措施的加强，不再需要以大肥蘑菇轮作来控制蘑菇病毒病，导致大肥蘑菇生产逐渐下降，现已很少栽培。

我国早在 20 世纪 70 年代从国外引进大肥蘑菇（大肥菇）进行试种，由于该菌株子实体生长发育温度范围窄（19～25 ℃），在 26 ℃以上子实体原基不能分化，使其在我国的自然气候栽培条件下有效出菇时间短，产量低，而且菌肉粗糙，适口性差，商品价值不高。在生产季节安排上，9 月至翌年 4～5 月为双孢蘑菇栽培季节，而我国 6～9 月夏季菇房空闲期间气温超过 30 ℃，因此，无法真正在夏季栽培，一直未能在国内得到推广。

20 世纪 80 年代后期 Smith 和 Love 从菲律宾获得大肥蘑菇热带野生菌株 W19 和 W20，并于 1991 年应用于商业化栽培。这两个菌株能在 28 ℃，甚至高达 30 ℃下生产质量优良的子实体，其风味与双孢蘑菇相近。浙江省农业科学院于 1993 年选育出国内首个适合我国夏季栽培的高温型大肥蘑菇品种——夏菇 93（浙 AgH-1），适宜出菇温度 25～

34 ℃，子实体能在 35～38 ℃下继续生长，同时具有味道鲜美、抗机械伤、不易褐变等优点，存在的主要缺点是菌丝爬土能力弱，导致出菇部位低，易形成"地雷菇"和丛生菇，从而影响产量和质量。浙江省农业科学院于 2001 年通过杂交育种技术育成的夏秀 2000，杂交优势明显，菌丝爬土能力和产量均优于夏菇 93。上述品种已在浙江、江苏、上海、广东、福建、新疆等全国各新老蘑菇产区推广应用。

　　大肥蘑菇广泛分布于世界各地不同生境中，温带、亚热带和热带地区均有分布，寒带尚无分布记载。主要分布于欧洲、北美洲和东南亚等地，我国青海、内蒙古、新疆和台湾等地均有分布。

第三节　大肥蘑菇的分类地位与形态特征

一、分类地位

　　大肥蘑菇（*Agaricus bitorquis*）属担子菌门（Basidiomycota）蘑菇纲（Agaricomycetes）蘑菇目（Agaricales）蘑菇科（Agaricaceae）蘑菇属（*Agaricus*）。

二、形态特征

　　大肥蘑菇菌丝白色，丝线状，具有繁殖能力的菌丝双核、有横隔膜和分枝，无锁状联合；菌丝直径 1.70～5.11 μm；在 PDA 培养基上生长呈匍匐状，在 PMA 培养基上初呈匍匐状，后有气生菌丝生长，基内菌丝多；在平板和斜面培养基上菌丝能扭结成聚集体，有的能进一步形成原基，有的还可分化发育成为子实体。

　　大肥蘑菇子实体单生或丛生。菌盖表面光滑或有鳞片，白色，老熟后变为浅粉灰色至深蛋壳色；菌盖初半球形，后扁半球形，顶部平或略下凹，成熟后菌盖略向上平展呈浅漏斗状，边缘内卷，表皮超越菌褶；菌盖直径多数 6.6～15 cm，最大可至 21 cm。菌肉白色、厚，组织致密结实，受伤后变色慢，久后略变淡红色至浅褐色。菌柄白色、内实，近圆柱状，中生、粗短，长 3.0～8.5 cm，直径 1.3～4.5 cm；菌盖展开后在菌柄中部至偏下部留有双层菌环，菌环白色、膜质。菌褶自菌柄向菌盖边缘放射状排列，与菌柄离生，菌褶密、窄、不等长；菌褶幼时白色，后变为淡红色至黑褐色，孢子印深褐色。担子棒状，每个担子顶端着生 4 个担孢子。担孢子褐色至暗褐色，光滑，卵圆形至近球形，壁稍厚，大小（5.28～8.60）μm×（3.40～6.36）μm。缘囊体棒状，无色，透明，大小（13.76～25.80）μm×（6.40～8.60）μm。

第四节　大肥蘑菇的生物学特性

一、营养要求

（一）碳源

　　大肥蘑菇可利用多种单糖、双糖和多糖类碳源作为碳素营养来源。大肥蘑菇为草腐菌，难以直接吸收利用纤维素、半纤维素、果胶、淀粉、木质素等，需通过堆肥中的微生物和大肥蘑菇菌丝自身分泌的各种酶，分解成简单碳水化合物后才能被很好地吸收利用。生产上采用富含上述碳源的稻、麦等农作物秸秆为碳源材料，经堆制发酵后用于栽培大肥蘑菇。

(二) 氮源

大肥蘑菇可利用多种无机氮和有机氮作为氮素营养来源。大肥蘑菇菌丝不能直接吸收利用蛋白质和无机氮，需在堆肥发酵过程中通过微生物分解转化后才能被大肥蘑菇吸收利用。在大肥蘑菇栽培中，除了存在于农作物秸秆中的氮源外，通常还采用豆饼、菜籽饼、禽畜粪便和尿素、硫酸铵等作为氮源材料。

大肥蘑菇不仅需要丰富的碳源和氮源作为基本营养，还要求适宜的碳氮比。大肥蘑菇栽培配方的初始碳氮比以 30：1 左右为宜。如碳氮比过高，即含氮量过低，影响产量；碳氮比过低，即含氮量过高，容易导致发酵料残留氨气，有碍大肥蘑菇发育和生长。

(三) 无机盐

无机盐参与细胞结构物质的组成；作为酶的活性基团的组成成分，有的是酶的激活剂；调节培养基的渗透压和 pH 等。大肥蘑菇栽培需要量较大的是钙、磷、钾。在生产中常添加石膏（$CaSO_4$）、碳酸钙（$CaCO_3$）和熟石灰 $[Ca(OH)_2]$、过磷酸钙等作为矿质营养和理化调节剂，以促进大肥蘑菇菌丝生长发育；由于培养料中的稻、麦等农作物秸秆中含有丰富的钾，因此，不需要额外添加钾肥。

(四) 维生素和植物生长调节剂

维生素是大肥蘑菇生长发育不可或缺的物质，如维生素 B_1 是大肥蘑菇生长所必需的，维生素 B_1 的缺乏会抑制大肥蘑菇的生长发育。使用三十烷醇、萘乙酸等植物生长调节剂，对大肥蘑菇菌丝生长和子实体的形成具有不同程度的促进作用。

二、环境要求

(一) 温度

大肥蘑菇属高温结实型菌类。大肥蘑菇菌丝生长温度 18～38 ℃，适宜温度 24～32 ℃，最适温度 27～28 ℃。在适宜的温度下，菌丝洁白粗壮，长势强，生长速度快。低于 22 ℃菌丝生长缓慢，高于 35 ℃菌丝生长慢，纤细。温带型大肥蘑菇子实体发生的最适温度 19～24 ℃，温度持续高于 26 ℃时，子实体原基不能分化，温度超过 27 ℃，会引起死菇。热带型大肥蘑菇子实体形成和生长发育温度 25～34 ℃，最适温度 27～32 ℃，在此温度范围内生长的子实体肉质厚，菇柄短而粗；温度高于 32 ℃，子实体生长速度快，易薄皮开伞；成长中的子实体能在 36～38 ℃下继续生长，温度低于 25 ℃时，子实体形成量减少，生长缓慢。

（二）湿度

播种时的培养料适宜含水量 60%～66%，在此湿度范围内，菌丝生长速度快，长势强，健壮有力；含水量低于 56%，菌丝生长慢，长势差；含水量高于 70%，菌丝生长速度下降，线状菌丝多；含水量高于 75%，菌丝生长受阻。由于大肥蘑菇栽培环境温度高，培养料含水量过高极易感染杂菌，因此，控制好培养料的含水量是大肥蘑菇栽培的关键技术之一。

覆土的含水量应根据不同覆土材料的持水率进行调节，最大限度地提供大肥蘑菇生长所需的水分。沙壤土（砻糠细土）的含水量宜保持在 18%～20%，砻糠河泥土的含水量应保持在 33%～35%，不同质地的泥炭（或草炭）含水量可维持在 75%～85%。应用持水率高的覆土材料可有效地提高大肥蘑菇的产量和品质。

播种后的菌种萌发定植期，菇房内的空气相对湿度应保持 90%～95%，以保持菌种湿度，促进菌种萌发生长；菌丝生长阶段，菇房内的相对湿度宜保持在 75%左右；出菇期间空气相对湿度应提高到 85%～90%。空气相对湿度过低，易使覆土干燥，产生鳞片和空心菇，菇质差；而空气相对湿度过高（95%以上），易发生杂菌和细菌污斑病等病害。

（三）pH

大肥蘑菇菌丝生长发育的 pH 4～9，适宜 pH 5～7，最适 pH 6，弱酸性环境有利于大肥蘑菇菌丝生长。pH<5 或 pH>7，菌丝生长缓慢，长势弱。由于菌丝生长过程中会产生有机酸，导致培养料的 pH 逐渐下降（酸化），因此，播种时培养料以 pH 7 左右为宜，覆土初始也以 pH 7 左右为宜。

（四）光照和通风

大肥蘑菇菌丝生长不需要光，在黑暗的条件下菌丝生长快、生长势强，随着光线增强、光照时间增加，菌丝生长受抑制程度也增大，菌丝生长速度明显下降，长势减弱。因此，菌丝生长阶段应避免光照，在黑暗条件下培养。散射光具有促进子实体原基提早形成的作用。大肥蘑菇子实体在阴暗的条件下生长良好，颜色洁白，菇盖厚，品质好。直射光会引起菇体表面干燥变黄，使蘑菇品质下降。

大肥蘑菇属好气性真菌，需要在足够的新鲜空气环境下才能正常生长发育。与双孢蘑菇相比，大肥蘑菇菌丝和子实体对二氧化碳具有更强的忍耐性，菌丝在高二氧化碳浓度下生长快，能在 0.15%～0.2% 的二氧化碳浓度下扭结形成子实体，而双孢蘑菇需在二氧化碳浓度 0.03%～0.1% 的环境中才能诱发菇蕾形成。尽管大肥蘑菇对二氧化碳的忍耐性比双孢蘑菇强，但菌丝体和子实体在生长过程中不断吸收氧气，呼出二氧化碳，堆肥中的微生物分解活动也会不断产生二氧化碳、硫化氢等气体，这些气体超过一定浓度时，会抑制菌丝和子实体生长，严重时会造成菌丝萎缩，小菇死亡；同时，二氧化碳浓度高的闷热环境还容易发生胡桃肉状菌病、细菌性斑点病等病害。因此，实际生产中，发菌期间应经常进行通风换气，排除有害气体，补充新鲜空气；出菇后，随着子实体生长，需氧量增大，更要注意通风，以保持菇房内空气新鲜，供给足够的氧气（Vedder，1975）。

三、生活史

大肥蘑菇子实体菌褶上的每个担子顶端产生 4 个担孢子，担孢子萌发产生芽管，芽管不断分枝、伸长形成一根根单核菌丝。性别不同的单核菌丝之间进行结合，发生质配，每一个细胞中形成有 2 个细胞核的双核菌丝，双核菌丝比单核菌丝更具生命活力，经一段时间的营养生长达生理成熟后，产生原基，并发育成子实体。子实体成熟后，在菌褶上产生担子，担子上又产生 4 个担孢子，周而复始（Vedder，1975）。

大肥蘑菇的生活史见图 37-1。

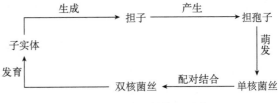

图 37-1　大肥蘑菇生活史

第五节　大肥蘑菇种质资源

一、概况

大肥蘑菇根据交配行为可分为 3 个主要组群：①温带型，②过渡型，③热带型（Martinez-Carrera，1995）。前二者最适出菇温度为 24 ℃，如 S2017、B30、K26 和 K32等，我国 20 世纪 70～80 年代引进、开发栽培的均为该类品种（菌株），其子实体形成和生长的适宜温度为 19～24 ℃，高于 26 ℃难以形成原基。而热带型的最适出菇温度为 27～28 ℃，如 W19、W20、夏菇 93 和夏秀 2000 等，其子实体形成和生长的适宜温度为 25～30 ℃。目前我国栽培的为热带高温型大肥蘑菇夏菇 93、夏秀 2000 等。

温带型和过渡型 2 个组群间具有可亲和性，热带型和过渡型组群间具有部分可亲和性，温带型和热带型组群间不亲和（Martinez-Carrera，1995）。

二、优异种质资源

（一）温带型大肥蘑菇品系

K32：荷兰蒙斯特试验站选育的菌株。菌丝生长适宜温度 25～30 ℃；子实体发生适宜温度 20～24 ℃，26 ℃以上子实体原基不能分化；抗病毒病。菌盖直径 4～15 cm，初半球形，后扁半球形，顶部平或略下凹，色白；菌肉白色，厚实紧密，不易擦伤，伤后变色较慢；菌褶幼时白色，后变为粉红色至黑褐色，稠密，窄，离生，不等长。菌柄长 3～11 cm，粗 2～4 cm，中实，近圆柱状；菌环双层，白色，膜质，生于菌柄中部。国外工厂化栽培产量为每吨培养料 200 kg 左右（Vedder，1978）；国内引进栽培产量一般为 3～5 kg/m²。

（二）热带型大肥蘑菇品系

1. 夏菇 93　浙江省农业科学院通过系统选育方法育成，2008 年 10 月通过国家认定。菌丝生长温度 18～38 ℃，适宜温度 27～30 ℃；抗病毒病。出菇温度 25～34 ℃，适宜出菇温度 27～32 ℃，子实体能在 36～38 ℃下继续生长。子实体散生，少量丛生，半球形至扁半球形，菇体中等偏大，菇柄粗短。成熟展开后的子实体菌盖直径多数为 6.6～21 cm，菌柄长 3.0～8.5 cm，粗 1.3～4.5 cm，商品菇菇盖平均直径 4.61 cm，菇柄平均长 2.15 cm、平均直径 2.01 cm。菌肉白色，表面光洁，组织致密结实，菌盖厚，口感好，味道鲜美；抗机械伤，伤后变色慢，久后略变淡红色至浅褐色，较耐储运。子实体菌环双层，白色，膜质，生于菌柄中部至偏下部，菌褶幼时白色，后变为淡红色至黑褐色，稠密，窄，离生，不等长。该品种子实体对二氧化碳的耐受能力较强，子实体能在 0.15%～0.2%二氧化碳浓度下正常形成与生长发育，栽培周期 85 d 左右，潮次间隔 7～8 d，可采收 5～6 潮菇。适宜栽培条件下的平均产量 7.5 kg/m²。

2. 夏秀 2000　浙江省农业科学院以夏菇 93 和 E19 为亲本，单孢杂交选育而成，2010 年 12 月通过国家认定。菌丝生长温度 18～38 ℃，适宜温度 27～30 ℃；抗病毒病。出菇温度 25～34 ℃，适宜出菇温度 27～32 ℃，子实体能在 36～38 ℃下继续生长。子实体散生，少量丛生，半球形至扁半球形，菇体中等偏大，菇柄粗短。成熟展开后的子实体菌盖直径多数为 6.1～18.3 cm，菌柄长 2.7～7.8 cm，粗 1.2～4.1 cm，商品菇菇盖平均直径 4.47 cm，菇柄平均长 2.05 cm、平均直径 1.93 cm。菌肉白色，表面光洁，组织致密结实，菌盖厚，口感好，味道鲜美；抗机械伤，伤后变色慢，久后略变淡红色至浅褐色，较耐储运。子实体菌环双层，白色，膜质，生于菌柄中部至偏下部，菌褶幼时白色，后变为淡红色至黑褐色，稠密，窄，离生，不等长。该品种菌丝爬土能力较强，菇床结实率高、均匀，子实体对二氧化碳的耐受能力较强，子实体能在 0.15%～0.2%二氧化碳浓度下正常形成与生长发育，栽培周期 85 d 左右，潮次间隔 7～8 d，可采收 5～6 潮菇。适宜栽培条件下的平均产量 8.9 kg/m²（蔡为明等，2000）。

3. W20　原英国国际园艺研究所（Horticulture Research International，HRI）从采集自菲律宾的野生大肥蘑菇菌株中分离选育而成。菌丝生长适宜温度 27～32 ℃，能忍受短时间的 35 ℃高温；子实体生长发育适宜温度 27～30 ℃，最适温度 27～28 ℃；抗病毒病。子实体散生，少量丛生，半球形至扁半球形，菇体中等偏大，菇柄粗短；菌肉白色，组织致密结实，不易擦伤，伤后变色较慢。子实体能在 0.15%～0.2%二氧化碳浓度下正常形成与生长发育。国外工厂化栽培，在 27～28 ℃下，6 周内可采收 5 潮菇，每吨培养料产量为 250～300 kg（Smith，1991）。

第六节　大肥蘑菇种质资源研究和创新

大肥蘑菇属于二极性异宗结合菌。Martínez-Carrera 等（1995）通过对 12 个野生和商业栽培的大肥蘑菇菌株的交配试验发现不亲和因子有 13 个不同的等位基因。温带型、过渡型和热带型 3 个组群内各自的异核体的形成受同质不亲和性控制——通过 1 个具有多个等位基因的交配因子控制；温带型和过渡型 2 个组群间的异核体的形成同样受同质不亲和性控制，即 3 个组群内及温带型和过渡型 2 个组群间具有可亲和性。在过渡型和热带型 2 个组群间的异核体形成过程中，2 个不亲和系统同时相互独立地起作用。同质不亲和性控制整个有性过程，但在营养生殖阶段由于受异质不亲和性控制，异核体的形成受到严格限制，配对同核体的结合区产生拮抗反应，杂种异核体产生率很低。杂种中很少一部分是可孕、具产生后代能力的。因此，过渡型和热带型 2 个组群间具有部分可亲和性。温带型和热带型 2 个组群间的异核体形成受异质不亲和系统的阻止，温带型和热带型 2 个组群间不亲和。温带型和过渡型 2 个组群间的异核体形成受同质不亲和性控制，表明这 2 个组群具有较近的亲缘关系；分析表明热带型组群与温带型和过渡型的遗传相似度仅为 36%，且温带型和过渡型 2 个组群菌株在聚类图的相同分支束中，可清楚地与热带组群相区分。

　　Martínez-Carrera 等（1995）发现大肥蘑菇存在单个担孢子萌发的菌丝体（同核体）形成能产孢的子实体的现象，进一步研究发现具有 2 种同核体结实类型。①有丝分裂同核体结实（mitotic homokaryotic fruiting，MHF）。该类型同核体结实绕过交配型因子的控制，推测认为受由外界因子触发的一个或多个结实基因的调控。②重组同核体结实（recombinant homokaryotic fruiting，RHF）。该类型同核体结实受交配型因子的控制。大肥蘑菇的同核体结实受交配型因子、结实基因和外在（环境）因子调控。

　　Anderson 等（1984）发现一菌株 8-1 的菌落与可亲和菌株 34-2 的菌落配对融合后，核供体菌株 8-1 的细胞核向受体菌株 34-2 菌落菌丝单向迁移；但线粒体并不迁移，从而使核受体菌株 34-2 菌落菌丝成为含有双亲核而仅有自身线粒体的双核体；双线粒体型仅存在于两菌落接触融合部位的双核体中，双线粒体型在营养生长中分离，具有核受体菌株线粒体型的双核体菌丝生长快于具有核供体菌株线粒体型的双核体菌丝，形成的子实体具有相同的一对核，而具有不同细胞质，是线粒体型的嵌合体，这种线粒体型嵌合的子实体中，倾向于核供体菌株线粒体型遗传给孢子后代。

　　Pahil 等（1991）进行了不同来源的大肥蘑菇菌株间和菌株内杂交试验，结果表明大肥蘑菇菌株间杂交优势表现明显，可在产量、出菇潮次和质量等方面得到改良提高。

　　王泽生等（1990）研究了大肥蘑菇和双孢蘑菇原生质体制备和再生条件，为种质杂交育种提供了基础。曾伟等（1999）应用 RAPD 方法分析了大肥蘑菇和双孢蘑菇的种内和种间多态性，研究分析了 2 个不同种间的亲缘关系，为种间杂交选材提供了理论依据。

　　目前，动植物的遗传工程育种和种质资源研究与创新工作开展比较系统深入，但食用菌的相关研究工作还处于初始阶段，尤其是大肥蘑菇的相关研究报道更少。而大肥蘑菇具有耐高温、抗病毒病、抗机械伤、抗褐变等诸多优良特性，值得开展系统深入的研究。

（蔡为明）

参考文献

蔡为明，方菊莲，金群力，等，2001. 高温蘑菇原基形成条件的研究 [J]. 浙江农业学报，13（6）：343-346.

蔡为明，方菊莲，吴永志，2000. 高温蘑菇浙 AgH-1 种型的鉴定 [J]. 食用菌学报，7（1）：15-18.

蔡为明，金群力，冯伟林，等，2006. 高温型双环蘑菇新品种'夏秀 2000'[J]. 园艺学报，33

(6)：1414.

蔡为明，金群力，冯伟林，等，2007. 双环蘑菇的遗传学特性及品种选育研究进展 ［J］. 食用菌学报，14
　（4）：76－80.

方菊莲，蔡为明，范雷法，1996. 高温蘑菇浙 AgH－1 生物学物性的研究 ［J］. 食用菌学报，3（2）：
　21－27.

黄年来，1993. 中国食用菌百科 ［M］. 北京：农业出版社.

黄年来，林志彬，陈国良，等，2010. 中国食药用菌学 ［M］. 上海：上海科学技术文献出版社.

王泽生，廖剑华，王贤樵，1990a. 蘑菇与大肥菇原生质体制备条件研究 ［J］. 食用菌（4）：14－15.

王泽生，廖剑华，王贤樵，1990b. 双孢蘑菇与大肥菇原生质体再生条件研究 ［J］. 食用菌（6）：16－17.

曾伟，宋思扬，王泽生，等，1999. 双孢蘑菇及大肥菇的种内与种间多态性 RAPD 分析 ［J］. 菌物系统，
　18（1）：55－60.

郑时利，何锦星，杨佩玉，等，1981. 大肥菇栽培习性的研究 ［J］. 食用菌（3）：5－6.

Anderson J B，Petsche D M，Herr F B，et al. ，1984. Breeding relationships among several species of
　Agaricus ［J］. Can J Bot，62：1884－1889.

Cailleux R，1969. Procede de culture de *Psalliota subedulis* en Afrique ［J］. Cahiers de La Maboke，3
　（Ⅱ）：114－122.

Fritsche G，1977. Breeding works on the newly cultivated mushroom：*Agaricus bitorquis*（Quel.）Sacc.
　［J］. Mushroom J，50：54－61.

Fritsche G，1982. Some remarks on the breeding，maintenance of strains and spawn of *A. bisporus* and
　A. bitorquis ［J］. Mush Sci，11（1）：367－386.

Martinez－Carrera D，Smith J F，Challen M P，et al. ，1995. Evolutionary trends in the *Agaricus bito-
　rquis* complex and their relevance for breeding ［M］//Elliott. Science and cultivation of edible
　fungi. Rotterdam：Balkema：29－36.

Pahil V S，1992. Cultivation and strain improvement of high temperature wild and cultivated *Agaricus* spe-
　cies ［D］. London：University of London.

Smith J F，1991. A hot weather mushroom AGC W20 ［J］. Mushroom J，501：20－21.

Smith J F，Love M E，1989. A tropical *Agaricus* with commercial potential ［J］. Mushroom Science，ⅩⅢ
　（part Ⅰ）：305－315.

Vedder P J C，1975. Our experiences with growing *Agaricus bitorquis* ［J］. Mushroom J，32：262－269.

Vedder P J C，1978. Cultivation of *Agaricus bitorquis* ［M］//Chang S T，Hayes W A. The biology and
　cultivation of edible mushrooms. New York：Academic Press：377－392.

第三十八章

美 味 扇 菇

第一节 概 述

美味扇菇（*Sarcomyxa edulis*），又名亚侧耳、元蘑、黄蘑、冬蘑（东北地区）、冻蘑、剥茸（日本）、晚生北风菌（云南）、美味冬菇等。美味扇菇细嫩清香，富含蛋白质、氨基酸、脂肪、糖类（碳水化合物）、维生素及矿物质等多种营养物质。美味扇菇不仅味道鲜美，营养丰富，还具有疏风活络、强筋健骨的功效（陈士瑜，2003）。现代药理研究表明，美味扇菇多糖、蛋白质对癌细胞有显著的抑制作用，又有明显的抗辐射作用。美味扇菇是一种食药兼用菌，很有开发前景。

第二节 美味扇菇的起源与分布

美味扇菇是我国著名的野生食用菌之一，多年来只是靠野外采集。20 世纪 80 年代初，首先由刘凤春（1982）驯化栽培成功。1981 年延边农学院杨淑荣对美味扇菇这种东北传统著名食用菌的人工栽培方法开始了研究；曹丽如（2002）于 1998—1999 年进行了美味扇菇的室内人工栽培试验；1998 年刘玉璞等（2002）等也在简易大棚内采用代料栽培与段木栽培两种方式进行了美味扇菇的栽培，简单地筛选出其最佳母种、原种和栽培种培养基；而后王海英等（2004）于 2004 年进行了大棚栽培美味扇菇。这都为其人工栽培积累了宝贵的经验。

野生的美味扇菇主要分布于吉林、黑龙江、河北、山西、广西、陕西、四川、云南、西藏等地，以东北林区最多；国外分布地有日本、俄罗斯（西伯利亚）、欧洲和北美洲。

第三节 美味扇菇的分类地位与形态特征

一、分类地位

美味扇菇（*Sarcomyxa edulis*）属担子菌门（Basidiomycota）蘑菇纲（Agaricomycetes）蘑菇目（Agaricales）小菇科（Mycenaceae）扇菇属（*Sarcomyxa*）。

二、形态特征

子实体中型,丛生或叠生。菌盖直径 3～12 cm,幼时呈球形,后渐平展,米黄色、黄绿色或淡褐色,湿时稍黏,有短绒毛,边缘平滑,表皮易剥离,初期内卷,后平展,老熟翻卷;菌肉白色、厚、柔软;菌褶延生,较密,白色或淡黄色,薄,幅宽,前方窄;菌柄短,上粗下细,长 1～2 cm,粗 1.5～3 cm,有绒毛,中实,淡黄色;孢子印呈白色,孢子小,腊肠形,无色光滑,囊状体梭形,中部膨大(徐连春,2009)。

第四节　美味扇菇的生物学特性

一、营养要求

(一) 碳源

碳源是构成细胞和代谢产物中碳架的营养物质,其主要作用是合成糖类和氨基酸。也是美味扇菇最重要的营养源之一。美味扇菇对纤维素、半纤维素、木质素、淀粉的分解能力强,阔叶树木屑、甘蔗渣、棉籽壳等均可作为培养基。

(二) 氮源

氮源是合成美味扇菇细胞蛋白质、核酸和酶类的主要原料,主要包括有机氮源和无机氮源。根据测定,美味扇菇培养料的碳氮比以 20:1～40:1 为适宜,碳氮比过低,菌丝生长缓慢,发黄;碳氮比过高,菌丝生长缓慢,稀疏。在栽培中,天然氮源主要来自树木、秸秆、腐殖质中的蛋白质、氨基酸及其他含氮物质。为了达到高产、稳产和优质,常在配制培养料的过程中,加入一定量的豆饼、豆汁、蛋白胨以及其他含氮化合物。

(三) 矿质元素

矿质元素是美味扇菇生命活动所不可或缺的物质,主要有硫、磷、钾、钙、镁等,占矿质元素的 90%,以及其他微量元素,如铁、锰、锌等。这些矿质元素共同参与细胞组成、酶的活动、调节渗透压和维持离子浓度的平衡,是细胞代谢不可或缺的活化剂。

(四) 维生素

维生素是组成酶的成分,有催化功能,是食用菌生长不可或缺并且微量就能满足的物质,如维生素 B_1 是所有食用菌,包括美味扇菇所需要的,其中在麦麸、麦芽糖和酵母中的含量较多,选择上述辅料可不用另外添加。

二、环境要求

(一) 温度

美味扇菇属于低温结实型菌类,菌丝生长温度 6～32 ℃,适宜温度 20～25 ℃,34 ℃以上生长受抑制;出菇温度 5～22 ℃,最适温度 5～15 ℃,适合早春、晚秋栽培。

(二) 湿度

美味扇菇出菇期间培养基含水量50%～70%均可生长，但以65%～70%最为适宜，空气相对湿度在菌丝体生长期间与大多数食用菌没有区别，但在出菇期间需要充分的空气相对湿度，以85%～95%为最适宜。空气相对湿度低于70%不易产生子实体，形成的子实体也极易萎蔫。

(三) pH

美味扇菇喜欢在微酸性环境中生长，对pH的适应范围较宽，在pH 3.5～9.0均可生长，以pH 5.0为最适宜。

(四) 光照和通风

美味扇菇菌丝生长期间不需要光线，在黑暗中菌丝生长比在光线下生长快。出菇阶段要求适当散射光，光照度60～100 lx对子实体形成有促进作用，使子实体正常发育。美味扇菇属于好气性真菌，营养生长期间有充分的氧，有利于菌丝体的快速生长。子实体形成时对二氧化碳特别敏感，二氧化碳浓度高于0.3%将使菌柄几度分化，菌盖发育受阻，菇体畸形，生长速度缓慢，甚至受抑制。

三、生活史

美味扇菇的生活史是一个循环的过程。最初从担孢子开始，由孢子萌发形成单核的初生菌丝，再经单核菌丝融合形成异核的双核菌丝，发展到一定阶段由双核菌丝扭结形成原基长成子实体，最后在子实体成熟后产生出新的担孢子完成整个发育过程，然后再循环重复组成其生活史。

美味扇菇的生活史见图38-1。

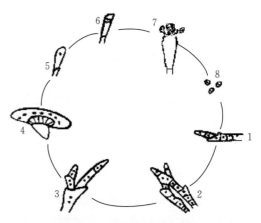

图38-1　美味扇菇生活史

1. 单核菌丝　2. 质配　3. 双核菌丝　4. 子实体
5. 核配　6. 减数分裂　7. 担子　8. 担孢子

第五节　美味扇菇种质资源

一、概况

美味扇菇是我国尤其是东北地区著名的野生食用菌。近年来人工栽培的美味扇菇，大多数是通过野生分离驯化得到的纯菌种，品种选育研究相对较少。

二、优异种质资源

1. 覃谷黄灵菇　敦化市明星特产科技开发有限责任公司与吉林农业大学合作选育，

于 2006 年通过吉林省农作物品种审定委员会审定，是适合吉林省内栽培的优良菌株。该原始野生菌株采集于长白山，子实体群生或呈覆瓦状丛生，中等至稍大。菌盖直径 8～15 cm，扁半球形至平展，黄白色，黏，有短绒毛，表皮上有胶质层并易剥离。边缘内卷，后反卷。菌肉白色，厚 0.8～1.2 cm。

覃谷黄灵菇菌株在 PDA 培养基上菌丝洁白、粗壮、浓密，有气生菌丝，菌丝呈绒毛状，菌落边缘整齐，健壮均匀。从接种到采第一潮菇 110～120 d。平均栽培 1 万袋产干菇 500 kg 以上。对绿色木霉、链孢霉等杂菌抗性较强，同时在高温年份抗病虫害。吉林地区在元旦前生产母种。

2. 旗冻 1 号 吉林农业大学选育，于 2011 年通过吉林省农作物品种审定委员会审定，是适合吉林省内栽培的优良菌株。该原始野生菌株来自长白山区，子实体形态特征为菌盖扇贝形，大小（6.0～9.0）cm×（7.0～1.1）cm，菌盖厚 1.0～1.5 cm，颜色为深黄色，中部下凹，边缘渐黑、内卷至平展。菌柄淡黄色，形状为上粗下细的圆柱状，长 3.07 cm，粗 2.91 cm，质地中等，侧生，柄上有白色绒毛。

旗冻 1 号菌株菌丝洁白，浓密；菌落无色素分泌，呈白色；菌落边缘整齐、均匀，生长势强；在斜面培养基上 16 d 左右可长满试管，40 d 可以长满瓶或袋，接种至出菇一般为 95 d 左右。菌丝生长温度 4～30 ℃，子实体生长期要求 15～18 ℃、相对湿度 85%～95%，湿度低于 70% 不易产生子实体，形成的子实体也极易萎蔫；光照度 500～800 lx；子实体对光较敏感，15 d 后进行下潮菇管理，一般采收 3～4 潮。100 kg 干料的鲜菇产量为 83.8 kg，子实体干湿比为 1.4∶10～2.2∶10。

第六节 美味扇菇种质资源研究和创新

美味扇菇是我国著名的野生食用菌之一，多年来只是靠野外采集。随着人们的喜爱，研究学者们开始摸索美味扇菇人工栽培模式，但人工栽培美味扇菇，尤其是规模代料栽培，还是近十几年的事。美味扇菇的栽培历史非常短，是一个新兴的很有发展的栽培品种，因此生产中采用野生菌株居多，在种质资源方面的研究相对较少。其中罗升辉（2007）采用改良系统选择法，利用同一个品种，通过多孢杂交筛选出优良菌株 HE‑5；王义（2009）首次对美味扇菇原生质体的制备与再生进行了研究，结果表明 30 ℃ 恒温水浴，pH 6.5，液体培养 8 d 的菌丝，以 0.6 mol/L NaCl 作为渗透压稳定剂进行酶解效果最好。同时对美味扇菇和松口蘑原生质体电融合的研究发现，在交流电场强度 150 V/cm，作用时间 30 s，直流电场强度 1 kV/cm，作用时间 20 μs，脉冲 2 次的融合效果较好。

不亲和性因子的研究，可以作为研究遗传多样性的一个重要指标。根据同一担孢子萌发产生的初生菌丝是否自身可孕，能否独立完成有性生活史，可以分为两大类，即同宗结合和异宗结合。在已经研究过的蕈菌中，异宗结合又可以分为两种类型，受一对不亲和性因子控制的二极性和受两对不亲和性因子控制的四极性。不亲和性因子构成的研究是异宗结合蕈菌生活史的核心内容，它涉及交配不亲和因子、极性、杂交亲和性及其机制等。1917 年 Bensauade 在粪污鬼伞中首先发现异宗结合，Kniep（1918，1920）在裂褶菌、金针菇和层菌纲的一些其他菌中相继发现了异宗结合，并对四极性交配系统有了最初的了解。20 世纪 70～80 年代罗信昌对木耳和毛木耳的极性进行了研究。但对美味扇菇交配系统的研究相对较少，其中宋吉玲（2011）对美味扇菇的交配系统进行了研究，确定了其为四极性的交配系统，填补了美味扇菇在遗传学研究方面的空白。

目前，对大多数担子菌的遗传育种工作开展得比较多，但在美味扇菇方面的报道很少，对美味扇菇的遗传特性和育种的相关研究工作还有待增加和深入。

（姚方杰）

参考文献

曹丽茹，2002. 亚侧耳的人工栽培初步研究 [J]. 辽宁林业科技（z1）：48－49.

陈士瑜，2003. 珍稀菇菌栽培与加工 [M]. 北京：金盾出版社.

刘凤春，郭砚翠，高文轩，1982. 亚布力元蘑培养研究初报 [J]. 食用菌（1）.

刘玉璞，张海军，刘玉玻，等，2002. 冻蘑人工栽培试验 [J]. 林业科技，27（6）：55.

罗升辉，2007. 亚侧耳优良菌株选育及其优质高产参数的研究 [D]. 吉林：吉林农业大学.

罗信昌，1988. 木耳和毛木耳的极性研究 [J]. 真菌学报，7（1）：56－61.

宋吉玲，2011. 美味冬菇不亲和性因子多样性及优良品种选育研究 [D]. 吉林：吉林农业大学.

王海英，姜广玉，盛喜德，等，2004. 大棚栽培元蘑 [J]. 内蒙古农业科技，12（6）：56.

王义，2009. 亚侧耳生物学特性及与松口蘑原生质体融合的研究 [D]. 黑龙江：东北林业大学.

徐连春，姜晓萍，王丽，等，2009. 元蘑人工栽培技术 [J]. 吉林蔬菜（1）.

杨淑荣，傅伟杰，周福玉，1988. 亚侧耳驯化简报 [J]. 中国食用菌（1）.

Bensaudee M，1917. Surla sexualite chezles champignons Basidiomycetes [J]. C R Acad Sci Paris，165：286－289.

Bensaudee M，1918. Rccherches surle cycle evolutif et la sexualitc chezles Basidiomycetes [J]. Thesis Nemours，156.

Kniep H，1918. Uber die bedingungen der schnallenbildung bei den basidiomyzeten [J]. Flora，111－112：380－395.

Kniep H，1920. Uber morphologische and physiolgische geschelechks differenierzierung（Untersuchungen an Basidiomyzeten）[J]. Verhphys Med Ges Wurzburg，46：1－18.

菌类作物卷

第三十九章

羊　肚　菌

第一节　概　述

羊肚菌（*Morchella esculenta*），别名羊肚菜、阳雀菌、包谷菌等，因其菌盖外观形似羊肚而得名，是一种珍稀名贵食药兼用真菌，市场价格高昂，被誉为"菌中之王"。羊肚菌味道鲜美，营养丰富，含有多种氨基酸和丰富的碳水化合物与维生素，属高级营养滋补品，早在中国明代潘之恒的《广菌谱》中就有关于羊肚菌的记载。中医证明羊肚菌具有益肠胃、消化助食、化痰理气、补肾壮阳、补脑提神之功效，对脾胃虚弱、消化不良、痰多气短、头晕失眠有良好的治疗作用，民间素有"年年吃羊肚，八十照样满山走"的说法。

第二节　羊肚菌的起源与分布

羊肚菌的人工栽培一直受到食用菌领域专家学者的高度关注，国内外已经开展了多年的研究。早在 1889 年，Baron 用羊肚菌子实体的碎块做菌种栽培过羊肚菌（杨新美，1988）。刘波于 1953 年在自然状态下半人工栽培羊肚菌获得了子实体（杨新美，1988）。1982 年 Ower 等发明了羊肚菌人工栽培方法，并分别于 1986 年和 1989 年 2 次取得了羊肚菌栽培的 2 个美国专利（Ower et al.，1986，1989）。陈惠群（1995）利用樟木渣块外厢式栽培长出子实体。Miller（2003）利用接种羊肚菌菌丝于植物幼苗根系的方法，获得了美国专利。赵琪（2007）采用纯培养的尖顶羊肚菌菌丝体播种在农田和退耕还林地，再加少量圆叶杨做辅料人工栽培成功。2013 年四川省农业科学院在羊肚菌人工大田栽培方面取得突破性进展，羊肚菌出菇稳定且每 667 m² 产量达到 150 kg 以上，实现了羊肚菌商业化栽培的成功；2014 年该院在柑橘林下栽培羊肚菌获得高产，经四川省农业厅组织专家组测产实现每 667 m² 产量 337.5 kg 的高产纪录。

野生羊肚菌资源国内主要分布在四川、云南、新疆、山西等省份，河北、湖北、黑龙江、吉林、辽宁、浙江等地也有分布。亚洲、欧洲、北美洲等国外地区均有羊肚菌的分布。

第三节 羊肚菌的分类地位与形态特征

一、分类地位

羊肚菌（*Morchella esculenta*）属子囊菌门（Ascomycota）盘菌纲（Pezizomycetes）盘菌目（Pezizales）羊肚菌科（Morchellaceae）羊肚菌属（*Morchella*）。

二、形态特征

羊肚菌属的一般形态特征是菌盖呈不规则球形或圆锥形，中空，边缘全部与柄相连，表面布满凹陷和棱脊，呈蜂窝状，貌似羊肚。子囊布满于蜂窝状凹陷中，柄平整或有凹槽，中空。子囊圆柱状，每个子囊含8个子囊孢子，子囊孢子卵圆形，光滑，无色或近无色（杨新美，1988）。

结合形态学和分子系统学研究结果表明，目前国内人工栽培成功的羊肚菌应为梯棱羊肚菌（*Morchella importuna*）（图39-1、图39-2）。其形态学特征：子囊果不规则圆形、长圆形，长4～6 cm，宽4～6 cm。表面形成许多凹坑，似羊肚状，黑色。柄白色，中空，长5～7 cm，粗2～2.5 cm，有浅纵沟，基部稍膨大。子囊大小（250～300）μm×（17～20）μm；子囊孢子8个，单行排列，椭圆形，大小（20～24）μm×（12～15）μm。菌落在PDA培养基上初期白色，后期菌丝浓密，颜色变深，生长快速，菌丝体较为均匀地向外扩展生长。菌丝体白色、丝状，直径4.0～6.0 μm，有横隔，具有桥状连接特点。菌核生长到一定阶段变为黄褐色。

图39-1 梯棱羊肚菌　　　　　　　图39-2 梯棱羊肚菌人工大田栽培出菇

第四节 羊肚菌的生物学特性

一、营养要求

（一）碳氮源

羊肚菌碳氮源生长谱较广，能利用多种碳源与氮源，在多种真菌培养基上都能生长。

羊肚菌能较好利用的碳源有淀粉、麦芽糖、果糖、松二糖、蔗糖、葡萄糖和糊精等；较好的氮源是天门冬氨酸、丙氨酸、谷氨酸、天冬酰胺、尿素、硝酸钾、硝酸钠、亚硝酸钠、各种铵盐等。而柠檬酸铵、硫脲、盐酸羟胺及 2 -盐酸肼对羊肚菌有毒害作用。

（二）维生素和氨基酸等

维生素 B_1 和维生素 B_2、泛酸、烟酰胺、β -丙氨酸、次黄嘌呤对羊肚菌的生长无作用，酵母提取液可抑制羊肚菌生长（崔宗强，2002）。

（三）提取物质

许多研究者都发现木材提取液、苹果提取液、番茄汁、麦芽提取液等对羊肚菌生长有促进作用，这可能是由于它们提供了某些生长活性物质（崔宗强，2002）。

二、环境要求

（一）温度

羊肚菌属偏低温型真菌。孢子萌发适宜温度 15～20 ℃。菌丝体生长温度 3～28 ℃，最适生长温度 18～22 ℃；低于 3 ℃或高于 28 ℃停止生长，30 ℃以上甚至死亡。子实体生长温度 10～22 ℃，最适生长温度 15～18 ℃；昼夜温差大，能促进子实体形成，但温度低于或高于生长范围均不利于其正常生长发育（吕作舟，2006）。

（二）湿度

羊肚菌适合在较湿润的环境中生长。菌丝体生长的培养基含水量为 50%～80%，最适含水量为 65%；子实体形成和发育阶段，适宜空气相对湿度 85%～90%。

（三）光照

菌丝体生长不需要光照，菌丝在暗处或微光条件下生长很快；光过强会抑制菌丝生长。子实体形成和生长发育需要一定散射光照，弱光条件即可，三分阳七分阴。覆盖物过厚、树林过密或太阳直射的地方都不适合羊肚菌生长，天然林或人工荫棚下的散射光较好（吕作舟，2006）。

（四）空气

菌丝体生长需要氧气较少，但子实体生长发育需要通气良好。当二氧化碳浓度过高时，子实体会出现瘦小、畸形，甚至腐烂的情况（吕作舟，2006）。因此，足够的氧气对羊肚菌的正常生长发育必不可少。

（五）pH

菌丝体和子实体生长适宜 pH 5～8，最适 pH 6～7（吕作舟，2006）。

三、生活史

羊肚菌的生活史较为复杂，单个子囊孢子萌发后，可能经过两种途径形成子实体，即成熟的子囊果及子囊孢子，以完成其完整的生活史过程（崔宗强，2002）。

1. 无性繁殖 初生菌丝可以产生分生孢子，分生孢子再萌发长出新的菌丝，也可以在适宜的条件下形成菌核以抵御不良环境和越冬，菌核可以重新萌发出新的菌丝，也可能在适宜的条件下萌发分化形成子实体。

2. 有性繁殖 两种可亲和的不同交配型的初生菌丝融合产生次生菌丝，次生菌丝直接产生菌核，菌核或是重新萌发出新的菌丝体，或是在适宜的条件下形成子实体。羊肚菌的生活史见图 39-3。

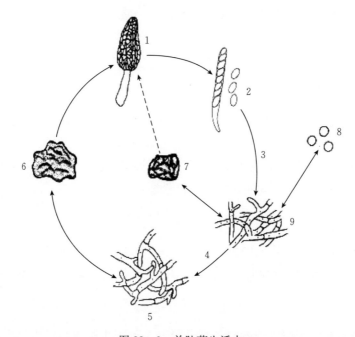

图 39-3 羊肚菌生活史

1. 羊肚菌子实体 2. 子囊孢子 3. 萌发 4. 胞质融合
5. 次生菌丝 6、7. 菌核 8. 分生孢子 9. 初生菌丝

四、羊肚菌的人工大田栽培

1. 栽培原料 主料为木屑，辅料为麦麸、石灰等。

2. 栽培季节 自然条件播种期适合安排在 11~12 月，出菇期为翌年 2~3 月。

3. 栽培方式 大田覆土栽培：整地→做厢→开沟→上料→播种→覆土→搭棚→覆膜→浇水诱菇→出菇管理。

4. 栽培出菇管理方法 大田遮阳网覆盖大棚或小拱棚，以遮挡阳光直射。出菇期棚内温度控制在 8~20 ℃，空气相对湿度 85%~90%，保持通风良好。

5. 采收标准 当羊肚菌蜂窝状的子囊果部分已展开，菇顶部开始变黄时及时采摘。

第五节　羊肚菌种质资源

一、概况

羊肚菌品种选育主要靠采集野生羊肚菌子实体经多孢分离或组织分离的方法获得优良菌株，再通过人工驯化栽培获得。在全国范围内，四川省的羊肚菌人工栽培技术走在了前列，目前已有两个羊肚菌新品种通过了四川省农作物品种审定委员会的审定，分别为川羊肚菌1号和川羊肚菌2号。两个品种均表现为遗传性状稳定，商品性状优良，产量较高。

二、优异种质资源

1. 川羊肚菌1号　四川省农业科学院土壤肥料研究所和四川金地菌类有限责任公司从四川阿坝理县通化乡采集分离的羊肚菌子实体，通过多孢分离和组织分离获得，经鉴定为梯棱羊肚菌（*Morchella importuna*）。2014年通过四川省品种审定。子实体散生或群生；子囊果黑色、尖顶，长4～6 cm，宽4～6 cm；菌褶有蜂窝状凹陷，似羊肚状；菌柄中生，白色，长5～7 cm，宽2～2.5 cm，有浅纵沟，基部稍膨大；产量高，菇形好。菌丝体生长温度5～30 ℃，最适生长温度15～20 ℃；子实体生长温度5～20 ℃，最适生长温度10～15 ℃。菌丝体生长的培养基含水量为50％～80％，最适含水量为65％；子实体形成和发育阶段，适宜空气相对湿度85％～90％。

经过2011—2013年连续3年，在四川成都、金堂和华阳3个试验点的试验，川羊肚菌1号产量稳定，平均每667 m² 产量达150 kg以上。栽培原料的主料为木屑，辅料为麦麸、石灰、石膏等。自然条件下适合在11月至翌年4月生产，大田覆土栽培。出菇期温度控制在8～20 ℃，空气相对湿度85％～90％，弱光条件，通风良好，保持空气新鲜。四川适合羊肚菌生长的地区均可种植。

2. 川羊肚菌2号　四川川野食品有限公司和德阳市食用菌专家大院从阿坝小金县新格乡采集的高羊肚菌（*Morchella elata*）经分离获得。子囊果中等大，高8～15 cm，盖部高3～12 cm，粗2.5～5 cm，长形至近圆锥形，下部边缘与菌柄相连，黄褐色，由近放射状的长条棱形成蜂窝状。柄长5～12 cm，粗2～4 cm，近白色，被细颗粒或粉粒，空心，与野生状态基本一致。该菌株是典型的腐生真菌，菌丝多在腐熟培养基上生长。属于偏低温型真菌，孢子萌发适宜温度12～21 ℃，最适温度15～18 ℃。菌丝体生长适宜温度3～27 ℃，最适温度15～21 ℃。子实体生长发育温度10～20 ℃，最适温度12～18 ℃。菌丝体适宜pH 4～9，最适pH 5～8。从接种到出菇的生育期为120 d左右。

经过2007—2011年连续5年在崇州和绵阳2个区试点的试验，平均每667 m² 产量130 kg。菌丝体在棉籽壳发酵料培养基和麦粒＋发酵牛粪粉培养基上能够萌发、生长，且在麦粒＋发酵牛粪粉培养基上生长良好。10月下旬播羊肚菌菌种，11月中下旬（40 d左右）播种伴生菌。保持土壤湿度。沿厢拱架盖遮阳网，遮阳并防止雨水冲刷菌床。在环境温度10～20 ℃时的四川省大部分地区都可生产。

第六节　羊肚菌种质资源研究和创新

　　羊肚菌是异宗结合的名贵食用真菌。Volkand Leonard（1989）根据羊肚菌子囊孢子菌丝培养物之间的菌丝融合试验、耐药性突变株互补培养试验和融合菌丝的细胞核染色观察，证明羊肚菌的生活史中确实存在异核体阶段。随后，Volkand Leonard（1990）又研究证实羊肚菌菌丝细胞和子囊孢子含有多个细胞核，每个子囊孢子含 8 个细胞核，而每个菌丝细胞平均含有 10～15 个细胞核；同时，羊肚菌的异核体菌丝在 CYM 培养基上能形成小菌核。Yoon（1990）通过同工酶电泳分析认为羊肚菌的子囊孢子为单倍体；若干菌柄组织的菌丝培养物也是单倍体。刘文丛（2011）对滇西北地区 11 个羊肚菌居群 56 个羊肚菌样品运用 ISSR 分子标记进行了遗传多样性与亲缘关系分析，结果表明聚类结果与地理距离具有明显的相关性。

　　羊肚菌品种选育主要是采集野生种质资源通过孢子或组织分离获得，相关研究还处于起步阶段，尚存在许多问题，有待进一步研究解决。

（甘炳成）

参考文献

陈惠群，刘洪玉，1995. 尖顶羊肚菌驯化栽培初报 [J]. 食用菌，17（增）：17 - 18.

崔宗强，2002. 羊肚菌液态发酵和人工驯化栽培的研究 [D]. 武汉：华中农业大学.

刘文丛，张建博，桂明英，等，2011. 滇西北地区 5 种羊肚菌遗传多样性的 ISSR 分析 [J]. 中国食用菌，30（4）：38 - 42.

吕作舟，2006. 食用菌栽培学 [M]. 北京：高等教育出版社.

杨新美，1988. 中国食用菌栽培学 [M]. 北京：农业出版社.

赵琪，徐中志，杨祝良，等，2007. 羊肚菌仿生栽培关键技术研究初报 [J]. 菌物学报，26（增）：360 - 363.

Ower R，Mills G，Malachowski J，1986. Cultivation of Morchella [P]. United States，4594809.

Ower R，Mills G，Malachowski J，1989. Cultivation of Morchella [P]. United States，4866878.

Miller S，Stewart C，Tewart C，2003. Cultivation of Morchella [P]. United States，6951074.

Volk T J，Leonard T J，1989. Physiological and environmental studies of sclerotium formation and maturation in isolates of *Morchella crassipes* [J]. Appl Environ Microbiol，55：3095 - 3100.

Volk T J，Leonard T J，1990. Cytology of the life cycle of *Morchella* [J]. Mycological Res，94：399 - 406.

Yoon C，Gessner R V，Romano M A，1990. Population genetics and systematics of the *Morchella esculenta* complex [J]. Mycologia，82：227 - 235.

第四十章

朱红密孔菌

第一节 概　　述

朱红密孔菌（*Pycnoporus cinnabarinus*），又名红栓菌、橘皮蕈、胭脂菰、胭脂栓菌，是分布较广的一类药用真菌，色泽鲜红，具有多种药用价值。民间多用于治疗痢疾、咽喉肿痛、跌打损伤、痈疽疮疖、痒疹、伤口出血、多种肿瘤等。清代吴林著《吴蕈谱》载："橘皮蕈，红如橘皮，味亦带辣。"即指朱红密孔菌。朱红密孔菌子实体有清热除湿、消炎解毒作用。研末敷于伤口可止血。对小鼠肉瘤 180 和艾氏癌的抑制率均为 90%。朱红密孔菌可以转化蒂巴因（一种罂粟碱）获得新的止痛药。目前，国内外学者对其形态特点，分类地位，培养方式，有效成分的提取分离、分析、药理药效等方面进行了一系列的研究，为其开发利用提供了理论根据。

第二节　朱红密孔菌的起源与分布

朱红密孔菌为木腐菌，多生于栎、槭、杨、柳、枫香、桂花等阔叶树枯立木、倒木、伐木桩或多年存放的伐枝上，使其腐朽。有时也生于松、云杉、冷杉木上。作为生态系统中的分解者，分解上述木材组织，吸收其营养作为自身生长发育的成分，实现自然界中的物质循环。并在香菇、木耳段木栽培上，常出现此菌，属食菌段木上常见的"杂菌"。

目前，朱红密孔菌子实体人工栽培的报道少见，利用其菌丝体进行液体培养的报道多见，商品化产品的生产未见报道。

朱红密孔菌分布广泛，目前国内发现野生朱红密孔菌的省份有山东、吉林、河北、河南、陕西、江西、福建、台湾、贵州、四川、云南、湖南、湖北、广东、广西、海南、安徽、新疆、西藏等。

第三节　朱红密孔菌的分类地位与形态特征

一、分类地位

朱红密孔菌（*Pycnoporus cinnabarinus*）属担子菌门（Basidiomycota）蘑菇纲

（Agaricomycetes）多孔菌目（Polyporales）多孔菌科（Polyporaceae）红孔菌属（*Pycnoporus*）。

二、形态特征

朱红密孔菌子实体小至中等，单生、群生或叠生。木栓质，无柄或近无柄，菌盖直径 30～100 mm，厚 2～6 mm。扁平半圆形至肾形，基部狭小，木栓质，无柄，表面平滑或有细微绒毛，稍有皱纹。初期血红色，后期褪色。菌管与菌肉同色，一层，长 1～2 mm，管口红色细小，圆形或多角形，每毫米 2～4 个。孢子短，圆柱状，光滑，无色，大小 （5～7）μm×（2～3）μm。

第四节　朱红密孔菌的生物学特性

一、营养要求

（一）碳源

朱红密孔菌为木腐菌，以纤维素、半纤维素、木质素、果胶质、淀粉等作为生长发育的碳源，经菌丝体产生相应的酶分解为单糖后才能吸收利用。

（二）氮源

朱红密孔菌以多种有机氮和无机氮作为氮源，小分子的氨基酸、尿素、铵等可以直接吸收，大分子的蛋白质、蛋白胨需降解后吸收。人工栽培时主要用麦麸、米糠、玉米粉、大豆粉等作为氮源。菌丝体生长阶段碳氮比为 10：1～30：1 均可正常生长。子实体形成阶段，合适的碳氮比为 20：1。若碳氮比过高，虽菌丝体生长较快，但子实体少，质量差；碳氮比过低，菌丝生长浓密，但子实体发生缓慢，产量低。

（三）矿质元素

矿质元素不仅是朱红密孔菌细胞结构物质的成分，也是酶的活性部位的组成成分，或是酶的激活剂，并调节培养基的渗透压和 pH 等。朱红密孔菌菌丝生长需要多种矿质元素，以磷、钾、镁最为重要。在生产中常添加硫酸镁、磷酸二氢钾、磷酸钙等无机营养，以促进菌丝生长。

（四）维生素、核酸和植物生长调节剂

朱红密孔菌的生长需要多种维生素、核酸和植物生长调节剂，这些多数能自我满足。在人工培育中常添加米糠、麸皮、玉米粉等作为补充，培养效果更好。

二、环境要求

（一）温度

朱红密孔菌菌丝体在 5～36 ℃均可生长，最适温度 27 ℃左右。生长于基质内的菌丝

体在野外可忍受－30 ℃左右的严寒而不致死亡。超过 45 ℃后短期内即死亡。

子实体分化及生长温度 20～30 ℃，最适温度 27 ℃。

（二）湿度

朱红密孔菌所需的水分包括两方面，一是菌丝生长时培养基内的含水量，二是子实体发生及生长时的空气相对湿度。其适宜量因代料栽培与段木栽培方式的不同而有所区别。

代料栽培：菌丝体生长阶段培养料含水量以 60%～65% 为宜，空气相对湿度为 55%～65%；子实体生长阶段培养料含水量为 45%～60%，空气相对湿度 85%～95%。

段木栽培：菌丝体培养阶段段木含水量为 50%～55%，空气相对湿度为 60%～70%；子实体发生和生长阶段段木中含水量为 45%～50%，空气相对湿度 85%～95%。

（三）pH

朱红密孔菌是适合偏酸性条件生长的药用菌，代料培养时，培养料的 pH 3～7 都能生长，以 pH 5 最适宜，pH＞7.5 生长极慢或停止生长。子实体发生、发育最适 pH 3.5～4.5。在生产中常将栽培料的酸碱度调到 pH 6.5 左右。高温灭菌会使料的 pH 下降 0.3～0.5，菌丝生长中所产生的有机酸也会使栽培料的酸碱度下降而达到其生长发育所需的最佳 pH。

（四）光照和通风

菌丝体的生长阶段不需要光线，在完全黑暗的条件下菌丝生长良好，强光能抑制菌丝生长。子实体生长阶段需要散射光，光线太弱，形成的子实体原基少，朵小，颜色浅，质量差，但不宜阳光直射，直射光对朱红密孔菌子实体的形成和生长有害，一般 1 000 lx 的散射光对子实体的形成和发育最适宜。

朱红密孔菌是好气性真菌。在其生长环境中，必须有充足的氧气才能保证生长代谢所需的能量。如果培育环境通气不良、二氧化碳浓度过高、氧气不足，菌丝生长会受到明显的抑制，子实体易产生畸形，也有利于杂菌的滋生。新鲜的空气是保证朱红密孔菌正常生长发育的必要条件。

三、生活史

朱红密孔菌的生活史是指由担孢子萌发开始至产生新的担孢子的全过程。具体是从担孢子萌发开始，产生不同性别的单核菌丝，不同性别的单核菌丝相遇，通过质配，产生双核菌。双核菌丝比单核菌丝更具生命力，经过一段时间的营养生长后达生理成熟，产生原基，并发育成子实体。子实体成熟后，在菌孔上产生担子，担子上又产生担孢子，周而复始。

朱红密孔菌的单核菌丝阶段和双核菌丝阶段都有无性生活史的担子菌粉孢子形成于菌丝上，在单核菌丝上形成单核孢子，在双核菌丝上形成单核或双核孢子。双核菌丝单核化就产生单核孢子。

朱红密孔菌生活史见图 40-1。

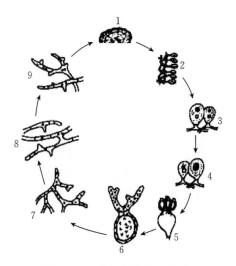

图 40 - 1　朱红密孔菌生活史

1. 朱红密孔菌子实体　2. 子实体局部放大　3. 担子　4. 担子内核配　5. 担子产生担孢子
6. 担孢子萌发　7. 单核菌丝　8. 两条单核菌丝间的质配　9. 双核菌丝

第五节　朱红密孔菌栽培技术

自然界中野生朱红密孔菌资源有限，为朱红密孔菌的开发利用带来了较大的困难，解决这一矛盾的关键是进行人工培育。目前进行人工培育的方式有段木栽培、代料栽培、液体发酵和双态发酵培养等几种方式。

一、朱红密孔菌段木栽培

野生朱红密孔菌子实体均腐生于段木上，进行段木栽培，是人工干预下的仿野生生长的一种方式，栽培容易取得成功。

1. 树种选择　大多数朱红密孔菌的生长树种为阔叶树，且树种广泛，但也有极少数发生于针叶树上。因此，在选择段木树种时，尽量选择阔叶树。为保护森林，可利用秋、冬季整理修剪树木时剪下的枝丫进行截段栽培。

2. 截段装袋　进行段木栽培的枝丫选择直径 5～15 cm 的为宜，截成 25 cm 长的木段，细木段要用绳子扎成把，总直径不要超过 16 cm。段木的截面和侧壁要光滑，以防扎破塑料袋。

鲜枝丫可直接截段，干枝丫截段后要在水中浸泡 24 h 后方可装袋。

截段处理后可装袋，塑料袋以 20 cm×45 cm 为宜。将段木块装入塑料袋后，在段木块的周围及两端填满含水量 65％左右的木屑、麸皮混合填充料。塑料袋扎口后进行灭菌。

3. 灭菌接种　灭菌方式有高压灭菌和常压灭菌两种。高压灭菌在 0.15 MPa 的压力下灭菌 1.5 h；常压灭菌，待温度升至 100 ℃保持 16 h 以上。常压灭菌达到时间后，要闷一段时间，待料温降至 60 ℃以下时出灶。

栽培袋出灶后，待料温降至 30 ℃ 以下时，在接种室或接种箱内，按无菌操作技术，在栽培袋的一端或两端接入朱红密孔菌原种。一瓶原种可扩接 60 个菌袋。

4. 发菌培养　接种后的菌袋放入发菌室。调节室内温度 27 ℃ 左右，空气相对湿度 65%，在无光或弱光下发菌，每天通风 1～2 次。及时检查并处理污染菌袋。50～60 d 后菌丝长满菌袋。

5. 出菇管理　待菌袋表面的菌丝转为浅红色，并有褐色水珠出现时，表明菌丝体已发育成熟，可将菌袋转入出菇棚，进行子实体培育管理。出菇棚内事先做好摆放菌袋的畦子，畦深 20 cm，宽 50 cm，长 20～30 m。将菌袋脱去表面的塑料膜，纵、横向各间隔 10 cm 直立摆放菌棒。在菌棒周围用土压实，菌棒在畦内埋入土中 10 cm，空气中暴露 15 cm。浇透水后增加空气湿度至 90%，温度降至 25 ℃，光照度调至 1 000 lx，逐渐加大通风换气量。1 周左右，在菌棒表面出现红色原基，以后原基逐渐增大，并生长成片状子实体。

继续上述管理措施，可收获朱红密孔菌子实体 4 潮以上。段木栽培的朱红密孔菌子实体产量低，但朵形整齐，质量好。

6. 采收干燥　片状子实体生长 2～3 周后，下面出现菌孔并开始弹射孢子时，表明子实体已发育成熟，即可采收。采收时可用锋利小刀从子实体基部割下。

采收后的子实体要及时放在阳光下晒干，或在 65 ℃ 下的烘箱内烘干。干燥后的子实体放入塑料袋内，扎紧袋口，避光保存。

二、朱红密孔菌代料袋栽

朱红密孔菌的代料栽培，是以木屑、棉籽皮、麸皮等为培养基质而接种培养的方式。由于在培养基中添加了麸皮、石膏等物质，培养基的营养更加均衡、全面，更利于菌丝体对营养物质的吸收积累，子实体产量也比段木栽培高。

1. 栽培季节　朱红密孔菌属中高温型菌类，在以培养子实体为目的时，要设计好合适的栽培季节，使出菇时的气温正好是子实体形成和生长的适宜温度，以获得较高的栽培产量和生产效益。

2. 培养料配制　代料栽培以下面的配方为好：阔叶树木屑 78%，麸皮 15%，豆粉 5%，石膏 1%，糖 1%，料水比 1∶1.1。

3. 拌料装袋　将木屑、麸皮、豆粉、石膏混合，将糖溶于水中，喷洒于培养料上，拌匀。闷 0.5 h，待水分全部渗入培养料后装袋。

用长 30 cm、宽 17 cm、厚 0.05 mm 的聚丙烯袋，装料 15 cm 左右，袋口套直径 3 cm、高 3 cm 的双套环。或用长 35 cm、宽 17 cm、厚 0.05 mm 的聚丙烯筒袋，装料 15～18 cm，两端扎口。

4. 灭菌接种　采用常压灭菌，要保持 100 ℃，16 h 以上；高压灭菌（0.15 MPa/cm²）1.5 h。

常压灭菌灶的规格及灭菌方式：灭菌灶为直径 1.8 m、高 1.6 m 或长宽高各 1.6 m，有 6 层笭子的砖沙水泥灶。每次蒸料 1 300～1 500 袋。采用一端接种的菌袋，在灶内要单层直立摆放。两端接种的菌袋，可横卧摆放，每层笭子上摆放的菌袋不要超过 3 层。灭菌时争取 2～4 h 灶内料温达到 100 ℃。并要连续保持 16 h 以上。停火闷一夜后，第二天趁热出锅。

拌料、装袋、灭菌一定要当天完成，要随拌随装，以防培养料变酸，影响接种后菌丝的生长。

5. 接种发菌　灭菌袋移入冷却室后，当料温降至 30 ℃以下时接种。接种方式有接种箱接种和接种室接种两种。

（1）接种箱接种　此方式适于两端接种的菌袋。方法：在长 1.2 m、宽 0.65 m、高 0.7 m 的接种箱内，放入菌袋、原种、接种耙及酒精棉球等接种消毒用品。在接种箱放一空罐头瓶，放入气雾消毒剂点燃后，盖紧箱门，30 min 后开始接种。每瓶原种可接 60 个栽培袋。

（2）接种室接种　此方式适于一端接种的菌袋。一间 12 m² 的接种室，一次摆放 1 300～1 500 个菌袋。接种室消毒前，将接种所需的各种物品放入接种室内一起进行消毒。消毒方法一般采用气雾消毒剂气化熏蒸和紫外线消毒相结合的方式。消毒 2 h 后开始接种，每瓶原种接 80 袋左右。3 人配合，1 300～1 500 个菌袋，2 h 左右即可接完，然后将菌袋移入发菌室。

菌袋放入发菌室前，对发菌室进行严格消毒。一端接种的菌袋，在菌架上要单层直立摆放。采用两端接种的菌袋可横卧多层摆放，但堆积高度不得超过 3 层。

发菌室保持黑暗，控制温度 27 ℃左右，空气相对湿度 65%以下，每天通风 1～2 次。及时检查并处理污染菌袋。20 d 后增加散射光，加强通风，调节温度至 25 ℃左右，30～40 d 后菌丝长满菌袋。

6. 出菇管理　将菌丝发育成熟的菌袋移入出菇室，剪去菌袋两端的薄膜，按高 60 cm、间距 80 cm 码好菌袋。保持温度 20～22 ℃，空气湿度 90%，光照度 200～500 lx，加大通风量。约 1 周袋口出现红色原基，20～25 d 后子实体发育成熟。

7. 采收干燥　待朱红密孔菌子实体完全平展，菌管达 1～2 mm 时即可采收。采收后的子实体要及时干燥，采用晒干或烘干的方法均可。干燥后的子实体要及时装袋储存。

三、朱红密孔菌液体发酵培养

液体发酵培养具有占地面积小，培养时间短，容易进行质量控制，大大降低工作量和劳动强度，适于工厂化、规模化生产等优点。

（一）制备液体菌种

菌种配方：葡萄糖 20 g，酵母膏 6 g，蛋白胨 5 g，磷酸二氢钾 2 g，硫酸镁 0.5 g，蒸馏水 1 000 mL。

将称量好的蒸馏水及培养基其他组分加入不锈钢锅中，边加热边用玻璃棒搅拌，使其全部溶化混合均匀后，分装于 500 mL 三角烧瓶中，每瓶 100 mL。用棉塞封口灭菌。培养基冷却后，在无菌条件下接种。接种后的三角烧瓶置于摇床中。调节温度为 27 ℃，转速为 150 r/min，培养 72 h 左右，待朱红密孔菌菌丝球布满培养基、长至小米粒大小时，即可作为菌种，扩接至发酵罐。

（二）发酵罐培养

液体培养基配制：按上述菌种培养基配方制备液体发酵培养基，培养基装入量为发酵罐容积的 70% 即可。

灭菌接种：培养基在 $0.15\,MPa/cm^2$ 压力下灭菌 $0.5\,h$，培养基冷却后无菌接入液体菌种，接种量为发酵罐发酵液的 10%。

（三）菌丝体培养

菌种接入发酵罐后，调节发酵罐内温度、压力、通气量等外界因素，以满足朱红密孔菌菌丝生长发育所需的条件。

温度：朱红密孔菌菌丝体生长所需温度为中等偏高，试验证明 27 ℃ 最适合其生长。发酵培育的温度要控制在 27 ℃ 左右。

罐压：在液体发酵培养时，如果罐内外压力相同，外界杂菌会进入罐内造成培养基污染；而罐压太大，则影响菌丝生长发育。培养过程中罐压控制在 $0.02\,MPa/cm^2$ 为宜。

泡沫控制：在液体发酵培养中期，菌体进入旺盛生长期，呼吸代谢旺盛，会出现泡沫。为防止二氧化碳中毒和杂菌感染，要进行消泡。其方法是可在灭菌前向培养液内加少量消泡剂，也可采用葵花油或食用油，以降低表面张力，减少泡沫形成。

通气量：在其他因素确定的情况下，通气量与溶氧系数呈正相关，不同的生长时期对溶氧要求不同。液体发酵培养过程中，通气量一般控制在 1∶0.5～1∶1 为好，即 1 min 通入发酵罐的空气量是培养液体积的 50%～100%。在液体发酵培养时，不断向发酵罐内鼓气，可使液体培养基中各种营养成分混合均匀而不致沉淀，同时促进气体与液体接触和交换，以满足菌丝生长发育过程中对氧气的需求量。

发酵周期：发酵周期一般为 72～90 h，超过 90 h 后，菌丝生长缓慢或停止生长发育，并出现菌丝自溶现象。

质量监控：为确保发酵质量，掌握菌丝发酵培养情况，必须在发酵过程中进行质量监控。简易做法：每隔 12 h 打开出料口，放 200 mL 菌液于烧杯内，轻轻旋转样品，静置 5 min，如果菌丝体悬浮力好，则表明生活力强，若极易沉淀，说明菌丝老化、活力降低。并通过看颜色、嗅气味、测 pH 等方法判断发酵质量。然后将菌液制片在显微镜下检查菌丝纯度，检测后若无杂菌时，可继续培养。当菌丝球密集布满培养液时，则停止发酵，收获培养产物。

四、朱红密孔菌双态发酵培养

双态发酵是通过液体发酵制备液态菌种，接种在固体培养基上进行菌丝体培育，最后直接从菌质体（发酵完毕后含有大量菌丝体的固体产物）中提取有效成分的方式。该发酵方式生产设备及操作工艺简易，生产周期较短（约 40 d）；不产生孢子，没有有效成分的流失；投资少、收益高，适于机械化、工厂化生产；污染率低，污染产品易于剔除，产品质量容易控制，有很高的推广应用价值。

该培养方式的最大优点：按照培养目的，可在固体培养基中添加味性相似的中草药，通过朱红密孔菌酶系统的生物转化，增加有效成分的含量，或有新物质转化形成，提高培养产物的功能。

1. 液态菌种制备 按上述液体发酵的方法，生产液体菌种。若培养量少，可制备摇床种子。培养量较大时，制备发酵罐种子，一个培养 100 L 的发酵罐生产的液态菌种，可接种 7 000 袋。

2. 固态培养基配制 阔叶树木屑或玉米芯屑 70%，麸皮 17%，玉米粉 12%，蔗糖 1%，料水比 1∶1.2。上述原料拌匀闷 0.5 h，水分渗入培养基后装袋。

菌袋采用长 30 cm、宽 17 cm、厚 0.05 mm 的聚丙烯袋，装料 15 cm 左右，中间打一直径 2 cm 左右的洞，袋口套双套环，以利接种便捷和发菌时菌袋内外的气体交换。

3. 灭菌接种 将装好培养基的菌袋放入高压灭菌器内，在 0.15 MPa/cm² 、127 ℃下灭菌 1.5 h。常温灭菌时，要保持料温 100 ℃下维持 16 h。菌袋在灭菌时要单层摆放，避免挤压。

菌袋从灭菌锅内取出后，移入接种室。料温冷却至 30 ℃以下时方能接种。规模化生产时，接种室要建在液体菌种室的隔壁，液体菌种通过无菌橡皮管导入栽培袋接种室。接种时，将发酵罐、菌种管与接种枪连接，保持发酵罐压力 0.01~0.02 MPa。通过接种枪将液体菌种接入栽培袋内。每袋接种液体菌种 8~10 mL，人工接种每分钟 40 袋，平均每小时接种 2 000 袋以上。

4. 固态培养 接种后的菌袋移入发菌室进行菌丝体培养。发菌室要保持无光或弱光，室温控制在 26~28 ℃，空气相对湿度保持在 55%~65%，及时通风换气，保持光线阴暗。定期开启消毒设备，进行空气消毒。

接种 3 d 后进行菌袋检查，对有杂菌污染的菌袋要及时挑出处理。在上述条件下，一般 15~18 d 可发菌完毕。试验发现，再经 10 d 左右的菌丝巩固期，待培养基表面转色变红，即将现蕾时，可停止培养，此时进行多糖提取，收率最高。

五、朱红密孔菌对有益微量元素的富集培育

微量元素是人体中酶、激素、维生素等活性物质的重要成分，对人体的正常代谢和健康起着重要作用。现代医学证明，人体所含微量元素的多少与癌症、心血管疾病及人类的寿命有着密切的关系。因此微量元素被誉为是量微功奇的元素。

试验证明，由于朱红密孔菌菌丝体生命力强、生长速度快，对微量元素有很好的富集能力。下面简述朱红密孔菌菌丝体对铬、硒的富集培养技术。

(一) 富铬培育

铬（Cr）是人体必需微量元素之一，是一种多价元素，自然界中主要有三价铬和五价铬。三价铬广泛存在于动植物体内，有重要的生理功能。三价铬参与机体糖类、脂肪的代谢。机体缺铬将引起糖、脂肪的代谢异常。试验证明，缺铬动物出现高血糖症，同时血清胆固醇升高，大动脉出现硬化斑块、角膜出现混浊。此类动物通过在饲料中添加铬后可使血糖和胆固醇恢复正常。在临床研究中，用含铬丰富的酵母和含铬很低的酵母分别治疗轻度糖尿病患者，结果为前者改善糖的耐受量，提高了胰岛素的敏感性和胆固醇水平，而

后者则不能。Schroeder 等已提出冠状动脉硬化病人的血清铬低于正常人，在大动脉内的铬含量也低，这一学说认为糖尿病和动脉硬化与低铬有关。但是，现在由于食品的过度精细加工以及人们不注意膳食营养的平衡等因素，造成了部分人群铬的摄入量不足，因此导致了某些与铬代谢有关的疾病发生。三价铬有无机铬和有机铬之分。人体对无机铬吸收利用率很低，只有 1% 左右，而有机铬可达 10%～25%。怎样将无机铬转变成易被人体吸收利用的有机铬呢？研究发现，朱红密孔菌具有很强的将无机铬转变成有机铬的能力，富集能力能达数百倍甚至数千倍。

1. 铬源及其培养液基本配方　自然界中的铬主要以 Cr^{3+} 和 Cr^{6+} 的形式存在，其中 Cr^{6+} 对人体是有害的，Cr^{3+} 是人体必需的微量元素。为此，试验选择吡啶甲酸铬、$CrCl_3 \cdot 6H_2O$ 和 $CrNO_3$ 三种三价铬源进行试验。试验证明，以 $CrCl_3 \cdot 6H_2O$ 为铬源，200×10^{-6} 的铬浓度时，菌丝体内铬的富集量和生物量均最高。

朱红密孔菌富铬培育的液体培养基的基本配方以下述组合最好：马铃薯 200 g，葡萄糖 20 g，磷酸二氢钾 2 g，硫酸镁 5 g，酵母膏 2 g，蛋白胨 3 g，水 1 000 mL。该配方取材方便，富集效果最好。

2. 培养条件的控制　培养方式有摇床培养和发酵罐培养两种，培养量少时采用前者。

摇床培养：调节温度 27 ℃，摇床转速 150 r/min，避光培养 80 h 后，菌丝球呈小米粒状，布满培养液，即可停止培养，收获菌丝体。

发酵罐培养：控制培养温度 27 ℃，通气量 0.2～0.3 m^3/h，罐压 0.01～0.02 MPa，培养 80～90 h 后即可收获富铬菌丝体。

3. 富铬菌粉的制备　培养完毕的朱红密孔菌菌丝体，可通过离心或过滤的方法与培养液分离。分离后的菌丝体表面附着较多的铬离子，用蒸馏水冲洗 3 遍后，进行干燥，然后粉碎成富铬菌粉。

富铬菌粉可制备成胶囊、片剂或其他剂型，或添加于食品中，按人体需要量服用。

（二）富硒培育

硒（Se）是人体必需生命元素之一。研究证明，硒具有强抗氧化性，能清除体内自由基，参与损伤心肌的修复，能维持白细胞及泪液内溶菌酶的活性，能刺激抗体产生，能增强人体免疫力，可明显防止肿瘤的扩展。硒作为多种重金属元素的天然解毒剂，可拮抗环境中的多种有害物质的毒性。据研究分析，目前我国大部分地区的土壤缺硒，有些地区的大骨节病就是严重缺硒造成的。

因此补硒是预防和治疗某些疾病必不可少的，以朱红密孔菌菌丝体为富硒载体，将无机硒转化为有机硒，制备成富硒产品，是人体补硒的有效手段。

1. 培养液基本配方　经试验证明，朱红密孔菌富硒培育的培养基配方以葡萄糖 2.5%，磷酸二氢钾 0.15%，硫酸镁 0.04%，酵母粉 0.6% 为好。

2. 硒源及其培养浓度　经比较，硒源以亚硒酸钠为好。在上述基本配方中添加 30×10^{-6} 的硒离子时，菌丝生长快速，生物量大，硒的富集量是对照组的 1 500 倍。

3. 培养条件的控制　培养基灭菌、冷却、接种后，控制培养温度 27 ℃，罐压 0.01～0.02 MPa，通气量 0.2 m^3/h，培养 80 h 即可收获。

4. 富硒产品的制备提取　富硒菌粉的制备：发酵产物经离心或过滤后得到菌丝体，菌丝体用蒸馏水清洗 3 次。调节烘箱温度 600 ℃以下烘干，或进行冷冻干燥，收集干燥产品应用。

硒蛋白的提取：干燥菌粉用 sevage 除蛋白法收集其粗蛋白部分，加热使其氯仿成分挥发得到粗蛋白。

在培养基中硒浓度为 $30×10^{-6}$ 的条件下，所得蛋白质中硒的浓度为 $1\,230×10^{-6}$，其富硒率可达 8.2%。此法由于有很高的富硒率，可进行规模化生产，制备硒蛋白产品。

硒多糖的提取：分离、洗涤后的菌丝体，加入 10 倍的蒸馏水超声波破碎（60 ℃、100 Hz、20 min），5\,000 r/min 离心，20 min。其上清液浓缩至原体积的 1/4，添加 1：1.5 的乙醇（95%）。搅拌均匀，静置 12 h 后将沉淀离心，在 60 ℃烘箱内烘干 24 h。菌丝体产量最高的硒浓度为 $30×10^{-6}$，富硒率最高的为硒浓度 $5×10^{-6}$，富硒率为 22.868%。

第六节　朱红密孔菌的药理研究

一、朱红密孔菌的免疫调节作用

朱红密孔菌中对免疫功能起主要作用的是朱红密孔菌多糖。南京大学周颖、沈萍萍采用深层发酵的方式制备朱红密孔菌多糖。从发酵培养的朱红密孔菌菌丝体中制备朱红密孔菌多糖，并对它的免疫增强作用进行了初探。试验结果表明，朱红密孔菌多糖对小鼠的非特异性、特异性免疫功能都具有明显的改善作用。能增加小鼠免疫器官胸腺和脾脏的重量，促进 T 细胞体外增殖及炎症反应，增强机体抗体生成的能力，给药剂量与生理作用之间呈现出明显的量效关系，说明朱红密孔菌多糖是一种具有免疫调节功能的天然活性成分。

二、朱红密孔菌的抗肿瘤作用

苏延友等采用双态发酵的方式，制备朱红密孔菌的固体菌质体，采用超声波提取方式制备朱红密孔菌菌质体水提物，以 S-180 肉瘤细胞为瘤源进行小鼠抗肿瘤试验，试验抑瘤率达 56%，与阳性对照环磷酰胺（56.6%）基本相当。

陈俊威、徐旭东利用朱红密孔菌胞外多糖对实验小鼠体内肉瘤 S-180 的抑制效果进行了研究，结果表明朱红密孔菌胞外多糖对 S-180 的抑制率达到 52.6%～72.4%。

三、朱红密孔菌对放射损伤及化疗中动物造血系统的保护作用

由于环境污染和生活压力的加大，恶性肿瘤已成为目前危害人类健康的第二大杀手。手术、放疗、化疗仍然被认为是肿瘤治疗的三种重要手段。放疗、化疗因其选择性不高，安全范围不大，有效剂量与中毒剂量较接近，在消灭癌性病灶、杀伤癌细胞和争取根治的同时，对正常组织，特别是处于迅速增殖的细胞群如造血组织等损伤极大，以致患者不能顺利完成放、化疗全程，影响疗效的发挥。因而在肿瘤治疗过程中，加强对抗肿瘤放、化疗毒性反应，减毒增效，提高机体免疫功能，对提高患者的生存质量和延长患者生存期，使肿瘤放、化疗顺利完成，减少患者病痛，提高临床治愈率具有重要意义。陈俊威、徐旭

东利用环磷酰胺（CTX）和 ^{60}Co γ 射线处理小鼠和犬，导致小鼠和犬造血系统抑制，如外周血白细胞（WBC）、红细胞（RBC）和血红蛋白（HB）明显减少，骨髓 DNA 含量和有核细胞数降低等。通过给小鼠和犬灌胃（或喂饲）朱红密孔菌多糖可明显对抗 CTX 和 ^{60}Co γ 射线引起的造血系统抑制，故朱红密孔菌多糖对放射损伤小鼠造血功能具有保护作用。临床研究表明，多糖具有提高机体免疫功能，抗癌、抗辐射等作用。朱红密孔菌多糖作为一种生物效应调节剂，可以提高动物造血功能，因而具有一定的应用前景。

四、朱红密孔菌的抗炎作用

苏延友等利用朱红密孔菌固态发酵的水提物，进行二甲苯所致小鼠耳郭肿胀的影响研究发现，朱红密孔菌固体发酵的水提物大剂量组（30 mL/kg）表现出对二甲苯所致的耳郭肿胀有极显著的抑制作用（$p < 0.01$）。

第七节　朱红密孔菌的临床应用

朱红密孔菌性味微辛、涩、温。具有清热除湿，消炎解毒，止血功用。可用于风湿性关节炎、气管炎、外伤出血的治疗。子实体含有对革兰阴、阳性菌有抑制作用的多孔蕈素。民间用于消炎，用火烧研粉敷于疮伤处即可。

据有关研究，朱红密孔菌含有朱红菌酸、朱红菌素、朱红栓菌素等。

应用方式：内服：煎汤，9～15 g；外用：适量，研末，外敷。

实用方剂：

① 朱红密孔菌 9～15 g，水煎，加红糖适量服用。可治风湿性关节炎、气管炎。

② 朱红密孔菌、地肤子各 9 g，水煎服，每日 2 次，可治荨麻疹。

③ 朱红密孔菌 9 g，紫藤根 15 g，水煎，分 2 次服用，治痛风。

④ 朱红密孔菌、灵芝、糯米等量，共研细末，每服 3～6 g，开水送服，治放疗后白细胞减少症。

⑤ 朱红密孔菌 12 g，线叶蓟根、千里光各 30 g，水煎，每日一剂，分 3 次服，连服 10 剂以上。另，取苦参煎水，外洗患处，治神经性皮炎。

⑥ 朱红密孔菌 15 g，地金钱、青麻仁各 6 g，竹篙草头 30 g，红花 1.5 g，水煎，分 2 次服，连服数日，治荨麻疹。

⑦ 朱红密孔菌焙干，研末，过筛，敷于伤口，止外伤出血。

⑧ 朱红密孔菌、筋骨草等份，晒干研末，外敷创口，止血生肌。

⑨ 朱红密孔菌 9～15 g，煎服，治小儿口腔炎。

⑩ 朱红密孔菌 3 g，放茶杯内，开水冲泡，当茶饮，治疗咽喉炎和牙疼。

第八节　朱红密孔菌的开发展望

国内外学者的研究表明，朱红密孔菌具有清热、解毒、抗炎、杀菌、提高人体免疫力和抑制肿瘤生长等多种生物学活性。目前朱红密孔菌的子实体培育、菌丝体发酵、对人体有益微量元素的富集也已逐渐展开。尽管一定剂型的产品还未面世，但由于朱红密孔菌具有生长周期短、抗逆性强，培育方法简便，有效成分得率高等优势，随着研究学者的不断增多和研究手段的不断深入，以朱红密孔菌为原料，旨在提高人们健康水平和解除疾病痛苦的保健产品和药品会很快面世，并有很好的开发应用前景。

（苏延友）

参考文献

陈俊威，徐旭东，2005. 红栓菌多糖对环磷酰胺和^{60}Co γ 射线所致小白鼠和犬造血系统抑制的影响 [J]. 广东药学院学报，21 (5)：591 - 593.

陈士瑜，陈海英，1999. 蕈菌医方集成——单方、验方、偏方、秘方、食疗方 [M]. 上海：上海科学技术文献出版社.

傅庭治，曹幼琴，1998. 富锗红栓菌锗多糖的研究 [J]. 广东微量元素科学，5 (1)：36 - 40.

黄年来，1998. 中国大型野生真菌原色图鉴 [M]. 北京：中国农业出版社.

江曙，刑艾莉，2005. 红栓菌多糖对无机硒的生物转化 [J]. 中国食用菌，24 (5)：56 - 58.

卯晓岚，1999. 中国大型真菌 [M]. 郑州：河南科学技术出版社.

秦晓琼，傅庭治，曹幼琴，1996a. 红栓菌胞外漆酶的诱导、纯化及部分特性研究 [J]. 微生物学报，36 (5)：360 - 366.

沈萍萍，傅庭治，曹幼琴，1996b. 红栓菌多糖的分离、纯化与分析 [J]. 生物化学杂志，12 (6)：740 - 743.

王俊英，刘海燕，张艳英，2006. 红栓菌粗多糖抗肿瘤及对荷瘤小鼠免疫功能影响的研究 [J]. 社区医学杂志 (11)：8 - 11.

王西龙，吴敏，王允，等，2006. 红栓菌双态发酵及其多糖提取工艺的研究 [J]. 食用菌，28 (4)：14 - 15.

徐锦堂，1997. 中国药用真菌学 [M]. 北京：北京医科大学，中国协和医科大学联合出版社.

徐旭东，阮期平，徐有斌，2003. 红栓菌胞外多糖分离、纯化和性质研究 [J]. 中国天然药物，1 (4)：243 - 245.

徐旭东，尹鸿萍，1999. 红栓菌深层培养的研究 [J]. 药物生物技术，6 (3)：144 - 146.

杨新美，1988. 中国实用菌栽培学 [M]. 北京：农业出版社.

钟卫鸿，傅庭治，曹幼琴，1995. 深层培养红栓菌 NJ8701 的富锗转化 [J]. 科技通报，11 (5)：292 - 296.

周颖，沈萍萍，彭士明，2002. 红栓菌多糖的免疫增强效应研究 [J]. 药物生物技术，9 (3)：153 - 156.

Mark A J，Angela R P，David A O，2004. Liquid-culture production of blastospores of the bioinsecticidal fungus *Paecilomyces fumosoroseus* using portable fermentation equipment [J]. J Ind Microbiol Biotechnol，31：149 - 154.

West T P，Strohfus B，1997. Short communication：Effect of manganese on polysaccharide production and cellular pigmentation in the fungus *Aureobasidium pullulans* [J]. World Journal of Microbiology & Biotechnology，13：233 - 235.

其他菌类作物

第一节　短裙竹荪

一、概述

短裙竹荪（*Dictyophora duplicata*），又名竹荪、竹菌、竹笙、网纱菌、面纱菌、竹姑娘，因菌盖呈白色网纱状而得名。主产于云南、四川、贵州，是食用菌中的珍品，素有"真菌皇后"之美誉。

人工栽培的长裙竹荪栽培技术简单，产量稳定，生产面积最大，但食用时有一定的臭味，一般作为药用。短裙竹荪香气浓郁、味道鲜美，市场一直供不应求。由于需遮阳栽培、菌丝生长缓慢、生产周期长等因素，限制了短裙竹荪的发展。

二、起源与分布

短裙竹荪生长在有大量竹子残体和腐殖质的竹林里。在我国主要分布在云南、四川、贵州3省。近年来，湖南、广东、福建、河南、上海、黑龙江、吉林等省份也有发现。我国竹荪食用历史悠久，早在唐代段成式的《酉阳杂俎》中就有记载。野生竹荪味道鲜美可口，被列为"草八珍"之一，素有"真菌皇后""山珍之王"的称号。1979年广东省微生物研究所采用菌丝压块覆土栽培成功；四川省农业科学院土壤肥料研究所从1985年开始，对床栽法、盆栽法和压块法进行了系统研究；1987年黑龙江省林业厅畦栽获得成功。

三、分类地位与形态特征

（一）分类地位

短裙竹荪（*Dictyophora duplicata*）属担子菌门（Basidiomycota）蘑菇纲（Agaricomycetes）鬼笔目（Phallales）鬼笔科（Phallaceae）竹荪属（*Dictyophora*）。

（二）形态特征

短裙竹荪的子实体由菌盖、菌裙、菌柄、菌托组成，高 12～26 cm，最高达 33 cm。

菌盖钟形，高 3～3.5 cm，宽 2～5 cm，具有显著网格，上有暗绿色孢体，有酵母香气，顶端平，有孔口。菌裙白色，从菌盖下垂，裙长 3～6 cm。菌裙有格孔网条，格孔呈椭圆状或多边形，格孔长径 0.51 cm，短径 0.2～0.4 cm，网条偏圆形，直径 0.05～0.5 cm。菌柄白，圆柱状或近纺锤形，中空，长 10～20 cm，中部粗 2～3 cm。菌托灰白色或粉灰色，孢子椭圆形，无色，大小（3～3.5）μm×（1.5～2）μm。

四、生物学特性

（一）营养要求

短裙竹荪是一种腐生真菌，靠菌丝分解和吸收基质中的营养物质来满足其生长发育的需要。竹荪较好碳源为葡萄糖、甘露醇和麦芽糖，可溶性淀粉、果糖、蔗糖、半乳糖也能被竹荪利用。竹荪利用乳糖、鼠李糖的能力较弱。较好的氮源为蛋白胨和硝酸铵，牛肉膏和尿素等不能被竹荪利用，因此竹荪对氮的要求比较严格。

$MgSO_4$ 能促进菌丝的生长，磷酸盐可有效地满足竹荪菌丝的营养要求。维生素 B_1 和维生素 B_{12} 以及生物素对竹荪生长没有促进效应。

（二）温度

短裙竹荪为中温型食用菌，菌丝在 6～33 ℃均能发生，以 20～26 ℃为最适宜。子实体在 12～32 ℃均能发生，以 20～25 ℃为最适宜。菌丝在 16 ℃以下生长缓慢，5 ℃以下时基本停止生长，超过 33 ℃时菌丝变色发黄甚至自溶。温度高于 32 ℃时，失水严重易导致子实体萎缩或难于破口抽柄。

（三）湿度

与短裙竹荪生长发育有关的湿度包括土壤湿度、培养料湿度和空气相对湿度。土壤湿度和培养料湿度要求基本一致，若太高，通风透气性差，菌丝会因缺氧而生长缓慢甚至窒息死亡；湿度太低，则难以满足菌丝和子实体生长发育对水分的需求，一般以 60％～65％为适。短裙竹荪从菌蕾分化至子实体成熟，对地表 30 cm 范围内空气相对湿度需求呈上升趋势，菌蕾生长阶段为 80％左右，至菌柄伸长和撒裙阶段提高到 93％以上。室外栽培时，因大自然气候的自动调节，对湿度的控制较室内容易。

（四）pH

短裙竹荪适合在微酸性环境中生长，pH＞7 或 pH＜4.5，其生长发育会减慢甚至受到抑制。

（五）光照和通风

菌丝生长阶段不需要光线，在黑暗条件下生长整齐快速。相反，当菌丝受到光照刺激后，很快变色，生长停滞，生活力显著下降。菌蕾的分化和子实体的生长需要一定的散射光，强光仍对其有抑制作用。短裙竹荪是好气性真菌，无论菌丝生存的基质和土壤，以及子实体生长发育的空间，都需要有充足的氧气。供氧充足，其生长快速而正常；供氧不足，菌裙不易全部张开，甚至子实体长成畸形，严重影响产品质量。

第二节　棘托竹荪

一、概述

棘托竹荪（*Dictyophora echinovolvata*）属高温型种，主要分布在长江以南的低海拔地区，首次发现于湖南会同，多生长于林内锯木场的废墟上。棘托竹荪含有 19 种氨基酸，总含量占干物质的 17.74%，其中包括 8 种人体必需氨基酸和两种儿童发育特需氨基酸。对高血压和高胆固醇具有很好的疗效，是"药中之宝"。

二、起源与分布

棘托竹荪是 20 世纪 80 年代湖南会同发现的竹荪新种，1988 年被中国林业科学院亚热带林业研究所引种，1989 年于毛竹林内进行栽培试验。现已在南方人工栽培，是竹荪属四大栽培种类之一，供药用。

三、分类地位与形态特征

（一）分类地位

棘托竹荪（*Dictyophora echinovolvata*）属担子菌门（Basidiomycota）蘑菇纲（Agaricomycetes）鬼笔目（Phallales）鬼笔科（Phallaceae）竹荪属（*Dictyophora*）。

（二）形态特征

子实体较小，其形态近似长裙竹荪。菌盖近钟形，高 2.5～3.5 cm，宽 2.5～3 cm，薄而脆，具网格，有一层褐青色黏液状孢体。菌裙白色，长，网格呈多角形。菌柄较长，海绵质，白色，长 9～15 cm，粗 2～3 cm。菌托白色或浅灰色，后期渐呈褐色或稍深，具柔软的刺状突起，初白色，后失水或光照而色变深，其下面有无数须根状菌索，伤处不变色。初期呈球形或卵圆形，直径 2～3 cm。担子圆筒形或棒状，大小（6～8）μm×（2.5～3.5）μm，具 4～6 个小梗。孢子无色透明，呈椭圆形，大小（3.5～4）μm×（2～2.3）μm。

四、生物学特性

（一）营养要求

棘托竹荪对碳源、氮源的利用情况差不多。碳源方面利用最好的是葡萄糖和可溶性淀粉，然后是麦芽糖和蔗糖，利用最差的是 CMC‐Na 和乳糖。氮源方面利用最好的是大豆粉，其次是无机氮源硝酸钾和硫酸铵，然后是酵母粉，利用最差的是蛋白胨和尿素。

棘托竹荪对无机盐的利用情况差异比较显著。在平板中培养时 Na^+ 和 Fe^{2+} 可以促进棘托竹荪菌丝体的生长，其他无机盐离子（如 Ca^{2+}）对棘托竹荪菌丝体的生长具有阻碍作用。但是在试管中培养时除了 Na^+ 和 Fe^{2+} 具有促进作用，Mg^{2+} 也能促进棘托竹荪菌丝体的生长。

（二）温度

棘托竹荪和一般竹荪栽培品种不同，属高温型品种。菌丝在 15 ℃时缓慢生长，25 ℃加速生长，30～35 ℃生长达到最快。一般竹荪菌丝 30 ℃就会很快死亡，但是棘托竹荪菌丝在 40 ℃下仍有活力。

（三）湿度

棘托竹荪要求空气相对湿度为 80％以上，基质含水量 60％～70％，对干旱的抵御能力很高，一旦水分恢复，其基质内部菌丝就会再度生长。子实体撒裙时要求空气相对湿度 90％左右。

（四）pH

竹荪菌丝生长的培养料以 pH 5.5～6 为好，子实体生长时以 pH 4.6～5 为好。

（五）光照和通风

棘托竹荪对光照不敏感。菌丝曝光后不变色，只有发育成熟的菌蕾基部和菌索受伤后变紫色。发菌期间不需要光照，但在原基分化、发育、菌裙舒展时需要一定的散射光。棘托竹荪具有很强的好气性，二氧化碳的浓度过大菌丝易窒息死亡。

第三节　红托竹荪

一、概述

红托竹荪（*Dictyophora rubrovolvata*），我国特产，肉厚味香，营养丰富，形态美丽，药用价值高，为上等"山珍"，每千克干品外贸出口价格 50～80 美元。贵州平坝用红托竹荪治疗细菌性肠炎，收到较好疗效。同时竹荪还具有很好的防腐效用。与其他竹荪比较，最大特点是菌索、菌丝受伤后变紫。

二、起源与分布

红托竹荪是 1976 年臧穆等 3 人发现于云南的新种，是中国特产的竹荪种类，为四大主栽竹荪种类之一，主要分布于云南、贵州、四川等高山地区的林下。中国科学院昆明植物研究所在 20 世纪 70 年代进行驯化栽培，贵州江口乡镇企业菌种厂于 1983 年驯化栽培成功，现已在云南、四川、贵州、福建等地广泛种植。

三、分类地位与形态特征

(一)分类地位

红托竹荪（*Dictyophora rubrovolvata*）属担子菌门（Basidiomycota）蘑菇纲（Agaricomycetes）鬼笔目（Phallales）鬼笔科（Phallaceae）竹荪属（*Dictyophora*）。

(二)形态特征

红托竹荪子实体高 20～33 cm，菌托红色，菌盖钟形或钝圆锥形，高 5～6 cm，宽 4～5 cm，具显著网格，产孢组织暗褐色，端平，有孔口，气味微臭。菌裙白色，从菌盖下垂 7 cm，网眼多角形，网孔 1～1.5 cm。柄白色，圆柱状，中空，长 11～12 cm，宽 3.5～5 cm，孢子卵形至长卵形，壁光滑，透明。

四、生物学特性

(一)营养要求

红托竹荪属腐生真菌，对营养没有严格的选择性，可广泛利用多种有机质作为养料。野生竹荪不仅发生在竹林，也常发生在阔叶树混交林内。据试验，除了用竹子及其加工废料，还可大量利用阔叶树木屑和农作物秸秆做栽培竹荪的培养料，以满足竹荪生长发育对碳素营养的需要。培养基中的含氮量以 0.5%～1% 为宜，氮素过高影响子实体的生长发育，若氮素含量不足，可以补充蛋白胨或尿素。除了碳和氮外，还需要磷、钾、镁、硫等矿质元素及其他微量矿质元素，也需要微量的维生素，不过这些元素和维生素在一般培养基和水中的含量已经基本满足竹荪生长发育需要，不必另外添加。

(二)温度

菌丝生长发育温度 5～29 ℃，最适温度 21～23 ℃；子实体生长发育温度 16～26 ℃，最适温度 20～22 ℃。

(三)湿度

不同生长阶段所需水分不同。菌丝生长阶段所需水分含量 60%～65%；子实体分化阶段所需水分含量大于 80%；破蕾阶段水分含量要大于 90%；菌裙张开需水分含量 94%～95%，以便菌裙达到最大张开。

(四)pH

培养料适宜 pH 5.0～6.0。

(五)光照和通风

菌丝生长和原基形成阶段不需要光照，在光下菌丝生长受到抑制，容易老化。子实体

生长阶段一般需要 $100\sim300\,lx$ 的散射光，以促进子实体的形成。

红托竹荪为好气性真菌，整个生长阶段都需要新鲜空气。

第四节 扇形侧耳

一、概述

扇形侧耳（*Pleurotus flabellatus*），又名扁形侧耳、粉红蚝菇，俗称扇形平菇。

扇形侧耳子实体较嫩，味道鲜美，含 18 种氨基酸，干菇含糖原达 8.9%。在印度的迈索尔，扇形侧耳是一种很受欢迎的食用菌。

二、起源与分布

20 世纪 60 年代，印度已经开始对扇形侧耳进行栽培驯化研究（Bano，1967），70 年代末，用未灭菌的稻草进行商业栽培的技术已经成熟（Bano et al.，1979）。目前在菲律宾、印度、新加坡、泰国有一定规模的栽培，并成为印度食用菌栽培的主要种类。

扇形侧耳为热带食用菌，主要产地为菲律宾、印度、斯里兰卡，在南非、委内瑞拉也有分布。我国主要分布在广东、云南、四川和西藏。在热带地区，于夏、秋雨季生在无花果树、芒果树及桑树等阔叶树的腐烂树干及树桩上；我国产地多见于高山针阔叶林的高山栎枯腐木上。群生至丛生。

三、分类地位与形态特征

（一）分类地位

扇形侧耳（*Pleurotus flabellatus*）属担子菌门（Basidiomycota）蘑菇纲（Agaricomycetes）蘑菇目（Agaricales）侧耳科（Pleurotaceae）侧耳属（*Pleurotus*）。

（二）形态特征

菌盖伞形、肾形，薄，宽 $2.5\sim10\,cm$，白色或带淡红色，初被绒毛，后变光滑，有时有不明显的条纹。盖缘初内卷，后伸展上翘呈波状。菌肉白色带肉粉红色，微甜。菌褶延生，不等长，白色。菌柄短，侧生，罕见偏生，长 $2\sim3\,cm$，粗 $1\sim1.5\,cm$，被绒毛。孢子短圆柱状，无色；孢子印白色。

四、生物学特性

子实体发生温度 $20\sim28\,℃$，相对湿度 $70\%\sim80\%$，最适 pH $4.5\sim6.5$。据 Bano 等（1978）报道，最理想的栽培季节是 $6\sim9$ 月，接种后 14 d 可形成子实体，且产量水平最高。在 30 ℃以上超过 $8\sim10\,h$，对子实体生长不利，产量下降；在冬季，一天内最低温度在 20 ℃以下超过 $8\sim10\,h$，菌丝生长速度减慢，$15\sim18\,d$ 才能形成子实体，对产量也有影响。稻草是最理想的栽培基质，每千克可产鲜菇 $460\,g$；用麦秆栽培虽然能提前出菇（10 d 即可出蕾），但产量较低，每千克产鲜菇 $324\,g$；用其他原料（如爪哇酒曲草）

栽培,产量极低。将培养基放在 21～28 ℃、相对湿度 47%～75%下发菌,14 d 即可出菇。

第五节 大白桩菇

一、概述

大白桩菇(*Leucopaxillus giganteus*),又称雷蘑、巨陡头,俗称青腿子、大青蘑、荆芥、云盘、大金蘑、金口蘑、天花板。

大白桩菇以个体硕大、菌肉肥厚、味道鲜美而著名,口蘑中的青蘑即指本种。大白桩菇的人工驯化栽培在我国很受重视,除河北省张家口市农业科学院外,河北农业大学,河北顺平、易县科委,河北省山区研究所及新疆和静县农业技术推广站对大白桩菇的生态驯化栽培都有研究报道。7月下旬至8月上旬为大白桩菇盛产期,此时日平均气温 18 ℃左右,10 cm 最高地温 26～28 ℃,降水量占全年的 70%,子实体多在雨后晴天发生。土壤为亚高山平原土和草甸化草原土,土层厚 50～80 cm,有机质含量 10%以上,草皮厚 10～20 cm,土壤棕褐色,pH 7.5 左右。植被多为禾本科的针茅、狐茅、薹草、细柄茅、扁穗冰草等。植被覆盖率 60%左右,草层厚 15～40 cm。

二、起源与分布

大白桩菇夏秋季节生于草原上,有时生于阔叶林中草地上。该菌分布于我国河北、内蒙古、辽宁、黑龙江、广东、青海、新疆等地以及欧洲和北美洲。

三、分类地位与形态特征

(一)分类地位

大白桩菇(*Leucopaxillus giganteus*)属担子菌门(Basidiomycota)蘑菇纲(Agaricomycetes)蘑菇目(Agaricales)口蘑科(Tricholomataceae)桩菇属(*Leucopaxillus*)。

(二)形态特征

子实体单生至群生,并形成蘑菇圈,大型。菌盖直径 7～36 cm,扁半球形至近平展,中部下凹至漏斗状,污白色至青白色或稍带淡黄色,光滑或有绒毛,边缘内卷至渐平展。菌肉白色,厚。菌褶白色至污白色,老熟后青褐色,延生,稠密,窄,不等长。菌柄圆柱状,较粗壮,长 5～13 cm,粗 2～5 cm,白色至青白色,光滑或有绒毛,内实,肉质,基部膨大可至 6 cm。孢子椭圆形,无色。孢子印白色。

四、生物学特性

菌丝在 5 ℃时不生长,12～15 ℃生长缓慢,20 ℃以上生长加快,适宜温度 24～28 ℃,在 36 ℃时菌种块很快萌发。培养基含水量 30%～70%菌丝均能生长,最适含水量为 60%～65%,以葡萄糖、蔗糖做碳源,蛋白胨做氮源,菌丝生长快,长势壮。

在 PDA 培养基上，培养温度 25～27 ℃，2 d 后菌丝萌发，20 d 菌丝长满试管（菌落直径 3.5～4.5 cm）。菌丝呈匍匐状，气生菌丝较稀少，灰白色，边缘整齐。在加入蛋白胨、无机盐和维生素 B₁ 的培养基上生长加快，日平均生长 4.5 mm，菌丝浓白粗壮，气生菌丝较多。在培养时间较长的培养基斜面上可产生子实体，原种也有此现象。

河北省张家口市农业科学院以粪草堆肥栽培为主，河北省其他单位采用熟料袋栽或瓶栽也获得成功。用等量棉籽壳、麦秸为栽培原料，添加磷酸二氢钾 0.3%，硫酸镁 0.15%，含水量 65%，pH 7.5，按常规灭菌，接种后在 24 ℃下培养，25 d 菌丝在袋内长满。再经过 5～10 d 的培养，菌丝达到生理成熟。加强通风，给予光照刺激，进行变温培养，在高温 20～24 ℃和低温 10～20 ℃的变温刺激下，原基形成。原基形成后，在温度 10～20 ℃、相对湿度 80%以上、保证通风良好的条件下，5～8 d 子实体生长成熟。生物学效率可达 60%～90%。

第六节　银丝草菇

一、概述

银丝草菇（*Volvariella bombycina*），又名银丝菇、银丝小包脚菇、丝盖小包脚菇。

银丝草菇是小包脚菇属少有的木腐菌，其主要特点是出菇的适宜温度较低，范围较广，且易于栽培。菇蕾白色，结实，朵重 25～127 g，朵形美观，不易开伞，有利于产后的保存和运输，适合制罐加工。研究结果表明，每 100 g 银丝草菇子实体（鲜重）含蛋白质 30.56 g，粗纤维 0.24 g，灰分 13.14 g，粗脂肪 1.11 g，碳水化合物 24.78 g，水分 20.17 g。鲜菇肉质肥嫩，其不足之处是蛋白质含量虽然很高，但鲜甜度略逊于草菇。

银丝草菇可利用木屑、废棉、棉籽壳进行栽培，适合在热带、亚热带和温带推广种植。Elliott 和 Challen（1985），Chiu 等（1987）曾对银丝草菇的生活史进行过研究。吴淑珍和黄年来（1983）用采集的野生子实体经分离培养并进行栽培，均获成功。王坚珂等（1987）、汪麟等（1987）、吴从军（1993）等也先后进行过人工驯化栽培试验。高珠清（2003）的试验表明，以经过发酵的棉籽壳、稻草为主料的配方（棉籽壳 42%，稻草 40%，麸皮 16%，石灰 2%），或者经过发酵的棉籽壳为主料的配方（棉籽壳 88%，麸皮 10%，石灰 2%）栽培银丝草菇，平均生物学效率分别达 29.81%与 24.31%。易文林（2005）采用熟料栽培，平均生物学效率在 60%以上。银丝草菇现在国内有少量栽培。

二、起源与分布

银丝草菇春末秋初发生于柞木、悬铃木、桂、猴欢喜、杜英等多种阔叶林的枯干或活立木的死亡部分或树洞中，可在同一树木上多年发生。偶尔发生在栽培平菇的废弃菌床上，1986 年在长江流域中下游地区的湖北天门、江苏铜山等地皆有发现报道。

银丝草菇分布于中国、日本、欧洲、俄罗斯（西伯利亚）、北美洲和澳大利亚。我国黑龙江、河北、山西、湖北、湖南、江苏、福建、云南、四川、西藏等地有银丝草菇的资源。

三、分类地位与形态特征

(一) 分类地位

银丝草菇 (*Volvariella bombycina*) 属担子菌门 (Basidiomycota) 蘑菇纲 (Agarico-mycetes) 蘑菇目 (Agaricales) 光柄菇科 (Pluteaceae) 小包脚菇属 (*Volvariella*)。

(二) 形态特征

子实体单生至群生。菌盖宽 5～21 cm，初卵形或棒槌形，后逐渐成近半球形、钟形至稍平展，边缘延伸，内卷，白色至略带鹅黄色，被银丝状柔毛。菌肉白色，较薄。菌褶离生，密，初白色，后变粉红色至肉红色。菌柄高 5～14 cm，粗 0.5～2 cm，近圆柱状，常弯曲，向上渐细，白色，表面光滑，内实。菌托宿存，大而厚，苞状，污白色至略带浅褐色，具裂纹或绒毛状鳞片。孢子宽椭圆形至卵圆形，近白色；孢子印粉红色。

四、生物学特性

(一) 营养要求

银丝草菇不同于小包脚菇属其他的种，属木腐菌类，几乎可以在所有的阔叶林枯木上生长。此外，也可用稻草、稻壳、玉米秆、花生壳、废棉等进行栽培。利用栽培凤尾菇、平菇的菌床废料做栽培原料，其产量几乎与未经利用过的原料栽培达到同等生产水平。银丝草菇的生长周期大致与平菇、凤尾菇相似。

(二) 温度

银丝草菇属于中温型菌类，结菇的温度比草菇结菇的温度范围宽，具较强抗逆性。菌丝可在 5～36 ℃生长，适温 15～32 ℃，以 22～28 ℃最为适宜。菌丝具有较强的耐低温能力，可耐−30 ℃低温。在 15～35 ℃都可以结菇，最适温度约 28 ℃。因菌株不同，其最适出菇温度不同，通常 24～27 ℃时出菇最多，菇体茁壮，从现蕾到采收需 7 d。有的品种在15～20 ℃时出菇最好，当气温低于 14 ℃时，仍能采到子实体。

(三) 湿度

培养料含水量以 55％～60％为适宜，低于 50％或高于 60％，菌丝生长缓慢，料内菌丝稀疏纤弱。当含水量低于 40％时，已形成的子实体枯萎死亡。含水量超过 70％时，会使培养料内菌丝自溶。菌丝生长期空气相对湿度可保持在 65％～70％。出菇期空气相对湿度需达到 80％～90％；低于 80％出菇少或不出菇，已形成的幼菇脱水死亡；高于 95％子实体停止生长，并导致病害发生。

(四) 空气

银丝草菇为好氧菌，氧气充足菌丝生长旺盛，生长速度快，因此菌丝生长期和出菇期都要供应充足的氧气。在菌丝已长满并达到生理成熟的菌种瓶内，或菌丝已发透的菌床上，若不及时通风，会产生大量红棕色厚垣孢子，影响菇蕾形成。

(五) 光照

菌丝生产发育不需要光，有光时对菌丝生长有一定的抑制作用。光对原基分化有促进作用，菌丝长满并达到生理成熟的培养物，置于黑暗条件下不能形成原基。不同光谱对原基分化产生的影响不同，蓝光和绿光对原基形成的促进作用最为明显。

(六) pH

银丝草菇喜偏酸性环境，以 pH 6 为最好，当 pH<5 或 pH>6.5，菌丝生长开始变慢，pH<4 或 pH>7 时，对菌丝生长有明显的抑制作用。

(七) 生活史与有性生殖

香港中文大学 Chiu 等 (1986, 1987) 对银丝草菇的生活史有较深入的研究，发现银丝草菇生活史与草菇一样，也是初级同宗结合的类型。银丝草菇的大多数单孢菌丝都有结菇能力，但其后代变化很大。典型的交配反应在菌株的改良上是不适用的。然而，其他方法，例如原生质的融合却可以使用。

第七节　大 红 菇

一、概述

大红菇 (*Russula rubra*)，又名大朱菇、红蕈、红菌、朱菰、胭脂菰、胭脂菌，俗称正红菇、真红菇、朱菇、胭脂菇。

大红菇为世界性食用菌，质脆味鲜，煮后甘甜，无辛辣苦。产区人民于采后晒干储藏，作为冬季蔬食。福建民间尤其是莆田和仙游地区，用大红菇与青仁黑豆、肉炖服，可治产妇贫血等症。福建中医药研究院编《福建药物志》(1994) 记载："大红菇味甘，性微温。能养血，逐瘀，祛风。用 10~20 g 炖服或同鸡、猪肉炖服，主治血虚萎黄，产后恶露不尽，关节酸痛。"

福建民间将当年生过大红菇的林地肥土移到环境相似的栲树林撒播，若干年后，原来不产红菇的地方，也会逐渐产生大红菇，当地人称为"搬红菇窝"。福建建阳 (1994) 也进行过"客土法"的大红菇半人工栽培试验。陈自义 (1996)、戴维浩 (1997) 报道过菌种分离培养方法，并在人工培养条件下获得未完全成熟的大红菇子实体。大红菇的人工驯化栽培还在进一步的研究阶段。

二、起源与分布

夏秋季节间生于常绿阔叶林、针阔叶林中地上。散生至群生。常与栎属、水青冈属、栗属、松属的一些树种形成外生菌根。

大红菇主要分布于我国吉林、黑龙江、福建、湖北、四川、云南、西藏等地，以及除中国外的亚洲、非洲、欧洲和北美洲。

三、分类地位与形态特征

（一）分类地位

大红菇（*Russula rubra*）属担子菌门（Basidiomycota）蘑菇纲（Agaricomycetes）红菇目（Russulales）红菇科（Russulaceae）红菇属（*Russula*）。

（二）形态特征

菌盖宽 4～10 cm，初半球形，后平展而中部稍下凹，不黏，红色，老后色变暗，边缘粉红色或带白色，有微细绒毛，后变光滑，边缘平滑或具不明显条纹。菌肉白色。菌褶离生或稍延生，密，通常在基部分叉，具横脉，白色，后变赭黄色。菌柄近圆柱状或向下稍细，长 3.5～8 cm，粗 1～2.5 cm，白色，偶尔基部一侧带粉红色，内实，后中空。孢子近球形，淡奶油色；孢子印黄色。

四、生物学特性

大红菇菌丝的纯培养研究表明，最好的碳源是蔗糖、葡萄糖和甘露糖，其次是麦芽糖、果糖和可溶性淀粉，不能利用纤维素（CMC）。最好的氮源是酵母膏、牛肉膏和蛋白胨，硫酸铵是最好的无机氮，对谷氨酸、赖氨酸和硝态氮的利用效果较差。最佳碳氮比是 20∶1。培养物对磷很敏感，缺磷不能生长；钾与镁的影响也较大，钙与钠作用很小，能耐盐（NaCl）达 4 g/L。菌丝在 20～35 ℃均能生长，最适生长温度 30 ℃，40 ℃以上停止生长。pH<3.4 和 pH>8.5 不能生长；最适 pH 6.0 左右。在黑暗和光照度 700 lx 下均可正常生长，但以 50～200 lx 更好。

第八节　变绿红菇

一、概述

变绿红菇（*Russula virescens*），又名绿菇、青头菌、青冈菌、青盖蘑，俗称青盖子、青菌、大青菌、寒露蕈、铜青寒露蕈、绿头菌、青汤菌、青蛙菌、绿豆菌、青脸菌等。

菌体肥大肉厚，味道柔和，炒后嫩香滑腻，为世界性优美食用菌。在云南野生菌菇市上是颇受人们青睐的食用菌之一。《滇南本草图说》记载，变绿红菇气味甘淡，微酸，能泻肝经之火，散热舒气，主治眼目不明、妇人气郁等症。据云，久旱之后所采第一茬变绿红菇，往往有轻微毒性。

欧洲人很推崇变绿红菇，在法国的某些地方，将变绿红菇称为"Paloment"，是指该菌具有类似生活在法国南部的一种斑尾林鸽的风味。据 Remy（1981）报道，在法国的南特地区，将子实体的碎块撒在适宜的土壤中进行栽培，可以长出子实体，这种半天然栽培现在仍被当地采用。目前还只限于在植物幼苗上进行试验性菌根合成，还不能成功地在田间进行菌根合成。

二、起源与分布

变绿红菇夏、秋季节生于阔叶林中地上。散生至群生。常与桦木属、栎属、水青冈属、杨属等树种形成外生菌根。

该菌主要分布于我国的辽宁、吉林、黑龙江、江苏、浙江、福建、河南、广东、广西、四川、云南、贵州、西藏等地，以及日本、俄罗斯远东地区、非洲、欧洲和北美洲。

三、分类地位与形态特征

(一) 分类地位

变绿红菇（*Russula virescens*）属担子菌门（Basidiomycota）蘑菇纲（Agaricomycetes）红菇目（Russulales）红菇科（Russulaceae）红菇属（*Russula*）。

(二) 形态特征

菌盖宽 3～12 cm，初球形，后扁半球形或呈浅漏斗状，不黏，翠绿至暗绿色，表皮往往斑状龟裂，边缘常有条纹。菌肉白色，致密，脆。菌褶离生，稍密，等长，罕有小褶，近柄处有分叉，具横脉，白色。菌柄圆柱状，长 2～9.5 cm，粗 0.8～3.5 cm，白色，光滑，内实或松软。孢子近球形至卵圆形，无色；孢子印白色。

四、生物学特性

变绿红菇每年 6～9 月大量出菇，其间林内土壤温度为 19～24.5 ℃，含水量为54%～68.5%，近地空气温度为 20.5～25 ℃，相对湿度 61.5%～94.5%。变绿红菇在 8～40 年生马尾松林中都可以大量出菇并正常生长发育，林分结构通常以马尾松为主，郁闭度50%～80%，下层灌木为稀疏壳斗科植物，草木层为稀疏茅草或蕨类。土壤腐殖质及落叶层的厚度对子实体的发生影响不明显，但一般要求土壤 pH 4.5～6.4。综合分析认为温度、湿度、光照、土壤 pH 是影响变绿红菇子实体生长的四大关键因子，其他生境因子，如坡向、坡度、坡位等是通过影响这些关键因子而间接地影响变绿红菇子实体的分布及生长发育。

第九节 硫 黄 菌

一、概述

硫黄菌（*Laetiporus sulphureus*），又名硫黄多孔菌、硫色多孔菌、硫色干酪菌，俗名树鸡蘑、硫黄蕈、鸡冠菌、硫色菌等。

硫黄菌子实体肥厚，幼时可食，味道较好，似鲑肉，又名鲑肉菌。其子实体也可入药，性温，味甘，能调节机体、增进健康、抵抗疾病、提高人体免疫力，且有抗癌功效，是一种有重要利用价值的食用兼药用菌。在野生菌的生长区域，当地老百姓煎服硫黄菌的干制品，用以治疗感冒和其他疾病，效果显著。子实体含有较丰富的齿孔酸，可以合成甾体药物肾上腺皮质激素，能够治疗如艾迪森病等内分泌病，也是各种性激素、口服避孕药的主要成分，还可治疗雄性器官衰退以及某些妇科疾病。经常食用可以增进身体健康。子实体中还有腺嘌呤、胆碱、龙虾肌碱、甜菜碱、β-苯基乙胺等生物碱以及硫色多孔菌酸等抗生素成分。焚烧老化后的子实体，可以驱逐蚊、螨、蠓等害虫，可应用于天然驱虫药物开发。

二、起源与分布

此菌在豫南及湖北北部多见于阔叶林内，林内郁闭度较大，达 90％以上，生于板栗、茅栗等树种的活立木树干或树枝上。子实体单生，或丛生树干上部或较粗的树枝分枝处，距地面 4～15 m。也有生于针叶树基部，引起干基块状褐腐。

硫黄菌在世界各地皆有分布，主产于中国、日本、美国等国。该菌在我国分布较广，在河南、湖北、河北、黑龙江、吉林、辽宁、山西、内蒙古、陕西、甘肃、福建、台湾、云南、西藏、新疆、广东、广西、四川、贵州等省份有采集记录。

三、分类地位与形态特征

(一) 分类地位

硫黄菌（*Laetiporus sulphureus*）属担子菌门（Basidiomycota）蘑菇纲（Agaricomycetes）多孔菌目（Polyporales）硫黄菌科（Laetiporaceae）硫黄菌属（*Laetiporus*）。

(二) 形态特征

子实体大型。初期瘤状，似脑髓状，菌盖覆瓦状排列，肉质，多汁，干后轻而脆。菌盖宽 8～30 cm，厚 1～2 cm，表面硫黄色至鲜橙色，有细绒或无，有皱纹，无环带，边缘薄而锐，波浪状至瓣裂。菌肉白色或浅黄色，管孔面硫黄色，干后褪色，孔口多角形，平均每毫米 3～4 个。孢子卵形，近球形，光滑，无色，大小（4.5～7）μm×（4～5）μm。此菌的重要特征是子实体瓦状排列，硫黄色。

四、生物学特性

(一) 营养要求

硫黄菌是一种腐朽力极强的腐生性真菌。其本身无法制造养分，靠吸收段木中的纤维素、半纤维素、还原糖、水分等碳水化合物和氮素物质，以及部分矿质元素和维生素作为自身的营养源。

(二) 温度

硫黄菌在自然界的生长发育温度为 15～32 ℃。人工栽培菌丝体的最适温度为 22～28 ℃，28 ℃下生长的菌丝体比 15 ℃下生长得好，高于 28 ℃和低于 15 ℃菌丝体生长都会受到影响。在 22～28 ℃下生长的菌丝体长势旺盛，气生菌丝扭结快，有利原基的形成。子实体的形成及发育需温差刺激，温度以18～24 ℃最适宜。

（三）湿度

用常规方法配制的培养基中的含水量就可满足硫黄菌对水分的需要。菌丝生长阶段，培养基质含水量 60％左右，空气相对湿度 60％～75％。子实体生长阶段要求较高的空气相对湿度，一般为 90％左右。

（四）空气

硫黄菌为好氧性真菌，生长发育的全过程均需要足够的氧气。在子实体培养阶段，特别要加强通风换气。如果通风不良，空气相对湿度大，温度高，二氧化碳浓度在 0.1％以上，子实体菌盖就不能形成正常的覆瓦状。

（五）光照

菌丝在黑暗中生长良好。子实体生长要求有一定的散射光，在完全黑暗条件下，子实体生长不正常。

（六）pH

硫黄菌偏酸怕碱，以 pH 3～5 生长较为适宜。

第十节　高大环柄菇

一、概述

高大环柄菇（*Macrolepiota procera*），又名高环柄菇、高脚环柄菇或高脚小伞，俗名高脚菇、长脚菇、棉花菌和灰老头等。国外俗称阳伞蘑菇。

高大环柄菇是亚热带地区一种大型腐生食用菌，其菌体大型，质地脆嫩，味道鲜美，含有蛋白质、氨基酸、维生素、矿物质等多种营养成分，尤以人体必需的 8 种氨基酸含量高而著称，具有巨大的开发利用价值。在亚洲、欧洲和非洲许多国家和地区，高大环柄菇是十分名贵的菌类。在我国，如江西南昌等当地人民也有较长的食用历史，大多采食于菌盖未开伞时。

二、起源与分布

Matruchot（1912）首次驯化成功；Boyer（1918）利用双孢蘑菇堆肥进行过人工栽培；Terre（1965）用鸟粪肥和花楸沤制的堆肥进行栽培获得了成功；Manz（1971）也用传统堆肥进行过栽培，后来荷兰、法国和印度都曾进行过栽培研究。我国对高大环柄菇的驯化研究工作起步较迟，浙江庆元姚传榕（1993），江西南昌徐维杰等（1992）以及福建南平丁智权（2000，2003）等有详细的栽培技术报道。该菌不仅适于鲜销，也适于制罐或干制，因菌柄粗且长，干物质含量高，是很好的加工原料，有一定的推广价值，也受到人们的重视。

高大环柄菇分布较广，在国外分布于印度、日本、欧洲、非洲、北美洲和澳大利亚等。在我国主要分于黑龙江、吉林、江苏、浙江、安徽、福建、广东、四川、云南、贵州等地。此菇夏、秋高温多雨季节发生于阔叶林林缘草地或牧草地上，也见于道旁或施过堆肥的山坡上，有时可形成蘑菇圈。单生至群生。

三、分类地位与形态特征

（一）分类地位

高大环柄菇（*Macrolepiota procera*）属担子菌门（Basidiomycota）蘑菇纲（Agaricomycetes）蘑菇目（Agaricales）蘑菇科（Agaricaceae）大环柄菇属（*Macrolepiota*）。

（二）形态特征

子实体中到大型，菌盖初椭圆形，后逐渐至扁半球形，最后平展呈斗笠形，初红褐色，开伞后中央焦褐色，四周灰白色，中央有锈褐色绒毛状鳞片，后逐渐脱落，边缘呈污白色。菌肉柔软，白色，有弹性。菌褶离生，不等长，白色至浅桃红色，菌棱有絮状物。菌柄基部膨大呈球根状，向上逐渐变细，高 15～35 cm，粗 0.6～2 cm，与菌盖颜色相同，有褐色鳞片，内部中空，松软。菌环位于菌柄上部，质韧，与菌柄分离，可上下移动。孢子椭圆形，无色；孢子印白色。

四、生物学特性

（一）营养要求

高大环柄菇菌丝能广泛分解和利用各种农、林产品下脚料。主要材料有稻草、麦秸、棉籽壳、玉米芯、牛粪、木屑、落叶及粪肥；辅助材料有碳酸钙、磷酸二氢钾、过磷酸钙、尿素、麸皮和米糠。经堆制发酵后进行栽培。

（二）温度

该菌为中温型菌类。菌丝生长温度 15～36 ℃，最适生长温度 24～32 ℃；子实体发生温度 14～30 ℃，以 21～24.5 ℃最适宜。

（三）水分

菌丝生长培养基的适宜含水量为 63%～68%，空气相对湿度 60%～70%，出菇时空气相对湿度 85%～95%。在自然条件下，雨后会有大量的菇出现，烈日则会使子实体干枯。

（四）光照

菌丝生长期间不需要光照，但出菇时需要一定的散射光，光照度 250～500 lx。

（五）空气

高大环柄菇为好氧性菌类，子实体发育需要良好的通风场所。但是因菌盖大、菌柄长，有时高达 70 cm，在野外容易被大风吹折。

（六）pH

高大环柄菇菌丝生长需要在微酸性至近中性的培养基和覆土材料中生长，最适 pH 6.5～7.2。

第十一节　裂褶菌

一、概述

裂褶菌（*Schizophyllum commune*），又名白生、白森、白参，俗名鸡毛菌子、树花、白蕈、鸡冠菌、八担柴等。

裂褶菌中含有多种活性成分。现已从中分离出来的有裂褶菌多糖（SPG）、苹果酸、裂褶菌制素、赖氨酸等。该菌具有很高的营养价值，其菌丝体中含有 17 种氨基酸，总量为 120.13 g/kg。子实体中灰分元素总含量占干物质重的 7.14%，含铁、锌、锰、钙、硅等 31 种无机元素，有 13 种较高的人体必需微量元素。硒含量为 0.024 2 $\mu g/g$，是谷胱甘肽过氧化酶的组分之一。

裂褶菌性平、味甘，入肾经。具有补肾益精，滋补强壮、扶正固本和镇静的作用。民间与鸡蛋炖食或加肉炒食，可治疗妇女白带过多、神经衰弱、萎靡不振、头昏耳鸣和出虚汗等症，还可促使产妇子宫提早恢复正常，并促进产妇分泌乳汁。该菌子实体幼时质嫩味美，具有特殊的浓郁香气，同时又是我国著名的药用菌。国内外医药研究表明，裂褶菌子实体中含丰富的有机酸和具有抗肿瘤、抗炎作用的裂褶菌多糖。裂褶菌多糖对巨噬细胞、自然杀伤细胞、杀伤性 T 细胞有激活作用，能够提高白细胞介素的产生能力。此外，裂褶菌多糖与 α、β、γ 射线并用后，经组织检查发现，肿瘤部位淋巴细胞高度浸润，纤维化间质增强。日本还用裂褶菌还原糖制成了药品，产品称为 Sicofilon，中文名"施佐非兰"，可治疗子宫癌，并能明显增强患者的免疫能力。用裂褶菌多糖进行肌肉、腹腔或静脉注射均可发挥其免疫作用，并表现出高度的抗肿瘤活性。

裂褶菌的深层发酵产物（菌丝体）可作为食品强化剂添加到多种食品中，菌丝深层发酵时产生的大量有机酸和促生长素吲哚乙酸，在日化、生化、饲料以及环保卫生等领域，都具有广泛的用途和潜在的开发价值。

二、起源与分布

裂褶菌为常见木腐菌，从平原到海拔山区都可见。广泛分布于世界各地，特别是在热带、亚热带杂木林下常可找到。在我国各省均有分布，我国云南、陕西以及东南亚的某些地方（如泰国）都有食用传统。据阮元《云南通志稿》记载，清代中叶以前，云南出产的裂褶菌就很有名。国外早期对裂褶菌的栽培研究报道较少，主要集中在遗传学、分子生物学、抗癌活性物质、药理活性及新药开发等方面。国内在药用活性成分、药理和临床研究、菌种选育和人工驯化栽培，深层发酵培养以及发酵产物获得率的提高等方面有了一定的进展。

陈国良（1986）首次进行裂褶菌人工驯化栽培，曾素芳（1990）利用液体培养基获得子实体，罗星野等（1990）将人工培养的裂褶菌与野生的裂褶菌进行比较，发现前者的品质、食用味道和个体大小均优于后者。后来，罗星野等（2000）申请了固定培养基培养裂褶菌方法的专利。云南省食用菌研究所从 1996 年开始对野生裂褶菌资源菌种进行筛选和大规模的栽培试验，随后进行推广，取得一定的成果，产品供应香港、澳门及出口东南亚国家，很受欢迎。

裂褶菌生于栎、柳、杨和桦等阔叶树，或马尾松等针叶树枯干、枯枝及倒木和伐桩上，在禾本科植物秆上也可见。

三、分类地位与形态特征

（一）分类地位

裂褶菌（*Schizophyllum commune*）属担子菌门（Basidiomycota）蘑菇纲（Agaricomycetes）蘑菇目（Agaricales）裂褶菌科（Schizophyllaceae）裂褶菌属（*Schizophyllum*）。该属已经发现的共有 3 种，其中裂褶菌广布于世界各地。

（二）形态特征

裂褶菌子实体伞生或丛生，白色至灰白色。菌盖直径 0.5～4.5 cm，质韧，伞形或肾形，无柄，菌盖表面密被绒毛，边缘内卷，常掌状开裂。菌肉薄，革质，柔软，白色或淡黄色。菌褶从基部辐射状生出，狭窄，线状，不均匀、不等长，白色或灰白色，沿褶缘纵裂向外反卷，切面呈"人"字形。孢子印白色。孢子圆柱状，无色。菌丝体白色，绒毛状，气生菌丝较旺。菌丝有间隔，有分枝，锁状联合明显。菌丝粗细不均匀，直径 1.25～7.5 μm。

四、生物学特性

（一）营养要求

裂褶菌为木腐菌，具有较强的分解木质素、纤维素的能力。陈文强等（2004）在固体培养基上研究了不同碳源和氮源对裂褶菌菌丝生长的影响，结果表明，裂褶菌在供试的果糖、蔗糖、麦芽糖、乳糖、甘露醇、葡萄糖和玉米粉 7 种碳源，大豆粉、蛋白胨、酵母膏、硫酸铵、硝酸钾和麦麸 6 种氮源培养基上均可生长，最适合裂褶菌生长的碳、氮源分别为葡萄糖和蛋白胨。不同碳氮比对裂褶菌菌丝有明显影响，碳氮比 10：1～100：1 均可生长，其中最佳碳氮比为 40：1。

（二）温度

裂褶菌属中高温型菌类，菌丝生长适温 7～30 ℃，最适温度 22～25 ℃，子实体形成温度 14～20 ℃，孢子萌发最适温度 21～26 ℃。

（三）水分

裂褶菌菌丝培养基最适含水量 60%～75%。菌丝生长阶段，适宜的空气相对湿度为70%～80%；子实体形成阶段，空气相对湿度要求 85%～95%。

（四）光照

裂褶菌菌丝生长需在黑暗环境条件下，强光会抑制其生长，原基的形成需要有弱光条件下的散射光。当菌丝扭结形成原基并发育成子实体时，需要 300～500 lx 光照。子实体有趋光性，但是光线过强，子实体的颜色会变褐，品质变差。

（五）空气

菌丝体生长发育阶段，需氧量较大，培养室应保持空气流通并形成对流；严重缺氧时，子实体会发生绿霉污染，栽培室要经常通风换气，并且保证空气的相对湿度。

（六）pH

菌丝生长最适 pH 5～6，子实体生长最适 pH 4～5。

第十二节　荷叶离褶伞

一、概述

荷叶离褶伞（*Lyophyllum decastes*），又名荷叶蘑、一窝羊、树窝、北风菌、冷菌、香叶菇，是一种十分珍贵的野生食用菌。其肉厚肥美、细腻，清香扑鼻，味道鲜美，英国人称其有似炸鸡风味，故英文名为 "fried chicken mushroom"。李玉院士团队已成功将离褶伞属（*Lyophyllum*）驯化，并可进行商业化栽培的珍稀种类命名为来福蘑这一商品名，主要包括烟色离褶伞（*Lyophyllum fumosum*）、真姬离褶伞（玉蕈离褶伞）（*Lyophyllum shimeji*）、荷叶离褶伞（*Lyophyllum decastes*）3 种。研究表明，荷叶离褶伞子实体中粗蛋白、氨基酸含量较高，脂肪含量低，而且含有大量对人体有益的微量元素，如硒。还含有维生素 B_1、维生素 B_2、维生素 B_6、维生素 B_{12} 和烟酸，具有很高的营养价值。同时，其含有的多糖具有抗肿瘤、降血糖、降血脂等药用功效，市场前景广阔。

二、起源与分布

荷叶离褶伞秋季自然丛生于麻栎、粗齿蒙古栎等壳斗科阔叶林地上，在我国分布广阔，四川、青海、河南、辽宁、吉林、黑龙江、江苏、云南、贵州、福建、新疆等地均有分布，其中云南是荷叶离褶伞的重要产地。云南昭通李植森（1973）曾利用蕨台根和茅草制作腐殖土作为培养料，在室内和林地仿野生栽培成功。张一忠等（1983）用香叶残渣堆制发酵后进行栽培，收获的子实体香气更浓。李林玉和李荣春（2005）对荷叶离褶伞菌丝营养条件的初步研究进行了报道。河西学院食用菌研究所魏生龙等（2006）对荷叶离褶伞的生物学特性进行了研究，发现可在 PDA 培养基上获得子实体。上海丰科生物科技股份有限公司（2007）首次在国内工厂化栽培成功，命名为"鹿茸菇"。随着时代的进步，以及交通工具和信息传播技术的发展，荷叶离褶伞这类美味健康的菌中珍品，也由过去的特权消费、产地消费、区域消费走向了全国，加之其口感好、香气浓、营养价值高，又是野生山珍，深受消费者青睐，社会需求激增，近年来每千克价格在 500 元左右，利益驱动使部分来福蘑产区遭到了掠夺性采集，生态环境遭到了极大破坏，野生产量逐年下降，个别传统产区已经绝迹。

三、分类地位与形态特征

（一）分类地位

荷叶离褶伞（*Lyophyllum decastes*）属担子菌门（Basidiomycota）蘑菇纲（Agaricomycetes）蘑菇目（Agaricales）离褶伞科（Lyophyllaceae）离褶伞属（*Lyophyllum*）。

（二）形态特征

荷叶离褶伞丛生或簇生在一起，其菌盖呈扁半球形，后平展，中部稍凸起或稍下凹，往往形不正，盖缘下弯、薄、波状，有不规则浅裂，盖面平滑，无毛或常有附生纤毛，平时有光泽，浅灰色、灰黑色或淡茶褐色。菌肉中部较厚，边缘薄，有弹性，后柔软，菌肉白色，味道柔和。菌褶直生至弯生，老后稍延生，较密而薄，颜色由白色至带黄色，再到浅灰色，褶缘呈波状。菌柄长 6～10 cm，粗 0.5～1.5 cm，中生或偏生，圆柱状，基部明显膨大，多数常弯曲，实心，顶部粉状，向下纤维状，有弹性，白色至淡色，基部灰色至褐色。孢子平滑，无色，球形。

四、生物学特性

（一）营养要求

魏生龙等（2006）报道，荷叶离褶伞菌丝碳氮比为 50∶1 时生长速度快，菌丝浓密，长势旺。菌丝生长的最适碳源是蔗糖和葡萄糖，生长速度快，浓密健壮，长势旺盛。在甘露糖、玉米粉为碳源的培养基上也可生长。

菌丝在以麦麸、甘氨酸、蛋白胨、大豆粉、硝酸铵和谷氨酸为氮源的培养基上都可生长，以麦麸为氮源的培养基上生长速度最快，菌丝浓密，长势最旺盛；但在硫酸铵、硝酸铵和谷氨酸为氮源的培养基上菌丝生长稀疏无力，长势弱。

（二）温度

荷叶离褶伞属于低温恒温结实型菌类。菌丝生长温度 5～35 ℃，最适温度 25 ℃。子实体生长温度 15～22 ℃，最适温度 17～20 ℃，0～3 ℃的温差有利于子实体的形成。

(三) 湿度

菌丝生长的适宜基质含水量为 65%～70%。子实体生长时期空气相对湿度要求 90% 左右。

(四) pH

菌丝在 pH 4.0～11.0 均能生长，最适 pH 5.0～7.0。

(五) 光照和通风

荷叶离褶伞在完全黑暗的条件下不能形成子实体，需要 3 000 lx 散射光照才有利于子实体形成。魏生龙 (2006) 报道连续光照和 12 h 光暗交替两种处理方法均有利于子实体的形成。新鲜的空气和充足的散射光可以缩短子实体的形成周期。

五、荷叶离褶伞种质资源

吉林农业大学来福蘑 1 号 子实体中等，菌盖宽 3～12 cm，扁半球形，后平展，中部稍凸起或微下凹，往往形不正，盖缘下弯、薄、波状，有时不规则浅裂，盖面平滑，无毛或常有附生纤毛，有光泽，浅灰色，灰黑色或淡茶褐色 (图 41-1)。菌肉中部厚，边缘薄，有弹性，白色，味柔和。菌褶直生至弯生，老后稍延生，密，幅稍宽，薄，白色至带黄色，后弯，浅灰色，褶缘波状。菌柄长 5～10 cm，粗 1～3 cm，中生或偏生，圆柱状，基部明显膨大，多数常弯生，实心，顶部粉状，向下纤维状，有弹性，白色至淡色，基部灰色至褐色。孢子近球形，无色，光滑，壁薄，非淀粉质，大小 (5.5～7) μm×(5～6.5) μm。孢子印白色。担子棒状，大小 (25～27) μm×(5～5.5) μm，4 孢，小梗长 2～3 μm。无囊状体，菌褶菌髓平行，无色。菌盖外表皮层菌丝平伏未分化，无色，粗 3～4 μm，具锁状联合。

图 41-1 来福蘑 1 号子实体

第十三节 蒙古口蘑

一、概述

蒙古口蘑 (*Tricholoma mongolicum*)，又称白蘑、口蘑、白蘑菇、营盘蘑、银盘蘑，俗称珍珠蘑、磁头蘑。

子实体中大型，菌肉肥厚，质地细嫩，具特有菇香，味鲜美，是我国北方草原盛产的"口蘑"中最上品，在历史上久负盛名。蒙古口蘑又可供药用，性平，味甘，有宣肠益胃，散热解表的功效；可治小儿麻疹欲出不出、烦躁不安等症。

口蘑的干制品为我国传统出口土特产，畅销于我国香港、澳门地区，以及东南亚、欧美各国，历史上年产量约 500 t，其中蒙古口蘑约 50 t。长期以来，由于毁草种粮、草原退化和掠夺式采集，口蘑资源在主产区坝上草原已濒于绝迹。1958 年，上海市农业试验站在河北沽源进行口蘑生态调查的基础上，用当地采集的新鲜子实体进行组织分离，获得纯菌种。随后用粪草堆肥在室内进行驯化栽培，获得成功，其栽培管理措施与双孢蘑菇基本相同。河北省张家口市坝上农业科学院从 1985 年开始，在进行生态调查的基础上，于 1990 年在半地下菇棚采用床式栽培蒙古口蘑、香杏口蘑获得成功，是口蘑人工驯化栽培的重大突破，1993 年获国家发明奖。随后栽培地区向东扩展到赤峰，向北推广到兴和，向南延伸到保定、石家庄等地。

二、起源与分布

口蘑是我国著名山珍，被称为"草八珍"之首。口蘑不是真菌分类名称，这一名称有两种含义：广义的口蘑是泛指一群生长在内蒙古和河北张家口以北草原上生态习性相近的草原蘑菇，它们的亲缘关系在分类地位上有很大距离；狭义的口蘑主要是指蒙古口蘑，传统上也将香杏口蘑称为口蘑。"口蘑"这一名称出现较晚，古代文献上多称蘑菇、肉蘑、沙菌、粗覃、营盘蘑、夸栏蘑菇等。清末徐珂在《清稗类钞》中谈到口蘑一名的由来："蒙古盛产蘑菇，有黑白之别，通称营盘蘑……或称口蘑，则以其产于口外也。"口蘑的利用已有 1 000 多年的历史，元代以后，在蒙古人食俗的影响下，口蘑已成为内地庖厨之珍。清代顾禄的《桐桥倚棹录》谈到苏州虎丘的口蘑菜就有口蘑鸭、烩口蘑、口蘑细汤等 10 余种；李斗《扬州画舫录》中记载的口蘑菜有 20 余种；同治年间厨师秘传抄本《调鼎集》所记口蘑菜多达数十种，是口蘑行销最为兴盛的时代。

口蘑主要分布在内蒙古及河北张家口以北的草原地带。内蒙古的主要产地集中在锡林郭勒盟的锡林浩特、阿巴嘎旗之间的灰腾梁一带草原上。这一地带南北长约 40 km，东西宽约 120 km。在西乌珠穆沁旗、东乌珠穆沁旗等部分地区也有较大量的分布。蒙古口蘑的地理分布，东达大兴安岭，向西延伸至新疆草地，南起河北张北，北抵中蒙边界，在内蒙古境内的分布带，东西长 1 000 多 km，南北宽约 500 km。河北省境内产地主要集中在承德地区的平泉、承德、隆化，张家口地区的康保、沽源、尚义、张北、万全、崇礼，唐山地区的迁西、昌黎等县（市、区）。承德地区产量最多，占全省一半以上，而质量以张家口所产最好。据调查，口蘑在山西、宁夏、甘肃也有少量分布。山西主要产地在五台、静乐、岢岚等县，以五台所产最好，通称"台蘑"，在历史上享有盛名，上档货不亚于内蒙古所产。宁夏、甘肃自贺兰山以西至祁连山一带均有出产，其中以银川、永昌、武威等地较为集中，但质量较差。

但通常所称"口蘑"，只局限于内蒙古和河北所产者。历史上，张家口是内蒙古通向关内的交通枢纽，也是物质的集散中心，通称"口上"。早在清代康熙年间（1662—

1722），张家口已出现专门经营口蘑的店铺，隆盛时达数十家之多，从这里输出的蘑菇，统称为"口蘑"。

此外，蒙古口蘑在我国的辽宁、吉林、黑龙江等地具有不同程度的分布。

三、分类地位与形态特征

（一）分类地位

蒙古口蘑（*Tricholoma mongolicum*）属担子菌门（Basidiomycota）蘑菇纲（Agaricomycetes）蘑菇目（Agaricales）口蘑科（Tricholomataceae）口蘑属（*Tricholoma*）。

口蘑的种类很多，各地名称不一，大致将其分为白蘑、青蘑、黑蘑、杂蘑四大类。较常见的有 10 多种，但作为商品经营的主要是蒙古口蘑、香杏口蘑、雷蘑。内蒙古多喇嘛庙，庙周围盛产白蘑（蒙古口蘑、香杏口蘑），白蘑干制后有"庙中""庙丁""庙大"之分。开伞者称"白片蘑"，庙丁又称"珍珠蘑"，指幼小未开伞者，为口蘑中上品。青蘑即雷蘑，干制后可分为"青片""青腿子""地干片""天花板"等。黑蘑主要指蘑菇，干制品有"黑中""黑大""黑片""黑杂子"等。此外，还有鸡腿子、马连杆、鸡爪子、水银盘、龙须蘑等，统称为杂蘑，分别属于杯伞属、皮伞属的一些种类，质量较低，一般不做商品收购。

（二）形态特征

子实体群生并形成蘑菇圈，中等至较大。菌盖宽 5～17 cm，半球形至平展，白色，光滑，初期边缘内卷。菌肉白色，厚，具香气。菌褶弯生，稠密，不等长，白色。菌柄长 3.5～7 cm，粗 1.5～4.6 cm，近圆柱状，基部稍膨大，白色，内实。孢子椭圆形，无色；孢子印白色。

四、生物学特性

（一）营养要求

目前对口蘑的营养生理尚缺乏深入的研究。从口蘑生境调查结果来看，蒙古口蘑和香杏口蘑生长发育所需的营养主要来自经过腐熟发酵的畜粪和牧草。因此，经堆制发酵的畜粪和草料制成的培养基，可以充分满足口蘑生长发育的需要。

（二）温度

口蘑菌丝的生长温度为 5～23 ℃，15～20 ℃适宜，18 ℃最适宜。长期处于 20 ℃下，菌丝生长虽快，但细弱，稀疏，生长势弱；低于 5 ℃停止生长，进入休眠状态；高于 23 ℃易脱水死亡。人工栽培时发菌期温度应掌握在 15～18 ℃。菌丝具有较强耐低温能力，能在 -40 ℃的气温下越冬；人工栽培时，生理成熟后的菌丝可在 -25 ℃下越冬，翌年春季气温回升后仍能形成原基并发育成熟。

子实体生长发育温度为 10～18 ℃，原基分化和子实体生长的适宜温度为 13～15 ℃。温度在 16～18 ℃时，子实体生长快，易开伞；在 10～12 ℃生长缓慢。原基分化和子实体生长发育昼夜温差要求达到 10~14 ℃，否则将很少结菇或不结菇。单纯的低温或较大温差，都不能满足子实体分化与生长发育的需要。

（三）湿度

人工栽培时，培养料含水量应调至 65% 左右。子实体分化发育阶段，空气相对湿度以 85%~90% 为宜，覆土层含水量 60%~65%。

（四）光照

口蘑菌丝体需要在完全黑暗的条件下生长，原基分化不需要光线刺激，在无光条件下可完成生长发育。在无光条件下生长的子实体洁白，菇体圆整。

（五）空气

口蘑为好气性菌类，菌丝生长初期需氧量较少，随着菌丝生长量的增加，尤其是在发菌后期，如供氧不足，二氧化碳浓度偏高，会明显影响菌丝的正常生长。二氧化碳浓度过高时，将会阻碍原基分化和幼菇生长，造成子实体数量减少，发育畸形，甚至早开伞或萎缩死亡。

（六）pH

口蘑喜微酸的生活环境，其生长发育的适宜 pH 6.0~6.8。

（七）生物因子

张功等（1990）曾对蒙古口蘑的蘑菇圈不同深层土样微生物进行培养，分析微生物生长区系变化，研究对口蘑生长发育的有益微生物。结果发现粪链球菌对蒙古口蘑菌丝有促生和同生作用，粪链球菌不但为口蘑提供容易吸收的碳源和氮源，而且其生长中分泌的代谢产物有助于口蘑菌丝的生长发育。粪链球菌的荚膜多糖凝胶质，能容纳自身重 99 倍的水分，可以改善口蘑菌丝的水分供应。

第十四节　林地蘑菇

一、概述

林地蘑菇（*Agaricus silvaticus*），又名林地菇、森林蘑菇、林地伞菌等；俗称杏仁菇、荬白菇。

该菌质地脆嫩，味道鲜美，有浓郁的杏仁味，菌柄风味更佳。胡润芳等（2003）研究发现林地蘑菇具有减轻癌症患者疼痛，使癌细胞缩小，活化免疫功能的功效，比巴西蘑菇的作用更加明显。郭翠英（1992，1994）对福建三明的野生林地蘑菇进行驯化栽培，并用粪草培养料和木屑培养料出菇时发现，两种培养料均能出菇，但粪草培养料栽培的林地蘑菇潮数集中，产量高。近年来，林地蘑菇的生物学特性和栽培技术的研究并未终止。

二、起源与分布

林地蘑菇属于草腐菌。在夏、秋季节的阔叶林或针叶林中地上、旷野、草地或草堆上易见。单生、散生至群生。

该菌分布于欧洲和美洲以及我国的河北、吉林、黑龙江、江苏、安徽、四川、云南、山西、新疆、西藏。我国北方野生产量很大，是产地群众经常采食的食用菌之一。

三、分类地位与形态特征

(一)分类地位

林地蘑菇（*Agaricus silvaticus*）属担子菌门（Basidiomycota）蘑菇纲（Agaricomycetes）蘑菇目（Agaricales）蘑菇科（Agaricaceae）蘑菇属（*Agaricus*）。

(二)形态特征

子实体单生或丛生。菌盖近白色，扁半球形，成熟时菌盖中央微平凹，中部覆有红褐色或浅褐色鳞片，菌盖中央淡褐色，沿边缘颜色逐渐变浅。菌肉白色，薄，质脆。菌盖直径 5.0～12.0 cm，菌盖中央菌肉厚度可至 1.5 cm，沿边缘渐薄。菌柄圆柱状，中生，近纺锤形，上下近等粗，中部膨大，长 6～12 cm，粗 0.8～1.6 cm。菌环上位或生于中部，单层，白色，膜质，易脱落。孢子印黑色；孢子椭圆形，暗褐色。

四、生物学特性

(一)营养要求

林地蘑菇菌丝生长需要的最佳碳源是淀粉，其次为麦芽糖和葡萄糖，甲基纤维素不宜作为该菌株的碳源；最佳氮源为硫酸铵和豆饼，其次为酵母膏和蛋白胨、硝酸钾、麦麸，菌丝不能利用尿素。人工栽培以稻草、牛粪和玉米粉为适宜培养料，对氮素的需要量比巴西蘑菇高，可以在培养料中加入 10%～20%的棉籽壳，以增加其氮源。

(二)温度

菌丝在 15～35 ℃均能生长。在 15～30 ℃时，随温度的升高，菌丝生长速度加快，长势越来越好，菌丝生长最佳温度 25～30 ℃；当温度超过 30 ℃以后，菌丝生长速度减慢，长势减弱。菌丝不能耐高温，在 36 ℃时出现自溶。原基形成的最低温度 19 ℃，低于 19 ℃和超过 29 ℃时，原基难以形成。

(三)水分

堆制发酵后的培养料含水量为 60%～70%，偏干和偏湿的培养料都不利于菌丝生长，甚至会导致菌丝失活，不能出菇。当菌丝扭结即将形成幼蕾时，应向床面喷大水，以湿透覆土层为佳。空气的相对湿度应该保持在 80%～90%，湿度过低，原基难以形成，子实体发育不良；湿度过高，子实体容易水肿、软烂，极易引起杂菌和害虫危害。

(四) 空气

出菇期间，需要充足的氧气。二氧化碳浓度过高，原基难以形成，子实体发育不良或停止发育，容易腐烂和发生病虫害。

(五) 光照

林地蘑菇的生长发育阶段需要一定的散射光，在黑暗条件下，子实体分化发育较慢，商品质量差，产量低。

(六) pH

菌丝生长 pH 4.2～9.2，最适宜 pH 5.1～7.1，此时菌丝生长健壮，长速快；菌丝生长最佳 pH 6.5，生长速度最快；pH＞8.0，菌丝长速减慢，长势变差。

第十五节　栎生侧耳

一、概述

栎生侧耳（*Pleurotus dryinus*），又名栎侧耳、裂皮侧耳、栎北侧耳、栎平菇；俗称榕菇、大松菇、大榕菇和黄板菌。幕仙菇是栎生侧耳的商品名，意指本种幼小菌盖边缘有一层膜质菌幕，故又名环膜侧耳。

该菌子实体肥大，肉厚，质地脆嫩，味道柔和，是一种优美的野生食用菌。在新疆南北沙漠区的绿洲，杨树上生长此菌最多，常为当地居民采集食用，还可用于治疗肺气肿，兼有药用价值。野生栎生侧耳的产量甚少，1975 年，黄年来曾撰文对这种食用菌的生物学特性、培养特征和栽培前景给予评价，三明市真菌研究所自 20 世纪 80 年代以来对栎生侧耳的栽培研究从未间断，近年来，黄年来等（2001）有更加系统的介绍。栎生侧耳的某些生物学特性与鲍鱼菇、盖囊侧耳有相似之处，市场前景广阔。

二、起源与分布

栎生侧耳夏秋季节生于麻栎、柞树、槲栎、悬铃木、千年桐、榕树等阔叶树的枯立木、倒木及活立木的死亡部分，能导致木材中央腐朽，腐朽材黄色至黄褐色，因树种而异。

该菌主要分布于我国河北、黑龙江、新疆、吉林、福建等地，以及日本（北海道）、俄罗斯（远东地区）、欧洲和北美洲。

三、分类地位与形态特征

(一) 分类地位

栎生侧耳（*Pleurotus dryinus*）属担子菌门（Basidiomycota）蘑菇纲（Agaricomycetes）蘑菇目（Agaricales）侧耳科（Pleurotaceae）侧耳属（*Pleurotus*）。

（二）形态特征

子实体单生至丛生，中等至偏大。菌盖宽 5～15 cm，有时更大，初扁半球形，伸展后渐下凹，表面干燥，灰白色至灰色，有时变浅黄色，初期被细绒毛，后裂为块状鳞片。边缘初内卷，有菌幕的附属物。菌肉肥厚，白色，伤后带黄色，谷粉味。菌褶延生，于柄部交织，稍密至稍稀，初期极狭窄，后变宽，不等长，白色，后变浅黄色。菌柄偏生至近侧生，长 3～8 cm，粗 1.3～2 cm，与菌盖同色，有纤毛，内实。菌环上位，薄棉絮状，易消失。孢子印淡土黄色；孢子圆柱状至长方椭圆形，无色。

四、生物学特性

栎生侧耳为喜高温菌类。菌丝生长温度 15～35 ℃，最适温度 20～25 ℃。子实体发生温度 12～16 ℃。出菇时空气相对湿度应保持 80%～90%，在干燥环境中子实体容易失水枯萎。菌丝生长 pH 5.5～8.0，最适 pH 6.0～7.5。

在 PDA 培养基上，菌丝稀疏，生长比较缓慢，需 15 d 左右在斜面上长满；在高粱粒或高粱粉琼脂培养基上，菌丝茂盛，生长迅速。

第十六节　美味牛肝菌

一、概述

美味牛肝菌（*Boletus edulis*），文献记载称白牛肝菌、白牛肝或可食牛肝菌，俗称白牛头、大脚蘑（菇）、粗腿蘑等。

美味牛肝菌质地脆嫩，味道鲜美，香甜可口，营养丰富，晒干后的切片鲜味更加浓郁，在国际市场如意大利、瑞士、法国、德国、日本、加拿大等国家特别受欢迎。我国云南省 1978 年开始加工出口，是我国出口传统土特产品种之一。

据研究，每 100 g 该菌干品中含有 20.2 g 蛋白质，64.2 g 碳水化合物，4.0 g 灰分，37 mg 钙，400 mg 磷，31.9 mg 铁，24.37 mg 维生素，丰富的氨基酸和多糖类物质，热量 1 414.82 kJ。该菌的鲜味与所含多种呈味氨基酸、辛酮-3、辛烯-1-醇-3、辛烯-2-醇-3、辛烯-3、choline、2-甲基丁烯醇等化合物有关。美味牛肝菌具有清热解烦、养血和中、追风散寒、舒筋和血、抗衰老等功效，也可用于腰酸疼痛、手足发麻、筋骨不舒、四肢抽搐以及妇女白带异常等症的治疗。其所含的多糖和碱性蛋白可抗肿瘤、抗病毒，调节机体免疫功能。

美味牛肝菌是外生菌根真菌，能促进植物的生长，延长树木生长期，提高其质量和成活率，增强树木抗病、抗逆能力。

二、起源与分布

美味牛肝菌在真菌区系中属于泛北极的广布种。泛北极真菌区在真菌区系中面积最大，包括北回归线以北的北半球广大地区以及北回归线以南的部分地区，除东南亚、中国南部和日本南部外，一般是和热带分开的。从地理上看，美味牛肝菌的分布十分普遍，是一种世界性食用菌。

美味牛肝菌主要分布于我国温带及亚寒带地区，如黑龙江、吉林、内蒙古、甘肃、河南、湖北、山西、浙江、福建、台湾、贵州、四川、云南、西藏等省份，垂直分布有较大的变化。云南地区生长海拔 500～2 200 m，特别是海拔 600～1 500 m 地段较多；鄂西北神农架主要分布在海拔 922～1 500 m 的山腰地带，而在福建境内海拔 90～300 m 的低山丘陵地带可见大量该菌。一般以向阳或半阴半阳的山坡生长较多，而背阴的山坡生长较少。一般发生在山脚、山腰、山顶的缓坡林地（20°～30°），而在陡坡林地很少发生。

美味牛肝菌一般发生在以栎属为主的阔叶林、针栎混交林内地上，在针叶林内也有出现。

三、分类地位与形态特征

（一）分类地位

美味牛肝菌（*Boletus edulis*）属担子菌门（Basidiomycota）蘑菇纲（Agaricomycetes）蘑菇目（Agaricales）牛肝菌科（Boletaceae）牛肝菌属（*Boletus*）。

（二）形态特征

美味牛肝菌子实体一般较大。菌盖直径 5～15 cm，呈扁半球形或稍平展，表面光滑，不黏，一般为灰褐色、黄褐色、土褐色，边缘钝，很少内卷。菌肉白色，肥厚，味略甜脆，干燥后呈淡黄色，菌香味浓。菌柄长 6～12 cm，粗 2～6 cm，近圆柱状或基部膨大，淡褐色或淡黄褐色，内实，柄表面全部有细网纹或网纹占菌柄的 2/3。菌管初期白色，后呈淡黄色并带淡绿，直生或弯生，在菌柄周围凹陷。管口小，幼时有填充，圆形，每毫米 2～3 个。孢子近梭形，黄色至黄绿色，光滑，近透明，大小(10～15.2) μm×(4.5～5.7) μm。孢子印橄榄褐色。囊状体无色，棒状，顶端钝圆或稍尖细，大小(34～38) μm×(13～14) μm。

四、生物学特性

（一）营养要求

美味牛肝菌菌丝生长的碳源物质以葡聚糖、淀粉、果胶效果最好，对子实体形成而言，果胶和乙醇是最有效的碳源。菌丝体生长不能利用苯基丙氨酸、蛋氨酸、脯氨酸和色氨酸，以天冬酰胺、谷氨酰胺最好，天门冬氨酸、谷氨酸、丙氨酸、甘氨酸、丝氨酸次之，精氨酸、组氨酸、赖氨酸、缬氨酸、异亮氨酸、亮氨酸、苏氨酸效果较差；对子实体形成而言，丝氨酸是最有效的氮源。在矿质营养中，硫酸镁和磷酸钾为良好的营养源。10.0 μg/L 以上的硫胺素是子实体形成必需的。5～10 mol/L 环腺苷酸和茶碱是子实体形成过程必不可少的诱导物。

（二）温度

美味牛肝菌菌丝体在 18～30 ℃下生长，但最适温度为 24～28 ℃；其子实体可在 5～28 ℃生长发育，子实体形成的适宜温度为 16～24 ℃，低于 12 ℃不易形成子实体。

（三）水分

美味牛肝菌产区附近的土壤一般为山地黄土、黄壤、灰沙土、山地黄棕壤、暗棕壤、紫色土及黄沙土，尤其在枯枝落叶层较厚、松软和肥沃的土层中美味牛肝菌的长势较好。时雨时晴，或白天晴、夜间有雨最有利于子实体形成，少雨低湿环境不利于子实体的形成。菌丝体生长阶段土壤含水量以 60％左右为宜，而子实体生长阶段相对湿度以 80％～90％为好。

（四）光照

美味牛肝菌的菌丝体生长不需要光照，而子实体的形成需要一定的散射光。

（五）pH

营养基质 pH 5.0～6.0 较适合美味牛肝菌菌丝生长和子实体的发育。

第十七节　蜜环菌

一、概述

蜜环菌（*Armillaria mellea*），又名密环蕈、小蜜环菌、菌索蘑、根腐菌，俗称榛蘑、栎蘑、苞谷菌等。

蜜环菌子实体味道鲜美，是世界性食用菌。我国东北林区分布很普遍，野生量很大，大都采后晒干出售。该菌有清肺、驱寒、益肠胃等功效，并可以治皮肤干燥、眼炎和夜盲症。其菌丝体发酵物制成的药品，具有类似天麻的功用，可用于治疗四肢痉挛、眩晕头痛、小儿惊痫等。蜜环菌的菌索常生于天麻的块茎上，与之共生，故栽培天麻须培育蜜环菌菌材，供天麻营养。

比利时 Gent 大学 1974 年用树皮加木屑做培养基进行栽培试验，在 15 ℃、700 lx 下，经过 7 个月培养获得子实体。贵州省植物园张永祥等（1983）利用栽培天麻的废菌材在室内栽培子实体获得成功；李良生等（1988）曾用棉籽壳压块栽培也获得成功，有商业性栽培价值。蜜环菌易对森林引发病害，故应避免在林区发展人工栽培。

二、起源与分布

蜜环菌主要分布于河北、山西、福建、黑龙江、吉林、浙江、湖南、湖北、广西、四川、云南、西藏、陕西、甘肃、青海、新疆等地。夏秋季生于针叶树或者阔叶树的伐桩、活立木根部或干基部及朽木上。丛生或群生。能引起活立木根朽病。

蜜环菌为兼性寄生菌。据 Raebe 报道，蜜环菌可生长在约 600 种乔木、灌木和半灌木以及草本植物上，并引起这些植物的根腐；常见的为栎及其他阔叶树，另外在松、云杉、冷杉、落叶松及凤仙花、大黄、甘蓝、草莓及马铃薯等草本植物上，也均发现有蜜环菌寄生或腐生。我国常见为壳斗科、桦木科及蔷薇科等植物的树种，松杉树上很少发生。富含淀粉的植物最容易被蜜环菌所寄生。此外，还常与某些兰科植物形成共生关系。在世界各地，除沙漠、高山和冻土带外，几乎都有蜜环菌的分布。

蜜环菌具有十分惊人的繁殖能力。据美国杂志《自然》报道，1992 年，在美国密歇根州北部的橡树林里，发现成片生长的球基蜜环菌，占地约 15 hm²，据推测其生活年龄已达 1 500 年，这片森林还经过几次大火。同年，又在美国西海岸的西雅图一处山脚下，发现一大片蜜环菌，占地面积 600 hm²。

三、分类地位与形态特征

(一) 分类地位

蜜环菌 (*Armillaria mellea*) 属担子菌门 (Basidiomycota) 蘑菇纲 (Agaricomycetes) 蘑菇目 (Agaricales) 泡头菌科 (Physalacriaceae) 蜜环菌属 (*Armillaria*＝*Armillariella*)。

(二) 形态特征

菌盖宽 4～14 cm，淡土黄色、蜜黄色至浅黄褐色，老后棕褐色，中部有平伏或者直立的小鳞片，有时近光滑，边缘有条纹。菌肉白色，稍薄。菌褶直生至延生，稍稀，白色或稍带肉粉色，老后常有褐色斑点。菌柄细长，长 5～13 cm，粗 0.6～1.8 cm，圆柱状，稍弯曲，与菌盖同色，有纵条纹和毛状小鳞片，纤维质，内部松软，后中空，基部稍膨大。菌环上位，乳白色，幼时双环，孢子椭圆形或近卵圆形，无色或微具黄色；孢子印白色。

菌索又称为菌根，是由菌丝组成的根状物，主要生长在土壤中、树根或倒木的外皮以及木质部与韧皮部的接触部位，直径约 2 mm，有时稍细，粗者直径可至 5～6 mm。菌索幼嫩时表皮红棕色，有白色生长点和光泽；菌索衰老后变黑褐色至黑色，无光泽，髓部白色。老化的菌索成为空壳。菌索在土壤中可延伸数米或更远，纵横交错，分出数条分枝。

四、生物学特性

(一) 营养要求

蜜环菌能利用各种碳源，当营养液中浓度低于 0.23% 或高于 12.5% 时，菌丝生长缓慢。对淀粉、木质素和纤维素等有机物有旺盛的分解能力。在适宜的温度和酸碱度条件下，酶活力强，分解作用旺盛。菌丝体需要的硫酸铵、氯化铵、磷酸二氢铵、天门冬氨酸、蛋白胨等这些物质的浓度在 0.125%～0.5%，磷的浓度为 1%～2% 时，对菌丝的生长有促进作用。

（二）温度

菌丝生长温度 6～35 ℃，最适温度 24～28 ℃。低于 8 ℃，或高于 30 ℃，菌丝仅能微弱生长，低于 5 ℃或高于 35 ℃生长停止，长期在 39 ℃作用下会失去活力，但可耐短期高温而不降低其活性。菌丝有较强耐低温能力，在 -70 ℃经 8 昼夜，-92～-83 ℃经 13 h，不丧失生命力。菌索生长温度 11～25 ℃，最适温度 17.6～24.2 ℃。在 15～17 ℃时，菌索尚能良好生长，24～25 ℃时菌索呈原基状，低于 10 ℃或高于 25.5 ℃则不能发育，其耐热性比菌丝要差。子实体生长发育的适宜温度为 15～18 ℃。

（三）湿度

蜜环菌在湿润土壤中残留的半腐朽树根上可生活多年，并只有在多湿环境中才能形成子实体。但是蜜环菌具有较强的耐干旱能力，在空气相对湿度 20%，木材绝对湿度 8% 的条件下，经过 2 周仍不失去生活力。蜜环菌菌索有一个十分明显的特性，Benton 和 Ehrlich（1941）发现，菌索在松树木材中的最适湿度为 150%，而其他真菌在这种水分饱和的基质中，由于缺氧，几乎不能生存。Reitsma（1932）曾指出，蜜环菌在缺氧时同样不能生存，但菌索有运送氧的能力，因此能在固体培养基中穿透一定距离，可以在湿润的木材中生存。人工培养时，培养基的适宜含水量为 55%～65%，以 60% 为最适宜。空气的相对湿度低于 60% 时，菌丝生长十分缓慢，子实体生长发育的空气湿度要达到 90%～95%。

（四）光照

菌丝生长不需要光线，光对菌丝有抑制作用，若长期处于有光条件下，菌丝生长抑制率达 80%～90%。暴露在日光条件下的菌索，即使给予同样湿度条件，也能使菌索老化速度加快，再生能力减弱，其抑制作用随光照度而增加。子实体生长发育需要一定散射光。

（五）空气

蜜环菌为好氧性菌类，其菌丝在沙土、沙壤土中比黏土中生长快、长势旺盛，在重黏土上不能形成菌索和子实体。人工培养时，通气不良菌丝长势弱，难以形成菌索。空气中正常浓度的二氧化碳（0.03%）有利于菌丝和菌索的生长，空气中高浓度（80%）的氧使菌丝和菌索停止生长，低浓度（19%）的氧抑制蜜环菌生长。

（六）pH

蜜环菌喜偏酸环境，生长蜜环菌的土壤 pH 4.21～7.02。pH 2.5～8.0，菌丝均可生长，但以 pH 4.5～5.5 为适宜，pH>7.0 时严重受阻。菌索在 pH 4～5 时生长最好，pH>8 时菌索停止生长。

第十八节　杨树口蘑

一、概述

杨树口蘑（*Tricholoma populinum*），又名杨白蘑，俗称杨林口蘑、杨口蘑。

杨树口蘑风味优美，营养丰富，是一种具有开发价值的优良野生食用菌。此菌具有一定的药用价值，可用于高血压、肝脏疾病等的治疗。国外曾报道，食用少量杨树口蘑对过敏性血管炎有辅助治疗作用。河北省尚义县林业局自 1988 年以来，在对坝上出产杨树口蘑的生态特性进行调查的基础上，曾在原产地进行半人工栽培试验，并在试验林地产生子实体，对提高低质林或薪炭林的经济效益和生态效益具有一定利用前景。应指出的是，杨树口蘑对寄主植物构成一定危害，在林区进行人工栽培时，应注意林地的选择。有人认为，杨树口蘑并非严格的外生菌根菌，可以营腐生生活，用常规分离方法很容易获得纯菌种，完全有可能以木屑、树叶为基质并采用覆土工艺进行驯化培养（温云等，2002；王志宝，2004）。

据王志宝等（2004）对野生杨树口蘑和半人工驯化栽培杨树口蘑所含粗蛋白、粗纤维、粗脂肪、总糖和灰分进行的测定结果，野生杨树口蘑的含量分别为 18.96%、10.42%、3.73%、14.08%、3.64%，半人工驯化栽培杨树口蘑的含量分别为 16.79%、6.39%、2.64%、10.9%、3.48%；前者多糖含量为 13.49%，后者为 10.03%。

二、起源与分布

最初发现于北美洲，近年来发现在我国北方杨树林也有分布，尤其是在河北坝上高原及内蒙古呼伦贝尔一带，当地群众经常采食。该菌秋季生杨树林中沙质地上，以小叶杨、小青杨林中居多，杂交杨林内偶尔也有发生，群生或散生，可形成蘑菇圈。

主要分布在我国黑龙江、内蒙古、河北、山西等省份以及北美洲。

三、分类地位与形态特征

(一)分类地位

杨树口蘑（*Tricholoma populinum*）属担子菌门（Basidiomycota）蘑菇纲（Agaricomycetes）蘑菇目（Agaricales）口蘑科（Tricholomataceae）口蘑属（*Tricholoma*）。

(二)形态特征

菌盖直径 4~12 cm，扁半球形，后渐平展，中央略凹陷，湿时黏，浅红褐色，向边缘色渐淡，被棕褐色细小鳞片至近光滑。边缘内卷，变至平展和波状。菌肉污白色，较厚，气味香，伤后呈铁锈色。菌褶稠密，较窄，弯生，不等长，边缘平滑，污白色带浅粉肉色，伤处变红褐色。菌柄较粗壮，内部实至松软，长 3~8 cm，粗 1~3 cm，基部膨大，表面光滑，白色，伤处变红褐色。孢子印白色；孢子卵圆形至近球形，光滑，无色，大小 (5~6) μm×(3~4) μm。

四、生物学特性

杨树口蘑的发生与立地条件有关，土壤湿度是影响杨树口蘑发生的主要因子。在水分条件较好但又不积水的立地，杨树口蘑的发生量较干旱的立地多。该菌属低温型真菌，菌丝以根状菌索在寄主杨树根组织和枯枝落层中越冬。盛夏过后，于 8 月底至 10 月上旬气温降至 11 ℃、空气湿度约 65% 时，连续降雨后便有子实体产生，并形成蘑菇圈。

杨树口蘑菌丝初期在树冠下的潮湿枯枝落叶中营腐生生活，之后侧向下扩展侵染杨树根系。侵染初期，刺激幼嫩根尖促使根尖分叉增多，绒毛状的菌丝包被着根尖，增大了根系吸收面积，从而促使杨树生长。侵染后期，菌丝呈根状菌索缠结着直径 4 mm 以上的幼根，从伤口侵入消解皮层细胞，使皮层组织呈红褐色坏死，随后根皮呈纤维状剥落，整株杨树枯顶并逐渐死去。

第十九节　棕灰口蘑

一、概述

棕灰口蘑（*Tricholoma terreum*），又称灰蘑、土色口蘑，俗称灰口蘑、草蘑、小灰蘑、桃花菌。

该菌鲜香，蛋白质含量高，风味好，是东北林区民间经常采食菌类之一。棕灰口蘑在东北野生产量大。据邵作武等（1990）对吉林省长白山区的延吉等 17 个县（市）调查，在吉林省 67 万 hm² 松林内，年产量 368.5～402 t，东北民间采集盐渍加工后出口到日本等国。近几年来，邵作武（1990）、关改平等（1993）、钟以举等（1994）进行了棕灰口蘑生态调查研究。

二、起源与分布

棕灰口蘑于夏秋季节生于松林、阔叶林或针阔叶混交林中地上。单生至散生或群生。主要分布于河北、黑龙江、吉林、江苏、山西、河南、陕西、湖南、甘肃、辽宁等地。

三、分类地位与形态特征

（一）分类地位

棕灰口蘑（*Tricholoma terreum*）属担子菌门（Basidiomycota）蘑菇纲（Agaricomycetes）蘑菇目（Agaricales）口蘑科（Tricholomataceae）口蘑属（*Tricholoma*）。

（二）形态特征

菌盖宽 2～9 cm，半球形至平展，中部稍凸起，灰褐色至棕灰色，或茶褐色，中部色较深，干燥，密生暗灰色丛毛状小鳞片。老时边缘开裂。菌肉白色，薄。菌褶弯生，稍密，幅较宽，不等长，白色，后变灰色。菌柄长 2.5～8 cm，粗 1～2 cm，圆柱状，等粗，白至污白色，具纤毛或颗粒，基部稍膨大，中空或内部松软。孢子椭圆形，无色；孢子印白色。

四、生物学特性

据关改平等（1993）在陕西凤县的调查，棕灰口蘑为低温型菌类，盛产期 9～10 月，气温降至 10 ℃左右，空气湿度在 70% 左右时，连续降雨后即大量发生。霜降过后气温降低，子实体生长缓慢或停止生长。一般生于海拔 1 300～2 000 m 的针阔叶混交林的松林下，林间环境阴暗潮湿，林内郁闭度 80% 以上，土层含水量 70%～75%，黄棕壤土，pH 5～5.4，有机质含量较低。棕灰口蘑与松树不构成共生关系，但松根分泌物和落叶层可为其生长发育提供营养。

第二十节　圆孢蘑菇

一、概述

圆孢蘑菇（*Agaricus gennadii*），地方俗称野蘑菇、博湖蘑菇、苇蘑、海子蘑菇等。

据目前报道，圆孢蘑菇在国内分布仅限于新疆天山南麓腹地等处，在新疆南部的其他地区偶有分布。20 世纪 60 年代，野生资源十分丰富。该菌子实体肥大，鲜菇单重可达 300～2 500 g，肉质脆嫩，近似牛肝菌，营养丰富，味道鲜美，色泽洁白，不亚于双孢蘑菇，且干制率高，产品运销乌鲁木齐等地，是当地人民喜爱的食用菌。

二、起源与分布

20 世纪 80 年代中期，王俊燕对圆孢蘑菇资源、分布及生态学进行了考察，并于 20 世纪 90 年代驯化栽培成功，通过了当时新疆维吾尔自治区科委的成果鉴定。当前已初步进行商业化栽培。随着对其营养、保健和疗效的深入研究，显示出圆孢蘑菇良好的开发前景。

圆孢蘑菇除国内新疆分布外，国外见于英国、法国、意大利、俄罗斯、摩洛哥等。

三、分类地位与形态特征

（一）分类地位

圆孢蘑菇（*Agaricus gennadii*）属担子菌门（Basidiomycota）蘑菇纲（Agaricomycetes）蘑菇目（Agaricales）蘑菇科（Agaricaceae）蘑菇属（*Agaricus*）。

（二）形态特征

菌盖初期半球形，后渐平展，表面近光滑，污白色、蛋壳色至浅土黄色，微有光泽，宽 4.5～8（13～27）cm，边缘初内卷，后期反卷。菌肉白色，厚，初白色，伤处微变污褐色，味微甜。菌褶离生，初白色，后由粉红色变黑褐色至黑色。菌柄近纺锤形或柱状，长 4～8（10～26）cm，粗 2～3（3.5～8.0）cm，与菌盖同色，表面被浅褐色絮状纤毛，偶有翘起的鳞片。外菌幕在柄基部呈托状。孢子近球形，紫褐色；孢子印黑褐色。

四、生物学特性

（一）营养要求

木质素与胡敏酸、富里酸具有相似的功能基团，能增强生物活性，促进菌丝的生长。

在培养基中加入圆孢蘑菇浸出液，能刺激孢子萌发且对菌丝生长有促进作用。同时加入上述两种物质，由于其加成作用，对菌丝生长产生的作用更为明显。碳源和氮源是圆孢蘑菇生长必不可少的营养源，而矿质元素中钙、磷和钾也是其生长所必需的物质。

(二) 温度

圆孢蘑菇孢子散发的最适温度为 18～22 ℃，孢子萌发的最适温度是 19～23 ℃；菌丝在 4～30 ℃均可生长，最适生长温度为 20～22 ℃；子实体生长温度 4～28 ℃，最适生长温度 18～24 ℃。菌丝生长阶段温度若低于 20 ℃，虽生长缓慢，但菌丝健壮，这种条件下如将出菇温度也控制在 20 ℃以下，则菇体显得健壮肥大。

(三) 水分

原种、生产种和培养料的含水量均为 62%～65%，发菌过程中对空气相对湿度要求不甚严格。出菇期空气相对湿度要求为 85%～95%。

(四) 空气

在菌种培养和栽培期的发菌阶段要求保持室内空气新鲜，注意通风换气，否则，当二氧化碳浓度过高时，菌丝生长就会受到抑制，从而影响菌种质量及后期栽培产量。

(五) 光照

菌丝生长不需要光线，子实体在无光条件下也能正常生长发育。

(六) pH

pH 5～8 圆孢蘑菇生长良好，最适生长 pH 6.5～7.3。

(七) 生活史

圆孢蘑菇的生活史可视为从担孢子萌发开始，单核、单倍体的单孢子萌发后形成单核（单倍体）菌丝，该种菌丝在基础培养基斜面上外观显得纤细，习惯上将其称为一次菌丝。当不同性别的单核菌丝相遇时，经过质配，产生双核菌丝体，即二次菌丝。在营养及其他条件合适的情况下，双核菌丝不断地形成新的锁状联合而进行细胞分裂，产生大量的分枝，无限地繁殖，当其在一定的环境下达到生理成熟时，菌丝开始扭结，形成菌蕾。几天后，子实体形成，子实层的双核菌丝顶端细胞形成担子。担子中的两个细胞核融合为一个双倍核，短期内该核进行减数分裂产生 4 个单倍体的细胞核分别进入 4 个担子小梗的顶端形成担孢子。达到生理成熟后，担孢子被弹射离开菌褶，完成一个生活周期。

(八) 培养特征

1. 菌丝培养特征 采用多孢分离获得的菌种在母种斜面上生长旺盛，以气生菌丝为主，为白色健壮的绒状菌丝，根据所选的菌株的不同，一般在 20～23 ℃下 6～15 d 长满斜面。采用牛粪、马粪、棉籽壳、麸皮、石灰、蔗糖为原料的原种及生产种培养基上，菌丝生长洁白健壮，20～23 ℃下避光 42～45 d 长满瓶。

2. 出菇特征 人工栽培的圆孢蘑菇出菇有单生及丛生等。子实体早期白色，成熟后污白色。在完全黑暗的条件下也能出菇。个体重 30～200 g。野外栽培时其子实体特征和野生菇接近。随着栽培环境的不同，菇体色泽的深浅略有差别。

第二十一节　朱红硫黄菌

一、概述

朱红硫黄菌（*Laetiporus miniatus*），又称朱红硫色炮孔菌、硫色炮孔菌朱红色变种、硫黄菌淡红色变种，俗称鸡冠菌、鲑肉菌、树花菌、红菌子。

幼嫩时可食，有药用价值，与硫黄菌相同。国内驯化栽培的主要是硫黄菌，日本铃木敏彦（1992）曾进行段木栽培试验，与灰树花栽培方法大致相同。近年国内也有栽培报道。

二、起源与分布

该菌只分布在中国、日本、印度尼西亚等国家。我国主要分布于黑龙江、河北、福建、新疆、四川等省份。

子实体通常于 5～7 月发生在海拔 1 200 m 以上山区的针阔叶林中，以针叶林为多，尤以落叶松、米槠等树干基部常见。经测定，生长子实体的地点气温白天最高为 20～25 ℃，晚上最低为 12 ℃左右，林间空气相对湿度 85%～90%，生长基质含水量 60%～65%，生长基质 pH 2.8～3.2，着生木上覆 10 mm 的苔藓，周围落叶层厚 10 cm 左右，林区遮阴度达 80%～85%，菌丝体一般沿树木木质部与韧皮部之间的形成层向树木活立木基部生长，之后菌丝布满整个木块，引起树木干基块状褐腐，温度适合时长出子实体。

三、分类地位与形态特征

（一）分类地位

朱红硫黄菌（*Laetiporus miniatus*）属担子菌门（Basidiomycota）蘑菇纲（Agaricomycetes）多孔菌目（Polyporales）磺黄菌科（Laetiporaceae）硫黄菌属（*Laetiporus*）。

（二）形态特征

子实体大型，肉质，老后干酪质。初期瘤状或脑髓状，成熟时呈覆瓦状叠生，无柄或基部狭窄似短柄，直接着生于基质上。菌盖幼时扇形、半圆形，直径可至 30～40 cm，单个菌盖 8～30 cm，厚 1～2 cm，菌盖面有放射状条纹和皱纹，鲜朱红色或鲜橙黄色。菌肉鲑肉色，干后变白。管孔面淡肉色、硫黄色至淡黄褐色，干后褪色。菌管长 2～10 mm，管口圆形至多角形。孢子卵形至近球形，光滑，无色。

四、生物学特性

(一) 营养要求

朱红硫黄菌是一种分解木质素、纤维素能力很强的食用菌，生长发育要求丰富的碳源和氮源。栽培试验表明，以棉籽壳、玉米芯等添加木屑为主料，辅以玉米粉、米糠或麸皮配制培养料为好。培养料适宜营养碳氮比为 20：1～26：1。

(二) 温度

朱红硫黄菌的菌丝体生长适宜温度为 15～32 ℃，最适温度 22～28 ℃。子实体发生最适温度 16～25 ℃，气温低于 16 ℃子实体色泽为硫黄色，20 ℃以上子实体呈鲜橙红色，气温高于 25 ℃子实体原基不易形成。

(三) 水分

朱红硫黄菌菌丝生长阶段培养基含水量以 62% 为宜，空气相对湿度要求 60%～65%；子实体形成和发育适宜的环境相对湿度为 80%～90%。

(四) 空气

菌丝生长和子实体形成都需要新鲜的空气，特别是原基形成和子实体分化发育需要充足的氧气。

(五) 光照

朱红硫黄菌的菌丝体和子实体的形成对光线要求不严格，光照度 200 lx 以上的光线就能促进子实体原基的形成，但光照度影响子实体的发生时间和色泽。光线越暗，子实体色泽越鲜红。

(六) pH

菌丝体适宜酸碱度为 pH 3.0～8.0，最适酸碱度为 pH 4.0～6.5。经测定，出菇阶段培养料的酸碱度低至 pH 2.8，子实体生长仍然正常。

第二十二节　紫丁香蘑

一、概述

紫丁香蘑（*Lepista nuda*），又名裸口蘑、紫晶蘑、紫杯蘑、紫蘑、红网褶菇。俗名花脸蘑、紫口蘑等。其肉厚肥美，是优质的野生食用菌，近年来已驯化栽培成功。紫丁香蘑具有较高含量的蛋白质及人体必需的多种氨基酸和维生素。袁明生等（1997）报道，每 100 g 紫丁香蘑含氨基酸 9.66 g，必需氨基酸占氨基酸总量的 38.10%。此外，紫丁香蘑子实体含有丰富的维生素 B_1，可促进神经传导，调节机体正常糖代谢，具有预防脚气的作用。据《中国药用真菌》记载，紫丁香蘑具有很高的药用价值。长期食用能有效防止血管硬化，可治疗肾脏病、胆结石、糖尿病、肝硬化，对于癌症和病毒具有很高的抑制率。目前，国外关于紫丁香蘑药用价值的研究主要集中在抗菌活性和抗氧化活性两方面。

二、起源与分布

欧洲人从 19 世纪末和 20 世纪初便对紫丁香蘑开展人工驯化栽培研究。Costantin 和 Matruchot（1898，1914）用类似双孢蘑菇栽培方法进行紫丁香蘑的栽培试验，6 个月后出菇。在荷兰食用菌中心，许多实验者对堆肥栽培法做了改进。

紫丁香蘑秋季生于林地上，群生，有时近丛生或单生，分布于黑龙江、福建、青海、新疆、山西等地区，在北欧、北美分布也极广，是经常采食的菌类。国内对于紫丁香蘑的研究报道不是很多，戴彩云（1994）栽培获得子实体；陈美杏等（2003）对影响紫丁香蘑出菇的相关因子的研究表明，含 20% 鸡粪发酵堆肥的培养料栽培的紫丁香蘑产量比含 40% 鸡粪的高，但从覆土至出菇采收所需的时间并未受到鸡粪含量影响，产量随发菌天数的增加而下降。日本人庄司当等（1988）利用林地栽培试验获得紫丁香蘑子实体，试验结果证实，该菌在腐殖质上栽培效果好。

三、分类地位与形态特征

（一）分类地位

紫丁香蘑（*Lepista nuda*）属担子菌门（Basidiomycota）蘑菇纲（Agaricomycetes）蘑菇目（Agaricales）口蘑科（Tricholomataceae）香蘑属（*Lepista*）。

（二）形态特征

紫丁香蘑子实体单生、散生至丛生，中等大小。菌盖直径 4～10 cm，半球形至平展，有时中部下凹，紫色或丁香紫色，后变褐紫色，光滑，湿润。边缘内卷，无条纹。菌肉较厚，淡紫色。菌褶密，紫色，直生至稍延生，不等长，往往边缘呈小锯齿状。菌柄中生，圆柱状，长 4～9 cm，粗 0.5～2 cm，与菌盖同色，上部有絮状粉末，下部光滑或具纵条纹，内部充实，基部膨大。孢子印肉粉色；孢子无色，椭圆形。

四、生物学特性

（一）营养要求

Volz（1972）研究表明，二糖比单糖更有利于菌丝生长，甘氨酸和蛋白胨是比较好的氮源，维生素和低浓度的植物生长调节剂（0.001%）对菌丝生长没有显著影响，高浓度的植物生长调节剂（0.1%，0.01%）反而会抑制菌丝生长。彭卫红等（2004）研究表明，紫丁香蘑菌丝最适碳源为淀粉，其次为麦芽糖；最适氮源为酵母粉，其次为蛋白胨。

（二）温度

菌丝生长最适温度 16～22 ℃，子实体生长最适温度 14～15 ℃。在覆土后进行适度降温，有利于刺激原基的形成，缩短生产周期。

（三）湿度

培养料含水量为 60%～65% 时紫丁香蘑菌丝生长速度快，长势强，均匀。培养料含水量过高或过低均不利于菌丝生长，使菌丝长势弱，分布不均匀，含水量过高时菌块不易萌发。

（四）pH

菌丝生长适宜 pH 4.0～7.0。

（五）光照和通风

菌丝生长和原基发生阶段不需要光，但是子实体生长阶段，光照是形成子实体正常形态和色泽的必需条件。一般需 100～120 lx 的散射光均匀照射。

第二十三节　粉紫香蘑

一、概述

粉紫香蘑（*Lepista personata*），又名大花脸蘑、花脸蘑、紫皮口蘑、紫蘑、紫花脸等。此菌肉厚，鲜香味美，是东北著名土特产之一。有研究表明，香蘑属发酵产物——外源性海藻糖具有稳定细胞膜和蛋白质结构的作用。故海藻糖具有抗冷冻性、保湿性、耐高温性、抗干燥性、非还原性、良好的加工特性和化学稳定性，有人把海藻糖称为"生命之糖"，是当今国际上研究和开发的重点。此外，粉紫香蘑分离纯化的生物活性物质具有良好的抗癌、抗氧化功效。

二、起源与分布

粉紫香蘑常于夏秋生于混交林地，自然生长盛期为 8～9 月。多发生在放牧的草原地带、草地、田旁，群生或单生，常形成蘑菇圈。分布于黑龙江、吉林、辽宁、内蒙古、河北、山西、甘肃、新疆、四川等地。有文献记载，粉紫香蘑是菌根食用菌，与云杉、松、栎形成外生菌根。李琼铉（1981）经过 5 年的驯化栽培试验，初步见到人工栽培的效果。

三、分类地位与形态特征

（一）分类地位

粉紫香蘑（*Lepista personata*）属担子菌门（Basidiomycota）蘑菇纲（Agaricomycetes）蘑菇目（Agaricales）口蘑科（Tricholomataceae）香蘑属（*Lepista*）。

（二）形态特征

子实体中等至较大。菌盖直径 5～14 cm，菌盖初期半球形，后近平展，藕粉色或淡紫粉色，较快褪色至带污白色或蛋壳色，幼时边缘具絮状物。菌肉白色带紫色，较厚，具明显的淀粉气味。菌褶淡粉紫色，密，弯生，不等长。菌柄柱状，长 4~7 cm，有时 15 cm，粗 0.5~3 cm。菌柄紫色或淡青紫色，具纵条纹，上部色淡，具白色絮状鳞片，内部实至松软，基部稍膨大。孢子印淡肉粉色。孢子无色，椭圆形，具小麻点，大小 (7.5~8.2) μm×(4.2~5) μm。

四、生物学特性

（一）营养要求

培养基最佳碳氮比为 20∶1~60∶1。最佳碳源为蔗糖、淀粉和葡萄糖，最佳有机氮源为酵母膏和蛋白胨，无机氮源为氯化铵，其中葡萄糖是影响菌丝体干重的主要因素。

（二）温度

菌丝生长温度 5~35 ℃，最适温度 22~28 ℃。

（三）湿度

菌丝生长的适宜基质含水量为 60%~65%。

（四）pH

pH 5.0~13.0 适合粉紫香蘑生长，最适 pH 6.0~7.0。

（五）光照和通风

光对子实体的形成影响较大，菌丝生长期不需要光照，在营养生长向生殖生长转换时，适当的散射光和降温能刺激原基的形成，可以缩短生育期，提高产量。在培养的过程中要注意通风换气。

第二十四节　花脸香蘑

一、概述

花脸香蘑（*Lepista sordida*），又名紫晶香蘑、紫晶口蘑、紫皮口蘑、丁香蘑、花脸蘑和花菇等，是香蘑属中具有很高开发价值的食用菌之一。该菌味道鲜美，气味浓香，兼有药用价值，能通络除湿、补神、养血。罗心毅等（2003）对人工栽培的花脸蘑子实体中 18 种无机元素进行了测定，结果表明其中含有丰富的硒、锌、铁、锗等对人体抗氧化、增强免疫力有作用的微量元素。德国学者 Xenia Mazur 等（1996）分离出两种二萜类化合物，具有很强的抗菌能力，花脸香蘑的药物开发具有很大前景。

由于花脸香蘑的自然产量低，且自然生态环境遭到破坏，每年市场上都供不应求，售价极高。人工驯化栽培自 20 世纪 80 年代以来就受到重视，但都处于试验性阶段，其成熟的栽培工艺有待完善。

二、起源与分布

花脸香蘑分布于黑龙江、河南、甘肃、青海、四川、新疆、西藏、山西、内蒙古等地区。夏秋生于山坡草地、草原、菜园、堆肥、道旁等无庇荫处，单生、群生或近丛生，往往形成蘑菇圈。花脸蘑主产于东北，尤以黑龙江富锦、龙江、甘南、宝清、逊克为最多。但东北地区所说的"花脸蘑"有 3 种，包括花脸香蘑、紫丁香蘑（Lepista nuda）和粉紫香蘑（Lepista personata），但以花脸香蘑为主。

三、分类地位与形态特征

（一）分类地位

花脸香蘑（Lepista sordida）属担子菌门（Basidiomycota）蘑菇纲（Agaricomycetes）蘑菇目（Agaricales）口蘑科（Tricholomataceae）香蘑属（Lepista）。

（二）形态特征

一般子实体较小。菌盖直径 3～7.5 cm，扁半球形至平展，有时中部稍下凹，薄，湿润时半透明状或水渍状，紫色，边缘内卷，具不明显的条纹，常呈波状或瓣状。菌肉带淡紫色，薄。菌褶淡蓝紫色，稍稀，直生或弯生，有时稍延生，不等长。菌柄长 3～6.5 cm，粗 0.2～1 cm，同菌盖色，靠近基部常弯曲，内实。在显微镜下观察，菌丝有隔，有锁状联合，孢子无色，具麻点至粗糙，椭圆形至近卵圆形，大小（6.2～9.8）μm×（3.2～5）μm。

四、生物学特性

（一）营养要求

花脸香蘑最佳碳氮比为 20∶1～40∶1。碳素营养中以葡萄糖、蔗糖、淀粉最好，其次是作物秸秆中纤维素、半纤维素类物质。肖玉珍等（1995）报道，花脸香蘑不能利用木屑中纤维素、半纤维素，因此花脸蘑属于草腐菌类。最佳氮源为酵母膏和蛋白胨。另外添加维生素对菌丝生长无明显影响。

（二）温度

菌丝生长温度 10～30 ℃，最适生长温度 22～25 ℃，低于 5 ℃或高于 35 ℃菌丝很难生长；子实体原基形成温度 18～22 ℃。

（三）湿度

适合菌丝生长的培养料含水量为 60%～65%，空气相对湿度以 60%为宜；子实体原基形成和发育的空气相对湿度为 90%～98%。

（四）pH

菌丝生长适宜 pH 6.0～7.0。

（五）光照和通风

菌丝生长不受光照影响，子实体分化及生长需要充足散射光。栽培场所要求通风良好，覆盖富含腐殖质且透气性、保湿性良好的土壤，有利于花脸香蘑子实体原基形成和生长发育。

（李长田）

附　　录

附录 1　主要野生食用菌物

菌物名称	分　布	生　境
袁氏鹅膏 (*Amanita yuaniana*)	云南、四川等地	夏季于马尾松和青冈林中地上散生或单生
隐花青鹅膏 (*Amanita manginiana*)	四川、云南、贵州、江苏、福建等地	夏秋季于针阔混交林地上单生或散生
白小侧耳 (*Pleurotellus albellus*)	广东等地	夏秋季在腐木上群生或丛生
真线假革耳 (*Nothopanus eugrammus*)	广东等地	春至秋季生阔叶树腐木上
腐木生硬柄菇 (*Ossicaulis lignatilis*)	吉林、台湾、广西、云南、西藏等地	夏秋季在阔叶树等腐木上群生至近丛生
黄毛黄侧耳 (*Phyllotopsis nidulans*)	黑龙江、吉林、甘肃、新疆、青海、广西、西藏、广东、四川等地	在阔叶树倒木或针叶树倒腐木上群生和近丛生
栎生侧耳 (*Pleurotus dryinus*)	福建等地	夏秋季在栎、榕树、梧桐、悬铃木等多种阔叶树木上单生或丛生
大红菇 (*Russula rubra*)	河北、陕西、甘肃、江苏、安徽、福建、云南等地	夏秋两季雨后,生混交林及阔叶林内地上,与某些阔叶树种形成菌根
变绿红菇 (*Russula virescens*)	黑龙江、吉林、辽宁、江苏、福建、河南、甘肃、陕西、广西、西藏、四川、云南、贵州等地	夏秋季在林中地上单生或群生
红黄鹅膏 (*Amanita hemibapha*)	黑龙江、内蒙古、河北、安徽、福建、湖北、湖南、河南、四川、云南、广东、西藏等地	夏秋季单生或散生于林中地上
双色牛肝菌 (*Boletochaete bicolor*)	四川、云南、福建、西藏等地	夏秋季单生或群生于松栎混交林中地上
美味牛肝菌 (*Boletus edulis*)	黑龙江、吉林、安徽、江苏、福建、河南、湖北、广东、云南、四川、新疆、西藏、台湾等地	夏秋季散生或群生于松栎混交林中地上,为外生菌根菌
灰网柄牛肝菌 (*Retiboletus griseus*)	广东、广西、四川、云南、西藏、福建等地	夏秋季群生或簇生于松栎等针阔混交林中地上,与松属的一些树种形成外生菌根

（续）

菌物名称	分　布	生　境
鸡油菌 (*Cantharellus cibarius*)	黑龙江、吉林、湖南、江苏、安徽、浙江、陕西、江西、福建、河南、四川、云南、贵州、甘肃等地	夏秋季单生或群生或近丛生于阔叶林地上。常与云杉、冷杉、铁杉、栎、栗、山毛榉、鹅耳栎形成外生菌根
梭柄松苞菇 (*Catathelasma ventricosum*)	云南、四川、贵州、西藏、黑龙江等地	夏秋季单生或群生于高山区，松杉混交林中地上。松杉等的外生菌根菌
铆钉菇 (*Gomphidius glutinosus*)	黑龙江、吉林、辽宁、河北、山西、湖南、广东、云南、四川、西藏等地	夏秋季单生、散生或群生于红松林中地上，与红松、赤松形成外生菌根
毛柄库恩菇 (*Kuehneromyces mutabilis*)	吉林、山西、青海、云南、福建等地	春至秋季丛生于阔叶树倒木或树桩上
浓香乳菇 (*Lactarius camphoratus*)	吉林、江苏、福建、广西、四川、贵州、云南等地	夏秋季散生或群生于林中地上
血红乳菇 (*Lactarius sanguifluus*)	山西、江苏、浙江、四川、甘肃、青海、西藏等地	夏秋季单生或散生于针叶林中地上
多汁乳菇 (*Lactarius volemus*)	黑龙江、吉林、辽宁、江苏、安徽、湖南、福建、广东、广西、四川、云南、贵州、西藏等地	夏秋季散生或群生于阔叶林、针叶林或混交林地上，为外生菌根菌
朱红硫黄菌 (*Laetiporus miniatus*)	河北、黑龙江、福建、新疆等地	夏秋季覆瓦状叠生于林中落叶松、米槠等树干基部，有时生于栎树等阔叶树基部
豹皮新香菇 (*Neolentinus lepideus*)	黑龙江、吉林、河北、江苏、安徽、山西、福建、台湾、陕西、云南、新疆、西藏等地	夏秋季单生或近丛生于马尾松等针叶树的倒木、树桩上
白香蘑 (*Lepista caespitosa*)	黑龙江、山西等地	秋季群生于针叶和阔叶林中地上
肉色香蘑 (*Lepista irina*)	黑龙江、山西、内蒙古、甘肃、新疆、西藏等地	夏秋季散生或群生于草地或林中地上，常形成蘑菇圈
紫丁香蘑 (*Lepista nuda*)	黑龙江、吉林、山西、福建、西藏、青海等地	夏秋季单生、丛生或群生于林中、林缘地上，有时发生于果园或农地
粉紫香蘑 (*Lepista personata*)	黑龙江、甘肃、新疆等地	夏秋季群生于林中地上，或形成条带似蘑菇圈
花脸香蘑 (*Lepista sordida*)	黑龙江、河北、山西、河南、甘肃、青海、四川、新疆、福建、西藏等地	夏秋季群生或近丛生于山坡草地、菜园、火烧土、堆肥场等地，在草原上经常形成蘑菇圈
白杯伞 (*Clitocybe candida*)	四川、山西等地	夏秋季群生于靠近高山蒿草的草原上，常形成蘑菇圈

（续）

菌物名称	分　布	生　境
大白桩菇 （Leucopaxillus giganteus）	河北、内蒙古、吉林、辽宁、山西、黑龙江、青海、新疆、浙江等地，以内蒙古及河北张家口以北地区为多	夏秋季单生或群生于草原、林缘、竹林、庭园中，有时形成蘑菇圈
灰色齿脉菌 （Lopharia cinerascens）	辽宁、黑龙江、吉林、河南、青海、西藏等地	夏秋季单生或散生于阔叶林地
高大环柄菇 （Macrolepiota procera）	黑龙江、河南、吉林、辽宁、江苏、安徽、浙江、福建、四川、贵州、云南、海南、广东、湖南、西藏等地	夏秋季单生、散生或群生于林中或林缘草地上
硬柄小皮伞 （Marasmius oreades）	河北、山西、青海、四川、西藏、湖南、广东、内蒙古、福建、贵州、安徽等地	夏秋季群生至簇生于林地、路旁、草地、草坪或草原上，有时形成蘑菇圈
条柄铦囊蘑 （Melanoleuca grammopodia）	黑龙江、山西、西藏等地	夏秋季群生于林中空地或林缘草地
直柄铦囊蘑 （Melanoleuca strictipes）	新疆、山西、西藏等地	夏秋季单生或群生于林中或灌丛草地上
宽褶大金钱菌 （Megacollybia platyphylla）	河北、吉林、山西、青海、四川、江苏、云南、新疆、西藏等地	夏秋季单生或群生于林中、林缘草地及旷野草地上
革耳 （Lentinus strigosus）	黑龙江、吉林、河北、江苏、安徽、浙江、江西、福建、台湾、河南、湖北、湖南、广东、广西、甘肃、四川、贵州、云南、新疆、西藏等地	夏秋季单生、群生或丛生于柳、杨、桦、栎和枫的腐木上
贝壳状革耳菌 （Panus conchatus）	河南、陕西、甘肃、福建、广东、云南、西藏等地	夏秋季丛生于阔叶树的腐木上
黄白蚁巢伞 （Termitomyces aurantiacus）	四川会东等地	夏秋季单生或群生于红壤土林中地上
根白蚁巢伞 （Termitomyces eurrhizus）	江苏、浙江、福建、江西、湖北、湖南、广东、广西、海南、四川、贵州、云南、台湾、西藏等地	夏秋季散生、群生于黑翅土白蚁的蚁巢上
亮盖蚁巢伞 （Termitomyces fuliginosus）	四川、云南、福建等地	夏秋季生白蚁的蚁巢上
干巴糙孢革菌 （Thelephora ganbajun）	云南等地	夏秋季丛生于海拔 600～2 300 m 处云南松、思茅松林中松树的根际
黄绿口蘑 （Tricholoma sejunctum）	黑龙江、吉林、江苏、浙江、青海、四川、云南等地	夏秋季单生或群生于林内地上

（续）

菌物名称	分　布	生　境
洛巴伊大口蘑 （*Macrocybe lobayensis*）	广东、香港等地	秋季簇生于凤凰木树下的草地上
松口蘑 （*Tricholoma matsutake*）	黑龙江、吉林、安徽、甘肃、山西、湖北、四川、贵州、云南、西藏、台湾等地	秋季散生或群生于赤松或赤松及其他阔叶树混交林中地上，成群生长并形成蘑菇圈，为外生菌根菌
蒙古口蘑 （*Tricholoma mongolicum*）	河北、内蒙古、黑龙江、吉林、辽宁等地	夏秋季群生于北方草原上，大量成群生长并形成蘑菇圈
杨树口蘑 （*Tricholoma populinum*）	山西、河北、内蒙古、黑龙江等地	秋季群生或散生于杨树林中沙质土地上
棕灰口蘑 （*Tricholoma terreum*）	黑龙江、吉林、辽宁、河北、山西、河南、江苏、广东、云南、四川、甘肃、西藏等地	夏秋季群生或散生于松林或混交林中地上
印度块菌 （*Tuber indicum*）	云南、四川等地	生于栎林下，也生于松林下以及马桑、地石榴（榕属）的根际沙质土中

附录 2　尚未规模化栽培的食用菌物

菌物名称	分　布	生　境	栽培方式
扇形侧耳 （*Pleurotus flabellatus*）	西藏东南部	夏秋季生于树干上，近群生或丛生	已有驯化栽培
双环林地蘑菇 （*Agaricus placomyces*）	河北、山西、黑龙江、江苏、安徽、湖南、台湾、香港、青海、云南、西藏等地	秋季于林中地上及杨树根部单生，群生及丛生	可食用，味道较鲜美，不过有记载具毒，慎食
白杵蘑菇 （*Agaricus osecanus*）	河北、内蒙古、新疆等地	秋季在草原上可形成蘑菇圈，群生或散生	在栽培双孢蘑菇的条件下可以出菇
林地蘑菇 （*Agaricus silvaticus*）	我国东北、西南、西北、东南都有发现	夏秋季自然发生于针、阔叶林中草地上，单生或群生	国内外均有报道成功进行了人工驯化栽培，其特点是不用覆土也能出菇
圆孢蘑菇 （*Agaricus gennadii*）	自然发生于我国新疆博斯腾湖的芦苇滩腐殖土中，分布于新疆西部及西南部地区	夏秋季生灌丛沙地、湖边芦苇丛中，单生、散生或丛生	杨国良等研究组对新疆博斯腾湖区的野生圆孢蘑菇进行了栽培研究，分离到种源并人工栽培成功

（续）

菌物名称	分 布	生 境	栽培方式
裂褶菌 （*Schizophyllum commune*）	黑龙江、吉林、辽宁、河北、河南、山西、陕西、甘肃、四川、安徽、江苏、浙江、江西、湖南、湖北、广东、广西、海南、贵州、云南、西藏等地	春秋季散生或群生于各种阔叶树、针叶树树干及禾本科植物茎秆上	
貂皮环柄菇 （*Lepiota erminea*）	黑龙江、吉林、辽宁、台湾等地	夏秋季于林地腐殖层上或草地上群生	可利用各种农作物秸秆、牲畜粪、麸皮、米糠等栽培生产
榆生玉蕈 （*Hypsizygus ulmarius*）	黑龙江、吉林、青海等地	夏秋季生于榆、柳、槭等树种的干部，多生于枯立木上	以木屑、麦麸、蔗糖、石膏按一定比例人工栽培
硫黄菌 （*Laetiporus sulphureus*）	黑龙江、吉林、内蒙古、河北、山西、安徽、江苏、浙江、福建、江西、河南、广东、广西、四川、云南、贵州、西藏、陕西、甘肃、新疆等地	夏秋季覆瓦状叠生于栎、桦、李、杏等落叶树的枯木基部或伐桩及储木场的原木上，有时也生于针叶树的树干基部。但研究发现该菌能引起小孩视觉幻觉等现象（刘吉开，2004），因此建议小孩少吃这类真菌	
蜜环菌 （*Armillaria mellea*）	河北、山西、吉林、黑龙江、江西、福建、浙江、湖南、广西、四川、云南、西藏、陕西、甘肃、青海、新疆等地	夏秋季丛生或群生于林中地上、腐木上、树桩上或树木的根部	可以采用树桩或段木等进行人工栽培
皱木耳 （*Auricularia delicata*）	四川、云南、黑龙江、贵州、广东、广西、福建、海南、台湾等地	夏秋季群生或丛生于千年桐、赤杨叶等其他阔叶树的倒木上	栽培方法同黑木耳
香杏丽蘑 （*Calocybe gambosa*）	河北、山西、内蒙古、吉林、黑龙江等地	夏秋季群生或丛生于草原上，形成蘑菇圈	国外已经尝试成功
大杯伞 （*Clitocybe maxima*）	河北、山西、吉林、黑龙江、青海等地	夏秋季单生、群生于云杉、落叶松林中地上	用杂木屑、稻草、棉籽壳、废棉团等进行人工栽培
牛排菌 （*Fistulina hepatica*）	河南、福建、广西、云南、四川等地	春至秋季单生或叠生于米槠、栲树等壳斗科枯干、树桩上或树洞中	采用壳斗科木屑、麸皮、玉米粉等进行袋栽、瓶栽

（续）

菌物名称	分　布	生　境	栽培方式
松乳菇（Lactarius deliciosus）	河北、山西、吉林、辽宁、江苏、安徽、河南、浙江、江西、湖南、台湾、四川、云南、甘肃、青海、西藏、新疆、香港等地	夏秋季单生或群生于松林内地上，外生菌根菌	半人工栽培
虎皮韧伞（Lentinus tigrinus）	江苏、浙江、福建、湖南、广东、广西、海南、云南、贵州、四川、新疆等地	春至秋季群生、丛生于阔叶树的腐木上	可利用木屑培养基进行袋栽
荷叶离褶伞（Lyophyllum decastes）	辽宁、黑龙江、吉林、江苏、青海、四川、广西、贵州、云南、新疆等地	夏秋季丛生或单生于针、阔混交林和阔叶林地，尤其容易着生在埋入土中的朽木上	已经利用堆肥栽培成功
铦囊蘑（Melanoleuca cognata）	河北、吉林、山西、青海、四川、江苏、云南、新疆、西藏等地	夏秋季单生或群生于林中、林缘草地及旷野草地上	可以广泛利用农林产品的副产物，如稻草、麦秆、玉米芯、棉籽壳、牛粪、马粪及农业堆肥进行菌床覆土栽培
砖红韧黑伞（Hypholoma lateritium）	吉林、陕西、青海、安徽、山西、江西、云南等地	夏秋季丛生于混交林及桦树的木桩上	
长根小奥德蘑（长根干蘑）（Oudemansiella radicata ＝Xerula radicata）	河北、吉林、广东、江苏、浙江、安徽、福建、河南、广东、海南、广西、四川、云南、西藏、台湾等地	夏秋季单生或群生于阔叶林或混交林中地上，其假根着生在地下腐木上	可以采用阔叶树木屑、棉籽壳、玉米芯粉、木片、木头碎块进行袋栽或菌床覆土栽培
长根菇鳞柄变种（Oudemansiella radicata var. furfuracea）	江苏、福建、云南等地	夏秋季单生、群生于阔叶林或混交林、竹林、茶园等地	可以采用阔叶树木屑、棉籽壳、玉米芯粉、木片、木头碎块进行袋栽或菌床覆土栽培
贝形圆孢侧耳（Pleurocybella porrigens）	福建、云南、西藏、北京、广东等地	夏秋季叠生、群生于针叶树的枯干上	可以利用木屑、棉籽壳、稻草、蔗渣进行袋栽或筒栽
长柄侧耳（Pleurotus spodoleucus）	吉林、云南等地	秋季丛生于阔叶树的枯干上	棉籽壳、稻草、废棉、麦秸、玉米芯等进行袋栽、瓶栽、菌床栽培
菌核韧伞（Lentinus tuber-regium）	云南西部	夏秋季单生或丛生于土中腐木或木桩上	利用阔叶树木屑、棉籽壳、农作物秸秆等进行栽培

（续）

菌物名称	分　布	生　境	栽培方式
美味扇菇 （Sarcomyxa edulis）	河北、黑龙江、吉林、山西、广西、陕西、四川、云南等地	秋季子实体丛生或叠生于桦树、椴树及其阔叶树的倒木、枯立木、伐桩或原木上	可以阔叶树木屑进行袋栽、瓶栽、菌床栽培
皱环球盖菇 （Stropharia rugosoannula-ta）	云南、西藏、吉林、福建（栽培种）等地	春至秋季单生、群生或丛生于路旁、草丛、林缘和园地	可以利用农作物秸秆进行菌床覆土栽培
金耳（黄白银耳） （Tremella aurantialba）	四川、云南、甘肃、西藏、福建等地	春秋季生于壳斗科植物的腐木上	可以采用段木栽培
美味蘑菇 （Agaricus edulis）	产于新疆托木尔峰（库勒克河）海拔 2 400 m，江苏响水、河北保定	夏秋季生阔叶林中地上或草地上，单生	
橙盖鹅膏 （Amanita caesarea）	内蒙古、黑龙江、河北、河南、安徽、湖北、江苏、福建、广东、云南、四川、西藏等地	夏秋季在林中地上散生或单生	据记载，罗马帝国恺撒大帝最喜食此菌，故有恺撒蘑菇（Caesars mushroom）之称
银丝草菇 （Volvariella bombycina）	河北、山东、山西、辽宁、黑龙江、甘肃、新疆、西藏、四川、云南、福建、广东、广西等地	夏秋季常单生或群生于杜英、二球悬铃木、樟树、桂花等阔叶树的枯木或树洞中	稻草、麦秆、棉籽壳、甘蔗渣等原料，采取野外畦床代料覆土栽培；也可发酵料大棚架床栽培

附录3　主要商业化栽培的食用菌物

菌物名称	分　布	生　境	栽培方式
香菇（Lentinu-la edodes）	陕西、安徽、江苏、浙江、福建、江西、湖北、湖南、广东、广西、云南、贵州、四川、台湾等地	秋、冬、春季群生或丛生于壳斗科、桦木科、金缕梅科等 200 多种阔叶树的枯木、倒木或菇场段木上	段木和代料两种栽培方式，目前生产中多采用代料栽培，工厂化栽培适合栽培的树种有壳斗科、桦木科、槭树科和金缕梅科树种
糙皮侧耳（平菇）（Pleurotus ostreatus）	黑龙江、吉林、河北、河南、陕西、山东、浙江、安徽、江西、广西、海南、云南、新疆等地	秋、春季覆瓦状丛生于各种阔叶树的枯木或朽桩上	可以利用棉籽壳、稻草、废棉、麦秸、玉米芯等进行人工袋栽、菌床栽培、机械瓶栽

（续）

菌物名称	分　布	生　境	栽培方式
木耳（Auricularia heimuer）	黑龙江、吉林、辽宁、河南、河北、湖南、湖北、四川、云南、广西、贵州等地	春至秋季群生或丛生于栎、榆、桑、槐等树木枯干或段木上	段木和代料两种栽培方式，适合栽培木耳的树种有千金榆、栓皮栎、麻栎、乌桕、悬铃木、木油桐、枫树、香椿等；适合木耳栽培的培养料有木屑、棉籽壳、甘蔗渣等
金针菇（Flammulina filiformis）	黑龙江、吉林、辽宁、河北、山东、河南、安徽、山西、江苏、浙江、福建、广东、广西、四川、云南、贵州、青海、甘肃、西藏等地	秋、冬、春季丛生于各种阔叶树的枯干、倒木、树桩上	以利用软质阔叶树种的木屑、棉籽壳、甘蔗渣等进行袋栽和瓶栽
双孢蘑菇（Agaricus bisporus）	四川、新疆也有野生种	秋至春季群生于草地、牧场	稻草、麦秸、玉米秸、茅草等草料和马粪、牛粪、猪粪、家禽粪等粪料进行菌床覆土栽培
毛木耳（Auricularia cornea）	黑龙江、吉林、内蒙古、河北、山西、山东、江苏、安徽、浙江、江西、福建、台湾、河南、广东、广西、海南、陕西、甘肃、青海、西藏等地	夏秋季群生或丛生于栎、枫、构等阔叶树树干或枯枝上	可以采用阔叶树木屑、棉籽壳、甘蔗渣、米糠、麸皮、玉米粉等进行袋栽和筒栽
杏鲍菇（刺芹侧耳）（Pleurotus eryngii）	新疆、青海、四川等地	春末至夏初单生、群生或丛生于伞形花科植物茎基部或根部	可以利用木屑、棉籽壳、蔗渣、玉米芯、花生壳、麦秸等袋栽或瓶栽
茶树菇（柱状田头菇）（Agrocybe cylindracea）	江西、福建、台湾、贵州、云南、浙江、西藏等地	春至秋季单生、双生或丛生于榆、杨、榕、油茶等阔叶树的树干或树桩上	可以利用阔叶树的木屑及玉米芯、棉籽壳瓶栽、袋栽、箱栽
滑菇（小孢鳞伞）（Pholiota microspora）	河北、山西、吉林、黑龙江、浙江、河南、四川、甘肃、青海、台湾、广西、云南、西藏等地	秋至春季群生或丛生于阔叶树倒木、树桩上	可用段木栽培和木屑栽培两种方式，目前多采用阔叶树木屑或木屑与秸秆、棉籽壳、玉米芯、葵花秆进行压块栽、袋栽、瓶栽
毛头鬼伞（鸡腿菇）（Coprinus comatus）	黑龙江、吉林、辽宁、河北、山西、内蒙古、甘肃、新疆、青海、西藏、云南等地	春至秋季群生于田野、林缘、路旁、公园等处	可利用马厩粪肥、牛粪、麦秆、稻草、棉籽壳、杂木屑进行人工栽培和深层发酵培养。可食用但会中毒，尤其与酒类（包括啤酒）同吃易中毒

（续）

菌物名称	分　布	生　境	栽培方式
银耳（*Tremella fuciformis*）	吉林、山西、江苏、浙江、安徽、福建、台湾、湖北、湖南、广东、广西、四川、贵州、云南、陕西、甘肃等地	晚春至秋末冬初单生或群生于阔叶树枯木或倒木上	可以采用段木栽培和代料栽培两种方式，但目前主要利用木屑、棉籽壳、甘蔗渣等进行瓶栽、袋栽
草菇（*Volvari-ella volvacea*）	广东、广西、湖南、福建、江西、河北等地	春末至秋末单生、群生、丛生于稻草、蔗渣、蕉麻等植物纤维材料堆上	主要采用甘蔗渣、稻草、麦秸、棉籽壳、玉米秸、茅草进行袋栽、草砖地棚栽培及菌床栽培
秀珍菇（肺形侧耳）（*Pleurotus pulmonarius*）	广西、云南、台湾、西藏等地	春、秋季单生或丛生于阔叶树枯木上	可以利用棉籽壳、稻草、废棉、麦秸、玉米芯等进行袋栽、瓶栽、菌床栽培
白灵侧耳（*Pleurotus nebrodensis*）	四川西北部和新疆等地	春末夏初单生或丛生于伞形花科植物茎基部或根部	可利用阔叶树的木屑及棉籽壳、蔗渣进行代料栽培
茯苓（*Wolfiporia extensa*）	吉林、浙江、安徽、福建、江西、河南、湖北、湖南、广东、广西、四川、贵州、云南等地	多生于马尾松、黄山松、云南松及赤松等松属树种根上	可以利用松、栎、杉、柏等进行段木栽培
猴头菇（*Hericium erinaceus*）	黑龙江、福建、吉林、河北、山西、河南、浙江、广西、甘肃、四川、西藏等地	春至夏季单生或对生于栎（麻栎、板栗、枹栎、栓皮栎）、胡桃等活立木的死节、树洞及腐木上	主要采用阔叶树木屑、棉籽壳、蔗糖渣等进行袋栽和筒栽
斑玉蕈（真姬菇、蟹味菇、白玉菇）（*Hypsizygus marmoreus*）	北温带，引进品种	秋天群生或丛生于水青冈等阔叶树的枯立木、倒木上	可以利用阔叶树的木屑及棉籽壳、玉米芯等进行瓶栽和袋栽
猪苓（*Polyporus umbellatus*）	吉林、河北、陕西、山西、湖北、四川、贵州、云南、甘肃、青海、西藏等地	6～7月丛生于桦、枫、柞、山毛榉、柳、栎等阔叶树的林地上	半人工栽培
巴西蘑菇（*Agaricus blazei*）	从巴西引种栽培	夏秋季群生于含有畜粪的草地上	甘蔗渣、稻草、麦秸、棉籽壳、玉米秸、茅草、木屑、牛马粪堆料发酵进行菌床覆土栽培
多脂鳞伞（*Pholiota adiposa*）	黑龙江、吉林、河北、山西、浙江、河南、陕西、甘肃、四川、云南、广西、青海、新疆、西藏等地	秋季单生或丛生于杨、柳、桦等树干上	可以棉籽壳、玉米芯、杂木屑等进行袋栽

（续）

菌物名称	分　布	生　境	栽培方式
灰树花（Grifo-la frondosa）	河南、北京、吉林、浙江、福建、广西、四川、云南等地	夏秋生于山毛榉、栎、栲及其他阔叶树的树干、伐桩周围的老根上，导致木材腐朽	采用壳斗科、不带芳香油的阔叶树木屑及棉籽壳、玉米芯等进行袋栽、瓶栽、大床栽培
绣球菌（Spar-assis crispa）	黑龙江、吉林、广东、云南等地	夏秋季单生、丛生于针叶树的根、树桩上	我国已获得人工栽培专利
梯棱羊肚菌（Morchella impor-tuna）	吉林、河北、山西、河南、江苏、陕西、甘肃、青海、新疆、四川、云南等地	春末夏初及初秋散生或群生于阔叶林中地上或林缘空旷处及草丛，河滩地上，森林火烧后的迹地，苹果园等地	人工栽培成功
榆耳（Gloeos-tereum incarnatum）	吉林、辽宁、内蒙古等地	单生或覆瓦状叠生于榆、椴等树木的枯木或枯枝上	可用木屑、棉籽壳做培养基进行瓶栽或袋栽
泡囊侧耳（Pleurotus cystid-iosus）	台湾、福建、广东等地	春至秋季群生或散生于榕等阔叶树朽干上	可以利用阔叶树的木段进行段木栽培，也可以利用木屑、棉籽壳、稻草、蔗渣进行袋栽或瓶栽
白黄侧耳（Pleurotus cornu-copiae）	黑龙江、吉林、河北、河南、陕西、山东、浙江、安徽、江西、广西、海南、云南、新疆等地	春、秋季覆瓦状丛生于栎属、山毛榉属等阔叶树朽木、倒木、伐桩上	利用棉籽壳、杂木屑等进行袋栽
佛罗里达侧耳（Pleurotus flori-da）	北京、河北、山西、江苏、浙江、广东、云南等地	夏秋季覆瓦状丛生于杨树、栎树等阔叶树的枯木上	可以利用棉籽壳、稻草、废棉、麦秸、玉米芯等进行袋栽、瓶栽、菌床栽培
金顶侧耳（Pleurotus citri-nopileatus）	黑龙江、吉林、辽宁及河北、广东、西藏等地	夏秋季丛生于榆、栎等阔叶树的倒木、朽立木或伐桩上	容易用木屑、棉籽壳、豆秸、稻草、玉米芯等农作物的下脚料进行袋栽、瓶栽或地栽
淡红侧耳（Pleurotus djamor）	华南地区	夏秋季丛生于泛热带地区的阔叶树，如巴西橡胶、棕榈、毛竹等树木的枯干上	可以利用阔叶树的木段进行段木栽培，也可以利用阔叶树的木屑及棉籽壳、稻草、麦秸进行代料栽培
阿魏侧耳（Pleurotus eryngii var. ferulae）	新疆荒漠区的阿魏滩上	春季单生或丛生于伞形花科植物的根上	杂木屑、棉籽壳、蔗渣、稻草、芦苇、玉米芯、野草等袋栽或瓶栽
大肥蘑菇（Agaricus bitorquis）	黑龙江、河北、青海、新疆、福建等地	夏秋季散生或单生于草原上	杂木屑、棉籽壳、蔗渣、稻草、芦苇、玉米芯、野草等袋栽或瓶栽
野蘑菇（Agar-icus arvensis）	黑龙江、内蒙古、河北、河南、陕西、新疆、青海、西藏等地	夏秋季散生或群生于草地、路旁、耕地、林下	稻草、麦秸、玉米秸、茅草等草料和马粪、牛粪、猪粪、家禽粪等粪料进行栽培

（续）

菌物名称	分 布	生 境	栽培方式
蘑菇（Agaricus campestris）	河北、黑龙江、吉林、江苏、台湾、陕西、甘肃、山西、新疆、四川、云南、内蒙古、西藏、福建等地	春至秋季单生或群生于草地、田野、路旁、堆肥场、林下空地	稻草、麦秸、玉米秸、茅草等草料和马粪、牛粪、猪粪、家禽粪等粪料进行菌床覆土栽培
短裙竹荪（Dictyophora duplicata）	黑龙江、吉林、江苏、福建、广东、广西、四川、贵州、云南等地	夏至秋季生于阔叶林或竹林下的腐殖土上	可以利用木屑、竹屑、蔗渣、木块进行覆土栽培
棘托竹荪（Dictyophora echinovolvata）	湖南、贵州等地	夏至秋季单生或群生于竹林或竹阔混交林中地上	各种阔叶树的枝条、木块进行覆土栽培。食用，去子实体，把孢子洗净，菌柄和菌幕均可利用，可烹制成多种名贵佳肴
长裙竹荪（Dictyophora indusiata）	江苏、安徽、江西、广东、广西、四川、云南、贵州、台湾等地	夏至秋季单生、群生于竹林或阔叶林下，枯枝落叶层厚的腐殖质层上	可以各种阔叶树的枝条、木块进行覆土栽培
红托竹荪（Dictyophora rubrovolvata）	云南、贵州等地	夏秋季群生于竹林中的腐殖土上	可以各种阔叶树的枝条、木块进行覆土栽培
粉褶黄侧耳（Phyllotopsis rhodophyllus）	吉林、福建、广州、海南等地	夏秋季成丛生长在阔叶树腐木上	能人工栽培，属高温型栽培种

附录 4 药用真菌

菌物名称	性 味	功 效	生境与分布
裸黑粉菌（麦散黑粉菌）（Ustilago nuda）	淡，温	具有发汗、止痛的功效	春夏季或秋季寄生在小麦、大麦或青稞的花序上。冬孢子粉入药，晒干，储于瓶内，备用。分布于全国大部分地区
鲑贝耙齿菌（Irpex consors）	辛，微温	具有散寒通窍、祛风止痛的功效，主治外感风寒、咳嗽、头痛	生于栎等阔叶树枯立木、倒木及伐桩上。子实体入药，全年可采收。分布于江苏、浙江、安徽、江西、福建、河南、湖北、湖南、广东、广西、陕西、甘肃、四川、贵州、云南等地
朱红密孔菌（Pycnoporus cinnabarinus）	微辛、涩，温	具有清热解毒、去湿、止血的功效，主治咽喉肿毒、跌打损伤、风湿肿痛、外伤出血	生于栎、白桦、椴、桦、杨、柳、榆以及其他阔叶树倒木、原木、伐桩及枯枝上，引起木材腐朽，有时也生于松树上，单生或群生。子实体入药，夏秋季采收。国内各省份均有分布

（续）

菌物名称	性 味	功 效	生境与分布
血红密孔菌（*Pycnoporus sanguineus*）	微辛、涩，温	功效同朱红密孔菌	夏秋季生于栎、槭、杨、柳等阔叶树和松、杉等针叶树的枯倒木上，群生或叠生。被害树木初期被染成红色，后期发生白色腐朽。子实体入药。国内各省份均有分布
美味牛肝菌（*Boletus edulis*）	辛、微酸，平	具有清热除烦、养血和中、健脾利水、补虚止带的功效	夏秋季间生于混交林内，较贫瘠的土壤也可生长，常与栎、松、冷杉、云杉形成外生菌根。子实体入药，8～9月采收。分布于吉林、黑龙江、江苏、安徽、福建、四川、贵州、云南、西藏、新疆、台湾等地
黄皮小疣柄牛肝菌（*Leccinellum crocipodium*）		功效同美味牛肝菌	夏秋季生于阔叶林或针叶林中。子实体入药。分布于云南等地
蒙古口蘑（白蘑）（*Tricholoma mongolicum*）	甘，平	具有散热解表、透疹、宣肠益气的功效，民间用于小儿麻疹、消化不良、补益健身等	夏秋季尤其是在立秋前后的雨后，在草原上大量形成蘑菇圈，子实体产生在蘑菇圈的外缘，在地下形成不规则的黄褐色菌核。子实体和菌核入药，在子实体开伞前采摘，晒干备用。分布于河北、内蒙古、辽宁、吉林、黑龙江等地
香杏丽蘑（口蘑）（*Calocybe gambosa*）	甘，平	具有散热解表、宣肠益气的功效。子实体入药	生境特性同蒙古口蘑。分布于河北、内蒙古、黑龙江等地
多座虫草（蝉茸）（*Cordyceps sobolifera*）	甘，平	具有解痉、散风热、退翳障、透疹的功效	蝉茸似蝉花而稍小，夏末生于阔叶林地上，寄主为蟪蛄、原白蝉、芮氏蝉及山蝉的幼虫。子实体入药。分布于江苏、浙江、福建、广东、云南、安徽、湖北、湖南、广西、四川、台湾等地
大白桩菇（*Leucopaxillus giganteus*）	甘，平	具有宣肺解表、益气散热的功效，民间用于治疗伤风感冒、小儿麻疹不透	夏秋季生于草原上，有时生于阔叶林地上，能形成蘑菇圈，在地下形成黄褐色、不规则的菌核。子实体入药，在子实体幼小时采摘晒干。分布于河北、内蒙古、辽宁、黑龙江、新疆、青海等地
菱草黑粉菌（*Ustilago esculenta*）	甘，冷，滑	具有去烦热、除目赤、解酒毒、利二便的功效	寄生在亚洲东南部多年生禾本科植物菱草的花茎上。菌瘿（即菱白，包括菌丝体和冬孢子粉）入药，采后切片，晒干备用。分布于全国大部分地区
紫丁香蘑（*Lepista nuda*）	微苦、甘，平	具有祛风清热、通络除湿的功效，主治食少乏力、四肢倦怠、脾虚腹泻、脚气病等症	秋季生于林地上。子实体入药，采后鲜用或洗净晒干。分布于黑龙江、福建、青海、四川、新疆等地

（续）

菌物名称	性　味	功　效	生境与分布
白香蘑 (Lepista caespitosa)		功效同紫丁香蘑	夏秋季生于山坡草丛及草原上，能形成蘑菇圈或带。子实体入药。分布于吉林、新疆等地
灰褐香蘑 (Lepista luscina)		功效同紫丁香蘑	夏秋季生于林缘草地和稀疏林中的地上，能形成蘑菇圈。子实体入药。分布于河北、吉林、黑龙江等地
松林小牛肝菌 (Boletinus pinetorum)	辛，平	具有清热燥湿、凉血止血的功效，主治水肿、痔疮、肠风下血	夏秋季生于针叶林地上，与松属树木有外生菌根关系。子实体入药。分布于四川、贵州、福建、云南等地
苦粉孢牛肝菌 (Tylopilus felleus)	苦，寒	具有疏风散热、清热解毒、润肠通便的功效，主治风火牙痛、肝炎、便秘等症	夏秋季生于松、栎林地上，与冷杉、云杉、松、栎等树种形成外生菌根。子实体入药，采集后清除杂质，晒干或鲜用。分布于河北、吉林、安徽、江苏、浙江、福建、海南、四川、贵州、云南等地
密褶红菇 (Russula densifolia)	苦，微寒	具有清热、利湿、止痢的功效，民间用于治疗痢疾	夏秋季生于针阔叶林地上，与栎树形成外生菌根。子实体入药。分布于广西、福建、湖南、江苏等地。此菌有人采食，但文献报道有毒，以每千克体重用干菇21.5 g的提取液在小鼠腹腔内注射，死亡率达60%左右
褐白斑克齿菌 (Bankera fuligineoalba)	甘、微苦，平	具有清热解毒的功效，主治扁桃体炎、腮腺炎及胃癌、肝癌等	生于混交林地上，群生。子实体入药，夏秋采收。分布于安徽、四川、云南等地
圆孢多孔菌 (Bondarzewia montana)	甘、微苦，平	具有护肝解毒、养阴生津的功效，主治误食毒蕈中毒	夏秋季雨后生于针阔叶（冷杉、栎等）混交林中树旁地上。子实体入药，夏秋季采后晒干备用。分布于福建、四川、云南等地
血红铆钉菇 (Chroogomphus rutilus)	甘，平	具有清热解毒、健脾益胃的功效，主治脾虚食积、消化不良、神经性皮炎等症	夏秋季生于松、杉林等针叶林地上，单生至群生。与落叶松形成外生菌根。子实体入药。分布于河北、山西、内蒙古、辽宁、吉林、黑龙江、湖南、广东、四川、贵州、云南等地
纺锤爪鬼笔 (Pseudocolus fusiformis)	微苦，平	具有清热解毒、消肿的功效，主治疮肿、外伤出血	夏秋季生于阔叶林中腐木上或腐殖质多的阴湿处地上，群生。子实体入药，采后洗去黏臭孢体，摘去菌托，晒干备用。分布于台湾、香港、广东、海南、安徽、云南、湖南等地
红笼头菌 (Clathrus ruber)	微苦，平，有毒	具有清热解毒、消肿的功效，外用，四川民间有人用其子实体有效治疗皮肤癌	春秋季生于林间空地或山坡草地阴湿处。子实体入药。分布于四川、西藏等地

（续）

菌物名称	性　味	功　效	生境与分布
五棱散尾鬼笔 （*Lysurus mok-usin*）	有毒	具有解毒、消肿、止血的功效，外用可治外伤出血、肿毒、疮疡	夏秋季生于林中、草地、庭园及农舍竹林中阴湿处地上，群生。子实体入药。分布于国内大部分地区
大秃马勃 （*Calvatia giga-ntea*）	辛，平	具有清热利尿、散瘀消肿的功效，民间用于清肺、利咽、止血、解毒	晚夏及深秋雨后生长在旷野草地、山坡草丛、树林、竹林地及草原上。子实体及孢子粉和孢丝入药。夏秋采集，去净泥沙晒干，储于瓶中或塑料袋内，或晒干后去外皮，切成 2 cm×2 cm 小块备用。分布于河北、山西、内蒙古、辽宁、山东、江苏、宁夏、甘肃、青海、西藏等地
硬皮地星 （*Astraeus hy-grometricus*）	辛，平	具有清肺解毒、解热、活血的功效，主治支气管炎、肺炎、鼻衄、咽喉炎，孢子粉外敷用于外伤止血	夏秋两季生于栎、松林中沙地、山坡及荒地草丛中，群生，可与马尾松等树种形成外生菌根。孢子入药，采后剥去外包被，晒干备用。分布于国内大部分地区
尖顶地星 （*Geastrum trip-lex*）	辛，平	具有止血消肿、清肺利咽、解毒的功效，主治消化道出血、外伤出血、感冒咳嗽等症	夏秋季生于林地，群生。孢体入药，采后去星芒状外包被，晒干备用。分布于吉林、河北、黑龙江、内蒙古、山西、宁夏、甘肃、新疆、青海、广东、云南、四川、西藏等地
篦齿地星 （*Geastrum pec-tinatum*）	辛，平	具有清肺利喉、消肿止血的功效	夏秋季生于林缘或草地。孢体入药。分布于四川、新疆等地
中国静灰球菌 （*Bovistella sin-ensis*）	辛，平	具有止血消肿、消肺利咽、解毒的功效，民间用于治疗外伤出血、胃与消化道出血、慢性扁桃体炎等症	夏秋季生于地上及草丛中，散生至群生，以根状菌索固定于生长处。子实体入药，采后晒干，置塑料袋内储藏备用。分布于河北、山西、江苏、河南、广东、陕西、甘肃、贵州等地
长根静灰球菌 （*Lycoperdon ra-dicatum*）	辛，平	具有清肺利咽、止血的功效，民间用于治疗扁桃体炎、外伤出血等症	夏秋季生于草地和林地上。子实体入药，采后去杂质，晒干备用。分布于吉林、甘肃、云南、江苏、四川等地
软皮马勃 （*Lycoperdon dermoxanthum*）	辛，平	具有止血消肿、清肺利咽、解毒的功效，民间用于治疗慢性扁桃体炎、喉炎、声音嘶哑、鼻出血、外伤出血、疮肿、冻疮流水流脓、食道及胃出血、感冒后咳嗽	夏秋季生于草地上。子实体入药，在包被破裂前采收，晒干备用。分布于河北、山西、内蒙古、辽宁、江西、福建、湖北、湖南、广东、广西、陕西、青海、四川等地

（续）

菌物名称	性 味	功 效	生境与分布
网纹马勃 (Lycoperdon perlatum)	辛，平	具有消肿止血、清肺利咽、解毒的功效，民间用于治疗慢性扁桃体炎、喉炎、声哑、鼻出血、外伤出血、疮肿、冻疮流水、食道和胃出血、感冒咳嗽等症	夏秋季生于林中湿润而空旷地上，群生、丛生或单生，偶然生于腐木上。子实体入药，包被未破时采集，晒干备用。分布于国内大部分地区
栓皮马勃 (Mycenastrum corium)	辛，平	具有清肺利喉、止血、解毒的功效，主治扁桃体炎、胃和十二指肠溃疡及外伤出血，功用同大秃马勃	秋季生于草原或沙质土上，群生至丛生。子实体入药。分布于河北、内蒙古、辽宁、宁夏、青海、新疆等地
杯形秃马勃 (Calvatia cyathiformis)	辛，平	具有清肺利咽、止血消肿、解毒的功效，民间用于治疗风热郁肺咳嗽、咽痛音哑、扁桃体炎、消化道出血，外用治鼻衄、冻疮溃疡、外伤出血等症	夏秋季生于草地或阔叶林地上，单生或群生。子实体及孢子粉入药，采后晒干备用，或干燥后除去外皮（包被）置瓶内储存。分布于河北、山西、辽宁、山东、江苏、安徽、福建、河南、湖北、广东、广西、青海、新疆、四川等地
浮雕秃马勃 (Lycoperdon utriforme)	辛，平	具有清肺利咽、凉血止血、消肿解毒的功效，主治咽喉炎、扁桃体炎，外敷可用于外伤、痔疮出血	夏秋季生于林中地上和山坡草丛中，散生至丛生。子实体及孢子粉入药，夏秋采集，晒干备用。分布于河北、内蒙古、吉林、陕西、甘肃、山西、贵州、四川、新疆等地
铅色灰球菌 (Bovista plumbea)	辛，平	具有消肿止血、清肺利咽、解毒的功效，主治慢性扁桃体炎、咽喉肿痛、声音嘶哑、鼻出血、外伤出血、疮肿、冻疮流水等症	秋季生于旷野草丛中或草原上，罕生于林中。子实体入药，采收后去杂质，晒干备用。分布于河北、内蒙古、甘肃、青海、新疆等地
毛柄钉灰包 (Battarrea stevenii)	辛，平	具有止血消肿、清肺利喉、解毒的功效，主治扁桃体炎、喉炎、外伤出血、食道与胃出血等症	秋季生于沙地或碱滩、草地上。孢体入药，采后去柄，晒干备用。分布于内蒙古、新疆等地
鬼笔状钉灰包 (Battarrea phalloides)	辛，平	具有消肿止血、清肺利喉、解毒的功效，主治感冒后咳嗽、喉炎、外伤出血等症	秋季散生于碱性土地上。孢体入药，采后去柄，晒干备用。分布于四川、新疆等地
小红湿伞 (Hygrocybe miniata)	甘、咸，寒	具有益脾补中、解五脏六腑热结的功效，主治慢性胃炎、燥热秘结等症	夏秋季生于竹林或阔叶林内和林缘地上。子实体入药，通常鲜用，亦可晒干备用。分布于吉林、江苏、安徽、广西、广东、台湾、湖南等地

（续）

菌物名称	性　味	功　效	生境与分布
绯红湿伞（Hygrocybe coccinea）	甘，咸，寒	功效同小红湿伞	夏秋季生于针阔叶林及针叶林地上。子实体入药。分布于吉林、湖南、台湾、四川、云南、西藏等地
草菇（Volvariella volvacea）	甘，寒	具有清暑热、补脾益气的功效，民间用于治疗脾虚气弱、抵抗力低下、伤口愈合缓慢、夏季暑热、心烦，现代医学用于高血压、维生素 C 缺乏病和消化道肿瘤等病的防治	夏秋季生于稻草堆、甘蔗渣堆等纤维素含量丰富的场所。子实体入药，于菌盖尚未开张前采收，纵切成两半，烘干或晒干备用。分布于福建、湖南、广东、广西、四川、云南、西藏等地。国内已广泛进行人工栽培
变绿红菇（Russula virescens）	甘、淡、微酸（《滇南本草》）；甘、淡，寒（《现代本草纲目》）	具有明目、清内热、泻肝火、舒筋活血的功效，民间用于治疗眼目不明、内热、妇女气郁等症	夏秋季生于阔叶林或混交林地上，与栎、桦等形成外生菌根。子实体入药。分布于辽宁、吉林、黑龙江、内蒙古、河南、江苏、浙江、福建、广东、广西、四川、贵州、云南、西藏等地
杨锐孔菌（Oxyporus populinus）	苦，寒	具有解毒通便、清肺化痰的功效，水煎服治疗肠热便秘、肺气上逆咳喘	生于栎、桦、杨、槭等阔叶树树干的基部，引起木材白色腐朽。子实体入药，采集后去杂质，晒干备用。分布于河北、山西、黑龙江、吉林、内蒙古、河南、陕西、福建、四川、贵州、云南等地
黄枝瑚菌（Ramaria flava）	甘，平，有小毒	具有和胃、祛风、破血缓中的功效，食后可引起呕吐、腹痛、腹泻等，不可多食	夏秋季生于针叶林或阔叶林地上，尤以混交矮林地上较多，散生或群生，与树木形成菌根。子实体入药，6～8 月采集。分布于河南、甘肃、广东、福建、台湾、四川、云南、贵州、西藏等地
美丽枝瑚菌（Ramaria formosa）	甘，平，有小毒	《四川蕈菌》文献记载有毒，食后可出现腹痛、腹泻、肠胃炎等，国外有记载可做泻药，且不会发生危害	多生于阔叶林地上，一般成群丛生在一起。子实体入药。分布于黑龙江、吉林、河北、河南、甘肃、四川、西藏、安徽、云南、福建等地
棱孔菌（Favolus alveolarius）	辛、苦，温	具有祛风散寒、活血通经的功效	生于阔叶树的倒腐木及林地枯枝干上，引起木材白色杂斑腐朽。子实体入药。分布于全国大部分地区
黄粉末牛肝菌（Pulveroboletus ravenelii）	微咸，有毒	具有消炎止血、祛风除湿的功效，民间用于治疗风湿关节痛、外伤出血，食后会出现头晕、恶心、呕吐等中毒症状	夏秋季生于阔叶林地上，形成菌根。子实体入药。分布于江苏、安徽、福建、河南、陕西、甘肃、广东、广西、海南、四川、云南等地

（续）

菌物名称	性　味	功　效	生境与分布
褐环黏盖牛肝菌（*Suillus luteus*）	甘，温	具有祛风活络的功效，民间用于治疗大骨节病	夏秋季生于松、栎林地上，与油松及杉等形成外生菌根。子实体入药，采摘后晒干，或揭去菌盖表皮后再晒干备用。分布于河北、辽宁、吉林、黑龙江、山西、江苏、浙江、江西、湖南、广东、四川、西藏等地
点柄乳牛肝菌（*Suillus granulatus*）	甘，温	具有祛风活络的功效，能治大骨节病，与褐环黏盖牛肝菌共入药	夏秋两季生于针阔叶林地上，与油松及杉等形成外生菌根。子实体入药。分布于全国大部分地区
莲座革菌（*Thelephora vialis*）	甘，平	具有祛风除湿、舒筋活络的功效，主治风湿关节痛等症	生于林地上。子实体入药。分布于江苏、安徽、浙江、江西、福建、广东、陕西、青海、四川、云南等地
雅致多孔菌（*Polyporus leptocephalus*）	微咸，温	具有追风散寒、舒筋活络的功效，主治腰腿疼痛、手足麻木、筋络不舒	夏秋季生于栎、桦、杨等阔叶树枯腐木上，有时生于衰弱的活立木上，引起木材白色腐朽。子实体入药，为山西太原"舒筋散"主要原料。分布于国内大部分地区
桦革褶菌（*Lenzites betulina*）	淡，温	具有追风散寒、舒筋活络的功效，主治腰腿疼痛、手足麻木、四肢抽搐等症	夏秋季生于槭、椴、桦、杨及栎等阔叶树的腐木上，偶然也生于云杉及冷杉等针叶树上，尤多生于白桦树上。在阔叶树腐木上呈覆瓦状生长。子实体入药，山西中药"舒筋丸"原料之一。分布于全国大部分地区
贝壳状革耳菌（*Panus conchatus*）	淡，温	具有追风散寒、舒筋活络的功效	夏秋季生于阔叶树的树桩及腐木上。子实体入药，"舒筋散"（山西）中含有此菌。分布于山西、河南、湖南、陕西、甘肃、云南等地
毛地花菌（*Albatrellus cristatus*）	淡，温	具有追风散寒、舒筋活络的功效	生于阔叶林地上。子实体入药。分布于山西、云南、西藏等地
空柄乳牛肝菌（*Suillus cavipes*）	淡，温	具有追风散寒、舒筋活络的功效	夏秋季生于针叶林地上，与落叶松等树木形成外生菌根，生长在不同的林型下，能吸收不同树木的一些成分，若是吸收有毒成分，食用易中毒。子实体入药。分布于吉林、内蒙古、黑龙江、山西、广东、四川、云南等地
厚环乳牛肝菌（*Suillus grevillei*）	微咸，温	具有追风散寒、舒筋活络的功效，主治腰腿疼痛、手足麻木	夏秋季生于针叶林地上，与树木形成外生菌根。子实体入药，"舒筋散"（山西）成分之一。分布于辽宁、吉林、黑龙江、山西等地
变色红菇（*Russula melitodes*）	甘、淡，寒	具有舒筋活络、明目清热的功效，主治腰腿酸痛、目赤肿痛	夏秋季生于针阔叶林地上，与松、栎等树木形成外生菌根。子实体入药，是"舒筋散"（山西）的有效成分之一。分布于河北、山西、辽宁、吉林、江苏、福建、河南、湖南、陕西、四川、贵州、云南、新疆、西藏等地

（续）

菌物名称	性　味	功　效	生境与分布
臭 红 菇 （Russula foetens）	淡，温，有毒	具有追风散寒、舒筋活络的功效，主治腰腿疼痛、手足麻木、四肢抽搐	晚春至秋初生于松林及混交林地上，与栎、榛、云杉等形成外生菌根。子实体入药，其用量不得大于用料总量的 0.1%。分布于国内大部分地区
辣 乳 菇 （Lactarius piperatus）	苦，温	具有祛风散寒、舒筋活络的功效	夏秋季生于针阔叶林地上，与松、栎、榛等树木形成外生菌根。子实体入药。分布于国内大部分地区
劣 味 乳 菇 （Lactarius insulsus）	辛、辣，温，有毒	具有舒筋活络、追风散寒的功效	夏秋季生于针阔叶林地上，与栎树形成外生菌根。子实体入药，"舒筋散"（山西）成分之一。分布于河北、山西、江苏、安徽、湖南、陕西、甘肃、吉林、四川、贵州、云南等地
罗 氏 乳 菇 （Lactarius romagnesii）	淡，温	具有追风散寒、舒筋活络的功效	夏秋季生于针阔叶林地上。子实体入药，"舒筋散"（山西）成分之一。分布于山西、陕西、安徽等地
绒 白 乳 菇 （Lactarius vellereus）	苦，温，微毒	具有追风散寒、舒筋活络的功效，主治手足麻木、腰腿疼痛	夏秋季生于针阔叶林地上，与松、栎等树木形成外生菌根。子实体入药，是"舒筋散"（山西）成分之一。分布于吉林、陕西、甘肃、安徽、福建、湖南、四川、贵州、云南、西藏等地
卷 边 桩 菇 （Paxillus involutus）	淡，温，文献记载生食有毒	具有追风散寒、舒筋活络的功效	夏秋季生于针阔林地和林缘草地上，与桦、杨等树木形成外生菌根，成片发生时往往对周围其他伞菌有抑制现象。子实体入药，"舒筋散"（山西）中含有此菌。分布于吉林、辽宁、黑龙江、内蒙古、山西、河北、安徽、广东、四川、贵州、云南等地
野 蘑 菇 （Agaricus arvensis）	微咸，温	具有舒筋活络、追风散寒的功效	夏秋季生于山坡草原或旷野草丛中，亦见于冷杉、云杉或针叶林地中。子实体入药，"舒筋散"（山西）成分之一。分布于黑龙江、内蒙古、吉林、河北、山西、山东、河南、青海、新疆、甘肃、安徽、福建、四川等地
硬 柄 小 皮 伞 （Marasmius oreades）	微咸，温	具有宣肠、健胃、追风散寒、舒筋活络的功效，可治腰腿疼痛、手足麻木、筋络不舒。民间用于治疗胃气痛、胃和十二指肠溃疡、习惯性便秘、筋络不舒、腰腿酸痛、手足麻木等	夏秋季雨后生于草原或山坡草丛中，可形成蘑菇圈。子实体入药，"舒筋散"（山西）成分之一。分布于河北、山西、青海、宁夏、西藏等地

（续）

菌物名称	性　味	功　效	生境与分布
白林地菇 (*Agaricus silvi-cola*)	微咸，温		夏秋季生于云杉、冷杉、红松等针阔叶混交林或落叶松林地上。子实体入药，"舒筋散"（山西）成分之一。分布于河北、山西、辽宁、吉林、黑龙江、山东、四川、云南、甘肃、青海、新疆、台湾等地
酸涩口蘑 (*Tricholoma ac-erbum*)	微咸，温	文献记载有微毒，尤其在半生不熟时食用易中毒	夏秋季生于针阔叶林地，与树木形成外生菌根。子实体入药，"舒筋散"（山西）成分之一。分布于河北、吉林、黑龙江、山西、青海、云南、西藏等地
漏斗状杯伞 (*Clitocybe in-fundibuliformis*)	微咸，温		夏秋季生于林中或林缘地上、落叶层或草地上。子实体入药，"舒筋散"（山西）成分之一。分布于河北、吉林、黑龙江、山西、陕西、甘肃、青海、新疆、四川、贵州、云南等地
片鳞鹅膏 (*Amanita ag-glutinata*)	苦，温，有毒	具有祛风散寒、舒筋活络的功效，主治腰腿疼痛、手足麻木、四肢抽搐	夏秋季生于阔叶林地上，散生或单生，与栎、栗等形成菌根。子实体入药，不可单独入药，是"舒筋丸"（山西）成分之一。分布于吉林、河北、江苏、安徽、湖南、湖北、四川、云南等地
大红菇 (*Russula rubra*)	甘、微辛，寒	具有祛风除湿、活血化瘀、止痛消肿的功效，民间用于治疗风湿关节痛、跌打损伤、贫血等症	夏秋季生于针阔叶林地上，散生或群生，常与栎属、水青冈属、栗属、云杉属、松属的一些树木形成外生菌根。子实体入药。分布于辽宁、吉林、黑龙江、内蒙古、福建、四川、云南、西藏等地
革质红菇 (*Russula aluta-cea*)	淡，温	具有追风散寒、舒筋活络的功效，主治腰腿疼痛、手足麻木、筋骨不舒等	夏秋季生于松林或针阔叶林地上，常与云杉、松等针叶树或栎类树形成外生菌根。子实体入药。分布于河北、黑龙江、江苏、安徽、福建、河南、广东、云南、甘肃等地
竹小肉座菌 (*Hypocrella bam-busae*)	涩、微辛	具有祛风除湿、清热解毒的功效	春季生于箭竹属的竹节间或近节处。子座入药。分布于云南、四川等地
松生层孔菌 (*Fomitopsis pi-nicola*)	微苦，平	具有祛风除湿的功效，民间用于下肢痹痛、风湿关节疼痛等症的治疗	生于松、云杉、铁杉及落叶松等针叶树的朽木上，偶尔也生于阔叶树的枯腐木上，引起木材块状褐色腐朽，腐朽力强。子实体入药，全年可采集。分布于全国大部分地区
鳞盖红菇 (*Russula rosea*)	微苦，平	具有祛风除湿、消肿的功效，主治风湿关节炎、跌打损伤，多为外科用药。鳞盖红菇与毒红菇(*Russula emetica*)极为相似，其区别是毒红菇边缘有条纹，表皮易剥离，味很麻辣	夏秋季生于针叶林或阔叶林地上，与松、栎、桦等形成外生菌根。子实体入药。分布于辽宁、吉林、黑龙江、内蒙古、江苏、福建、广东、广西、四川、云南、西藏等地

（续）

菌物名称	性　味	功　效	生境与分布
黄孢红菇 （*Russula xe-rampelina*）	微苦，平	具有祛风除湿、消肿的功效，主治风湿关节炎、跌打损伤	夏秋季生于针阔叶林地上，与冷杉、云杉、松和栎等形成外生菌根。子实体入药。分布于辽宁、吉林、黑龙江、河南、江苏、四川、云南、新疆等地
毛革盖菌 （*Trametes hir-suta*）	微苦，平	具有除风湿、治肺病、止咳、化脓、生肌的功效	夏秋季生于栎、桦、杨、柳等多种阔叶树的枯木上。子实体入药。分布于全国大部分省份
北方蜜环菌 （*Armillaria bo-realis*）	甘，温	具有祛风活筋、强筋壮骨、明目的功效，民间用于治疗癫痫、腰腿酸痛、佝偻病，近年用于治疗不同病因引起的眩晕，有较好的疗效，也可用于肢麻、耳鸣、失眠等症，经常食用可预防视力失常、眼炎、夜盲、皮肤干燥、黏膜失去分泌能力、呼吸道及消化道感染等症	夏至秋季生于栎、栲、桦、杨、柳、榆、榛、栗等阔叶树及针叶树近 600 多种树木的干基部、朽木及伐桩上，能引起活立木的根朽病，也可生长在被火烧过的树根上，其菌丝体在朽木上能发光，并在树木上形成菌索。子实体入药。分布于国内大部分地区，可进行人工栽培，深层发酵菌丝体也可供药用
黑红菇 （*Russula nigri-cans*）	微咸，温	具有祛风除湿、舒筋活血的功效，主治风湿关节痛、腰腿痛、四肢麻木等症，也可用于治疗误食毒菌中毒	夏秋季生于针阔叶林地上。子实体入药。分布于广西、云南、贵州、四川、湖南、福建、江苏、山西等地
棘托竹荪 （*Dictyophora echinovolvata*）	甘，平	具有祛风、止痛、活血、抗过敏的功效，主治风湿病、气管炎、肩周炎（肩风）等，也可用于治疗高血压和肥胖症，民间用其泡酒饮服	生于栎林及松林内枯枝败叶及腐殖土上，单生或群生。子实体入药，采后洗去孢体，晒干备用。分布于湖南，现已广泛进行人工栽培
白鬼笔 （*Phallus impu-dicus*）	甘、淡，温	具有祛风除湿、活血祛痛的功效，主治风湿疼痛	夏秋季生于林下腐木或腐殖质丰富的场所。子实体入药。分布于吉林、云南、四川、西藏等地
禾生指梗霉 （谷子白发病菌） （*Sclerospora gra-minicola*）	淡、微涩，微寒，微带腥气	具有清湿热、利小便、止痢的功效	寄生在粟上，粟从萌发至抽穗期都能感病。染病花序（包括卵孢子）入药，夏秋季采摘糠谷，晒干备用。分布于全国大部分地区
淡黄木层孔菌 （*Phellinus gil-vus*）		具有补脾、祛湿、健胃的功效	生于柳、栎、杉等针阔叶树朽木上，引起木材腐朽。子实体入药。分布于全国大部分地区

（续）

菌物名称	性　味	功　效	生境与分布
糙皮侧耳（*Pleurotus ostreatus*）	甘、平，温	具有补脾祛湿、缓和拘挛、益气、杀虫的功效，民间用于治疗脾胃虚弱、饮食减少、痹症、肢节酸痛、手足麻木或拘挛不舒等症	冬春季生于杨、胡桃、桦、赤杨、榆、柳及栎等阔叶树的枯木、倒木、伐桩及活立木的死亡部分及虫孔中。子实体入药。分布于国内各地，以东北、华中、西南地区出产较多
环柄香菇（*Lentinus sajor-caju*）		功效同糙皮侧耳	夏秋季雨后生于罗氏大戟等的树桩上。子实体入药。分布于云南，已广泛进行人工栽培
美味侧耳（*Pleurotus sapidus*）	甘、平，温	功效同糙皮侧耳	春秋季生于多种阔叶树的枯干上。子实体入药。分布于河北、黑龙江、吉林、江苏、安徽、河南、广西、四川、贵州、云南、西藏等地。已广泛进行人工栽培
菌核韧伞（*Lentinus tuberregium*）	辛、微苦，温	具有燥湿健脾、行气和胃、平喘、解毒的功效，主治胃病、便秘、发烧、感冒、水肿、胸痛、疔疮、天花、哮喘、高血压等症，外敷可治乳腺癌	夏秋季生于柳叶桉等阔叶树的树根或埋木上，引起木材的白色腐朽。菌核及子实体入药，菌核挖出后，洗净，去掉表面老菌皮，切片，晒干或烘干保存，或粉碎后保存备用。分布于云南省西部地区
茯苓（*Wolfiporia extensa*）	甘、淡，平	有渗水利湿、健脾止泻、宁心安神的功效	生于沙质土壤、气候凉爽、干燥、向阳山坡上的马尾松、黄山松、赤松、云南松、黑松等松属树木的根际，沿根向下蔓延，一般在埋深 50～80 cm 处结苓；也能生长在漆树、栎、冷杉、柏、桉、柑橘、玉兰、桑等树木以至玉米的根上；偶尔会侵害生活力较弱的活立木，被侵染的松树松叶由绿色变为枯黄色。菌核入药，野生茯苓一般在每年 7 月至翌年 3 月到松林中采挖。采挖的茯苓称为"潮苓"，含 40%～50% 水分。通过"发汗"，使其析出水分，茯苓皮上会出现很多白色霉状物，即茯苓子实体，俗称"耳菇子"。经过 3～4 次发汗，茯苓内部水分已大部分析出，再置阴凉干燥处晾至全干，称为"个苓"。发汗后趁湿削去外皮，可切成饮片。茯苓菌核内部白色部分切成的薄片或小方块即为白茯苓；削下来的黑色外皮部分即为茯苓皮；茯苓皮层下的赤色部分，即为赤茯苓；带有松根的部分即为茯神。分布于河北、山西、山东、江苏、安徽、浙江、江西、福建、河南、湖北、湖南、广东、广西、四川、贵州、云南等地

（续）

菌物名称	性味	功效	生境与分布
猪苓（*Polyporus umbellatus*）	甘、淡，平	具有利尿渗湿、抗癌、延年耐老的功效，无水湿者忌用	生于凉爽干燥朝阳山坡的桦、栎、槭、柳、椴以及壳斗科树木的根际，可引起树木腐朽。菌核入药，南方全年皆采，北方以夏秋两季为多。分布于河北、山西、黑龙江、吉林、辽宁、河南、湖北、陕西、甘肃、浙江、广西、四川、贵州、云南等等地
乳白耙菌（*Irpex lacteus*）	甘、淡，寒	具有利水渗湿的功效	生于杨、柳、榆、桦、椴等多种阔叶树的枯立木上，腐朽力强。子实体入药。全国大部分地区均有分布，现已用深层发酵培养物供药用
榆生玉蕈（*Hypsizygus ulmarius*）	甘，平	具有渗湿利水、健脾理气、补精血、通筋脉的功效，主治肝肾亏虚精血不足之痿症、脾虚泄泻、痢疾等症	夏秋季生于榆及其他阔叶树的树干上，引起木材白色腐朽。子实体入药。分布于黑龙江、吉林、青海等地，可人工栽培
茶树菇（柱状田头菇）（*Agrocybe cylindracea*）	甘、淡，平	具有利尿渗湿、清肺热、平肝明目、健脾止泻的功效	春至秋季生于油茶、柳、杨等树的枯腐树干和树桩上，丛生或单生。子实体入药。分布于吉林、辽宁、浙江、福建、台湾、贵州、云南、四川、河南等地，可人工栽培
灰树花（*Grifola frondosa*）	甘，平	具有渗湿、清热、益气健脾的功效	生于栎、栲及其他阔叶树的树干及伐桩周围，导致木材腐朽。子实体入药，夏秋季采集。分布于河北、吉林、浙江、福建、广西、四川、云南等地，可进行人工栽培，也可进行深层发酵培养
茶薪菇（杨树菇）（*Agrocybe chaxingu*）	甘，平	具有利尿渗湿、清热平肝、健脾止泻的功效	春至秋季生于油茶树桩及枯干上。子实体入药，4～9 月采集。分布于福建，已人工栽培。此菌没有收入《真菌索引》（*Index of Fungi*）中，形态与茶树菇（*A. cylindracea*）极为相似，因取消杨树菇（*Agaricus aegerita*）为合法命名，中文的杨树菇并入茶树菇
淡紫坂氏齿菌（*Bankera violascens*）	辛，微寒	具有清热利湿的功效，主治胆囊炎	夏秋季生于针阔叶混交林地上。子实体入药，采摘后去杂质，晒干备用。分布于四川等地
云芝（*Trametes versicolor*）	甘、淡，微寒	具有健脾利湿、清热解毒、补精益气的功效，有抗癌作用	生于杨、柳、槭、栎、榛、桦、梓、榆、樟、木荷、枫杨、李、桃、苹果以及紫丁香等阔叶树的枯立木、倒木和伐桩上，引起木材海绵状白色腐朽。也偶见于松的树干上。子实体入药，全年可采收。分布于全国各地

（续）

菌物名称	性　味	功　效	生境与分布
单色革盖菌（Cerrena unicolor）	甘、淡，微寒	具有健脾利湿、清热解毒的功效，有抗癌作用	生于榆、柳、杨、栎、桦、梓、胡桃及杜鹃等阔叶树的腐木及树干上。子实体入药，夏秋可采收。分布于国内各地
发光假蜜环菌（Armillaria tabescens）	苦，微寒	具有清热利湿、疏肝解郁的功效，民间用于治疗急慢性胆囊炎、慢性肝炎等	夏秋季生于灌木或阔叶树的树干基部、树桩及倒木上，引起木材腐朽，具有发达的根状菌索。子实体入药，民间也有挖取生有菌丝体的树根或树桩入药者，现在多采用固体培养基培养菌丝体供药用，菌丝体在培养基上初期为白色，在暗处发出浅蓝色荧光，老化后转变为黄棕色至棕褐色，不发光。分布于河北、吉林、江苏、浙江、安徽、四川、陕西等地
树舌灵芝（平盖灵芝）（Ganoderma applanatum）	微苦，平	具有祛风除湿、清热止痛的功效，民间多用于治疗急慢性肝炎、食道癌、胰腺癌、消化道溃疡、早期肝硬化	夏秋季生长在槭、山毛榉、赤杨、金合欢、白桦、七叶树、山核桃、槐、皂角等多种阔叶树的树干、树桩或腐木上，引起木材白色斑点腐朽；或生于活树基部，引起树干基部腐朽；也偶尔发生于针叶树的枯干或竹茎基部；在热带地区还可寄生于茶和咖啡树根上，引起根腐。子实体入药，夏秋季采收，晒干备用。民间常采用生于皂角树（四川）或梅树（黑龙江朝鲜族）者入药，治癌症。分布于全国大部分地区，可进行人工栽培或深层发酵培养
香栓菌（Trametes suaveolens）	辛、甘，温	具有温肾散寒、和胃理气的功效	生于桦、杨、柳、皂角等阔叶树树干上，引起木材白色腐朽。子实体入药。分布于国内大多数地区
浓香乳菇（Lactarius camphoratus）	辛，温	具有散寒止痛、调中理气的功效，主治胃脘冷痛、泛吐清水、反胃呕吐等症	夏秋季生于针叶林或混交林地上，与栎类树种形成外生菌根。子实体入药。分布于吉林、江苏、广西、四川、贵州、云南等地
淡红侧耳（Pleurotus djamor）	辛，温	可用于止痢和治疗胃肠道疾病	夏秋季生于阔叶树枯木、倒木和树桩上。子实体入药。分布于福建、江西等地。桃红侧耳（Pleurotus salmoneostramineus）作为无效名归入淡红侧耳
杏鲍菇（刺芹侧耳）（Pleurotus eryngii）	辛，温	主治胃寒、肢麻等症	春末夏初生于伞形科植物阿魏、新疆阿魏、刺芹等的茎基或根部。子实体入药。分布于四川西北部及新疆等地
围篱状柄笼头菌（Simblum periphragmoides）	辛，温	河南民间用于治疗食道癌及胃炎	夏秋季生于旷野地上，散生至群生。子实体入药。分布于河北、山西、山东、河南、江苏、台湾、四川等地

（续）

菌物名称	性　味	功　效	生境与分布
钢青褐层孔菌（*Phellinus adamantinus*）	辛，温	民间用于治疗胃气痛	生于栎、油茶及其他阔叶树的树干基部及树桩上。子实体入药。分布于贵州、江苏、湖南、福建、广西、海南等地
簇毛木层孔菌（*Phellinus torulosus*）	辛，温	民间用于理气、解毒和治疗贫血	生于栎的树干基部。子实体入药。分布于河北、山西、黑龙江、吉林、浙江、江西、台湾、湖南、广东、广西、云南等地
毛蜂窝菌（*Hexagonia apiaria*）	微苦、涩，温	具有宣肠、健胃、止酸、解毒的功效	春至秋季，生于龙眼、荔枝等活树的枯枝上，单生至群生。子实体入药，春至秋季可采集。分布于福建、广东、广西、云南等地
偏肿栓菌（*Trametes gibbosa*）	甘，平	具有宽中益气、健脾益胃的功效	生于桦、槭、栎等阔叶树朽木或树桩上，能引起树木白色腐朽，在菌龄较长的香菇、银耳木段上常有此菌生长。子实体及菌丝侵染木材入药。分布于全国大部分地区
松口蘑（*Tricholoma matsutake*）	甘，平，温	具有理气止痛、益气强身、补中健胃的功效	秋季生于赤松、黑松及落叶松等松林或针阔叶混交林地，单生至群生，常形成蘑菇圈，与松属形成外生菌根。子实体入药，采后晒干或烘干备用。分布于吉林、黑龙江、安徽、湖北、广西、四川、贵州、云南、西藏、台湾等地
粪生黑蛋巢菌（*Cyathus stercoreus*）	微苦，温	有健胃止痛、止血、解毒的功效，主治胃气痛、消化不良等症	夏秋季生于堆肥、粪土、垃圾或田野上，群生或丛生。子实体入药，采后洗净，晒干备用。分布于国内大部分地区
隆纹黑蛋巢菌（*Cyathus striatus*）	微苦，温	具有健胃止痛的功效，主治胃气痛	夏秋季生于林中落枝、朽木及枯叶上，群生。子实体入药。分布于河北、黑龙江、安徽、江苏、浙江、湖南、江西、广西、广东、山西、福建、云南、四川、贵州、西藏等地
紫红曲霉（*Monascus purpureus*）	甘，温	具有消食和胃、健脾燥胃、活血止痛的功效	菌丝体及孢子入药。分布于长江以南各省。可用江米做培养基进行人工培养
羊肚菌（*Morchella esculenta*）	甘，平	具有益肠胃、化痰理气的功效	春夏之交的雨后，生于阔叶林稀疏林地、林缘空旷处或耕地旁草丛中及火烧地上，单生或群生。子实体入药，4月上旬至5月下旬为盛产期。分布于北京、山西、河南、甘肃、青海、新疆、四川、云南等地
普通羊肚菌（*Morchella vulgaris* ＝ *Morchella conica*）	甘，平	具有益肠胃、化痰理气的功效	夏秋季之交的雨后，生于阔叶林、混交林内的地上，林缘空旷处及防护林内的草丛中。子实体入药。分布于河北、山西、江苏、湖南、甘肃、新疆和云南等地

（续）

菌物名称	性　味	功　效	生境与分布
粗柄羊肚菌（*Morchella crassipes*）	甘，平	具有益肠胃、化痰理气的功效，主治消化不良，痰多气短	夏秋季之交的雨后，生于混交林内的地上。子实体入药。分布于新疆和山西等地
小羊肚菌（*Morchella deliciosa*）	甘，平	具有益肠胃、化痰理气的功效	夏秋季之交的雨后，生于稀疏的林地上。子实体入药。分布于山西和新疆等地
印度块菌（*Tuber indicum*）	甘，平	具有宣肠、健胃、益气的功效	夏秋季生于云南松、华山松林下石灰质土壤中，与松树共生。子实体入药。分布于四川等地
白鸡油菌（*Cantharellus subalbidus*）		具有助消化的功效	夏末至秋季生于阔叶林地上，散生至群生，与甜槠、黄杉等形成外生菌根。子实体入药。分布于安徽、广东、四川、云南等地
猴头菇（*Hericium erinaceus*）	甘、淡，平	具有健脾益气、消食安神的功效	夏秋季生于栎、胡桃等阔叶树的枝干断面或腐朽的树洞中以及枯立木上，单生，引起木材白色腐朽。子实体入药，夏秋采收。分布于全国大部分地区，国内已广泛进行人工栽培。小刺猴头菇（*Hericium caput-medusae*）作为不合法名称并入猴头菇
珊瑚状猴头菇（*Hericium coralloides*）	甘、淡，平	具有健脾益气的功效，主治消化不良、神经衰弱、身体虚弱、胃溃疡等症	夏秋季生于栎、桦、冷杉等的枯干或倒木上，单生。子实体入药。分布于吉林、黑龙江、辽宁、内蒙古、四川、云南、贵州、西藏等地，可进行人工栽培
牛排菌（*Fistulina hepatica*）	甘、淡，平	具有健脾、益胃、消炎化积的功效，主治肠胃炎，有抗癌活性	春至秋季生于栲树、米槠、甜槠等壳斗科树种的枯干或树洞中，喜黑暗而潮湿的环境。子实体入药，4～10月采集。分布于福建、广西、四川、云南、广东、河南等地，可进行人工栽培
贝状木层孔菌（*Phellinus conchatus*）	甘，淡	具有活血、化积、解毒的功效，主治消化不良、脘腹胀满等症	生于柳、李、漆树等阔叶树的腐木上，引起木材腐朽。子实体入药。分布于全国大部分地区
木蹄层孔菌（*Fomes fomentarius*）	淡、微苦，平	有消积、化瘀、解热的功效，有抗癌活性	多生于白桦及栎等的活立木及枯立木、倒木上，也生于杨、柳、赤杨、椴、榆、水曲柳及梨等阔叶树的枯立木、倒木上，能引起树木斑状白色腐朽。子实体入药，6～7月采收。分布于河北、山西、内蒙古、黑龙江、吉林、辽宁、河南、广西、陕西、湖北、甘肃、新疆、四川、贵州、云南等地

（续）

菌物名称	性 味	功 效	生境与分布
灰离褶伞（Lyophyllum cinerescens）	淡、微苦，平	具有健胃消食、利膈下气的功效，主治消化不良、胃肠胀满、便秘等症	秋季生于针阔叶树林地上，丛生。子实体入药。分布于黑龙江、辽宁、吉林、河南、青海、四川、云南、西藏等地，可人工栽培
雀斑菇（Agaricus micromegethus）	淡、微苦，平	具有健脾消食、醒神平肝的功效，有抗癌活性	夏秋季生于草地或林下草地上。子实体入药。分布于河北、江苏、山东、广东、广西、海南等地
紫菇（Agaricus dulcidulus）	淡、微苦，平	具有健脾消食、醒神平肝的功效，有抗癌活性	秋季生于林中草地上。子实体入药。分布于江苏、山东、四川、云南等地
毛头鬼伞（Coprinus comatus）	甘，平	具有益胃、清神、凉血的功效，民间用其治疗积食、消化不良、肝炎、糖尿病和痔疮等疾病，用药后应避免饮酒，对某些人可能会出现中毒反应	春至秋季生于林下草丛中、庭院空地或秸秆上，有时发生在有机肥比较丰富的田野上。子实体入药，在子实体呈白色时采摘，洗去泥沙，立即放于沸水中 3 min 取出，晒或烘干备用。分布于河北、山西、辽宁、吉林、黑龙江、江苏、福建、云南、甘肃、湖北、湖南、青海、四川等地，国内已进行人工栽培
墨汁鬼伞（Coprinopsis atramentaria）	甘、淡，有小毒	具有益肠胃、化痰理气的功效，不可与酒同服	春至秋季生于田野、树林中杨、柳等阔叶树附近地上或草丛中。子实体入药。分布于河北、山西、辽宁、吉林、黑龙江、湖北、湖南、甘肃、青海、四川、贵州、云南、西藏等地
多脂鳞伞（Pholiota adiposa）	甘，平	具有化积消食、清神醒脑的功效	秋季生于杨、柳、桦等阔叶树的树干上，尤多见于树干上枯腐洞缝中，有时也生于针叶树的树干上，单生至丛生，多数丛生，引起木材杂斑状褐色腐朽。子实体入药。分布于全国大多数省份，日本和我国已进行人工栽培
铜色牛肝菌（Boletus aereus）	淡，温	具有健脾消积、补虚止带的功效	常生于松栎混交林下，喜沙砾土或多生于大雨后疏林向阳地上，也可生于多种阔叶林下。子实体入药。分布于四川、贵州、云南、广东等地
小美牛肝菌（Boletus speciosus）	甘，平	具有健胃消胀，养血和中的功效，主治胃脘饱胀	夏秋季生于松、栎林中，与冷杉、云杉和松等多种树木形成外生菌根。子实体入药。分布于江苏、浙江、广东、四川、云南、贵州、西藏等地
软靴耳（Crepidotus mollis）	甘，平	具有健脾和胃、生津止渴的功效，主治食积不化、五心烦闷、口干舌燥	夏秋季生于阔叶树朽木上或活立木半朽处及半朽树桩基部和周围地面上，散生、群生至叠生。子实体入药，采后鲜用或晒干备用。分布于河北、山西、吉林、江苏、浙江、福建、河南、湖南、广东、四川、云南、陕西、西藏等地

（续）

菌物名称	性 味	功 效	生境与分布
蓝黄红菇（*Russula cyanoxantha*）	甘，平	具有健脾益胃、消食化滞的功效，主治消化不良、脾虚泄泻、胀满腹痛	夏秋季生于阔叶林地上。子实体入药。分布于福建
密集木层孔菌（*Phellinus densus*）	甘、辛，微寒	具有行气、杀虫、解热的功效	生于榆及楝等阔叶树的腐木上。子实体入药。分布于河北、四川、湖南等地
雷丸（*Laccocephalum mylittae*）①	苦，寒，有小毒	具有消积杀虫的功效，主治虫积腹痛，驱杀绦虫最为有效，脾胃虚寒者慎服	腐生兼性弱寄生菌，常生于衰败的杂竹林及泡桐、胡颓子、枫香树、棕榈或某些朽树桩的根际，也能生长在斑茅草蔸下，山坡或阳坡山凹的通透性良好的沙砾性土壤中有利雷丸生长，通常分布在离地面 10～20 cm 深的土层中。菌核入药，春、秋、冬三季均可采集，以 9～10 月采集者品质较好。分布于安徽、浙江、福建、河南、湖北、湖南、广西、陕西、甘肃、四川、贵州、云南等地，国内有少量栽培
阿魏侧耳（*Pleurotus eryngii* var. *ferulae*）	辛，温	具有消积、杀虫的功效，民间用于治疗腹部肿块、肝脾肿大、脘腹冷痛、虫积、肉积及疟疾、痢疾等	春季生于伞形花科植物阿魏的根上。野生或用阿魏栽培的子实体入药。分布于新疆荒漠区的阿魏滩上，可人工栽培
硫黄菌（*Laetiporus sulphureus*）	甘，温	具有健脾益气、强精固本的功效，焚烧子实体能驱除蚊、蚋、蠓等，可做生物驱蚊剂	生于椴、白桦、栎、李、海棠、冷杉及落叶松的活立木和伐木桩上，造成褐色心材腐朽。子实体入药。分布于全国大部分地区
托柄灰包（*Tulostoma volvulatum*）	辛，平	具有止血消肿、消炎解毒的功效，研末撒敷伤口可治外伤出血	夏秋季生于碱滩地上。孢体入药，采后去柄，晒干备用。分布于青海、内蒙古、新疆等地
螺青褶伞（*Chlorophyllum agaricoides*）	苦，平	具有消肿、止血、清肺、利喉、解毒的功效	秋季生于草原、沙地或旷野草地上。子实体入药，采后晒干，研末备用。分布于河北、内蒙古等地
裂顶柄灰包（*Schizostoma laceratum*）	辛，平	具有清肺利咽、消肿止血、解毒的功效	夏秋两季散生于地上。孢体入药，采后摘去菌柄，晒干备用。分布于内蒙古、山西等地
小顶柄灰包（*Tulostoma jourdani*）	辛，平	具有清肺利咽、消肿止血、解毒的功效	夏秋季生于云杉等林地上及草原上，散生至丛生。孢体入药，采后摘去菌柄，晒干备用。分布于内蒙古、山西、甘肃、青海、新疆等地

① 也有人认为 *Omphalia lapidescens* 是雷丸，需要进一步研究。

（续）

菌物名称	性　味	功　效	生境与分布
柄灰包（Tulostoma brumale）	辛，平	具有消肿止血、清肺解毒的功效	夏秋季生于地上。孢体入药，采后去柄，晒干备用。分布于宁夏等地
褐柄灰包（Tulostoma bonianum）	辛，平	具有止血消肿、清咽利喉的功效，主治外伤出血、扁桃体炎等症	夏秋季生于橡树林地上。孢体入药，采后去柄，晒干备用。分布于江苏、河北等地
小孢柄灰包（Tulostoma finkii）	辛，平	具有清肺利咽、止血消肿的功效	夏秋季生于阔叶林地上。孢体入药，采后去柄，晒干备用。分布于宁夏等地
轴灰包（Podaxis pistillaris）	辛，平	具有清肺利咽、消肿止血、解毒的功效	夏秋季生于沙土地上，早期地下生，后外露。孢体入药，采后去掉菌柄，晒干，研末保存。分布于广东等地
多根硬皮马勃（Scleroderma polyrhizum）	辛，平	具有清肺利咽、止血消肿、解毒的功效，主治食道及胃出血、外伤出血、冻疮流水以及感冒咳嗽等症，对支气管炎、喉炎和外伤出血治疗效果极佳	夏秋季生于林地上，草丛中或石缝内，散生或群生，与松等林木形成外生菌根。孢体入药，采后清除泥沙，晒干备用。分布于江苏、江西、福建、湖南、广东、广西、四川、贵州、云南等地
白秃马勃（Calvatia candida）	辛，平	具有消炎、止血、利咽、解毒等功效	夏秋季生于林地上，群生、丛生或单生。子实体入药。分布于辽宁、河北、黑龙江、山西、陕西、江苏、广东、贵州、四川、新疆、西藏等地
梨形马勃（Lycoperdon pyriforme）	辛，平	具有消肿、止血、清肺、利咽、解毒的功效	夏秋季生于枯腐木上和树干基部，群生、丛生或散生，罕地上生。子实体入药。分布于黑龙江、吉林、内蒙古、河北、山西、陕西、甘肃、新疆、青海、湖南、安徽、云南、广西、四川、西藏等地
粗皮马勃（Lycoperdon asperum）	辛，平	具有清肺利咽、消肿止血的功效	夏秋季生于针阔叶林地上，群生或单生。子实体入药。分布于河北、山西、陕西、河南、湖北、湖南、江西、浙江、广东、广西、海南、四川、西藏等地
黑心马勃（Lycoperdon atropurpureum）	辛，平	具有清肺利咽、消肿止血的功效	夏秋季生于针、阔叶林地，群生或单生。子实体入药。分布于内蒙古、青海、江苏、宁夏、陕西、河北、山西、云南、四川、西藏等地
赭色马勃（Lycoperdon umbrinum）	辛，平	有止血作用	夏秋季生于林地上，丛生或散生。子实体入药。分布于吉林、内蒙古、河北、陕西、甘肃、青海、安徽、江苏、浙江、广东、贵州、四川、西藏等地

（续）

菌物名称	性　味	功　效	生境与分布
袋形秃马勃 (Lycoperdon ex-cipuliforme)	辛，平	有止血作用	夏秋季生于草地或林地上，散生。子实体入药。分布于吉林、河北、山西、陕西、新疆、青海、安徽、江西、广东、四川等地
大孢硬皮马勃 (Scleroderma bo-vista)	辛，平	具有止血消肿、清肺利咽的功效，主治消化道出血、外伤出血等症	夏秋季生于针叶林或针阔林地中、草丛中或沙地上，散生，能与林木形成外生菌根。孢体入药，夏秋季采集。分布于全国大部分地区
光硬皮马勃 (Scleroderma ce-pa)	辛，平	具有清热利咽、消肿止血的功效，主治外伤出血、痔疮出血、扁桃体炎	夏秋季生于林地上，与林木形成外生菌根。孢体入药，采后去泥沙，晒干备用。分布于河南、四川、湖北、江苏、浙江、湖南、云南等地
歧裂灰孢 (Phellorinia her-culeana)	辛，平	具有消肿、止血的功效，主治外伤出血、冻疮流水	秋季生于空旷草原、沙土或黏土地上，单生至群生。子实体入药，采后摘去菌柄，晒干备用。分布于青海、新疆等地
缝裂木层孔菌 (Phellinus rimo-sus)	微苦，平	具有化瘀、止血、和胃、止泻的功效	生于栎、桦、山杨和槭等阔叶树树干上，使木材白色腐朽。子实体入药，全年采集。分布于黑龙江、吉林、河北、山西、河南、陕西、新疆、青海、安徽、浙江、云南、海南、广东、四川、西藏等地
彩色豆马勃 (Pisolithus ar-hizus)	辛，平	具有消肿、止血的功效，主治消化道出血、冻疮溃疡、外伤出血等症	夏秋季生于林下草地、路边和旷野沙砾地上，与针叶树形成外生菌根。子实体入药，采后清除泥沙，晒干，用时研成粉末。分布于辽宁及长江以南各省份
多形灰包 (Lycoperdon polymorphum)	辛，平	具有收敛止血、消炎镇痛的功效，主治外伤出血、咽喉痛、肺脓肿、肺炎等	夏秋季生于山坡草地、灌木丛或疏林地上，散生。子实体入药。分布于河北、新疆、青海、浙江、江苏、江西等地
脱被毛球马勃 (Lasiosphaera fenzlii)	辛，平	具有收敛止血、清热解毒、清肺利咽的功效，民间用于治疗肺热咳嗽、喉痹、衄血、失音、扁桃体炎、痔疮出血及外伤出血等症	夏秋季生于林下、草地腐殖质丰厚处。子实体及孢子粉入药，夏秋采收，采后去泥沙晒干备用。分布于河北、内蒙古、黑龙江、江苏、安徽、湖北、湖南、陕西、甘肃、青海、新疆、贵州等地
褐皮马勃 (Lycoperdon fuscum)	辛，平	具有收敛止血的功效	夏秋季生于林内苔藓地上，单生至近丛生。孢体和孢子粉入药。分布于黑龙江、山西、辽宁、吉林、甘肃、青海、西藏、福建等地
小柄马勃 (Lycoperdon pedicellatus)	辛，平	具有收敛止血的功效	夏秋季生于阔叶林中地面枯枝落叶层上，群生至丛生。孢体和孢子粉入药。分布于吉林、河北、安徽、湖南、福建、四川、云南等地

（续）

菌物名称	性　味	功　效	生境与分布
滇肉棒菌（*Podostroma grossum*）	甘，温	有止血作用，主治外伤出血	生于混交林地。子实体入药，夏秋采收。分布于云南等地
止血扇菇（鳞皮扇菇）（*Panellus stipticus*）	辛，温，有毒	具有止血消炎的功效	夏秋季生于阔叶林中枯腐倒木或树桩上，导致木材腐朽，群生，晚上可发光，但因地区差异而不一定发光。子实体入药，采后晒干或烘干，研末，瓶储备用。分布于全国大部分地区
黑根须腹菌（*Rhizopogon piceus*）	平，淡	有止血作用，外治创伤出血	夏秋季生于松、栎林和针阔叶林地，群生，与林木形成外生菌根。子实体入药，采后去掉菌索，晒干，研末备用。分布于山西、福建、广东等地
金孢菌寄生（*Hypomyces chrysospermus*）	涩，平	具有消炎解毒、收敛止血的功效，主治外伤出血	寄生于牛肝菌科的子实体上，菌丝呈柠檬黄色，能形成砖红色子囊壳，群生，近球形。分生孢子粉入药，采后晒干，储于洁净瓶中备用。分布于河北、江苏、安徽、福建等地
无缝珠（*Sclerotium solani*）	微咸、涩，平	具有收敛止血的功效，主治各种内出血	生于海拔500～900 m处的山坡密林地下，深度多为12～30 cm，也见于土表下。菌核入药，夏秋季采收，采后洗去泥土，晒干，研末备用。分布于河南、安徽、湖北等地区
紫褐丝核菌（*Rhizoctonia sp.*）	涩，平	具有消炎解毒、收敛止血的功效，主治外伤止血消炎	生于岩石上。子实体入药，采后晒干，研末备用。分布于安徽、浙江等地
火木层孔菌（*Phellinus igniarius*）	甘、辛，平	具有清热利湿、止血通淋的功效，主治血崩、血淋、脱肛泻血、带下、经闭	生于杨、柳、白桦、栎、榉树、杜鹃及四照花等阔叶树的活立木上，多集中于树干的中下部，或其树桩、倒木上，引起材心部海绵状白色腐朽。子实体入药，全年可采收，切成饮片，晒干备用。分布于中国东北、西北、黄河以北以及四川、云南等山区
尤地木层孔菌（*Phellinus linteus*）	甘、辛	主治血崩、血淋、脱肛泻血、带下、经闭等症	生于桑、杨属树干上。子实体入药。分布于河南、云南、广东、四川等地
槐栓菌（*Trametes robiniophila*）	苦、辛，平	具有治风破血、清热解毒的功效，主治肠风便血、痔疮、崩漏等症，具有防癌作用	生于中国槐、洋槐、青檀等的树干上，导致心材腐朽。子实体入药。分布于河北、陕西、江苏、山东等地
粗毛纤孔菌（*Inonotus hispidus*）	辛，平	具有祛风止血、脱毒止痛的功效，主治痔疮、脱肛等	生于胡桃、水曲柳、春榆、紫椴等活立木上，引起海绵状白色腐朽，也生于杨、栎、椴、榆、槐、洋槐和鹅耳枥等阔叶树的树干上。子实体入药。分布于吉林、黑龙江、河北、山西、山东、陕西、宁夏、新疆、云南、西藏等地

（续）

菌物名称	性　味	功　效	生境与分布
鸟状纤孔菌 （*Inonotus rheades*）	辛，平	具有祛风止血、败毒止痛的作用，外用主治肠风下血	生于桑、槐、杨、柽柳等阔叶树树干上。子实体入药。分布于河北、内蒙古、黑龙江、陕西、宁夏、新疆等地
宽鳞多孔菌 （*Polyporus squamosus*）	性味同槐栓菌（槐蛾）	用以治疗癌症（如肝癌、乳腺癌）和慢性乙型肝炎等	生于核桃、柳、杨、榆、槐、刺槐、洋槐等阔叶树树干或倒木上。子实体入药。分布于内蒙古、河北、吉林、山西、陕西、甘肃、青海、四川、江苏、福建、广东、湖南等地
斑褐孔菌 （*Fuscoporia punctata*）	辛，温	具有活血通经、祛瘀止痛的功效，主治心痛（心绞痛）、心律失常以及血瘀闭经、痛经、月经不调等症	生于栎、槭等阔叶树的树皮及腐木上，引起木材白腐。子实体入药，有的地方连同白色腐朽木材一同挖取供药用。分布于吉林、辽宁、河北、陕西、江苏、浙江、湖北、湖南、福建、广西、江西、安徽、云南等地
安络小皮伞 （*Marasmius androsaceus*）	微苦，温	具有活血、祛风、通络、止痛的功效，民间用于跌打损伤、骨折疼痛、坐骨神经痛、三叉神经痛、偏头痛、眶上神经痛、麻风性神经痛、面神经麻痹、面肌痉挛、腰肌劳损、风湿性关节炎等症	生于深山密林、阴湿处的朽木、落枝、落叶、树皮或朽竹枝上，此菌常见的是菌索阶段，多在5～10月发生，子实体6～8月发生，较少见。菌索入药，6～10月采集，洗净晒干备用，其液体深层发酵液经抽提制成"安络痛"。分布于湖南、云南等地
棱柄松苞菇 （*Catathelasma ventricosum*）	辛，平、微温	具有补益和中、行气活血的功效，主治心脾气痛及暴心痛	夏秋季生于松、杉等针阔叶林地上，与树木形成外生菌根。子实体入药，采后去杂质，晒干备用。分布于吉林、黑龙江、四川、云南、贵州、西藏等地
竹黄（*Shiraia bambusicola*）	淡，平	具有活血化瘀、通经活络、祛风除湿、镇咳化痰、补中益气的功效	4～5月生于箭竹属及刚竹属的枯枝上，偶见于短穗竹属某些竹类上，多生于将衰败或衰败的竹林中。子座入药，蒸后烤干保存。分布于浙江、江苏、安徽、江西、福建、湖南、湖北、四川、贵州等地，可采用竹林人工喷雾接种法进行人工栽培，也可进行深层发酵培养
毛木耳（*Auricularia cornea*）	甘，平	具有益气强身、通筋活络、祛瘀止痛、止血活血的功效	夏秋季生于柳、桑、榆、洋槐等多种阔叶树枯干及腐木上。子实体入药。分布于全国大部分地区，可进行人工栽培
大团囊虫草 （*Elaphocordyceps ophioglossoides*）	微涩，温	具有活血、调经的功效，云南楚雄民间用地上部分治血崩、调经	寄生于竹林或松、杉林下疏松土中的粒状大团囊菌（*Elaphomyces granulatus*）的子囊果上。子座入药，夏秋采收。分布于云南、广西、四川、江苏

（续）

菌物名称	性　味	功　效	生境与分布
酒色红菇（Russula vinosa）	微涩，温	民间用于治疗产妇贫血	夏秋季生于针阔林地上。子实体入药。分布于福建、广东等地
头状秃马勃（Calvatia craniiformis）	辛，平	具有生肌消肿、止血、止痛、清肺利咽、解毒等功效	夏秋季生于林中和草地上，单生或散生。子实体入药。分布于全国大部分地区
亚黑管菌（Bjerkandera fumosa）	微涩，平	具有活血化瘀、软坚散结的功效，治疗子宫癌	生长在阔叶树的倒木上。子实体入药，夏秋季采收。分布于河北、吉林、江苏、福建、黑龙江、辽宁、湖北、湖南、陕西、青海、广西、四川、贵州、云南等地
黑管孔菌（Bjerkandera adusta）	微涩，平	功效同亚黑管菌	生于杨、柳、柞、椴、桦等阔叶树倒木、枯立木及伐桩上，引起木材海绵状白色腐朽。子实体入药。全国大部分地区均有分布
药用拟层孔菌（Laricifomes officinalis）	甘、苦，温	具有温肺化痰、降气平喘、祛风除湿、活血消肿、利尿、解蛇毒等功效，国内外和民间用于治疗肺结核、支气管炎、胃部不适、毒蛇咬伤等，大量服用会引起中毒	生于衰老的松及落叶松的树干或基部以及伐桩上，引起心材块状褐色腐朽。子实体入药，切去粗糙外皮，干燥后研粉备用，全年采集。分布于河北、吉林、黑龙江、内蒙古、山西、新疆、四川、云南、西藏等地
银耳（Tremella fuciformis）	甘、淡，平	具有润肺生津，滋阴养胃，益气和血的功效	夏秋季生长在栎、杨、米槠、乌桕等数十种阔叶树的枯腐木上，为弱性腐生菌，其生长发育需要有伴生菌提供养分。子实体入药，4~9月采收，5~8月为盛产期。分布于四川、贵州、湖北、福建等地，在山西、江苏、安徽、浙江、江西、台湾、湖南、广东、广西、陕西、云南、西藏等地也有不同程度的自然分布，现已广泛进行人工栽培
金耳（黄白银耳）（Tremella aurantialba）	甘，温	具有润肺生津、化痰止咳、调气定喘、平肝阳的功效	夏秋季生于阔叶林及针阔叶混交林中壳斗科栎属、青冈属、石栎属等阔叶树近枯萎的朽木上，从树干裂缝中长出，单生或群生。恒与粗毛硬革菌（Stereum hirsutum）伴生，其子实体革质，平伏或反卷，表面有粗毛及不显著的同心环沟，初期米黄色或淡土黄色，后渐变为灰黄色，边缘完整。金耳为异型组织，其表层为金耳菌丝，髓层由粗毛硬革菌丝组成。子实体入药，6~8月采收。分布于江西、福建、四川、山西、云南、西藏等地，现已进行人工栽培和深层发酵培养

（续）

菌物名称	性 味	功 效	生境与分布
黄花耳（*Dacrymyces au-rantiacus*）	甘，温	主治肺热多痰、感冒咳嗽、高血压、支气管炎等症	子实体入药，子实体为同型组织，外观似金耳
桂花耳（*Dacryopinax spathularia*）	甘，平	具有滋阴养胃、清肺热的功效，主治肺热痰多、慢性支气管炎	春至秋季生于针叶树或阔叶树的腐木上，从树皮裂缝内长出。子实体入药。分布于山西、湖北、四川等地
隐孔菌（*Cryptoporus vo-lvatus*）	苦、甘，微寒	具有清热解毒、止咳平喘的功效，治疗气管炎和哮喘，具抗过敏的功用	成群生长于松林树干上，也生长于衰老的冷杉、云杉的树干或枯立木上，属于木腐菌。子实体入药，全年可采集。分布于河北、黑龙江、福建、湖北、广东、广西、海南、四川、云南等地
竹荪（长裙竹荪，*Dictyopho-ra indusiata*）	甘，平	具有清热润肺、止咳、补气活血的功效，民间用于止痛、减肥、治疗慢性支气管炎和痢疾等症	夏秋季生于竹林、阔叶林地上，单生或群生。子实体入药，采后洗去孢体黏液，晒干备用。分布于河北、江苏、安徽、湖北、江西、广东、广西、福建、海南、台湾、云南、贵州、四川等地，已广泛进行人工栽培，深层发酵培养菌丝体也可供药用
短裙竹荪（*Dictyophora duplicata*）	甘，平	具有止咳、补气、止痛的功效，对高血压、高胆固醇和腹壁脂肪过多等病有较好疗效	夏秋季生于针阔林、竹林下枯枝落叶层上，单生、群生或丛生。子实体入药。分布于河北、辽宁、吉林、黑龙江、内蒙古、江苏、浙江、福建、广东、广西、云南、贵州、四川等地，可人工栽培
红托竹荪（*Dictyophora ru-brovolvata*）	甘，平	功效同竹荪	夏秋季生于竹林中，单生或丛生。在云南多见于9～10月，单生于慈竹、刚竹林地上和金竹的腐竹根及活根上，也见于梓属的活根系周围，在临川常于4～6月发生于桂竹林地上。子实体入药。分布于云南、贵州、江西、四川、广东等地，已进行人工栽培
蝉花（蝉生虫草）（*Isaria ci-cadicola*）	甘，寒	具有镇惊熄风、清凉退热、解毒的功效	寄主为山蝉的若虫，栖息在苦竹或毛竹林地下2～5 cm处，子座露出地面约1.5 cm。子座入药，每年6～8月采收。分布于四川、云南、福建、浙江、江苏、安徽、陕西等地
辛克莱棒束孢（*Isaria sinclair-ii*）	甘，寒	功效类似蝉花	夏秋季生于阔叶林地上，分生孢子梗束长3～5 cm，寄生于蝉的若虫上。入药可代蝉花。分布于福建等地
稻子山蝉花（*Elaphocordyceps inegoensis*）	甘，寒	功效类似蝉花	夏秋季产于福建连城等地的山区林地上。福建连城民间将其子实体当蝉花用。分布于福建等地

（续）

菌物名称	性　味	功　效	生境与分布
黑柄炭角菌（*Xylaria nigripes*)	微苦，温	具有补气固肾、镇静安神、通络活血的功效	其菌丝生长在朝阳山丘坡地或河堤土坡的废弃白蚁蚁巢上，部分菌丝密集成菌索向上生长，突出于地面形成子座，俗称"地炭棍"；而部分菌丝体密集成菌核，俗称"乌灵参"，逐渐与菌丝体相脱离，悬着于白蚁巢腔上壁或菌圃上。子座或其菌核入药，鲜菌核宜阴干、水烫或蒸熟，烘干备用，皮纹细、内部结实洁白、入水下沉者为上品。分布于黄河以南的江苏、浙江、福建、广东、海南、云南、四川、河南、台湾等地
二色笋革菌（*Laxitextum bicolor*)	甘，平	具有补中益气、镇静安神的功效，主治失眠、头晕目眩、神倦乏力、食欲不振	常生于栎、柳及松等树皮上，也能生于多孔菌的子实体上。子实体入药，全年可采收，去杂质晒干备用；以甘草、桔梗等药渣培养菌丝体也可入药。分布于江苏、江西、湖南、广西、福建、云南、四川等地
硬孔灵芝（*Ganoderma duropora*)	甘，平	功效及药用部位同灵芝，产区做灵芝收购	夏秋季生于枫树老根及岩石上。分布于浙江、福建、广东等地
圆孔灵芝（*Ganoderma mastoporum*)	甘，平	具有镇静、健胃的功效	生于阔叶树腐木上。子实体入药。分布于云南、广东、海南等地
安倍那灵芝（鹿角灵芝）（*Ganoderma amboinense*)	甘，平	具有滋补、安神、消炎、利尿、益胃的功效	生于枯腐木上。子实体入药。分布于云南、广西、海南等地
热带灵芝（*Ganoderma tropicum*)	甘，平	具有补肺益肾、和血安神的功效，可治疗冠心病	夏秋生于阔荚合欢、凤凰木及相思树的树桩和枯根上。子实体入药，夏秋采集。分布于台湾、福建等地
玉蜀黍黑粉菌（*Ustilago maydis*)	寒，甘	具有利肝脏、益肠胃、解毒的功效，用孢子粉拌红糖可治神经衰弱和小儿疳积	寄生在玉米抽穗和玉米棒形成期间，玉米各部位均可生长。冬孢子在土壤、粪肥、病株残体等处越冬，翌年经空气传播到玉米株上发生黑粉病。此菌分布很广泛，是玉米的主要病害之一。子实体及孢子入药，新鲜时（老熟前）采摘下药用，或老熟后收集冬孢子粉，炼蜜为丸，备用。分布于全国大部分地区
血红银耳（*Tremella sanguinea*)	甘，平	具有益气活血、平肝阳、祛热毒的功效，主治肝炎、痢疾、妇科诸症	生于栎等阔叶枯朽木上，也常见于人工栽培香菇段木上，单生或群生。子实体入药，春末至夏季采收。分布于湖北、湖南等地

（续）

菌物名称	性　味	功　效	生境与分布
厚皮木层孔菌 （*Phellinus pachyphloeus*）	甘，平	具有平肝潜阳、镇心安神的功效，主治阴虚阳亢之头晕目眩、五心烦热、神经衰弱	生于腐木上。子实体入药，常年可采。分布于广西、海南、云南等省份
双孢蘑菇 （*Agaricus bisporus*）	甘，平	具有健脾益胃、宽中益气、平肝阳、安神的功效，民间用于消化不良、高血压、传染性肝炎、肝肿大、神经衰弱等症的治疗，育婴妇女食用可增加乳汁分泌	夏秋季单生于草地上。子实体入药，于菌盖未开张前采收，晒干或鲜用。原产欧洲，国内各地已广泛进行人工栽培
美味扇菇 （*Sarcomyxa edulis*）	甘，温	具有祛风活络、清热燥湿的功效，主治癫痫、肝硬化腹水、风湿肌肉痛和目赤肿痛等症	夏秋季生于栎、杨、桦、柳等多种阔叶树的枯腐木上，引起木材腐朽。子实体入药。分布于河北、辽宁、黑龙江、吉林、内蒙古、山西、陕西、广东、广西、四川、贵州、云南、西藏等地，可进行人工栽培
粪鬼伞 （*Coprinus sterquilinus*）	甘，平，有小毒	具有定痫、解毒、化痰的功效，主治小儿痫病、疔肿、恶疮	春末及夏秋雨后生于粪堆上。子实体入药，用药后应避免饮酒，可能会出现中毒反应。分布于河北、江苏、湖北、湖南、广西、云南等地
长根小奥德蘑 （长根干蘑） （*Dudemansiella radicata = Xerula radicata*）	微苦，凉	具有醒脑提神、健胃的功效，主治疲倦、体虚、降压、消化不良、腹泻	夏秋季生于阔叶林、灌木林地上，其假根多与栎、七叶树等阔叶树的根系相连，也生于腐根周围或土中的腐木上。子实体入药，采后剪去假根，鲜用或晒干备用。分布于浙江、福建、江西、湖北、湖南、广东、海南、四川、云南、西藏、台湾等地，可人工栽培
蛹虫草 （*Cordyceps militaris*）	甘，平	具有益肺肾、补精髓、止血化痰的功效	春至秋季生于阔叶混交林内半埋在土中昆虫的蛹上，11月气温下降后，蛹虫草在落叶和杂草的覆盖下越冬。翌年气温回升，菌丝在侵染的虫体内生长，8月后又形成新的子座。寄主范围广泛，可在鳞翅目、鞘翅目等近200种昆虫的蛹（茧）、成虫或幼虫的不同变态期侵染。子座入药，7～8月为盛产期，采后应及时晒干，不宜烘烤。分布于吉林、黑龙江、河北、安徽、福建、广西、陕西、云南等地，主产地为吉林、黑龙江
朱红硫黄菌 （*Laetiporus miniatus*）	甘，平	具有滋补强壮的功效	生于林中落叶松等针叶树树干基部，有时也生在栎等阔叶树树干基部，引起干基块状褐腐。子实体入药。分布于河北、黑龙江、新疆等地

（续）

菌物名称	性　味	功　效	生境与分布
豹皮新香菇（Neolentinus lepideus）		功效同硫黄菌	夏秋两季多生于松树树干及木桩上，稀生于其他针叶树上。子实体入药。分布于河北、山西、吉林、安徽、福建、湖南、陕西、云南、西藏等地
赤芝（Ganoderma lucidum）	微苦涩、淡，温	具有补肺益肾、和胃健脾、安神定志、扶正固本的功效	夏秋季生于栎类等多种阔叶树树干基部，但在热带则能寄生于茶、竹、油棕和可可等经济作物上，引起根腐，罕生于针叶树，可致木材海绵状白色腐朽，单生、群生或丛生。子实体入药。分布于全国大部分地区，国内已广泛人工栽培
铁杉灵芝（Ganoderma tsugae）	微苦涩、淡，温		生于针叶树树干基部、树桩及枯倒木上，引起白色腐朽。子实体入药。主产区分布在寒温带，如黑龙江、吉林、辽宁、甘肃、山西、西藏等地，云南、台湾也有分布
薄盖灵芝（薄树芝）（Ganoderma capense）	微苦涩、淡，温	云南民间做灵芝入药	生于枯倒木上，导致木材腐朽。子实体入药。分布于云南、广东、海南等地，国内已进行深层发酵培养
迭层灵芝（Ganoderma lobatum）	微苦涩、淡，温	河北民间常以此混入灵芝做药用	生于阔叶树枯腐木上。子实体入药。分布于河北、浙江、云南、广东、海南、西藏等地
喜热灵芝（Ganoderma calidophilum）	微苦涩、淡，温	可代替灵芝入药	夏秋季生于南方林地树桩附近的土壤中。子实体入药。分布于福建、海南等地
黄褐灵芝（Ganoderma fulvellum）	微苦涩、淡，温	可代替灵芝入药	夏秋季或全年生于阔叶树腐木上。子实体入药。分布于浙江、福建、海南、云南等地
拟层状灵芝（Ganoderma stratoideum）	微苦涩、淡，温	可代替灵芝入药	生于林中阔叶树树桩上。子实体入药。分布于贵州等地
镇宁灵芝（Ganoderma zhenningense）	微苦涩、淡，温	可代替灵芝入药	生于阔叶树的腐木上。子实体入药。分布于贵州镇宁等地
兴义灵芝（Ganoderma xingyiense）	微苦涩、淡，温	可代替灵芝入药	生于混交林中阔叶树的树桩上。子实体入药。分布于贵州兴义等地
咖啡网孢芝（Humphreya coffeata）	苦，平	具有益气、补中、增智的功效	生于地下死树周围埋藏的根部。子实体入药。分布于贵州、广西、海南等地

（续）

菌物名称	性　味	功　效	生境与分布
鸡肉丝菇 (*Macrolepiota albuminosa*)	甘，平	具有清热解毒的功效，民间用于益胃、清神、治痔	6～8月生于荒坡灌丛草地及松、栎林地上，其菌柄末端与地下白蚁巢相连，常数个至数十个同时在一个蚁巢上长出。子实体入药，6～8月雨后采集。分布于江苏、浙江、福建、江西、湖北、湖南、广东、广西、海南、四川、贵州、云南、西藏、台湾等地
虫草（冬虫夏草）（*Ophio-cordyceps sinensis*)	甘，温	具有保肺益肾、秘精益气、止咳化痰的功效	虫草是在鳞翅目蝙蝠蛾科虫草蝙蝠蛾幼虫上所形成的子座（草）与菌核（幼虫尸体）组成的复合体。蝙蝠蛾幼虫喜低温，分布于雪线附近，海拔3 500 m以上的高山草甸和高山灌丛草甸肥沃而潮湿的土壤中。夏季，虫草菌释放的子囊孢子散布到土壤内，侵染蝙蝠蛾幼虫，萌发的菌丝吸收虫体营养而大量增殖，至菌丝充满幼虫体腔而形成菌核（僵虫）。菌核的发育只消化幼虫的内部器官，幼虫的角皮却保持完好无损。菌核度过冬季低温时期至翌年立夏条件适宜时，便从僵虫的头部抽出子座。带寄主僵虫的子座入药，夏至前后采集。我国主产区集中在青海的囊谦、玉树、称多、治多、杂多、达日、甘德；四川的甘孜、石渠、理塘、白玉、德格、色达；西藏的丁青、卡若、比如、巴青、索县、江达；云南的贡山、香格里拉、德钦等地；山西、浙江、湖北、甘肃、贵州等地也均有分布
皱盖假芝 (*Amauroderma rude*)	甘，平	具有消积、化瘀、消炎、止血的功效，主治急慢性肾炎、消化不良等症	生于混交林内土中朽木上。子实体入药，夏秋采集。分布于江苏、福建、广东、云南等地
黑漆假芝 (*Amauroderma exile*)	甘，平	具有消积、化瘀、消炎、止血的功效，主治急慢性肾炎和消化不良等症	夏秋生于树干基部地上。子实体入药，夏秋采集。分布于云南等地
木耳（*Auric-ularia heimuer*)	甘，平	具有补气血、凉血止血、润肺益胃、润燥利肠、舒筋活络的功效	夏秋季生于栎、榆、杨、洋槐、榕等多种阔叶树的枯腐木上，单生、群生或簇生。子实体入药，夏秋季采收。分布于全国各地，现已广泛进行人工栽培，深层发酵培养菌丝体也可药用
香菇（*Lent-inula edodes*)	甘，平	用于补中益气、开胃健脾、治风破血等	秋冬春季生于栎、栲、青冈、枫香树、阿丁枫、鹅耳枥、蚊母树、水冬瓜等200多种阔叶树的倒木上。子实体入药。分布于全国大部分地区，已广泛进行人工栽培

（续）

菌物名称	性　味	功　效	生境与分布
金顶侧耳（Pleurotus citrinopileatus）	甘，温	具有滋补强壮、润肺生津、补益肝肾的功效，主治虚弱痿症、肺气肿、哮喘及高血脂等	秋季生于榆、栎、桦等阔叶树的枯立木、倒木、伐桩上，偶尔生于衰弱活立木上，引起木材腐朽。子实体入药，秋季采摘。分布于河北、吉林、黑龙江、辽宁、内蒙古、山西、广东、四川、云南等地，已进行人工栽培
裂褶菌（Schizophyllum commune）	甘，平	具有滋补强身、清肝明目的功效	春至秋季生于多种阔叶树和针叶树的树干、树枝及朽木上，也生于活立木上，腐朽力强，能引起木材海绵状白色腐朽。子实体入药。分布遍及国内各地，可进行人工栽培
鸡油菌（杏菌）（Cantharellus cibarius）	甘，寒	具有利肺明目、益肠胃的功效，主治结膜炎、夜盲症、皮肤干燥	夏秋季生于针叶林或混交林地上，散生、群生或近丛生，与树木形成外生菌根。子实体入药，夏秋季采收。分布于国内各地
蘑菇（Agaricus campestris）	甘，微寒	具有补脾益气、润燥化痰的功效，民间治疗脾胃虚弱、食欲不振、体倦乏力、咳喘气逆、风湿痹痛等症，也可用于传染性肝炎、白细胞减少症的治疗	春至秋季生于草地、田野、林间空地、牧场及有机肥料堆积场所。子实体入药，雨后采集，去菌柄基部泥土，晒干备用。分布于河北、山西、辽宁、吉林、黑龙江、江苏、河南、湖北、湖南、山东、福建、陕西、甘肃、新疆、四川、台湾、云南、西藏等地
金针菇（Flammulina filiformis）	咸、微苦，寒	具有利肝、益肠胃、增智的功效，常食可预防和治疗肝脏系统疾病及胃肠道溃疡	春初和秋末至初冬，在构树、朴树、柳、杨、榆、桑、槭、枫及杨等阔叶树的枯木、埋木和树桩上丛生，也能生于活立木，此菌可使树木木质形成黄白色腐朽，在树皮和木质部的间隙中出现根状菌索。子实体入药。分布于全国大部分地区，现已广泛进行人工栽培
半白牛肝菌（Boletus impolitus）	甘、微酸，平	具有益气和中、收敛固涩的功效，主治胃气痛、宿食不化、泄泻，也用于夜流虚汗、梦遗等症的治疗	夏秋季生于针阔叶林地上，常见于铁杉、冷杉和栎林下，喜寒湿，与针叶树形成外生菌根。子实体入药，7～8月采集。分布于福建、四川、湖北、贵州、云南、西藏等地
榆耳（Gloeostereum incarnatum）	甘，平	具有补益和中、固肾利水的功效，用于补肾虚、疗痔及治泻痢等肠胃系统疾病	夏秋季生于榆、椴等树木的枯干或枯枝上。子实体入药。分布于辽宁、吉林等地
斑玉蕈（Hypsizygus marmoreus）	酸，平	具有滋阴养肾、涩精止泻的功效，主治遗精等症	秋季生于壳斗科的枯木、倒木及树桩上，引起木材白色腐朽。子实体入药，采后晒干或鲜用。分布于福建、云南、西藏等地，国内有少量栽培
松乳菇（Lactarius deliciosus）	甘，微温	具有暖肾固精、宽中益气、温脾止泻的功效	夏末秋初生于针阔叶林下，以松林较常见，与松、云杉等针叶树形成外生菌根。子实体入药。分布于全国大部分地区

（续）

菌物名称	性 味	功 效	生境与分布
戈茨肉球菌 (*Engleromyces goetzei*)	苦，寒	具有抗菌、消炎的功效，主治腮腺炎、扁桃体炎、喉炎、胃溃疡、肾炎、无名肿毒、癌症。此菌（或与重楼同用）可能使人产生恶心呕吐、腹泻等反应	5～6月常包围箭竹属的竹枝生长。子座入药。分布于云南、川西南、藏东南等地，多生于沿怒江、澜沧江、金沙江及其支流的谷地
草木王 (*Cordyceps jiangxiensis*)	苦，寒，有大毒	具有清热解毒的功效，主治毒蛇咬伤，不能内服	多生于山坡油茶林下或疏林下草丛石砾夹土地带的土壤中。寄主昆虫长约5 cm，脚短而小，有腹足6～8对，表面灰褐色，环节深黑、紫红两色相间。成虫冬季蛰居土壤内被感染，夏天由虫体头部抽出子座。子座入药，采时触及子座，有大量孢子呈烟状散发，宜于秋冬季采挖。分布于江西等地
紫椴栓菌 (*Trametes palisotii*)	苦，寒，有大毒	民间用于祛风、止痒	夏秋季生于枯腐木上引起木材腐朽。子实体入药。分布于河北、江苏、江西、湖南、广东、广西、福建、海南、台湾、四川、贵州、云南、西藏等地
皱褶栓菌 (*Earliella scabrosa*)	苦，寒，有大毒	民间用于镇惊、清热除湿、消炎解毒、疗风止痒、止血	夏秋季生于阔叶树的枯立木或倒木上，引起木材腐朽。子实体入药。分布于吉林、浙江、福建、湖南、广东、广西、海南、四川、贵州、云南、西藏等地
半灰层孔菌 (*Fomes hemitephrus*)	苦，寒，有大毒	民间用于镇惊、止血、疗风、止痒	生于栎等的枯木上。子实体入药。分布于湖南、广东、广西、贵州、云南等地
革耳（*Lentinus strigosus*)	辛，寒	具有理气、止血、破血、除风湿、消散除毒的功效，民间用于治疗脘腹胀满、食积，外敷可治无名肿毒	夏至秋季生于柳、杨、桦、栎等阔叶树的枯腐木上，引起木材白色海绵状腐朽。子实体入药。分布于全国大部分地区
杂色竹荪 (*Dictyophora multicolor*)	微苦，平，有小毒	具有解毒、除湿、止痒的功效，外用治脚气病，不可内服	夏秋季生于阔叶林或竹林地上、枯枝落叶层上或朽木上，单生或群生。子实体入药，采后浸于70%乙醇内备用。分布于安徽、福建、湖南、广东、云南等地
深红鬼笔 (*Phallus rubicundus*)	微苦，寒	具有清热、解毒、消肿、生肌的功效，外用可治疮疽，不可内服	夏秋季生于竹林或针阔叶林地上、田野及草丛中，群生或散生。子实体入药，采后用水洗去菌盖表面黏臭的孢体，晒干备用。分布于国内大部分地区
速亡鬼伞 (*Coprinellus ephemerus*)	甘，寒，有小毒	具有解毒消肿的功效，外用治疗无名肿毒及疮疽	夏秋季生于庭院树下肥土、粪堆或施有厩肥的土地上，常少量群生。子实体入药，采后及时烘干，晒干则易自溶。分布于全国大部分地区
翘鳞肉齿菌 (*Sarcodon imbricatus*)	甘，平	具有消炎、抗癌的功效，主治各种炎症	生于针叶林地上。子实体入药。分布于甘肃、新疆、四川、贵州、云南、西藏等地

附录 5　部分食用菌营养成分含量
（以每 100 g 可食部计）

食物名称	水分(g)	蛋白质(g)	脂肪(g)	膳食纤维(g)	碳水化合物(g)	灰分(g)	胡萝卜素(μg)	硫胺素(mg)	核黄素(mg)	烟酸(mg)	抗坏血酸(mg)	维生素E(mg)	钾(mg)	钠(mg)	钙(mg)	镁(mg)	铁(mg)	锰(mg)	锌(mg)	铜(mg)	磷(mg)	硒(μg)
草菇	92.3	2.7	0.2	1.6	2.7	0.5	—	0.08	0.34	8.0	—	0.40	179	73.0	17	21	1.3	0.09	0.60	0.40	33	0.02
大红菇	15.5	24.4	2.8	31.6	19.3	6.4	80	0.26	6.90	19.5	2	…	228	1.7	1	30	7.5	0.91	3.50	2.30	523	10.64
冬菇(干)	13.4	17.8	1.3	32.3	32.3	2.9	30	0.17	1.40	24.4	5	3.47	1155	20.4	55	104	10.5	5.02	4.20	0.45	469	7.45
猴头菇(罐装)	92.3	2.0	0.2	4.2	0.7	0.6	—	0.01	0.04	0.2	4	0.46	8	175.2	19	5	2.8	0.03	0.40	0.06	37	1.28
榆黄蘑	39.3	16.4	1.5	18.3	21.8	2.7	70	0.15	1.00	5.8	…	1.26	1953	—	11	91	22.5	3.09	5.26	0.46	194	1.09
金针菇	90.2	2.4	0.4	2.7	3.3	1.0	30	0.15	0.19	4.1	2	1.14	195	4.3	—	17	1.4	0.10	0.39	0.14	97	0.28
金针菇(罐装)	91.6	1.0	…	2.5	4.2	0.7	—	0.01	0.01	0.6	…	0.98	17	238.2	14	7	1.1	…	0.34	0.01	23	0.48
口蘑(白蘑)	9.2	38.7	3.3	17.2	14.4	17.2	—	0.07	0.08	44.3	…	8.57	3106	5.2	169	167	19.4	5.96	9.04	5.88	1655	39.18
蘑菇(干)	13.7	21.0	4.6	21.0	31.7	8.0	1640	0.10	1.10	30.7	5	6.18	1225	23.3	127	94	—	1.53	6.29	1.05	357	0.55
蘑菇(鲜)	92.4	2.7	0.1	2.1	2.0	0.7	10	0.08	0.35	4.0	2	0.56	312	8.3	6	11	1.2	0.11	0.92	0.49	94	3.72
黑木耳	15.5	12.1	1.5	29.9	35.7	5.3	100	0.17	0.44	2.5	1	11.34	757	48.5	247	152	97.4	8.86	3.18	0.32	292	0.46
黑木耳(水发)	91.8	1.5	0.2	2.6	3.4	0.5	20	0.01	0.05	0.2	1	7.51	52	8.5	34	57	5.5	0.97	0.53	0.04	12	1.07
平菇(鲜)	92.5	1.9	0.3	2.3	2.3	0.7	10	0.06	0.16	3.1	4	0.79	258	3.8	5	14	1.0	0.07	0.61	0.08	86	1.07
普大香杏丁蘑	14.1	22.4	0.2	24.9	29.0	9.4	—	微	3.11	—	…	—	238	43.4	17	—	113.2	2.84	7.78	5.11	73	15.30
普中红蘑	12.3	18.4	0.7	24.6	33.5	10.5	—	微	1.16	—	…	—	169	4.3	14	—	235.1	3.75	3.14	0.51	35	91.70
双孢蘑菇	92.4	4.2	0.1	1.5	1.2	0.6	—	…	0.27	3.2	…	…	307	2.0	2	9	0.9	0.10	6.60	0.45	43	6.99
松茸	16.1	20.3	3.2	47.8	0.4	12.2	—	0.01	1.48	—	—	3.09	93	4.3	14	—	86.0	1.63	6.22	10.3	50	98.44
香菇(干)	12.3	20.0	1.2	31.6	30.1	4.8	20	0.19	1.26	20.5	5	0.66	464	11.2	83	147	10.5	5.47	8.57	1.03	258	6.42
香菇(鲜)	91.7	2.2	0.3	3.3	1.9	0.6	—	微	0.08	2.0	1	…	20	1.4	2	11	0.3	0.25	0.66	0.12	53	2.58
香杏片口蘑	15.1	33.4	1.5	22.6	15.0	12.4	—	微	1.90	—	—	—	227	21.0	15	—	137.5	3.26	7.83	2.61	77	—
羊肚菌(干)	14.3	26.9	7.1	12.9	30.8	8.0	1070	0.10	2.25	8.8	3	3.58	1726	33.6	87	117	30.7	2.49	12.1	2.34	1193	4.82
银耳	14.6	10.0	1.4	30.4	36.9	6.7	50	0.05	0.25	5.3	…	1.26	1588	82.1	36	54	4.1	0.17	3.03	0.08	369	2.95
榛蘑	51.1	9.5	3.7	10.4	21.5	3.8	40	0.01	0.69	7.5	…	3.34	2493	4.4	11	109	25.1	4.13	6.79	1.45	286	2.65
珍珠白蘑	12.1	18.3	0.7	23.3	33.0	12.6	—	微	0.02	—	—	—	284	4.4	24	—	189.8	4.79	3.55	1.03	28	78.52

注：此表来源于中国预防医学科学院营养与食品卫生研究所，2000，食物成分表。
"—"表示未检出，"…"表示未测定，（）表示对食物的补充说明。

图书在版编目（CIP）数据

中国作物及其野生近缘植物．菌类作物卷／董玉琛，
刘旭总主编；李玉，李长田主编．—北京：中国农业
出版社，2020.12
（现代农业科技专著大系）
ISBN 978-7-109-26597-4

Ⅰ.①中…　Ⅱ.①董…②刘…③李…④李…　Ⅲ.
①作物－种质资源－介绍－中国②食用菌－种质资源－名
录－中国　Ⅳ.①S329.2②S646

中国版本图书馆 CIP 数据核字（2020）第 030709 号

中国作物及其野生近缘植物·菌类作物卷
ZHONGGUO ZUOWU JI QI YESHENG JINYUAN ZHIWU · JUNLEI ZUOWU JUAN

中国农业出版社出版
地址：北京市朝阳区麦子店街 18 号楼
邮编：100125
责任编辑：郭　科　孟令洋
版式设计：王　晨　责任校对：沙凯霖
印刷：北京通州皇家印刷厂
版次：2020 年 12 月第 1 版
印次：2020 年 12 月北京第 1 次印刷
发行：新华书店北京发行所
开本：787mm×1092mm　1/16
印张：37　插页：10
字数：980 千字
定价：200.00 元